U0877355

Core Python Programming

Python 核心技术实战详解

张洪朋 王卫军◎编著

人民邮电出版社
北京

图书在版编目（CIP）数据

Python核心技术实战详解 / 张洪朋，王卫军编著
. -- 北京 : 人民邮电出版社，2019.11
ISBN 978-7-115-51286-4

Ⅰ. ①P… Ⅱ. ①张… ②王… Ⅲ. ①软件工具－程序
设计 Ⅳ. ①TP311.561

中国版本图书馆CIP数据核字(2019)第094211号

内 容 提 要

本书逐层深入地介绍了Python的核心开发技术，并通过具体实例演练了各个知识点的使用流程。全书共 10 章，分别讲解了正则表达式、网络编程、多线程开发、Tkinter 图形化界面开发、数据持久化、Pygame 游戏开发、数据可视化、Django Web 开发、Flask Web 开发和网络爬虫开发等知识。全书简洁而不失技术深度，内容丰富，以通俗易懂的文字介绍了复杂的案例，易于阅读。

本书适用于已经了解Python基础语法的读者，以及希望进一步提高自己Python开发水平的读者，也可以作为大专院校相关专业的师生用书和培训学校的专业性教材。

◆ 编　　著　张洪朋　王卫军
责任编辑　张　涛
责任印制　马振武

◆ 人民邮电出版社出版发行　　北京市丰台区成寿寺路 11 号
邮编　100164　　电子邮件　315@ptpress.com.cn
网址　http://www.ptpress.com.cn
固安县铭成印刷有限公司印刷

◆ 开本：787×1092　1/16
印张：26.5　　2019 年 11 月第 1 版
字数：713 千字　　2024 年 7 月河北第 2 次印刷

定价：89.00 元

读者服务热线：(010)81055410　印装质量热线：(010)81055316
反盗版热线：(010)81055315
广告经营许可证：京东市监广登字20170147号

前　　言

Python的应用越来越广泛，为了帮助程序员掌握高级的开发技术并提高编程效率，本书特意挑选了程序员常用的Python核心功能模块进行讲解，如网络编程、多线程开发、图形化界面开发、数据可视化、Web开发和爬虫开发等。

本书内容

全书共10章，主要内容包括如下。

第1章详细讲解正则表达式和常用的函数。

第2章主要讲解了套接字编程、socketserver编程、使用select模块实现I/O多路复用、使用urllib包、使用HTTP包、解析XML、解析JSON数据等。

第3章介绍了_thread 模块、threading模块、进程库multiprocessing、线程优先级队列模块queue、使用subprocess模块创建进程等。

第4章讲解了Tkinter开发基础、Tkinter组件开发、Tkinter事件处理、通过Tkinter实现对话框效果，并结合开发资源管理器实例介绍了Tkinte的具体用法等。

第5章介绍了SQLite3数据库、MySQL数据库、MariaDB数据库、MongoDB数据库、Python和ORM等开发知识。

第6章介绍了Pygame框架的核心模块、经典游戏实战、传统贪吃蛇游戏和AI贪吃蛇游戏开发技术等。

第7章讲解了Matplotlib、Pygal库、Pandas库、NumPy库等，帮助读者轻松完成图表的绘制。

第8章介绍了Django及其常用的命令，并通过几个综合案例，具体讲解了Django的使用，如博客系统、新闻聚合系统和在线商城系统开发。

第9章讲解了Flask开发基础、表单操作和具体案例，并通过应用把Flask的知识串联起来，达到学以致用的目标。

第10章介绍了网络爬虫的基础知识、如何开发网络爬虫应用程序、如何使用爬虫框架Scrapy、如何抓取知乎数据并分析、如何实现爬虫模块等。

本书特色

- 内容讲解深入。

本书对Python的核心知识进行了深入剖析，循序渐进地讲解了核心功能模块的开发技术，帮助读者快速步入Python开发高手之列。

- 提供更为广泛的解决方案。

本书深入讲解了10个不同的主题模块，每一个主题涵盖了特定应用开发领域。在书中不仅给出了案例讲解，还包含了更多的拓展知识，能够帮助读者使用Python开发各种类型的应用程序。

- 通过网站论坛形成互帮互学的朋友圈。

为了方便给读者答疑，特提供了网站论坛等支持，并且随时在线与读者互动，让大家在互学互帮中形成一个良好的学习编程的氛围。

本书的学习论坛是 toppr 网站（后缀名为.net）。

本书读者对象包括程序开发人员、软件测试人员和 Web 开发人员。

张洪朋编写了本书第 1 章和第 3～9 章，用友网络科技股份有限公司的王卫军编写了本书的第 2 章和第 10 章。在编写本书过程中，十分感谢家人给予的巨大支持。限于作者水平，书中纰漏之处在所难免，请读者提出意见或建议，以便我们对内容修订并使之日臻完善。编辑联系邮箱是 zhangtao@ptpress.com.cn。

最后感谢您购买本书，希望本书能成为您编程路上的领航者，祝您阅读快乐！

作者

服务与支持

本书由异步社区出品，社区（https://www.epubit.com/）为您提供后续服务。

在异步社区本书页面中单击 配套资源 ，跳转到下载界面，按提示进行操作即可。注意：为保证购书读者的权益，该操作会给出相关提示，要求输入提取码进行验证。

如果您是教师，希望获得教学配套资源，请在社区本书页面中直接联系本书的责任编辑。

提交勘误

作者和编辑尽最大努力来确保书中内容的准确性，但难免会存在疏漏。欢迎您将发现的问题反馈给我们，帮助我们提升图书的质量。

当您发现错误时，请登录异步社区，按书名搜索，进入本书页面，单击“提交勘误”，输入勘误信息，单击“提交”按钮即可（见下图）。本书的作者和编辑会对您提交的勘误进行审核，确认并接受后，您将获赠异步社区的100积分。积分可用于在异步社区兑换优惠券、样书或奖品。

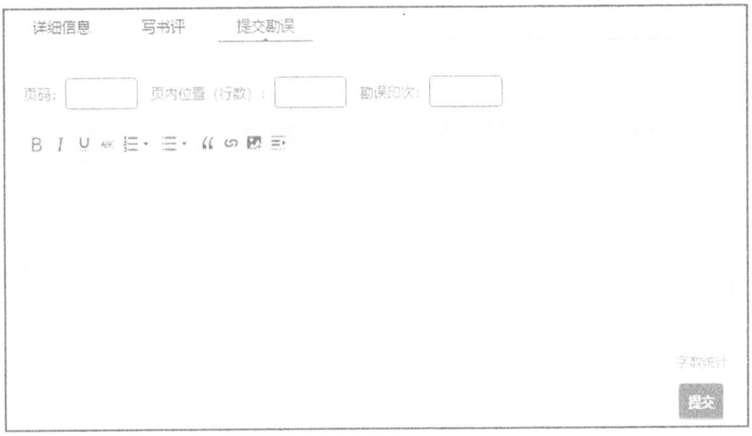

与我们联系

我们的联系邮箱是 contact@epubit.com.cn。

如果您对本书有任何疑问或建议，请您发邮件给我们，并请在邮件标题中注明本书书名，以便我们更高效地做出反馈。

如果您有兴趣出版图书、录制教学视频，或者参与图书翻译、技术审校等工作，可以发邮件给我们；有意出版图书的作者也可以到异步社区在线提交投稿（直接访问 www.epubit.com/selfpublish/submission 即可）。

如果您所在的学校、培训机构或企业想批量购买本书或异步社区出版的其他图书，也可以发邮件给我们。

如果您在网上发现有针对异步社区出品图书的各种形式的盗版行为，包括对图书全部或部分内容的非授权传播，请您将怀疑有侵权行为的链接发邮件给我们。您的这一举动是对作者权益的保护，也是我们持续为您提供有价值的内容的动力之源。

关于异步社区和异步图书

“异步社区”是人民邮电出版社旗下 IT 专业图书社区，致力于出版精品 IT 技术图书和相关学习产品，为作译者提供优质出版服务。异步社区创办于 2015 年 8 月，提供大量精品 IT 技术图书和电子书，以及高品质技术文章和视频课程。更多详情请访问异步社区官网 https://www.epubit.com。

“异步图书”是由异步社区编辑团队策划出版的精品 IT 专业图书的品牌，依托于人民邮电出版社近 30 年的计算机图书出版积累和专业编辑团队，相关图书在封面上印有异步图书的 LOGO。异步图书的出版领域包括软件开发、大数据、AI、测试、前端、网络技术等。

异步社区　　　　微信服务号

目　录

第 1 章　正则表达式 ······ 1
1.1　基本语法 ······ 2
1.1.1　普通字符 ······ 2
1.1.2　非打印字符 ······ 2
1.1.3　特殊字符 ······ 3
1.1.4　使用小括号指定分组 ······ 6
1.1.5　限定符 ······ 7
1.1.6　定位符 ······ 8
1.1.7　限定范围和否定 ······ 9
1.1.8　运算符优先级 ······ 9
1.1.9　扩展表示法 ······ 9
1.2　使用 re 模块中的库函数 ······ 10
1.2.1　re 模块中的库函数和属性 ······ 10
1.2.2　使用函数 compile() ······ 11
1.2.3　使用函数 match() ······ 11
1.2.4　使用函数 search() ······ 13
1.2.5　使用函数 findall() ······ 14
1.2.6　使用函数 sub()和 subn() ······ 15
1.2.7　使用函数 split() ······ 16
1.2.8　使用扩展符号 ······ 16
1.3　使用 Pattern 对象 ······ 17
1.4　正则表达式模式 ······ 17
第 2 章　网络编程 ······ 22
2.1　套接字编程 ······ 23
2.1.1　Socket 库中的内置函数和属性 ······ 23
2.1.2　socket 对象的内置函数和属性 ······ 24
2.1.3　使用 socket 建立 TCP“客户端/服务器端”连接 ······ 26
2.1.4　使用套接字建立 UDP“客户端/服务器端”连接 ······ 29
2.2　socketserver 编程 ······ 30
2.2.1　socketserver 模块基础 ······ 30
2.2.2　socketserver 对象 ······ 32
2.2.3　使用 socketserver 创建 TCP“客户端/服务器端”程序 ······ 32
2.2.4　使用 ThreadingTCPServer 创建“客户端/服务器端”通信程序 ······ 33
2.3　使用 select 模块实现 I/O 多路复用 ······ 34
2.3.1　select 模块概述 ······ 34
2.3.2　I/O 多路复用并实现读/写分离 ······ 36
2.3.3　使用 select 实现一个可并发的服务器端 ······ 37
2.3.4　在 Linux 系统中使用 epoll() ······ 38
2.4　urllib 包 ······ 39
2.4.1　urllib 包概述 ······ 39
2.4.2　使用 urllib.request 模块 ······ 39
2.4.3　使用 urllib.parse 模块 ······ 41
2.5　使用 HTTP 包 ······ 42
2.5.1　使用 http.client 模块 ······ 43
2.5.2　使用 HTTPConnection 对象访问指定网站 ······ 44
2.5.3　以客户端的形式同 HTTP 服务交互 ······ 45
2.6　收发电子邮件 ······ 47

2.6.1 开发支持 POP3 邮件协议的程序……47
2.6.2 开发支持 SMTP 邮件协议的程序……49
2.6.3 使用 email 库……51
2.7 开发 FTP 程序……53
2.7.1 Python 和 FTP……53
2.7.2 创建一个 FTP 客户端……53
2.8 解析 XML……55
2.8.1 使用 xml.etree.ElementTree 模块……55
2.8.2 SAX 解析方法……59
2.8.3 使用 DOM 解析方法……62
2.8.4 使用 xml.parsers.expat 模块……65
2.9 解析 JSON 数据……67
2.9.1 类型转换……67
2.9.2 编码和解码……68
第 3 章 多线程开发……75
3.1 _thread 模块……76
3.1.1 _thread 模块概述……76
3.1.2 使用_thread 模块……76
3.2 threading 模块……77
3.2.1 threading 模块的核心方法……77
3.2.2 使用 Thread 对象……77
3.2.3 使用 Lock 和 RLock 对象……80
3.2.4 使用 Condition 对象……85
3.2.5 使用 Semaphore 和 BoundedSemaphore 对象……88
3.2.6 使用 Event 对象……90
3.2.7 使用 Timer 对象……92
3.2.8 使用 local 对象……93
3.2.9 使用 Barrier 对象……94
3.3 使用进程库 multiprocessing……95
3.3.1 使用 Process……95
3.3.2 使用 Pipe 和 Queue 对象……97
3.3.3 使用 Connection 对象……99
3.3.4 使用共享对象 Shared……99
3.3.5 使用 Manager 对象……101
3.3.6 使用 Proxy 对象……102
3.3.7 使用进程池对象 Pool……103
3.3.8 实现 Actor 并发编程……107
3.4 使用线程优先级队列模块 queue……109
3.4.1 模块 queue 中的常用方法……109
3.4.2 基本 FIFO 队列……112
3.4.3 LIFO 队列……113
3.4.4 优先级队列……113
3.4.5 轮询多个线程队列……113
3.5 使用模块 subprocess 创建进程……115
3.5.1 全新的 run()方法……115
3.5.2 旧版本中的高级 API……116
3.5.3 使用类 Popen 创建进程……117
第 4 章 Tkinter 图形化界面开发……120
4.1 Tkinter 开发基础……121
4.1.1 第一个 Tkinter 程序……121
4.1.2 向窗口中添加组件……121
4.2 Tkinter 控件开发……122
4.2.1 Tkinter 控件概览……122
4.2.2 使用按钮控件……123
4.2.3 使用文本框控件……124
4.2.4 使用菜单控件……126
4.2.5 使用标签控件……127
4.2.6 使用单选按钮和复选框控件……128
4.2.7 使用绘图控件……129
4.3 事件处理……131
4.3.1 Tkinter 事件基础……131
4.3.2 动态绘图程序……134
4.3.3 制作一个计算器……136
4.4 实现对话框效果……137
4.4.1 创建消息框……137
4.4.2 创建输入对话框……138

4.4.3 创建“打开/保存文件”对话框……139
4.4.4 创建颜色选择对话框……140
4.4.5 创建自定义对话框……141
4.4.6 开发一个记事本程序……142
4.5 使用偏函数……144
4.5.1 什么是偏函数……145
4.5.2 桌面天气预报程序……146
4.6 开发一个资源管理器……147
第 5 章 数据持久化……151
5.1 操作 SQLite3 数据库……152
5.1.1 sqlite3 模块介绍……152
5.1.2 使用 sqlite3 模块操作 SQLite3 数据库……157
5.1.3 SQLite 和 Python 的类型……159
5.1.4 事务控制……163
5.1.5 通过 Tkinter 和 SQLite3 实现图书管理系统……164
5.2 操作 MySQL 数据库……167
5.2.1 搭建 PyMySQL 环境……167
5.2.2 实现数据库连接……167
5.2.3 创建数据库表……168
5.2.4 数据库插入操作……169
5.2.5 数据库查询操作……169
5.2.6 数据库更新操作……170
5.2.7 数据库删除操作……171
5.2.8 执行事务……171
5.2.9 通过 Tkinter 与 MySQL 开发客户通信录系统……172
5.3 使用 MariaDB 数据库……179
5.3.1 搭建 MariaDB 数据库环境……179
5.3.2 在 Python 程序中使用 MariaDB 数据库……181
5.3.3 使用 MariaDB 创建 MySQL 数据库……183
5.4 使用 MongoDB 数据库……185
5.4.1 搭建 MongoDB 环境……185
5.4.2 在 Python 程序中使用 MongoDB 数据库……186
5.5 使用 ORM 操作数据库……188
5.5.1 Python 和 ORM……189
5.5.2 使用 SQLAlchemy……189
5.5.3 使用 mongoengine……193
第 6 章 Pygame 游戏开发……195
6.1 安装 Pygame……196
6.2 Pygame 开发基础……197
6.2.1 Pygame 框架中的模块……197
6.2.2 事件操作……199
6.2.3 显示模式设置……201
6.2.4 字体处理……202
6.2.5 像素和颜色处理……203
6.2.6 使用 Surface 绘制图像……204
6.2.7 使用 pygame.draw 绘图函数……204
6.3 经典小游戏实战……206
6.3.1 开发一个俄罗斯方块游戏……206
6.3.2 仿微信打飞机游戏……213
6.3.3 传统贪吃蛇游戏和智能贪吃蛇游戏……217
6.3.4 推箱子游戏……226
6.3.5 吃苹果游戏……232
第 7 章 数据可视化……236
7.1 使用 Matplotlib……237
7.1.1 搭建 Matplotlib 环境……237
7.1.2 初级绘图……238
7.1.3 自定义散点图样式……241
7.1.4 绘制柱状图……242
7.1.5 绘制多幅子图……247
7.1.6 绘制曲线……249
7.1.7 绘制随机漫步图……254
7.1.8 通过大数据分析某年最高温度和最低温度……257
7.1.9 在 Tkinter 中使用 Matplotlib 绘制图表……258

7.2 使用 Pygal 库……259
7.2.1 安装 Pygal 库……260
7.2.2 使用 Pygal 库模拟掷骰子……260
7.3 读/写处理 CSV 文件……262
7.3.1 CSV 模块介绍……263
7.3.2 操作 CSV 文件……265
7.3.3 提取 CSV 数据并保存到 MySQL 数据库中……268
7.3.4 提取 CSV 数据并保存到 SQLite 数据库中……271
7.4 使用 Pandas 库……272
7.4.1 安装 Pandas 库……272
7.4.2 从 CSV 文件读取数据……272
7.4.3 选择指定数据……277
7.4.4 日期相关操作……280
7.5 使用 NumPy 库……285
7.5.1 安装 NumPy 库……285
7.5.2 数组对象……285
7.5.3 使用通用函数……289
7.5.4 在 NumPy 库中使用 Matplotlib 库……294

第 8 章 Django Web 开发……296

8.1 引言……297
8.2 Django 开发基础……297
8.2.1 搭建 Django 环境……297
8.2.2 常用的 Django 命令……298
8.2.3 第一个 Django 项目……299
8.2.4 在 URL 中传递参数……301
8.2.5 使用模板……303
8.2.6 使用表单……307
8.2.7 实现基本的数据库操作……308
8.3 使用 Django 后台系统开发一个博客系统……309
8.4 开发一个新闻聚合系统……311
8.4.1 基本设置……312
8.4.2 获取聚合信息……312
8.4.3 视图处理……316
8.4.4 模板文件……318
8.5 开发一个在线商城系统……321
8.5.1 系统设置……321
8.5.2 前台商城展示模块……322
8.5.3 购物车模块……325
8.5.4 订单模块……329

第 9 章 Flask Web 开发……333

9.1 Flask 开发基础……334
9.1.1 Django 和 Flask 的对比……334
9.1.2 安装 Flask……334
9.1.3 第一个 Flask Web 程序……335
9.2 使用 Flask 开发 Web 程序……337
9.2.1 传递 URL 参数……337
9.2.2 使用会话和 cookie……339
9.2.3 使用 Flask-Script 扩展……340
9.2.4 使用模板……341
9.2.5 使用 Flask-Bootstrap 扩展……343
9.2.6 使用 Flask-Moment 扩展本地化日期和时间……345
9.3 表单操作……347
9.3.1 使用 Flask-WTF 扩展……347
9.3.2 文件上传……350
9.4 使用数据库……351
9.4.1 Python 数据库框架……351
9.4.2 会员注册与登录……351
9.4.3 使用 Flask-SQLAlchemy 管理数据库……354
9.5 收发电子邮件……356
9.5.1 使用 Flask-Mail 扩展……356
9.5.2 使用 SendGrid 发送邮件……359
9.6 通过 Flask、MySQL 和 SqlAlchemy 开发信息发布系统……361
9.6.1 使用 Virtualenv 创建虚拟环境……361
9.6.2 使用 Flask 实现数据库迁移……362
9.6.3 具体实现……363

第 10 章　网络爬虫开发 ························370
10.1　网络爬虫基础 ························371
10.2　开发简单的网络爬虫应用程序 ························371
10.3　使用爬虫框架 Scrapy ························375
10.3.1　Scrapy 框架基础 ························375
10.3.2　搭建 Scrapy 环境 ························376
10.4　综合实战——桌面壁纸抓取系统 ························377
10.4.1　创建项目 ························377
10.4.2　系统设置 ························377
10.4.3　创建数据库 ························377
10.4.4　声明需要格式化的字段 ························379
10.4.5　实现保存功能的类 ························379
10.4.6　实现具体的爬虫 ························380
10.5　大数据实战——抓取知乎数据并分析 ························383
10.5.1　系统简介 ························383
10.5.2　检测“Redis”的状态 ························383
10.5.3　账号模拟登录 ························383
10.5.4　实现具体抓取功能 ························386
10.5.5　大数据分析 ························390
10.6　大数据实战——抓取大众点评数据并分析 ························391
10.6.1　系统配置 ························391
10.6.2　实现数据库模块 ························394
10.6.3　实现爬虫模块 ························398
10.6.4　大数据分析：提取指定类型商家的信息 ························406
10.6.5　大数据分析：提取数据到 Excel 表格中 ························406
10.6.6　大数据分析：创建价格条形图 ························408
10.6.7　大数据分析：创建用户男女比例和 VIP 比例柱形图 ························408
10.6.8　大数据分析：创建用户位置分布饼形图 ························410
10.6.9　大数据分析：创建指定商家点评信息的词云图 ························410

第1章

正 则 表 达 式

正则表达式（Regular Expression，RE）是计算机科学中的一个重要概念。正则表达式描述了一种字符串匹配的模式，可以用来判断一个字符串是否含有某个子字符串，再将匹配的子字符串进行替换，或者从某个字符串中取出符合某个条件的子串等。本章将详细讲解在 Python 程序中使用正则表达式的知识，为读者进行本书后面知识的学习打下坚实的基础。

1.1　基本语法

正则表达式（Regular Expression）是一种文本模式，包括普通字符（例如，字母 a～z）和特殊字符（称为元字符）。正则表达式使用单个字符串来描述、匹配一系列符合某个句法规则的字符串。正则表达式虽是复杂的，但它也是强大的。在当今市面中，绝大多数开发语言都支持利用正则表达式进行字符串操作，如 C++、Java、C#、PHP 和 Python 等。

正则表达式是由普通字符以及特殊字符组成的文字模式。模式描述在搜索文本时要匹配的一个或多个字符串。作为一个模板，正则表达式将某种字符模式与所搜索的字符串进行匹配。本节将详细讲解正则表达式的基本语法知识。

1.1.1　普通字符

正则表达式包含文本和特殊字符的字符串，该字符串描述了一种可以识别各种字符串的模式。对于通用文本来说，用于正则表达式的字母表是所有大小写字母及数字的集合。普通字符包括没有显式指定为元字符的所有可打印和不可打印字符，这包括所有大写和小写字母、所有数字、所有标点符号和一些其他符号。

下面介绍的正则表达式都是普通字符，它们仅用一个简单的字符串就能构造成一个匹配字符串的模式：该字符串由正则表达式定义。表 1-1 所示为几个正则表达式和它们所匹配的字符串。

表 1-1　　普通字符正则表达式和它们匹配的字符串

正则表达式模式	匹配的字符串
foo	foo
Python	Python
abc123	abc123

表 1-1 中的第一个正则表达式模式是“foo”，该模式没有使用任何特殊符号去匹配其他符号，只匹配所描述的内容。所以，能够匹配这个模式的只有包含“foo”的字符串。同理，对于字符串“Python”和“abc123”，也一样。正则表达式的强大之处在于引入特殊字符来定义字符集、匹配子组和重复模式。正是由于这些特殊符号，使得正则表达式可以匹配字符串集合，而不只是单个字符串。

由此可见，普通字符表达式属于最简单的正则表达式形式。

1.1.2　非打印字符

非打印字符也可以是正则表达式的组成部分，表 1-2 列出了表示非打印字符的转义序列。

表 1-2　　非打印字符的转义序列

字符	描述
\c*x*	匹配由 *x* 指明的控制字符，例如，\cM 匹配一个 Control-M 或回车符。x 的值必须为 A～Z 或 a～z 中之一；否则将 c 视为一个原义的 'c' 字符
\f	匹配一个换页符，等价于 \x0c 和\cL
\n	匹配一个换行符，等价于 \x0a 和\cJ
\r	匹配一个回车符，等价于 \x0d 和\cM

续表

字符	描述
\s	匹配任何空白字符，包括空格、制表符、换页符等，等价于 [\f\n\r\t\v]
\S	匹配任何非空白字符，等价于 [^ \f\n\r\t\v]
\t	匹配一个制表符，等价于 \x09 和\cI
\v	匹配一个垂直制表符，等价于 \x0b 和\cK

1.1.3 特殊字符

所谓特殊字符，就是一些有特殊含义的字符，如“*.txt”中的星号，就表示任何字符串的意思。如果要查找文件名中有“*”的文件，则需要对“*”进行转义，即在其前加一个“\”，即“*.txt”。如果要匹配这些特殊字符，则必须首先对字符进行转义，即将“\”放在它们的前面。表 1-3 列出了正则表达式中的特殊字符。

表 1-3 正则表达式中的特殊字符

特殊字符	描述
$	匹配输入字符串的结尾位置，如果设置了 RegExp 对象的 Multiline 属性，则 $ 也匹配 '\n' 或 '\r'。要匹配 $ 字符本身，请使用 \$
( )	标记一个子表达式的开始和结束位置。可以获取子表达式供以后使用。要匹配这些字符，请使用“\(”和“\)”
*	匹配前面的子表达式零次或多次。要匹配“*”字符，请使用“*”
+	匹配前面的子表达式一次或多次。要匹配“+”字符，请使用“\+”
.	匹配除换行符\n 之外的任何单字符。要匹配“.”字符，请使用“\.”
[	标记一个中括号表达式的开始。要匹配“[”，请使用“\[”
?	匹配前面的子表达式零次或一次，或指明一个非贪婪限定符。要匹配“?”字符，请使用“\?”
\	将下一个字符标记为特殊字符或原义字符或向后引用或八进制转义符。例如，'n' 匹配字符 'n'，'\n' 匹配换行符，序列 '\\' 匹配 "\"，而 '\(' 则匹配 "("
^	匹配输入字符串的开始位置。要匹配“^”字符本身，请使用“\^”
{	标记限定符表达式的开始。要匹配“{”，可使用“\{”
|	指明两项之间的一个选择。要匹配“|”，可使用“\\|”
literal	匹配文本字符串的字面值

1. 使用择一匹配符号匹配多个正则表达式模式

竖线“|”表示择一匹配的管道符号，也就是键盘上的竖线，表示一个“从多个模式中选择其一”的操作，用于分隔不同的正则表达式。例如，在表 1-4 中，左边是一些运用择一匹配的模式，右边是左边相应模式所能够匹配的字符。

表 1-4 “从多个模式中选择其一”的操作

正则表达式模式	匹配的字符串
at | home	at、home
r2d2 | c3po	r2d2、c3po
bat | bet | bit	bat、bet、bit

有了这个符号，就能够增强正则表达式的灵活性，使得正则表达式能够匹配多个字符串而不只是一个字符串。择一匹配有时也称并（union）或者逻辑或（logical OR）。

2. 匹配单个任意字符

点符号“.”可以匹配除了换行符“\n”以外的任何字符（Python 正则表达式有一个编译标记 S 或者 DOTALL，该标记是个例外，它使点号能够匹配换行符）。无论是一个字母、数字、空格（并不包括“\n”换行符）、可打印字符、不可打印字符，还是一个符号，使用点号都能够匹配它们，例如表 1-5 中的演示信息。

表 1-5　匹配单个任意字符的演示信息

正则表达式模式	匹配的字符串
f.o	匹配在字母“f”和“o”之间的任意一个字符，例如 fao、f9o、f#o 等
..	任意两个字符
.end	匹配在字符串 end 之前的任意一个字符

注意：要显式匹配一个句点本身，必须使用反斜线进行转义，即“\.”。

3. 从字符串起始或者结尾以及单词边界匹配

一些符号和相关的特殊字符用于在字符串的起始和结尾部分指定所搜索的模式。如果要匹配字符串的开始位置，就必须使用脱字符“^”或者特殊字符“\A”（反斜线和大写字母 A）。后者主要用于那些没有脱字符的键盘（例如，某些国际键盘）。同样，美元符号“$”或“\Z”将用于匹配字符串的末尾位置。

注意：在本书讲解与字符串中模式相关的正则表达式时，会用术语“匹配”（matching）进行剖析。在 Python 术语中，主要有两种方法完成模式匹配。

- 搜索（searching）：在字符串任意部分中搜索匹配的模式。
- 匹配（matching）：指判断一个字符串能否从起始处全部或者部分地匹配某个模式。搜索通过 search()函数或方法来实现，而匹配通过调用 match()函数或方法来实现。总之，当涉及模式时，全部使用术语“匹配”。

我们按照 Python 如何完成模式匹配的方式来区分“搜索”和“匹配”。

使用这些符号的模式与其他大多数模式是不同的，因为这些模式指定了位置或方位。表 1-6 展示了一些表示“边界绑定”的正则表达式搜索模式。

表 1-6　“边界绑定”的正则表达式搜索模式

正则表达式模式	匹配的字符串
^From	任何以 From 起始的字符串
/bin/tcsh$	任何以/bin/tcsh 结尾的字符串
^Subject: hi$	任何由单个字符串 Subject: hi 构成的字符串

如果要依次匹配这些字符中的任何一个或者全部，就必须使用反斜线进行转义。例如，要匹配任何以美元符号结尾的字符串，一个可行的正则表达式方案就是使用模式“.*\$$”。

特殊字符\b 和\B 可以用来匹配字符边界。而两者的区别在于\b 将用于匹配一个单词的边界，这意味着这个模式必须位于单词的起始部分，不管该单词前面（单词位于字符串中间）是否有其他任何字符，都认为这个单词位于行首。同样，\B 将匹配出现在一个单词中间的模式（即不是单词边界）。表 1-7 是一些实例。

表 1-7 匹配字符边界的实例

正则表达式模式	匹配的字符串
the	任何包含 the 的字符串
\bthe	任何以 the 开始的字符串
\bthe\b	仅匹配单词 the
\Bthe	任何包含但并不以 the 起始的字符串

4. 创建字符集

尽管句点可以用于匹配任意符号，但是在某些时候，可能想要匹配某些特定字符。正因如此，发明了中括号。该正则表达式能够匹配一对中括号中包含的任何字符，表 1-8 列出了一些实例。

表 1-8 创建字符集的实例

正则表达式模式	匹配的字符串
b[aeiu]t	bat、bet、bit、but
[cr][23][dp][o2]	一个包含 4 个字符的字符串，第一个字符是“c”或“r”，然后是“2”或“3”，接着是“d”或“p”，最后要么是“o”要么是“2”。例如，c2do、r3p2、r2d2、c3po 等

在“[cr][23][dp][o2]”这个正则表达式中，如果仅允许“r2d2”或者“c3po”作为有效字符串，就需要更严格限定的正则表达式。因为中括号仅表示逻辑或的功能，所以使用中括号并不能满足这一要求。唯一的方案就是使用择一匹配，例如“r2d2|c3po”。然而，对于单个字符的正则表达式来说，使用择一匹配和字符集是等效的。例如，我们以正则表达式“ab”作为开始。该正则表达式只匹配包含字母“a”且后面跟着字母“b”的字符串。如果要匹配一个字母的字符串，例如要么匹配“a”，要么匹配“b”，就可以使用正则表达式[ab]，因为此时字母“a”和字母“b”是相互独立的字符串。我们也可以选择正则表达式“a|b”。然而，如果要匹配满足模式“ab”后面跟着“cd”的字符串，就不能使用中括号，因为字符集的方法只适用于单字符的情况。这种情况下，唯一的方法就是使用“ab|cd”，这与刚才提到的 r2d2/c3po 问题是相同的。

5. 使用闭包操作符实现存在性和频数匹配

下面开始介绍最常用的正则表达式符号，即特殊符号*、+和“？”，所有这些都可以用于匹配一个、多个或者没有出现的字符串模式。具体说明如下所示。

- 星号（*）操作符将匹配其左边的正则表达式出现零次或者多次的情况（在计算机编程语言和编译原理中，该操作称为 Kleene 闭包）。
- 加号（+）操作符将匹配一次或者多次出现的正则表达式（也叫正闭包操作符）。
- 问号（?）操作符将匹配零次或者一次出现的正则表达式。
- 大括号操作符（{}），表示里面或者是单个值或者是一对由逗号分隔的值。这将最终精确地匹配前面的正则表达式 *N* 次（如果是{*N*}）或者一定范围的次数；例如，{*M*，*N*}将匹配 *M*～*N* 次出现。这些符号能够由反斜线符号转义；*匹配星号，等等。

注意：在表 1-3 中曾使用问号（重载），这意味着要么匹配零次，要么匹配一次，或者其他含义：如果问号紧跟在任何使用闭合操作符的匹配后面，则它将直接要求正则表达式引擎匹配尽可能少的次数。尽可能少的次数是指，当模式匹配使用分组操作符时，正则表达式引擎将试图“吸收”匹配该模式的尽可能多的字符。这通常称为贪婪匹配。问号要求正则表达式引擎去“偷懒”，如果可能，就在当前的正则表达式中尽可能少地匹配字符，留下尽可能多的字符给后面的模式（如果存在）。

使用闭包操作符演示存在性和频数匹配的具体实例如表 1-9 所示。

表 1-9　　使用闭包操作符演示存在性和频数匹配的具体实例

正则表达式模式	匹配的字符串
[dn]ot?	字母“d”或者“n”，后面跟着一个“o”，然后最多一个“t”，例如，do、no、dot、not
0?[1-9]	任何数值数字，它可能前置一个“0”，例如，匹配一系列数（表示 1～9 月的数值），不管是一个还是两个数字
[0-9]{15,16}	匹配 15 或者 16 个数字（如信用卡号码）
</?[^>]+>	匹配全部有效的（和无效的）HTML 标签
[KQRBNP][a-h][1-8]-[a-h][1-8]	在“长代数”标记法中，表示国际象棋合法的棋盘移动（仅移动，不包括吃子和将军）。即“K”“Q”“R”“B”“N”或“P”等字母后面加上“a1”～“h8”的棋盘坐标。前面的坐标表示从哪里开始走棋，后面的坐标表示走到哪个位置（棋格）上

6. 表示字符集的特殊字符

一些特殊字符能够表示字符集。与使用“0～9”这个范围表示的十进制数相比，可以简单地使用\d 表示匹配任何十进制数字。另一个特殊字符（\w）能够用于表示全部字母数字的字符集，相当于[A-Za-z0-9_]的缩写形式，\s 可以用来表示空格字符。这些特殊字符的大写版本表示不匹配。例如，\D 表示任何非十进制数（与[^0-9]相同）。使用这些缩写，可以表示一些更复杂的实例，如表 1-10 所示。

表 1-10　　表示字符集的特殊字符

正则表达式模式	匹配的字符串
\w+-\d+	一个由字母数字组成的字符串和一串由一个连字符分隔的数字
[A-Za-z]\w*	第一个字符是字母，其余字符（如果存在）可以是字母或者数字（几乎等价于 Python 中的有效标识符）
\d{3}-\d{3}-\d{4}	美国电话号码的格式，前面是区号前缀，如 800-555-1212
\w+@\w+.com	以 XXX@YYY.com 格式表示的简单电子邮件地址

1.1.4　使用小括号指定分组

在 Python 程序中，有时可能会对之前匹配成功的数据更感兴趣。我们不仅想要知道整个字符串是否匹配指定的标准，而且想要知道能否提取任何已经成功匹配的特定字符串或者子字符串。要提取成功匹配的特定字符串成子字符串，只要用一对小括号包裹任何正则表达式即可。

当使用正则表达式时，一对小括号可以实现以下任意一个（或者两个）功能。

- 对正则表达式进行分组。
- 匹配子组。

对正则表达式进行分组的一个很好的示例是，有两个不同的正则表达式而且想用它们来比较同一个字符串。另一个原因是，将正则表达式分组可以在整个正则表达式中使用重复操作符(而不是一个单独的字符或者字符集)。

使用小括号进行分组的一个坏处就是，匹配模式的子字符串可以保存起来供后续使用。这些子组能够被同一次的匹配或者搜索重复调用，或者提取出来用于后续处理。

为什么匹配子组这么重要？主要原因是在很多时候除了进行匹配操作外，还需要提取所匹配的模式。例如，如果匹配模式是\w+-\d+，但是想要分别保存第一部分的字母和第二部分的数字，该如何实现？这样做的原因是，对于任何成功的匹配，可能想要看到这些匹配正则表达式模式的字符串究竟是什么。

如果为两个子模式都加上小括号，如(\w+)-(\d+)，就能够分别访问每一个匹配子组。我们更倾向于使用子组，这是因为择一匹配首先通过编写代码来判断是否匹配，然后执行另一个单独的程序（该程序也需要另外创建），以表示整个匹配仅用于提取两个部分。表 1-11 展示了使用小括号实现指定分组的说明。

表 1-11 使用小括号实现指定分组的说明

正则表达式模式	匹配的字符串
\d+(\.\d*)?	表示简单浮点数的字符串。也就是说，任何十进制数字后面可以接一个小数点和零个或者多个十进制数字，如“0.004”“2”“75.”等
(Mr?s?.)?[A-Z][a-z]*[A-Za-z-]+	名字和姓氏，以及对名字的限制（如果有，首字母必须大写，后续字母小写），全名前可以有可选的“Mr.”“Mrs.”“Ms.”或者“M.”，姓氏没有限制，可以有多个单词、横线以及大写字母

1.1.5 限定符

限定符用来指定正则表达式的一个给定组件必须出现多少次才匹配，有“*”“+”“?”以及{*n*}、{*n*,}、{*n*,*m*}这 6 种。正则表达式中的限定符信息如表 1-12 所示。

表 1-12 正则表达式中的限定符信息

字符	描述
*	匹配前面的子表达式零次或多次。例如，zo* 能匹配 "z" 以及 "zoo"。“*”等价于{0,}
+	匹配前面的子表达式一次或多次。例如，'zo+' 能匹配 "zo" 以及 "zoo"，但不能匹配"z"。“+”等价于 {1,}
?	匹配前面的子表达式零次或一次。例如，"do(es)?" 可以匹配 "do" 或 "does" 中的"do"。“?”等价于 {0,1}
{*n*}	*n* 是一个非负整数，能匹配确定的 *n* 次。例如，'o{2}' 不能匹配 "Bob" 中的 'o'，但是能匹配 "food" 中的两个 o
{*n*,}	*n* 是一个非负整数，至少匹配 *n* 次。例如，'o{2,}' 不能匹配 "Bob" 中的 'o'，但能匹配 "foooood" 中的所有 o。'o{1,}' 等价于 'o+'，'o{0,}' 则等价于 'o*'
{*n*,*m*}	*m* 和 *n* 均为非负整数，其中 $n \leqslant m$。最少匹配 *n* 次且最多匹配 *m* 次。例如，"o{1,3}" 将匹配 "fooooood" 中的前 3 个 o。'o{0,1}' 等价于 'o?'。请注意，在逗号和两个数之间不能有空格

举个例子，本书页数很多，所以全书由很多章（一级目录）组成，每一章下面又分了节（二级目录），每一节下面又分了小节（三级目录）。因为本书内容多，有些章节编号超过 9 节，所以我们需要采用一种方式来处理两位或三位的章节编号。这时可以通过限定符来实现。下面的正则表达式匹配编号为任何位数的章节标题。

```
/Chapter [1-9][0-9]*/
```

请注意，限定符出现在范围表达式之后，所以它应用于整个范围表达式。在本例中，只指定从 0～9 的数字（包括 0 和 9）。

这里没有使用“+”限定符，因为在第二个位置或后面的位置不一定需要一个数字。也没有使用“？”字符，因为它将章节编号限制到两位数。我们需要至少匹配 Chapter 和空格字符后面的一个数字。如果我们知道本书最多有 99 章，则可以使用下面的表达式来至少指定一位，至多指定两位数字。

```
/Chapter [0-9]{1,2}/
```

上面的表达式的缺点是，大于 99 的章号仍只匹配开头两位数字。另一个缺点是 Chapter 0 也将匹配。下面是只匹配两位数字的更好的表达式。

```
/Chapter [1-9][0-9]?/
```

或：

```
/Chapter [1-9][0-9]{0,1}/
```

其实"*""+"和"?"限定符都是贪婪的，所以它们会尽可能多地匹配文字，在它们的后面加上一个"?"就可以实现非贪婪或最小匹配。例如，我们可能搜索 HTML 文档，目的是查找括在 H1 标记内的章节标题。假设这个要搜索的文本是通过如下形式存在的。

```
<H1>Chapter 1 - Introduction to Regular Expressions</H1>
```

下面的表达式可以匹配从开始 H1 标记的小于（<）符号到关闭 H1 标记的大于（>）符号之间的所有内容。

```
/<.*>/
```

如果只需要匹配开始 H1 标记，则下面的"非贪心"表达式只会匹配<H1>。

```
/<.*?>/
```

通过在"*""+"和"?"限定符之后放置"?"，该表达式从"贪心"表达式转换为"非贪心"表达式或者最小匹配。

1.1.6 定位符

定位符能够将正则表达式固定到行首或行尾。另外，它还可以帮助我们创建这样的正则表达式，这些正则表达式出现在一个单词内、一个单词的开头或者一个单词的结尾。定位符用来描述字符串或单词的边界，^和$分别指字符串的开始与结束，\b 用于描述单词的前边界或后边界，\B 表示非单词边界。常用的正则表达式定位符如表 1-13 所示。

表 1-13 常用的正则表达式定位符

字符	描述
^	匹配输入字符串开始的位置。如果设置了 RegExp 对象的 Multiline 属性，^ 还会与\n 或\r 之后的位置匹配
$	匹配输入字符串结尾的位置。如果设置了 RegExp 对象的 Multiline 属性，$ 还会与\n 或\r 之前的位置匹配
\b	匹配一个字边界，即字与空格间的位置
\B	匹配非字边界

如果要在搜索章节标题时使用定位点，下面的正则表达式匹配一个章节标题，该标题只包含两个尾随数字，并且出现在行首。

```
/^Chapter [1-9][0-9]{0,1}/
```

真正的章节标题不仅出现在行的开始处，还是该行中仅有的文本。它既出现在行首又出现在同一行的结尾。下面的表达式能确保指定的匹配只匹配章节而不匹配交叉引用。通过创建只匹配一行文本的开始和结尾的正则表达式，就可做到这一点。

```
/^Chapter [1-9][0-9]{0,1}$/
```

匹配字边界稍有不同，但向正则表达式添加了很重要的功能。字边界是单词和空格之间的位置，非字边界是任何其他位置。下面的表达式匹配单词 Chapter 的开头 3 个字符，因为这 3 个字符出现在字边界后面。

```
/\bCha/
```

\b 字符的位置是非常重要的。如果它位于要匹配的字符串的开始，则它在单词的开始处查找匹配项。如果它位于字符串的结尾，则它在单词的结尾处查找匹配项。例如，下面的表达式匹配单词 Chapter 中的字符串 ter，因为它出现在字边界的前面。

```
/ter\b/
```

下面的表达式匹配 Chapter 中的字符串 apt，但是不匹配 aptitude 中的字符串 apt。

```
/\Bapt/
```

字符串 apt 出现在单词 Chapter 中的非字边界处，但出现在单词 aptitude 中的字边界处。对于\B 非字边界运算符，位置并不重要，因为匹配不关心究竟是单词开头还是结尾。

1.1.7 限定范围和否定

除单字符之外，字符集还支持匹配指定的字符范围。方括号中两个符号中间用连字符（-）连接，用于指定一个字符的范围。例如，A-Z、a-z 和 0-9 分别用于表示大写字母、小写字母与数字。这是一个按照字母顺序的范围，所以不能将它们仅限定于字母和十进制数字上。另外，如果脱字符（^）紧跟在左方括号后面，这个符号就表示不匹配给定字符集中的任何一个字符。具体实例如表 1-14 所示。

表 1-14　限定范围和否定的实例

正则表达式模式	匹配的字符串
z.[0-9]	字母“z”后面首先跟着任何一个字符，然后跟着一个数字
[r-u][env-y][us]	字母“r”“s”“t”或者“u”后面首先跟着“e”“n”“v”“w”“x”或者“y”，然后跟着“u”或者“s”
[^aeiou]	一个非元音字符
[^\t\n]	不匹配制表符或者\n
["-a]	在一个 ASCII 系统中，所有字符都位于“"”和“a”之间，即范围是 34～97

1.1.8 运算符优先级

正则表达式从左到右进行计算，并遵循优先级顺序，这与算术表达式类似。相同优先级的从左到右进行运算，不同优先级的运算先高后低。表 1-15 从最高到最低说明了各种正则表达式中运算符的优先级顺序。

表 1-15　正则表达式中运算符的优先级

运算符	描述
\	转义符
()、(?:)、(?=)、[]	小括号和方括号
*、+、?、{n}、{n,}、{n,m}	限定符
^、$、\任何元字符、任何字符	定位点和序列（即位置和顺序）
|	替换，或操作字符具有高于替换运算符的优先级，使得"m|food"匹配"m"或"food"。若要匹配"mood"或"food"，请使用括号创建子表达式，从而产生"(m|f)ood"

1.1.9 扩展表示法

扩展表示法以问号（?…）开始，通常用于在判断匹配之前提供标记，实现一个前视（或者后视）匹配或者条件检查。表 1-16 展示了扩展表示法的基本用法。

表 1-16　扩展表示法的基本用法

正则表达式模式	匹配的字符串
(?:\w+.)*	以句点结尾的字符串，如“google.”“twitter.”“facebook.”，但是这些匹配的字符串不会保存下来供后续使用
(?#comment)	此处并不进行，只是作为注释
(?=.com)	字符串后面跟着“.com”才进行匹配，并不使用任何目标字符串
(?!.net)	字符串后面不跟着“.net”才进行匹配

续表

正则表达式模式	匹配的字符串
(?<=800-)	字符串之前为“800-”才进行匹配，假定为电话号码，同样并不使用任何输入字符串
(?<!192\.168\.)	字符串之前不是“192.168.”才进行匹配，假定用于过滤掉一组 C 类 IP 地址
(?(1)*y* | *x*)	如果一个匹配组 1（\1）存在，就与 *y* 匹配；否则，就与 *x* 匹配

1.2　使用 re 模块中的库函数

在 Python 中，可使用 re 模块提供的内置标准库函数来处理正则表达式。在这个模块中，既可以直接匹配正则表达式的基本函数，也可以通过编译正则表达式对象，并使用其方法来使用正则表达式。本节将详细讲解使用 re 模块的基本知识。

1.2.1　re 模块中的库函数和属性

表 1-17 列出了 re 模块中常用的内置库函数，它们中的大多数函数与已经编译的正则表达式对象（regex object）和正则表达式匹配对象（regex match object）的方法同名并且具有相同的功能。

表 1-17　　re 模块中常用的内置库函数

函数	描述
compile(pattern，flags = 0)	使用任何可选的标记来编译正则表达式的模式，并返回一个正则表达式对象
match(pattern，string，flags=0)	尝试使用带有可选标记的正则表达式的模式来匹配字符串。如果匹配成功，就返回匹配对象；如果失败，就返回 None
search(pattern，string，flags=0)	使用可选标记搜索字符串中第一次出现的正则表达式模式。如果匹配成功，则返回匹配对象；如果失败，则返回 None
findall(pattern，string [, flags])	查找字符串中所有（非重复）出现的正则表达式模式，并返回一个匹配列表
finditer(pattern，string [, flags])	与函数 findall()相同，但返回的不是一个列表，而是一个迭代器。对于每次匹配，迭代器都返回一个匹配对象
split(pattern，string，maxsplit=0)	根据正则表达式的模式分隔符，split 函数将字符串分割为列表，然后返回成功匹配的列表，最多分割 maxsplit 次（默认分割所有匹配成功的位置）
sub(pattern，repl，string，count=0)	使用 repl 替换所有正则表达式的模式在字符串中出现的位置，除非定义 count，否则将替换所有出现的位置（另见 subn()函数，该函数返回替换操作的数目）
purge()	清除隐式编译的正则表达式模式
group(num=0)	返回整个匹配对象，或者编号为 num 的特定子组
groups(default=None)	返回一个包含所有匹配子组的元组（如果没有成功匹配，则返回一个空元组）
groupdict(default=None)	返回一个包含所有匹配的命名子组的字典，所有的子组名称作为字典的键（如果没有成功匹配，则返回一个空字典）

表 1-18 列出了 re 模块中常用的属性信息。

表 1-18　　re 模块中常用的属性信息

属性	说明
re.I、re.IGNORECASE	不区分大小写的匹配
re.L、re.LOCALE	根据所使用的本地语言环境，通过\w、\W、\b、\B、\s、\S 实现匹配
re.M、re.MULTILINE	^和$分别匹配目标字符串中行的起始与结尾，而不是严格匹配整个字符串本身的起始和结尾

续表

属性	说明
re.S、re.DOTALL	"."（点号）通常匹配除\n（换行符）之外的所有单个字符；该标记表示"."（点号）能够匹配全部字符
re.X、re.VERBOSE	通过反斜线转义后，所有空格加上#（以及在该行中的所有后续文字）的内容都被忽略

1.2.2 使用函数 compile()

在 Python 程序中，函数 compile()的功能是编译正则表达式。使用函数 compile()的语法如下所示。

```
compile(source, filename, mode[, flags[, dont_inherit]])
```

通过使用上述格式，能够将 source 编译为代码或者抽象语法树对象。代码对象能够通过 exec 语句来执行或者使用 eval()进行求值。各个参数的具体说明如下所示。

- 参数 source：字符串或者抽象语法树对象。
- 参数 filename：代码文件名称，如果不从文件读取代码，则传递一些可辨认的值。
- 参数 mode：指定编译代码的种类，可以指定为 exec、eval 和 single。
- 参数 flags 和 dont_inherit：可选参数，极少使用。

下面的实例文件 compilechuli.py 演示了使用函数 compile()将正则表达式的字符串形式编译为 Pattern 实例的过程。

源码路径：daima\1\1-2\compilechuli.py

```
import re
pattern = re.compile('[a-zA-Z]')
result = pattern.findall('as3SiOPdj#@23awe')
print(result)
```

在上述代码中，先使用函数 re.compile()将正则表达式的字符串形式编译为 Pattern 实例，然后使用 Pattern 实例处理文本并获得匹配结果（一个匹配的实例），最后使用 Match 实例获得信息，进行其他操作。执行后输出：

```
['a', 's', 'S', 'i', 'O', 'P', 'd', 'j', 'a', 'w', 'e']
```

1.2.3 使用函数 match()

在 Python 程序中，函数 match()的功能是在字符串中匹配正则表达式，如果匹配成功，则返回 MatchObject 对象实例。使用函数 match()的语法格式如下所示。

```
re.match(pattern, string, flags=0)
```

各参数的具体说明如下。

- 参数 pattern：匹配的正则表达式。
- 参数 string：要匹配的字符串。
- 参数 flags：标志位，用于控制正则表达式的匹配方式，如是否区分大小写、匹配多行等。参数 flags 的选项如表 1-19 所示。

表 1-19　参数 flags 的选项

参数	意义
re.I	忽略大小写
re.L	根据本地设置而更改\w、\W、\b、\B、\s 以及\S 的匹配内容
re.M	多行匹配模式
re.S	如果使"."元字符，也匹配换行符

续表

参数	意义
re.U	匹配 Unicode 字符
re.X	忽略模式中的空格，并且可以使用“#”注释

注意：在 Python 中有多个内置模块，在每个内置模块中都会有很多内置函数。在平常描述时通常会直接使用函数名，而不会用模块前缀的方式。但是在程序中，必须使用函数的完整形式。例如，在上面的内容中，函数 match()是内置模块 re.的成员，所以在平常可以直接使用函数名的形式。但是在编写程序时，必须用完整的形式，即 re.match。在本书的正文描述中将采用简写函数名的形式，在代码中将采用模块前缀的形式。

匹配成功后，函数 re.match()会返回一个匹配的对象，否则返回 None。可以使用函数 group(num) 或函数 groups()来获取匹配的表达式，如表 1-20 所示。

表 1-20　使用函数 group(num)或函数 groups()获取匹配的表达式

匹配对象方法	描述
group(num=0)	匹配整个表达式的字符串，可以一次向 group()输入多个组号，这种情况下它将返回一个包含那些组所对应值的元组
groups()	返回一个包含所有组中字符串的元组

下面是如何运用 match()（以及 group()）的一个示例。

```
>>> m = re.match('foo', 'foo') #模式匹配字符串
>>> if m is not None: #如果匹配成功，就输出匹配内容
... m.group()
...
'foo'
```

模式“foo”完全匹配字符串“foo”，也能够确认 m 是交互式解释器中匹配对象的实例。

```
>>> m #确认返回的匹配对象
<re.MatchObject instance at 80ebf48>
```

下面是一个失败的匹配示例，它会返回 None。

```
>>> m = re.match('foo', 'bar')#模式并不能匹配字符串
>>> if m is not None: m.group() #单行版本的if 语句
...
>>>
```

因为上面的匹配失败，所以 m 被赋值为 None，而且以此方法构建的 if 语句没有指明任何操作。对于剩余的示例，为了简洁起见，可省去 if 语句块。但是在实际操作中，最好不要省去，以避免 AttributeError 异常（None 是返回的错误值，该值并没有 group()属性[方法]）。

只要模式从字符串的起始部分开始匹配，即使字符串比模式长，匹配也能够成功。例如，模式“foo”将在字符串“food on the table”中找到一个匹配，因为它是从字符串的起始部分进行匹配的。

```
>>> m = re.match('foo', 'food on the table') # 匹配成功
>>>m.group()
'foo'
```

此时可以看到，尽管字符串比模式要长，但从字符串的起始部分开始匹配就会成功。子串“foo”是从那个比较长的字符串中抽取出来的匹配部分，甚至可以充分利用 Python 原生的面向对象特性，忽略保存中间过程产生的结果。

```
>>>re.match('foo', 'food on the table').group()
'foo'
```

注意：在上述演示实例中，如果匹配失败，将会抛出 AttributeError 异常。

下面的实例文件 sou.py 演示了使用函数 match()进行匹配的过程。

源码路径：daima\1\1-2\sou.py

```
import re                                            #导入模块re
print(re.match('www', 'www.example.com').span())#在起始位置匹配
print(re.match('net', 'www.example.com'))         #不在起始位置匹配
```

执行后会输出：

```
(0, 3)
None
```

在正则表达式应用中，经常会看到关于电子邮件地址格式的正则表达式“\w+@\w+.com”，通常用于匹配这个正则表达式所允许的更多邮件地址。为了支持在域名前添加主机名称，如 www.example.com，仅允许 example.com 作为整个域名，必须修改现有的正则表达式。为了表示主机名是可选的，需要创建一个模式来匹配主机名（后面跟着一个句点），使用问号（？）操作符来表示该模式出现零次或一次，然后按照如下实例文件 duoge.py 所示的方式将可选的正则表达式插入之前的正则表达式\w+@(\w+\.)?\w+\.com 中。

源码路径：daima\1\1-2\duoge.py

```
1 import re
2 patt = '\w+@(\w+\.)?\w+\.com'
3 print(re.match(patt, 'guan@example.com').group())
4 print(re.match(patt, 'guan@www.example.com').group())
5
6 patt = '\w+@(\w+\.)*\w+\.com'
7 print(re.match(patt, 'guan@www.xxx.yyy.zzz.com').group())
```

从上述实例代码可以看出，表达式“\w+@(\w+\.)?\w+\.com”允许在“.com”前面有一个或者两个名称。第 6 行代码允许任意数量的中间子域名存在，读者需要注意这里的细节变化，此处将前面的“?”形式修改为“\w+@(\w+\.)*\w+.com”。这样仅使用字母数字字符的方式，并不能匹配组成电子邮件地址的全部可能字符。上面的正则表达式不能匹配诸如.com 的域名，或者使用非单词“\W”字符组成的域名。

下面的实例文件 tiqu.py 演示了使用函数 group()提取字母和数字字符的过程。

源码路径：daima\1\1-2\tiqu.py

```
import re
m = re.match('(\w\w\w)-(\d\d\d)', 'abc-123')
print(m.group())#完整匹配
print(m.group(1))#子组1
print(m.group(2))#子组2
print(m.groups())#全部子组
```

在上述代码中，使用正则表达式能够提取字母、数字字符串和数字，方法是使用函数 group()访问每个独立的子组，以及使用函数 groups()获取一个包含所有匹配了组的元组。执行后会输出：

```
abc-123
abc
123
('abc', '123')
```

1.2.4 使用函数 search()

在 Python 程序中，函数 search()的功能是扫描整个字符串并返回第一个成功的匹配。事实上，搜索模式出现在一个字符串中间部分的概率要远大于出现在字符串起始部分的概率。现在是将函数 search()派上用场的时候。函数 search()的工作方式与函数 match()的几乎完全一致，不同之处在于，函数 search()会用它的字符串参数在任意位置搜索给定正则表达式模式第一次出现的匹配情况。如果搜索到成功的匹配，就会返回一个匹配对象；否则，返回 None。

使用函数 search()的语法格式如下所示。

```
re.search(pattern, string, flags=0)
```

- 参数 pattern：匹配的正则表达式。
- 参数 string：要匹配的字符串。
- 参数 flags：标志位，用于控制正则表达式的匹配方式，例如是否区分大小写、允许多行匹配等。

匹配成功后，re.match()方法会返回一个匹配的对象；否则，返回 None。可以使用函数 group(num) 或函数 groups()函数来获取匹配表达式。

下面的实例文件 ser.py 演示了使用函数 search()进行匹配的过程。

源码路径：daima\1\1-2\ser.py

```
import re                                        #导入模块re
print(re.search('www', '').span())               #在起始位置匹配
print(re.search('net', '').span())               #不在起始位置匹配
```

执行后会输出：

```
(0, 3)
(10, 13)
```

下面的实例文件说明了函数 match()和 search()之间的差别，功能是使用字符串“foo”去匹配“seafood”。

源码路径：daima\1\1-2\sousuo.py

```
import re                                    #导入模块re
m = re.match('foo', 'seafood')               #匹配失败
if m is not None: m.group()
m = re.search('foo', 'seafood')              #使用 search() 代替
if m is not None: m.group()
```

在上述代码中，当使用函数 match()从字符串的起始部分进行匹配时，会失败。也就是说，模式中的“f”将匹配到字符串的首字母“s”上，这样的匹配肯定是失败的。然而，字符串“foo”确实出现在“seafood”之中(某个位置)。要想让 Python 得到肯定的结果，需要使用函数 search()，而不是尝试匹配。函数 search()不但会搜索模式在字符串中第一次出现的位置，而且严格地从左到右搜索字符串。

1.2.5 使用函数 findall()

在 Python 程序中，函数 findall()的功能是在字符串中查找所有符合正则表达式的字符串，并返回这些字符串的列表。如果在正则表达式中使用了组，则返回一个元组。函数 re.match()和函数 re.search()的作用基本一样。不同的是，函数 re.match()只从字符串中第一个字符开始匹配，而函数 re.search()则搜索整个字符串。

使用函数 findall()的语法格式如下所示。

```
re.findall(pattern, string, flags=0)
```

下面的实例文件 fi.py 演示了使用函数 findall()进行匹配的过程。

源码路径：daima\1\1-2\fi.py

```
import re                  #导入模块re
#定义一个要操作的字符串变量s
s = "adfad asdfasdf asdfas asdfawef asd adsfas "
reObj1 = re.compile('((\w+)\s+\w+)')#将正则表达式的字符串形式编译为Pattern实例
print(reObj1.findall(s))#第1次调用函数findall()
reObj2 = re.compile('(\w+)\s+\w+')#将正则表达式的字符串形式编译为Pattern实例
print(reObj2.findall(s))  #第2次调用函数findall()
reObj3 = re.compile('\w+\s+\w+')  #将正则表达式的字符串形式编译为Pattern实例
print(reObj3.findall(s))  #第3次调用函数findall()
```

因为函数 findall()返回的总是正则表达式在字符串中所有匹配结果的列表，所以此处主要讨论列表中“结果”的展现方式，即 findall 返回列表中每个元素包含的信息。上述代码调用了三次函数 findall()，具体说明如下所示。

- 第 1 次调用：当给出的正则表达式中有多对小括号时，列表的元素为多个字符串组成的元组，元组中的字符串个数与小括号对数相同，字符串的内容与每个小括号内的正则表达式相对应，并且按小括号中出现的顺序排放。
- 第 2 次调用：当给出的正则表达式中有一对小括号时，列表的元素为字符串，此字符串的内容与小括号中的正则表达式相对应（不是整个正则表达式的匹配内容）。
- 第 3 次调用：当给出的正则表达式中不带小括号时，列表的元素为字符串，此字符串为整个正则表达式匹配的内容。

执行后会输出：

```
[('adfad asdfasdf', 'adfad'), ('asdfas asdfawef', 'asdfas'), ('asd adsfas', 'asd')]
['adfad', 'asdfas', 'asd']
['adfad asdfasdf', 'asdfas asdfawef', 'asd adsfas']
```

下面的实例文件 wangzhi.py 演示了使用函数 findall()提取网址和锚文本的过程。

源码路径：daima\1\1-2\wangzhi.py

```
import re
relink = '<a href="(.*)">(.*)</a>'
info = '<a href="http://www.baidu.com">baidu</a>'
cinfo = re.findall(relink,info)
print(cinfo)
```

1.2.6 使用函数 sub()和 subn()

在 Python 程序中，两个函数/方法可用于实现搜索和替换功能，这两个函数分别是 sub()和 subn()。两者几乎一样，都用于将某字符串中所有匹配正则表达式的部分进行某种形式的替换。用来替换的部分通常是一个字符串，也可能是一个函数，该函数返回一个用来替换的字符串。函数 subn()和函数 sub()的用法类似，但是函数 subn() 可以返回一个替换总次数，替换后的字符串和表示替换总次数的数字一起作为一个拥有两个元素的元组返回。

在 Python 程序中，函数 sub()和函数 subn()的语法格式分别如下。

```
re.sub( pattern, repl, string[, count])
re.subn( pattern, repl, string[, count])
```

各个参数的具体说明如下。

- pattern：正则表达式模式。
- repl：要替换的内容。
- string：进行内容替换的字符串。
- count：可选参数，最大替换次数。

下面的实例文件 subbb.py 演示了使用函数 sub()实现替换功能的过程。

源码路径：daima\1\1-2\subbb.py

```
import re                                  #导入模块re
print(re.sub('[abc]', 'o', 'Mark'))        #找出字母a、b或者 c
print(re.sub('[abc]', 'o', 'rock'))        #将"rock"变成"rook"
print(re.sub('[abc]', 'o', 'caps'))        #将caps 变成oops
```

在上述实例代码中，首先在“Mark”中找出字母 a、b 或者 c，并以字母“o”替换，Mark 就变成了 Mork。然后将“rock”变成“rook”。重点看最后一行代码，有的读者可能认为可以将 caps 变成 oaps，但事实并非如此。函数 re.sub()能够替换所有的匹配项，并且不只是第一个匹配项，因此正则表达式将会把 caps 变成 oops，这里 c 和 a 都被转换为 o。执行后会输出：

```
Mork
rook
oops
```

下面的实例文件 sub.py 演示了使用函数 sub()和 subn()实现替换功能的过程。

源码路径：daima\1\1-2\sub.py

```
import re
print(re.sub('X', 'Mr.Guan', 'attn: X\n\nDear X,\n'))
print(re.subn('X', 'Mr.Guan', 'attn: X\n\nDear X,\n'))
print(re.sub('X', 'Mr.Guan', 'attn: X\n\nDear X,\n'))
print(re.sub('[ae]', 'X', 'abcdef'))
print(re.subn('[ae]', 'X', 'abcdef'))
```

执行后会输出：

```
attn: Mr.Guan

Dear Mr.Guan,

('attn: Mr.Guan\n\nDear Mr.Guan,\n', 2)
```

```
attn: Mr.Guan

Dear Mr.Guan,

XbcdXf
('XbcdXf', 2)
```

1.2.7　使用函数 split()

在 Python 程序中，模块 re 与正则表达式中的对象函数 split()的工作方式是类似的，但是与分割一个固定字符串相比，它们基于正则表达式分隔字符串。如果不想为每次出现的模式都分割字符串，就可以通过为参数 max 设定一个值（非零）的方式来指定最大分割次数。如果给定的分隔符不使用特殊符号来匹配多重模式的正则表达式，那么 re 模块中的函数 split()与 str 模块中的函数 split()的工作方式相同。下面的演示过程则基于单引号进行分割。

```
>>> re.split(':', 'str1:str2:str3')
['str1', 'str2', 'str3']
```

下面的实例文件 fi1.py 演示了使用函数 split()分割字符串的过程。

源码路径：daima\1\1-2\fi1.py

```
import re
DATA = (
'MMMMM View, CA 88888',
'SSSSS, CA',
'LLL AAAAA, 99999',
'CCCCCC 99999',
'PPPP AAAA CA',
)
for datum in DATA:
  print(re.split(', |(?= (?:\d{5}|[A-Z]{2})) ', datum))
```

上面的正则表达式拥有一个简单的组件，使用 split 语句基于逗号分割字符串。更重要的部分是最后的正则表达式，可以通过该正则表达式预览扩展符号。在普通的英文字符串中，如果空格紧跟在 5 个数字或者两个大写字母之后，就用 split()函数分割该字符串。执行后会输出：

```
['MMMMM View', 'CA', '88888']
['SSSSS', 'CA']
['LLL', 'AAAAA', '99999']
['CCCCCC', '99999']
['PPPP', 'AAAA', 'CA']
```

1.2.8　使用扩展符号

在 Python 程序中，正则表达式支持大量的扩展符号。例如，通过使用 (?iLmsux) 系列选项，可以直接在正则表达式里指定一个或者多个标记，而不是通过函数 compile()或者其他 re 模块函数。下面的实例文件 kuozhan1.py 演示了使用扩展符号处理字符串的过程。

源码路径：daima\1\1-2\kuozhan1.py

```
import re
print(re.findall(r'(?i)yes', 'yes? Yes. YES!!'))
print(re.findall(r'(?i)th\w+', 'The Guanxijing way is thh this.'))
print(re.findall(r'(?im)(^th[\w ]+)', """This line is the first,another line,that line,
it's the best"""))
①print(re.findall(r'th.+', '''
... The first line
... the second line
... the third line
②... '''))

③print(re.findall(r'(?s)th.+', '''
... The first line
... the second line
... the third line
... ''')
④)
```

```
⑤print(re.findall(r'http://(?:\w+\.)*(\w+\.com)', 'http://www.example.com/ http://www.example.com/ http://www.example.com/'))

print(re.sub(r'\((?P<areacode>\d{3})\) (?P<prefix>\d{3})-(?:\d{4})','(\g<areacode>) \g<prefix>-xxxx', '(800) 0531-88888888'))
```

在①前面的两行代码中是不区分大小写的。①～②使用“多行”的方式在目标字符串中实现跨行搜索，而不必将整个字符串视为单个实体。注意，此时忽略了实例“the”，因为它们并不出现在各自的行首。

③～④使用 re.S/DOTALL 标记设置的点号（.）来表示符号“\n”，反之，该标记通常用于表示除“\n”之外的全部字符。

⑤使用问号（?）对部分正则表达式进行分组，而不会保存该分组（用于后续的检索）。当不想保存以后永远不会使用的多余匹配时，问号（?）符号就会非常有用。

执行后会输出：

```
['yes', 'Yes', 'YES']
['The', 'thh', 'this']
['This line is the first']
['the second line', 'the third line']
['the second line\n... the third line\n... ']
['example.com', 'example.com', 'example.com']
(800) 0531-88888888
```

1.3 使用 Pattern 对象

在 Python 程序中，Pattern 对象是一个编译好的正则表达式，通过 Pattern 提供的一系列方法可以对文本进行匹配查找。Pattern 不能直接实例化，必须使用函数 re.compile()进行构造。在 Pattern 对象中，提供了如下 4 个可读属性来获取表达式的相关信息。

- pattern：在编译时用的表达式字符串。
- flags：在编译时用的匹配模式、数字形式。
- groups：表达式中分组的数量。
- groupindex：以表达式中有别名的组的别名为键、以该组对应的编号为值的字典，没有别名的组不包含在内。

下面的实例文件 subbb.py 演示了使用 Pattern 对象的函数 compile()进行处理的过程。

源码路径：daima\1\1-3\subbb.py

```
import re                                    #导入模块
#下面使用函数re.compile()进行构造
p = re.compile(r'(\w+) (\w+)(?P<sign>.*)', re.DOTALL)
print ("p.pattern:", p.pattern)              #表达式字符串
print ("p.flags:", p.flags)                  #编译匹配模式
print ("p.groups:", p.groups)                #分组的数量
print ("p.groupindex:", p.groupindex) #别名和编号字典
```

执行后会输出：

```
p.pattern: (\w+) (\w+)(?P<sign>.*)
p.flags: 48
p.groups: 3
p.groupindex: {'sign': 3}
```

1.4 正则表达式模式

在 Python 程序中，模式字符串使用如下特殊的语法来表示一个正则表达式。

- 字母和数字表示它们自身，一个正则表达式模式中的字母和数字匹配同样的字符串。
- 当大多数字母和数字前加一个反斜杠时，它们会拥有不同的含义。

- 标点符号只有被转义时才匹配自身，否则它们表示特殊的含义。
- 反斜杠本身需要使用反斜杠转义。
- 因为正则表达式通常都包含反斜杠，所以最好使用原始字符串来表示它们。模式元素（如 r'\t'，等价于'\\t'）匹配相应的特殊字符。

表 1-21 列出了正则表达式模式语法中的特殊元素。如果使用模式的同时提供了可选的标志参数，则某些模式元素的含义会发生改变。

表 1-21　　**正则表达式模式语法中的特殊元素**

模式	描述
^	匹配字符串的开头
$	匹配字符串的末尾
.	匹配任意字符，除换行符之外，当指定 re.DOTALL 标记时，则可以匹配包括换行符的任意字符
[...]	用来表示一组字符，单独列出，如[amk] 匹配 'a' 'm'或'k'
[^...]	不在[]中的字符，如[^abc] 匹配除 a、b、c 之外的字符
re*	匹配 0 个或多个表达式
re+	匹配 1 个或多个表达式
re?	匹配 0 个或 1 个由前面的正则表达式定义的片段，非贪婪方式
re{ *n*}	精确匹配前面的 *n* 个表达式
re{ *n*, *m*}	匹配 *n*～*m* 次由前面的正则表达式定义的片段，贪婪方式
a | *b*	匹配 *a* 或 *b*
(re)	匹配括号内的表达式，也表示一个组
(?imx)	正则表达式包含 3 种可选标志——I、m 或 x。只影响括号中的区域
(?-imx)	正则表达式关闭 I、m 或 x 可选标志。只影响括号中的区域
(?: re)	类似于(...)，但是不表示一组
(?imx: re)	在括号中使用 I、m 或 x 可选标志
(?-imx: re)	在括号中不使用 I、m 或 x 可选标志
(?#...)	注释
(?= re)	前向肯定界定符。如果所含正则表达式以 ... 表示，则在当前位置匹配时成功；否则，失败。一旦所含表达式已经使用，那么模式的剩余部分还要尝试匹配界定符的右边
(?! re)	前向否定界定符。与肯定界定符相反，当所含表达式不在字符串当前位置匹配时成功
(?> re)	匹配的独立模式，省去回溯
\w	匹配字母数字
\W	匹配非字母数字
\s	匹配任意空白字符，等价于 [\t\n\r\f\v]
\S	匹配任意非空白字符
\d	匹配任意数字，等价于[0～9]
\D	匹配任意非数字
\A	匹配字符串开始
\Z	匹配字符串结束，如果存在换行，则只匹配到换行前的结束字符串
\z	匹配字符串结束
\G	设置匹配必须出现在上一个匹配结束的地方
\b	匹配一个单词边界，也就是指单词和空格间的位置。例如，'er\b' 可以匹配"never" 中的 'er'，但不能匹配 "verb" 中的 'er'

续表

模式	描述
\B	匹配非单词边界。'er\B' 能匹配 "verb" 中的 'er'，但不能匹配 "never" 中的 'er'
\n、\t	分别用于匹配一个换行符和一个制表符
\1...\9	匹配第 *n* 个分组的子表达式
\10	如果正在被匹配，则匹配第 *n* 个分组的子表达式；否则，指八进制字符码的表达式

表 1-22 列出了在 Python 程序中使用常用正则表达式的实例。

表 1-22　　使用常用正则表达式的实例

实例	描述
python	匹配 "python"
[Pp]ython	匹配 "Python" 或 "python"
rub[ye]	匹配 "ruby" 或 "rube"
[aeiou]	匹配中括号内的任意一个字母
[0-9]	匹配任何数字，类似于 [0123456789]
[a-z]	匹配任何小写字母
[A-Z]	匹配任何大写字母
[a-zA-Z0-9]	匹配任何字母及数字
[^aeiou]	匹配除 a、e、i、o 和 u 字母以外的所有字符
[^0-9]	匹配除数字之外的字符
.	匹配除 "\n" 之外的任何单个字符。要匹配包括 '\n' 在内的任何字符，使用像 '[.\n]' 的模式
\d	匹配一个数字字符，等价于 [0～9]
\D	匹配一个非数字字符，等价于 [^0～9]
\s	匹配任何空白字符，包括空格、制表符、换页符等，等价于 [\f\n\r\t\v]
\S	匹配任何非空白字符，等价于 [^ \f\n\r\t\v]
\w	匹配包括下画线的任何单词字符，等价于'[A-Za-z0-9_]'
\W	匹配任何非单词字符，等价于 '[^A-Za-z0-9_]'

下面的实例文件 cao.py 演示了使用正则表达式统计指定文件中函数和变量的过程。Python 语法规定，函数定义必须以“def”开头，为了降低实例的难度，在此假设 Python 函数的编写规范是在关键字“def”后跟一个空格，然后是函数名和参数。没有考虑使用多个空格的情况。在 Python 程序中，因为变量一般不需要事先声明，可以直接赋值，所以要想统计文件中的变量信息，需要先处理变量直接赋值的情况，然后通过匹配单词后接“=”的情况查找变量名。为了简化起见，仅考虑比较规范整洁的写法，即规定变量名与“=”之间有一个空格。另外，添加了一种在 for 循环语句中直接使用的变量类型，在实例中特别处理了 for 循环的情况。在这里，实例并没有处理变量名重复的情况。

源码路径：daima\1\1-4\cao.py

```
import re                                   #导入模块re
import sys                                  #导入模块sys
def TongjiFunc(s):                          #定义函数TongjiFunc()统计函数
    r = re.compile(r'''                     #调用函数compile()
            (?<=def\s)                      #设置前面必须有函数标志def，并且紧跟一个空格
            \w+                             #匹配函数名
            \(.*?\)                         #匹配参数
            (?=:)                           #后面紧跟一个冒号“:”
            ''',re.X | re.U)                #设置编译选项，忽略模式中的注释
```

```
        return r.findall(s)
def TongjiVar(s):                               #定义函数TongjiVar()统计变量
        vars = []                               #定义存储变量的列表
        r = re.compile(r'''
                \b                              #匹配单词
                \w+                             #匹配变量名
                (?=\s=)                         #处理特殊情况—— 变量赋值
                '',re.X | re.U)                 #设置编译选项，忽略模式中的注释
        vars.extend(r.findall(s))
        r = re.compile(r'''
                (?<=for\s)                      #处理for语句中的变量
                \w+                             #匹配变量名
                \s                              #匹配空格
                (?=in)                          #匹配in关键字
                ''',re.X | re.U)                #设置编译选项，忽略模式中的注释
        vars.extend(r.findall(s))
        return vars
if len(sys.argv) == 1:                          #判断是否输入了命令，如果没有输入，必须输入要处理的文件
        sour = input('亲，请输入文件路径')      #提示输入要处理文件的路径
else:                                           #如果输入了命令
        sour = sys.argv[1]                      #获取命令行参数
file = open(sour,encoding="utf-8")              #打开文件
s = file.readlines()                            #以行读取文件的内容
file.close()                                    #关闭文件
print('*********************************')
print('文件',sour,'中存在的函数有：')
print('*********************************')
i = 0                                           #i表示函数所在的行号
for line in s:    #循环遍历文件的内容，匹配里面的函数，输出函数所在的行号，输出函数的原型
        i = i + 1
        function = TongjiFunc(line)             #调用统计函数的函数
        if len(function) == 1:                  #如果行数是1
                print('Line: ',i,'\t',function[0])
print('*********************************')
print('文件',sour,'存在的变量有：')
print('*********************************')
i = 0                                           #i表示变量所在的行号
for line in s:      #循环遍历文件的各行，匹配里面的变量，输出变量所在的行号，输出变量名
        i = i + 1
        var = TongjiVar(line)                   #调用统计变量的函数
        if len(var) == 1:
                print('Line: ',i,'\t',var[0])
```

在上述实例代码中，首先定义了一个能够获取文件中函数名的函数 TongjiFunc(s)，然后定义了一个能够获取变量名的函数 TongjiVar(s)，最后分别调用它们执行查找和获取操作。执行文件 cao.py 后的效果如图 1-1 所示。

图 1-1　执行文件 cao.py 后的效果

下面的实例 gaoji1.py 演示了如何创建一个生成数据集的脚本。

源码路径：daima\1\1-4\gaoji1.py

```
from random import randrange, choice
from string import ascii_lowercase as lc
from sys import maxsize
from time import ctime

①tlds = ( 'com', 'edu', 'net', 'org', 'gov' )

for i in range(randrange(5, 11)):
      dtint = randrange(maxsize)       #选择日期
      dtstr = ctime(dtint)             #日期字符串
②     llen = randrange(4, 7)           #登录名比较短
      login = ''.join(choice(lc) for j in range(llen))
      dlen = randrange(llen, 13)       #域比较长
      dom = ''.join(choice(lc) for j in range(dlen))
      print('%s::%s@%s.%s::%d-%d-%d' % (dtstr, login,dom, choice(tlds), dtint, llen, dlen))
```

上述代码是一个生成数据集的脚本，能够简单地将生成的字符串集显示到标准输出中，该输出很容易重定向到测试文件。上述脚本能够生成拥有 3 个字段的字符串，由一对冒号（:）或者一对双冒号（::）分隔。其中第一个字段是随机（32 位）整数，该整数将被转换为一个日期；第 2 个字段是一个随机生成的电子邮件地址；第 3 个字段是一个由单横线（-）分隔的整数集。

其中 tlds 是由一组高级域名格式组合而成的，当需要随机生成电子邮件地址时，可以从中随机选出一个。每当执行文件 gendata.py，就会生成 for 语句之前的输出（该脚本对于所有需要随机整数的场景都使用函数 random.randrange()）。对于每一行，选取范围（$0\sim2^{31}-1$）中所有可能的随机整数，然后使用函数 time.ctime()将该整数转换为日期。在 Python 程序中，系统时间和大多数基于 POSIX 的计算机一样，两者都使用从“epoch”到今天的秒数，其中 epoch 是指 1970 年 1 月 1 日格林尼治时间的午夜。如果选择一个 32 位整数，那么该整数将表示从 epoch 到最大可能时间（即 epoch 后的 232s）之间的某个时刻。①～②的功能是构造登录名长度是 4～7 个字符的邮件地址，这是通过使用 randrange(4，8)实现的。为了将它们放在一起，需要随机选择 4～7 个小写字母，将所有字母逐个连接成一个字符串。函数 random.choice()的功能就是接受一个序列，然后返回该序列中的一个随机元素。在上述代码中，string.ascii_lowercase 是字母表里拥有 26 个小写字母的序列集合。

注意：不能将限定符与定位点一起使用。

在 Python 程序中，因为在换行符或者字边界的前面或后面不能有一个以上空的位置，所以不允许诸如“^*”之类的表达式。如果要匹配一行文本开始处的字符，请在正则表达式的开始使用^字符。不要将^的这种用法与中括号表达式内的用法混淆。如果要匹配一行文本结束处的字符，请在正则表达式的结束处使用“$”字符。

第2章

网 络 编 程

互联网改变了人们的生活方式，生活在当今社会中的人们已经越来越离不开网络。相对于其他语言，Python 在网络通信方面的优点特别突出。本章将详细讲解使用 Python 开发网络项目的基本知识，为读者进行本书后面知识的学习打下基础。

2.1 套接字编程

应用程序通常通过“套接字”（socket）向网络发出请求或者应答网络请求，使主机间或者计算机上的进程间可以通信。Python 提供了两种访问网络服务的功能。其中低级别的网络服务通过套接字实现，它提供了标准的 BSD 套接字 API，可以访问底层操作系统套接字接口的全部方法。而高级别的网络服务通过模块 SocketServer 实现，它提供了服务器中心类，可以简化网络服务器的开发。本节将讲解通过 socket 对象实现网络编程的知识。

2.1.1 Socket 库中的内置函数和属性

在 Python 程序中，Socket 库针对服务器端和客户端进行打开、读写和关闭操作。在 Socket 库中，用于创建 socket 对象的内置成员如下所示。

（1）函数 socket.socket()

在 Python 标准库中，通过使用 socket 模块提供的 socket 对象，可以在计算机网络中建立相互通信的服务器与客户端。在服务器端需要建立一个 socket 对象，并等待客户端的连接。客户端使用 socket 对象与服务器端进行连接，一旦连接成功，客户端和服务器端就可以进行通信了。

在 Python 的 socket 对象中，函数 socket()能够创建套接字对象。此函数是套接字网络编程的基础对象，具体语法格式如下。

```
socket.socket(family=AF_INET, type=SOCK_STREAM, proto=0, fileno=None)
```

- 参数“family”是 AF_UNIX 或 AF_INET。
- 参数“type”是 SOCK_STREAM 或 SOCK_DGRAM。
- 参数“proto”通常省略，默认为 0。
- 如果指定 fileno，则忽略其他参数，返回具有指定文件描述符的套接字。fileno 将返回相同的套接字，而不是重复，这有助于使用 socket.close()函数关闭分离的套接字。

在 Python 程序中，为了创建 TCP/IP 套接字，可以用下面的代码调用函数 socket.socket()。

```
tcpSock = socket.socket(socket.AF_INET, socket.SOCK_STREAM)
```

同理，在创建 UDP/IP 套接字时需要执行如下代码。

```
udpSock = socket.socket(socket.AF_INET, socket.SOCK_DGRAM)
```

因为有很多 socket 模块属性，所以此时可以使用“from module import ”导入方式，但这只是其中的一个例外。如果使用“from socket import ”导入方式，那么就把 socket 属性导入命名空间中。虽然这看起来有些麻烦，但是通过这种方式能够大大减少代码，例如下面的代码。

```
tcpSock = socket(AF_INET, SOCK_STREAM)
```

一旦有了 socket 对象，使用 socket 对象的方法就可以进行进一步的交互。

（2）函数 socket.socketpair([family[, type[, proto]]])

函数 socket.socketpair()的功能是使用所给的地址族、套接字类型和协议号创建一对已连接的 socket 对象地址列表，类型（type）和协议号（proto）的含义与前面 socket()函数的相同。

（3）函数 socket.create_connection(address[, timeout[, source_address]])

其功能是连接到互联网上侦听的 TCP 服务地址（二元组），形式是（host,port），分别表示主机和端口，并返回套接字对象。这使得编写与 IPv4 和 IPv6 兼容的客户端变得容易。传递可选参数 timeout 将在尝试连接之前设置套接字实例的超时。如果未提供超时，则使用 getdefaulttimeout()返回的全局默认超时设置。如果提供了参数 source_address，则这个参数必须是一个二元组。如果主机或端口分别为''或 0，则使用操作系统的默认值。

（4）函数 socket.fromfd(fd, family, type, proto=0)

其功能是复制文件描述符 fd（由文件对象的 fileno()方法返回的整数），并从结果中构建一个套接字对象。参数 family、type 和 proto 的具体含义与 socket()函数相同。文件描述符应该指向一个套接字，但是当文件描述符无效时，就不会被检查出来，在对象的后续操作中可能失败。虽然函数 socket.fromfd()很少用到，但是可用于获取或设置作为标准输入或输出传递给程序的套接字选项（例如，由 UNIX inet 守护程序启动的服务器）。

（5）函数 socket.fromshare(data)

该函数的功能是实例化从函数 socket.share()获取的数据，假设套接字处于阻塞模式。

下面的实例文件 jiandanfuwu.py 演示了创建一个简单套接字服务器的过程。

源码路径：daima\2\2-1\jiandanfuwu.py

```
import socket
sk = socket.socket()
sk.bind(("127.0.0.1",8080))
sk.listen(5)
conn,address = sk.accept()
sk.sendall(bytes("Hello world",encoding="utf-8"))
```

下面的实例文件 jiandankehu.py 演示了创建一个简单套接字客户端的过程。

源码路径：daima\2\2-1\jiandankehu.py

```
import socket

obj = socket.socket()
obj.connect(("127.0.0.1",8080))

ret = str(obj.recv(1024),encoding="utf-8")
print(ret)
```

2.1.2　socket 对象的内置函数和属性

在 Socket 库中，socket 对象提供了表 2-1 所示的内置函数。

表 2-1　socket 对象的内置函数

函数	功能
服务器端套接字函数	
bind()	用于绑定地址（host,port）到套接字，在 AF_INET 下，以元组（host, port）的形式表示地址
listen()	用于开始 TCP 监听。backlog 指定在拒绝连接之前，操作系统可以挂起的最大连接数量。该值至少为 1，大部分应用程序设为 5 即可
accept()	被动接受 TCP 客户端连接，（阻塞式）等待连接的到来
客户端套接字函数	
connect()	主动初始化 TCP 服务器连接，一般 address 是形式为（hostname, port）的二元组，如果连接出错，则返回 socket.error 错误
connect_ex()	connect()函数的扩展版本，在出错时返回出错码，而不是抛出异常
公共用途的套接字函数	
recv()	接收 TCP 数据，数据以字符串形式返回，bufsize 指定要接收的最大数据量。flags 提供有关消息的其他信息，通常可以忽略
send()	发送 TCP 数据，将字符串中的数据发送到连接的套接字。返回值是要发送的字节数量，该数量可能小于字符串的长度
sendall()	完整发送 TCP 数据。将字符串中的数据发送到连接的套接字，但在返回之前会尝试发送所有数据。若成功，则返回 None；若失败，则抛出异常
recvform()	接收 UDP 数据，与 recv()的功能类似，但返回值是（data, address）。其中 data 是包含接收数据的字符串，address 是发送数据的套接字地址

续表

函数	功能
	公共用途的套接字函数
sendto()	发送 UDP 数据，将数据发送到套接字，address 是形式为（ipaddr，port）的元组，用于指定远程地址。返回值是发送的字节数
close()	关闭套接字
getpeername()	返回连接套接字的远程地址。返回值通常是元组（ipaddr, port）
getsockname()	返回套接字自己的地址。返回值通常是元组（ipaddr, port）
setsockopt(level,optname,value)	设置给定套接字选项的值
getsockopt(level,optname[,buflen])	返回套接字选项的值
settimeout(timeout)	设置套接字操作的超时时间，timeout 是一个浮点数，单位是秒。值为 None 表示没有超时时间。一般，超时时间应该在刚创建套接字时设置，因为它们可能用于连接的操作（如 connect()）
gettimeout()	返回当前超时时间的值，单位是秒，如果没有设置超时时间，则返回 None
fileno()	返回套接字的文件描述符
setblocking(flag)	如果 flag 为 0，则将套接字设为非阻塞模式；否则，将套接字设为阻塞模式（默认值）。在非阻塞模式下，如果调用 recv()没有发现任何数据，或 send()调用无法立即发送数据，那么将引起 socket.error 异常
makefile()	创建一个与套接字相关联的文件

除上述内置函数之外，在 socket 模块中还提供很多与网络应用开发相关的属性和异常。表 2-2 列出了一些比较常用的属性和异常。

表 2-2　socket 模块的常见属性和异常

属性和异常	描述
	属性
AF_UNIX、AF_INET、AF_INET6、AF_NETLINK、AF_TIPC	Python 中支持的套接字地址
SOCK_STREAM、SOCK_DGRAM	套接字类型（TCP=流，UDP=数据报）
socket.AF_UNIX	只能够在单一的 UNIX 系统进程间通信
socket.AF_INET	服务器之间的网络通信
socket.AF_INET6	IPv6
socket.SOCK_STREAM	流式套接字，是为 TCP 服务的
socket.SOCK_DGRAM	数据报式套接字，是为 UDP 服务的
socket.SOCK_RAW	原始套接字，普通的套接字无法处理 ICMP、IGMP 等网络报文，而 SOCK_RAW 可以。另外 SOCK_RAW 也可以处理特殊的 IPv4 报文。利用原始套接字，可以通过 IP_HDRINCL 套接字选项由用户构造 IP 头
socket.SOCK_SEQPACKET	可靠的连续数据包服务
has_ipv6	表示是否支持 IPv6 的布尔标记
	异常
error	套接字错误
herror	主机和地址错误
gaierror	地址错误
timeout	超时时间

2.1.3 使用 socket 建立 TCP "客户端/服务器端" 连接

在 Python 程序中创建 TCP 服务器时，创建通用 TCP 服务器的一般演示代码如下。需要记住的是，这仅是设计服务器的一种方式。一旦熟悉了服务器设计，可以修改下面的代码来操作服务器。

```
ss = socket()                           #创建服务器套接字
ss.bind()                               #绑定套接字与地址
ss.listen()                             #监听连接
inf_loop:                               #服务器无限循环
    cs = ss.accept()                    #接受客户端连接
comm_loop:                              #通信循环
        cs.recv()/cs.send()             #对话（接收/发送）
    cs.close()                          #关闭客户端套接字
ss.close()                              #关闭服务器套接字#（可选）
```

在 Python 程序中，所有套接字都是通过 socket.socket()函数创建的。因为服务器需要占用一个端口并等待客户端的请求，所以它们必须绑定到一个本地地址。因为 TCP 是一种面向连接的通信系统，所以在 TCP 服务器开始操作之前，必须安装一些基础设施。特别地，TCP 服务器必须监听（传入）的连接。一旦这个安装过程完成，服务器就可以开始它的无限循环。在调用 accept()函数之后，就开启了一个简单的（单线程）服务器，它会等待客户端的连接。默认情况下，accept()函数是阻塞的，这说明执行的操作会被暂停，直到一个连接到达为止。一旦服务器接受了一个连接，就会利用 accept()方法返回一个独立的客户端套接字，用来与即将到来的消息进行交换。

下面的实例代码演示了通过套接字建立 TCP "客户端/服务器" 连接的过程，这是一个可靠的、相互通信的 "客户端/服务器"。

实例文件 ser.py 的功能是以 TCP 连接方式建立一个服务器端程序，该程序能够将收到的信息直接发回到客户端。文件 ser.py 的具体实现代码如下。

源码路径：daima\2\2-1\ser.py

```
import socket                           #导入socket模块
HOST = ''                               #定义变量HOST的初始值
PORT = 10000                            #定义变量PORT的初始值
#创建socket对象s，参数分别表示地址和协议类型
s = socket.socket(socket.AF_INET, socket.SOCK_STREAM)
s.bind((HOST, PORT))                    #将套接字与地址绑定
s.listen(1)                             #监听连接
conn, addr = s.accept()                 #接受客户端连接
print('客户端地址', addr)               #显示客户端地址
while True:                             #连接成功后
    data = conn.recv(1024)              #实现对话操作（接收/发送）
    print("获取信息：",data.decode('utf-8'))#显示获取的信息
    if not data:                        #如果没有数据
        break                           #终止循环
    conn.sendall(data)                  #发送数据信息
conn.close()                            #关闭连接
```

在上述实例代码中，建立 TCP 连接之后使用 while 语句多次与客户端进行数据交换，直到收到的数据为空时才会终止服务器的运行。因为这只是一个服务器端程序，所以运行之后程序不会立即返回交互信息，还要等待和客户端建立连接，等与客户端建立连接后才能看到具体的交互效果。

实例文件 cli.py 的功能是建立客户端程序，在此需要创建一个 socket 实例，然后调用这个 socket 实例的 connect()函数来连接服务器端。connect()函数的语法格式如下所示。

```
connect (address)
```

参数 "address" 通常也是一个元组（由一个主机名/IP 地址、端口构成），如果要连接本地计算机，则主机名可直接使用 "localhost"，connect()函数能够将套接字连接到远程地址为 "address" 的计算机。

实例文件 cli.py 的具体实现代码如下。

源码路径：daima\2\2-1\cli.py

```
import socket                          #导入socket模块
HOST = 'localhost'                     #定义变量HOST的初始值
PORT = 10000                           #定义变量PORT的初始值
#创建socket对象s，参数分别表示地址和协议类型
s = socket.socket(socket.AF_INET, socket.SOCK_STREAM)
s.connect((HOST, PORT))                #建立和服务器端的连接
data = "你好！"                        #设置数据变量
while data:
    s.sendall(data.encode('utf-8'))    #发送数据"你好"
    data = s.recv(512)                 #实现对话操作（接收/发送）
    print("获取服务器信息：\n",data.decode('utf-8')) #显示接收到的服务器信息
    data = input('请输入信息：\n')                  #信息输入
s.close()                                           #关闭连接
```

上述代码使用套接字以TCP连接方式建立一个简单的客户端程序，基本功能是将从键盘录入的信息发送给服务器，并从服务器接收信息。因为服务器端是建立在本地“localhost”的10000端口上，所以上述代码作为客户端程序，连接的就是本地“localhost”的10000端口。当连接成功之后，向服务器端发送一条默认的信息“你好！”，再将从键盘录入的信息发送给服务器端，直到录入空信息（按Enter键）时才退出while循环，关闭套接字连接。先运行ser.py服务器端程序，然后运行cli.py客户端程序，除发送一条默认的信息之外，从键盘中录入的信息都会发送给服务器，服务器收到信息后显示并再次转发回客户端进行显示。执行效果如图2-1所示。

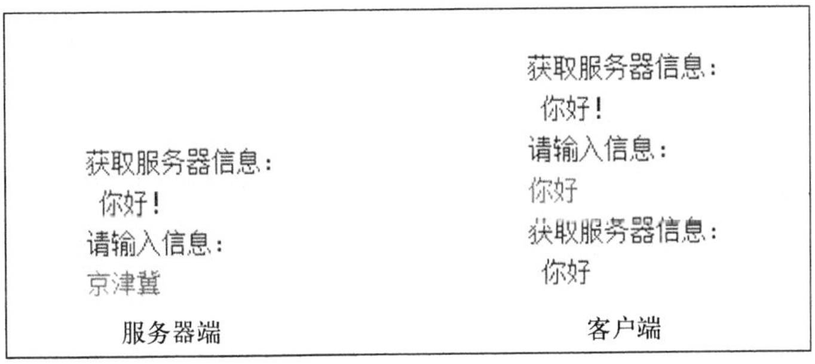

图2-1　执行文件cli.py后的效果

再看下面的这个实例，功能是建立一个TCP“客户端/服务器”模式的机器人聊天程序。在这个实例中，看服务器端的实例文件jiqirenser.py。具体实现代码如下。

源码路径：daima\2\2-1\jiqirenser.py

```
import  socketserver
class Myserver(socketserver.BaseRequestHandler):
    def handle(self):

        conn = self.request
        conn.sendall(bytes("你好，我是机器人",encoding="utf-8"))
        while True:
            ret_bytes = conn.recv(1024)
            ret_str = str(ret_bytes,encoding="utf-8")
            if ret_str == "q":
                break
            conn.sendall(bytes(ret_str+"你好我好大家好",encoding="utf-8"))

if __name__ == "__main__":
    server = socketserver.ThreadingTCPServer(("127.0.0.1",8000),Myserver)
    server.serve_forever()
```

在这个实例中，看客户端的实例文件jiqirencli.py。具体实现代码如下。

源码路径：daima\2\2-1\jiqirencli.py

```
import socket

obj = socket.socket()
```

```
obj.connect(("127.0.0.1",8000))

ret_bytes = obj.recv(1024)
ret_str = str(ret_bytes,encoding="utf-8")
print(ret_str)

while True:
    inp = input("请问您有什么问题？ \n >>>")
    if inp == "q":
        obj.sendall(bytes(inp,encoding="utf-8"))
        break
    else:
        obj.sendall(bytes(inp, encoding="utf-8"))
        ret_bytes = obj.recv(1024)
        ret_str = str(ret_bytes,encoding="utf-8")
        print(ret_str)
```

执行后的效果如图 2-2 所示。

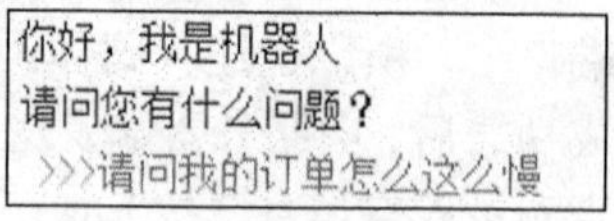

图 2-2　执行文件 jiqirencli.py 后的效果

再看下面的这个实例，功能是实现文件上传。

在这个实例中，看服务器端的实例文件 shangchuanfuwu.py。具体实现代码如下。

源码路径：daima\2\2-1\shangchuanfuwu.py

```
import socket
sk = socket.socket()
sk.bind(("127.0.0.1",8000))
sk.listen(5)

while True:
    conn,address = sk.accept()
    conn.sendall(bytes("欢迎光临我爱我家",encoding="utf-8"))

    size = conn.recv(1024)
    size_str = str(size,encoding="utf-8")
    file_size = int(size_str)

    conn.sendall(bytes("开始传送", encoding="utf-8"))

    has_size = 0
    f = open("123.jpg","wb")
    while True:
        if file_size == has_size:
            break
        date = conn.recv(1024)
        f.write(date)
        has_size += len(date)
    f.close()
```

在这个实例中，看客户端的实例文件 shangchuancli.py。具体实现代码如下。

源码路径：daima\2\2-1\shangchuancli.py

```
import socket
import os

obj = socket.socket()

obj.connect(("127.0.0.1",8000))

ret_bytes = obj.recv(1024)
ret_str = str(ret_bytes,encoding="utf-8")
print(ret_str)

size = os.stat("yan.jpg").st_size
obj.sendall(bytes(str(size),encoding="utf-8"))

obj.recv(1024)
```

```
with open("yan.jpg","rb") as f:
    for line in f:
        obj.sendall(line)
```

2.1.4 使用套接字建立 UDP“客户端/服务器端”连接

在 Python 程序中，当使用套接字应用传输层的 UDP 建立客户端/服务器端程序时，整个实现过程要比使用 TCP 简单一点。基于 UDP 的服务器端与客户端在进行数据传送时，不先建立连接，而直接进行数据传送。

在 socket 对象中，使用方法 recvfrom()接收数据。具体语法格式如下。

```
recvfrom(bufsize[, flags])     #bufsize用于指定缓冲区大小
```

方法 recvfrom()主要用来从 socket 接收数据，可以连接 UDP。

在 socket 对象中，使用方法 sendto()发送数据。具体语法格式如下。

```
sendto (bytes, address)
```

参数“bytes”表示要发送的数据；参数“address”表示发送信息的目标地址。由目标 IP 地址和端口构成的元组，主要用来通过 UDP 将数据发送到指定的服务器端。

在 Python 程序中，UDP 服务器不需要 TCP 服务器那么多的设置，因为它们不是面向连接的。除等待传入的连接之外，几乎不需要做其他工作。下面是一段通用的 UDP 服务器端代码。

```
ss = socket()                             #创建服务器套接字
ss.bind()                                 #绑定服务器套接字
infloop:                                  #服务器无限循环
    cs = ss.recvfrom()/ss.sendto()        #实现对话操作（接收/发送）
ss.close()                                #关闭服务器套接字
```

从上述演示代码中可以看到，除创建套接字并将它绑定到本地地址（主机名/端口号对）之外，并没有额外的工作。无限循环包含接收客户端消息、打上时间戳并返回消息，然后回到等待另一条消息的状态。注意，close()调用是可选的，并且由于无限循环的缘故，它并不会被调用，但它应该是优雅或智能退出方案的一部分。

注意：UDP 和 TCP 服务器之间的另一个显著差异是，因为数据报套接字是无连接的，所以就没有为了成功通信而使一个客户端连接到一个独立的套接字的“转换”操作。这些服务器仅接收消息并有可能恢复数据。

下面的实例代码中演示了使用套接字建立 UDP“客户端/服务器端”连接的过程，UDP 是一个不可靠的、相互通信的“客户端/服务器端”。

实例文件 serudp.py 的功能是使用 UDP 连接方式建立一个服务器端程序，将收到的信息直接发回客户端。文件 serudp.py 的具体实现代码如下。

源码路径：daima\2\2-1\serudp.py

```
import socket                                     #导入socket模块
HOST = ''                                         #定义变量HOST的初始值
PORT = 10000                                      #定义变量PORT的初始值
#创建socket对象s，参数分别表示地址和协议类型
s = socket.socket(socket.AF_INET, socket.SOCK_DGRAM)
s.bind((HOST, PORT))                              #将套接字与地址绑定
data = True                                       #设置变量data的初始值
while data:                                       #如果有数据
    data,address = s.recvfrom(1024)               #实现对话操作（接收/发送）
    if data==b'zaijian':                          #当接收的数据是zaijian时
        break                                     #停止循环
    print('接收信息：',data.decode('utf-8'))      #显示接收到的信息
    s.sendto(data,address)                        #发送信息
s.close()                                         #关闭连接
```

在上述实例代码中，建立 UDP 连接之后，使用 while 语句多次与客户端进行数据交换。上述服务器程序建立在本机的 10000 端口上，当收到“zaijian”信息时退出 while 循环，关闭服务器。

实例文件 cliudp.py 的具体实现代码如下。

源码路径：daima\2\2-1\cliudp.py

```
import socket                                                  #导入socket模块
HOST = 'localhost'                                             #定义变量HOST的初始值
PORT = 10000                                                   #定义变量PORT的初始值
#创建socket对象s，参数分别表示地址和协议类型
s = socket.socket(socket.AF_INET, socket.SOCK_DGRAM)
data = "你好！"                                                #定义变量data的初始值
while data:                                                    #如果有data数据
    s.sendto(data.encode('utf-8'),(HOST,PORT))                 #发送数据信息
    if data=='zaijian':                                        #如果data的值是'zaijian'
        break                                                  #停止循环
    data,addr = s.recvfrom(512)                                #读取数据信息
    print("从服务器接收信息：\n",data.decode('utf-8'))         #显示从服务器端接收的信息
    data = input('输入信息：\n')                               #信息输入
s.close()                                                      #关闭连接
```

上述代码使用套接字以 UDP 连接方式建立了一个简单的客户端程序，当在客户端创建套接字后，会直接向服务器端（本机的 10000 端口）发送数据，而没有进行连接。当用户键入“zaijian”时退出 while 循环，关闭本程序。运行效果与 TCP 服务器端和客户端实例基本相同。执行效果如图 2-3 所示。

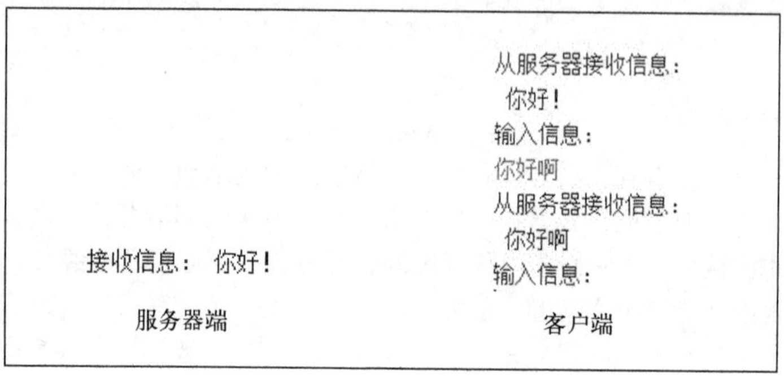

图 2-3　执行文件 cliudp.py 后的效果

2.2　socketserver 编程

Python 提供了高级的网络服务器模块 socketserver，在里面提供了服务器中心类，用于简化网络服务器的开发步骤。本节将详细讲解使用 socketserver 对象实现网络编程的知识。

2.2.1　socketserver 模块基础

socketserver 是 Python 标准库中的一个高级模块，在 Python 3 以前的版本中被命名为 socketserver，推出 socketserver 的目的是简化程序代码。

在 Python 程序中，虽然使用前面介绍的 socket 模块可以创建服务器，但是开发者要对网络连接等进行管理和编程。为了更加方便地创建网络服务器，在 Python 标准库中提供了一个创建网络服务器的模块 socketserver。socketserver 框架将处理请求划分为两部分，分别对应服务器类和请求处理类。服务器类处理通信问题，请求处理类处理数据交换或传送。这样，更加容易进行网络编程和程序的扩展。同时，该模块还支持快速的多线程或多进程的服务器编程。

在 socketserver 模块中，使用的服务器类主要有 TCPServer、UDPServer、ThreadingTCPServer、ThreadingUDPServer、ForkingTCPServer、ForkingUDPServer 等。

接下来将详细讲解 socketserver 模块的具体构成。

在模块 socketserver 中，包含如下几个基本类。

1）类 socketserver.TCPServer(server_address, RequestHandlerClass, bind_and_activate=True)

类 TCPServer 是一个基础的网络同步 TCP 服务器类，能够使用 TCP 在客户端和服务器之间提供连续的数据流。如果 bind_and_activate 为 true，构造函数将自动尝试调用 server_bind() 和 server_activate()，其他参数会被传递到 BaseServer 基类。

2）类 socketserver.UDPServer(server_address, RequestHandlerClass, bind_and_activate=True)

类 UDPServer 是一个基础的网络同步 UDP 服务器类，用于实现在传输过程中可能不按顺序到达或丢失时的数据包处理，参数含义与 TCPServer 相同。

3）类 socketserver.UnixStreamServer(server_address, RequestHandlerClass, bind_and_activate=True) 和类 socketserver.UnixDatagramServer(server_address, RequestHandlerClass, bind_and_activate=True)

基于文件的基础同步 TCP/UDP 服务器，虽与前面的 TCP 和 UDP 类类似，但使用的是 UNIX 域套接字，只能在 UNIX 平台上使用。参数含义与 TCPServer 相同。

4）类 BaseServer

类 BaseServer 包含核心服务器功能和混合类的钩子，仅用于推导，而不会创建类的实例。可以用 TCPServer 或 UDPServer 创建类的实例。

在模块 socketserver 中，构成类的继承关系如下所示。

```
+------------+
| BaseServer |
+------------+
      |
      v
+-----------+        +------------------+
| TCPServer |------->| UnixStreamServer |
+-----------+        +------------------+
      |
      v
+-----------+        +--------------------+
| UDPServer |------->| UnixDatagramServer |
+-----------+        +--------------------+
```

注意：类 UnixDatagramServer 源自类 UDPServer，而不是来自 UnixStreamServer。IP 地址和 UNIX 流服务器之间的唯一区别是它们的地址描述族。

除上述基本的类之外，在 socketserver 模块中还包含其他功能类，具体说明如表 2-3 所示。

表 2-3　socketserver 模块中的其他功能类

类	功能
ForkingMixIn/ThreadingMixIn	具有核心复制或线程功能；只用于在混合类与一个服务器类配合时实现一些异步性；不能直接实例化这个类
ForkingTCPServer/ForkingUDPServer	用于 ForkingMixIn 和 TCPServer/UDPServer 的组合
ThreadingTCPServer/ThreadingUDPServer	用于 ThreadingMixIn 和 TCPServer/UDPServer 的组合
BaseRequestHandler	包含处理服务请求的核心功能；仅用于推导，而无法创建类的实例；可以使用 StreamRequestHandler 或 DatagramRequestHandler 创建类的实例
StreamRequestHandler/DatagramRequestHandler	用于实现 TCP/UDP 服务器的服务处理器

上述服务器的构造方法参数主要如下。

- server_address：由 IP 地址和端口构成的元组。
- RequestHandlerClass：处理程序类，供服务器类调用以处理数据。

2.2.2 socketserver 对象

1．对象 BaseServer(server_address, RequestHandlerClass)

类 BaseServer 是模块中所有服务器对象的超类，虽然在里面定义了接口和函数，但是大多数情况下都不会实现函数，具体实现是在子类中完成的。参数 server_address 与 RequestHandlerClass 存储在相应的 server_address 和 RequestHandlerClass 属性中。

类 BaseServer 包含如下内置成员。

1）fileno()：返回服务器监听套接字的整数文件描述符。通常传递给 select.select(), 以允许一个进程监视多个服务器。

2）handle_request()：处理单个请求。处理顺序为 get_request()、verify_request()、process_request()。如果用户提供的 handle()方法抛出异常，则将调用服务器的 handle_error()方法。如果在 self.timeout 内没有收到请求，则将调用 handle_timeout()并返回 handle_request()。

3）serve_forever(poll_interval=0.5)：处理请求，直到出现明确的 shutdown()请求。每 poll_interval 秒轮询一次 shutdown。忽略 self.timeout。如果要完成周期性的任务，建议把该方法放置在其他线程中。

4）service_actions()：在 serve_forever()循环中调用，此函数可以被子类或 mixin 类覆盖，以执行特定于服务的操作，例如清除操作。

5）shutdown()：告诉 serve_forever()循环停止并等待它停止。

6）server_close()：清理服务器，可能会被覆盖。

7）address_family：服务器套接字所属的协议族，常见示例有 socket.AF_INET 和 socket.AF_UNIX。

8）RequestHandlerClass：用户提供的请求处理类，这个类为每个请求创建实例。

9）server_address：服务器侦听的地址，格式根据协议族地址的不同而不同。对于 Internet 协议来说，这是一个包含提供地址的字符串和整数端口号的元组（'127.0.0.1'，80）。

10）socket：服务器将侦听的套接字对象。

2．请求处理对象 BaseRequestHandler

BaseRequestHandler 是所有请求处理程序对象的超类，具体的请求处理程序子类必须定义新的 handle()方法，并且可以覆盖任何其他方法，为每个请求创建子类的新实例。BaseRequestHandler 类包含如下成员。

- setup()：准备请求处理，默认什么都不做，在 StreamRequestHandler 中会创建类似的对象来读/写 socket。
- handle()：处理请求，解析传入的请求，处理数据，并发送响应，默认什么都不做。常用变量有 self.request、self.client_address 和 self.server。
- finish()：环境清理。默认什么都不做，如果 setup 产生异常，则不会执行 finish()。

BaseRequestHandler 子类会覆盖 setup()方法和 finish()方法，并提供 self.rfile 和 self.wfile 属性。这样可以分别读取或写入 self.rfile 和 self.wfile 属性，以获取请求数据或将数据返回给客户端。

2.2.3 使用 socketserver 创建 TCP“客户端/服务器端”程序

下面的实例代码演示了使用 socketserver 建立 TCP“客户端/服务器端”程序的过程。本实例使用 socketserver 创建了一个可靠的、相互通信的“客户端/服务器端”。

实例文件 socketserverser.py 的功能是使用 socketserver 模块创建基于 TCP 的服务器端程序，该程序能够将收到的信息直接发回到客户端。文件 socketserverser.py 的具体实现代码如下。

源码路径：daima\2\2-2\socketserverser.py

```
#定义类StreamRequestHandler的子类MyTcpHandler
class MyTcpHandler(socketserver.StreamRequestHandler):
    def handle(self):                                #定义函数handle()
while True:
            data = self.request.recv(1024)           #返回接收到的数据
if not data:
                Server.shutdown()                    #关闭连接
                break                                #停止循环
            print('接收信息：',data.decode('utf-8')) #显示接收的信息
            self.request.send(data)                  #发送信息
return
#定义类TCPServer的对象实例
Server = socketserver.TCPServer((HOST,PORT),MyTcpHandler)
Server.serve_forever()                               #循环并等待它停止
```

在上述实例代码中，自定义了一个继承自 StreamRequestHandler 的处理程序类，并覆盖了方法 handle()以实现数据处理。然后直接实例化了类 TCPServer，调用方法 serve_forever()启动服务器。

客户端实例文件 socketservercli.py 的代码和 daima\2\2-1\cli.py 的代码相同，本实例的最终执行效果如图 2-4 所示。

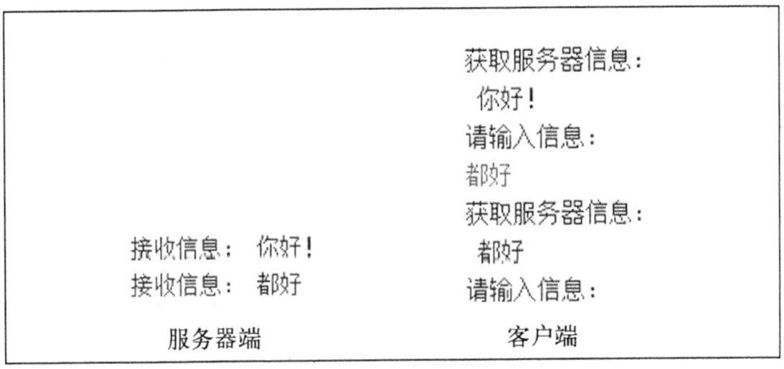

图 2-4　执行文件 socketserverser.py 后的效果

2.2.4　使用 ThreadingTCPServer 创建“客户端/服务器端”通信程序

在 ThreadingTCPServer 实现的套接字服务器内部，会为每一个客户端创建一个“线程”，该线程用来和客户端进行交互。在 Python 程序中，使用 ThreadingTCPServer 的步骤如下。

1）创建一个继承自 SocketServer.BaseRequestHandler 的类。

2）在类中定义一个名为 handle()的方法。

3）启动 ThreadingTCPServer。

下面的实例代码演示了使用 ThreadingTCPServer 创建“客户端/服务器端”通信程序的过程。

实例文件 ser.py 的功能是使用 socketserver 模块创建服务器端程序，该程序能够将收到的信息直接发回到客户端。文件 ser.py 的具体实现代码如下。

源码路径：daima\2\2-2\ser.py

```
import  socketserver

class Myserver(socketserver.BaseRequestHandler):

    def handle(self):

        conn = self.request
        conn.sendall(bytes("你好，我是机器人",encoding="utf-8"))
        while True:
            ret_bytes = conn.recv(1024)
            ret_str = str(ret_bytes,encoding="utf-8")
```

```
            if ret_str == "q":
                break
            conn.sendall(bytes(ret_str+"你好我好大家好",encoding="utf-8"))

if __name__ == "__main__":
    server = socketserver.ThreadingTCPServer(("127.0.0.1",8000),Myserver)
    server.serve_forever()
```

实例文件 cli.py 的功能是使用 socketserver 模块创建客户端程序，该程序能够接收服务器端发送的信息。文件 cli.py 的具体实现代码如下。

源码路径：daima\2\2-2\cli.py

```
import socket
obj = socket.socket()
obj.connect(("127.0.0.1",8000))
ret_bytes = obj.recv(1024)
ret_str = str(ret_bytes,encoding="utf-8")
print(ret_str)

while True:
    inp = input("你好请问您有什么问题？ \n >>>")
    if inp == "q":
        obj.sendall(bytes(inp,encoding="utf-8"))
        break
    else:
        obj.sendall(bytes(inp, encoding="utf-8"))
        ret_bytes = obj.recv(1024)
        ret_str = str(ret_bytes,encoding="utf-8")
        print(ret_str)
```

2.3　使用 select 模块实现 I/O 多路复用

I/O 多路复用是指通过一种机制可以监视多个描述符。一旦某个描述符就绪（一般是读就绪或者写就绪），就通知程序执行相应的读/写操作。

2.3.1　select 模块概述

在 Python 中，select 模块专注于实现 I/O 多路复用功能，提供 select()、poll()和 epoll()这 3 个方法。其中后两个方法在 Linux 系统中可用，Windows 系统仅支持 select()方法。另外也提供 kqueue()方法供 freeBSD 系统使用。

本章前面已经学习了套接字开发的知识，模块 select 在套接字编程中占据了比较重要的地位。对于大多数初学套接字的读者来说，不太喜欢用 select 模块写程序，只是习惯地编写诸如 connect、accept、recv 或 recvfrom 之类的阻塞程序（顾名思义，所谓阻塞就是进程或线程执行到这些函数时必须等待某个事件的发生。如果事件没有发生，进程或线程就被阻塞，函数不能立即返回）。

在 Python 程序中，完全可以使用 select 实现以非阻塞方式工作的程序，它能够监视文件描述符的变化情况——读/写或异常。所谓非阻塞（non-block）方式，就是进程或线程执行此函数时不必等待事件的发生，一旦执行，就肯定返回，并以返回值的不同来反映函数的执行情况。如果事件发生，则与阻塞方式相同；若事件没有发生，则返回一个编码来告知事件未发生，而进程或线程继续执行，所以效率较高。

在 select 模块中，核心功能方法是 select()，其语法格式如下。

```
select.select(rlist, wlist, xlist[, timeout])
```

其中，前 3 个参数是“等待对象”的序列，使用名为 fileno()的无参数方法表示文件描述符或对象的整数返回这样一个整数。

- rlist：等待读取。

- wlist：等待写入。
- xlist：等待“异常条件”。
- timeout：将超时时间指定为浮点数，单位为秒。当省略 timeout 参数时，该功能阻塞，直到至少一个文件描述符准备就绪。

select 方法用来监视文件描述符（当文件描述符的条件不满足时，select 会阻塞），当某个文件的描述符状态改变时，会返回 3 个列表，这是前 3 个参数的子集。具体说明如下所示。

- 当参数 rlist 序列中的 fd 满足“可读”条件时，获取发生变化的 fd 并添加到 fd_r_list 中。
- 当参数 wlist 序列中有 fd 时，将该序列中所有的 fd 添加到 fd_w_list 中。
- 当参数 xlist 序列中的 fd 发生错误时，将发生错误的 fd 添加到 fd_e_list 中。
- 当超时时间 timeout 为空时，select 会一直阻塞，直到监听的句柄发生变化。

下面的实例代码演示了使用 select 同时监听多个端口的过程。

1）看文件 duoser.py 是否实现了服务器端的功能。具体实现代码如下。

源码路径：daima\2\2-3\duoser.py

```
import socket
import select

sk1 = socket.socket()
sk1.bind(("127.0.0.1",8000))
sk1.listen()

sk2 = socket.socket()
sk2.bind(("127.0.0.1",8002))
sk2.listen()

sk3 = socket.socket()
sk3.bind(("127.0.0.1",8003))
sk3.listen()

li = [sk1,sk2,sk3]

while True:
    r_list,w_list,e_list = select.select(li,[],[],1) # r_list可变化的
    for line in r_list:
        conn,address = line.accept()
        conn.sendall(bytes("Hello World !",encoding="utf-8"))
```

- select 内部会自动监听 sk1、sk2 和 sk3 这 3 个对象，监听 3 个句柄是否发生变化，把发生变化的元素放入 r_list 中。
- 如果有人连接 sk1，则 r_list = [sk1]；如果有人连接 sk1 和 sk2，则 r_list = [sk1,sk2]。
- select 中第 1 个参数表示把 inputs 中发生变化的句柄放入 r_list 中。
- select 中第 2 个参数表示把[]中的值原封不动地传递给 w_list。
- select 中第 3 个参数表示把 inputs 中发生错误的句柄放入 e_list 中。
- 参数 1 表示 1s 监听 1 次。

2）看文件 duocli.py 是否实现了客户端的功能。可通过如下代码与两个端口通信。

源码路径：daima\2\2-3\duocli.py

```
import socket

obj = socket.socket()
obj.connect(('127.0.0.1', 8001))

content = str(obj.recv(1024), encoding='utf-8')
print(content)

obj.close()
```

```
# 客户端c2.py
import socket

obj = socket.socket()
obj.connect(('127.0.0.1', 8002))

content = str(obj.recv(1024), encoding='utf-8')
print(content)

obj.close()
```

2.3.2 I/O 多路复用并实现读/写分离

下面的实例代码演示了使用 select 模拟多线程并实现读/写分离的过程。

1）看文件 fenliser.py 是否实现了服务器端的功能。具体实现代码如下。

源码路径：daima\2\2-3\fenliser.py

```
#使用socket模拟多线程，让多用户可以同时连接
import socket
import select

sk1 = socket.socket()
sk1.bind(('0.0.0.0', 8000))
sk1.listen()

inputs = [sk1, ]
outputs = []
message_dict = {}

while True:
    r_list, w_list, e_list = select.select(inputs, outputs, inputs, 1)
    print('正在监听的socket对象%d' % len(inputs))
    print(r_list)
    for sk1_or_conn in r_list:
        #每一个连接对象
        if sk1_or_conn == sk1:
            #表示有新用户要连接
            conn, address = sk1_or_conn.accept()
            inputs.append(conn)
            message_dict[conn] = []
        else:
            #有老用户发消息了
            try:
                data_bytes = sk1_or_conn.recv(1024)
            except Exception as ex:
                #如果用户终止连接
                inputs.remove(sk1_or_conn)
            else:
                data_str = str(data_bytes, encoding='utf-8')
                message_dict[sk1_or_conn].append(data_str)
                outputs.append(sk1_or_conn)

    #w_list中仅保存了给我发送过消息的人
    for conn in w_list:
        recv_str = message_dict[conn][0]
        del message_dict[conn][0]
        conn.sendall(bytes(recv_str+'好', encoding='utf-8'))
        outputs.remove(conn)

    for sk in e_list:

        inputs.remove(sk)
```

2）看文件 fenlicli.py 是否实现了客户端的功能。具体实现代码如下。

源码路径：daima\2\2-3\fenlicli.py

```
import socket

obj = socket.socket()
obj.connect(('127.0.0.1', 8000))

while True:
    inp = input('>>>')
    obj.sendall(bytes(inp, encoding='utf-8'))
    ret = str(obj.recv(1024),encoding='utf-8')
    print(ret)

obj.close()
```

2.3.3 使用select实现一个可并发的服务器端

下面的实例代码演示了使用select实现一个可并发的服务器端的过程。

1）看文件bingser.py是否实现了服务器端的功能。具体实现代码如下。

源码路径：daima\2\2-3\bingser.py

```
import socket
import select

s = socket.socket()
s.bind(('127.0.0.1', 8888))
s.listen(5)
r_list = [s, ]
num = 0
while True:
    rl, wl, error = select.select(r_list, [], [], 10)
    num += 1
    print('counts is %s' % num)
    print("rl's length is %s" % len(rl))
    for fd in rl:
        if fd == s:
            conn, addr = fd.accept()
            r_list.append(conn)
            msg = conn.recv(200)
            conn.sendall(('first----%s' % conn.fileno()).encode())
        else:
            try:
                msg = fd.recv(200)
                fd.sendall('second'.encode())
            except ConnectionAbortedError:
                r_list.remove(fd)
s.close()
```

2）看文件bingcli.py是否实现了客户端的功能。具体实现代码如下。

源码路径：daima\2\2-3\bingcli.py

```
import socket

flag = 1
s = socket.socket()
s.connect(('127.0.0.1', 8888))
while flag:
    input_msg = input('input>>>')
    if input_msg == '0':
        break
    s.sendall(input_msg.encode())
    msg = s.recv(1024)
    print(msg.decode())

s.close()
```

从服务器端可以看到，我们需要不停地调用select，这充分说明了如下3点。

- 当文件描述符过多时，文件描述符在用户空间与内核空间进行复制时会很费时。

- 当文件描述符过多时，内核对文件描述符的遍历也很浪费时间。
- select 最多仅支持 1024 个文件描述符。

2.3.4 在 Linux 系统中使用 epoll()

前面曾经讲解过，在 Windows 系统中只能使用 select()方法，在 Linux 系统中只能使用方法 poll()和方法 epoll()。方法 poll()的用法和前面讲解的 select()方法十分相似，在此不再赘述。

1. 方法 epoll()很好地改进了方法 select()

在 Python 程序中，每当在 epoll 句柄中注册新的事件时，会把所有的 fd 复制进内核中，而不是在执行 epoll_wait 的时候重复复制。epoll 保证了每个 fd 在整个过程中只会复制一次。epoll()方法会在执行 epoll_ctl 时把指定的 fd 遍历一遍（这一遍必不可少），并为每个 fd 指定一个回调函数。当设备就绪并唤醒等待队列上的等待者时，就会调用这个回调函数，而这个回调函数会把就绪的 fd 加入一个就绪链表中。epoll_wait 的工作实际上就是在这个就绪链表中查看有没有就绪的 fd，epoll 对文件描述符没有额外限制。

2. 水平触发和边缘触发

- 水平触发（有时也称条件触发）：当被监控的文件描述符上有可读/写的事件发生时，epoll.poll()就会通知处理程序去读/写。如果没有把数据一次性全部读/写完（如读/写缓冲区太小），那么下次调用 epoll.poll()时，它还会通知你在上次没读/写完的文件描述符上继续读/写。当然，如果你一直不读/写，epoll.poll()就会一直通知你。如果系统中有大量不需要读/写的就绪文件描述符（因为它们每次都会返回），就会大大降低处理程序检索自己关心的就绪文件描述符的效率。水平触发的优点很明显，那就是稳定可靠。
- 边缘触发（有时也称状态触发）：当被监控的文件描述符上有可读/写的事件发生时，epoll.poll()会通知处理程序去读/写。如果没有把数据全部读/写完（如读/写缓冲区太小），那么下次调用 epoll.poll()时它不会通知你，也就是它只会通知你一次，直到该文件描述符上出现第二次可读/写事件才会通知你。这种模式比水平触发的效率高，系统中不会充斥你不关心的大量就绪文件描述符。边缘触发的缺点是在某些条件下不可靠。

下面的实例代码演示了使用 epoll()方法实现可并发的服务器端的过程。

1）看文件 epollser.py 是否实现了服务器端的功能。具体实现代码如下。

源码路径：daima\2\2-3\epollser.py

```
import socket
import select

s = socket.socket()
s.bind(('127.0.0.1', 8888))
s.listen(5)
epoll_obj = select.epoll()
epoll_obj.register(s, select.EPOLLIN)
connections = {}
while True:
    events = epoll_obj.poll()
    for fd, event in events:
        print(fd, event)
        if fd == s.fileno():
            conn, addr = s.accept()
            connections[conn.fileno()] = conn
            epoll_obj.register(conn, select.EPOLLIN)
            msg = conn.recv(200)
            conn.sendall('ok'.encode())
        else:
            try:
                fd_obj = connections[fd]
                msg = fd_obj.recv(200)
                fd_obj.sendall('ok'.encode())
```

```
            except BrokenPipeError:
                epoll_obj.unregister(fd)
                connections[fd].close()
                del connections[fd]

s.close()
epoll_obj.close()
```

2）看文件 epollcli.py 是否实现了客户端的功能。具体实现代码如下。

源码路径：daima\2\2-3\epollcli.py

```
import socket

flag = 1
s = socket.socket()
s.connect(('127.0.0.1', 8888))
while flag:
    input_msg = input('input>>>')
    if input_msg == '0':
        break
    s.sendall(input_msg.encode())
    msg = s.recv(1024)
    print(msg.decode())

s.close()
```

2.4 urllib 包

在计算机网络模型中，套接字编程属于底层网络协议开发的内容。虽然编写网络程序需要从底层开始构建，但是自行处理相关协议是一件比较麻烦的事情。对于大多数程序员来说，最常见的网络编程开发是针对应用协议进行的。在 Python 程序中，使用内置的包 urllib 和 http 可以完成 HTTP 协议层程序的开发工作。本节将详细讲解使用包 urllib 开发 Python 应用程序的知识。

2.4.1 urllib 包概述

在 Python 程序中，urllib 包主要用于处理 URL（Uniform Resource Locator，统一资源定位符）操作，使用 urllib 操作 URL 可以像使用和打开本地文件一样操作，非常简单而又易上手。在 urllib 包中主要包括如下模块。

- urllib.request：用于打开 URL。
- urllib.error：用于定义常见的 urllib.request 会引发的异常。
- urllib.parse：用于解析 URL。
- urllib.robotparser：用于解析 robots.txt 文件。

2.4.2 使用 urllib.request 模块

在 Python 程序中，urllib.request 模块定义了通过身份验证、重定向、cookie 等方法打开 URL 的方法和类。

1. 常用方法

模块 urllib.request 中的常用方法如下。

（1）方法 urlopen()

在 urllib.request 模块中，方法 urlopen()的功能是打开一个 URL，语法格式如下。

```
urllib.request.urlopen(url, data=None, [timeout, ]*, cafile=None, capath=None, cadefau
lt=False, context=None)
```

各参数的说明如下。

- url：表示要进行操作的 URL。
- data：用于向 URL 传递的数据，是一个可选参数。

- timeout：这是一个可选参数，功能是指定一个超时时间。如果超过该时间，任何操作都会被阻止。这个参数仅对 http、https 和 ftp 连接有效。
- context：此参数必须是一个描述了各种 SSL 选项的 ssl.SSLContext 实例。

方法 urlopen()将返回一个 HTTPResponse 实例（类文件对象），可以像操作文件一样使用 read()、readline()和 close()等方法对 URL 进行操作。

方法 urlopen()能够打开 url 所指向的 URL。如果没有给定协议或者下载方案（Scheme），或者传入了“file”方案，urlopen()会打开一个本地文件。

（2）方法 urllib.request.install_opener(opener)

功能是安装 opener 作为 urlopen()使用的全局 URL opener 对象，这意味着以后调用 urlopen()时都会使用安装的 opener 对象。opener 通常是 build_opener()创建的 opener 对象。

（3）方法 urllib.request.build_opener([handler, ...])

返回 OpenerDirector 实例，按给定的顺序连接处理程序。handler 可以是 BaseHandler 的实例或 BaseHandler 的子类（这种情况下，可以调用没有任何参数的构造函数）。以下类的实例将在 handler 前面，除非 handler 包含它们的实例或它们的子类：ProxyHandler（如果检测到代理设置）、UnknownHandler、HTTPHandler、HTTPDefaultErrorHandler、HTTPRedirectHandler、FTPHandler、FileHandler、HTTPErrorProcessor。

（4）方法 urllib.request.pathname2url(path)

功能是将路径名转换成路径，从本地语法形式的路径中使用一个 URL 的路径组成部分。这不会产生一个完整的 URL。它将返回引用 quote()函数的值。

（5）方法 urllib.request.url2pathname(path)

功能是将路径组件转换为本地路径的语法，此方法不接受一个完整的 URL。这个方法使用 unquote()解码的通路。

（6）方法 urllib.request.getproxies()

功能是返回一个日程表 Dictionary 去代理服务器的 URL 映射。针对所有的操作系统，以不区分大小写的方式扫描环境中名为<scheme>_proxy 的变量，当找不到该变量时，从 Mac OSX 的系统配置中查找代理信息和系统注册表。如果小写和大写环境变量都存在（且不统一），则首选小写。

2. 公共属性

在请求对象 request 中，包含如下公共属性。

- Request.full_url：传递给构造函数的原始 URL。
- Request.full_url：具有 setter、getter 和 deleter 的属性。获取 full_url 后会返回一个包含原始请求网址的片段（如果存在）。
- Request.type：URI 类型。
- Request.host：URI 权限，通常是主机，也可以包含由冒号分隔的端口。
- Request.origin_req_host：原始主机的请求，没有端口。
- Request.selector：URI 路径，如果 Request 使用代理，则选择器是传递到代理的完整 URL。
- Request.data：请求的具体实体数据，如果未指定，则为 None。
- Request.unverifiable：一个布尔值，设置由 RFC 2965 定义的请求是否是不可验证的。
- Request.method：要使用的 HTTP 请求方法，默认值为 None。

下面的实例文件 url.py 演示了使用 urlopen()方法在百度中搜索关键字并得到第一页搜索结果的过程。

源码路径：daima\2\2-4\url.py

```
from urllib.request import urlopen          #导入Python的内置模块
from urllib.parse import urlencode          #导入Python的内置模块
import re                                   #导入Python的内置模块
##wd = input('输入一个要搜索的关键字：')
wd= 'www.toppr.net'                         #初始化变量wd
wd = urlencode({'wd':wd})                   #对URL进行编码
url = 'http://www.baidu.com/s?' + wd        #初始化url变量
page = urlopen(url).read()                  #打开变量url的网页并读取内容
#定义变量content，对网页进行编码处理，并对特殊字符进行处理
content = (page.decode('utf-8')).replace("\n","").replace("\t","")
title = re.findall(r'<h3 class="t".*?h3>', content)
#处理正则表达式
title = [item[item.find('href =')+6:item.find('target=')] for item in title] #处理正则表达式
title = [item.replace(' ','').replace('"','') for item in title] #处理正则表达式
for item in title:                        #遍历title
    print(item)                           #显示遍历值
```

在上述实例代码中，使用方法 urlencode()对搜索的关键字“www.toppr.net”进行 URL 编码，在拼接到百度的网址后，使用 urlopen()方法发出访问请求并取得结果，最后通过将结果进行解码和输出。如果取消程序中第 4 行的注释，而把其后一句注释掉，就可以在运行时自主输入搜索的关键字。

注意：urllib.response 模块是 urllib 使用的响应类，定义了与 urllib.request 模块类似的接口、方法和类，包括 read()和 readline()。为了节省篇幅，本书不再进行讲解。

2.4.3 使用 urllib.parse 模块

在 Python 程序中，urllib.parse 模块提供了一些用于处理 URL 字符串的功能。这些功能主要是通过如下方法实现的。

（1）方法 urlparse.urlparse()

方法 urlparse()的功能是将 URL 字符串拆分成前面描述的一些主要组件，其语法结构如下。

```
urlparse (urlstr, defProtSch=None, allowFrag=None)
```

方法 urlparse()将 urlstr 解析成一个 6 元组（prot_sch, net_loc, path, params, query, frag）。如果在 urlstr 中没有提供默认的网络协议或下载方案，则 defProtSch 会指定一个默认的网络协议。allowFrag 用于标识一个 URL 是否允许使用片段。例如，下面是一个给定 URL 经 urlparse()解析后的输出。

```
>>> urlparse.urlparse('http://www.example.com /doc/FAQ.html')
('http', 'www.example.com , '/doc/FAQ.html', '', '', '')
```

（2）方法 urlparse.urlunparse()

方法 urlunparse()的功能与方法 urlpase()完全相反，它能够使用 urlparse()的格式组合成一个 URL（这个 URL 由 6 元组（prot_sch, net_loc, path, params, query, frag）组成），然后返回这个 URL。可以用如下方式表示其等价性。

```
urlunparse(urlparse(urlstr)) ≡ urlstr
```

下面是使用 urlunparse()的语法。

```
urlunparse(urltup)
```

（3）方法 urlparse.urljoin()

当处理多个相关的 URL 时，需要使用 urljoin()方法，例如，在一个 Web 页面中可能会产生一系列页面的 URL。方法 urljoin()的语法格式如下。

```
urljoin (baseurl, newurl, allowFrag=None)
```

方法 urljoin()能够取得根域名，并将其根路径（net_loc 及其前面的完整路径，但是不包括末端的文件）与 newurl 连接起来。例如下面的演示过程。

```
>>> urlparse.urljoin('http://www.example.com /doc/FAQ.html',
... 'current/lib/lib.htm')
'http://www.example.com/doc/current/lib/lib.html'
```

假设有一个要验证用户名和密码的 Web 站点，通过验证的最简单方法是在 URL 中使用登录信息进行访问，例如 http://username:passwd@www.example.com。但是这种方法不具有可编程性。通过使用 urllib 可以很好地解决这个问题，假设合法的登录信息如下。

```
LOGIN = 'admin'
PASSWD = "admin"
URL = 'http://localhost'
REALM = 'Secure AAA'
```

此时便可以通过实例文件 pa.py 和 urllib 实现 HTTP 身份验证的过程。

源码路径：daima\2\2-4\pa.py

```
import urllib.request, urllib.error, urllib.parse

①LOGIN = 'admin'
PASSWD = "admin"
URL = 'http://localhost'
②REALM = 'Secure AAA'

③def handler_version(url):
    hdlr = urllib.request.HTTPBasicAuthHandler()
    hdlr.add_password(REALM,
        urllib.parse.urlparse(url)[1], LOGIN, PASSWD)
    opener = urllib.request.build_opener(hdlr)
    urllib.request.install_opener(opener)
④    return url

⑤def request_version(url):
    import base64
    req = urllib.request.Request(url)
    b64str = base64.b64encode(
        bytes('%s:%s' % (LOGIN, PASSWD), 'utf-8'))[:-1]
    req.add_header("Authorization", "Basic %s" % b64str)
⑥    return req

⑦for funcType in ('handler', 'request'):
    print('*** Using %s:' % funcType.upper())
    url = eval('%s_version' % funcType)(URL)
    f = urllib.request.urlopen(url)
    print(str(f.readline(), 'utf-8'))
⑧f.close()
```

①～② 实现普通的初始化功能，设置合法的登录验证信息。

③～④ 定义函数 handler_version()，添加验证信息后建立一个 URL 开启器，安装该开启器以便所有已打开的 URL 都能用到这些验证信息。

⑤～⑥ 定义函数 request_version()，创建一个 Request 对象，并在 HTTP 请求中添加简单的基 64 编码的验证头信息。在 for 循环里调用 urlopen()时，该请求用来替换其中的 URL 字符串。

⑦～⑧ 分别打开给定的 URL，通过验证后会显示服务器返回的 HTML 页面的第一行（转储了其他行）。如果验证信息无效，则会返回一个 HTTP 错误（并且不会有 HTML）。

2.5　使用 HTTP 包

在 Python 程序中，HTTP 包实现了对 HTTP 协议的封装，在 HTTP 包中主要包含如下模块。

- http.client：底层的 HTTP 协议客户端，可以为 urllib.request 模块所用。
- http.server：提供了基于 socketserver 模块的基本 HTTP 服务器类。
- http.cookies：cookie 的管理工具。
- http.cookiejar：提供了 cookie 的持久化支持。

在 http.client 模块中，主要包括如下两个用于客户端的类。

- HTTPConnection：基于 HTTP 的客户端。

- HTTPResponse：基于 HTTP 的服务器端响应。

2.5.1 使用 http.client 模块

在 http.client 模块中定义了实现 http 和 https 协议客户端的类。通常来说，不能直接使用 http.client 模块，需要在 urllib.request 模块中调用该模块来处理使用 HTTP 和 HTTPS 的 URL。

1. HTTPConnection 中的方法

1）HTTPConnection.request(method, url, body=None, headers={})：功能是使用指定的方法和链接向服务器发送请求。

- body：如果指定了 body 部分，那么 body 部分将在 header 部分发送完之后再发送过去。body 部分可以是一个字符串、字节对象、文件对象或字节对象的迭代器。不同的 body 类型对应不同的要求。
- header：HTTP 头部的映射，是一个字典类型。如果在 header 中不包含 Content-Length 项，那么会根据 body 的不同而自动添加。

2）HTTPConnection.getresponse()：功能是在请求发送后才能调用服务器返回的内容，返回的是一个 HTTPResponse 实例。

3）HTTPConnection.set_debuglevel(level)：设置调试级别，默认调试级别是 0，表示没有调试输出。任何大于 0 的值都将导致所有当前定义的调试输出显示到 stdout 中，debuglevel 会传递到创建的任何新的 HTTPResponse 对象中。

4）HTTPConnection.set_tunnel(host, port=None, headers=None)：设置 HTTPConnect 隧道的主机和端口，允许通过代理服务器运行连接。

5）HTTPConnection.connect()：连接指定的服务器。默认情况下，如果客户端没有连接，则会在请求时自动调用该方法。

6）HTTPConnection.close()：关闭与服务器的连接。

7）HTTPConnection.putrequest(request, selector, skip_host=False, skip_accept_encoding=False)：当和服务器的连接成功后，应当首先调用这个方法。发送到服务器的内容包括 request 字符串、selector 字符串和 HTTP 版本。

8）HTTPConnection.putheader(header, argument[, ...])：发送 HTTP 头部到服务器，发送到服务器的内容包括头部、冒号、空格和参数列表中的第一个。

9）HTTPConnection.endheaders(message_body=None)：发送一个空白行到服务器，表示头部的结束。其中可选参数 message_body 用于传递与请求相关联的消息体。如果消息头是字符串，那么消息体将与消息头在相同的分组中发送；否则，它将在单独的分组中发送。

2. HTTPResponse 中的方法

在 Python 程序中，HTTPResponse 实例包含了从服务器返回的 HTTP 响应，提供了访问请求头部和 body 部分的方法。HTTPResponse 是一个可迭代的对象，而且可以使用 with 语句来声明。在类 HTTPResponse 中包含的方法如下。

1）HTTPResponse.read([amt])：读取和返回响应的 body 部分。

2）HTTPResponse.readinto(b)：读取并返回响应中指定的字节。

3）HTTPResponse.getheader(name,default=None)：返回指定名称的 HTTP 头部值。如果没有相应匹配的 name 值，则返回默认的 None；如果有多个相匹配的 name 值，则返回所有的值，并用逗号进行分隔。

4）HTTPResponse.getheaders()：以元组的形式返回所有的头部信息。

5）HTTPResponse.fileno()：返回底层套接字的 fileno。

6）HTTPResponse.msg：包含响应标头的 http.client.HTTPMessage 实例，http.client.HTTPMessage

是 email.message.Message 的子类。

7）HTTPResponse.version：服务器使用的 HTTP 版本。其中 10 用于 HTTP/1.0，11 用于 HTTP/1.1。

8）HTTPResponse.status：服务器返回的状态代码。

9）HTTPResponse.reason：服务器返回的原因短语。

10）HTTPResponse.debuglevel：调试等级，如果 debuglevel 大于零，则会在读取和解析响应时将消息输出到 stdout 中。

11）HTTPResponse.closed：如果数据流已经关闭，则值为 True。

2.5.2　使用 HTTPConnection 对象访问指定网站

实例文件 fang.py 演示了使用 http.client.HTTPConnection 对象访问指定网站的过程。

源码路径：daima\2\2-5\fang.py

```
from http.client import HTTPConnection #导入内置模块
#基于HTTP访问的客户端
mc = HTTPConnection('www.baidu.com:80')
mc.request('GET','/')                          #设置GET请求方法
res = mc.getresponse()                         #获取访问的网页
print(res.status,res.reason)                   #输出响应的状态
print(res.read().decode('utf-8'))              #显示获取的内容
```

上述代码只实现了一个基本的访问实例。首先实例化 http.client.HTTPConnection 中请求的方法为 GET，然后使用 getresponse()方法获取访问的网页，并输出响应的状态。执行文件 fang.py 后的效果如图 2-5 所示。

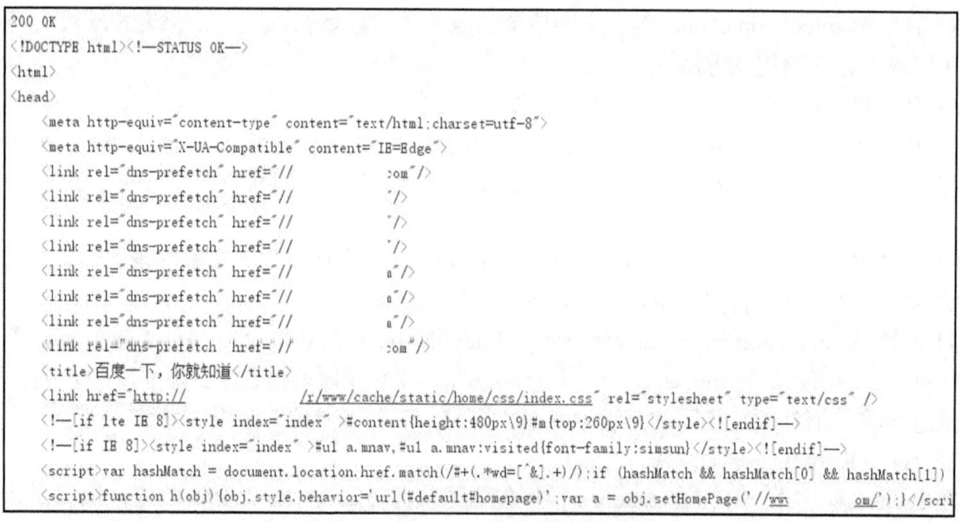

```
200 OK
<!DOCTYPE html><!--STATUS OK-->
<html>
<head>
    <meta http-equiv="content-type" content="text/html;charset=utf-8">
    <meta http-equiv="X-UA-Compatible" content="IE=Edge">
    <link rel="dns-prefetch" href="//          :om"/>
    <link rel="dns-prefetch" href="//          "/>
    <link rel="dns-prefetch" href="//          "/>
    <link rel="dns-prefetch" href="//          "/>
    <link rel="dns-prefetch" href="//          n"/>
    <link rel="dns-prefetch" href="//          n"/>
    <link rel="dns-prefetch" href="//          n"/>
    <link rel="dns-prefetch" href="//          :om"/>
    <title>百度一下，你就知道</title>
    <link href="http://          /r/www/cache/static/home/css/index.css" rel="stylesheet" type="text/css" />
    <!--[if lte IE 8]><style index="index" >#content{height:480px\9}#m{top:260px\9}</style><![endif]-->
    <!--[if IE 8]><style index="index" >#u1 a.mnav,#u1 a.mnav:visited{font-family:simsun}</style><![endif]-->
    <script>var hashMatch = document.location.href.match(/#+(.*wd=[^&].+)/);if (hashMatch && hashMatch[0] && hashMatch[1])
    <script>function h(obj){obj.style.behavior='url(#default#homepage)';var a = obj.setHomePage('//www          om/');}</scri
```

图 2-5　执行文件 fang.py 后的效果

实例文件 httpmo.py 演示了使用 http.client 对象中 GET 方法获取数据的过程。

源码路径：daima\2\2-5\httpmo.py

```
import http.client
conn = http.client.HTTPSConnection("www.python.org")
conn.request("GET", "/")
r1 = conn.getresponse()
print(r1.status, r1.reason)

data1 = r1.read()  #这将返回全部内容
#以块的方式读取数据
conn.request("GET", "/")
r1 = conn.getresponse()
```

```
while not r1.closed:
    print(r1.read(200))  # 200 bytes

#无效请求的示例
conn.request("GET", "/parrot.spam")
r2 = conn.getresponse()
print(r2.status, r2.reason)
data2 = r2.read()
conn.close()
```

下面的实例文件 wangluo.py 演示了综合使用 http 和 urllib 模块的过程。

源码路径：daima\2\2-5\wangluo.py

```
import http.client
import urllib,parser
#初始化一个HTTPS链接
conn = http.client.HTTPSConnection("www.example.com")
#指定请求的方法和请求的链接地址
conn.request("GET","/doc/")
#得到返回的 HTTP响应
r1 = conn.getresponse()
#HTTP状态码
print(r1.status,r1.reason)
#HTTP头部
print(r1.getheaders())
#body部分
print(r1.read())
#如果连接没有关闭，则输出前200字节
if not r1.closed:
 print(r1.read(200))
#关闭连接后才能重新请求
conn.close()
#请求一个不存在的文件或地址
conn.request("GET","/parrot.spam")
r2 = conn.getresponse()
print(r2.status,r2.reason)
conn.close()
#使用 HEAD 请求，但是不会返回任何数据
conn = http.client.HTTPSConnection("www.example.com")
conn.request("HEAD","/")
res = conn.getresponse()
print(res.status,res.reason)
data = res.read()
print(len(data))
conn.close()
#使用 POST请求，提交的数据放在 body 部分中
params = urllib.parse.urlencode({'@number':12524,'@type':'issue','@action':'show'})
#发送请求数据，要带上 Content-type 字段，以告知消息主体以何种方式编码
headers = {"Content-type":"application/x-www-form-urlencoded","Accept":"text/plain"}
conn = http.client.HTTPConnection("bugs.www.example.com")
conn.request("POST","/",params,headers)
response = conn.getresponse()
#访问被重定向
print(response.status,response.reason)
print(response.read().decode("utf-8"))
conn.close()
```

2.5.3 以客户端的形式同 HTTP 服务交互

在现实应用中，有时需要以客户端的形式通过 HTTP 访问多种服务，例如，下载数据或与同一个基于 REST 的 API 进行交互。对于简单的任务来说，使用 urllib.request 模块就可以实现。例如，要发送一个简单的 HTTP GET 请求到远程服务器上，通过实例文件 fang1.py 即可实现。

源码路径：daima\2\2-5\fang1.py

```
from urllib import request, parse

#访问的基本URL
url = 'http://    /get'
```

```
#查询参数的字典
parms = {
    'name1' : 'value1',
    'name2' : 'value2'
}

#对查询字符串进行编码
querystring = parse.urlencode(parms)

#创建一个GET请求并读取响应
u = request.urlopen(url+'?' + querystring)
resp = u.read()

import json
from pprint import pprint

json_resp = json.loads(resp.decode('utf-8'))
pprint(json_resp)
```

执行后会输出：

```
{'args': {'name1': 'value1', 'name2': 'value2'},
 'headers': {'Accept-Encoding': 'identity',
             'Connection': 'close',
             'Host': 'httpbin.org',
             'User-Agent': 'Python-urllib/3.6'},
 'origin': '        ',
 'url': 'http://    get?name1=value1&name2=value2'}
```

如果需要使用 POST 方法在请求主体中发送查询参数，则可以将编码后的参数作为可选参数提供给 urlopen()函数。下面的实例文件 fang2.py 即可实现。

源码路径：daima\2\2-5\fang2.py

```
from urllib import request, parse

#访问的基本URL
url = 'http://        /post'

#查询参数的字典
parms = {
    'name1' : 'value1',
    'name2' : 'value2'
}

#对查询字符串进行编码
querystring = parse.urlencode(parms)

#创建一个GET请求并读取响应
u = request.urlopen(url, querystring.encode('ascii'))
resp = u.read()

import json
from pprint import pprint

json_resp = json.loads(resp.decode('utf-8'))
pprint(json_resp)
```

如果需要在发出的请求中提供自定义的 HTTP 头部，例如，修改 user-agent 字段，则可以创建一个包含字段值的字典来实现，并创建一个 Request 实例，然后将该实例传送给 urlopen()。实例文件 fang3.py 即可实现。

源码路径：daima\2\2-5\fang3.py

```
import requests

#访问的基本URL
url = 'http://      /post'
```

```
#查询参数的字典
parms = {
    'name1' : 'value1',
    'name2' : 'value2'
}

#其他头部
headers = {
     'User-agent' : 'none/ofyourbusiness',
     'Spam' : 'Eggs'
}

resp = requests.post(url, data=parms, headers=headers)

#请求返回的解码后的文本
text = resp.text

from pprint import pprint
pprint(resp.json)
```

在上述代码中，因为需要交互的服务比较复杂，所以用到了 requests 库。执行后会输出：

```
<bound method Response.json of <Response [200]>>
```

当使用 requests 库时，读者要注意它能以多种方式从请求中返回响应结果的内容。从上面的代码来看，resp.text 提供的是以 Unicode 解码的响应文本。但是，如果访问 resp.content，就会得到原始的二进制数据；而如果访问 resp.json，就会得到 JSON 格式的响应内容。

2.6 收发电子邮件

自互联网诞生那一刻起，人们之间日常交互的方式就多了一种新的渠道。从此以后，交流变得更加迅速、快捷，更具有实时性。一时之间，很多网络通信产品出现了，例如 QQ、MSN 和邮件系统，其中电子邮件更是深受人们的追捧。使用 Python 可以开发出功能强大的邮件系统，本节将详细讲解使用 Python 开发邮件系统的过程。

2.6.1 开发支持 POP3 邮件协议的程序

在计算机应用中，使用 POP3 可以登录 Email 服务器收邮件。在 Python 程序中，内置模块 poplib 提供了对 POP3 的支持。现在市面中大多数邮箱软件都提供了通过 POP3 收取邮件的方式，例如 Outlook 等 Email 客户端就是如此。开发者可以使用 Python 中的 poplib 模块开发出一个支持 POP3 邮件协议的客户端脚本程序。

1. 类

在 poplib 模块中，通过如下两个类实现 POP3 功能。

1）类 poplib.POP3(host, port=POP3_PORT[, timeout])：用于实现实际的 POP3，当实例初始化时创建连接。

- 参数 port：如果省略 port 端口参数，则使用标准 POP3 端口（110）。
- 参数 timeout：可选参数，用于设置连接超时的时间，以秒为单位。如果未指定，则使用全局默认超时值。

2）类 poplib.POP3_SSL(host, port=POP3_SSL_PORT, keyfile=None, certfile=None, timeout=None, context=None)：POP3 的子类，通过 SSL 加密的套接字连接到服务器。

- 参数 port：如果没有指定端口参数 port，则使用标准的 POP3 over SSL 端口。
- 参数 timeout：超时的工作方式与上面的 POP3 构造函数中的相同。
- 参数 context：上下文对象，是可选的 ssl.SSLContext 对象，允许将 SSL 配置选项、证书和私钥捆绑到单个结构上。

● 参数 keyfile 和 certfile：上下文的传统替代方式，可以分别指向 SSL 的 PEM 格式的私钥和证书链文件连接。

在 Python 程序中，可以使用类 POP3 创建一个 POP3 对象实例。其语法原型如下。

```
POP3 (host, port)
```

● 参数 host：POP3 邮件服务器。
● 参数 port：服务器端口，一个可选参数，默认值为 110。

2. 方法

在 poplib 模块中，常用的内置方法如下。

（1）方法 user()

当创建一个 POP3 对象实例后，可以使用其中的方法 user()向 POP3 服务器发送用户名。其语法原型如下。

```
user (username)
```

参数 username 表示登录服务器的用户名。

（2）方法 pass_()

可以使用 POP3 对象中的方法 pass_()（注意，在 pass 后面有一条下画线）向 POP3 服务器发送密码。其语法原型如下。

```
pass- (password)
```

参数 password 是指登录服务器的密码。

（3）方法 getwelcome()

当成功登录邮件服务器后，可以使用 POP3 对象中的方法 getwelcome()获取服务器的欢迎信息。其语法原型如下。

```
getwelcome()
```

（4）方法 set_debuglevel()

可以使用 POP3 对象中的方法 set_debuglevel()设置调试级别。其语法原型如下。

```
set_debuglevel (level)
```

参数 level 表示调试级别，用于显示与邮件服务器交互的相关信息。

（5）方法 stat()

使用 POP3 对象中的方法 stat()可以获取邮箱的状态，例如邮件数、邮箱大小等。其语法原型如下。

```
stat()
```

（6）方法 list()

使用 POP3 对象中的方法 list()可以获得邮件内容列表。其语法原型如下。

```
list (which)
```

参数 which 是一个可选参数，如果指定，则仅列出指定的邮件内容。

（7）方法 retr()

使用 POP3 对象中的方法 retr()可以获取指定的邮件。其语法原型如下。

```
retr (which)
```

参数 which 用于指定要获取的邮件。

（8）方法 dele()

使用 POP3 对象中的方法 dele()可以删除指定的邮件。其语法原型如下。

```
dele (which)
```

参数 which 用于指定要删除的邮件。

（9）方法 top()

使用 POP3 对象中的方法 top()可以收取某个邮件的部分内容。其语法原型如下。

```
top (which,howmuch)
```

● 参数 which：指定获取的邮件。

- 参数 howmuch：指定获取的行数。

除上面介绍的常用内置方法之外，还可以使用 POP3 对象中的方法 rset()清除收件箱中邮件的删除标记；使用 POP3 对象中的方法 noop()保持同邮件服务器的连接；使用 POP3 对象中的方法 quit()断开同邮件服务器的连接。

要使用 Python 获取某个 Email 邮箱中的邮件主题和发件人信息，首先应该知道自己所使用的 Email 的 POP3 服务器地址和端口。一般来说，邮箱服务器的地址格式如下。

```
pop.主机名.域名
```

而端口的默认值是 110，例如 126 邮箱的 POP3 服务器地址为 pop.126.com，端口为默认值 110。下面的实例代码演示了使用 poplib 库获取指定邮件中最新两封邮件的主题和发件人的方法。实例文件 pop.py 的具体实现代码如下。

源码路径：daima\2\2-6\pop.py

```
from poplib import POP3                      #导入内置邮件处理模块
import re,email,email.header                 #导入内置文件处理模块
from p_email import mypass                   #导入内置模块
def jie(msg_src,names):                      #定义解码邮件内容的函数jie()
msg = email.message_from_bytes(msg_src)
    result = {}                              #变量初始化
    for name in names:                       #遍历name
        content = msg.get(name)              #获取name
        info = email.header.decode_header(content)      #定义变量info
if info[0][1]:
            if info[0][1].find('unknown-') == -1:       #如果是已知编码
result[name] = info[0][0].decode(info[0][1])
            else:                            #如果是未知编码
                try:                         #异常处理
result[name] = info[0][0].decode('gbk')
except:
result[name] = info[0][0].decode('utf-8')
else:
            result[name] = info[0][0] #获取解码结果
    return result                            #返回解码结果
if __name__ == "__main__":
    pp = POP3("pop.sina.com")                   #实例化邮件服务器类
    pp.user('                   ')              #传入邮箱地址
    pp.pass_(mypass)                            #密码设置
    total,totalnum = pp.stat()                  #获取邮箱的状态
    print(total,totalnum)                       #显示统计信息
    for i in range(total-2,total):              #遍历最近的两封邮件
        hinfo,msgs,octet = pp.top(i+1,0)#返回bytes类型的内容
        b=b''
        for msg in msgs:                            #遍历msg
            b += msg+b'\n'
        items = jie(b,['subject','from'])   #调用函数jie()返回邮件主题
        print(items['subject'],'\nFrom:',items['from'])#调用函数jie()返回发件人的信息
        print()                                     #显示空行
    pp.close()                                      #关闭连接
```

在上述实例代码中，函数 jie()的功能是使用 email 包来解码邮件头，使用 POP3 对象的方法连接 POP3 服务器并获取邮箱中的邮件总数。在程序中获取最近两封邮件的邮件头，然后传递给函数 jie()进行分析，并返回邮件的主题和发件人的信息。执行文件 pop.py 后的效果如图 2-6 所示。

```
>>>
2 15603
欢迎使用新浪邮箱
From: 新浪邮箱团队

如果您忘记邮箱密码怎么办？
From: 新浪邮箱团队

>>> |
```

图 2-6 执行文件 pop.py 后的效果

2.6.2 开发支持 SMTP 邮件协议的程序

SMTP 即简单邮件传输协议，是一组用于由源地址到目的地址传送邮件的规则，由它来控制信件的中转方式。在 Python 中，通过 smtplib 模块对 SMTP 进行封装，通过这个模块可以登录 SMTP 服务器并发送邮件。使用 SMTP 发送邮件有两种方式。

- 直接投递邮件。如果要发送邮件到邮箱 *A*，那么就直接连接邮箱 *A* 的邮件服务器，把邮件发送给邮箱 *A*。
- 验证通过后才能发送邮件。如果要发送邮件到邮箱 *A*，不是直接发送到邮箱 *A*，而是通过另一个服务器中的邮箱 *B* 来发送，就要先连接邮箱 *B* 中的 SMTP 服务器，然后进行验证，之后把要发送到邮箱 *A* 的邮件发送到邮箱 *B*，邮箱 *B* 会帮你把邮件发送到邮箱 *A*。

在 smtplib 模块中，使用类 SMTP 可以创建一个 SMTP 对象实例。具体语法格式如下。

```
import smtplib
smtpObj = smtplib.SMTP(host , port , local_hostname)
```

各个参数的具体说明如下。

- host：表示 SMTP 服务器主机，可以指定主机的 IP 地址或者域名，例如 w3cschool.cc，这是一个可选参数。
- port：如果提供了 host 参数，则需要指定 SMTP 服务器使用的端口号。一般情况下，SMTP 端口号为 25。
- local_hostname：如果 SMTP 在本机上，则只需要指定服务器地址为 localhost 即可。

在 smtplib 模块中，比较常用的内置方法如下。

（1）方法 connect()

在 Python 程序中，如果在创建 SMTP 对象时没有指定 host 和 port，则可以使用 SMTP 对象中的方法 connect()连接到服务器。connect()方法的语法原型如下。

```
connect (host, port)
```

- host：表示连接的服务器名，为可选参数。
- port：表示服务器端口，为可选参数。

（2）方法 login()

在 SMTP 对象中，方法 login()的功能是使用用户名和密码登录 SMTP 服务器。其语法原型如下。

```
login(user, password)
```

- user：表示登录服务器的用户名。
- password：表示登录服务器的密码。

（3）方法 set_debuglevel()

使用 SMTP 对象的方法 set_debuglevel()可以设置调试级别。其语法原型如下。

```
set_debuglevel (level)
```

参数 level 是指设定的调试级别。

（4）方法 docmd()

使用 SMTP 对象中的方法 docmd()可以向 SMTP 服务器发送命令。其语法原型如下。

```
docmd (cmd, argstring)
```

- cmd：向 SMTP 服务器发送的命令。
- argstring：表示一个命令参数，是可选参数。

（5）方法 sendmail()

使用 SMTP 对象中的方法 sendmail()可以发送邮件。其语法原型如下。

```
sendmail(from_addr, to_addrs, msg, mail_options, rcpt_options)
```

- from_addr：发件人的邮件地址。
- to_ addrs：收件人的邮件地址。
- msg：邮件内容。
- mail_options：可选参数，表示 ESMTP 操作。
- rcpt_options：可选参数，表示 RCPT 操作。

（6）方法 quit()

使用 SMTP 对象中的方法 quit()可以断开与服务器的连接。

当使用 Python 发送 Email 邮件时，需要找到所使用 SMTP 服务器的地址和端口。例如，对于新浪邮箱，其 SMTP 服务器的地址为 smtp.sina.com，端口为默认值 25。实例文件 sm.py 演示了向指定邮箱发送邮件的过程。

为了防止邮件被反垃圾邮件丢弃，这里采用前面提到的第二种方法，即登录认证后再发送。实例文件 sm.py 的具体实现代码如下。

源码路径：daima\2\2-6\sm.py

```
import smtplib,email                                                  #导入内置模块
from p_email import mypass                                            #导入内置模块
#使用email模块构建一封邮件
chst = email.charset.Charset(input_charset='utf-8')
header = ("From: %s\nTo: %s\nSubject: %s\n\n"                         #邮件主题
        % ("guan****@sina.com",                                       #邮箱地址
           "好人",                                                    #收件人
           chst.header_encode("Python smtplib 测试！")))              #邮件头
body = "你好！"                                                       #邮件内容
email_con = header.encode('utf-8') + body.encode('utf-8')             #构建邮件完整内容，使用中文编码处理
smtp = smtplib.SMTP("smtp.sina.com")                                  #邮件服务器
smtp.login("guan****@sina.com",mypass)                                #使用用户名和密码登录邮箱
#开始发送邮件
smtp.sendmail("guan****@sina.com","371****@qq.com",email_con)
smtp.quit()                                                           #退出系统
```

在上述实例代码中，使用邮箱 guan****@sina.com 发送邮件，收件人的邮箱地址是 371****@qq.com。首先使用 email.charset.Charset()对象对邮件头部进行编码，然后创建 SMTP 对象，并通过验证的方式给 371****@qq.com 发送一封测试邮件。因为在邮件的主体内容中有中文字符，所以使用 encode()函数进行编码。执行文件 sm.py 后的效果如图 2-7 所示。

图 2-7　执行文件 sm.py 后的效果

2.6.3 使用 email 库

在 Python 程序中，内置标准库 email 的功能是管理电子邮件。具体来说，不是实现向 SMTP、NNTP 或其他服务器发送任何电子邮件的功能，而是实现诸如 smtplib 和 nntplib 之类的库的功能。email 库的主要功能是分割内部对象模型中电子邮件表示的电子邮件消息的解析和生成。通过使用 email，可以向消息中添加子对象，从消息中删除子对象，完全重新排列内容。

1. 核心模块 email.message

类 Message 是 email 库的核心类，它是 email 对象模型中的基类，提供了设置和查询邮件头部、访问消息体的核心方法。从概念上讲，Message 对象构成了邮件头部和消息体。头部格式在 RFC 2822 中进行了定义，每个头部由该项的名字和值组成，并由冒号分隔。消息体可以是简单消息对象的字符串或多个 MIME 容器的 Message 对象组成的多部分邮件。Message 类在 email.message 模块中定义。

类 Message 中的主要内置方法如下。

1）as_string(unixfrom=False, maxheaderlen=0, policy=None)：当可选 unixfrom 为真时，以字符串的形式返回全部消息，unixfrom 默认为 False。maxheaderlen 默认为 0，如果想要不同的值，则必须明确覆盖它（max_line_length 的策略将忽略此方法）。参数 policy 用于覆盖从消息实例获取的默认策略，这可以用于控制由该方法生成的某些格式，因为指定的策略将传递到 Generator。如果需要填写默认值来完成到字符串的转换（例如，可能生成或修改 MIME 边界），则可能会触发对 Message 的更改。

2）__str__()：等效于前面的 as_string()，允许 str(msg)生成包含格式化消息的字符串。

3）as_bytes(unixfrom=False, policy=None)：返回作为字节对象的整个消息。

- 参数 unixfrom：当可选参数 unixfrom 为真时，邮件头部将包含在返回的字符串中。默认值为 False。
- 参数 policy：用于覆盖从消息实例获取的默认策略，这样可以控制由该方法生成的某些格式，因为指定的策略将传递到 BytesGenerator。

4）__bytes__()：等效于 as_bytes()，允许 bytes(msg)生成包含格式化消息的字节对象。

5）is_multipart()：如果邮件的有效内容是子 Message 对象的列表，则返回 True；否则，返回 False。当 is_multipart()返回 False 时，有效内容应该是字符串对象。

6）set_unixfrom(unixfrom)：将邮件的信息头设置为 unixfrom。

7）get_unixfrom()：如果邮件标题从未设置，则返回邮件的信息头，默认为 None。

8）attach(payload)：将给定的内容添加到当前有效内容中。

2. 模块 email.parser

模块 email.parser 的功能是解析电子邮件的信息。消息对象结构可以通过如下两种方式创建。

- 实例化 Message 对象并通过 attach()和 set_payload()调用。
- 解析电子邮件的序列化列表。

模块 email.feedparser 中的常用成员如下。

1）类 email.parser.FeedParser(_factory=email.message.Message, *, policy=policy.compat32)：创建 FeedParser 实例。可选参数_factory 是一个无参调用，每当需要新的消息对象时就会使用它，默认为 email.message.Message 类。如果指定了 policy（它必须是 policy 类的实例），则需要使用它指定的规则来更新消息的表示形式。如果未设置具体的策略，请使用 compat32 策略。

类 email.parser.FeedParser 中的内置方法如下。

- feed(data)：提供 FeedParser 的其他数据，参数 data 应该包含一行或多行字符串。
- close()：关闭 FeedParser 对所有先前提供的数据的解析，并返回根消息对象。

2）类 email.parser.BytesFeedParser(_factory=email.message.Message)：除 feed()方法的输入必须是字节而不是字符串之外，其工作原理与 FeedParser 几乎相同。

3）类 email.parser.Parser(_class=email.message.Message, *, policy=policy.compat32)：是类 Parser 的构造函数，可选参数_class 必须是一个可调用的工厂（例如一个函数或一个类），并且每当需要创建子消息对象时才使用它，默认值为 Message（请参阅 email.message）。当工厂被调用时没有参数。如果指定了参数 policy（它必须是 policy 类的实例），请使用它指定的规则来更新消息的表示形式。如果未设置策略，请使用 compat32 策略。

类 email.parser.Parser 中的内置方法如下。

- parse(fp, headersonly=False)：从类似文件对象 fp 中读取所有数据，解析生成的文本，并返回根消息对象。fp 必须同时支持类文件对象中的 readline()和 read()方法。fp 中包含的文本必须格式化为 RFC 2822 样式标题和连续标题组成的一个块，可以选择性地在前面加上信息头。标题块以数据的结尾或空白行结束，在标题块之后是消息的主体（它可以包含 MIME 编码的子部分）。可选参数 headersonly 是一个标志，设置在读取头之后是否停止解析，默认值为 False，表示将解析文件的整个内容。

- parsestr(text, headersonly=False)：除了需要一个字符串对象而不是像文件一样的对象之外，其功能类似于 parse()方法。当在字符串中调用此方法时，完全等效于在 StringIO 实例的包装文本中调用 parse()。可选参数 headersonly 与 parse()方法中的完全一样。

实例文件 youjian.py 演示了使用库 email 和 smtplib 发送带附件的邮件的过程。

源码路径：daima\2\2-6\youjian.py

```
import smtplib
from email.mime.multipart import MIMEMultipart
from email.mime.text import MIMEText
from email.mime.image import MIMEImage

sender = '***'
receiver = '***'
subject = 'python email test'
smtpserver = '    '
username = '***'
password = '***'

msgRoot = MIMEMultipart('related')
msgRoot['Subject'] = 'test message'

#构造附件
att = MIMEText(open('h:\\python\\1.jpg', 'rb').read(), 'base64', 'utf-8')
att["Content-Type"] = 'application/octet-stream'
att["Content-Disposition"] = 'attachment; filename="1.jpg"'
msgRoot.attach(att)

smtp = smtplib.SMTP()
smtp.connect('smtp.163.com')
smtp.login(username, password)
smtp.sendmail(sender, receiver, msgRoot.as_string())
smtp.quit()
```

2.7 开发 FTP 程序

在计算机网络领域中，远程文件传输又是一个重要的分支。在网络协议中，TCP、FTP、Telnet、UDP 可以实现远程文件处理。作为一门功能强大的开发语言，Python 可以实现对远程文件的处理。本节将详细讲解使用 Python 开发远程文件传输系统的过程。

2.7.1 Python 和 FTP

当使用 Python 编写 FTP 客户端程序时，需要首先将相应的库 ftplib 导入项目程序中，然后实例化一个 ftplib.FTP 类对象，所有的 FTP 操作（如登录、传输文件和注销等）都要使用这个对象完成。使用类 FTP 可以创建一个 FTP 连接对象。具体语法格式如下。

```
FTP(host, user, passwd, acct)
```

- host：要连接的 FTP 服务器，是可选参数。
- user：登录 FTP 服务器所使用的用户名，是可选参数。
- passwd：登录 FTP 服务器所使用的密码，是可选参数。
- acct：可选参数，默认为空。

2.7.2 创建一个 FTP 客户端

实例文件 ftp.py 演示了使用 ftplib 库创建一个简单的 FTP 客户端的过程。

源码路径：daima\2\2-7\ftp.py

```
from ftplib import FTP                                          #导入FTP
bufsize = 1024                                                  #设置缓冲区的大小
def Get(filename):                                              #定义函数Get()用于下载文件
    command = 'RETR ' + filename                                #初始化变量command
    #下载FTP文件
ftp.retrbinary(command, open(filename,'wb').write, bufsize)
    print('下载成功')                                            #下载成功的提示
def Put(filename):                                              #定义函数Put()用于上传文件
    command = 'STOR ' + filename                                #初始化变量command
    filehandler = open(filename,'rb')                           #打开指定文件
    ftp.storbinary(command,filehandler,bufsize)                 #实现文件上传操作
    filehandler.close()                                         #关闭连接
    print('上传成功')                                            #显示提示
def PWD():                                                      #定义获取当前目录的函数PWD()
    print(ftp.pwd())                                            #返回当前所在位置
def Size(filename):                                             #定义获取文件大小的函数Size()
    print(ftp.size(filename))                                   #显示文件大小
def Help():                                                     #定义系统帮助函数Help()
    print('''                                                   #开始显示帮助提示
    ==================================
        Simple Python FTP
    ==================================
    cd          进入文件夹
    delete      删除文件
    dir         获取当前文件列表
    get         下载文件
    help        帮助
    mkdir       创建文件夹
    put         上传文件
    pwd         获取当前目录
    rename      重命名文件
    rmdir       删除文件夹
    size        获取文件大小
    ''')
server = input('请输入FTP服务器地址:')                          #输入信息
ftp = FTP(server)                                               #获取服务器地址
username = input('请输入用户名:')                               #输入用户名
password = input('请输入密码:')                                 #输入密码
ftp.login(username,password)                                    #使用用户名和密码登录FTP服务器
print(ftp.getwelcome())                                         #显示欢迎信息
#定义一个字典actions，在里面保存操作命令
actions  = {'dir':ftp.dir, 'pwd': PWD, 'cd':ftp.cwd, 'get':Get,
        'put':Put, 'help':Help, 'rmdir': ftp.rmd,
        'mkdir': ftp.mkd, 'delete':ftp.delete,
        'size':Size, 'rename':ftp.rename}
while True:                                                     #执行循环操作
    print('pyftp>')                                             #显示提示符
    cmds = input()                                              #获取用户的输入
    cmd = str.split(cmds)                                       #使用空格分隔用户输入的内容
    try:                                                        #异常处理
        if len(cmd) == 1:                                       #验证输入命令中是否有参数
            if str.lower(cmd[0]) == 'quit':                     #如果输入命令是quit，则退出循环
break
else:
                actions[str.lower(cmd[0])]()                    #调用与输出命令对应的操作函数
        elif len(cmd) == 2:                                     #处理只有一个参数的命令
            actions[str.lower(cmd[0])](cmd[1])                  #调用与输入命令对应的操作函数
        elif len(cmd) == 3:                                     #处理有两个参数的命令
            actions[str.lower(cmd[0])](cmd[1],cmd[2]) #调用与输入命令对应的操作函数
        else:                                                   #如果是其他情况
            print('输入错误')                                    #显示错误提示
    except:
        print('命令出错')
ftp.quit()                                                      #退出系统
```

运行上述实例代码后，会要求输入 FTP 服务器的地址、用户名和密码。如果正确输入上述

信息，则完成 FTP 服务器的登录，并显示一个“pyftp>”提示符，等待用户输入命令。如果输入“dir”和“pwd”这两个命令，则会调用对应的函数。当运行本实例时，需要有一个 FTP 服务器及登录该服务器的用户名和密码。如果读者没有互联网中的 FTP 服务器，则可以尝试在本地计算机中通过 IIS 配置一个 FTP 服务器，然后进行测试。执行文件 ftp.py 后的效果如图 2-8 所示。

```
请输入FTP服务器地址:
请输入用户名:to
请输入密码:24cp
220 Microsoft FTP Service
pyftp>
dir
11-07-16  11:39AM       <DIR>          backup_c21323
11-07-16  11:38AM              476469 backup_c21323.rar
05-26-16  09:29AM       <DIR>          data
11-07-16  10:24AM            21819039 study.rar
11-07-16  12:56PM             3853663 study.sql
05-29-16  08:09AM       <DIR>          W3SVC81
05-26-16  09:33AM            26458130 web.rar
05-26-16  09:29AM       <DIR>          wwwlog
11-07-16  11:14AM       <DIR>          wwwroot
pyftp>
```

图 2-8　执行文件 ftp.py 后的效果

2.8　解析 XML

XML 是指可扩展标记语言（eXtensible Markup Language），是标准通用标记语言的子集，是一种用于标记电子文件并使它具有结构的标记语言。在 Python 应用程序中，常见的 XML 编程接口有两种，分别是 SAX 和 DOM。所以，相应地，Python 中有两种解析 XML 文件的方法，分别是 SAX 和 DOM 方法。Python 通过 xml 库实现对 XML 的处理。xml 库由如下核心模块构成。

- xml.etree.ElementTree：ElementTree API，一个简单和轻量的 XML 处理器。
- xml.dom：DOM API 的定义。
- xml.dom.minidom：最小的 DOM 实现。
- xml.dom.pulldom：支持构建部分 DOM 树。
- xml.sax：SAX2 基类和便利函数。
- xml.parsers.expat：Expat 解析器的绑定。

本节将详细讲解使用 Python 解析 XML 文件的知识。

2.8.1　使用 xml.etree.ElementTree 模块

XML 是一种固有的分层数据格式，其中 ElementTree 可以将整个 XML 文档表示为树，Element 表示此树中的单个节点。与整个文档（从文件读取和写入文件）的交互通常在 ElementTree 级别上进行，与单个 XML 元素及其子元素的交互在 Element 级别上完成。

在 Python 程序中，Element 类型是一种灵活的容器对象，用于在内存中存储结构化数据。xml.etree.ElementTree 模块中常用的公共方法如下。

1）xml.etree.ElementTree.Comment(text=None)：用于创建一个特殊的元素，被序列化为 XML 注释。注释字符串可以是字节表或 Unicode 字符串。参数 text 是一个包含注释字符串的字符串。返回一个表示注释的元素实例。

2）xml.etree.ElementTree.dump(elem)：将元素树或元素结构写入 sys.stdout，此方法仅用于调试。参数 elem 是元素树或单个元素。

3）xml.etree.ElementTree.fromstring(text)：从字符串常量解析 XM 文档。text 是一个包含

XML 数据的字符串。与 XML()方法类似，该方法返回一个 Element 实例。

4）xml.etree.ElementTree.fromstringlist(sequence, parser=None)：从字符串的序列对象中解析 XML 文档。默认 parser 为 XMLParser，返回 Element 实例。

5）xml.etree.ElementTree.iselement(element)：判断对象是否是一个 element 对象。参数 element 是元素实例，如果这是元素对象，则返回 true 值。

6）xml.etree.ElementTree.iterparse(source, events=None, parser=None)：将文件或包含 XML 数据的文件对象递增地解析为 ElementTree，并且报告进度。参数 events 是一个事件列表，如果忽略，则只报告 end 事件。

注意：iterparse()只有在遇到开始标签的">"符号时才会抛出 start 事件，由于此时属性已经定义，而 text 和 tail 属性还没有定义，同样子元素也没有定义，因此它们可能不能显示出来。如果要显示完整的元素，请使用 end 事件。

7）xml.etree.ElementTree.parse(source, parser=None)：将一个文件或者字符串解析为 ElementTree，并解析 XML 节点。其参数如下。

- 参数 source：包含 XML 数据的文件名或文件对象。
- 参数 parser：一个可选的解析器实例。如果没有给出，则使用标准的 XMLParser 解析器，并返回 ElementTree 实例。

8）xml.etree.ElementTree.ProcessingInstruction(target, text=None)：创建一个特别的 element，该 element 被序列化为一个 XML 命令。其参数如下。

- 参数 target：包含 PI 目标的字符串。
- 参数 text：包含 PI 内容的字符串（如果给出），返回一个元素实例，表示一条指令。

9）xml.etree.ElementTree.register_namespace(prefix, uri)：注册命名空间的前缀，这个注册是全局有效的，任何已经给出的前缀或者命名空间 URI 的映射关系会被删除。参数 uri 是一个命名空间 uri，此命名空间中的标签和属性将使用给定的前缀进行序列化。

10）xml.etree.ElementTree.SubElement(parent, tag, attrib={}, **extra)：子元素的工厂方法，功能是创建一个 Element 实例并追加到已知的节点中。

11）xml.etree.ElementTree.tostring(element, encoding="us-ascii", method="xml")：生成一个字符串来表示 XML 的元素，包括所有子元素。参数 element 是一个 Element 实例，method 为"xml" "html"或"text"。返回包含 XML 数据的字符串。

12）xml.etree.ElementTree.tostringlist(element, encoding="us-ascii", method="xml")：生成一个字符串来表示 XML 的元素，包括所有子元素。参数 element 是一个 Element 实例，method 为"xml" "html"或"text"。返回包含 XML 数据的字符串列表。

13）xml.etree.ElementTree.XML(text, parser=None)：功能是从一个字符串常量中解析出 XML 片段，并返回 Element 实例。

14）xml.etree.ElementTree.XMLID(text, parser=None)：功能是从字符串常量解析出 XML 片段，同时返回一个字典，用于映射 element 的 id 到其自身。

模块 xml.etree.ElementTree 中常用的类和方法如下：

1）类 xml.etree.ElementTree.Element(tag, attrib={}, **extra)：定义 Element 接口，并提供此接口的参考实现。tag 是元素名称；attrib 是一个可选的字典，包含元素属性；extra 包含作为关键字参数给出的其他属性。

在类 Element 中包含如下方法。

- clear()：重置元素，此方法将删除所有子元素，清除所有属性，并将文本和尾部属性设置为 None。

- get(key, default=None)：用于获取指定键的元素属性。如果未找到属性，则返回 default。
- items()：用“键-值”对的形式返回元素。
- keys()：用列表返回元素属性名称。
- set(key, value)：用于设置元素中属性的键值。
- append(subelement)：将元素的子元素添加到此元素的内部子元素列表的末尾。
- extend(subelements)：从具有零个或多个元素的序列对象中附加子元素。如果子元素不是 Element，则会引发 TypeError 异常。
- find(match, namespaces=None)：用于查找与 math 匹配的第一个子元素。参数 match 可以是标记名称或 path；参数 namespaces 是从命名空间前缀到全名的可选映射。
- findall(match, namespaces=None)：按标记名称或路径查找所有匹配的了元素。参数 namespaces 是从命名空间前缀到全名的可选映射。
- findtext(match, default=None, namespaces=None)：用于查找与 match 匹配的第一个子元素的文本。参数 match 可以是标记名称或路径。返回的是第一个匹配元素的文本内容，如果没有找到匹配元素，则返回默认的空字符串。
- insert(index, subelement)：在此元素中的给定位置插入子元素。
- iter(tag=None)：以当前元素为根创建树迭代器。迭代器以文档（深度优先）顺序遍历该元素及其下面的所有元素。如果参数 tag 的值不是 None 或'*'，则只有 tag 值等于标签的元素时才会从迭代器返回。如果在迭代期间修改树结构，则结果是未定义的。
- iterfind(match, namespaces=None)：按标记名称或路径查找所有匹配的子元素。返回一个迭代结果，产生文档中的所有匹配元素。
- itertext()：创建文本迭代器。迭代器按照文档顺序遍历该元素和所有子元素，并返回所有内部文本。
- makeelement(tag, attrib)：创建与此元素具有相同类型的新元素对象。
- remove(subelement)：从元素中删除子元素。

2）类 xml.etree.ElementTree.ElementTree(element=None, file=None)

类 ElementTree 是一个包装类，此类表示整个元素的层次结构，并为标准 XML 中的序列化添加了一些额外的支持。参数 element 是根元素，如果不为空，则使用 XML 文件的内容初始化树。

在类 ElementTree 中包含如下方法。

- _setroot(element)：替换此树的根元素。需要注意的是，这会丢弃树中的当前内容，并用给定的元素替换它。
- find(match, namespaces=None)：与前面介绍的方法 Element.find()相同。
- findall(match, namespaces=None)：与前面介绍的方法 Element.findall()相同。
- findtext(match, default=None, namespaces=None)：与前面介绍的方法 Element.findtext()相同。
- getroot()：返回此树的根元素。
- iter(tag=None)：为根元素创建并返回一个树迭代器。参数 tag 是要查找的元素标签，默认返回所有元素。
- iterfind(match, namespaces=None)：与前面介绍的方法 Element.iterfind()相同。
- parse(source, parser=None)：将外部 XML 部分加载到此元素树中。参数 source 是文件名或文件对象；参数 parser 是一个可选的解析器实例。如果没有给出，则使用标准的 XMLParser 解析器。
- write(file, encoding="us-ascii", xml_declaration=None, default_namespace=None, method=

"xml", *, short_empty_elements=True)：将元素树写入文件中。参数 file 是文件名或打开以供写入的文件对象；参数 encoding 是输出编码（默认为 US-ASCII）；参数 xml_declaration 用于控制是否将 XML 声明添加到文件中，其中使用 False 表示永远不添加 XML 声明，使用 True 表示永远添加 XML 声明，使用 none 表示仅当不是 US-ASCII 或 UTF-8 或 Unicode 时才添加 XML 声明；参数 default_namespace 用于设置默认的 XML 命名空间（对于"xmlns"），值可以是"xml" "html"或"text"（默认为"xml"）；参数 short_empty_elements 用于控制不包含内容的元素的格式，如果值为 True（默认值），则作为单个自封闭标签发出，否则作为一对"开始/结束"标签发出。

3）类 xml.etree.ElementTree.QName(text_or_uri, tag=None)：QName 是一个包装器，能够包装 QName 属性值，以便在输出上获得正确的命名空间。其参数如下。

- 参数 text_or_uri：一个包含 QName 值的字符串，格式为{uri} local。
- 参数 tag：一个标签，如果给出了 tag 参数，则第一个参数被解释为 URI，并且此参数被解释为本地名称。

4）类 xml.etree.ElementTree.TreeBuilder(element_factory=None)：类 TreeBuilder 是一个通用元素结构的构建器，能够将开始、数据和结束方法调用的顺序转换为格式良好的元素结构。可以使用类 TreeBuilder 的自定义 XML 解析器或其他类似 XML 格式的解析器来构建元素结构。当给定参数 element_factory 时，可调用函数必须接受两个位置参数——标记和属性的 dict。

在类 TreeBuilder 中包含如下内置方法。

- close()：表示刷新构建器缓冲区，并返回顶级文档元素。
- data(data)：表示将文本添加到当前元素中。参数 data 是一个字符串。
- end(tag)：表示关闭当前元素。参数 tag 是元素名称。
- start(tag, attrs)：表示打开一个新元素。参数 tag 是元素名称；参数 attrs 是包含元素属性的字典。
- doctype(name, pubid, system)：表示处理一个 doctype 声明。参数 name 是 doctype 名称；参数 pubid 是公开标识符；参数 system 是系统标识符。

5）类 xml.etree.ElementTree.XMLParser(target=None, encoding=None)：类 XMLParser 是模块的低级构建块，使用 xml.parsers.expat 来进行基于事件的 XML 解析。类 XMLParser 可以使用 feed()方法递增 XML 数据，并且通过调用目标对象上的回调对象，将解析事件转换为推送 API。如果省略参数 target，则使用标准 TreeBuilder。如果给定了参数 encoding，则该值将覆盖 XML 文件中指定的编码。

在类 XMLParser 中包含如下内置方法。

- close()：向解析器提供数据，并返回 close()方法的结果。
- feed(data)：将数据提供给解析器。参数 data 是编码数据。

6）类 xml.etree.ElementTree.XMLPullParser(events=None)：类 XMLPullParser 是一个适用于非阻塞应用程序的拉式解析器。其输入端 API 类似于 XMLParser，但不是将调用推送到回调目标。XMLPullParser 能够收集解析事件的内部列表，并让用户从中读取它。参数 events 是指要报告的事件序列，支持的事件是字符串，有 start、end、start-ns 和 end-ns。如果省略 events 参数，则仅报告 end 事件。

在类 XMLPullParser 中包含如下方法。

- feed(data)：将给定的字节数据发送到解析器。
- close()：向解析器发送信号以通知数据流已终止。
- read_events()：当在发送数据到解析器的过程中遇到事件时返回一个迭代器。

下面的实例代码演示了使用库 xml.etree.ElementTree 读取 XML 文件的过程。其中 XML 文件 test.xml 的具体实现代码如下。

源码路径：daima\2\2-7\test.xml

```
<students>
    <student name='刘备' sex='男' age='35'/>
    <student name='吕布' sex='男' age='38'/>
    <student name='貂蝉' sex='女' age='22'/>
</students>
```

文件 ElementTreeuse.py 的功能是获取上述 XML 文件节点中的元素。具体实现代码如下。

源码路径：daima\2\2-7\ElementTreeuse.py

```
#从文件中读取数据
import xml.etree.ElementTree as ET

#全局唯一标识符
unique_id = 1


#遍历所有的节点
def walkData(root_node, level, result_list):
    global unique_id
    temp_list = [unique_id, level, root_node.tag, root_node.attrib]
    result_list.append(temp_list)
    unique_id += 1

    #遍历每个子节点
    children_node = root_node.getchildren()
    if len(children_node) == 0:
        return
    for child in children_node:
        walkData(child, level + 1, result_list)
    return


#获得原始数据
# out:
# [
#    #ID, Level, Attr Map
#    [1, 1, {'ID':1, 'Name':'test1'}],
#    [2, 1, {'ID':1, 'Name':'test2'}],
# ]
def getXmlData(file_name):
    level = 1  # 节点的深度从1开始
    result_list = []
    root = ET.parse(file_name).getroot()
    walkData(root, level, result_list)

    return result_list


if __name__ == '__main__':
    file_name = 'test.xml'
    R = getXmlData(file_name)
    for x in R:
        print(x)
    pass
```

执行后会输出：

```
[1, 1, 'students', {}]
[2, 2, 'student', {'name': '刘备', 'sex': '男', 'age': '35'}]
[3, 2, 'student', {'name': '吕布', 'sex': '男', 'age': '38'}]
[4, 2, 'student', {'name': '貂蝉', 'sex': '女', 'age': '22'}]
```

2.8.2 SAX 解析方法

在 Python 的标准库中包含了 SAX 解析器，SAX 通过使用事件驱动模型，在解析 XML 的过程中触发一个个的事件并调用用户定义的回调函数来处理 XML 文件。

SAX 是一种基于事件驱动的 API，当利用 SAX 解析 XML 文档时，会涉及如下两个部分。

- 解析器：负责读取 XML 文档，并向事件处理程序发送事件，例如，元素开始事件与元素结束事件。
- 事件处理程序：负责对事件做出响应，对传递的 XML 数据进行处理。

当在 Python 程序中使用 SAX 方式处理 XML 文件时，需要先引入文件 xml.sax 中的 parse() 函数，以及 xml.sax.handler 中的类 ContentHandler。其中类 ContentHandler 中的常用函数如下。

1）characters(content)：调用时机如下。

- 从行开始，在遇到标签之前，存在字符，content 的值为这些字符串。
- 从一个标签开始，在遇到下一个标签之前，存在字符，content 的值为这些字符串。
- 从一个标签开始，在遇到行结束符之前，存在字符，content 的值为这些字符串。

其中，标签可以是开始标签，也可以是结束标签。

2）startDocument()：在文档启动时调用。

3）endDocument()：当解析器到达文档结尾时调用。

4）startElement(name, attrs)：在遇到 XML 开始标签时调用，name 是标签的名字，attrs 是标签的属性值字典。

5）endElement(name)：在遇到 XML 结束标签时调用。

在 xml.sax 中的常用内置函数如下。

1）parse()：通过如下语法格式创建一个 SAX 解析器，并解析 XML 文档。

```
xml.sax.parse( xmlfile, handler[, errorhandler])
```

各个参数的具体说明如下。

- xmlfile：XML 文件名。
- handler：必须是一个 ContentHandler 的对象。
- errorhandler：如果指定该参数，则 errorhandler 必须是一个 SAX ErrorHandler 对象。

2）parseString()：创建一个 XML 解析器并解析 XML 字符串。具体语法格式如下。

```
xml.sax.parseString(xmlstring, contenthandler[, errorhandler])
```

各个参数的具体说明如下。

- xmlstring：XML 字符串。
- contenthandler：必须是一个 ContentHandler 的对象。
- errorhandler：如果指定该参数，则 errorhandler 必须是一个 SAX ErrorHandler 对象。

下面的实例代码演示了使用 SAX 方法解析 XML 文件的过程。其中实例文件 movies.xml 是一个基本的 XML 文件，在里面保存了一些与电影有关的资料信息。文件 movies.xml 的具体实现代码如下。

源码路径：daima\2\2-8\movies.xml

```
<collection shelf="New Arrivals">
<movie title="Enemy Behind">
<type>War, Thriller</type>
<format>DVD</format>
<year>2003</year>
<rating>PG</rating>
<stars>10</stars>
<description>Talk about a US-Japan war</description>
</movie>
<movie title="Transformers">
<type>Anime, Science Fiction</type>
<format>DVD</format>
<year>1989</year>
<rating>R</rating>
<stars>8</stars>
<description>A scientific fiction</description>
```

```
</movie>
<movie title="Trigun">
<type>Anime, Action</type>
<format>DVD</format>
<episodes>4</episodes>
<rating>PG</rating>
<stars>10</stars>
<description>Vash the Stampede!</description>
</movie>
<movie title="Ishtar">
<type>Comedy</type>
<format>VHS</format>
<rating>PG</rating>
<stars>2</stars>
<description>Viewable boredom</description>
</movie>
</collection>
```

实例文件 sax.py 的功能是解析文件 movies.xml 的内容。具体实现代码如下。

源码路径：daima\2\2-8\sax.py

```
import xml.sax
class MovieHandler( xml.sax.ContentHandler ):
def __init__(self):
      self.CurrentData = ""
      self.type = ""
      self.format = ""
      self.year = ""
      self.rating = ""
      self.stars = ""
      self.description = ""
   #元素开始调用
def startElement(self, tag, attributes):
      self.CurrentData = tag
if tag == "movie":
print ("*****Movie*****")
title = attributes["title"]
print ("Title:", title)
   #元素结束调用
def endElement(self, tag):
      if self.CurrentData == "type":          #处理XML中的type元素
print ("Type:", self.type)
      elif self.CurrentData == "format":      #处理XML中的format元素
print ("Format:", self.format)
      elif self.CurrentData == "year":        #处理XML中的year元素
print ("Year:", self.year)
      elif self.CurrentData == "rating":      #处理XML中的rating元素
print ("Rating:", self.rating)
      elif self.CurrentData == "stars":       #处理XML中的stars元素
print ("Stars:", self.stars)
      elif self.CurrentData == "description": #处理XML中的description元素
print ("Description:", self.description)
      self.CurrentData = ""
   #在读取字符时调用
def characters(self, content):
if self.CurrentData == "type":
         self.type = content
elif self.CurrentData == "format":
         self.format = content
elif self.CurrentData == "year":
         self.year = content
elif self.CurrentData == "rating":
         self.rating = content
elif self.CurrentData == "stars":
         self.stars = content
elif self.CurrentData == "description":
         self.description = content
if ( __name__ == "__main__"):
   #创建一个XMLReader
parser = xml.sax.make_parser()
```

```
parser.setFeature(xml.sax.handler.feature_namespaces, 0)
   #重写ContentHandler
   Handler = MovieHandler()
parser.setContentHandler( Handler )
parser.parse("movies.xml")
```

执行文件 movies.xml 后的效果如图 2-9 所示。

```
Root element : New Arrivals
*****Movie*****
Title: Enemy Behind
Type: War, Thriller
Format: DVD
Rating: PG
Description: Talk about a US-Japan war
*****Movie*****
Title: Transformers
Type: Anime, Science Fiction
Format: DVD
Rating: R
Description: A schientific fiction
*****Movie*****
Title: Trigun
Type: Anime, Action
Format: DVD
Rating: PG
Description: Vash the Stampede!
*****Movie*****
Title: Ishtar
Type: Comedy
Format: VHS
Rating: PG
Description: Viewable boredom
```

图 2-9　执行文件 movies.xml 后的效果

2.8.3　使用 DOM 解析方法

DOM 是 Document Object Model（文档对象模型）的简称，是 W3C 组织推荐的处理可扩展标记语言的标准编程接口。当 DOM 解析器在解析一个 XML 文档时，可以一次性读取整个文档。将文档中的所有元素保存在内存的树结构中后，可以利用 DOM 提供的不同的函数来读取或修改文档的内容和结构，也可以把修改过的内容写入 XML 文件中。

在 Python 中，与 DOM 解析方法相关的方法有 3 个，具体说明如下。

- xml.dom：DOM API 的定义。
- xml.dom.minidom：最小的 DOM 实现。
- xml.dom.pulldom：支持构建部分 DOM 树。

实例文件 dom.py 演示了使用 DOM 方法解析 XML 文件的过程。实例文件 dom.py 的功能是解析文件 movies.xml 的内容。具体实现代码如下。

源码路径：daima\2\2-8\dom.py

```
from xml.dom.minidom import parse
import xml.dom.minidom
#使用minidom解析器打开XML文档
DOMTree = xml.dom.minidom.parse("movies.xml")
collection = DOMTree.documentElement
if collection.hasAttribute("shelf"):
```

```
print ("Root element : %s" % collection.getAttribute("shelf"))
#在集合中获取所有电影
movies = collection.getElementsByTagName("movie")
#显示每部电影的详细信息
for movie in movies:
print ("*****Movie*****")
if movie.hasAttribute("title"):
print ("Title: %s" % movie.getAttribute("title"))
type = movie.getElementsByTagName('type')[0]
print ("Type: %s" % type.childNodes[0].data)
format = movie.getElementsByTagName('format')[0]
print ("Format: %s" % format.childNodes[0].data)
rating = movie.getElementsByTagName('rating')[0]
print ("Rating: %s" % rating.childNodes[0].data)
description = movie.getElementsByTagName('description')[0]
print ("Description: %s" % description.childNodes[0].data)
```

执行后会输出：

```
Root element : New Arrivals
*****Movie*****
Title: Enemy Behind
Type: War, Thriller
Format: DVD
Rating: PG
Description: Talk about a US-Japan war
*****Movie*****
Title: Transformers
Type: Anime, Science Fiction
Format: DVD
Rating: R
Description: A schientific fiction
*****Movie*****
Title: Trigun
Type: Anime, Action
Format: DVD
Rating: PG
Description: Vash the Stampede!
*****Movie*****
Title: Ishtar
Type: Comedy
Format: VHS
Rating: PG
Description: Viewable boredom
```

下面的实例代码演示了使用 DOM 获取 XML 文件中指定元素值的过程。其中 XML 文件 user.xml 的代码如下。

源码路径：daima\2\2-8\user.xml

```
<?xml version="1.0" encoding="UTF-8" ?>
<users>
    <user id="1000001">
        <username>Admin</username>
        <email>admin@example.com</email>
        <age>23</age>
        <sex>boy</sex>
    </user>
    <user id="1000002">
        <username>Admin2</username>
        <email>admin2@example.com</email>
        <age>22</age>
        <sex>boy</sex>
    </user>
    <user id="1000003">
        <username>Admin3</username>
        <email>admin3@example.com</email>
        <age>27</age>
        <sex>boy</sex>
    </user>
    <user id="1000004">
        <username>Admin4</username>
        <email>admin4@example.com</email>
```

```
        <age>25</age>
        <sex>girl</sex>
    </user>
    <user id="1000005">
        <username>Admin5</username>
        <email>admin5@example.com</email>
        <age>20</age>
        <sex>boy</sex>
    </user>
    <user id="1000006">
        <username>Admin6</username>
        <email>admin6@example.com</email>
        <age>23</age>
        <sex>girl</sex>
    </user>
</users>
```

实例文件 domuse.py 的功能是解析文件 movies.xml 的内容。具体实现代码如下。

源码路径：daima\2\2-8\domuse.py

```
from xml.dom import minidom

def get_attrvalue(node, attrname):
     return node.getAttribute(attrname) if node else ''

def get_nodevalue(node, index = 0):
    return node.childNodes[index].nodeValue if node else ''

def get_xmlnode(node, name):
    return node.getElementsByTagName(name) if node else []

def get_xml_data(filename = 'user.xml'):
    doc = minidom.parse(filename)
    root = doc.documentElement

    user_nodes = get_xmlnode(root, 'user')
    print ("user_nodes:", user_nodes)

    user_list=[]
    for node in user_nodes:
        user_id = get_attrvalue(node, 'id')
        node_name = get_xmlnode(node, 'username')
        node_email = get_xmlnode(node, 'email')
        node_age = get_xmlnode(node, 'age')
        node_sex = get_xmlnode(node, 'sex')

        user_name =get_nodevalue(node_name[0])
        user_email = get_nodevalue(node_email[0])
        user_age = int(get_nodevalue(node_age[0]))
        user_sex = get_nodevalue(node_sex[0])

        user = {}
        user['id'] , user['username'] , user['email'] , user['age'] , user['sex'] = (
            int(user_id), user_name , user_email , user_age , user_sex
        )
        user_list.append(user)
    return user_list

def test_load_xml():
    user_list = get_xml_data()
    for user in user_list :
        print ('-----------------------------------------------------')
        if user:
            user_str='No.:\t%d\nname:\t%s\nsex:\t%s\nage:\t%s\nEmail:\t%s' % (int(user
               ['id']) , user['username'], user['sex'] , user['age'] , user['email'])
            print (user_str)

if __name__ == "__main__":
    test_load_xml()
```

执行后会输出：

```
----------------------------------------------------
No.:     1000001
name:     Admin
sex:     boy
age:     23
Email:     admin@example.com
----------------------------------------------------
No.:     1000002
name:     Admin2
sex:     boy
age:     22
Email:     admin2@example.com
----------------------------------------------------
No.:     1000003
name:     Admin3
sex:     boy
age:     27
Email:     admin3@example.com
----------------------------------------------------
No.:     1000004
name:     Admin4
sex:     girl
age:     25
Email:     admin4@example.com
----------------------------------------------------
No.:     1000005
name:     Admin5
sex:     boy
age:     20
Email:     admin5@example.com.
----------------------------------------------------
Ran 1 test in 0.031s

OK

----------------------------------------------------
No.:     1000006
name:     Admin6
sex:     girl
age:     23
Email:     admin6@example.com
```

2.8.4 使用 xml.parsers.cxpat 模块

在 Python 程序中，模块 xml.parsers.expat 的功能是动态地解析 XML 文件。其中提供了一个单一的扩展类型 xmlparser，表示 XML 解析器的当前状态。在创建了 xmlparser 对象后，可以将对象的各种属性设置为处理函数。

模块 xml.parsers.expat 提供了如下异常。

- 异常 exception xml.parsers.expat.ExpatError：当 Expat 报告错误时引发的异常。
- 异常 exception xml.parsers.expat.error：ExpatError 的别名。

除上面的异常之外，模块 xml.parsers.expat 还提供了一个类型对象 xml.parsers.expat.XMLParserType，表示函数 ParserCreate()的返回值类型。

在 xml.parsers.expat 模块中包含了如下两个方法。

- xml.parsers.expat.ErrorString(errno)：返回给定错误号的说明字符串。
- xml.parsers.expat.ParserCreate(encoding=None, namespace_separator=None)：创建并返回一个新的 xmlparser 对象。如果指定了 encoding，则必须是命名 XML 数据所使用的编码的字符串。Expat 不支持与 Python 一样多的编码，其编码不能进行扩展，只支持 UTF-8、UTF-16、ISO-8859-1（Latin1）和 ASCII。如果设置了 encoding，则会覆盖文档的隐式或显式编码。

在 xmlparser 对象中包含了如下方法。

- xmlparser.Parse(data[, isfinal])：解析字符串 data 的内容，调用相应的处理函数来处理解析的数据。参数 isfinal 在最终调用此方法时必须为 true，允许在片段中解析单个文件，而不是提交多个文件。
- xmlparser.ParseFile(file)：解析对象文件中的 XML 数据。file 只用提供 read(nbytes)方法，当没有更多数据时返回空字符串。
- xmlparser.SetBase(base)：设置用于解析系统标识符中相对 URI 的基址。
- xmlparser.GetBase()：如果 SetBase()未被调用，则返回一个先前的调用，如 SetBase()或 None。
- xmlparser.GetInputContext()：以字符串的形式返回生成当前事件的输入数据。在事件处理程序未激活时调用，返回值为 None。
- xmlparser.ExternalEntityParserCreate(context[, encoding])：创建一个“子”解析器，可用于解析由父解析器解析的内容引用的外部解析实体。参数 context 是传递给 ExternalEntityRefHandler()函数的字符串，使用 ordered_ attributes 和 specified_attributes 创建子解析器。
- xmlparser.SetParamEntityParsing(flag)：参数实体的控制解析（包括外部的 DTD 子集）。

在 xmlparser 对象中包含了如下属性。

- xmlparser.buffer_size：当 buffer_text 为真时使用的缓冲区大小。
- xmlparser.buffer_text：当将此属性设置为 true 时，会使 xmlparser 对象缓存 Expat 返回的文本内容，以避免多次调用 CharacterDataHandler()。这样可以大大提高性能，因为 Expat 通常在每行结尾将字符数据分成块。默认情况下，此属性为 false，并且可以随时更改。
- xmlparser.buffer_used：如果启用 buffer_text，则存储缓冲区中的字节数。当 buffer_text 为 false 时，此属性没有意义。
- xmlparser.ordered_attributes：当将此属性设置为非零整数时，会将属性显示为列表而不是字典，属性以在文档中找到的顺序进行显示。
- xmlparser.specified_attributes：如果设置为非零整数，解析器将仅报告在文档实例中指定的那些属性，而不是派生的那些属性。
- xmlparser.ErrorByteIndex：发生错误的字节索引。
- xmlparser.ErrorCode：指定问题的数字编码。此值可以传递给 ErrorString()函数，或者与 errors 对象中定义的常量之一进行比较。
- xmlparser.ErrorColumnNumber：发生错误的列号。
- xmlparser.ErrorLineNumber：出现错误的行号。
- xmlparser.CurrentByteIndex：输入解析器中的当前字节索引。
- xmlparser.CurrentColumnNumber：输入解析器中的当前列号。
- xmlparser.CurrentLineNumber：输入解析器中的当前行号。

实例文件 xmlparser.py 演示了使用 xmlparser 方法解析 XML 文件的过程。实例文件 xmlparser.py 的具体实现代码如下。

源码路径：daima\2\2-8\xmlparser.py

```
import xml.parsers.expat

#3个处理程序
def start_element(name, attrs):
    print('Start element:', name, attrs)
def end_element(name):
    print('End element:', name)
```

```
    def char_data(data):
        print('Character data:', repr(data))

    p = xml.parsers.expat.ParserCreate()

    p.StartElementHandler = start_element
    p.EndElementHandler = end_element
    p.CharacterDataHandler = char_data

    p.Parse("""<?xml version="1.0"?>
    <parent id="top"><child1 name="paul">Text goes here</child1>
    <child2 name="fred">More text</child2>
    </parent>""", 1)
```

在上述代码中分别定义了 3 个函数 start_element()、end_element()和 char_data()，分别解析了指定 XML 代码中的开始标记、结束标记和数据元素。执行后会输出：

```
Start element: parent {'id': 'top'}
Start element: child1 {'name': 'paul'}
Character data: 'Text goes here'
End element: child1
Character data: '\n'
Start element: child2 {'name': 'fred'}
Character data: 'More text'
End element: child2
Character data: '\n'
End element: parent
```

2.9 解析 JSON 数据

JSON 是 JavaScript Object Notation 的缩写，是一种轻量级的数据交换格式。JSON 基于 ECMAScript 的一个子集。本节将详细讲解使用 Python 解析 JSON 数据的知识。

2.9.1 类型转换

在 JSON 的编码和解码过程中，Python 的原始类型与 JSON 类型会相互转换。在编码时 Python 数据类型与 JSON 类型的转换关系如表 2-4 所示。

表 2-4　　在编码时 **Python** 数据类型与 **JSON** 类型的转换关系

Python 数据类型	JSON 类型
dict	object
list、tuple	array
str	string
int、float、派生自 int 与 float 的 Enum	number
True	true
False	false
None	null

在解码时 JSON 类型与 Python 数据类型的转换关系如表 2-5 所示。

表 2-5　　在解码时 **JSON** 类型与 **Python** 数据类型的转换关系

JSON 类型	Python 数据类型
object	dict
array	list
string	str
number (int)	int

续表

JSON 类型	Python 数据类型
number (real)	float
true	True
false	False
null	None

2.9.2　编码和解码

在 Python 程序中，可以使用 json 模块对 JSON 数据进行编码和解码操作。json 模块主要包含如下方法。

1）json.dump(obj, fp, skipkeys=False, ensure_ascii=True, check_circular=True, allow_nan=True, cls=None, indent=None, separators=None, default=None, sort_keys=False, **kw)

json.dump()方法的功能是对数据进行编码，将 obj 序列化为 fp。因为 json 模块总是产生 str 对象，而不是 bytes 对象，所以 fp.write()必须支持 str 输入。

- 如果参数 ensure_ascii 为 true（默认值），则可保证对所有传入的非 ASCII 字符都进行转义。如果参数 ensure_ascii 为 false，则这些字符将按原样输出。
- 如果参数 check_circular 为 false（默认值为 true），则将跳过容器类型的循环引用检查，循环引用将导致 OverflowError 错误。
- 如果参数 allow_nan 为 false（默认值为 true），则 ValueError 将序列化超出范围的浮点值，并严格遵守 JSON 规范。如果 allow_nan 为 true，则使用与它等效的 JavaScript 代码。
- 如果参数 indent 的缩进是非负整数或字符串，那么 JSON 数组元素和对象成员将以该缩进级别输出。如果缩进级别是 0、负数或" "，则只插入换行符。默认值 None 表示用最紧凑的格式显示。当使用正整数缩进时，每个级别都有许多空格。如果缩进的是字符串（例如"\t"），则该字符串用于缩进每个级别。
- 如果参数 sort_keys 为 true（默认值为 False），则字典的输出将按键进行排序。

2）json.dumps(obj, skipkeys=False, ensure_ascii=True, check_circular=True, allow_nan=True, cls=None, indent=None, separators=None, default=None, sort_keys=False, **kw)

json.dumps()方法的功能是使用转换关系将 obj 序列化为 JSON 格式的 str。各个参数的含义与上面的方法 json.dump()完全相同。

3）json.load(fp, cls=None, object_hook=None, parse_float=None, parse_int=None, parse_constant=None, object_pairs_hook=None, **kw)

方法 json.load()的功能是对数据进行解码。

- object_hook 是一个可选函数，能够被任何对象字面值解码的结果所调用。使用的是 object_hook 的返回值而不是 dict。该特征可以用于实现定制解码器。
- object_pairs_hook 是一个可选函数，将使用任何对象字面值的结果进行调用，并使用有序列表进行解码。使用的是 object_pairs_hook 的返回值，而不是 dict。该特征可以用于实现依赖于键-值对的自定义解码器（例如 collections.OrderedDict()会记住插入的顺序）。如果还定义了 object_hook，则 object_pairs_hook 优先解码。
- 如果指定了 parse_float，则使用要解码的每个 JSON 浮点数类型的字符串进行调用。默认情况下，这相当于 float(num_str)。
- 如果指定了 parse_int，则使用要解码的每个 JSON 整型字符串进行调用。默认情况下，这相当于 int(num_str)。

- 如果指定了 parse_constant，则使用'-Infinity'或者'Infinity'或者'NaN'调用。这样，当遇到无效的 JSON 数字时，可以引发异常。

4）方法 json.loads(s, encoding=None, cls=None, object_hook=None, parse_float=None, parse_int=None, parse_constant=None, object_pairs_hook=None, **kw)

方法 json.loads()的功能是使用转换关系将包含 JSON 文档的 s（一个 str 实例）解压缩为 Python 对象。其他参数的含义与方法 json.load()完全相同，在此不再详细介绍。如果反序列化的数据不是有效的 JSON 文档，则会引发 JSONDecodeError 错误。

实例文件 js.py 演示了将 Python 字典类型转换为 JSON 对象的过程。

源码路径：daima\2\2-9\js.py

```
import json
#将字典类型转换为JSON对象
data = {
    'no' : 1,
    'name' : 'laoguan',
    'url' : 'http://***
}
json_str = json.dumps(data)
print ("Python 原始数据：", repr(data))
print ("JSON 对象：", json_str)
```

执行文件 js.py 后的效果如图 2-10 所示。通过输出结果可以看出，简单类型通过编码后和它原始的输出结果非常相似。

```
Python 原始数据： {'url': 'http://***', 'no': 1, 'name': 'laoguan'}
JSON 对象： {"url": "http://***", "no": 1, "name": "laoguan"}
```

图 2-10 执行文件 js.py 后的效果

在下面的实例文件 fan.py 中，可以将一个 JSON 编码的字符串转换为一个 Python 数据结构。

源码路径：daima\2\2-9\fan.py

```
import json
#将字典类型转换为JSON对象
data1 = {
    'no' : 1,
    'name' : 'laoguan',
    'url' : 'http://www.toppr.net'
}
json_str = json.dumps(data1)
print ("Python 原始数据：", repr(data1))
print ("JSON 对象：", json_str)
#将 JSON 对象转换为字典
data2 = json.loads(json_str)
print ("data2['name']: ", data2['name'])
print ("data2['url']: ", data2['url'])
```

执行文件 fan.py 后的效果如图 2-11 所示。

```
Python 原始数据： {'name': 'laoguan', 'url': 'http://www.toppr.net', 'no': 1}
JSON 对象： {"name": "laoguan", "url": "http://www.toppr.net", "no": 1}
data2['name']:  laoguan
data2['url']:  http://www.toppr.net
```

图 2-11 执行文件 fan.py 后的效果

在 Python 程序中，如果要处理的是 JSON 文件而不是字符串，那么可以使用函数 json.dump()和函数 json.load()来编码与解码 JSON 数据，如下面的演示代码。

```
#写入JSON数据
with open('data.json', 'w') as f:
json.dump(data, f)
#读取数据
```

```
with open('data.json', 'r') as f:
data = json.load(f)
```

实例文件 jsonparser.py 演示了编写自定义类 jsonparser 解析 JSON 数据的过程。

源码路径：daima\2\2-9\jsonparser.py

```
import sys
from imp import reload
reload(sys)
import json

def txt2str(file='jsondata2.txt'):
    '''
    打开指定的JSON文件
    '''
    fp=open(file,encoding='UTF-8')
    allLines = fp.readlines()
    fp.close()
    str=""
    for eachLine in allLines:
        #eachLine=ConvertCN(eachLine)

        #转换成字符串
        for i in range(0,len(eachLine)):
            #if eachLine[i]!= ' ' and eachLine[i]!= '    ' and eachLine[i]!='\n':
            #删除空格和换行符，但是json双引号中的空格不能删除
            str+=eachLine[i]
    return str


class jsonparser:

    def __init__(self, str=None):
        self._str = str
        self._index=0

    def _skipBlank(self):
        '''
        跳过空白、换行符或制表符
        '''
        while self._index<len(self._str) and self._str[self._index] in ' \n\t\r':
            self._index=self._index+1
    def parse(self):
        '''
        进行解析的主要函数
        '''
        self._skipBlank()
        if self._str[self._index]=='{':
            self._index+=1
            return self._parse_object()
        elif self._str[self._index] == '[':
            self._index+=1
            return self._parse_array()
        else:
            print("Json format error!")
    def _parse_string(self):
        '''
        找出两个双引号中的字符串
        '''
        begin = end =self._index
        #找到字符串的范围
        while self._str[end]!='"':
            if self._str[end]=='\\': # 出现\，表明其后面是要转义的字符，如\"、\t、\r，主要
                                     # 针对\"的情况
                end+=1
                if self._str[end] not in '"\\/bfnrtu':
                    print
            end+=1
        self._index = end+1
        return self._str[begin:end]
```

```
    def _parse_number(self):
        '''
        数值没有双引号
        '''
        begin = end = self._index
        end_str=' \n\t\r,}]' #以数字结束的字符串
        while self._str[end] not in end_str:
            end += 1
        number = self._str[begin:end]

        #进行转换
        if '.' in number or 'e' in number or 'E' in number :
            res = float(number)
        else:
            res = int(number)
        self._index = end
        return res

    def _parse_value(self):
        '''
        解析值，包括字符串、数字
        '''
        c = self._str[self._index]

        #解析对象
        if c == '{':
            self._index+=1
            self._skipBlank()
            return self._parse_object()
        #解析数组
        elif c == '[':
            #数组
            self._index+=1
            self._skipBlank()
            return self._parse_array()
        #解析字符串
        elif c == '"':
            #字符串
            self._index += 1
            self._skipBlank()
            return self._parse_string()
        #解析null
        elif c=='n' and self._str[self._index:self._index+4] == 'null':
            #null
            self._index+=4
            return None
        #解析布尔变量true
        elif c=='t' and self._str[self._index:self._index+4] == 'true':
            #true
            self._index+=4
            return True
        #解析布尔变量false
        elif c=='f' and self._str[self._index:self._index+5] == 'false':
            #false
            self._index+=5
            return False
        #剩下的情况为number
        else:
            return self._parse_number()

    def _parse_array(self):
        '''
        解析数组
        '''
        arr=[]
        self._skipBlank()
        #空数组
        if self._str[self._index]==']':
```

```
            self._index +=1
            return arr
        while True:
            val = self._parse_value()   #获取数组中的值，可能是字符串、obj等
            arr.append(val)             #添加到数组中
            self._skipBlank()           #跳过空白
            if self._str[self._index] == ',':
                self._index += 1
                self._skipBlank()
            elif self._str[self._index] ==']':
                self._index += 1
                return arr
            else:
                print("array parse error!")
                return None

    def _parse_object(self):
        '''
        解析对象
        '''
        obj={}
        self._skipBlank()
        #空object
        if self._str[self._index]=='}':
            self._index +=1
            return obj
        #elif self._str[self._index] !='"':
            #报错

        self._index+=1 #跳过当前的双引号
        while True:
            key = self._parse_string() #获取键值
            self._skipBlank()

            self._index = self._index+1#跳过冒号
            self._skipBlank()

            #self._index = self._index+1#跳过双引号
            #self._skipBlank()
            #获取值，目前假设只有字符串的值和数字
            obj[key]= self._parse_value()
            self._skipBlank()
            #print key,":",obj[key]
            #对象结束了，使用break
            if self._str[self._index]=='}':
                self._index +=1
                break
            elif self._str[self._index]==',':
                self._index +=1
                self._skipBlank()
            self._index +=1#跳过下一个对象的第一个双引号
        return obj#返回对象

    def display(self):
        displayStr=""
        self._skipBlank()
        while self._index<len(self._str):
            displayStr=displayStr+self._str[self._index]
            self._index=self._index+1
            self._skipBlank()
        print(displayStr)


def _to_str(pv):
    '''把Python变量转换成字符串'''
    _str=''
    if type(pv) == type({}):
        #处理对象
        _str+='{'
```

```
        _noNull = False
        for key in pv.keys():
            if type(key) == type(''):
                _noNull = True #对象非空
                _str+='"'+key+'":'+_to_str(pv[key])+','
        if _noNull:
            _str = _str[:-1] #把最后的逗号去掉
        _str +='}'

    elif type(pv) == type([]):
        #处理数组
        _str+='['
        if len(pv) >0: #数组不为空，方便合并后续格式
            _str += _to_str(pv[0])
        for i in range(1,len(pv)):
            _str+=','+_to_str(pv[i])#因为已经合并了第一个，所以可以加逗号
        _str+=']'

    elif type(pv) == type(''):
        #字符串
        _str = '"'+pv+'"'
    elif pv == True:
        _str+='true'
    elif pv == False:
        _str+='false'
    elif pv == None:
        _str+='null'
    else:
        _str = str(pv)
    return _str


#main函数
if __name__ == '__main__':
    print("test")
    '''
    jsonInstance=jsonparser(txt2str())
    jsonTmp = jsonInstance.parse()
    print jsonTmp
    print jsonTmp['obj1']['family']['father']
    print jsonTmp['obj1']['family']['sister']

    print ' '
    jsonInstance=jsonparser(txt2str('jsondataArray.txt'))
    jsonTmp = jsonInstance.parse()
    print jsonTmp
    print ' '
    '''
    jsonInstance=jsonparser(txt2str('jsonTestFile.txt'))
    jsonTmp = jsonInstance.parse()
    print(jsonTmp)
    print(_to_str(jsonTmp))

    print(' ')
    jsonInstance=jsonparser(txt2str('json.txt'))
    jsonTmp = jsonInstance.parse()
    print(jsonTmp)

    print(_to_str(jsonTmp))
```

在上述代码中，提及的 JSON 主体内容主要指对象（object）和数组（array）。因为一个 JSON 格式的字符串不是一个对象就是一个数组，所以在编写的类 jsonparser 中，有_parse_object()和_parse_array()两个函数。首先通过 parse()函数直接判断开始的符号为大括号“{”还是中括号“[”，进而决定调用_parse_object()还是_parse_array()函数。在标准 JSON 格式中的键是字符串类型，使用双引号包括，其中_parse_string()函数专门用来解析键。而 JSON 格式中的值则相对复杂一些，类型可以是对象、数组、字符串、数字、true、false 和 null。

通过上述代码，设置如果遇到的字符为大括号“{”，则调用_parse_object()函数。如果遇到的字符为中括号“[”，则调用_parse_array()函数，并且把 value 的解析统一封装到_parse_value()函数中。

本实例执行后会输出：

```
test
['JSON Test Pattern pass1', {'object with 1 member': ['array with 1 element']}, {}, []
, -42, True, False, None, {'integer': 1234567890, 'real': -9876.54321, 'e': 1.23456789e-13,
 'E': 1.23456789e+34, '': -inf, 'zero': 0, 'one': 1, 'space': '', 'singlequote': '\'\\"', '
singlequote2': "'", 'quote': '\\"', 'backslash': '\\\\', 'controls': '\\b\\f\\n\\r\\t', 'sl
ash': '/ & \\/', 'alpha': 'abcdefghijklmnopqrstuvwyz', 'ALPHA': 'ABCDEFGHIJKLMNOPQRSTUVWYZ'
, 'digit': '0123456789', 'special': "`1~!@#$%^&*()_+-={':[,]}|;.</>?", 'hex': '\\u0123\\u45
67\\u89AB\\uCDEF\\uabcd\\uef4A', 'true': True, 'false': False, 'null': None, 'array': [], '
object': {}, 'address': '50 St. James Street', 'url': 'http://', 'comment': '// /* <!-- --'
, '# -- --> */': '', ' s p a c e d ': [1, 2, 3, 4, 5, 6, 7], 'compact': [1, 2, 3, 4, 5, 6,
7], 'jsontext': '{\\"object with 1 member\\":[\\"array with 1 element\\"]}', '\\/\\\\\\"\\u
CAFE\\uBABE\\uAB98\\uFCDE\\ubcda\\uef4A\\b\\f\\n\\r\\t`1~!@#$%^&*()_+-=[]{}|;:\',./<>?': 'A
 key can be any string'}, 0.5, 98.6, 99.44, 1066, 'rosebud']
["JSON Test Pattern pass1",{"object with 1 member":["array with 1 element"]},{},[],-42
,true,false,null,{"integer":1234567890,"real":-9876.54321,"e":1.23456789e-13,"E":1.23456789
e+34,"":-inf,"zero":false,"one":true,"space":"","singlequote":"'\"","singlequote2":"'","quo
te":"\"","backslash":"\\","controls":"\b\f\n\r\t","slash":"/ & \/","alpha":"abcdefghijklmno
pqrstuvwyz","ALPHA":"ABCDEFGHIJKLMNOPQRSTUVWYZ","digit":"0123456789","special":"`1~!@#$%^&*
()_+-={':[,]}|;.</>?","hex":"\u0123\u4567\u89AB\uCDEF\uabcd\uef4A","true":true,"false":fals
e,"null":null,"array":[],"object":{},"address":"50 St. James Street","url":"http://www.JSON
.org/","comment":"// /* <!-- --","# -- --> */":""," s p a c e d ":[true,2,3,4,5,6,7],"compa
ct":[true,2,3,4,5,6,7],"jsontext":"{\"object with 1 member\":[\"array with 1 element\"]}","
\/\\\"\uCAFE\uBABE\uAB98\uFCDE\ubcda\uef4A\b\f\n\r\t`1~!@#$%^&*()_+-=[]{}|;:',./<>?":"A key
 can be any string"},0.5,98.6,99.44,1066,"rosebud"]

Json format error!
None
null
```

第3章

多 线 程 开 发

当一个程序在同一时间只能做一件事情时，该程序就是单线程程序，这类程序的功能会过于简单，肯定无法满足现实的需求。本章前面讲解的程序大多数都是单线程程序，那么什么是多线程呢？能够同时处理多个任务的程序就是多线程程序，多线程程序的功能更加强大，能够满足现实生活中需求多变的情况。作为一门面向对象的语言，Python 支持多线程开发功能。本章将详细讲解 Python 多线程开发的基本知识，为读者进行本书后面知识的学习打下基础。

3.1　_thread 模块

线程是程序运行的基本单元。当操作系统（不包括单线程的操作系统，如微软公司早期的DOS）执行一个程序时，会在系统中建立一个进程，而在这个进程中，必须至少建立一个线程（这个线程称为主线程），以作为这个程序运行的入口点。因此，在操作系统中运行的任何程序都至少有一个主线程。

在 Python 程序中，可以通过_thread 和 threading（推荐使用）这两个模块来处理线程。在 Python 3 程序中，thread 模块已废弃，Python 官方建议使用 threading 模块代替。所以，在 Python 3 中不再使用 thread 模块，但是为了兼容 Python 3 以前的程序，在 Python 3 中将 thread 模块重命名为“_thread”。本节将首先讲解使用_thread 模块的核心知识。

3.1.1　_thread 模块概述

在 Python 2 版本中，可以使用 thread 模块来实现多线程操作。而在 Python 3 版本中，thread 模块被重命名为_thread 。在 Python 中可以使用函数或者使用类来包装线程对象。当使用_thread 模块来处理线程时，可以调用内置方法 start_new_thread()来生成一个新的线程，具体语法格式如下。

```
_thread.start_new_thread ( function, args[, kwargs] )
```

各参数的说明如下。

- function：线程函数。
- args：传递给线程函数的参数，必须是一个元组类型。
- kwargs：可选参数。

在锁定对象_thread 中包含了如下方法。

1）lock.acquire(waitflag=1, timeout=−1)：没有任何可选参数，此方法会无条件地获取锁。在不带参数的情况下，该方法无条件地请求锁，如有必要，线程将等待，直到其他线程释放锁（一次仅一个线程能获取锁）。

- 如果设置整数参数 waitflag，那么将依赖该参数的值：如果该参数为 0，则锁不等待且立即返回；如果该参数不为 0，则锁无条件地等待。
- 如果设置浮点型参数 timeout 并且该参数大于 0，则指定等待的最大秒数。若 timeout 为负，则表示永久等待。如果 waitflag 为 0，则不能指定 timeout。
- 如果锁获取成功，则返回 True；否则，返回 False。

2）lock.release()：释放锁。锁必须早已获取，但不一定由同一线程获取。

3）lock.locked()：返回锁的状态，True 表示已被某个线程获取，False 表示没有被某个线程获取。

3.1.2　使用_thread 模块

实例文件 tao.py 演示了使用 start_new_thread()函数创建两个线程的过程。

源码路径：daima\3\3-1\tao.py

```
import _thread              #导入线程模块_thread
import time                 #导入模块time
#为线程定义一个函数
def print_time( threadName, delay):
    count = 0               #统计变量count的初始值是0
    while count < 5:        #若变量count的值小于5，则执行循环
        time.sleep(delay)   #推迟调用线程的运行
        count += 1          #变量count的值递增1
print ("%s: %s" % ( threadName, time.ctime(time.time()) ))
```

```
#创建两个线程
try:
    _thread.start_new_thread( print_time, ("Thread-1", 2, ) )
#创建第一个线程
    _thread.start_new_thread( print_time, ("Thread-2", 4, ) )  #创建第二个线程
except:
   print ("Error: 无法启动线程")                               #抛出异常
while 1:
pass
```

在上述实例代码中，使用 start_new_thread()函数创建两个线程。执行后输出如下内容。

```
Thread-1: Tue Dec  5 08:05:49 2017
Thread-2: Tue Dec  5 08:05:51 2017
Thread-1: Tue Dec  5 08:05:51 2017
Thread-1: Tue Dec  5 08:05:53 2017
Thread-2: Tue Dec  5 08:05:55 2017
Thread-1: Tue Dec  5 08:05:55 2017
Thread-1: Tue Dec  5 08:05:57 2017
Thread-2: Tue Dec  5 08:05:59 2017
```

注意：不同的运行环境会造成有偏差的执行结果，对于本章后面的实例也如此。

3.2 threading 模块

在 Python 3 程序中，Python 3 可以通过两个标准库（_thread 和 threading）提供对线程的支持。其中，“_thread”可提供低级别的、原始的线程，以及一个简单的锁，相对于 threading 模块，它的功能比较有限。本节将详细讲解 threading 模块的核心知识。

3.2.1 threading 模块的核心方法

在 threading 模块中，除包含“_thread”模块中的所有方法之外，还提供了如下核心方法。

- threading.currentThread()：返回当前的 Thread 对象，这是一个线程变量。如果调用者控制的线程不是通过 threading 模块创建的，则返回一个只有有限功能的虚假线程对象。
- threading.enumerate()：返回一个包含正在运行的线程的列表。正在运行是指线程启动后、结束前，不包括启动前和终止后的线程。
- threading.activeCount()：返回正在运行的线程数量，与 len(threading.enumerate())返回相同的结果。
- threading.main_thread()：返回主 Thread 对象。正常情况下，主线程是从 Python 解释器中启动的线程。
- threading.settrace(func)：为所有从 threading 模块启动的线程设置一个跟踪方法。在每个线程的 run()方法调用之前，func 将传递给 sys.settrace()。
- threading.setprofile(func)：为所有从 threading 模块启动的线程设置一个 profile()方法。这个 profile()方法将在每个线程的 run()方法被调用之前传递给 sys.setprofile()。

在 threading 模块中，还提供了常量 threading.TIMEOUT_MAX，这个 timeout 参数表示阻塞方法（Lock.acquire()、RLock.acquire()和 Condition.wait()等）允许等待的最长时限，设置超过此值的超时将会引发 OverflowError 错误。

3.2.2 使用 Thread 对象

除前面介绍的核心方法之外，在 threading 模块中还提供了类 Thread 来处理线程。Thread 是 threading 模块中最重要的类之一，可以使用它来创建线程。创建线程有两种方式：一种是通过继承 Thread 类，重写它的 run 方法；另一种是创建一个 threading.Thread 对象，在它的初始化函数（__init__）中将可调用对象作为参数传入。类 Thread 的语法格式如下。

```
class threading.Thread(group=None, target=None, name=None, args=(), kwargs={}, *, daemon=None)
```

在 Python 程序中，应该始终通过关键字参数调用构造函数 Thread()。

- group：为 None，用于在实现 ThreadGroup 类未来的扩展。
- target：将被 run()方法调用的可调用对象。默认为 None，表示不调用任何东西。
- name：线程的名字。默认情况下，以“Thread-*N*”的形式构造一个唯一的名字，*N* 是一个小的十进制整数。
- args：给调用目标提供的参数元组，默认为()。
- kwargs：给调用目标提供的关键字参数的一个字典，默认为“{}”。
- daemon：如果其值不是 None，则守护程序显式设置线程为 daemonic（后台线程）。如果值为 None（默认值），则从当前线程继承属性 daemonic。

在 Python 程序中，如果子类覆盖 Thread 构造函数，则必须保证在对线程做任何事之前调用基类的构造函数(Thread.__init__())。

在类 Thread 中包含了如下内置方法。

1）start()：用于启动线程活动。每个线程对象只能调用它一次，能够为对象中的 run()方法在一个单独的控制线程中的调用做准备。如果在相同的线程对象上调用该方法多次，则会引发一个 RuntimeError 错误。

2）run()：表示线程活动的方法。可以在子类中覆盖这个方法。标准的 run()方法运行传递给对象构造函数中参数 target 的指定进程。如果存在这个对象，则分别从 args 与 kwargs 参数获取顺序参数和关键字参数。

3）join([timeout])：等待线程中止。这会阻止调用线程，直至线程的 join()方法中止调用（正常退出或者抛出未处理的异常），或者发生可选的超时。当参数 timeout 存在且不为 None 时，应该以浮点数指定该操作的超时时间，单位为秒（可以是小数）。

因为 join()方法总是返回 None，所以必须在调用 is_alive()方法之后通过 join()决定是否发生超时。如果线程仍然存在，则 join()调用超时。如果 timeout 参数不存在或者为 None，那么该操作将阻止线程运行，直至线程终止。

一个线程可以被 join()方法运行多次，如果尝试通过 join()方法运行当前的线程，则 join()方法会引发一个 RuntimeError 错误，因为这将导致一个死锁。

在类 Thread 中包含以下属性。

1）name：一个字符串，只用于标识。可以给多个线程赋予相同的名字，初始名字可通过构造函数设置。

2）ident：线程的 ID，如果线程还未启动，则线程的 ID 为 None。ident 是一个非零整数。当一个线程退出并且另外一个线程创建时，线程的 ID 可以重用。即使线程退出，其 ID 仍然可以访问。

3）daemon：一个布尔值，用来设置此线程是否是一个守护进程。如果是，则设置为 True；如果不是，则设置为 False。必须在调用 start()方法之前设置，否则会引发 RuntimeError 错误。从创建的线程继承其初始值，主线程不是守护线程，在主线程中创建的所有线程的默认值为 daemon = False。

4）getName()：返回线程名。

5）setName()：设置线程名。

6）isAlive()：用于判断线程是否活动。在 run()方法刚开始之前至 run()方法刚终止之后，该方法返回 True。注意，模块级别的 enumerate()方法返回的是所有活动的方法的一个列表。

实例文件 zhi.py 演示了直接在线程中运行函数的过程。

源码路径：daima\3\3-2\zhi.py

```
import threading                    #导入库threading
def zhiyun(x,y):                    #定义函数zhiyun()
    for i in range(x,y):            #遍历操作
        print(str(i*i)+';')         #输出一个数的平方
ta = threading.Thread(target=zhiyun,args=(1,6))
tb = threading.Thread(target=zhiyun,args=(16,21))
ta.start()                          #启动第一个线程活动
tb.start()                          #启动第二个线程活动
```

在上述实例代码中，首先定义函数 zhiyun()，然后以线程方式来运行这个函数，并且在每次运行时传递不同的参数。运行后，两个子线程会并行执行，分别计算出一个数的平方并输出结果。这两个子线程是交替运行的，执行后会输出：

```
1;
4;
9;
16;
256;
25;
289;
324;
361;
400;
```

在 Python 程序中，通过继承类 threading.Thread 的方式来创建一个线程。这种方法只要首先重载类 threading.Thread 中的方法 run()，然后调用方法 start()就能够创建线程，并运行方法 run()中的代码。实例文件 zi.py 演示了通过继承类 threading.Thread 来创建线程的过程。

源码路径：daima\3\3-2\zi.py

```
import threading
class myThread(threading.Thread):    #定义继承类threading.Thread的子类myThread
    def __init__(self,mynum):        #构造函数
super().__init__()                   #使用super()处理子类和父类关系
        self.mynum = mynum
    def run(self):                   #定义函数run()
for i in range(self.mynum,self.mynum+5):
print(str(i*i)+';')
ma = myThread(1)                     #创建类myThread的对象实例ma
mb = myThread(16)                    #创建类myThread的对象实例mb
ma.start()                           #启动线程
mb.start()                           #启动线程
```

在上述实例代码中，首先定义了一个继承于类 threading.Thread 的子类 myThread，然后创建了两个类 myThread 的实例，并使用方法 start()分别创建线程和启动线程。执行后会输出：

```
1;256;

4;289;

9;324;

16;361;

25;400;
```

在 Python 程序中，当执行某个线程或函数时，如果需要等待另一个线程完成操作后才能继续，则需要调用另一个线程中的方法 join()。可选参数 timeout 用于指定超时时间。实例文件 deng.py 演示了使用方法 join()实现线程等待的过程。

源码路径：daima\3\3-2\deng.py

```
import threading                    #导入模块threading
import time                         #导入模块time
def zhiyun(x,y,thr=None):
#当在函数zhiyun()的参数中包括一个线程实例时
if thr:
        thr.join()                  #调用方法join()
else:
```

```
        time.sleep(2)                #睡眠2s
    for i in range(x,y):             #遍历参数x和y
        print(str(i*i)+';')          #输出i的平方
ta = threading.Thread(target=zhiyun,args=(1,6))
tb = threading.Thread(target=zhiyun,args=(16,21,ta))
ta.start()                           #启动线程
tb.start()                           #启动线程
```

在上述实例代码中，当在线程运行的函数 zhiyun()的参数中包括一个线程实例时，只有设置调用其方法 join()并等待它结束后才运行线程，否则线程睡眠 2s。在上述程序中，因为 tb 传入了线程实例 a，所以 tb 线程应等待 a 结束后才运行。运行后会发现，线程 tb 等到线程 ta 输出结束后才输出结果。执行后会输出：

```
1;
4;
9;
16;
25;
256;
289;
324;
361;
400;
```

3.2.3 使用 Lock 和 RLock 对象

如果多个线程共同对某个数据进行修改，则可能出现不可预料的结果。为了保证数据的正确性，需要对多个线程进行同步操作。在 Python 程序中，使用 Lock 和 RLock 对象可以实现简单的线程同步功能，这两个对象都有 acquire 方法和 release 方法，对于那些每次只允许一个线程操作的数据，可以将其操作放到 acquire 方法和 release 方法之间。多线程的优势在于可以同时运行多个任务（至少感觉起来是这样），但是，当线程需要共享数据时，可能存在数据不同步的问题。

请读者考虑这样一种情况：一个列表里的所有元素都是 0，线程“set”从后向前把所有元素改成 1，而线程“print”负责从前往后读取列表并输出。当线程“set”开始修改的时候，线程“print”便开始输出列表了，输出就变成了一半 0 一半 1，这就造成了数据的不同步。

为了避免这种情况，引入了锁的概念。锁有两种状态，分别是锁定和未锁定。每当一个线程（比如“set”）要访问共享数据时，它必须先获得锁。如果别的线程（比如“print”）已经获得锁，那么就让线程“set”暂停，也就是同步阻塞。等到线程“print”访问完毕，释放锁以后，再让线程“set”继续。

经过上述过程的处理，在输出列表时要么全部输出 0，要么全部输出 1，不会再出现一半 0 一半 1 的问题。由此可见，使用 threading 模块中的对象 Lock 和 RLock（可重入锁），可以实现简单的线程同步功能。对于同一时刻只允许一个线程操作的数据对象，可以把操作过程放在 Lock 和 RLock 的 acquire 方法与 release 方法之间。RLock 可以在同一调用链中多次请求而不会锁死，Lock 则会锁死。

1. Lock 对象

在 Python 程序中，threading.Lock 是一个实现原语锁对象的类。一旦线程获得锁，随后的线程获取将会被阻塞，直到它被释放为止，任何线程都可以释放它。在类 threading.Lock 中包含了如下内置方法。

1）acquire(blocking=True, timeout=-1)：用于获取阻塞的或者非阻塞的锁。

- 参数 blocking：如果参数 blocking 设置为 True（默认值），则首先会阻塞，直至锁变成 unblocked 为止，然后设置它的状态为 locked 并返回 True；如果参数 blocking 设置为 False，则不会阻塞。

- 参数 timeout：当超时参数 timeout 设置为正值时，最多只能阻塞 timeout 指定的秒数，前提是无法获取锁定。如果设置为-1，则表示无限等待。当 blocking 设置为 false 时，则禁止指定超时。
- 返回值：如果成功获取锁定，则返回值为 True；如果未成功，则返回 False（例如，如果超时过期）。

2）release()：释放锁。这可以从任何线程调用，而不仅仅是已经获得锁的线程。当锁是 locked 时，重置它为 unlocked，然后返回。如果其他阻塞的线程正在等待锁变成 unblocked 状态，则只会允许它们中的一个继续。当在未锁定的锁上调用 release()方法时，会引发 RuntimeError 错误。方法 release()没有返回值。

2. RLock 对象

在 Python 程序中，RLock 允许在同一线程中多次获取，而 Lock 却不允许这种情况发生。类 RLock 中的内置方法和 Lock 中的完全相同，在此不再进行讲解。如果使用的是 RLock，那么 acquire()和 release()必须成对出现，即调用了 n 次 acquire()，也必须调用 n 次 release()才能真正释放所占用的琐。

实例文件 tong.py 演示了使用 RLock 实现线程同步的过程。

源码路径：daima\3\3-2\tong.py

```
import threading                    #导入模块threading
import time                         #导入模块time
class mt(threading.Thread):         #定义继承于线程类的子类mt
    def run(self):                  #定义重载函数run
        global x                    #定义全局变量x
        lock.acquire()              #在操作变量x之前锁定资源
        for i in range(5):          #遍历操作
            x += 10                 #变量x的值加10
        time.sleep(1)               #休眠1s
        print(x)                    #输出x的值
        lock.release()              #释放锁资源
x = 0                               #设置x的值为0
lock = threading.RLock()            #实例化可重入锁类
def main():
    thrs = []                       #初始化一个空列表
for item in range(8):
        thrs.append(mt())           #实例化线程类
for item in thrs:
        item.start()                #启动线程
if __name__ == "__main__":
main()
```

在上述实例代码中，自定义了一个带锁访问全局变量 x 的线程类 mt，在主函数 main()中初始化了 8 个线程来修改变量 x，在同一时刻只能由一个线程对 x 进行操作。执行后会输出：

```
50
100
150
200
250
300
350
400
```

在 Python 程序中，要让可变对象安全地用在多线程环境中，可以利用库 threading 中的 Lock 对象。实例文件 tong1.py 演示了使用 Lock 对临界区加锁的过程。

源码路径：daima\3\3-2\tong1.py

```
import threading
class SharedCounter:
    '''
    A counter object that can be shared by multiple threads.
    '''
```

```
    def __init__(self, initial_value=0):
        self._value = initial_value
        self._value_lock = threading.Lock()

    def incr(self, delta=1):
        '''
    Increment the counter with locking
    '''
        with self._value_lock:
            self._value += delta

    def decr(self, delta=1):
        '''
        Decrement the counter with locking
        '''
        with self._value_lock:
            self._value -= delta


def test(c):
    for n in range(1000000):
        c.incr()
    for n in range(1000000):
        c.decr()


if __name__ == '__main__':
    c = SharedCounter()
    t1 = threading.Thread(target=test, args=(c,))
    t2 = threading.Thread(target=test, args=(c,))
    t3 = threading.Thread(target=test, args=(c,))
    t1.start()
    t2.start()
    t3.start()
    print('Running test')
    t1.join()
    t2.join()
    t3.join()

    assert c._value == 0
    print('Looks good!')
```

在上述代码中，当使用 with 语句时，Lock 对象可确保产生互斥的行为。也就是说，在同一时间只允许一个线程执行 with 语句块中的代码。with 语句会在执行缩进的代码块时获取到锁，当控制流离开缩进的语句块时释放这个锁。从本质上来说，线程的调度是非确定性的。正因为如此，在多线程程序中，如果不用好锁，就会随机地破坏数据，并且产生竞态条件这种奇怪的行为。要避免这些问题，共享的可变状态就要被多个线程访问，因此需要使用锁。

在 Python 多线程程序中，出现死锁的最常见原因是线程尝试一次性获取了多个锁。如果一个线程获取到第一个锁，但是在尝试获取第二个锁时阻塞了，那么这个线程就有可能会阻塞其他线程的执行，进而使得整个程序中断。避免出现死锁的一种解决方案就是给程序中的每个锁分配一个唯一的数字编号，并且在获取多个锁时只按照编号的升序来获取。在实现上述功能时，可以利用上下文管理器。下面的实例代码演示了使用上下文管理器来避免死锁的过程。首先看上下文管理器的实现文件 deadlock.py。具体实现代码如下。

源码路径：daima\3\3-2\deadlock.py

```
import threading
from contextlib import contextmanager

#在已经获取的锁上线程局部的状态
_local = threading.local()

@contextmanager
def acquire(*locks):
```

```
    #按对象标识符对锁排序
    locks = sorted(locks, key=lambda x: id(x))

    #确保之前获取的锁的顺序不是有效的
    acquired = getattr(_local, 'acquired',[])
    if acquired and max(id(lock) for lock in acquired) >= id(locks[0]):
        raise RuntimeError('Lock Order Violation')

    #获取所有的锁
    acquired.extend(locks)
    _local.acquired = acquired
    try:
        for lock in locks:
            lock.acquire()
        yield
    finally:
        #释放锁，顺序与获取锁的顺序相反
        for lock in reversed(locks):
            lock.release()
        del acquired[-len(locks):]
```

为了使用上述上下文管理器，只要按照正常的方式来分配锁对象即可。但是，当需要同一个或多个锁打交道时，就必须使用上面的 acquire()函数。实例文件 example1.py 演示了使用上述上下文管理器函数 acquire()防止死锁的过程。

源码路径：daima\3\3-2\example1.py

```
import threading
from deadlock import acquire

x_lock = threading.Lock()
y_lock = threading.Lock()

def thread_1():
    while True:
        with acquire(x_lock, y_lock):
            print("Thread-1")

def thread_2():
    while True:
        with acquire(y_lock, x_lock):
            print("Thread-2")

input('This program runs forever. Press [return] to start, Ctrl-C to exit')

t1 = threading.Thread(target=thread_1)
t1.daemon = True
t1.start()

t2 = threading.Thread(target=thread_2)
t2.daemon = True
t2.start()

import time
while True:
    time.sleep(1)
```

尽管在每个函数中对锁的获取是以不同的顺序来指定的，但是如果运行上述测试程序文件 example1.py，就会发现程序永远不会出现死锁。上述代码的关键之处就在于，函数 acquire()的第一条语句能够根据对象的数字编号对锁进行排序。对锁进行排序后，无论用户按照什么顺序将锁提供给 acquire()函数，它们总会按照统一的顺序来获取。

如果通过实例文件 example2.py 来测试前面的上下文管理器文件 deadlock.py 的功能，将会抛出一个异常。

源码路径：daima\3\3-2\example2.py

```
import threading
import time
```

```
from deadlock import acquire


x_lock = threading.Lock()
y_lock = threading.Lock()

def thread_1():
    while True:
        with acquire(x_lock):
            with acquire(y_lock):
                print("Thread-1")
                time.sleep(1)

def thread_2():
    while True:
        with acquire(y_lock):
            with acquire(x_lock):
                print("Thread-2")
                time.sleep(1)

input('This program crashes with an exception. Press [return] to start')

t1 = threading.Thread(target=thread_1)
t1.daemon = True
t1.start()

t2 = threading.Thread(target=thread_2)
t2.daemon = True
t2.start()

time.sleep(5)
```

上述代码演示了多个 acquire()函数嵌套使用的情况，目的是检测可能存在的死锁情况。如果运行上述代码，则其中一个线程会因抛出异常而崩溃。崩溃的原因是，每个线程都会记住它们已经获取的锁的顺序。acquire()函数会检查之前获取的锁的列表，并对锁的顺序做强制性约束。具体约束规则是先获取到的锁的对象 ID 必须比后获取到的锁的 ID 小。

在多线程程序中，死锁是一个老生常谈的问题。死锁的基本解决方案是只要保证线程一次只持有一把锁，程序就不会出现死锁。但是，一旦在同一时间中获取了多把锁，那么什么事情都有可能发生。

接下来讲解一个经典的线程死锁问题——哲学家就餐问题。下面是对这个问题的描述。

有 5 位哲学家围坐在桌边，桌上有 5 碗米饭和 5 根筷子。每位哲学家代表一个独立的线程，而每根筷子代表一把锁。在这个问题中，哲学家要么坐着思考，要么吃米饭。但是，要吃到米饭，哲学家需要两根筷子。不幸的是，如果所有的哲学家都伸手拿他们左手边的那根筷子，那么他们只能全坐在那里，手里只拿 1 根筷子最终就会饿死。

解决上述哲学家就餐问题的实例文件是 example3.py。具体实现代码如下。

源码路径：daima\3\3-2\example3.py

```
import threading
from deadlock import acquire

#philosopher 线程
def philosopher(left, right):
    while True:
        with acquire(left,right):
             print(threading.currentThread(), 'eating')

#筷子（由锁表示）
NSTICKS = 5
chopsticks = [threading.Lock() for n in range(NSTICKS)]

#创建哲学家
for n in range(NSTICKS):
```

```
        t = threading.Thread(target=philosopher,
                             args=(chopsticks[n],chopsticks[(n+1) % NSTICKS]))
        t.daemon = True
        t.start()

    import time
    while True:
        time.sleep(1)
```

执行后不会发生死锁，部分执行结果如下所示。

```
tarted daemon 16544)> eating
<Thread(Thread-5, started daemon 13696)> eating
<Thread(Thread-4, started daemon 14136)> eating
<Thread(Thread-2, started daemon 16000)> eating
<Thread(Thread-4, started daemon 14136)> eating
<Thread(Thread-4, started daemon 14136)> eating
<Thread(Thread-1, started daemon 15928)> eating
<Thread(Thread-3, started daemon 16544)> eating
<Thread(Thread-5, started daemon 13696)> eating
...省略了后面很多执行片段
```

读者需要注意的是，为了避免死锁，所有的锁都必须使用前面提及的函数 acquire()来获取。如果某些代码片段中是直接获取锁的，那么这个避免死锁的算法就不能奏效了。

3.2.4 使用 Condition 对象

在 Python 程序中，使用 Condition 对象可以在某些事件触发或者达到特定的条件后才处理数据。Python 提供的 Condition 对象用于支持复杂线程的同步。Condition 通常与一个锁关联。当需要在多个 Contidion 中共享一个锁时，可以传递一个 Lock/RLock 实例给构造方法；否则，构造方法将自己生成一个 RLock 实例。

除 Lock 带的锁定池之外，Condition 还包含一个等待池，池中的线程处于状态图中的等待阻塞状态，直到另一个线程调用 notify()/notifyAll()通知。得到通知后，线程进入锁定池，处于等待锁定。

在 Python 程序中，Condition 称为条件变量。该变量提供了如下内置方法。

1）构造方法 threading.Condition([lock])：用于创建一个条件，支持从外界引用一个 Lock 对象（适用于多个条件共用一个锁的情况），默认创建一个新的 Lock 对象。

2）acquire()/release()：用于获得/释放 Lock 对象，和前面 Lock 类中同名方法的含义相同。

3）wait([timeout])：用于实现线程挂起，直到收到一个通知或者发生超时（可选的浮点数，单位是秒）后才会被唤醒，以继续运行。方法 wait()必须在已获得锁的前提下调用，否则会触发 RuntimeError 错误。调用 wait()方法会释放锁，直至该线程通过 Notify()、NotifyAll()接收到通知或者超时线程又重新获得锁为止。

4）notify(n=1)：用于通知其他线程，那些挂起的线程接收到这个通知后会开始运行。默认通知一个正在等待某条件的线程，最多唤醒 *n* 个等待的线程。方法 notify()必须在已获得锁的前提下调用，否则会触发 RuntimeError 错误。notify()不会主动释放锁。

5）notifyAll()：如果处于等待状态的线程比较多，则方法 notifyAll()的作用就是通知所有线程。

在 Python 程序中使用 Condition 对象时，线程首先获取一个条件变量，然后判断条件是否满足。如果条件不满足，则等待；如果条件满足，则在改变一些条件后，通过方法 notify()通知其他线程，其他处于等待状态的线程接到通知后会重新判断条件。不断地重复这一过程，可以解决复杂的同步问题。

实例文件 zhuomicang.py 演示了使用 Condition 实现一个捉迷藏游戏的过程。假设这个游戏由两个人来玩，一个藏，一个找。游戏的规则如下。

- 游戏开始之后，Seeker 先把自己的眼睛蒙上，蒙上眼睛后，就通知 Hider。

- Hider 接收到通知后开始找地方将自己藏起来，藏好之后，再通知 Seeker 可以找了。
- Seeker 接收到通知之后，就开始找 Hider。

源码路径：daima\3\3-2\zhuomicang.py

```
# ---- Condition
# ---- 捉迷藏的游戏
import threading, time


class Hider(threading.Thread):
    def __init__(self, cond, name):
        super(Hider, self).__init__()
        self.cond = cond
        self.name = name

    def run(self):
        time.sleep(1)          #确保先运行Seeker中的方法

        self.cond.acquire()   #b
        print(self.name + ': 我已经把眼睛蒙上了')

        self.cond.notify()
        self.cond.wait()      #c
        #f
        print(self.name + ': 我找到你了 ~_~')

        self.cond.notify()
        self.cond.release()
        #g
        print(self.name + ': 我赢了') #h


class Seeker(threading.Thread):
    def __init__(self, cond, name):
        super(Seeker, self).__init__()
        self.cond = cond
        self.name = name

    def run(self):
        self.cond.acquire()
        self.cond.wait()   #a     #释放对琐的占用，同时线程挂起，直到收到通知并重新占有琐
        print(self.name + ': 我已经藏好了，你快来找我吧')
        self.cond.notify()
        self.cond.wait()   #e
        #h
        self.cond.release()
        print(self.name + ': 被你找到了，哎~~~')


cond = threading.Condition()
seeker = Seeker(cond, 'seeker')
hider = Hider(cond, 'hider')
seeker.start()
hider.start()
```

在上述代码中，Hider 和 Seeker 都是独立的个体，在程序中用两个独立的线程来表示。在游戏过程中，两者之间的行为有一定的时序关系，可通过 Condition 来控制这种时序关系。本实例执行后会输出：

```
hider: 我已经把眼睛蒙上了
seeker: 我已经藏好了，你快来找我吧
hider: 我找到你了 ~_~
hider: 我赢了
seeker: 被你找到了，哎~~~
```

由此可见，如果想让线程一遍又一遍地重复通知某个事件，最好使用 Condition 对象来实现。实例文件 zhuomicang01.py 实现了一个周期性的定时器，每当定时器超时时，其他的线程都可以感知到超时事件的发生。

源码路径：daima\3\3-2\zhuomicang01.py

```
import threading
import time

class PeriodicTimer:
    def __init__(self, interval):
        self._interval = interval
        self._flag = 0
        self._cv = threading.Condition()

    def start(self):
        t = threading.Thread(target=self.run)
        t.daemon = True
        t.start()

    def run(self):
        '''
        Run the timer and notify waiting threads after each interval
        '''
        while True:
            time.sleep(self._interval)
            with self._cv:
                 self._flag ^= 1
                 self._cv.notify_all()

    def wait_for_tick(self):
        '''
        Wait for the next tick of the timer
        '''
        with self._cv:
            last_flag = self._flag
            while last_flag == self._flag:
                self._cv.wait()

#使用定时器的示例
ptimer = PeriodicTimer(5)
ptimer.start()

#在定时器上同步的两个线程
def countdown(nticks):
    while nticks > 0:
        ptimer.wait_for_tick()
        print("减至", nticks)
        nticks -= 1

def countup(last):
    n = 0
    while n < last:
        ptimer.wait_for_tick()
        print("计数", n)
        n += 1

threading.Thread(target=countdown, args=(10,)).start()
threading.Thread(target=countup, args=(5,)).start()
```

执行后会输出：

```
减至 10
计数 0
减至 9
计数 1
减至 8
计数 2
减至 7
计数 3
计数 4
减至 6
减至 5
减至 4
减至 3
```

```
减至 2
减至 1
```

3.2.5　使用 Semaphore 和 BoundedSemaphore 对象

1．Semaphore 对象

在 Python 程序中，类 threading.Semaphore 是一个信号量，控制对公共资源或者临界区的访问。信号量维护一个计数器，指定可同时访问的资源或者进入临界区的线程数。每次一个线程获得信号量时，计数器-1。若计数器为 0，其他线程就停止访问信号量，直到另一个线程释放信号量。

在对象 Semaphore 中包含了如下内置方法。

1）acquire(blocking=True,timeout=None)：用于获取 Semaphore 对象。

- 当使用默认参数调用本方法时，如果内部计数器的值大于 0，将它减 1，并返回；如果等于 0，则阻塞，并等待其他线程调用 release()方法以使计数器的值为正。这个过程有严格的互锁机制控制，以保证如果有多条线程正在等待解锁，那么 release() 调用只会唤醒其中一条线程。唤醒哪一条是随机的。本方法返回 True，或无限阻塞。
- 如果 blocking=False，则不阻塞；若获取失败，则返回 False。
- 如果设定了 timeout 参数，最多阻塞 timeout 秒；如果超时，则返回 False。

2）release()：用于释放 Semaphore，给内部计数器加 1，唤醒处于等待状态的线程。当使用计数器对象 Semaphore 时，调用 acquire()会使这个计数器的值减 1，调用 release()会使这个计数器的值加 1。计数器的值永远不会小于 0，当计数器的值变为 0 时，再调用 acquire()就会阻塞，直到其他线程来调用 release()为止。

实例文件 sige.py 演示了使用 Semaphore 对象运行 4 个线程的过程。

源码路径：daima\3\3-2\sige.py

```
import threading
import time


def fun(semaphore, num):
    #获得信号量，信号量减1
    semaphore.acquire()
    print("Thread %d is running." % num)
    time.sleep(3)
    #释放信号量，信号量加1
    semaphore.release()


if __name__=='__main__':
    #初始化信号量，数量为2
    semaphore = threading.Semaphore(2)

    #运行4个线程
    for num in range(4):
        t = threading.Thread(target=fun, args=(semaphore, num))
        t.start()
```

执行以上程序后会发现：线程 0 和线程 1 是同时显示消息的，而线程 2 和线程 3 是在 3s 后显示消息的，每次只有两个线程获得信号量。执行结果如下。

```
Thread 0 is running.
Thread 1 is running.
Thread 3 is running.
Thread 2 is running.
```

在 Python 程序中，Event 对象的关键特性是唤醒所有等待的线程。如果希望编写的程序只唤醒一个单独的等待线程，那么最好的方法是使用 Semaphore 或者 Condition 对象。实例文件 sige01.py 演示了使用 Semaphore 对象只唤醒一个等待的线程的过程。

源码路径：daima\3\3-2\sige01.py

```
import threading
import time

#worker 线程
def worker(n, sema):
    # 等待获得信号
    sema.acquire()
    # Do some work
    print("worker中", n)

#创建线程
sema = threading.Semaphore(0)
nworkers = 10
for n in range(nworkers):
    t = threading.Thread(target=worker, args=(n, sema,))
    t.daemon=True
    t.start()

print('即将释放第一个worker')
time.sleep(5)
sema.release()
time.sleep(1)
print('即将释放第二个worker')
time.sleep(5)
sema.release()
time.sleep(1)
print('再见')
```

执行上面的程序后，虽然会启动一系列的线程，但是什么也不会发生，这些线程都会因为等待获取信号量而被阻塞。每次释放信号量时，只有一个 worker 线程会被唤醒并投入运行。执行后会输出：

```
即将释放第一个worker
worker中 0
即将释放第二个worker
worker中 1
再见
```

2．BoundedSemaphore 对象

在 Python 程序中，类 threading.BoundedSemaphore 用于实现 BoundedSemaphore 对象。BoundedSemaphore 会检查内部计数器的值，并保证它不会大于初始值，如果大于，就会引发一个 ValueError 错误。大多数情况下，BoundedSemaphore 用于守护限制访问的资源，如果信号量被 release()调用过多次，则意味着存在 bug。

BoundedSemaphore 对象会返回一个新的有界信号量对象。一个有界信号量会确保它当前的值不超过初始值。如果超过，则引发 ValueError 错误。大部分情况下，信号量用于守护有限容量的资源。如果信号量被释放太多次，则表示有 bug。如果没有给出具体值，则默认值为 1。

实例文件 si.py 演示了使用 BoundedSemaphore 对象运行 4 个线程的过程。

源码路径：daima\3\3-2\si.py

```
#编码: utf-8
import threading
import time


def fun(semaphore, num):
    #获得信号量，信号量减1
    semaphore.acquire()
    print("Thread %d is running." % num)
    time.sleep(3)
    #释放信号量，信号量加1
    semaphore.release()
```

```
    #再次释放信号量，信号量加1，如果超过限定的信号量数目，会报错ValueError: Semaphore released
       too many times
    semaphore.release()


if __name__=='__main__':
    #初始化信号量，数量为2，最多有两个线程获得信号量，信号量不能通过释放而多个两个
    semaphore = threading.BoundedSemaphore(2)

    #运行4个线程
    for num in range(4):
        t = threading.Thread(target=fun, args=(semaphore, num))
        t.start()
```

因为在上述代码中超过了限定的信号量数目，所以运行后会报错 ValueError: Semaphore released too many times。执行后会输出：

```
Thread 0 is running.
Thread 1 is running.
Thread 2 is running.
Exception in thread Thread-1:
Thread 3 is running.
Traceback (most recent call last):
  File "C:\Program Files\Anaconda3\lib\threading.py", line 916, in _bootstrap_inner
    self.run()
  File "C:\Program Files\Anaconda3\lib\threading.py", line 864, in run
    self._target(*self._args, **self._kwargs)
  File "H:/daima/7/3-2/si.py", line 12, in fun
    semaphore.release()
  File "C:\Program Files\Anaconda3\lib\threading.py", line 482, in release
    raise ValueError("Semaphore released too many times")
ValueError: Semaphore released too many times

Exception in thread Thread-3:
Traceback (most recent call last):
  File "C:\Program Files\Anaconda3\lib\threading.py", line 916, in _bootstrap_inner
    self.run()
  File "C:\Program Files\Anaconda3\lib\threading.py", line 864, in run
    self._target(*self._args, **self._kwargs)
  File "H:/daima/3/3-2/si.py", line 12, in fun
    semaphore.release()
  File "C:\Program Files\Anaconda3\lib\threading.py", line 482, in release
    raise ValueError("Semaphore released too many times")
ValueError: Semaphore released too many times
```

3.2.6　使用 Event 对象

在现实应用中，如果已经加载了一个线程，且想知道它实际上会在什么时候开始运行，那么该如何实现呢？线程的核心特征就是能够以非确定的方式（即何时开始执行、何时中断、何时恢复完全由操作系统来管理，这是用户和程序员都无法确定的）独立执行。如果程序中的其他线程需要判断某个线程是否已经到达执行过程中的某个时间点，再根据这个判断来执行后续的操作，那么这就产生了非常棘手的线程同步问题。要解决这类问题，可以使用接下来要介绍的 Event 对象。

在 Python 程序中，Event 对象实现了与 Condition 类似的功能，不过 Event 对象比 Condition 更简单一点。Event 通过维护内部的标识符来实现线程间的同步问题。（threading.Event 和.NET 中的 System.Threading.ManualResetEvent 类用于实现同样的功能。）

Event 对象是线程间最简单的通信机制之一，线程可以激活 Event 对象上等待的其他线程。Event 对象的实现类是 threading.Event，这是一个实现 Event 对象的类。一个事件管理一个标识位，该标识位可以通过 set()方法设置为真或通过 clear()方法重置为假。wait()方法会阻塞线程，直到标识位为真，因为该标识位最初为假。类 threading.Event 中包含的内置方法如下。

- wait([timeout])阻塞线程，直到 Event 对象内部的标识位被设置为 True 或超时为止（如果提供了参数 timeout）。
- set()：将标识位设置为 Ture。
- clear()：将标识位设置为 False。
- isSet()：判断标识位是否为 Ture。

实例文件 tongbu.py 演示了使用 Event 对象实现线程同步的过程。

源码路径：daima\3\3-2\tongbu.py

```
#编码：UTF-8
import threading
import time

event = threading.Event()

def func():
    #等待事件，进入等待阻塞状态
    print('%s wait for event...' % threading.currentThread().getName())
    event.wait()

    #收到事件后进入运行状态
    print('%s recv event.' % threading.currentThread().getName())

t1 = threading.Thread(target=func)
t2 = threading.Thread(target=func)
t1.start()
t2.start()

time.sleep(2)

#发送事件通知
print('MainThread set event.')
event.set()
```

执行后会输出：

```
Thread-1 wait for event...
Thread-2 wait for event...
MainThread set event.
Thread-1 recv event.
Thread-2 recv event.
```

Event 对象和条件标记类似，允许线程等待某个事件发生。初始状态时事件设置为 0。如果没有设置事件而线程正在等待该事件，那么线程就会阻塞（即进入休眠状态），直到设置事件为止。当线程设置了这个事件时，会唤醒所有正在等待该事件的线程（如果有的话）。如果线程等待的事件已经设置，那么线程会继续执行。

实例文件 tongbu01.py 演示了使用 Event 对象同步线程启动的过程。

源码路径：daima\3\3-2\tongbu01.py

```
from threading import Thread, Event
import time

#编码已在独立的线程中完成
def countdown(n, started_evt):
    print("倒计时开始")
    started_evt.set()
    while n > 0:
        print("T-minus", n)
        n -= 1
        time.sleep(5)

#创建用于通知启动的事件对象
started_evt = Event()
```

```
#启动线程并传递启动事件
print("运行倒计时")
t = Thread(target=countdown, args=(10,started_evt))
t.start()

#等待线程启动
started_evt.wait()
print("倒计时运行中")
```

运行以上程序后发现，字符串“倒计时运行中”总是会在“倒计时开始”之后显示。这里使用了事件来同步线程，使主线程等待，直到函数 countdown()输出启动信息之后才开始执行。执行后会输出：

```
运行倒计时
倒计时开始
T-minus 10
倒计时运行中
T-minus 9
T-minus 8
T-minus 7
T-minus 6
T-minus 5
T-minus 4
T-minus 3
T-minus 2
T-minus 1
```

在 Python 程序中，最好将 Event 对象只用在一次性事件中。也就是说，当创建一个事件时，让线程等待事件的设置，一旦完成设置，就会丢弃 Event 对象。尽管可以使用 Event 对象的 clear()方法来清除事件，但是要安全地清除事件并等待它再次设置这个过程很难同步，且可能会造成事件丢失、死锁或者其他问题。特别是在设置完事件之后，无法保证发起的事件清除请求一定会在线程再次等待该事件之前执行（因为无法保证发起清除事件请求的线程和再次等待该事件的线程间的执行顺序）。

3.2.7 使用 Timer 对象

在 Python 程序中，Timer（定时器）是 Thread 的派生类，用于在指定时间后调用一个方法。类 threading.Timer 表示一个动作应该在一个特定的时间后运行，也是一个计时器。因为 Timer 是 Thread 的子类，所以也可以使用方法创建自定义线程。Timer 可以通过调用 start()方法启动线程，可以通过调用 cancel()方法（在它的动作开始之前）停止线程。Timer 在执行它的动作之前等待的时间间隔，可能与用户指定的时间间隔不完全相同。

在类 threading.Timer 中包含如下方法。

- Timer(interval, function, args=None, kwargs=None)：构造方法，功能是创建一个定时器，在 interval 秒过去后，将以 args 和 kwargs 运行 function 。如果 args 为 None（默认值），则将使用空列表。如果 kwargs 为 None（默认值），则将使用空的字典。
- cancel()：停止定时器，并取消定时器的操作。这只在定时器仍然处于等待阶段时才有效。

实例文件 shijian.py 演示了使用 Timer 设置线程延迟 5s 后执行的过程。

源码路径：daima\3\3-2\shijian.py

```
#编码: UTF-8
import threading
def func():
    print('hello timer!')
timer = threading.Timer(5, func)
timer.start()
```

执行后会输出：

```
hello timer!
```

3.2.8 使用 local 对象

在 Python 程序中，local 是一个以小写字母开头的类，用于管理线程局部的数据。对于同一个 local，线程无法访问其他线程设置的属性；线程设置的属性不会被其他线程设置的同名属性替换。在现实应用中，可以将 local 看成一个“线程-属性字典”的字典，local 封装了从自身使用线程作为键检索对应的属性字典并使用属性名作为键检索属性值的细节。

实例文件 bendi.py 演示了使用 local 对象管理线程局部数据的过程。

源码路径：daima\3\3-2\bendi.py

```
import threading

local = threading.local()
local.tname = 'main'


def func():
    local.tname = 'notmain'
    print(local.tname)

t1 = threading.Thread(target=func)
t1.start()
t1.join()

print(local.tname)
```

执行后会输出：

```
notmain
main
```

在 Python 程序中，threading.local()的最大作用是保存当前运行线程的专有状态，这个状态对其他线程是不可见的。通过 local()的这个功能，在多线程程序中可以保存专属于当前运行线程的状态。通过使用 threading.local()可以创建一个线程本地存储对象，在这个对象上可以保存和读取的属性只对当前运行的线程可见，其他线程无法感受到。实例文件 bendi1.py 演示了使用 local()创建一个线程本地存储对象的过程。

源码路径：daima\3\3-2\bendi1.py

```
from socket import socket, AF_INET, SOCK_STREAM
import threading


class LazyConnection:
    def __init__(self, address, family=AF_INET, type=SOCK_STREAM):
        self.address = address
        self.family = AF_INET
        self.type = SOCK_STREAM
        self.local = threading.local()

    def __enter__(self):
        if hasattr(self.local, 'sock'):
            raise RuntimeError('Already connected')
        self.local.sock = socket(self.family, self.type)
        self.local.sock.connect(self.address)
        return self.local.sock

    def __exit__(self, exc_ty, exc_val, tb):
        self.local.sock.close()
        del self.local.sock


def test(conn):
    from functools import partial

    #关闭的连接
    with conn as s:
```

```
        #conn.__enter__() executes: 打开的连接
        s.send(b'GET /index.html HTTP/1.0\r\n')
        s.send(b'Host: www.python.org\r\n')
        s.send(b'\r\n')
        resp = b''.join(iter(partial(s.recv, 8192), b''))
        #conn.__exit__() executes: 关闭的连接

    print('Got {} bytes'.format(len(resp)))


if __name__ == '__main__':
    conn = LazyConnection(('www.python.org', 80))

    t1 = threading.Thread(target=test, args=(conn,))
    t2 = threading.Thread(target=test, args=(conn,))
    t1.start()
    t2.start()
    t1.join()
    t2.join()
```

在上述代码中，属性 self.local 被初始化为 threading.local()的实例。后面其他方法操作的套接字都另存为 self.local.sock 的形式。这就足以让 LazyConnection 的实例安全地用于多线程环境中。后面的测试代码之所以能正常运行，原因是每个线程实际上创建了自己专属的套接字连接（以 self.local.sock 的形式保存）。当不同的线程在套接字上执行操作时，它们并不会互相产生影响，因为它们都是在不同的套接字上完成操作的。

3.2.9　使用 Barrier 对象

在 Python 程序中，类 Barrier 提供了一个简单的同步原语，供需要彼此等待的固定数量的线程使用。类 Barrier 设置了一个线程数量上限，当等待的线程到达了这个数量时会唤醒所有等待的线程。

Barrier 可使多个线程处在等待状态，直到它们都已经达到常见的上限。Barrier 在确认多个线程是否在前一个线程完成任务前处在待命状态时十分有用。另外，虽然 Barrier 可以与任意数量的线程一起工作，但默认只定义两个线程。

在类 threading.Barrier 中包含了如下方法。

1）threading.Barrier(parties, action=None, timeout=None)：这是构造方法，功能是为 parties 个线程创建一个屏障对象。如果提供 action，则当线程释放时，它将被其中一个线程调用。timeout 表示 wait()方法的默认超时值。

2）wait(timeout=None)：线程尝试通过屏障。所有线程方面的屏障都调用这个方法，并同时释放。

3）reset()：将屏障重置为空状态，任何等待的线程都会收到 BrokenBarrierError 异常消息。注意，如果其他线程的状态未知，使用此方法可能需要一些外部同步。如果通过了一个屏障，最好离开它并创造一个新的。

4）abort()：将屏障置于断开状态。这导致当前处于等待的线程和未来对 wait()的调用都会抛出 BrokenBarrierError 异常。使用该方法是为了避免死锁，使用一个超时时间应该是更好的选择。

在类 threading.Barrier 中包含以下属性。

1）parties：通过屏障所需的线程数量。

2）n_waiting：当前在屏障中等待的线程数。

3）broken：如果屏障处于中断状态，则为 True。

4）exception threading.BrokenBarrierError：当 Barrier 对象重置或断开时，会引发此异常（RuntimeError 的子类）。

下面是一个同步客户端和服务器线程的简单方法。

```
b = Barrier(2, timeout=5)

def server():
    start_server()
    b.wait()
    while True:
        connection = accept_connection()
        process_server_connection(connection)

def client():
    b.wait()
    while True:
        connection = make_connection()
        process_client_connection(connection)
```

3.3 使用进程库 multiprocessing

在 Python 中，库 multiprocessing 是一个多进程管理包。与 threading 模块类似，multiprocessing 提供了生成进程功能的 API，提供了本地并发和远程并发，通过使用子进程而不是线程来有效地转移全局解释器锁。通过使用 multiprocessing 模块，允许程序员充分利用给定机器上的多个处理器。multiprocessing 在 UNIX 和 Windows 系统上都可以运行。本节将详细讲解使用 multiprocessing 的核心知识。

3.3.1 使用 Process

在 Python 程序中，multiprocessing 是 Python 中的多进程管理包。与 threading.Thread 类似，它可以利用 multiprocessing.Process 对象来创建一个进程，该进程可以运行在 Python 程序内部的函数中。Process 对象与 Thread 对象的用法相同，也有 start()、run()和 join()等方法。在 multiprocessing 中也有 Lock/Event/Semaphore/Condition 类（这些对象可以像多线程那样，通过参数传递给各个进程），用于同步进程，其用法与 threading 包中的同名类一致。

在 Python 的 multiprocessing 模块中，通过创建 Process 对象，并调用其 start()方法来生成进程。在类 Process 中包含了如下内置成员。

1）multiprocessing.Process(group=None, target=None, name=None, args=(), kwargs={}, *, daemon=None)：进程对象表示在单个进程中运行的活动。类 Process 具有类 threading.Thread 中所有同名方法的功能。在 Python 中，应始终使用关键字参数调用这个构造函数。

- group：应始终为 None，仅与 threading.Thread 兼容。
- target：由 run()方法调用的对象，默认值为 None，表示不调用任何内容。
- name：进程名称。
- args：目标调用的参数元组。
- kwargs：目标调用的关键字参数的字典，如果提供此参数值，则将 daemon 标记设置为 True 或 False。
- daemon：如果将 daemon 设置为 None（默认值），则从创建过程继承此标记。

2）daemon：守护进程的标志，是一个布尔值，必须在调用 start()之前设置。

3）pid：返回进程 ID，在生成进程之前是 None。

4）exitcode：子进程的退出码。如果进程尚未终止，则是 None，负值（$-N$）则表示子进程被信号 N 终止。

5）authkey：进程的认证密钥（字节字符串）。当初始化 multiprocessing 时，使用 os.urandom()为主进程分配一个随机字符串；当创建 Process 对象时，将继承其父进程的认证密钥，但可以将 authkey 设置为另一个字节字符串来更改。

6）sentinel：系统对象的数字句柄，在进程结束时将变为“就绪”。当使用 multiprocessing.connection.wait()一次等待多个事件时，建议使用此值，否则调用 join()将更简单。在 Windows 系统中，这是可与 WaitForSingleObject 和 WaitForMultipleObjects API 调用系列一起使用的操作系统句柄。在 UNIX 系统中，这是一个文件描述器，可以使用来自 select 模块的原语。

7）terminate()：终止进程。在 UNIX 系统中，这是使用 SIGTERM 信号完成的；在 Windows 系统中这是使用 TerminateProcess()完成的。注意，退出处理程序和 finally 子句等不会执行。

8）exception multiprocessing.ProcessError：所有 multiprocessing 异常的基类。

9）exception multiprocessing.BufferTooShort：当提供的缓冲区对象对于消息读取而言太小时，由 Connection.recv_bytes_into()引发的异常。

10）exception multiprocessing.AuthenticationError：当出现身份验证错误时触发。

11）exception multiprocessing.TimeoutError：当超时时由方法引发的错误。

实例文件 mojin.py 演示了使用 Process 对象生成进程的过程。

源码路径：daima\3\3-3\mojin.py

```
import os
import threading
import multiprocessing

#worker函数
def worker(sign, lock):
    lock.acquire()
    print(sign, os.getpid())
    lock.release()

#Main
print('Main:',os.getpid())

#多线程
record = []
lock  = threading.Lock()
for i in range(5):
    thread = threading.Thread(target=worker,args=('thread',lock))
    thread.start()
    record.append(thread)

for thread in record:
    thread.join()

#多进程
record = []
lock = multiprocessing.Lock()
for i in range(5):
    process = multiprocessing.Process(target=worker,args=('process',lock))
    process.start()
    record.append(process)

for process in record:
    process.join()
```

通过上述代码可以看出，Thread 对象和 Process 对象在使用上异同。各个线程和进程都做一件事：输出 PID。但问题是，所有任务在输出的时候都会向同一个 stdout 输出。这样输出的字符会混合在一起，无法阅读。使用 Lock 同步，在一个任务完成输出之后，才允许另一个任务输出，可以避免多个任务同时向终端输出。所有线程的 PID 都与主程序相同，而每个进程都有一个不同的 PID。执行后会输出：

```
Main: 4392
thread 4392
thread 4392
```

```
thread 4392
thread 4392
thread 4392
Main: 19708
thread 19708
thread 19708
thread 19708
⋮
省略部分执行效果
```

3.3.2 使用 Pipe 和 Queue 对象

在 Linux 系统的多线程机制中，管道（Pipe）和消息队列（message queue）的效率十分高。在 Python 的 multiprocessing 包中，专门提供了 Pipe 和 Queue 这两个类来分别支持这两种 IPC 机制。通过使用 Pipe 和 Queue 对象，可以在 Python 程序中传送常见的对象。

在 Pipe 和 Queue 对象中主要包含如下成员。

1）multiprocessing.Pipe([duplex])：返回表示管道末端 Connection 对象的（conn1，conn2）。如果 duplex 是 True（默认值），则管道是双向的；如果 duplex 是 False，则管道是单向的。conn1 只能用于接收消息，conn2 用于发送消息。

2）multiprocessing.Queue([maxsize])：返回进程共享的队列，底层使用管道和锁来实现。当进程首先将一个条目放在队列上时，启动一个将对象从缓冲区传送到管道的线程。

3）qsize()：返回队列的大致大小。由于多线程和多进程的存在，这个数字是不可靠的。

4）empty()：如果队列为空，返回 True；否则，返回 False。由于多线程和多进程的存在，这个数字是不可靠的。

5）full()：如果队列已满，则返回 True；否则，返回 False。由于多线程和多进程的存在，这个数字是不可靠的。

6）put(obj[, block[, timeout]])：将 obj 放入队列中。如果可选参数 block 为 True（默认值）并且超时参数 timeout 为 None，表示直到空闲时为止。如果 timeout 是一个正数，则表示最多阻塞超时的秒数。如果在那段时间内没有空闲时间，则会引发 queue.Full 异常。当 block 设置为 False 时，如果处于空闲时刻，则马上将一个 obj 放在队列上；否则，会引发 queue.Full 异常。

7）put_nowait(obj)：功能等同于 put（obj，False）。

8）get([block[, timeout]])：从队列中删除并返回条目。如果可选参数 block 为 True（默认值）并且 timeout 为 None（默认值）线程将阻塞，直到队列里有条目可用时为止。如果 timeout 是正数，则线程最多阻塞 timeout 秒。如果在该时间内没有可用的条目，则引发 queue.Empty 异常。

9）get_nowait()：功能等同于 get(False)。

10）close()：用于确保当前进程不会在此队列上放置更多数据。当队列被垃圾回收时，则自动调用该方法。

11）join_thread()：加入后台线程，只能在调用 close()之后使用。此方法会阻塞线程，直到后台线程退出为止，确保缓冲区中的所有数据都已刷新到管道。默认情况下，如果进程不是队列的创建者，那么在退出时将尝试加入队列的后台线程。该进程可以调用 cancel_join_thread()让 join_thread()不执行任何操作。

12）cancel_join_thread()：阻止 join_thread()操作，防止后台线程在进程退出时自动连接。

在 Python 程序中，管道可以是单向（half-duplex）的，也可以是双向（duplex）的。可以通过 mutiprocessing.Pipe(duplex=False)创建单向管道（默认为双向）。一个进程从管道一端输入对象，然后被管道另一端的进程接收。单向管道只允许从管道的一端输入，而双向管道则允许从两端输入。实例文件 shuangg.py 演示了使用 Pipe 对象创建双向管道的过程。

源码路径：daima\3\3-3\shuangg.py

```
import multiprocessing as mul

def proc1(pipe):
    pipe.send('hello')
    print('proc1 rec:',pipe.recv())

def proc2(pipe):
    print('proc2 rec:',pipe.recv())
    pipe.send('hello, too')

#构建管道
pipe = mul.Pipe()

p1   = mul.Process(target=proc1, args=(pipe[0],))
p2   = mul.Process(target=proc2, args=(pipe[1],))
p1.start()
p2.start()
p1.join()
p2.join()
```

上述代码中的 Pipe 对象是双向的，当 Pipe 对象建立的时候，返回一个含有两个元素的列表，每个元素代表 Pipe 对象的一端（Connection 对象）。可以在 Pipe 对象的某一端调用 send()方法来传送对象，在另一端使用 recv()来接收对象。

在 Python 程序中，Queue 与 Pipe 类似，都是先进先出的结构。但 Queue 允许多个进程放入，多个进程从队列取出对象。Queue 使用 mutiprocessing.Queue(maxsize)创建，maxsize 表示队列中可以存放的对象的最大数量。实例文件 fangjin.py 演示了在 Queue 对象中放入进程的过程。

源码路径：daima\3\3-3\fangjin.py

```
import os
import multiprocessing
import time
#==================
def inputQ(queue):
    info = str(os.getpid()) + '(put):' + str(time.time())
    queue.put(info)

def outputQ(queue,lock):
    info = queue.get()
    lock.acquire()
    print (str(os.getpid()) + '(get):' + info)
    lock.release()
#===================
#Main
record1 = []   #存储输入进程
record2 = []   #存储输出进程
lock  = multiprocessing.Lock()    #用于防止凌乱的输入
queue = multiprocessing.Queue(3)

#输入进程
for i in range(10):
    process = multiprocessing.Process(target=inputQ,args=(queue,))
    process.start()
    record1.append(process)

#输出进程
for i in range(10):
    process = multiprocessing.Process(target=outputQ,args=(queue,lock))
    process.start()
    record2.append(process)

for p in record1:
    p.join()

queue.close()  #没有对象要放入队列中，关闭队列
```

```
    for p in record2:
        p.join()
```

由此可见，一些进程使用 put()在 Queue 中放入字符串，这个字符串包含 PID 和时间。另一些进程从 Queue 中取出，并输出自己的 PID 以及 get()的字符串。

3.3.3 使用 Connection 对象

在 Python 程序中，Connection 对象允许发送和接收可拾取对象或字符串，可以认为它们是面向消息的连接套接字。在 multiprocessing.Connection 对象中的主要成员如下。

1）send(obj)：将对象发送到连接的另一端，应使用 recv()读取该对象。参数 obj 必须可拾取，如果参数值非常大，则可能引发一个 ValueError 异常。

2）recv()：使用 send()返回从连接另一端发送的对象。

3）fileno()：返回文件描述符或连接使用的句柄。

4）close()：关闭连接，当连接被垃圾回收时会自动调用。

5）poll([timeout])：返回值表示是否有任何数据可供读取。如果未指定参数 timeout，则它将立即返回。如果 timeout 是一个数字，那么它会指定阻止的最长时间（以秒为单位）。如果 timeout 为 None，则表示无限超时。请注意，可以使用 multiprocessing.connection.wait()一次轮询多个连接对象。

6）send_bytes(buffer[, offset[, size]])：发送字节数据作为完整的消息。如果设置了 offset，则从缓冲器中的对应位置读取数据。如果给定了 size，那么将从缓冲区读取许多字节。非常大的 size（大约为 32 MB，尽管它取决于操作系统）可能会引发 ValueError 异常。

7）recv_bytes([maxlength])：返回从连接的另一端发送的字节数据的完整消息。如果指定了 maxlength，且消息长于 maxlength，则会引发 OSError 异常，连接将不再可读。

8）recv_bytes_into(buffer[, offset])：将从连接的另一端发送的字节数据的完整消息读入缓冲区，并返回消息中的字节数。缓冲区必须是可写入的类字节对象。如果给定了 offset，则消息将从该位置写入缓冲区。offset 必须是小于缓冲区长度的非负整数（以字节为单位）。如果缓冲区太短，则会引发 BufferTooShort 异常。

实例文件 conn.py 演示了使用 Connection 对象处理数据的过程。

源码路径：daima\3\3-3\conn.py

```
from multiprocessing import Pipe
a, b = Pipe()
a.send([1, 'hello', None])
print(b.recv())

b.send_bytes(b'thank you')
print(a.recv_bytes())

import array
arr1 = array.array('i', range(5))
arr2 = array.array('i', [0] * 10)
a.send_bytes(arr1)
count = b.recv_bytes_into(arr2)
assert count == len(arr1) * arr1.itemsize
print(arr2)
```

执行后会输出：

```
[1, 'hello', None]
b'thank you'
array('i', [0, 1, 2, 3, 4, 0, 0, 0, 0, 0])
```

3.3.4 使用共享对象 Shared

在 Python 程序中，可以使用子进程继承的共享内存创建共享对象，这样会返回从共享内存分配的 ctypes 对象。共享对象 Shared 主要包含如下两个核心方法。

1）multiprocessing.Value(typecode_or_type, *args, lock=True)

- 返回值：默认情况下，返回值实际上是对象的同步包装器。对象本身可以通过 Value 的值属性访问。
- 参数 typecode_or_type：确定返回对象的类型，是 ctypes 类型或 array 模块使用类型的一个字符类型代码。
- 参数* args：传递给类型的构造函数。
- 参数 lock：如果 lock 为 True（默认值），则创建一个新的递归锁对象，以同步对该值的访问。如果 lock 是 Lock 或 RLock 对象，那么它将同步对该值的访问。如果 lock 是 False，那么对返回对象的访问将不会被锁自动保护，因此它不一定是“进程安全的”。

2）multiprocessing.Array(typecode_or_type, size_or_initializer, *, lock=True)

- 返回值：返回从共享内存分配的 ctypes 数组。默认情况下，返回值实际上是数组的同步包装器。
- typecode_or_type：确定返回数组的元素类型，是 ctypes 类型或 array 模块使用的类型的一个字符类型代码。
- size_or_initializer：如果 size_or_initializer 是一个整数，则它用于确定数组的长度，并且数组将初始化为零；否则，size_or_initializer 是用于初始化数组的序列，其长度决定了数组的长度。
- Lock：如果 lock 为 True（默认值），则创建一个新的锁对象，以同步对该值的访问。如果 lock 是 Lock 或 RLock 对象，那么它将同步对该值的访问。如果 lock 是 False，那么对返回对象的访问将不会被锁自动保护，因此它不一定是“进程安全的”。请注意，lock 是一个仅关键字的参数。

实例文件 gongxiang.py 演示了使用 Shared 对象创建共享对象的过程。

源码路径：daima\3\3-3\gongxiang.py

```
from multiprocessing import Process, Lock
from multiprocessing.sharedctypes import Value, Array
from ctypes import Structure, c_double

class Point(Structure):
    _fields_ = [('x', c_double), ('y', c_double)]

def modify(n, x, s, A):
    n.value **= 2
    x.value **= 2
    s.value = s.value.upper()
    for a in A:
        a.x **= 2
        a.y **= 2

if __name__ == '__main__':
    lock = Lock()

    n = Value('i', 7)
    x = Value(c_double, 1.0/3.0, lock=False)
    s = Array('c', b'hello world', lock=lock)
    A = Array(Point, [(1.875,-6.25), (-5.75,2.0), (2.375,9.5)], lock=lock)

    p = Process(target=modify, args=(n, x, s, A))
    p.start()
    p.join()

    print(n.value)
    print(x.value)
```

```
    print(s.value)
    print([(a.x, a.y) for a in A])
```

执行后会输出：

```
49
0.1111111111111111
b'HELLO WORLD'
[(3.515625, 39.0625), (33.0625, 4.0), (5.640625, 90.25)]
```

3.3.5 使用 Manager 对象

在 Python 程序中应该尽量避免多进程共享资源，因为多进程共享资源必然会带来进程间的相互竞争。这种竞争又会造成漏洞，结果有可能被竞争的不确定性所影响。但如果需要共享资源，可以使用共享内存，也可以使用 Manager 对象。

在 Python 程序中，Manager 对象用于服务器与客户端之间的通信。我们用一个进程作为服务器，建立 Manager 来存放资源。其他的进程可以通过参数传递或者根据地址来访问 Manager，建立连接后，操作服务器上的资源。在防火墙允许的情况下，完全可以将 Manager 运用于多台计算机上，从而模仿一个真实的网络情境。

Manager 提供了一种可以在不同进程之间共享数据的方法，包括在不同机器的进程之间通过网络共享数据。Manager 对象控制管理共享对象的服务器进程，其他进程可以通过使用代理访问共享对象。

在 Manager 对象中，方法 multiprocessing.Manager()返回的 manager 对象控制了一个 Server 进程，此进程包含的 Python 对象可以被其他进程通过代理来访问，从而实现多进程间数据通信且安全的功能。

在 Manager 对象中包含如下成员。

1）class multiprocessing.managers.BaseManager([address[, authkey]])：创建一个 BaseManager 对象。一旦创建，就需要调用 start()或 get_server().serve_forever()，以确保管理器对象引用启动的管理器进程。参数 address 是管理器进程侦听新连接的地址，如果 address 为 None，则选择任意一个。参数 authkey 是用于检查在服务器进程中传入的有效性的认证密钥。如果 authkey 是 None，则使用 current_process().authkey；否则，使用 authkey，它必须是字节字符串。

2）address：BaseManager 实例的只读属性，表示管理器使用的地址。

3）class multiprocessing.managers.SyncManager：BaseManager 的子类，用于进程的同步。此类型的对象由 multiprocessing.Manager()返回，并且还支持创建共享列表和字典。

4）class multiprocessing.managers.Namespace：可以使用 SyncManager 注册的类型。虽然命名空间对象没有公共方法，但是有可写属性，表示显示其属性的值。当为名称空间对象使用代理时，以“_”开头的属性是代理的属性，而不是引用对象的属性。

实例文件 lie.py 演示了使用 Manager 对象操作列表的过程。

源码路径：daima\3\3-3\lie.py

```
import multiprocessing
import time

def worker(d, key, value):
    d[key] = value

if __name__ == '__main__':
    mgr = multiprocessing.Manager()
    d = mgr.dict()
    jobs = [ multiprocessing.Process(target=worker, args=(d, i, i*2))
             for i in range(10)
             ]
    for j in jobs:
        j.start()
```

```
        for j in jobs:
            j.join()
        print ('Results:' )
        for key, value in enumerate(dict(d)):
            print("%s=%s" % (key, value))
```

执行后会输出：

```
Results:
0=0
1=1
2=2
3=3
4=4
5=5
6=6
7=7
8=8
9=9
```

实例文件 lie1.py 演示了使用 Manager 对象共享对象类型的过程。

源码路径：daima\3\3-3\lie1.py

```
import multiprocessing

def f(x, arr, l):
    x.value = 3.14
    arr[0] = 5
    l.append('Hello')

server = multiprocessing.Manager()
x    = server.Value('d', 0.0)
arr  = server.Array('i', range(10))
l    = server.list()

proc = multiprocessing.Process(target=f, args=(x, arr, l))
proc.start()
proc.join()

print(x.value)
print(arr)
print(l)
```

在上述代码中，虽然 Manager 的使用类似于共享内存，但是可以共享更丰富的对象类型，Manager 对象利用 list()方法提供表的共享方式。实际上，可以利用 dict()来共享词典，可以利用 Lock()来共享 threading.Lock（注意，共享的是 threading.Lock，而不是进程的 mutiprocessing.Lock。后者已经实现进程共享）等，这样 Manager 就允许我们共享更多种类的对象。

3.3.6　使用 Proxy 对象

在 Python 程序中，代理对象 Proxy 表示指向一个共享对象的对象，该对象（可能）在不同的进程中存在。共享对象称为代理的指示符，多个代理对象可以有相同的指示符。代理对象 Proxy 具有调用其指示对象的相应方法，尽管不是指示对象的每个方法都必须通过代理调用，但是代理通常可以以它指示的大多数相同的方式使用。

在代理对象 Proxy 中包含如下成员。

1）class multiprocessing.managers.BaseProxy：代理对象 Proxy 是 BaseProxy 的子类的实例。

2）_callmethod(methodname[, args[, kwds]])：调用并返回代理引用对象的方法的结果。返回值将是调用结果的副本或新的共享对象的代理。如果调用引发异常，则通过_callmethod()重新生成异常。如果在管理器进程中引发了一些其他异常，那么将被转换为 RemoteError 异常，并由_callmethod()引发。需要特别注意的是，如果没有提供 methodname，则会引发异常。

3）__getvalue()：返回指示对象的副本。如果引用是不可拆分的，那么将会引发异常。

4）__repr__()：返回代理对象的表示。

5）__str__()：返回指示对象的表示。

实例文件 daili.py 演示了使用 Proxy 对象共享对象类型的过程。

源码路径：daima\3\3-3\daili.py

```
from multiprocessing import Manager

if __name__ == '__main__':
    manager = Manager()
    l = manager.list([i*i for i in range(10)])
    print(l)
    print(repr(l))
    print(l[4])
    print(l[2:5])

    a = manager.list()
    b = manager.list()
    a.append(b)
    print(a, b)
    b.append('hello')
    print(a, b)
    print(manager.list([1,2,3]) == [1,2,3])
```

在上述代码中，将 str()应用于代理会返回指示对象的表示，而应用 repr()将返回代理的表示。代理对象的一个重要特征是它们是可拾取的，因此它们可以在进程之间传递。但是请注意，如果把代理发送到相应的管理器的进程，则取消它将产生指示符本身。这意味着一个共享对象可以包含第二个含义，如上述代码中那样。上述代码中的最后一行还演示了 multiprocessing 中的代理类型不支持按值比较功能，在比较时应该只使用指示物的副本。执行后会输出：

```
[0, 1, 4, 9, 16, 25, 36, 49, 64, 81]
<ListProxy object, typeid 'list' at 0x2c017defc50>
16
[4, 9, 16]
[<ListProxy object, typeid 'list' at 0x1f6d23102e8>] []
[<ListProxy object, typeid 'list' at 0x1f6d23102e8>] ['hello']
False
```

3.3.7 使用进程池对象 Pool

在 Python 程序中，使用进程池对象 Pool 可以创建多个进程。这些进程随时准备执行任务（程序）。在一个进程池中可以容纳多个待命的进程。在 Python 进程池对象 Pool 中包含如下成员。

1）multiprocessing.pool.Pool([processes[, initializer[, initargs[, maxtasksperchild[, context]]]]])：一个进程池对象，控制一个包含工作进程的进程池，可以将任务提交给它。

- processes：要使用的工作进程数。如果 processes 为 None，则使用 os.cpu_count()返回的数字。
- initializer：如果 initializer 不是 None，则每个工作进程在启动时将调用 initializer(*initargs)。
- maxtasksperchild：工作进程在退出并由新工作进程替换之前可以完成的任务数，以释放未使用的资源。默认的 maxtasksperchild 值是 None，表示工作进程的生存时间将与进程池一样长。
- context：用于指定启动工作进程的上下文。通常使用 multiprocessing.Pool()或上下文对象的 Pool()方法创建进程池。在这两种情况下，都会正确地设置 context。

注意：进程池对象的方法只能由创建进程池的进程调用。

2）apply(func[, args[, kwds]])：使用参数 args 和关键字参数 kwds 调用 func。其实方法 apply_async()更适合并行执行工作，并且 func 仅在进程池的其中一个工作进程中执行。该方法用于传递不定参数，主进程会被阻塞，直到函数执行结束（不建议使用，在 3.x 版本以后不再出现）。

3）apply_async(func[, args[, kwds[, callback[, error_callback]]]])：方法 apply()的一个变体，能够返回一个结果对象。

- kwds：如果指定了 callback，那么它应该是一个接受单个参数的可调用对象。当操作完成时就使用 callback，在调用失败的情况下则使用 error_callback。
- error_callback：如果指定了 error_callback，那么它应该是一个接受单个参数的可调用对象。如果调用目标函数失败，则以该异常实例调用 error_callback。回调应该立即完成，否则处理结果的线程将被阻塞。

4）map(func, iterable[, chunksize])：功能与内置函数 map()（虽然它只支持一个 iterable 参数）相同，会执行阻塞操作，直到结果准备好为止。该方法能够将 iterable 分成多个块，然后将这些块作为单独的任务提交到进程池。这些块的大小可以通过将 chunksize 设置为正整数的方法来指定。

5）map_async(func, iterable[, chunksize[, callback[, error_callback]]])：返回结果对象的 map()方法的变体。如果指定了 callback，那么它应该是一个接受单个参数的可调用对象。当完成时就使用 callback，在调用失败的情况下则使用 error_callback。如果指定了 error_callback，那么它应该是一个接受单个参数的可调用对象。如果调用目标函数失败，则以该异常实例调用 error_callback。

6）imap(func, iterable[, chunksize])：方法 map()的惰性版本。参数 chunksize 的含义与 map()方法中的同名参数相同。对于非定长的可迭代对象来说，chunksize 使用一个较大的值比使用默认值 1 更快地完成操作。如果 chunksize 值是 1，那么 imap()方法返回的迭代器的 next()方法有一个可选的参数 timeout。如果在 timeout 秒内无法返回结果，那么 next(timeout)将引发 multiprocessing.TimeoutError 异常。

7）imap_unordered(func, iterable[, chunksize])：含义与 imap()几乎相同，除返回的迭代器结果的顺序是任意的之外。

8）starmap_async(func, iterable[, chunksize[, callback[, error_back]]])：通过使用 starmap()和 map_async()，在可迭代对象组成的 iterable 上执行迭代，并以分拆后的可迭代对象调用 func。

9）close()：阻止任何更多的任务提交到进程池。一旦所有任务完成，工作进程就退出。

10）terminate()：立即停止工作进程，不需要完成未完成的工作。当进程池对象被垃圾收集时，立即调用 terminate()方法。

11）join()：等待工作进程退出。在使用 join()之前，必须调用 close()或 terminate()方法。

12）class multiprocessing.pool.AsyncResult：由进程池方法 apply_async() 和 map_async()返回的结果类。

13）get([timeout])：获取结果。如果在 timeout 的时间内未到达，则会引发 multiprocessing.TimeoutError 异常。如果远程调用引发异常，那么该异常将由 get()重写。

14）wait([timeout])：等待结果可用或直到超时的秒数。

15）ready()：返回结果表示操作是否已经完成。

16）successful()：返回结果表示调用是否完成而不引发异常。

实例文件 duobing.py 演示了使用 Pool 对象创建多个进程并实现并发处理的过程。

源码路径：daima\3\3-3\duobing.py

```
import time
from multiprocessing import Pool
def run(fn):
```

```
    #fn: 函数参数是数据列表的一个元素
    time.sleep(1)
    return fn*fn

if __name__ == "__main__":
    testFL = [1,2,3,4,5,6]
    print('shunxu:') #顺序执行（也就是串行执行，单进程）
    s = time.time()
    for fn in testFL:
        run(fn)

    e1 = time.time()
    print("顺序执行时间：", int(e1 - s))

    print('concurrent:') #创建多个进程，并行执行
    pool = Pool(5)        #创建拥有5个进程的进程池
    #testFL表示要处理的数据列表，run表示处理testFL列表中数据的函数
    rl =pool.map(run, testFL)
    pool.close()          #关闭进程池，不再接受新的进程
    pool.join()           #主进程阻塞，等待子进程的退出
    e2 = time.time()
    print("并行执行时间：", int(e2-e1))
    print(rl)
```

上述代码创建了多个进程，以并发处理与顺序处理同一数据，用到了不同时间的差别。从执行结果可以看出，并发执行明显比顺序执行要快很多。因为进程是要耗资源的，所以平时工作中的进程数不能太大。代码中的 *r*1 表示当全部进程执行结束后返回的结果集，因为 run()方法有返回值，所以一个进程对应一个返回结果，这个结果存放在列表中，也就是结果堆中，实际上使用了队列的原理，等所有进程都执行完毕，就返回这个列表（列表的顺序不定）。Pool 对象在调用 join()方法时会等待所有子进程执行完毕，在调用 join()之前必须先调用 close()，让它不再接受新的进程。执行后会输出：

```
shunxu:
顺序执行时间： 6
concurrent:
并行执行时间： 3
[1, 4, 9, 16, 25, 36]
```

实例文件 duobing1.py 演示了使用 Pool 对象实现进程调度的过程。

源码路径：daima\3\3-3\duobing1.py

```
import time
from multiprocessing import Pool
def run(fn) :
    time.sleep(2)
    print(fn)
if __name__ == "__main__" :
    startTime = time.time()
    testFL = [1,2,3,4,5]
    pool = Pool(10)#可以同时进行10个进程
    pool.map(run,testFL)
    pool.close()
    pool.join()
    endTime = time.time()
    print("time :", endTime - startTime)
```

运行上述代码后可能会出现空行或没有换行数据的情形。其实这与进程调度有关，当有多个进程并行执行时，每个进程得到的时间片不一样，哪个进程接受哪个请求以及执行完的时间都是不定的，所以会出现输出乱序的情况。那为什么又会有没换行和空行的情况呢？因为在执行第一个进程的过程中，刚要输出换行符时，切换到了另一个进程，有可能使两个数字输出到同一行，而再次切换回第一个进程时会输出一个换行符，所以会出现空行的情况。例如，某次执行后会输出：

```
1
34
```

```
2
5
time : 2.48600006104
```

实例文件 duobing2.py 演示了使用 Pool 对象并行处理某个目录下文件的过程。

源码路径：daima\3\3-3\duobing2.py

```
import os
import time
from multiprocessing import Pool

def getFile(path) :
  #获取目录下的文件列表
  fileList = []
  for root, dirs, files in list(os.walk(path)) :
    for i in files :
      if i.endswith('.txt') or i.endswith('.10w') :
        fileList.append(root + "\\" + i)
  return fileList

def operFile(filePath) :
  #统计每个文件中的行数和字符数，并返回
  filePath = filePath
  fp = open(filePath)
  content = fp.readlines()
  fp.close()
  lines = len(content)
  alphaNum = 0
  for i in content :
    alphaNum += len(i.strip('\n'))
  return lines,alphaNum,filePath

def out(list1, writeFilePath) :
  #将统计结果写入结果文件中
  fileLines = 0
  charNum = 0
  fp = open(writeFilePath,'a')
  for i in list1 :
    fp.write(i[2] + " 行数: "+ str(i[0]) + " 字符数: "+str(i[1]) + "\n")
    fileLines += i[0]
    charNum += i[1]
  fp.close()
  print(fileLines, charNum)

if __name__ == "__main__":
  #创建多个进程以统计目录中所有文件的行数和字符数
  startTime = time.time()
  filePath = "C:\\Users\\apple\\Desktop"
  fileList = getFile(filePath)
  pool = Pool(5)
  resultList =pool.map(operFile, fileList)
  pool.close()
  pool.join()

  writeFilePath = "res.txt"
  print(resultList)
  out(resultList, writeFilePath)
  endTime = time.time()
  print("used time is ", endTime - startTime)
```

上述代码并行统计了某个目录下文件中的字符个数和行数，将处理结果保存到了 res.txt 文件中，每个文件一行，格式为 filename:lineNumber,charNumber。执行后在控制台中输出：

```
[(11, 30, 'C:\\Users\\apple\\Desktop\\android.txt'),
(3, 8, 'C:\\Users\\apple\\Desktop\\assistent.txt'),
(890, 14445, 'C:\\Users\\apple\\Desktop\\Java目录.txt'),
(5043, 118007, 'C:\\Users\\apple\\Desktop\\计算机应用基础.txt')]
5947 132490
```

```
used time is  1.1894104480743408

[(11, 30, 'C:\\Users\\apple\\Desktop\\android.txt'), (3, 8, 'C:\\Users\\apple\\Desktop
\\assistent.txt'), (890, 14445,
'C:\\Users\\apple\\Desktop\\Java目录.txt'), (5043, 118007, 'C:\\Users\\apple\\Desktop\\
计算机应用基础.txt')]
5947 132490
used time is  1.1894104480743408
```

在记事本文件 res.txt 中写入了对应的内容，如图 3-1 所示。

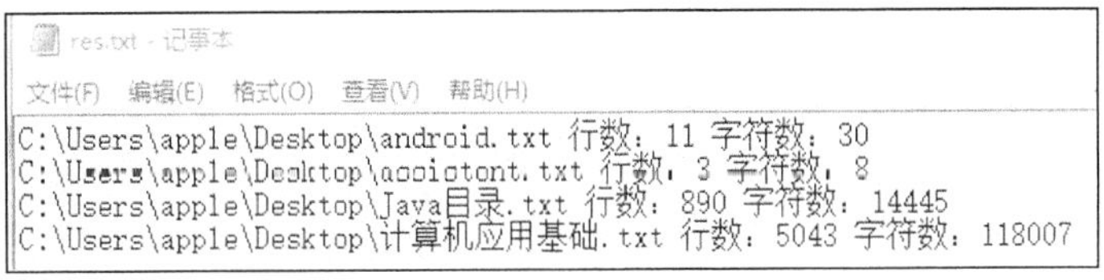
res.txt - 记事本
文件(F) 编辑(E) 格式(O) 查看(V) 帮助(H)
C:\Users\apple\Desktop\android.txt 行数：11 字符数：30
C:\Users\apple\Desktop\assistent.txt 行数：3 字符数：8
C:\Users\apple\Desktop\Java目录.txt 行数：890 字符数：14445
C:\Users\apple\Desktop\计算机应用基础.txt 行数：5043 字符数：118007

图 3-1 写入文件的内容

3.3.8 实现 Actor 并发编程

Actor 模式是一种并发模型，与另一种模型共享内存完全相反。所有的线程（或进程）通过消息传递的方式进行合作，这些线程（或进程）称为 Actor。共享内存更适合单机多核的并发编程，而且共享带来的问题很多，编程也困难。随着多核时代和分布式系统的到来，共享模型已经不太适合并发编程，因此几十年前就已经出现的 Actor 模型又重新受到了人们的重视。

在 Python 程序中，将线程和队列结合起来可以轻松实现 Actor 并发编程模式。实例文件 duobing3.py 演示了使用线程和队列实现 Actor 并发编程模式的过程。

源码路径：daima\3\3-3\duobing3.py

```
from queue import Queue
from threading import Thread, Event

#信号量用于关闭Actor
class ActorExit(Exception):
    pass

class Actor:
    def __init__(self):
        self._mailbox = Queue()

    def send(self, msg):
        '''
        Send a message to the actor
        '''
        self._mailbox.put(msg)

    def recv(self):
        '''
        Receive an incoming message
        '''
        msg = self._mailbox.get()
        if msg is ActorExit:
            raise ActorExit()
        return msg

    def close(self):
        '''
        Close the actor, thus shutting it down
        '''
        self.send(ActorExit)

    def start(self):
        '''
```

```
        Start concurrent execution
        '''
        self._terminated = Event()
        t = Thread(target=self._bootstrap)
        t.daemon = True
        t.start()

    def _bootstrap(self):
        try:
            self.run()
        except ActorExit:
            pass
        finally:
            self._terminated.set()

    def join(self):
        self._terminated.wait()

    def run(self):
        '''
        Run method to be implemented by the user
        '''
        while True:
            msg = self.recv()

#示例ActorTask
class PrintActor(Actor):
    def run(self):
        while True:
            msg = self.recv()
            print("Got:", msg)

if __name__ == '__main__':
    #示例用法
    p = PrintActor()
    p.start()
    p.send("Hello")
    p.send("World")
    p.close()
    p.join()
```

在上述代码中，使用 actor 实例中的 send()方法来发送消息。在底层会将消息放入队列上，内部运行的线程会从队列中取出收到的消息并处理。方法 close()通过在队列中放置一个特殊的终止值（ActorExit）的方式来关闭 actor。可以通过继承 Actor 类来定义新的 actor，并重新定义方法 run()来实现自定义的处理。用户自定义的代码可通过 ActorExit 异常来捕获终止请求，如果合适，则可以处理这个异常。ActorExit 异常是在方法 recv()中抛出并传播的。执行后会输出：

```
Got: Hello
Got: World
```

如果不需要并发和异步传递消息，那么可以使用生成器来定义一个简化的 Actor 对象。Actor 模式十分简单，在实践中只有 send()这一个核心操作。在基于 Actor 模式的系统中，“消息”的概念可以扩展到许多不同的方向。例如，可以以元组的形式传递带标签的消息，让 Actor 执行不同的操作。实例文件 duobing4.py 演示了使用元组的形式传递带标签消息的过程。

源码路径：daima\3\3-3\duobing4.py

```
from duobing3 import Actor
class TaggedActor(Actor):
    def run(self):
        while True:
            tag, *payload = self.recv()
            getattr(self, "do_" + tag)(*payload)

    #对应不同消息标记的方法
    def do_A(self, x):
        print("Running A", x)
```

```
    def do_B(self, x, y):
        print("Running B", x, y)
#示例
if __name__ == '__main__':
    a = TaggedActor()
    a.start()
    a.send(('A', 1))
    a.send(('B', 2, 3))
    a.close()
    a.join()
```

执行后会输出：

```
Running A 1
Running B 2 3
```

实例文件 duobing5.py 设置了一个 Actor 模式的变体，允许在线程中执行任意的函数，并通过特殊的 Result 对象回传结果。

源码路径：daima\3\3-3\duobing5.py

```
from duobing3 import Actor
from threading import Event

class Result:
    def __init__(self):
        self._evt = Event()
        self._result = None

    def set_result(self, value):
        self._result = value
        self._evt.set()

    def result(self):
        self._evt.wait()
        return self._result

class Worker(Actor):
    def submit(self, func, *args, **kwargs):
        r = Result()
        self.send((func, args, kwargs, r))
        return r

    def run(self):
        while True:
            func, args, kwargs, r = self.recv()
            r.set_result(func(*args, **kwargs))

#示例用法
if __name__ == '__main__':
    worker = Worker()
    worker.start()
    r = worker.submit(pow, 2, 3)
    print(r.result())
    worker.close()
    worker.join()
```

执行后会输出：

```
8
```

3.4 使用线程优先级队列模块 queue

在 Python 的 queue 模块中，提供了同步的、线程安全的队列类，包括先进先出队列、后进先出队列、优先级队列。本节将详细讲解使用线程优先级队列模块 queue 的方法。

3.4.1 模块 queue 中的常用方法

模块 queue 是 Python 标准库中线程安全的先进先出队列实现，提供了一个适用于多线程编程的先进先出的数据结构（即队列），用来在生产者和消费者线程之间传递信息。这些队列都实现了锁原语，能够在多线程中直接使用，可以使用队列来实现线程间的同步。在模块 queue 中，提供了如下常用的方法。

1）Queue.qsize()：返回队列的大小。

2）Queue.empty()：如果队列为空，则返回 True；反之，返回 False。

3）Queue.full()：如果队列满了，则返回 True；反之，返回 False。

4）Queue.get_nowait()：相当于 Queue.get(False)。

5）Queue.put(item)：写入队列，timeout 表示等待时间。完整写法如下。

```
put(item[, block[, timeout]])
```

方法 Queue.put(item)的功能是将 item 放入队列中，具体说明如下。

- 如果可选的参数 block 为 True 且 timeout 为空对象（这是默认情况），表示阻塞调用、无超时。
- 如果 timeout 是一个正整数，阻塞调用进程最多 timeout 秒；如果一直无空闲空间可用，则抛出 Full 异常（带超时的阻塞调用）。
- 如果 block 为 False，如果有空闲空间可用，则将数据放入队列中；否则，立即抛出 Full 异常，其非阻塞版本为 put_nowait，等同于 put(item, False)。

6）Queue.put_nowait(item)：相当于 Queue.put(item, False)。

7）Queue.task_done()：在完成一项工作之后，函数 Queue.task_done()向已经完成任务的队列发送一个信号，意味着之前入队的一个任务已经完成，由队列的消费者线程调用。每一个 get()调用得到一个任务，接下来的 task_done()调用告诉队列该任务已经处理完毕。如果当前一个 join()正在阻塞，则它将在队列中的所有任务都处理完时恢复执行（即每一个由 put()放入队列的任务都有一个对应的 task_done()调用）。

8）Queue.get([block[, timeout]])：获取队列，timeout 表示等待时间。能够从队列中移除并返回一个数据，block 与 timeout 参数同 put()方法完全相同。其非阻塞方法为 get_nowait()，相当于 get(False)。

9）Queue.join()：实际上意味着等到队列为空，再执行别的操作。会阻塞调用线程，直到队列中的所有任务处理完。只要有数据加入队列，未完成的任务数就会增加。当消费者线程调用 task_done()（意味着有消费者取得任务并完成任务）时，未完成的任务数就会减少。当未完成的任务数降到 0 时，join()解除阻塞。

在 Python 程序中经常会有多个线程，因此需要在这些线程之间实现安全的通信或者交换数据功能。将数据从一个线程发往另一个线程的安全做法是，使用 queue 模块中的 Queue（队列）。在具体实现时，需要首先创建一个 Queue 实例，它会被所有的线程共享。然后线程可以使用 put()方法或 get()方法在队列中添加或移除元素。

实例文件 q1.py 演示了使用 queue 模块实现线程之间数据通信的过程。

源码路径：daima\3\3-4\q1.py

```
from queue import Queue
from threading import Thread
import time

_sentinel = object()

#产生数据的线程
def producer(out_q):
    n = 10
    while n > 0:
        #产生数据
        out_q.put(n)
        time.sleep(2)
        n -= 1
```

```
        #把信号量放入队列以说明完成
        out_q.put(_sentinel)

    #使用数据的线程
    def consumer(in_q):
        while True:
            #获取数据
            data = in_q.get()

            #检查是否终止
            if data is _sentinel:
                in_q.put(_sentinel)
                break

            # 处理数据
            print('Got:', data)
        print('消费者线程已关闭')

    if __name__ == '__main__':
        q = Queue()
        t1 = Thread(target=consumer, args=(q,))
        t2 = Thread(target=producer, args=(q,))
        t1.start()
        t2.start()
        t1.join()
        t2.join()
```

在上述代码中，因为 Queue 实例已经拥有了所有需要的锁，所以可以安全地在任意多的线程之间实现数据共享。为了在使用队列时对生产者和消费者的关闭过程进行同步协调，需要用到一些技巧，最简单的解决方法是使用一个特殊的终止值，例如，上述代码中的 break 可以使消费者退出。当消费者接收到这个特殊的终止值后，会立刻将它重新放回到队列中。这使得在同一个队列上监听的其他消费者线程也能接收到终止值，所以可以一个一个地将它们都关闭。执行后会输出：

```
Got: 10
Got: 9
Got: 8
Got: 7
Got: 6
Got: 5
Got: 4
Got: 3
Got: 2
Got: 1
消费者线程已关闭
```

在 Python 程序中，虽然队列是线程间通信常见的机制，但是只要添加了所需的锁和同步功能，就可以构建自己的线程安全型的数据结构。其中常见的做法是将数据结构和条件变量打包在一起。实例文件 q2.py 构建了一个线程安全的优先级队列。

源码路径：daima\3\3-4\q2.py

```
import heapq
import threading
import time

class PriorityQueue:
    def __init__(self):
        self._queue = []
        self._count = 0
        self._cv = threading.Condition()
    def put(self, item, priority):
        with self._cv:
            heapq.heappush(self._queue, (-priority, self._count, item))
```

```
                self._count += 1
                self._cv.notify()

        def get(self):
            with self._cv:
                while len(self._queue) == 0:
                    self._cv.wait()
                return heapq.heappop(self._queue)[-1]

    def producer(q):
        print('Producing(生产者)items')
        q.put('C', 5)
        q.put('A', 15)
        q.put('B', 10)
        q.put('D', 0)
        q.put(None, -100)

    def consumer(q):
        time.sleep(5)
        print('Getting items')
        while True:
            item = q.get()
            if item is None:
                break
            print('Got:', item)
        print('消费者完成')

    if __name__ == '__main__':
        q = PriorityQueue()
        t1 = threading.Thread(target=producer, args=(q,))
        t2 = threading.Thread(target=consumer, args=(q,))
        t1.start()
        t2.start()
        t1.join()
        t2.join()
```

在 PriorityQueue 类中定义了一个线程安全的优先级队列，通过队列实现的线程间通信是一种单方向且不确定的过程。执行后会输出：

```
Producing(生产者)items
Getting items
Got: A
Got: B
Got: C
Got: D
消费者完成
```

虽然无法得知接收线程（也就是消费者）何时会实际接收到消息并开始工作，但是 Queue 对象提供了一些基本的事件完成功能，这些功能通过内置的 task_done()和 join()方法来实现。

3.4.2 基本 FIFO 队列

先进先出（First In First Out，FIFO）队列的具体格式如下。

```
classqueue.Queue(maxsize=0)
```

在模块 queue 中提供了一个基本的 FIFO 容器，使用方法非常简单。其中 maxsize 是一个整数，指明了队列中能存放的数据个数的上限。一旦达到上限，新的插入会导致队列阻塞，直到队列中的数据使用完。如果 maxsize 小于或者等于 0，那么队列大小没有限制。实例文件 dui1.py 演示了实现先进先出队列的过程。

源码路径：daima\3\3-4\dui1.py

```
import queue                    #导入队列模块queue
q = queue.Queue()               #创建一个队列对象实例
for i in range(5):              #遍历操作
    q.put(i)                    #调用队列对象的方法put()在队尾插入一个条目
while not q.empty():            #如果队列不为空
    print (q.get())             #显示队列信息
```

执行后会输出：

```
0
1
2
3
4
```

3.4.3 LIFO 队列

后进先出（Last In First Out，LIFO）队列的具体格式如下。

```
classqueue.LifoQueue(maxsize=0)
```

LIFO 队列的实现方法与 FIFO 队列类似，使用方法也很简单，maxsize 的用法也相似。实例文件 dui2.py 演示了实现 LIFO 队列的过程。

源码路径：daima\3\3-4\dui2.py

```
import queue                    #导入队列模块queue
q = queue.LifoQueue()           #创建LIFO类对象实例
for i in range(5):              #遍历操作
    q.put(i)                    #调用队列对象的方法put()在队尾插入一个条目
while not q.empty():            #如果队列不为空
    print (q.get())             #显示队列信息
```

由上述实例代码可知，只要将类 queue. Queue 替换为类 queue.LifoQueue 就可实现 LIFO 队列。执行后会输出：

```
4
3
2
1
0
```

3.4.4 优先级队列

在模块 queue 中，实现优先级队列的语法格式如下。

```
classqueue.PriorityQueue(maxsize=0)
```

其中，参数 maxsize 的用法同前面的后进先出队列和先进先出队列。实例文件 dui3.py 演示了使用模块 queue 实现优先级队列的过程。

源码路径：daima\3\3-4\dui3.py

```
import queue                    #导入模块queue
import random                   #导入模块random
q = queue.PriorityQueue()       #级别越低越先出队列
class Node:                     #定义类Node
   def __init__(self, x):       #构造函数
      self.x = x                #属性初始化
   def __lt__(self, other): #内置函数
return other.x > self.x
   def __str__(self):           #内置函数
return "{}".format(self.x)
a = [Node(int(random.uniform(0, 10))) for i in range(10)]   #生成10个随机数字
for i in a:                     #遍历列表
   print(i, end=' ')            #显示遍历数字
   q.put(i)                     #调用队列对象的方法put()在队尾插入一个条目
print("=============")
while q.qsize():                #返回队列的大小
   print(q.get(), end=' ') #按序显示列表中的数字
```

由上述实例代码可知，在自定义节点时需要实现__lt__()函数，这样优先级队列才能够知道如何对节点进行排序。执行后会输出：

```
1 9 7 9 7 4 2 1 7 1 =============
1 1 1 2 4 7 7 7 9 9
```

3.4.5 轮询多个线程队列

假设有一组线程队列，要轮询这些队列来获取数据，应该如何实现呢？基本思路是：针对每个想要轮询的队列（或任何对象），首先创建一对互联的套接字，然后对其中一个套接字执行

写操作，以表示数据存在，向另一个套接字传递 select()或者类似的函数来轮询数据。实例文件 dui4.py 演示了使用上述思路实现轮询的过程。

源码路径：daima\3\3-4\dui4.py

```
import queue
import socket
import os

class PollableQueue(queue.Queue):
    def __init__(self):
        super().__init__()
        #创建一对互联的套接字
        if os.name == 'posix':
            self._putsocket, self._getsocket = socket.socketpair()
        else:
            #在POSIX系统上的兼容性
            server = socket.socket(socket.AF_INET, socket.SOCK_STREAM)
            server.bind(('127.0.0.1', 0))
            server.listen(1)
            self._putsocket = socket.socket(socket.AF_INET, socket.SOCK_STREAM)
            self._putsocket.connect(server.getsockname())
            self._getsocket, _ = server.accept()
            server.close()

    def fileno(self):
        return self._getsocket.fileno()

    def put(self, item):
        super().put(item)
        self._putsocket.send(b'x')

    def get(self):
        self._getsocket.recv(1)
        return super().get()

#轮询的示例代码

if __name__ == '__main__':
    import select
    import threading
    import time

    def consumer(queues):
        '''
        Consumer that reads data on multiple queues simultaneously
        '''
        while True:
            can_read, _, _ = select.select(queues,[],[])
            for r in can_read:
                item = r.get()
                print('Got:', item)

    q1 = PollableQueue()
    q2 = PollableQueue()
    q3 = PollableQueue()
    t = threading.Thread(target=consumer, args=([q1,q2,q3],))
    t.daemon = True
    t.start()

    #向队列提供数据
    q1.put(1)
    q2.put(10)
    q3.put('hello')
    q2.put(15)

    time.sleep(1)
```

在类 PollableQueue 中定义了一种新的 Queue 实例，其底层有一对互联的套接字。在 UNIX

系统中，可以使用 socketpair()函数来建立这样的套接字。在 Windows 系统中，必须使用上述代码中展示的方法来伪装套接字对（这看起来有些怪异，首先创建一个服务器套接字，之后立刻创建客户端套接字并连接到服务器上）。然后对方法 get()和 put()进行微重构，在这些套接字上执行了少量的 I/O 操作。方法 put()在将数据放入队列之后，对其中一个套接字写入了 1 字节的数据。当要把数据从队列中取出时，方法 get() 从另一个套接字中读出那个单独的字节。方法 fileno()使这个队列可以用类似 select()这样的函数来轮询。一般来说，方法 fileno()只提供由 get()函数使用的套接字的文件描述符。

在类 PollableQueue 后面的测试代码中定义了一个消费者，用于在多个队列上监视是否有数据到来，这便是轮询操作。运行上述测试代码后会发现，无论把数据放入哪个队列中，消费者最后都能接收到所有的数据。

执行后会输出：

```
Got: 1
Got: 10
Got: hello
Got: 15
```

3.5 使用模块 subprocess 创建进程

虽然 Python 支持创建多线程应用程序，但是 Python 解释器使用了内部的全局解释器锁定，在任意指定时刻只允许执行单个线程，并且限制了 Python 程序只能在一个处理器上运行。现代 CPU 以多核为主，但 Python 的多线程程序无法使用。使用 Python 的多进程模块可以将工作分派给不受锁定限制的单个子进程。

3.5.1 全新的 run()方法

在 Python 3 中，支持多进程的是模块 multiprocessing 和模块 subprocess。使用模块 multiprocessing 可以创建并使用多进程，具体用法和模块 threading 的使用方法类似。使用 multiprocessing.Process 对象来创建进程，和 threading.Thread 一样，可以使用前者以进程方式运行函数，也可以通过继承前者来重载 run()方法并创建进程。模块 multiprocessing 同样有模块 threading 中用于同步的 Lock、RLock 及用于通信的 Event。

使用模块 subprocess 的推荐方法是，对于它可以处理的所有场景，都可以使用 run()方法。方法 run()是在 Python 3.5 中添加的，其语法格式如下。

```
subprocess.run(args, *, stdin=None, input=None, stdout=None, stderr=None, shell=False, 
timeout=None, check=False)
```

方法 run()的功能是运行 args 描述的命令，等待命令完成后返回一个 CompletedProcess 实例。默认情况下，run()不会捕获标准输出或标准错误。如果必须这样做，则要为 stdout 或 stderr 参数传递 PIPE。其参数说明如下。

- 参数 timeout：传递给 Popen.communicate()。如果 timeout 超时，则子进程将被终止并等待。子进程终止后，将重新引发 TimeoutExpired 异常。
- 参数 input：传递给 Popen.communicate()，是传递到子进程的标准输入。如果使用 input，该参数必须是字节序列；如果 universal_newlines=True，则该参数为字符串。在使用时会自动以 stdin=PIPE 创建内部的 Popen 对象，也可能用不到 stdin 参数。
- 参数 check：如果 check 为 True，并且进程以非零退出码退出，则会引发 CalledProcessError 异常。在该异常的属性中含有参数、退出码和标准输出及标准错误（如果它们被捕捉到）。
- 参数 args：所有调用所必需的参数，应该是一个字符串或一个程序参数序列。通常倾向于提供参数序列，因为这样会允许这个模块处理任何所需的转义和引用参数（例如，允许文件名中的空格）。如果传递单个字符串，则 shell 必须为 True；否则，字符串必须简单地命名要执行的程序，而不指定任何参数。

- 参数 stdin、stdout 和 stderr：分别指定执行程序的标准输入、标准输出和标准错误文件句柄。stderr 可以是 STDOUT，表示来自子进程的标准错误数据应该捕获到与 stdout 相同的文件句柄。stdin、stdout 和 stderr 的有效值有 PIPE/DEVNULL、一个存在的文件描述器（正整数）、一个存在的文件对象和 None。

3.5.2 旧版本中的高级 API

Python 3 建议使用模块 subprocess 创建进程，subprocess 模块用来替换一些老的模块和函数，如 os.system、os.spawn*、os.popen*、popen2.*和 commands.*。在模块 subprocess 中，提供了如下常用的内置方法。

1）subprocess.call

语法如下。

```
subprocess.call(args, *, stdin=None, stdout=None, stderr=None, shell=False)
```

功能：运行由 args 指定的命令，直到命令结束后，返回返回码的属性值。当使用“shell=True”时表示一种安全保护机制。当使用这个方法时，不要使用“stdout=PIPE”或“stderr=PIPE”参数，不然会导致子进程输出的死锁。如果要使用管道，可以在 communicate()方法中使用 Popen。

2）subprocess.check_call

语法如下。

```
subprocess.check_call(args, *, stdin=None, stdout=None, stderr=None, shell=False)
```

功能：运行由 args 指定的命令，直到命令执行完成。如果返回码为 0，则返回；否则，抛出 CalledProcessError 异常。在 CalledProcessError 对象中包含带返回码的属性值。当使用“shell=True”时表示一种安全保护机制。当使用这个方法时，不要使用“stdout=PIPE”或“stderr=PIPE”参数，不然会导致子进程输出的死锁。如果要使用管道，则可以在 communicate()方法中使用 Popen。

3）subprocess.check_output

语法如下。

```
subprocess.check_output(args, *, stdin=None, stderr=None, shell=False, universal_newli
nes=False)
```

功能：运行 args 定义的命令，并返回一个字符串表示的输出值。如果返回码不为 0，则抛出 CalledProcessError 异常。当使用“shell=True”时表示一种安全保护机制。当使用这个方法时，不要使用“stdout=PIPE”或“stderr=PIPE”参数，不然会导致子进程输出的死锁。如果要使用管道，则可以在 communicate()方法中使用 Popen。

在上述方法中，主要参数的具体说明如下。

- args：所有的方法都需要这个参数，它是一个字符串，或者是程序的参数序列。提供一个参数序列是推荐的方式，因为这样允许模块接收空格或引号中的参数。如果传递的是单个字符串，要么 shell=True，要么字符串就是程序名字，并且不能带参数。
- stdin、stdout 和 stderr：指定执行程序的标准输入、标准输出和标准错误的文件句柄。它们的值可以是 PIPE、一个存在的文件描述符（正整数）、一个存在的文件对象或 None。PIPE 表示创建一个连接子进程的新管道。默认值为 None，表示不重定向。子进程的文件句柄可以从父进程中继承。另外，stderr 可以设置为 STDOUT，表示子进程的错误数据可以和标准输出是同一个文件句柄。当 stdout 或 stderr 的值为管道并且 universal_newlines 的值为真时，对于以“U”模式参数打开的新行，所有行的结束符都会转换成“\n”。

- shell：如果 shell 的值为 True，则指定的命令行会通过 shell 来执行。如果使用 Python 来作为流程控制，那么这样的设置会很有用，因为它提供了绝大多数的系统 shell 命令且可以很方便地使用 shell 的各种功能，如 shell 管道、文件名通配符、环境变量扩展以及用户目录扩展符“~”。但是需要注意的是，Python 提供了类似 shell 功能的实现。

注意：执行非信任来源的 shell 命令是造成严重的安全问题。基于这一点，“shell=True”是不建议使用的。

实例文件 zi1.py 演示了使用模块 subprocess 创建子进程的过程。

源码路径：daima\3\3-5\zi1.py

```
import subprocess      #导入模块subprocess
#下面一行是将要执行的另外的线程
print('call() test:',subprocess.call(['python','protest.py']))
print('')
#调用check_call()函数执行另外的线程
print('check_call() test:',subprocess.check_call(['python','protest.py']))
print('')
#调用getstatusoutput()函数执行另外的线程
print('getstatusoutput() test:',subprocess.getstatusoutput(['python','protest.py']))
print('')
#调用getoutput()函数执行另外的线程
print('getoutput() test:',subprocess.getoutput(['python','protest.py']))
print('')
#调用check_output()函数执行另外的线程，输出二进制结果
print('check_output() test:',subprocess.check_output(['python','protest.py']))
```

在上述实例代码中，分别调用了模块 subprocess 中的内置方法，并演示了对应的输出过程。子进程运行的是 Python 文件 protest.py，读者可以设置这个文件的代码，此处只设置输出“Hello World!”。执行文件 zi1.py 后的效果如图 3-2 所示。

```
>>>
call() test: 0

check_call() test: 0

getstatusoutput() test: (0, 'Hello World!')

getoutput() test: Hello World!

check_output() test: b'Hello World!\r\n'
>>>
```

图 3-2 执行文件 zi1.py 后的效果

3.5.3 使用类 Popen 创建进程

在 Python 中，在模块 subprocess 中定义了一个类 Popen。开发者可以使用类 Popen 来创建进程，并与进程进行复杂的交互。类 Popen 的构造函数如下。

```
subprocess.Popen(args, bufsize=-1, executable=None, stdin=None, stdout=None,
stderr=None,
 preexec_fn=None,
 close_fds=True,
shell=False,
cwd=None, env=None,
 universal_newlines=False,
startupinfo=None,
creationflags=0
)
```

各个参数的具体说明如下。

- 参数 args：可以是字符串或者序列类型（如列表、元组），用于指定进程的可执行文件及其参数。对于序列类型，第一个元素通常是可执行文件的路径。也可以显式地使用 executable 参数来指定可执行文件的路径。在 Windows 操作系统上，Popen 通过调用 CreateProcess()来创建子进程，CreateProcess 接收一个字符串参数，如果 args 是序列类型，系统将会通过 list2cmdline()函数将序列类型转换为字符串。
- 参数 bufsize：用于指定缓冲区大小。
- 参数 executable：用于指定可执行程序。一般情况下，通过 args 参数来设置所要运行的程序。如果将参数 shell 设置为 True，则 executable 将指定程序使用的 shell。在 Windows

平台下，默认的 shell 由 COMSPEC 环境变量来指定。

- 参数 stdin、stdout 和 stderr：分别表示程序的标准输入、标准输出、标准错误的文件句柄。它们可以是 PIPE、文件描述符或文件对象，也可以设置为 None，表示从父进程继承。
- 参数 preexec_fn：只在 UNIX 平台下有效，用于指定一个可调用对象（它将在子进程运行之前调用）。
- 参数 close_fds：在 Windows 平台下，如果 close_fds 设置为 True，则新创建的子进程将不会继承父进程的输入、输出、错误管道。不能将 close_fds 设置为 True 同时重定向子进程的标准输入、标准输出与标准错误。
- 参数 shell：如果参数 shell 设置为 True，则程序将通过 shell 来执行。
- 参数 cwd：用于设置子进程的当前目录。
- 参数 env：字典类型，用于指定子进程的环境变量。如果 env = None，则子进程的环境变量将从父进程中继承。
- 参数 Universal_newlines：在不同的操作系统下，文本的换行符是不一样的。Windows 系统下用 '\r\n' 表示换行，而 Linux 系统下用 '\n'。如果将此参数设置为 True，则 Python 统一把这些换行符当作 '\n' 来处理。
- 参数 startupinfo 与 creationflags：只在 Windows 系统下有效，这两个参数将被传递给底层的 CreateProcess()函数，用于设置子进程的一些属性，如主窗口的外观和进程的优先级等。

在类 Popen 中包含如下常见的内置对象。

- subprocess.PIPE：在创建 Popen 对象时，subprocess.PIPE 可以初始化 stdin、stdout 或 stderr 参数，用于表示与子进程通信的标准流。
- subprocess.STDOUT：在创建 Popen 对象时，用于初始化 stderr 参数，表示将错误通过标准输出流输出。

在类 Popen 中包含如下常见的内置方法。

- Popen.poll()：用于判断子进程是否已经结束，设置并返回 returncode 属性。
- Popen.wait()：等待子进程结束，设置并返回 returncode 属性。
- Popen.communicate(input=None)：与子进程进行交互，向 stdin 发送数据，或从 stdout 和 stderr 中读取数据。可选参数 input 指定发送到子进程的参数。communicate()返回一个元组（stdoutdata, stderrdata）。注意，如果希望通过进程的 stdin 向它发送数据，在创建 Popen 对象的时候，参数 stdin 必须设置为 PIPE。同样，如果希望从 stdout 和 stderr 获取数据，必须将 stdout 和 stderr 设置为 PIPE。
- Popen.send_signal(signal)：向子进程发送信号。
- Popen.terminate()：停止子进程。在 Windows 平台下，该方法将调用 Windows API TerminateProcess()来结束子进程。
- Popen.kill()：终止子进程。
- Popen.stdin：如果在创建 Popen 对象时参数 stdin 设置为 PIPE，则 Popen.stdin 将返回一个文件对象，用于向子进程发送指令；否则，返回 None。
- Popen.stdout：如果在创建 Popen 对象时参数 stdout 设置为 PIPE，则 Popen.stdout 将返回一个文件对象，用于向子进程发送指令；否则，返回 None。
- Popen.stderr：如果在创建 Popen 对象时参数 stderr 设置为 PIPE，则 Popen.stderr 将返回一个文件对象，用于向此子进程发送指令；否则，返回 None。
- Popen.pid：获取子进程的 ID。

- Popen.returncode：获取进程的返回值。如果进程还没有结束，则返回 None。

实例文件 jin2.py 演示了使用类 Popen 创建进程并允许指定源码的过程。

源码路径：daima\3\3-5\jin2.py

```
import subprocess
prcs = subprocess.Popen(['python','protest.py'],   #生成一个子进程将要执行的程序
      stdout=subprocess.PIPE,                        #其他相关参数
stdin=subprocess.PIPE,
stderr=subprocess.PIPE,
      universal_newlines=True,
shell=True)
prcs.communicate('这些文本字符来自stdin.')          #向子进程中传入要输入的字符串
print("subprocess pid:",prcs.pid)                    #显示子进程的ID
print('\nSTDOUT:')
print(str(prcs.communicate()[0]))                    #获取子进程的输出
print('STDERR:')
print(prcs.communicate()[1])                         #子进程的错误输出
```

在上述实例代码中，首先使用类 Popen 生成一个子进程，用来执行保存在文件 protest.py 中的 Python 代码。然后调用 Popen 对象的方法 communicate()向子进程传入要输入的字符串，并输出子进程的 ID。最后分别输出子进程的标准输出和错误消息。文件 protest.py 的源码比较简单，功能是要求用户输入一串字符并直接输出和输出另一串字符，以及显示一个未定义的变量 *a*。运行实例后，首先显示子进程的 ID，然后在标准输出中输出了通过方法 communicate()向子进程传送的输入信息“这些文本字符来自 stdin.”，而在错误消息中输出了子进程的运行错误提示——NameError。执行文件 jin2.py 后的效果如图 3-3 所示。

```
>>>
subprocess pid: 14388

STDOUT:
这些文本字符来自stdin.
Hello World!

STDERR:
Traceback (most recent call last):
  File "protest.py", line 3, in <module>
    print(a)
NameError: name 'a' is not defined

>>> |
```

图 3-3　执行文件 jin2.py 后的效果

第 4 章

Tkinter 图形化界面开发

Tkinter 是 Python 的标准 GUI 库，Python 使用 Tkinter 可以快速创建 GUI 应用程序。因为 Tkinter 内置在 Python 的安装包中，所以只要安装 Python 之后就能导入 Tkinter 库。另外，开发工具 IDLE 也是基于 Tkinter 编写而成的，对于简单的图形界面，Tkinter 能够应付自如。本章将详细讲解基于 Tkinter 框架开发图形化界面程序的核心知识。

4.1 Tkinter 开发基础

在 Python 程序中，Tkinter 是 Python 的一个模块，它可以像其他模块一样在 Python 交互式 shell 中（或者“.py”程序中）导入，导入 Tkinter 模块后，就可使用 Tkinter 模块中的函数、方法等进行 GUI 编程。开发者可以使用 Tkinter 库中的文本框、按钮、标签等组件实现 GUI 开发。整个实现过程十分简单，例如，要实现某个界面元素，只需要调用对应的 Tkinter 组件即可。

4.1.1 第一个 Tkinter 程序

当在 Python 程序中使用 Tkinter 创建图形界面时，首先要使用“import”语句导入 Tkinter 模块。

```
import tkinter
```

如果在 Python 的交互式环境中输入上述语句后没有发生错误，则说明当前 Python 已经安装了 Tkinter 模块。这样以后在编写程序时只要使用 import 语句导入 Tkinter 模块，就可使用 Tkinter 模块中的函数、对象等进行 GUI 编程。

在 Python 程序中使用 Tkinter 模块时，需要先使用 tkinter.Tk 生成一个主窗口对象，然后才能使用 Tkinter 模块中其他的函数和方法等元素。生成主窗口以后才可以向里面添加组件，或者直接调用其 mainloop()方法进行消息循环。实例文件 first.py 演示了使用 Tkinter 创建第一个 GUI 程序的过程。

源码路径：daima\4\4-1\first.py

```
import tkinter              #导入Tkinter模块
top = tkinter.Tk()          #生成一个主窗口对象
#进入消息循环
top.mainloop()
```

在上述实例代码中，首先导入 Tkinter 模块，然后 tkinter.Tk 生成一个主窗口对象，并进入消息循环。生成的窗口具有一般应用程序窗口的基本功能，可以最小化、最大化、关闭，还有标题栏，甚至使用鼠标可以调整其大小。执行文件 first.py 后的效果如图 4-1 所示。

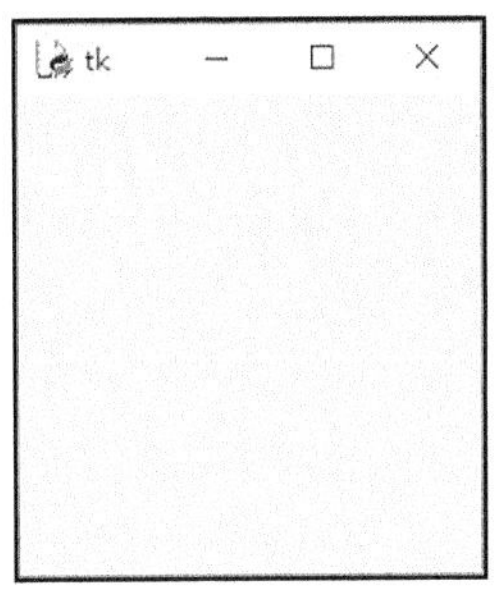

图 4-1 执行文件 first.py 后的效果

通过上述实例代码创建了一个简单的窗口，在完成窗口内部组件的创建工作后，也要进入消息循环中，这样可以处理窗口及其内部组件的事件。

4.1.2 向窗口中添加组件

前面创建的窗口只是一个容器，在这个容器中还可以添加其他元素。在 Python 程序中，使用 Tkinter 创建窗口后，可以向窗口中添加组件元素。组件与窗口一样，也是通过 Tkinter 模块中相应的组件函数生成的。在生成组件以后，就可以使用 pack、grid 或 place 等方法将它添加到窗口中。实例文件 zu.py 演示了使用 Tkinter 向窗体中添加组件的过程。

源码路径：daima\4\4-1\zu.py

```
import tkinter                  #导入Tkinter模块
root = tkinter.Tk()             #生成一个主窗口对象
#实例化标签组件
label= tkinter.Label(root, text="Python, tkinter!")
label.pack()                    #将标签添加到窗口中
button1 = tkinter.Button(root, text="按钮1") #创建按钮1
button1.pack(side=tkinter.LEFT)              #将按钮1添加到窗口中
button2 = tkinter.Button(root, text="按钮2") #创建按钮2
button2.pack(side=tkinter.RIGHT)             #将按钮2添加到窗口中
root.mainloop()                              #进入消息循环
```

在上述实例代码中，分别实例化了 Tkinter 模块中的一个标签组件和两个按钮组件，然后调用 pack()方法将这 3 个组件添加到主窗口中。执行文件 zu.py 后的效果如图 4-2 所示。

图 4-2　执行文件 zu.py 后的效果

4.2　Tkinter 控件开发

4.1 节中创建的一个窗口，实际上只是一个存放控件的“容器”。为了满足项目的需求，在创建窗口以后，需要根据程序的功能向窗口中添加对应的控件，然后定义与实际相关的处理函数，这样才算是一个完整的 GUI 程序。本节将详细讲解使用 Tkinter 控件开发 Python 程序的知识。

4.2.1　Tkinter 控件概览

在 Tkinter 模块中提供了各种各样的控件，如按钮、标签和文本框。这些控件通常也称为组件或者部件。其中最主要的控件如下。

- Button：按钮控件，用于在程序中显示按钮。
- Canvas：画布控件，用于显示图形元素，如线条或文本。
- Checkbutton：多选框控件，用于在程序中提供多项选择框。
- Entry：输入控件，用于显示简单的文本内容。
- Frame：框架控件，用于在屏幕上显示一个矩形区域，多用来作为容器。
- Label：标签控件，用于显示文本和位图。
- Listbox：列表框控件，用于显示一个字符串列表给用户。
- Menubutton：菜单按钮控件，用于显示菜单项。
- Menu：菜单控件，用于显示菜单栏、下拉菜单和弹出菜单。
- Message：消息控件，用来显示多行文本，与标签类似。
- Radiobutton：单选按钮控件，用于显示一个单选按钮的状态。
- Scale ：范围控件，用于显示一个数值刻度，表示输出的范围。
- Scrollbar：滚动条控件，当内容超过可视化区域时使用，如列表框。
- Text：文本控件，用于显示多行文本。
- Toplevel：容器控件，用来提供一个单独的对话框，与 Frame 类似。
- Spinbox：微调框控件，与 Entry 类似，但是可以指定输入范围值。
- PanedWindow：管理窗口布局控件，可以包含一个或者多个子控件。
- LabelFrame：简单的容器控件，常用于复杂的窗口布局。
- messagebox：用于显示应用程序的消息框。

在 Tkinter 模块的组件中，还提供了对应的属性和方法，其中标准属性是所有控件所拥有的共同属性，如大小、字体和颜色。Tkinter 模块中的标准属性如表 4-1 所示。

表 4-1　　Tkinter 模块中的标准属性

标准属性	描述
Dimension	控件大小
Color	控件颜色
Font	控件字体
Anchor	锚点
Relief	控件样式

续表

标准属性	描述
Bitmap	位图
Cursor	光标

在 Tkinter 模块中，控件有特定的几何状态管理方法，用于管理整个控件区域的组织。其中 Tkinter 控件公开的几何状态管理方法如表 4-2 所示。

表 4-2　Tkinter 控件公开的几何状态管理方法

公开的几何状态管理方法	描述
pack()	通过调用这个方法把控件打包到父控件容器中
grid()	通过设置 row 和 column 属性，让控件自动对齐到网格
place()	在一个特定的位置放置父组件

在前面的实例文件 zu.py 中，使用组件的 pack()方法将组件添加到窗口中，而没有设置控件的位置，控件的位置是由 Tkinter 模块自动确定的。在一个包含多个控件的窗口中，为了让组件布局更加合理，可以通过向 pack()方法传递参数来设置控件在窗口中的具体位置。除了组件的 pack()方法之外，还可以通过使用 grid()方法和 place()方法来设置控件的位置。

实例文件 Frame.py 演示了使用 Frame 调整窗体布局的过程。

源码路径：daima\4\4-2\Frame.py

```
from tkinter import *
root = Tk()
root.title("hello world")
root.geometry('300x200')

Label(root, text='校训', font=('Arial', 20)).pack()

frm = Frame(root)
#左
frm_L = Frame(frm)
Label(frm_L, text='厚德', font=('Arial', 15)).pack(side=TOP)
Label(frm_L, text='博学', font=('Arial', 15)).pack(side=TOP)
frm_L.pack(side=LEFT)

#右
frm_R = Frame(frm)
Label(frm_R, text='敬业', font=('Arial', 15)).pack(side=TOP)
Label(frm_R, text='乐群', font=('Arial', 15)).pack(side=TOP)
frm_R.pack(side=RIGHT)

frm.pack()

root.mainloop()
```

执行文件 Frame.py 后的效果如图 4-3 所示。

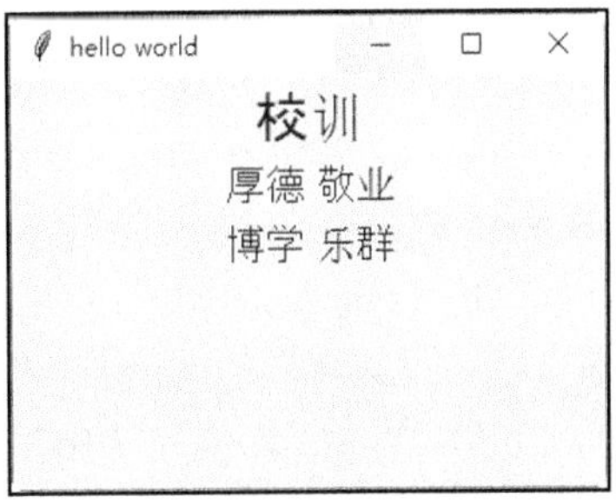

图 4-3　执行文件 Frame.py 后的效果

4.2.2　使用按钮控件

在 Tkinter 库中有很多 GUI 控件，主要包括图形化界面中常用的按钮、标签、文本框、菜单、单选框、复选框等，本节将介绍使用按钮控件的方法。当使用按钮控件 tkinter.Button 时，通过向它传递属性参数可以控制按钮的属性，例如，可以设置按钮上文本的颜色、按钮的颜色、按钮的大小以及按钮的状态等。在 Tkinter 库的按钮控件中，常用的属性控制参数如表 4-3 所示。

表 4-3 按钮控件常用的属性控制参数

参数名	功能
anchor	指定按钮上文本的位置
background (bg)	指定按钮的背景色
bitmap	指定按钮上显示的位图
borderwidth (bd)	指定按钮边框的宽度
command	指定按钮消息的回调函数
cursor	指定鼠标移动到按钮上的指针样式
font	指定按钮上文本的字体
foreground (fg)	指定按钮的前景色
height	指定按钮的高度
image	指定按钮上显示的图片
state	指定按钮的状态
text	指定按钮上显示的文本
width	指定按钮的宽度

实例文件 an.py 演示了使用 Tkinter 向窗体添加按钮控件的过程。

源码路径：daima\4\4-2\an.py

```
import tkinter                                   #导入tkinter模块
root = tkinter.Tk()                              #生成一个主窗口对象
button1 = tkinter.Button(root,                   #创建按钮1
                 anchor = tkinter.E,             #设置文本的对齐方式
                 text = 'Button1',               #设置按钮上显示的文本
                 width = 30,                     #设置按钮的宽度
                 height = 7)                     #设置按钮的高度
button1.pack()                                   #将按钮添加到窗口中
button2 = tkinter.Button(root,                   #创建按钮2
                 text = 'Button2',               #设置按钮上显示的文本
                 bg = 'blue')                    #设置按钮的背景色
button2.pack()                                   #将按钮添加到窗口中
button3 = tkinter.Button(root,                   #创建按钮3
                 text = 'Button3',               #设置按钮上显示的文本
                 width = 12,                     #设置按钮的宽度
                 height = 1)                     #设置按钮的高度
button3.pack()                                   #将按钮添加到窗口中
button4 = tkinter.Button(root,                   #创建按钮4
                 text = 'Button4',               #设置按钮上显示的文本
                 width = 40,                     #设置按钮的宽度
                 height = 7,                     #设置按钮的高度
                 state = tkinter.DISABLED)  #设置按钮为禁用的
button4.pack()                                   #将按钮添加到窗口中
root.mainloop()                                  #进入消息循环
```

上述实例代码使用不同的属性参数实例化了 4 个按钮，并分别将这 4 个按钮添加到了主窗口中。执行后会在主程序窗口中显示出 4 种不同的按钮，执行效果如图 4-4 所示。

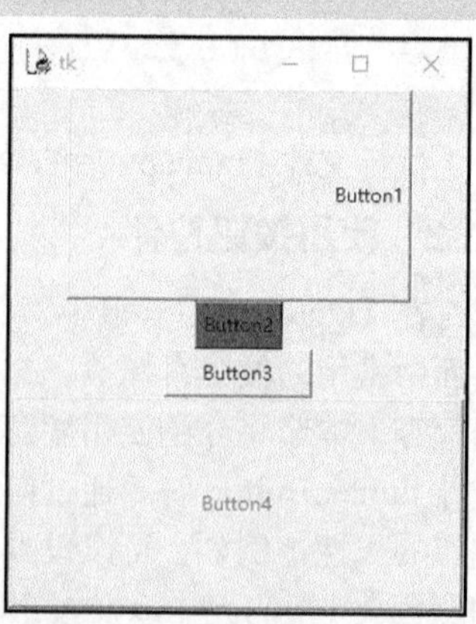

图 4-4 执行文件 an.py 后的效果

4.2.3 使用文本框控件

在 Tkinter 库的控件中，文本框控件主要用来实现信息接收和用户的信息输入功能。在 Python 程序中，使用 tkinter.Entry 与 tkinter.Text 可以创建单行文本框和多行文本框组件。通过向文本框控件传递属性参数可以设置文本框的背景色、大小、状态等。表 4-4 所示了 tkinter.Entry 和 tkinter.Text 所共有的几个属性控制参数。

表 4-4 **tkinter.Entry 和 tkinter.Text 所共有的属性控制参数**

参数名	功能
background (bg)	指定文本框的背景色
borderwidth (bd)	指定文本框边框的宽度
font	指定文本框中文字的字体
foreground (fg)	指定文本框的前景色
selectbackground	指定选定文本的背景色
selectforeground	指定选定文本的前景色
show	指定文本框中显示的字符，如果是星号，则表示文本框为密码框
state	指定文本框的状态
width	指定文本框的宽度

实例文件 wen.py 演示了使用 Tkinter 在窗体中使用文本框控件的过程。

源码路径：daima\4\4-2\wen.py

```
import tkinter                                  #导入Tkinter模块
root = tkinter.Tk()                             #生成一个主窗口对象
entry1 = tkinter.Entry(root,                    #创建单行文本框1
                   show = '*',)                 #设置显示的文本是星号
entry1.pack()                                   #将文本框添加到窗口中
entry2 = tkinter.Entry(root,                    #创建单行文本框2
                   show = '#',                  #设置显示的文本是井号
                   width = 50)                  #设置文本框的宽度
entry2.pack()                                   #将文本框添加到窗口中
entry3 = tkinter.Entry(root,                    #创建单行文本框3
                   bg = 'red',                  #设置文本框的背景色
                   fg = 'blue')                 #设置文本框的前景色
entry3.pack()                                   #将文本框添加到窗口中
entry4 = tkinter.Entry(root,                    #创建单行文本框4
                   selectbackground = 'red',    #设置选中文本的背景色
                   selectforeground = 'gray')   #设置选中文本的前景色
entry4.pack()                                   #将文本框添加到窗口中
entry5 = tkinter.Entry(root,                    #创建单行文本框5
                   state = tkinter.DISABLED)    #禁用文本框
entry5.pack()                                   #将文本框添加到窗口中
edit1 = tkinter.Text(root,                      #创建多行文本框
                   selectbackground = 'red',    #设置选中文本的背景色
                   selectforeground = 'gray')
edit1.pack()                                    #将文本框添加到窗口中
root.mainloop()                                 #进入消息循环
```

上述实例代码使用不同的属性参数实例化了 6 种文本框，执行后的效果如图 4-5 所示。

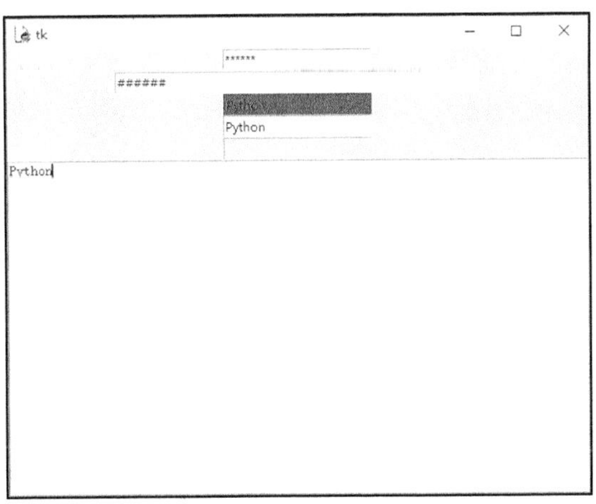

图 4-5 执行文件 wen.py 后的效果

实例文件 wen1.py 演示了使用 Tkinter 在窗体中实现会员注册界面的过程。

源码路径：daima\4\4-2\wen1.py

```
from tkinter import *
class MainWindow:
    def __init__(self):
        self.frame = Tk()

        self.label_name = Label(self.frame, text="name:")
        self.label_age = Label(self.frame, text="age:")
        self.label_sex = Label(self.frame, text="sex:")

        self.text_name = Text(self.frame, height="1", width=30)
        self.text_age = Text(self.frame, height="1", width=30)
        self.text_sex = Text(self.frame, height="1", width=30)

        self.label_name.grid(row=0, column=0)
        self.label_age.grid(row=1, column=0)
        self.label_sex.grid(row=2, column=0)

        self.button_ok = Button(self.frame, text="ok", width=10)
        self.button_cancel = Button(self.frame, text="cancel", width=10)

        self.text_name.grid(row=0, column=1)
        self.text_age.grid(row=1, column=1)
        self.text_sex.grid(row=2, column=1)

        self.button_ok.grid(row=3, column=0)
        self.button_cancel.grid(row=3, column=1)

        self.frame.mainloop()
frame = MainWindow()
```

执行后的效果如图 4-6 所示。

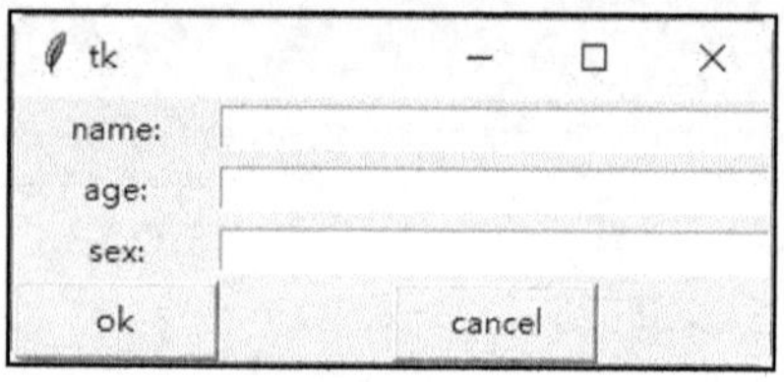

图 4-6　执行文件 wen1.py 后的效果

4.2.4　使用菜单控件

在 Tkinter 库的控件中，使用菜单控件的方式与使用其他控件的方式有所不同。当创建菜单控件时，需要使用创建主窗口的 config()方法将菜单添加到窗口中。实例文件 cai.py 演示了使用 Tkinter 在窗体中使用菜单控件的过程。

源码路径：daima\4\4-2\cai.py

```
import tkinter
root = tkinter.Tk()
menu = tkinter.Menu(root)
submenu = tkinter.Menu(menu, tearoff=0)
submenu.add_command(label="打开")
submenu.add_command(label="保存")
submenu.add_command(label="关闭")
menu.add_cascade(label="文件", menu=submenu)
submenu = tkinter.Menu(menu, tearoff=0)
submenu.add_command(label="复制")
submenu.add_command(label="粘贴")
submenu.add_separator()
submenu.add_command(label="剪切")
menu.add_cascade(label="编辑", menu=submenu)
submenu = tkinter.Menu(menu, tearoff=0)
submenu.add_command(label="关于")
menu.add_cascade(label="帮助", menu=submenu)
root.config(menu=menu)
root.mainloop()
```

在上述实例代码中，在主窗口中加入了 3 个主菜单，而在每个主菜单下又创建了对应的子菜单。其中在主窗口中显示了 3 个主菜单（文件、编辑、帮助），而在“文件”主菜单下设置了

3 个子菜单（打开、保存、关闭）。在第二个菜单“编辑”中，通过代码“submenu.add_separator()”添加了一条分割线。执行文件 cai.py 后的效果如图 4-7 所示。

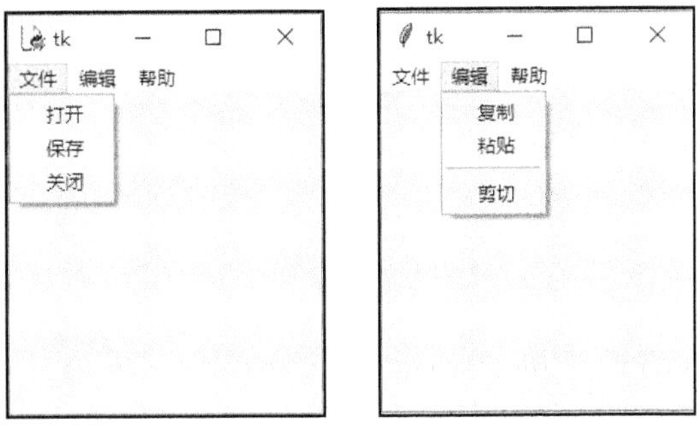

图 4-7　执行文件 cai.py 后的效果

4.2.5　使用标签控件

在 Python 程序中，标签控件的功能是在窗口中显示文本或图片。在 Tkinter 库的控件中，使用 tkinter.Label 可以创建标签控件。标签控件常用的属性参数如表 4-5 所示。

表 4-5　　标签控件常用的属性参数

参数名	功能
anchor	指定标签中文本的位置
background (bg)	指定标签的背景色
borderwidth (bd)	指定标签的边框宽度
bitmap	指定标签中的位图
font	指定标签中文本的字体
foreground (fg)	指定标签的前景色
height	指定标签的高度
image	指定标签中的图片
justify	指定标签中多行文本的对齐方式
text	指定标签中的文本，可以使用“\n”表示换行
width	指定标签的宽度

实例文件 biao.py 演示了使用 Tkinter 在窗体中创建标签的过程。

源码路径：daima\4\4-2\biao.py

```
import tkinter                                  #导入tkinter模块
root = tkinter.Tk()                             #生成一个主窗口对象
label1 = tkinter.Label(root,                    #创建标签1
                anchor = tkinter.E,             #设置标签文本的位置
                bg = 'red',                     #设置标签的背景色
                fg = 'blue',                    #设置标签的前景色
                text = 'Python',                #设置标签中显示的文本
                width = 40,                     #设置标签的宽度
                height = 5)                     #设置标签的高度
label1.pack()                                   #将标签添加到主窗口中
label2 = tkinter.Label(root,                    #创建标签2
                text = 'Python\ntkinter',       #设置标签中显示的文本
                justify = tkinter.LEFT,         #设置多行文本左对齐
                width = 40,                     #设置标签的宽度
                height = 5)                     #设置标签的高度
label2.pack()                                   #将标签添加到主窗口中
label3 = tkinter.Label(root,                    #创建标签3
```

```
                    text = 'Python\ntkinter',    #设置标签中显示的文本
                    justify = tkinter.RIGHT,     #设置多行文本右对齐
                    width = 40,                  #设置标签的宽度
                    height = 5)                  #设置标签的高度
label3.pack()                                    #将标签添加到主窗口中
label4 = tkinter.Label(root,                     #创建标签4
                    text = 'Python\ntkinter',    #设置标签中显示的文本
                    justify = tkinter.CENTER,    #设置多行文本居中对齐
                    width = 40,                  #设置标签的宽度
                    height = 5)                  #设置标签的高度
label4.pack()                                    #将标签添加到主窗口中
root.mainloop()                                  #进入消息循环
```

在上述实例代码中，在主窗口中创建了 4 个类型的标签，执行文件 biao.py 后的效果如图 4-8 所示。

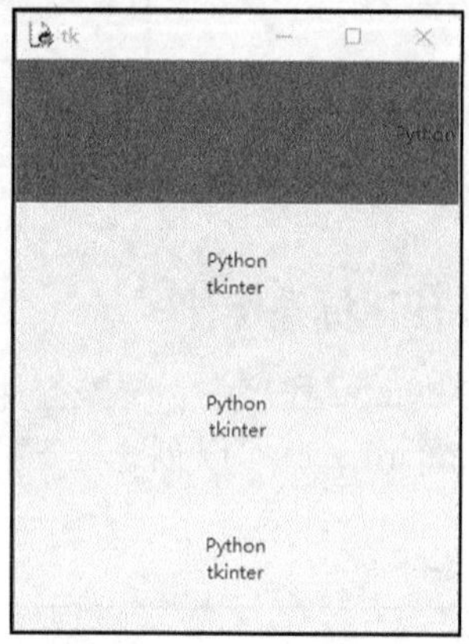

图 4-8　执行文件 biao.py 后的效果

4.2.6　使用单选按钮和复选框控件

在 Python 程序中，在一组单选按钮中只有一个选项被选中，而在复选框中可以同时选择多个选项。在 Tkinter 库的控件中，使用 tkinter.Radiobutton 与 tkinter.Checkbutton 可以分别创建单选按钮和复选框。通过向它传递属性参数的方式可以单独设置单选按钮和复选框的背景色、大小、状态等。单选按钮和复选框控件常用的属性控制参数如表 4-6 所示。

表 4-6　　单选按钮和复选框控件常用的属性控制参数

参数	功能
anchor	设置文本位置
background (bg)	设置背景色
borderwidth (bd)	设置边框的宽度
bitmap	设置组件中的位图
font	设置组件中文本的字体
foreground (fg)	设置组件的前景色
height	设置组件的高度
image	设置组件中的图片
justify	设置组件中多行文本的对齐方式
text	设置组件中的文本，可以使用"\n"表示换行
value	设置组件被选中后关联变量的值
variable	设置组件所关联的变量
width	设置组件的宽度

在 Python 程序中，variable 是单选按钮和复选框控件中比较重要的属性参数，需要使用 tkinter.IntVar 或 tkinter.StringVar 生成通过 variable 指定的变量。其中 tkinter.IntVar 可以生成一个整型变量，而 tkinter.StringVar 可以生成一个字符串变量。当使用 tkinter.IntVar 或者 tkinter.StringVar 生成变量后，可以使用 set()方法设置变量的初始值。如果这个初始值与组件的 value 所指定的值相同，则这个组件处于被选中状态。如果其他组件被选中，则变量值将被修改为这个组件 value 所指定的值。

实例文件 danfu.py 演示了在 Tkinter 窗体中创建单选按钮和复选框的过程。

源码路径：daima\4\4-2\danfu.py

```
import tkinter                                  #导入tkinter模块
root = tkinter.Tk()                             #生成一个主窗口对象
r = tkinter.StringVar()                         #生成字符串变量
r.set('1')                                      #初始化变量值
radio = tkinter.Radiobutton(root,               #创建单选按钮1
                    variable = r,               #单选按钮关联的变量
                    value = '1',                #设置选中单选按钮时的变量值
                    text = '单选按钮1')          #设置单选按钮的显示文本
radio.pack()                                    #将单选按钮1添加到窗口中
radio = tkinter.Radiobutton(root,               #创建单选按钮2
                    variable = r,               #单选按钮关联的变量
                    value = '2',                #设置选中单选按钮时的变量值
                    text = '单选按钮2' )         #设置单选按钮的显示文本
radio.pack()                                    #将单选按钮2添加到窗口中
radio = tkinter.Radiobutton(root,               #创建单选按钮3
                    variable = r,               #单选按钮关联的变量
                    value = '3',                #设置选中单选按钮时的变量值
                    text = '单选按钮3' )         #设置单选按钮的显示文本
radio.pack()                                    #将单选按钮3添加到窗口中
radio = tkinter.Radiobutton(root,               #创建单选按钮4
                    variable = r,               #单选按钮关联的变量
                    value = '4',                #设置选中单选按钮时的变量值
                    text = '单选按钮4' )         #设置单选按钮的显示文本
radio.pack()                                    #将单选按钮4添加到窗口中
c = tkinter.IntVar()                            #生成整型变量
c.set(1)                                        #变量初始化
check = tkinter.Checkbutton(root,               #创建复选按钮
                    text = '复选按钮',           #设置复选按钮的显示文本
                    variable = c,               #复选按钮关联的变量
                    onvalue = 1,                #设置选中复选按钮时的变量值1
                    offvalue = 2)               #设置未选中复选按钮时的变量值2
check.pack()                                    #将复选按钮添加到窗口中
root.mainloop()                                 #进入消息循环
print(r.get())                                  #调用函数get()输出r
print(c.get())                                  #调用函数get()输出c
```

在上述实例代码中，在主窗口中分别创建了一个包含 4 个选项的单选按钮和一个复选框，其中使用函数 StringVar()生成字符串变量，并将生成的字符串用于单选按钮组件。使用函数 IntVar()生成整型变量，并将生成的变量用于复选框。执行文件 danfu.py 后的效果如图 4-9 所示。

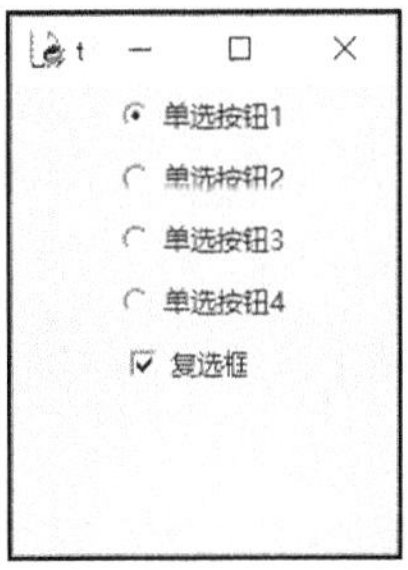

图 4-9　执行文件 danfu.py 后的效果

4.2.7　使用绘图控件

在 Python 程序中，可以使用 tkinter.Canvas 创建 Canvas 绘图控件，通过 Canvas 控件提供的方法可以绘制直线、圆弧、矩形以及图片。绘图控件 Canvas 常用的属性控制参数如表 4-7 所示。

表 4-7　　绘图控件 Canvas 常用的属性控制参数

属性参数	功能
background (bg)	设置绘图控件的背景色
borderwidth (bd)	设置绘图控件的边框宽度
bitmap	设置绘图控件中的位图
foreground (fg)	设置绘图控件的前景色
height	设置绘图控件的高度
image	设置绘图控件中的图片
width	设置绘图控件的宽度

绘图控件 Canvas 常用的绘图方法如表 4-8 所示。

表 4-8　　绘图控件 Canvas 常用的绘图方法

方法	功能
create _arc	绘制圆弧
create_bitmap	绘制位图，支持 XBM
create_image	绘制图片，支持 GIF 格式
create_line	绘制直线
create_oval	绘制椭圆
create_polygon	绘制多边形
create_rectang1e	绘制矩形
create_text	绘制文字
create_window	绘制窗口
delete	删除绘制的图形

实例文件 tu.py 演示了使用 Tkinter 在窗体中绘制图形的过程。

源码路径：daima\4\4-2\tu.py

```
import tkinter                                           #导入tkinter模块
root = tkinter.Tk()                                      #生成一个主窗口对象
canvas = tkinter.Canvas(root,                            #创建绘图控件
                  width = 600,                           #设置绘图控件的宽度
                  height = 480,                          #设置绘图控件的高度
                  bg = 'white')                          #设置绘图控件的背景色
#下一行代码用于打开一幅照片
im = tkinter.PhotoImage(file='5-140FGZ249-51.gif')
canvas.create_image(300,50,image = im)                   #将打开的照片添加到绘图控件中
canvas.create_text(302,77,                               #绘制文字
           text = 'Use Canvas',fill = 'gray')            #设置绘制文字的内容
           canvas.create_text(300,75,                    #绘制文字
           text = 'Use Canvas',                          #绘制的文字内容
           fill = 'blue')                                #文字的颜色
canvas.create_polygon(290,114,316,114,                   #绘制一个六边形
                  330,130,310,146,284,146,270,130)
canvas.create_oval(280,120,320,140,                      #绘制一个椭圆
           fill = 'white')                               #设置椭圆颜色为白色
canvas.create_line(250,130,350,130)                      #绘制直线
canvas.create_line(300,100,300,160)                      #绘制直线
canvas.create_rectangle(90,190,510,410,                  #绘制矩形
           width=5)                                      #设置矩形的线宽为5
canvas.create_arc(100, 200, 500, 400,                    #绘制圆弧
           start=0, extent=240,                          #设置圆弧的起始角度和终止角度
           fill="pink")                                  #设置圆弧的颜色为粉色
canvas.create_arc(103,203,500,400,                       #绘制圆弧
           start=241, extent=118,                        #设置圆弧的起始角度和终止角度
           fill="red")                                   #设置圆弧的颜色为红色
canvas.pack()                                            #将绘图控件添加到窗口中
root.mainloop()                                          #进入消息循环
```

在上述实例代码中，首先创建了一个 Canvas 控件对象，然后在上面分别绘制了文字、图形、六边形、椭圆、直线、矩形和圆弧等图形，最后把 Canvas 实例添加到主窗口中进行显示。执行文件 tu.py 后的效果如图 4-10 所示。

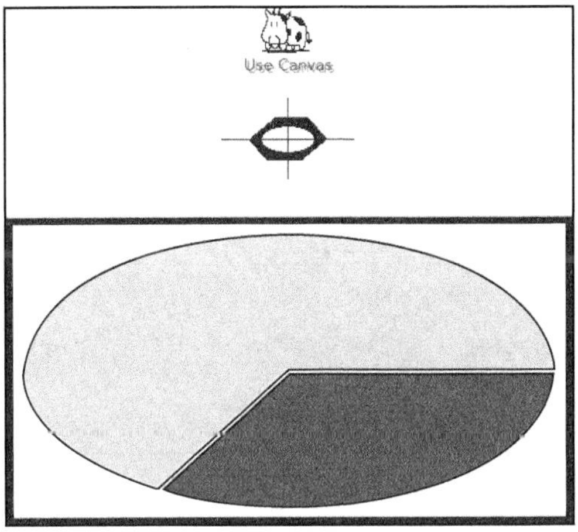

图 4-10 执行文件 tu.py 后的效果

4.3 事件处理

在使用 Tkinter 库实现 GUI 开发的过程中，属性和方法是 Tkinter 控件的两个重要元素。但除此之外，还需要借助事件来实现 Tkinter 控件的动态功能效果。例如，在窗口中创建一个文件菜单，单击“文件”菜单后应该打开一个“选择文件”对话框，只有这样才是一个合格的软件。这个单击“文件”菜单就打开一个“选择文件”对话框的过程是通过单击事件完成的。由此可见，在计算机控件应用中，事件就是执行某个功能的动作。本节将详细讲解库 Tkinter 中常用事件的基本知识。

4.3.1 Tkinter 事件基础

在计算机系统中有很多种事件，如鼠标事件、键盘事件和窗口事件等。鼠标事件主要是指鼠标按键的按下、释放，鼠标滚轮的滚动，鼠标指针移进、移出组件等所触发的事件。键盘事件主要是指键的按下、释放等所触发的事件。窗口事件是指改变窗口大小、组件状态等所触发的事件。

在 Tkinter 库中，事件是指在各个组件上发生的各种鼠标事件和键盘事件。对于按钮组件、菜单组件来说，可以在创建组件时通过参数 command 指定其事件的处理函数。除组件所触发的事件之外，在创建右键弹出菜单时还需处理右击事件。类似的事件还有鼠标事件、键盘事件和窗口事件。

在 Python 程序的 Tkinter 库中，鼠标事件、键盘事件和窗口事件可以采用事件绑定的方法来处理消息。为了实现控件绑定功能，可以使用控件中的 bind()方法实现，或者使用 bind_class()方法实现类绑定，分别调用函数或者类来响应事件。bind_all()方法也可以绑定事件，bind_all()方法能够将所有的组件事件绑定到事件响应函数上。上述 3 个方法的具体语法格式如下。

```
bind(sequence, func, add)
bind_class( className, sequence, func, add)
bind_all (sequence, func, add)
```

各个参数的具体说明如下。

- func：表示所绑定的事件处理函数。
- add：表示可选参数，为空字符或者“+”。
- className：表示所绑定的类。
- sequence：表示所绑定的事件，必须是以尖括号“<>”包围的字符串。

在 Tkinter 库中，常用的鼠标事件如下。

- <Button-1>：表示按下鼠标左键，而<Button-2>表示按下鼠标中键，<Button-3>表示按下鼠标右键。
- <ButtonPress-l>：表示按下鼠标左键，与<Button-l>相同。
- <ButtonRelease-l>：表示释放鼠标左键。
- <Bl-Motion>：表示按住鼠标左键并移动。
- <Double-Button-l>：表示双击鼠标左键。
- <Enter>：表示鼠标指针进入某一组件区域。
- <Leave>：表示鼠标指针离开某一组件区域。
- <MouseWheel>：表示鼠标滑轮滚动动作。

在上述鼠标事件中，数字“1”可以替换成 2 或 3。其中数字“2”表示鼠标中键，数字“3”表示鼠标右键。例如，<B3-Motion>表示按住鼠标右键并移动，<Double-Button-2>表示双击鼠标中键等。

在 Tkinter 库中，常用的键盘事件如下。

- <KeyPress-A>：表示按下 A 键，可用其他字母键代替。
- <Alt-KeyPress-A>：表示同时按下 Alt 键和 A 键。
- <Control-KeyPress-A>：表示同时按下 Control 键和 A 键。
- <Shift-KeyPress-A>：表示同时按下 Shift 键和 A 键。
- <Double-KeyPress-A>：表示快速地按两下 A 键。
- <Lock-KeyPress-A>：表示先按下 CapsLock 键再按下 A 键。

在上述键盘事件中，还可以使用 Alt 键、Control 键和 Shift 的组合键。例如<Alt-Control-Shift-KeyPress-B>表示同时按下 Alt 键、Control 键、Shift 键和 B 键。其中，KeyPress 可以使用 KeyRelease 替换，表示当按键释放时触发事件。读者在此需要注意的是，输入的字母要区分大小写，如果使用<KeyPress-A>，则只有按下 Shift 键或者按下 CapsLock 键时才可以触发事件。

在 Tkinter 库中，常用的窗口事件如下。

- Activate：当控件由不可用转为可用时触发。
- Configure：当控件大小改变时触发。
- Deactivate：当控件由可用转为不可用时触发。
- Destroy：当控件被销毁时触发。
- Expose：当控件从被遮挡状态中暴露出来时触发。
- FocusIn：当控件获得焦点时触发。
- FocusOut：当控件失去焦点时触发。
- Map：当控件由隐藏状态变为显示状态时触发。
- Property：当窗体的属性被删除或改变时触发。
- Unmap：当控件由显示状态变为隐藏状态时触发。
- Visibility：当控件变为可视状态时触发。

当把窗口中的事件绑定到函数时，如果触发该事件，则会调用所绑定的函数进行处理。触发事件后，系统将向该函数传递一个 event 对象的参数。正因为如此，应该将被绑定的响应事件函数定义成如下格式。

```
def function (event):
<语句>
```

在上述格式中，event 对象具有的属性信息如表 4-9 所示。

表 4-9 event 对象的属性信息

属性	功能
char	按键字符，仅对键盘事件有效
keycode	按键名，仅对键盘事件有效
keysym	按键编码，仅对键盘事件有效
num	鼠标按键，仅对鼠标事件有效
type	所触发的事件类型
widget	引起事件的控件
width, height	控件改变后的大小，仅对 Configure 有效
x,y	相对于窗口，鼠标当前的位置
x_root, y_root	相对于整个屏幕，鼠标当前的位置

实例文件 zhuan.py 演示了使用 Tkinter 创建一个“英尺/米”转换器的过程。

源码路径：daima\4\4-3\zhuan.py

```
from tkinter import *
from tkinter import ttk


def calculate(*args):
    try:
        value = float(feet.get())
        meters.set((0.3048 * value * 10000.0 + 0.5) / 10000.0)
    except ValueError:
        pass


root = Tk()
root.title("英尺转换米")
mainframe = ttk.Frame(root, padding="3 3 12 12")
mainframe.grid(column=0, row=0, sticky=(N, W, E, S))
mainframe.columnconfigure(0, weight=1)
mainframe.rowconfiqure(0, weight=1)
feet = StringVar()
meters = StringVar()
feet_entry = ttk.Entry(mainframe, width=7, textvariable=feet)
feet_entry.grid(column=2, row=1, sticky=(W, E))
ttk.Label(mainframe, textvariable=meters).grid(column=2, row=2, sticky=(W, E))
ttk.Button(mainframe, text="计算", command=calculate).grid(column=3, row=3, sticky=W)
ttk.Label(mainframe, text="英尺").grid(column=3, row=1, sticky=W)
ttk.Label(mainframe, text="相当于").grid(column=1, row=2, sticky=E)
ttk.Label(mainframe, text="米").grid(column=3, row=2, sticky=W)
for child in mainframe.winfo_children(): child.grid_configure(padx=5, pady=5)
feet_entry.focus()
root.bind('<Return>', calculate)
root.mainloop()
```

上述代码的实现流程如下。

1）导入了 Tkinter 所有的模块，这样可以直接使用 Tkinter 的所有功能，这是 Tkinter 的标准做法。然而，在后面导入 ttk 后，接下来要用到的组件前面都要加前缀。举个例子，直接调用“Entry”会调用 Tkinter 内部的模块。然而，我们需要的是 ttk 里的“Entry”，所以，要使用“ttk.Enter”，如你所见，许多函数在两者中都有。如果同时用到这两个模块，则需要根据整体代码选择使用哪个模块，让 ttk 的调用更加清晰，本书也会使用这种风格。

2）创建主窗口，设置窗口的标题为“英尺转换米”。然后创建一个 frame 控件，用户界面上的所有东西都包含在里面，并且放在主窗口中。columnconfigure"/"rowconfigure 用于告诉 Tk，如果调整主窗口的大小，frame 空间的大小也随之调整。

3）创建 3 个主要的控件，一个用来输入英尺的文本框，一个用来表示转换成米后的结果的标签，一个用于执行计算的“计算”按钮。这 3 个控件都是窗口中“带主题”控件的类的实例。同时为它们设置一些选项，比如输入的宽度、按钮显示的文本等。输入框和标签都带了一个神秘的参数“textvariable”。如果仅创建控件，控件是不会自动显示在屏幕上的，因为 Tk 并不知道这些控件和其他控件的位置关系。那是“grid”部分要做的事情。还记得程序的网格布局吗？我们把每个控件放到对应的行或者列中，“sticky”选项指明控件在网格单元中的排列，采用的是指南针方向。所以“w”代表固定这个控件在左边的网格中，“we”代表固定这个控件在左边的网格和右边的网格之间。

4）创建 3 个静态标签，然后放在合适的网格位置中。在最后 4 行代码中，首先处理 frame 中的所有控件，并且在每个控件的四周添加一些空隙。可以在之前调用 grid 的时候做这些事，但上面这样做也是一个不错的选择。然后告诉 Tk 让输入框获取到焦点。这个方法可以让光标一开始就在输入框的位置，用户可以不用再单击了。最后告诉 Tk，如果用户按下了 Enter 键，就执行计算，等同于用户单击“计算”按钮。

```
def calculate(*args):
try:
    value = float(feet.get())
    meters.set((0.3048 * value * 10000.0 + 0.5)/10000.0)
except ValueError:
    pass
```

在上述代码中定义了计算过程，无论是按 Enter 键还是单击“计算”按钮，都会从文本框中获取英尺，转换成米，然后输出到标签中。执行“英尺转换米”的效果如图 4-11 所示。

图 4-11　执行“英尺转换米”的效果

4.3.2　动态绘图程序

实例文件 huitu.py 演示了使用 Tkinter 事件实现一个动态绘图程序的过程。

源码路径：daima\4\4-3\huitu.py

1）导入库 Tkinter，在窗口中定义绘制不同图形的按钮，并且定义单击按钮时将要调用的操作函数。具体实现代码如下。

```
import tkinter                                                      #导入Tkinter模块
class MyButton:                                                     #定义一个按钮类MyButton
      def __init__(self,root,canvas,label,type):                    #构造方法实现类的初始化
            self.root = root                                        #初始化属性root
            self.canvas = canvas                                    #初始化属性canvas
            self.label = label                                      #初始化属性label
            if type == 0:                                           #type表示类型，如果type值为0
                  button = tkinter.Button(root,text = '直线', #创建一个绘制直线的按钮
                              command = self.DrawLine)  #通过command设置单击时要执行的操作
            elif type == 1:                                         #如果type值为1
                  button = tkinter.Button(root,text = '弧形', #创建一个绘制弧形的按钮
                              command = self.DrawArc)   #通过command设置单击时要执行的操作
            elif type == 2:                                         #如果type值为2
                  button = tkinter.Button(root,text = '矩形', #创建一个绘制矩形的按钮
                              command = self.DrawRec)   #通过command设置单击时要执行的操作
            else :                                                  #如果type是其他值
                  button = tkinter.Button(root,text = '椭圆', #创建一个绘制椭圆的按钮
                              command = self.DrawOval)  #通过command设置单击时要执行的操作
            button.pack(side = 'left')                              #将按钮添加到主窗口中
      def DrawLine(self):                                           #绘制直线函数
            self.label.text.set('直线')                             #显示的文本
            self.canvas.SetStatus(0)                                #设置画布的状态
      def DrawArc(self):                                            #绘制弧形函数
            self.label.text.set('弧形')                             #显示的文本
            self.canvas.SetStatus(1)                                #设置画布的状态
      def DrawRec(self):                                            #绘制矩形函数
```

```
        self.label.text.set('矩形')                          #显示的文本
        self.canvas.SetStatus(2)                             #设置画布的状态
    def DrawOval(self):                                      #绘制椭圆函数
        self.label.text.set('椭圆')                          #显示的文本
        self.canvas.SetStatus(3)                             #设置画布的状态
```

2）定义类 MyCanvas，在里面根据用户单击的绘图按钮执行对应的事件，绑定不同的操作事件。具体实现代码如下。

```
class MyCanvas:                                   #定义绘图类MyCanvas
    def __init__(self,root):                      #构造函数
        self.status = 0                           #属性初始化
        self.draw = 0                             #属性初始化
        self.root = root                          #属性初始化
        self.canvas = tkinter.Canvas(root,bg = 'white',#设置画布的背景色为白色
                    width = 600,                  #设置画布的宽度
                    height = 480)                 #设置画布的高度
        self.canvas.pack()                        #将画布添加到主窗口中
    #绑定鼠标释放事件,x=[1,2,3],分别表示鼠标的左、中、右键操作
        self.canvas.bind('<ButtonRelease-1>',self.Draw)
        self.canvas.bind('<Button-2>',self.Exit)  #绑定鼠标中击事件
        self.canvas.bind('<Button-3>',self.Del)   #绑定鼠标右击事件
        self.canvas.bind_all('<Delete>',self.Del)        #绑定键盘中的Delete键
        self.canvas.bind_all('<KeyPress-d>',self.Del)    #绑定键盘中的d键
        self.canvas.bind_all('<KeyPress-e>',self.Exit)   #绑定键盘中的e键
    def Draw(self,event):                         #定义绘图事件处理函数
        if self.draw == 0:                        #开始绘图
            self.x = event.x                      #设置属性x
            self.y = event.y                      #设置属性y
            self.draw = 1                         #设置属性draw
        else:
            if self.status == 0:                  #根据status的值绘制不同的图形
                self.canvas.create_line(self.x,self.y,       #绘制直线
                        event.x,event.y)
                self.draw = 0
            elif self.status == 1:
                self.canvas.create_arc(self.x,self.y,        #绘制弧形
                        event.x,event.y)
                self.draw = 0
            elif self.status == 2:
                self.canvas.create_rectangle(self.x,self.y,  #绘制矩形
                        event.x,event.y)
                self.draw = 0
            else:
                self.canvas.create_oval(self.x,self.y,       #绘制椭圆
                        event.x,event.y)
                self.draw = 0
    def Del(self,event):                          #按下鼠标右键或键盘d键时删除图形
        items = self.canvas.find_all()
        for item in items:
            self.canvas.delete(item)
    def Exit(self,event):                         #按下鼠标中键或键盘e键时则退出系统
        self.root.quit()
    def SetStatus(self,status):                   #使用status设置要绘制的图形
        self.status = status
```

3）定义标签类 MyLabel，在绘制不同图形时显示对应的标签。具体实现代码如下。

```
class MyLabel:                                    #定义标签类MyLabel
    def __init__(self,root):                      #构造初始化
        self.root = root
        self.canvas = canvas
        self.text = tkinter.StringVar()           #生成标签引用变量
        self.text.set('Draw Line')                #设置标签文本
        self.label = tkinter.Label(root,textvariable = self.text,
                fg = 'red',width = 50)            #创建指定的标签
        self.label.pack(side = 'left')            #将标签添加到主窗口中
```

4）分别生成主窗口、绘图控件、标签和绘图按钮。具体实现代码如下。

```
root = tkinter.Tk()                               #生成主窗口
canvas = MyCanvas(root)                           #绘图对象实例
label = MyLabel(root)                             #生成标签
```

```
    MyButton(root,canvas,label,0)                  #生成绘图按钮
    MyButton(root,canvas,label,1)                  #生成绘图按钮
    MyButton(root,canvas,label,2)                  #生成绘图按钮
    MyButton(root,canvas,label,3)                  #生成绘图按钮
    root.mainloop()                                #进入消息循环
```

执行文件 huitu.py 后的效果如图 4-12 所示。

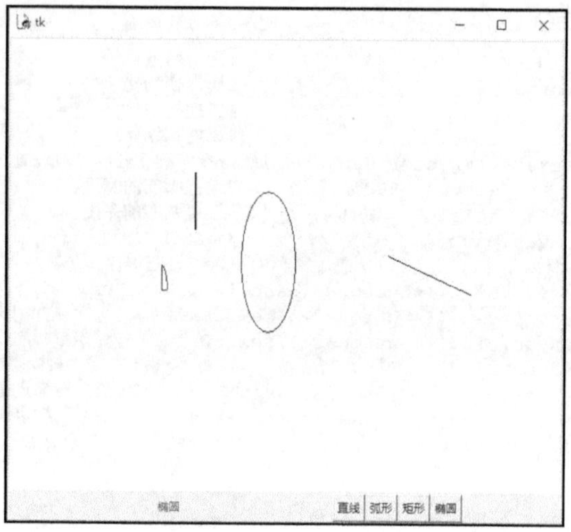

图 4-12 执行文件 huitu.py 后的效果

4.3.3 制作一个计算器

实例文件 jsq.py 演示了使用 Tkinter 事件实现一个简单计算器程序的过程。

源码路径：daima\4\4-3\jsq.py

```
    from tkinter import *       #导入Tkinter库
    root =Tk()
    root.title('calculator')   #设置窗体名字
    frm=Frame(root,bg='pink') #新建框架
    frm.pack(expand = YES,fill = BOTH) #放置框架
    display=StringVar()
    e=Entry(frm,textvariable=display)   #添加输入框
    e.grid(row=0,column=0,sticky=N,columnspan=4,rowspan=2) #放置输入框位置

    def print_jia():
      e.insert(INSERT,'+')
    def print_jian():
      e.insert(INSERT,'-')
    def print_cheng():
      e.insert(INSERT,'*')
    def print_chu():
      e.insert(INSERT,'/')
    def print_dengyu():
      e.insert(INSERT,'=')

    Button(frm,text='1',width=3,bg='yellow',command= lambda :e.insert(INSERT,'1')).grid
(row=2,column=0,sticky=W)
       #设置按钮，lambda为匿名函数
    Button(frm,text='2',width=3,bg='yellow',command= lambda :e.insert(INSERT,'2')).grid
(row=2,column=1)
    Button(frm,text='3',width=3,bg='yellow',command= lambda :e.insert(INSERT,'3')).grid
(row=2,column=2)
    Button(frm,text='4',width=3,bg='yellow',command= lambda :e.insert(INSERT,'4')).grid
(row=3,column=0,sticky=W)
    Button(frm,text='5',width=3,bg='yellow',command= lambda :e.insert(INSERT,'5')).grid
(row=3,column=1)
    Button(frm,text='6',width=3,bg='yellow',command= lambda :e.insert(INSERT,'6')).grid
(row=3,column=2)
```

```
    Button(frm,text='7',width=3,bg='yellow',command= lambda :e.insert(INSERT,'7')).grid
(row=4,column=0,sticky=W,rowspan=2)
    Button(frm,text='8',width=3,bg='yellow',command= lambda :e.insert(INSERT,'8')).grid
(row=4,column=1,rowspan=2)
    Button(frm,text='9',width=3,bg='yellow',command= lambda :e.insert(INSERT,'9')).grid
(row=4,column=2,rowspan=2)
    Button(frm,text='/',width=4,bg='white',command=print_chu).grid(row=5,column=3,sticky=E)
    Button(frm,text='*',width=4,bg='white',command=print_cheng).grid(row=4,column=3,sticky=E)
    Button(frm,text='-',width=4,bg='white',command=print_jian).grid(row=3,column=3,sticky=E)
    Button(frm,text='+',width=4,bg='white',command=print_jia).grid(row=2,column=3,sticky=E)
    Button(frm,text='=',width=4,bg='white',command= lambda :cal(display)).grid(row=6,colum
n=3,sticky=E)
    Button(frm,text='clear',width=3,bg='red',command= lambda :display.set('')).grid(row=6,
column=0,sticky=W)
    Button(frm,text='0',width=3,bg='red',command= lambda :e.insert(INSERT,'0')).grid(row=6
,column=2)
    Button(frm,text='.',width=3,bg='red',command= lambda :e.insert(INSERT,'.')).grid(row=6
,column=1)
    def cal(display): #eval函数将字符串转化为表达式
      display.set(eval(display.get()))

    print('OK')
    root.mainloop() #让程序一直循环
```

执行文件 jsq.py 后的效果如图 4-13 所示。

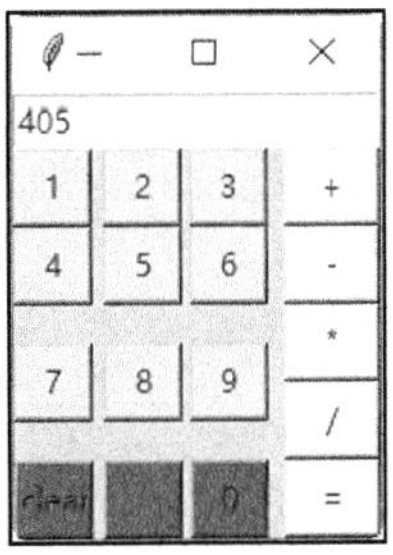

图 4-13 执行文件 jsq.py 后的效果

4.4 实现对话框效果

对话框有很多种，比如聊天对话框、发送信息的对话框。普遍认为对话框是一种次要窗口，包含按钮和各种选项，通过它们可以完成特定的命令或任务。对话框与窗口有区别，它没有最大化按钮，没有最小化按钮，大部分不能改变形状和大小。对话框是人机交互的一种方式，用户对对话框进行设置，计算机就会执行相应的命令。本节将详细讲解使用 Tkinter 库实现对话框图形化界面效果的知识。

4.4.1 创建消息框

在 Tkinter 库中提供了标准的对话框模板，在 Python 程序中可以直接使用这些标准对话框与用户进行交互。在 Tkinter 标准对话框中，包含了简单的消息框和用户输入对话框。其中，消息框可以通过窗口向用户输出信息，也可以获取用户所单击的按钮信息。而在输入对话框中，一般要求用户输入字符串、整数或者浮点值。

tkinter.messagebox 模块系统为 Python 3 提供了几个内置的消息框模板。使用 tkinter.messagebox 模块中的方法 askokcancel、askquestion、askyesno、showerror、showinfo 和 showwarning 可以创建消息框。当使用这些方法时，需要向它传递 title 和 message 参数。实例文件 duihua.py 演示了使用 tkinter.messagebox 模块创建消息对话框的过程。

源码路径：daima\4\4-4\duihua.py

```
import tkinter                  #导入tkinter模块
import tkinter.messagebox       #导入messagebox模块
def cmd():                      #定义处理按钮的消息函数cmd()
        global n                #定义全局变量n
        global buttontext       #定义全局变量buttontext
        n = n + 1               #n的值加1
        if n = = 1:             #如果n的值是1
              tkinter.messagebox.askokcancel('Python tkinter','取消') #调用askokcancel函数
              buttontext.set('浪潮软件')       #修改按钮上的文字
        elif n = = 2:                          #如果n的值是2
              tkinter.messagebox.askquestion('Python tkinter','浪潮软件') #调用askquestion函数
              buttontext.set('AAAA')                     #修改按钮上的文字
```

```
        elif n = = 3:                                           #如果n的值是3
            tkinter.messagebox.askyesno('Python tkinter','否')     #调用askyesno函数
            buttontext.set('showerror')                         #修改按钮上的文字
        elif n = = 4:                                           #如果n的值是4
            tkinter.messagebox.showerror('Python tkinter','错误')   #调用showerror函数
            buttontext.set('showinfo')                          #修改按钮上的文字
        elif n = = 5:                                           #如果n的值是5
            tkinter.messagebox.showinfo('Python tkinter','详情')    #调用showinfo函数
            buttontext.set('显示警告')                            #修改按钮上的文字
        else :                                                  #如果n是其他的值
            n = 0                                               #令n等于0，并重新进行循环
            tkinter.messagebox.showwarning('Python tkinter','警告') #调用showwarning函数
            buttontext.set('AAAAl')                             #修改按钮上的文字
n = 0                                                           #设置n的初始值
root = tkinter.Tk()                                             #生成一个主窗口对象
buttontext = tkinter.StringVar()                                #生成相关按钮的显示文字
buttontext.set('AAAAl')                                         #设置buttontext显示的文字
button = tkinter.Button(root,                                   #创建一个按钮
            textvariable = buttontext,
            command = cmd)
button.pack()                                                   #将按钮添加到主窗口中
root.mainloop()                                                 #进入消息循环
```

在上述实例代码中创建了按钮消息处理函数，然后将它绑定到按钮上，单击按钮后会显示一个对话框。执行上述代码后会显示不同类型的对话框。执行文件 duihua.py 后的效果如图 4-14 所示。

图 4-14　执行文件 duihua.py 后的效果

除上述实例中使用的标准消息对话框以外，还可以使用方法 show 创建其他类型的消息对话框。在方法 show 中有如下控制参数。

- default：用于设置消息框的按钮。
- icon：用于设置消息框的图标。
- message：用于设置消息框所显示的消息。
- parent：用于设置消息框的父组件。
- title：用于设置消息框的标题。
- type：用于设置消息框的类型。

4.4.2　创建输入对话框

在 Python 程序中，可以使用 tkinter.simpledialog 模块创建标准的输入对话框，此模块可以创建如下 3 种不同类型的对话框。

- 输入字符串的对话框：通过方法 askstring()实现。
- 输入整数的对话框：通过方法 askinteger()实现。
- 输入浮点数的对话框：通过方法 askfloat()实现。

上述 3 个方法有相同的可选参数，具体说明如下。

- title：用于设置对话框的标题。
- prompt：用于设置对话框中显示的文字。

- initialvalue：用于设置输入框的初始值。

使用 tkinter.simpledialog 模块中的上述函数创建输入对话框后，可以返回对话框中文本框的值。实例文件 shuru.py 演示了使用 tkinter.simpledialog 模块创建输入对话框的过程。

源码路径：daima\4\4-4\shuru.py

```
import tkinter                                          #导入Tkinter模块
import tkinter.simpledialog                             #导入simpledialog模块
def InStr():                                            #定义处理按钮事件的函数InStr()
        #输入字符串对话框
        r = tkinter.simpledialog.askstring('Python',
                    '字符串',                           #提示字符
                    initialvalue='字符串')              #设置初始化文本
        print(r)                                        #显示返回值
def InInt():                                            #定义按钮事件处理函数
        r = tkinter.simpledialog.askinteger('Python','输入整数') #输入整数对话框
        print(r)                                        #显示返回值
def InFlo():                                            #定义按钮事件处理函数
        r = tkinter.simpledialog.askfloat('Python','输入浮点数')#输入浮点数对话框
        print(r)                                        #显示返回值
root = tkinter.Tk()                                     #生成一个主窗口对象
button1 = tkinter.Button(root,text = '输入字符串',      #创建按钮
            command = InStr)                            #设置按钮事件处理函数
button1.pack(side='left')                               #将按钮添加到窗口中
button2 = tkinter.Button(root,text = '输入整数',        #创建按钮
            command = InInt)                            #设置按钮事件处理函数
button2.pack(side='left')                               #将按钮添加到窗口中
button2 = tkinter.Button(root,text = '输入浮点数',
            command = InFlo)                            #设置按钮事件处理函数
button2.pack(side='left')                               #将按钮添加到窗口中
root.mainloop()                                         #进入消息循环
```

在上述实例代码中，首先定义了用于创建不同类型对话框的消息处理函数，然后分别将它们绑定到相应的按钮上。单击 3 个按钮后将分别弹出 3 种不同类型的输入对话框。执行文件 shuru.py 后的效果如图 4-15 所示。

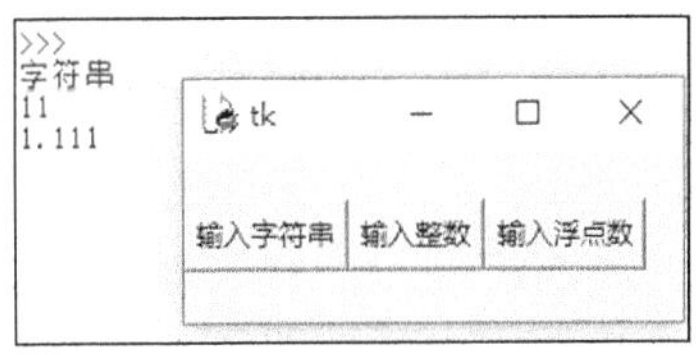

图 4-15 执行文件 shuru.py 文件后的效果

4.4.3 创建“打开/保存文件”对话框

在 Python 程序中，可以使用 tkinter.filedialog 模块中的方法 askopenfilename()创建标准的“打开文件”对话框，使用方法 asksaveasfilename()可以创建标准的“保存文件”对话框。这两个方法有如下几个相同的可选参数。

- filetypes：用于设置文件类型。
- initialdir：用于设置默认目录。
- initialfile：用于设置默认文件。
- title：用于设置对话框标题。

使用 filedialog 模块中的方法创建对话框后，可以返回这个文件的完整路径。实例文件 da.py 演示了使用 Tkinter 库创建“打开/保存文件”对话框的过程。

源码路径：daima\4\4-4\da.py

```
import tkinter                                  #导入Tkinter模块
import tkinter.filedialog                       #导入filedialog模块
def FileOpen():                                 #创建打开文件的事件处理函数
        r = tkinter.filedialog.askopenfilename(title = 'Python',filetypes=[('Python', '*.py
          *.pyw'),('All files', '*')])#创建“打开文件”对话框
        print(r)                                        #显示返回值
def FileSave():                                         #创建保存文件事件处理函数
        r = tkinter.filedialog.asksaveasfilename(title = 'Python',   #设置标题
                    initialdir=r'E:\Python\code', #设置默认保存目录
                    initialfile = 'test.py')            #设置初始化文件
        print(r)                                        #显示返回值
root = tkinter.Tk()                                     #生成一个主窗口对象
```

```
button1 = tkinter.Button(root,text = '打开文件', #创建按钮
            command = FileOpen)                  #设置按钮事件的处理函数
button1.pack(side='left')                        #将按钮添加到主窗口中
button2 = tkinter.Button(root,text = '保存文件', #创建按钮
            command = FileSave)                  #设置按钮事件的处理函数
button2.pack(side='left')                        #将按钮添加到主窗口中
root.mainloop()                                  #进入消息循环
```

在上述实例代码中，首先定义了用于创建“打开文件”和“保存文件”对话框的消息处理函数，然后将这两个函数绑定到相应的按钮上。执行程序后，单击“打开文件”按钮，将创建一个“打开文件”对话框。单击“保存文件”按钮，将创建一个“保存文件”对话框。执行文件 da.py 后的效果如图 4-16 所示。

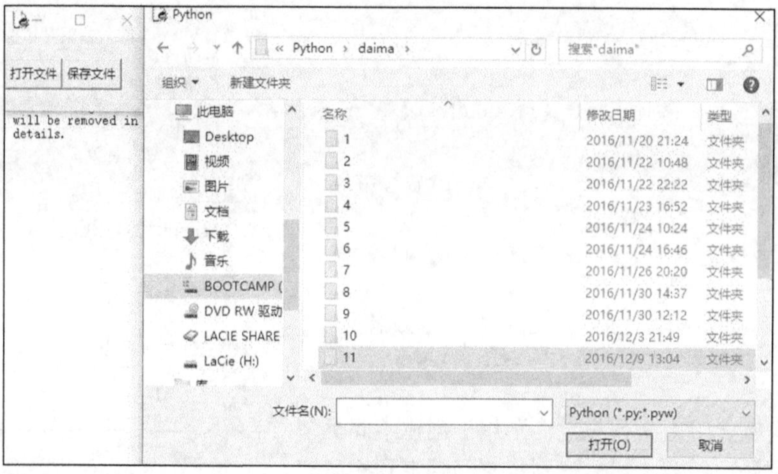

图 4-16　执行文件 da.py 后的效果

4.4.4　创建颜色选择对话框

在 Python 程序中，可以使用 tkinter.colorchooser 模块中的方法 askcolor()创建标准的颜色对话框。方法 askcolor()中的参数说明如下。

- initialcolor：用于设置初始化颜色。
- title：用于设置对话框标题。

使用 tkinter.colorchooser 模块创建颜色对话框后，会返回颜色的 RGB 值，以及在 Python Tkinter 中使用的颜色字符值。实例文件 color.py 演示了使用 tkinter.colorchooser 模块创建颜色选择对话框的过程。

源码路径：daima\4\4-4\color.py

```
import tkinter                          #导入Tkinter模块
import tkinter.colorchooser             #导入colorchooser模块
def ChooseColor():                      #定义单击按钮后的事件处理函数
#选择颜色对话框
      r = tkinter.colorchooser.askcolor(title = 'Python')
      print(r)                          #显示返回值
root = tkinter.Tk()                     #生成一个主窗口对象
button = tkinter.Button(root,text = '选择颜色',  #创建一个按钮
   command = ChooseColor)               #设置按钮单击事件的处理函数
button.pack()                           #将按钮添加到窗口中
root.mainloop()                         #进入消息循环
```

在上述实例代码中，定义了用于创建颜色选择器的消息处理函数，单击“选择颜色”按钮后弹出“选择颜色”对话框。执行文件 color.py 后的效果如图 4-17 所示。

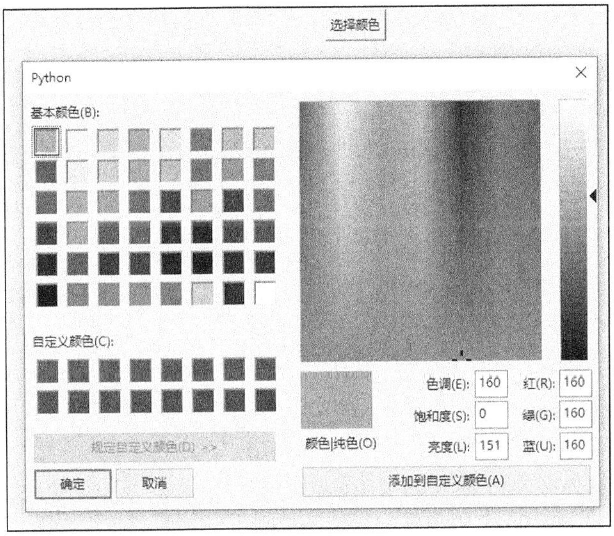

图 4-17　执行文件 color.py 后的效果

4.4.5　创建自定义对话框

在 Python 程序中，有时出于项目的特殊需求，需要自定义特定格式的对话框。可以使用 Tkinter 库中的 Toplevel 控件来创建自定义对话框。开发者可以向 Toplevel 控件添加其他控件，并且可以定义事件响应函数或者类。在使用 Tkinter 库创建对话框的时候，如果对话框中也需要进行事件处理，建议以类的形式来定义对话框。否则，只能大量使用全局变量来处理参数，这样会导致程序难以维护和调试。对于代码较多的 GUI 程序，建议使用类的方式来组织整个程序。

实例文件 zidingyi.py 演示了使用 Tkinter 库自定义对话框的过程。

源码路径：daima\4\4-4\zidingyi.py

```
import tkinter                              #导入Tkinter模块
import tkinter.messagebox                   #导入messagebox模块
class MyDialog:                             #定义对话框类MyDialog
      def __init__(self, root):             #初始化构造函数
            self.top = tkinter.Toplevel(root)       #创建Toplevel控件
                                            #创建Label控件
            label = tkinter.Label(self.top, text='请输入信息')
            label.pack()                    #将Label控件添加到主窗口中
            self.entry = tkinter.Entry(self.top)    #文本框
            self.entry.pack()
            self.entry.focus()              #获得输入焦点
            button = tkinter.Button(self.top, text='好',
                  command=self.Ok)
            button.pack()                   #将按钮添加到主窗口中
      def Ok(self):                         #定义单击按钮后的事件处理函数
            self.input = self.entry.get()         #获取文本框的内容
            self.top.destroy()              #销毁对话框
      def get(self):                        #定义单击按钮后的事件处理函数
            return self.input               #返回在文本框输入的内容
class MyButton():                           #定义类MyButton
      def __init__(self, root, type):       #构造函数
            self.root = root                #初始化父窗口
            if type == 0:                   #根据type的值创建不同的按钮，如果type值为0
                  self.button = tkinter.Button(root,
                              text='创建',  #设置按钮的显示文本
                              command = self.Create)      #设置按钮事件的处理函数
            else:                                   #如果type值不为0
                  self.button = tkinter.Button(root,      #创建退出按钮
                              text='退出',
                              command = self.Quit)        #设置按钮事件的处理函数
            self.button.pack()
```

```
    def Create(self):                       #定义单击按钮后的事件处理函数
        d = MyDialog(self.root)             #创建一个对话框
        self.button.wait_window(d.top)      #等待对话框运行结束
     #显示在对话框中输入的内容
        tkinter.messagebox.showinfo('Python','你输入的是：\n' + d.get())
    def Quit(self):                         #定义单击按钮后的事件处理函数
        self.root.quit()                    #设置按钮事件的处理函数，用于退出关闭主窗口
root = tkinter.Tk()                         #生成一个主窗口对象
MyButton(root,0)                            #生成创建按钮
MyButton(root,1)                            #生成退出按钮
root.mainloop()                             #进入消息循环
```

在上述实例代码中，使用 Toplevel 控件自定义创建了一个简单的对话框。首先自定义了两个类 MyDialog 和 MyButton，类实例化后加入到主窗口中。运行后会显示“创建”和“退出”两个按钮。单击“创建”按钮后将创建一个信息输入对话框，在里面的文本框中可以输入一些文字，单击“好”按钮会弹出对话框，在里面显示刚才输入的文本信息。单击“退出”按钮后则关闭窗口并退出程序。执行文件 zidingyi.py 后的效果如图 4-18 所示。

图 4-18　执行文件 zidingyi.py 后的效果

4.4.6　开发一个记事本程序

实例文件 jishiben.py 演示了使用库 Tkinter 开发一个记事本程序的过程。

源码路径：daima\4\4-4\jishiben.py

```
from tkinter.messagebox import *
from tkinter.filedialog import *
from tkinter.simpledialog import *
import os


def author():
    showinfo('作者信息', '本软件由管管完成')

def about():
    showinfo('版权信息.Copyright', '本软件版权为管管所有')

def openfile():
    global filename
    filename = askopenfilename(defaultextension='.txt')
    if filename == '':
        filename = None
    else:
        root.title('FileName: ' + os.path.basename(filename))
        textPad.delete(1.0, END)
        f = open(filename,'r')
        textPad.insert(1.0, f.read())
        f.close()

def new():
    global filename
    root.title('未命名文件')
    textPad.delete(1.0, END)

def save():
    global filename
    try:
        f = open(filename, 'w')
        msg = textPad.get(1.0, END)
        f.write(msg)
        f.close()
    except:
        save_as()
```

```
def save_as():
    f = asksaveasfilename(initialfile='未命名.txt', defaultextension='.txt')
    global filename
    filename = f
    fh = open(f, 'w')
    msg = textPad.get(1.0, END)
    fh.write(msg)
    fh.close()
    root.title('FileName: ' + os.path.basename(f))

def cut():
    textPad.event_generate('<<Cut>>')

def copy():
    textPad.event_generate('<<Copy>>')

def paste():
    textPad.event_generate('<<Paste>>')

def redo():      #重做
    textPad.event_generate('<<Redo>>')

def undo():      #撤销
    textPad.event_generate('<<Undo>>')

def select_all():
    textPad.tag_add('sel', '1.0', END)


def search():
    topsearch = Toplevel(root)
    topsearch.geometry('300x30+200+250')
    label1 = Label(topsearch, text='Find')
    label1.grid(row=0, column=0, padx=5)
    entry1 = Entry(topsearch, width=20)
    entry1.grid(row=0, column=1, padx=5)
    button1 = Button(topsearch, text='查找')
    button1.grid(row=0, column=2, padx=10)



root = Tk()
root.title('junxi note')
root.geometry("800x500+100+100")

#创建菜单
menubar = Menu(root)
root.config(menu = menubar)

#"文件"菜单
filemenu = Menu(menubar)
filemenu.add_command(label='新建', accelerator='Ctrl + N', command=new)
filemenu.add_command(label='打开', accelerator='Ctrl + O', command=openfile)
filemenu.add_command(label='保存', accelerator='Ctrl + S', command=save)
filemenu.add_command(label='另存为', accelerator='Ctrl + Shift + S', command=save_as)
menubar.add_cascade(label= '文件', menu = filemenu)        # 关联

#"编辑"菜单
editmenu = Menu(menubar)
editmenu.add_command(label='撤销', accelerator='Ctrl + Z', command=undo)
editmenu.add_command(label='重做', accelerator='Ctrl + Y', command=redo)
editmenu.add_separator()
editmenu.add_command(label='剪切', accelerator='Ctrl + X', command=cut)
editmenu.add_command(label='复制', accelerator='Ctrl + C', command=copy)
editmenu.add_command(label='粘贴', accelerator='Ctrl + V', command=paste)
editmenu.add_separator()
editmenu.add_command(label='查找', accelerator='Ctrl + F', command=search)
editmenu.add_command(label='全选', accelerator='Ctrl + A', command=select_all)
menubar.add_cascade(label='编辑', menu = editmenu)
```

```
#"关于"菜单
aboutmenu = Menu(menubar)
aboutmenu.add_command(label='作者', command=author)
aboutmenu.add_command(label='版权', command=about)
menubar.add_cascade(label='关于', menu = aboutmenu)

#工具栏
toolbar = Frame(root, height=25, bg='Light sea green')

#按钮
shortButton = Button(toolbar, text='打开', command=openfile)
shortButton.pack(side=LEFT, padx=5, pady=5)
shortButton = Button(toolbar, text='保存', command=save)
shortButton.pack(side=LEFT)
toolbar.pack(expand=NO, fill=X)          # 显示

#状态栏
status = Label(root, text='Ln20', bd=1, relief=SUNKEN, anchor=W)
status.pack(side=BOTTOM, fill=X)

#行号和文本编辑
linelabel = Label(root, width=2, bg='antique white')
linelabel.pack(side=LEFT, fill=Y)
textPad = Text(root, undo=True)
textPad.pack(expand=YES, fill=BOTH)

#右边滚动条
scroll = Scrollbar(textPad)
textPad.config(yscrollcommand=scroll.set)
scroll.config(command=textPad.yview)
scroll.pack(side=RIGHT, fill=Y)


root.mainloop()
```

执行文件 jishiben.py 后的效果如图 4-19 所示。

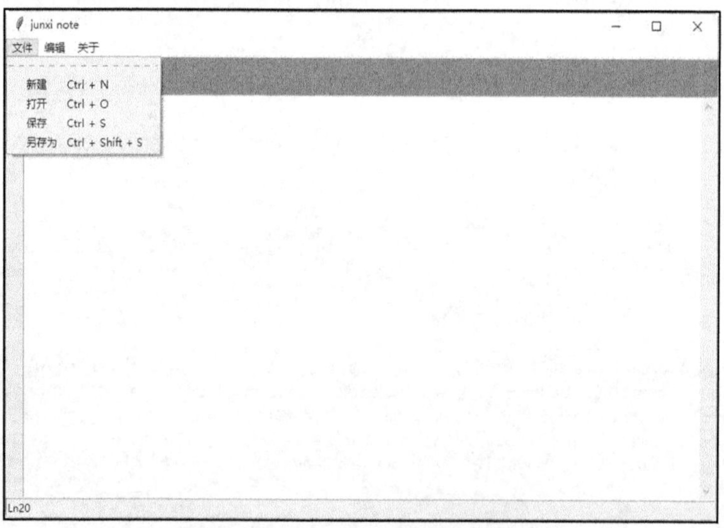

图 4-19 执行文件 jishiben.py 后的效果

4.5 使用偏函数

偏函数这一概念是从 Python 2.5 版本才开始添加进来的，是函数式开发的重要组成部分。本节将详细讲解在 Tkinter 界面中使用偏函数的核心知识。

4.5.1 什么是偏函数

使用偏函数，可以通过“冻结”预先确定参数的方式来缓存函数参数。在运行程序过程中获得需要的剩余参数后，可以将它们解冻，并传递到最终的参数中，从而使用最终确定的所有参数去调用函数。偏函数最大的优点是它不只局限于函数，而且只要使用小括号就可以调用对象（任何包括函数接口的对象），包括类、方法或可调用实例。当有很多可以调用的对象并且许多调用都反复使用相同参数时，偏函数是最佳选择。

GUI 编程需要用到偏函数，因为很多时候需要 GUI 控件在外观上具有某种一致性，使用相同参数创建相似的对象才会具有一致性。现在要实现一个应用，在这个应用中很多按钮拥有相同的前景色和背景色。对于这种只有细微差别的按钮，每次都使用相同的参数创建相同的实例简直是一种浪费：前景色和背景色都是相同的，只有文本有一点不同。实例文件 pfaGUI3.py 演示了使用偏函数实现交通标志的过程。在本实例文件中创建了文字版本的路标，并将它们根据标志类型进行区分，比如严重、警告、通知等（就像日志级别那样）。标志类型决定了创建时的颜色方案，例如，严重级别标志是白底红字，警告级别标志是黄底黑字，通知（即标准级别）标志是白底黑字。例如，“不准驶入”和“错误路线”标志属于严重级别，“汇入车道”和“十字路口”属于警告级别，而“限速路段”和“单行线”属于标准级别。当按下这些标志按钮时会弹出相应级别（严重/错误、警告或通知）的 Tk 对话框。

源码路径：daima\4\4-5\pfaGUI3.py

```
①from functools import partial as pto
from tkinter import Tk, Button, X
from tkinter.messagebox import showinfo, showwarning, showerror

WARN = 'warn'
CRIT = 'crit'
REGU = 'regu'

SIGNS = {
    '不准驶入': CRIT,
    '十字路口': WARN,
    '60\n限速路段': REGU,
    '错误路线': CRIT,
    '汇入车道': WARN,
    '单行线': REGU,
②}

③critCB = lambda : showerror('Error', 'Error Button Pressed!')
warnCB = lambda : showwarning('Warning',
    'Warning Button Pressed!')
infoCB = lambda : showinfo('Info', 'Info Button Pressed!')

top = Tk()
top.title('Road Signs')
Button(top, text='QUIT', command=top.quit,
④    bg='red', fg='white').pack()

⑤MyButton = pto(Button, top)
CritButton = pto(MyButton, command=critCB, bg='white', fg='red')
WarnButton = pto(MyButton, command=warnCB, bg='goldenrod1')
⑥ReguButton = pto(MyButton, command=infoCB, bg='white')

⑦for eachSign in SIGNS:
    signType = SIGNS[eachSign]
    cmd = '%sButton(text=%r%s).pack(fill=X, expand=True)' % (
        signType.title(), eachSign,
        '.upper()' if signType == CRIT else '.title()')
    eval(cmd)

⑧top.mainloop()
```

①～② 先在应用程序中导入了 functools.partial()、几个 Tkinter 属性以及几个 Tk 对话框，然后根据类别定义了一些标志。

③～④ 使用 Tk 对话框实现按钮回调函数，在创建每个按钮时使用它们。然后启动 Tk 并设置标题，再创建一个 QUIT 按钮。

⑤～⑥ 使用了二阶偏函数。其中一阶偏导数模板化了 Button 类和根窗口 top，这说明每次调用 MyButton 时都会调用 Button 类（Tkinter.Button()会创建一个按钮），并将 top 作为它的第一个参数，我们将它冻结为 MyButton。二阶偏函数会使用一阶偏函数，对它进行模板化处理，并会为每种标志类型创建单独的按钮类型。当用户创建一个严重类型的 CritButton 按钮时（比如通过调用 CritButton()），就会调用包含适当的按钮回调函数、前景色和背景色的 MyButton，或者使用 top、回调函数和颜色这几个参数去调用 Button。我们可以看到它是如何一步步展开并最终调用到最底层的，如果没有偏函数，这些调用本来应该是由你自己完成的。WarnButton 和 ReguButton 也会执行同样的操作。

⑦～⑧ 在设置按钮后，会根据标志列表创建按钮。这里使用了一个可求值字符串，该字符串由正确的按钮名、传给按钮标签的文本参数以及 pack()操作组成。如果这是一个严重级别的标志，那么会把所有字符大写；否则，按照标题格式进行输出。每个按钮会通过 eval()函数进行实例化处理，最后进入主事件循环来启动 GUI 程序。

执行文件 pfaGUI3.py 后的效果如图 4-20 所示。

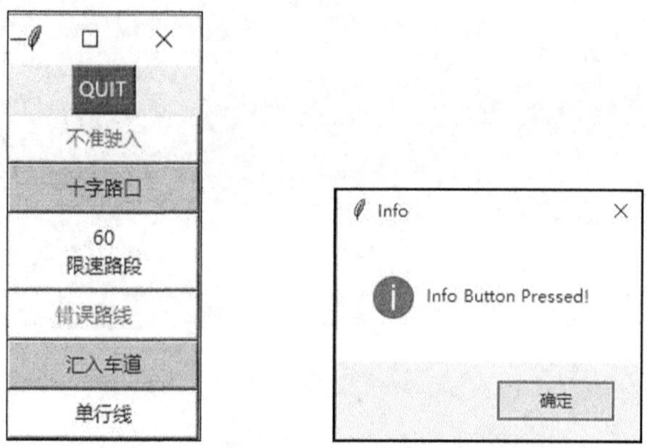

图 4-20 执行文件 pfaGUI3.py 后的效果

4.5.2 桌面天气预报程序

实例文件 123.py 演示了创建一个桌面天气预报程序的过程。

源码路径：daima\4\4-5\123.py

```
from tkinter import *
import requests
import json


class Weather:

    def __init__(self):
        self.root = Tk()
        self.root.geometry("500x300")
        self.root.wm_title("Weather Teller")
        self.label = Label(self.root, text="City: ")
        self.label.pack()
        self.entrytext = StringVar()
        Entry(self.root, textvariable=self.entrytext).pack()
        self.buttontext = StringVar()
```

```
        self.buttontext.set("Tell me")
        Button(self.root, textvariable=self.buttontext, command=self.click).pack()
        self.label = Label(self.root, text="")
        self.label.pack()
        self.root.mainloop()

    def click(self):
        input = str(self.entrytext.get())
        location = str(input)
        r = requests.get('***api.openweathermap/data/2.5/weather?q=' + location +
                         '&APPID=c8b38acfc161132a0da1574bc472e74e')
        j = json.loads(r.text)
        temperature = str(j['main']['temp'] - 273) + "C"
        result = temperature
        self.label.configure(text=result)


def main():
    Weather()


if __name__ == '__main__':
    main()
```

执行以上程序后会提示用户输入城市的名字，单击“Tell me”按钮后会显示这个城市的当前温度。本实例不支持中文城市，国内城市的名字可以输入拼音，国外城市的名字是英文格式。分别输入“jinan”和“London”后的效果分别如图 4-21（a）与图 4-21（b）所示。

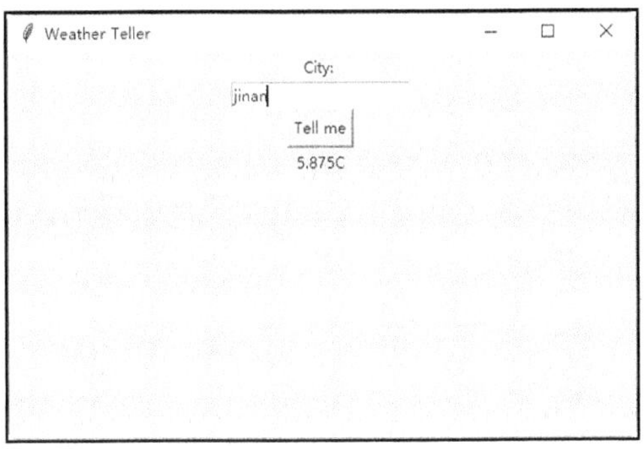

(a)

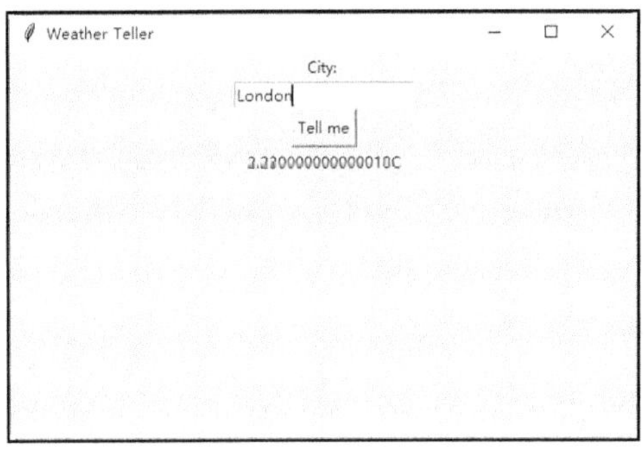

(b)

图 4-21　获取当前济南和伦敦的温度

4.6　开发一个资源管理器

实例文件 ziyuan.py 实现了一个精简版的资源管理器——目录遍历系统。功能是显示当前文件所在目录的文件列表，双击列表中任意一个目录后会切换到这个新目录，用新目录中的文件列表代替旧文件列表。

实例文件 ziyuan.py 的具体实现流程如下。

源码路径：daima\4\4-6\ziyuan.py

1）导入 os 模块、time.sleep()函数和 Tkinter 模块的所有属性。对应实现代码如下。

```
import os
from time import sleep
from tkinter import *
```

2）定义类 DirList 的构造函数和一个待应用的对象，并创建第一个 Label 控件，其中文本是应用的主标题和版本号。对应实现代码如下。

```
class DirList(object):
    def __init__(self, initdir=None):
        self.top = Tk()
        self.label = Label(self.top,
            text='资源管理器（精简版）')
        self.label.pack()
```

3）声明 Tk 的一个变量 cwd，用于保存当前所在的目录名，并创建另一个 Label 控件，用于显示当前的目录名。对应实现代码如下。

```
self.cwd=StringVar(self.top)

self.dirl = Label(self.top, fg='blue',
    font=('Helvetica', 12, 'bold'))
self.dirl.pack()
```

4）定义本 GUI 应用的核心部分——Listbox 控件 dirs，在该控件中包含了要列出的目录中的文件列表。Scrollbar 可以让用户在文件数超过 Listbox 的大小时移动列表。上述这两个控件都包含在 Frame 控件中。通过使用 Listbox 控件中的 bind()方法、Listbox 的列表项可以与回调函数（setDirAndGo）连接起来。绑定意味着将一个回调函数与按键、鼠标操作或一些其他事件连接起来，当用户发起这类事件时，回调函数就会执行。当双击 Listbox 控件中的任意条目时，就会调用 setDirAndGo()函数。而 Scrollbar 通过调用 Scrollbar.config()方法与 Listbox 连接起来。对应实现代码如下。

```
self.dirfm = Frame(self.top)
self.dirsb = Scrollbar(self.dirfm)
self.dirsb.pack(side=RIGHT, fill=Y)
self.dirs = Listbox(self.dirfm, height=15,
    width=50, yscrollcommand=self.dirsb.set)
self.dirs.bind('<Double-1>', self.setdirandgo)
self.dirsb.config(command=self.dirs.yview)
self.dirs.pack(side=LEFT, fill=BOTH)
self.dirfm.pack()
```

5）创建一个文本框，可以在其中输入要遍历的目录名，从而在 Listbox 控件中看到该目录中的文件列表。在这个文本框中添加了一个 Enter 键的绑定，这样除可以单击按钮之外，还可以按 Enter 键来更新文件列表。我们之前在 Listbox 控件中看到过的鼠标绑定也是同样的应用。当右击 Listbox 中的条目时，与在文本框中手动输入目录名并单击 Go 按钮有同样的效果。对应实现代码如下。

```
self.dirn = Entry(self.top, width=50,
    textvariable=self.cwd)
self.dirn.bind('<Return>', self.dols)
self.dirn.pack()
```

6）定义按钮框架（bfm），用于放置 3 个按钮——一个 clr 按钮、一个 ls 按钮和一个 quit 按钮。每个按钮在单击时都有自己的配置函数和回调函数。对应实现代码如下所示。

```
self.bfm = Frame(self.top)
self.clr = Button(self.bfm, text='清除',
    command=self.clrdir,
    activeforeground='white',
    activebackground='blue')
self.ls = Button(self.bfm,
    text='目录列表',
    command=self.dols,
    activeforeground='white',
    activebackground='green')
self.quit = Button(self.bfm, text='退出',
    command=self.top.quit,
    activeforeground='white',
    activebackground='red')
self.clr.pack(side=LEFT)
self.ls.pack(side=LEFT)
self.quit.pack(side=LEFT)
self.bfm.pack()
```

7）实现构造函数中初始化 GUI 的最后一部分程序，以当前工作目录作为起始点。对应实现代码如下。

```
    if initdir:
        self.cwd.set(os.curdir)
    self.dols()
```

8）clrDir()函数会清空 Tk 字符串变量 cwd（包含当前活动目录），该变量不但会跟踪当前所处的目录，而且当发生错误时，可以帮助我们回到之前的目录。回调函数中变量 ev 的默认值是 None，任何这样的值都是由窗口系统传入的，这些在回调函数中可能会用到，也可能用不到。对应实现代码如下。

```
    def clrdir(self, ev=None):
        self.cwd.set('')
```

9）setDirAndGo()函数用于设置要遍历的目录，并通过调用 doLS()实现遍历目录的行为。对应实现代码如下。

```
    def setdirandgo(self, ev=None):
        self.last = self.cwd.get()
        self.dirs.config(selectbackground='red')
        check = self.dirs.get(self.dirs.curselection())
        if not check:
            check = os.curdir
        self.cwd.set(check)
        self.dols()
```

10）doLS()函数是上述整个 GUI 程序最核心的部分，功能是进行所有安全检查（比如，目标是否是一个目录？它是否存在？）。如果发生错误，之前的目录就会重设为当前目录。如果一切正常，就会调用 os.listdir()获取实际文件列表并在 Listbox 中进行替换。当后台忙于拉取新目录中的信息时，突出显示的蓝色条就会变成红色，直到新目录设置完毕后，它又会变回蓝色。对应实现代码如下。

```
    def dols(self, ev=None):
        error = ''
        tdir = self.cwd.get()
        if not tdir:
            tdir = os.curdir

        if not os.path.exists(tdir):
            error = tdir + ': 没有文件'
        elif not os.path.isdir(tdir):
            error = tdir + ': 不是一个目录'

        if error:
            self.cwd.set(error)
            self.top.update()
            sleep(2)
            if not (hasattr(self, 'last') \
                and self.last):
                    self.last = os.curdir
            self.cwd.set(self.last)
            self.dirs.config(
                selectbackground='LightSkyBlue')
            self.top.update()
            return

        self.cwd.set(
            'FETCHING DIRECTORY CONTENTS...')
        self.top.update()
        dirlist = os.listdir(tdir)
        dirlist.sort()
        os.chdir(tdir)
        self.dirl.config(text=os.getcwd())
        self.dirs.delete(0, END)
        self.dirs.insert(END, os.curdir)
        self.dirs.insert(END, os.pardir)
        for eachFile in dirlist:
            self.dirs.insert(END, eachFile)
        self.cwd.set(os.curdir)
```

```
        self.dirs.config(
            selectbackground='LightSkyBlue')
```

11）定义 main()函数。只有直接调用脚本时，main()函数才会执行。当 main()函数运行时，会创建 GUI 应用，然后调用 mainloop()来启动 GUI 程序，之后由它控制应用的执行。对应实现代码如下。

```
def main():
    d = DirList(os.curdir)
    mainloop()

if __name__ == '__main__':
    main()
```

执行文件 ziyuan.py 后的效果如图 4-22 所示。

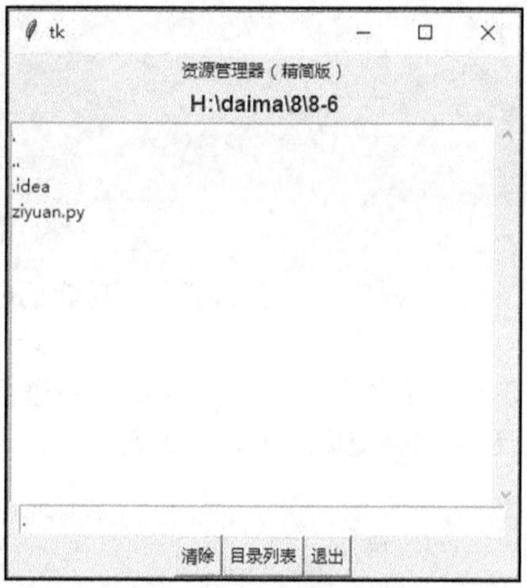

图 4-22 执行文件 ziyuan.py 后的效果

第 5 章

数据持久化

数据持久化是指永久地将 Python 数据存储在磁盘上。数据持久化技术是实现动态软件项目的重要手段，在软件项目中通过数据持久化可以存储海量的数据。因为软件显示的内容是从数据库中读取的，所以开发者可以通过修改数据库内容而实现动态交互功能。在 Python 应用中，数据库在实现过程中起到了一个媒介的作用。本章将介绍 Python 数据库开发方面的核心知识，为读者进行本书后面知识的学习打下基础。

5.1　操作 SQLite3 数据库

从 Python 3.*x* 版本开始，在标准库中已经内置了 sqlite3 模块，可以支持 SQLite3 数据库的访问和相关的数据库操作。当需要操作 SQLite3 数据库中的数据时，只要在程序中导入 sqlite3 模块即可。

5.1.1　sqlite3 模块介绍

通过使用 sqlite3 模块，可以满足开发者在 Python 程序中使用 SQLite 数据库的需求。在 sqlite3 模块中，包含如下常量成员。

- sqlite3.version：为 sqlite3 模块的字符串形式的版本号，这不是 SQLite 数据库的版本号。
- sqlite3.version_info：为 sqlite3 模块的整数元组形式的版本号，这不是 SQLite 数据库的版本号。
- sqlite3.sqlite_version：为运行时 SQLite 数据库的版本号，是一种字符串形式。
- sqlite3.sqlite_version_info：为运行时 SQLite 数据库的版本号，是一种整数元组形式。
- sqlite3.PARSE_DECLTYPES：用于 connect()函数中的 detect_types 参数，设置它使 sqlite3 模块解析每个返回列的声明类型。解析出声明类型的第一个单词，比如，对于"integer primary key"将解析出"integer"，而对于"number(10)"将解析出"number"。
- sqlite3.PARSE_COLNAMES：用于 connect()函数中的 detect_types 参数，设置它使 SQLite 接口解析每个返回列的列名。查找[mytype]形式的字符串，然后决定'mytype'是否是列的类型，并将会尝试在转换器字典中找到对应于'mytype'的转换器，接着将转换器函数应用于返回的值。在 Cursor.description 中找到的列名只是列名的第一个单词，例如，如果在 SQL 中有类似'as "x [datetime]"'的成员，那么第一个单词将会被解析成列名，直到有空格为止（列名只是简单的"x"）。
- isolation_level：获取或设置当前隔离级别。None 表示自动提交模式，可以是"DEFERRED"、"IMMEDIATE"或"EXCLUSIVE"之一。
- in_transaction：如果为 True，则表示事务处于活动状态（有未提交的更改）。

在 sqlite3 模块中，包含如下方法成员。

- sqlite3.connect(database [,timeout ,other optional arguments])：用于打开一个到 SQLite 数据库文件的连接。可以使用 ":memory:" 在 RAM 中打开一个到 database 的数据库连接，而不是在磁盘上打开。如果数据库成功打开，则返回一个连接对象。当一个数据库被多个连接访问且其中一个修改了数据库时，SQLite 数据库将被锁定，直到事务提交。参数 timeout 表示连接等待锁定的持续时间，直到发生异常才断开连接。参数 timeout 默认是 5.0（表示 5s）。如果给定的数据库名称 database 不存在，则该调用将创建一个数据库。如果不想在当前目录中创建数据库，那么可以指定带有路径的文件名，这样就能在任意地方创建数据库。
- connection.cursor([cursorClass])：用于创建一个光标（cursor），将在 Python 数据库编程中用到。该方法接受单个可选参数 cursorClass。如果提供了该参数，则它必须是一个扩展自 sqlite3.Cursor 的自定义的 cursor 类。
- cursor.execute(sql [, optional parameters])：用于执行一条 SQL 语句。该 SQL 语句可以参数化（即使用占位符代替 SQL 文本）。sqlite3 模块支持两种类型的占位符——问号和命名占位符（命名样式）。例如以下代码。

```
cursor.execute("insert into people values (?, ?)", (who, age))
```

实例文件 e.py 演示了使用方法 cursor.execute()执行指定 SQL 语句的过程。

源码路径：daima\5\5-1\e.py

```
import sqlite3

con = sqlite3.connect(":memory:")
cur = con.cursor()
cur.execute("create table people (name_last, age)")

who = "Yeltsin"
age = 72

#这是qmark风格
cur.execute("insert into people values (?, ?)", (who, age))

#这是命名的风格
cur.execute("select * from people where name_last=:who and age=:age", {"who": who, "age": age})

print(cur.fetchone())
```

执行后会输出：

```
('Yeltsin', 72)
```

- connection.execute(sql [, optional parameters])：通过调用光标方法创建中间的光标对象的快捷方式，并通过给定的参数调用光标的 execute 方法。
- cursor.executemany(sql, seq_of_parameters)：用于对 seq_of_parameters 中的所有参数或映射执行一个 SQL 命令。实例文件 f.py 演示了使用方法 cursor.executemany()执行指定 SQL 命令的过程。

源码路径：daima\5\5-1\f.py

```
import sqlite3

class IterChars:
    def __init__(self):
        self.count = ord('a')

    def __iter__(self):
        return self

    def __next__(self):
        if self.count > ord('z'):
            raise StopIteration
        self.count += 1
        return (chr(self.count - 1),) #这是一元组

con = sqlite3.connect(":memory:")
cur = con.cursor()
cur.execute("create table characters(c)")

theIter = IterChars()
cur.executemany("insert into characters(c) values (?)", theIter)

cur.execute("select c from characters")
print(cur.fetchall())
```

执行后会输出：

```
[('a',), ('b',), ('c',), ('d',), ('e',), ('f',), ('g',), ('h',), ('i',), ('j',), ('k',), ('l',), ('m',), ('n',), ('o',), ('p',), ('q',), ('r',), ('s',), ('t',), ('u',), ('v',), ('w',), ('x',), ('y',), ('z',)]
```

- connection.executemany(sql[, parameters])：调用光标方法创建中间的光标对象的快捷方式，并通过给定的参数调用光标的 executemany 方法。
- cursor.executescript(sql_script)：一旦接收到脚本，就会执行多条 SQL 语句。首先执行 COMMIT 语句，然后执行作为参数传入的 SQL 脚本。所有的 SQL 语句应该用分号（;）

分隔。实例文件 g.py 演示了使用方法 cursor.executescript()执行多条 SQL 语句的过程。

源码路径：daima\5\5-1\g.py

```
import sqlite3

con = sqlite3.connect(":memory:")
cur = con.cursor()
cur.executescript("""
    create table person(
        firstname,
        lastname,
        age
    );

    create table book(
        title,
        author,
        published
    );

    insert into book(title, author, published)
    values (
        'Dirk Gently''s Holistic Detective Agency',
        'Douglas Adams',
        1987
    );
""")
```

- connection.executescript(sql_script)：调用光标方法创建中间的光标对象的快捷方式，并通过给定的参数调用光标的 executescript 方法。
- connection.total_changes()：返回自数据库连接打开以来修改、插入或删除的数据库总行数。
- connection.commit()：用于提交当前的事务。如果未调用该方法，那么自上一次调用 commit() 以来所做的任何动作对其他数据库连接来说是不可见的。
- connection.create_function(name, num_params, func)：用于创建一个自定义函数，随后可以在 SQL 语句中以函数名 name 来调用它。参数 num_params 表示此方法接受的参数数量（如果 num_params 为-1，则函数可以取任意数量的参数），参数 func 是一个可以调用的 SQL 函数。实例文件 b.py 演示了使用方法 create_function()执行指定函数的过程。

源码路径：daima\5\5-1\b.py

```
import sqlite3
import hashlib

def md5sum(t):
    return hashlib.md5(t).hexdigest()

con = sqlite3.connect(":memory:")
con.create_function("md5", 1, md5sum)
cur = con.cursor()
cur.execute("select md5(?)", (b"foo",))
print(cur.fetchone()[0])
```

执行后会输出：

```
acbd18db4cc2f85cedef654fccc4a4d8
```

- connection.create_aggregate(name, num_params, aggregate_class)：用于创建一个用户定义的聚合函数。聚合类必须实现 step 方法，参数 num_params（如果 num_params 为-1，则函数可以取任意数量的参数）表示该方法可以接受参数的数量。参数也可以是 finalize 方法，表示可以返回 SQLite 支持的任何类型，如 bytes、str、int、float 和 None。实例文件 c.py 演示了使用方法 create_aggregate ()创建用户定义的聚合函数的过程。

源码路径：daima\5\5-1\c.py

```
import sqlite3

class MySum:
    def __init__(self):
        self.count = 0

    def step(self, value):
        self.count += value

    def finalize(self):
        return self.count

con = sqlite3.connect(":memory:")
con.create_aggregate("mysum", 1, MySum)
cur = con.cursor()
cur.execute("create table test(i)")
cur.execute("insert into test(i) values (1)")
cur.execute("insert into test(i) values (2)")
cur.execute("select mysum(i) from test")
print(cur.fetchone()[0])
```

执行后会输出：

```
3
```

- connection.create_collation(name, callable)：功能是用指定的 name 和 callable 创建一条排序规则，会传递两个字符串参数给可调用对象。如果第一个字符串参数比第二个小，则返回-1；如果二者相等，则返回 0；如果第一个字符串参数比第二个大，则返回 1。需要注意，可调用对象将会以 Python 字节字符串的方式得到它的参数，一般为 UTF-8 编码。实例文件 d.py 演示了使用方法 create_collation()自定义排序规则并以“错误方式”进行排序的过程。

源码路径：daima\5\5-1\d.py

```
import sqlite3

def collate_reverse(string1, string2):
    if string1 == string2:
        return 0
    elif string1 < string2:
        return 1
    else:
        return -1

con = sqlite3.connect(":memory:")
con.create_collation("reverse", collate_reverse)

cur = con.cursor()
cur.execute("create table test(x)")
cur.executemany("insert into test(x) values (?)", [("a",), ("b",)])
cur.execute("select x from test order by x collate reverse")
for row in cur:
    print(row)
con.close()
```

执行后会输出：

```
('b',)
('a',)
```

- connection.interrupt()：从另一个线程中调用该方法来中止该连接正在执行的查询，查询会中止，调用者会得到一个异常。
- connection.set_authorizer(authorizer_callback)：用于注册一个回调函数。每当尝试访问数据库中表的列时会调用该回调函数，如果允许访问，则回调函数应该返回 SQLITE_OK；如果 SQL 语句以错误中止，则回调函数应该返回 SQLITE_DENY。
- connection.set_progress_handler(handler, n)：用于注册一个回调函数。如果希望在长时

间操作的过程中从 SQLite 得到调用，这是非常有用的。如果希望清除之前安装的处理程序，则以 None 为 handler 参数调用该方法。

- connection.set_trace_callback(trace_callback)：为 SQLite 后端实际执行的每条 SQL 语句调用寄存器 trace_callback。传递给回调函数的唯一参数是正在执行的语句（作为字符串）。
- connection.enable_load_extension(enabled)：允许或不允许 SQLite 引擎从共享库加载 SQLite 扩展。SQLite 扩展可以通过定义新的函数、聚合或全新的虚拟表实现。默认情况下会禁用加载扩展。
- connection.load_extension(path)：用于从一个共享库加载 SQLite 扩展。在使用该方法之前必须用 enable_load_extension()来允许扩展加载，默认情况下禁用加载扩展。
- connection.connection.rollback()：用于回滚自上一次调用 commit()以来对数据库所做的更改。
- connection.close()：用于关闭数据库连接。在此需要注意，这不会自动调用 commit()。如果在之前未调用 commit()方法，就会直接关闭数据库连接，我们所做的所有更改将全部丢失。
- cursor.fetchone()：用于获取查询结果集中的下一行，返回单个序列，当没有更多可用的数据时，则返回 None。
- cursor.fetchmany([size=cursor.arraysize])：用于获取查询结果集中余下的多行，返回一个列表。当没有更多可用的行时，返回一个空列表。该方法尝试获取由参数 size 指定的尽可能多的行。
- cursor.fetchall()：用于获取查询结果集中所有（剩余）的行，返回一个列表。当没有可用的行时，则返回一个空列表。
- cursor.close()：现在关闭光标（而不是每次调用__del__时），光标将从这一个位置向前不可用。如果使用光标进行任何操作，则会出现 ProgrammingError 异常。
- register_converter(typename, callable)：注册可调用对象，用来将来自数据库的字符串转换成自定义的 Python 类型。在数据库中，所有支持的 typename 类型的值都可以调用该可调用对象。开发者在使用时需要注意，typename 的大小写和查询中类型的名称必须匹配。
- complete_statement(sql)：如果字符串 sql 包含一个或多个以分号结束的完整的 SQL 语句，则返回 True。不会验证 SQL 的语法正确性，只会检查字符串本身是否完整，是否由分号正确地分隔。实例文件 a.py 演示了使用方法 complete_statement(sql)生成一个 sqlite shell 的过程。

源码路径：daima\5\5-1\a.py

```
import sqlite3

con = sqlite3.connect(":memory:")
con.isolation_level = None
cur = con.cursor()

buffer = ""

print("Enter your SQL commands to execute in sqlite3.")
print("Enter a blank line to exit.")

while True:
    line = input()
    if line == "":
        break
```

```
    buffer += line
    if sqlite3.complete_statement(buffer):
        try:
            buffer = buffer.strip()
            cur.execute(buffer)

            if buffer.lstrip().upper().startswith("SELECT"):
                print(cur.fetchall())
        except sqlite3.Error as e:
            print("An error occurred:", e.args[0])
        buffer = ""

con.close()
```

执行后会输出：

```
Enter your SQL commands to execute in sqlite3.
Enter a blank line to exit.
```

- enable_callback_tracebacks(flag)：默认情况下不会在用户定义的函数、聚合、转换器、授权者回调等地方得到回溯对象（调用栈对象）。如果要调试它们，则需要将参数 flag 设置为 True，然后调用此方法，之后可以在 sys.stderr 中通过回调得到回溯。将参数 flag 设置为 False 后可以再次禁用该功能。
- Row.keys()：用于返回列名称的列表。查询后，它是 Cursor.description 中每个元组的第一个成员。实例文件 h.py 演示了使用 Row 对象和 keys()方法的过程。

源码路径：daima\5\5-1\h.py

```
import sqlite3
conn = sqlite3.connect(":memory:")
c = conn.cursor()
c.execute('''create table stocks
(date text, trans text, symbol text,
 qty real, price real)''')
c.execute("""insert into stocks
          values ('2018-01-05','BUY','RHAT',100,35.14)""")
conn.commit()
c.close()

conn.row_factory = sqlite3.Row
c = conn.cursor()
print(c.execute('select * from stocks'))
r = c.fetchone()
print(type(r))
print(tuple(r))
print(len(r))
print(r[2])
print(r.keys())
print(r['qty'])
for member in r:
    print(member)
```

执行后会输出：

```
<sqlite3.Cursor object at 0x0000021B3B291F10>
<class 'sqlite3.Row'>
('2018-01-05', 'BUY', 'RHAT', 100.0, 35.14)
5
RHAT
['date', 'trans', 'symbol', 'qty', 'price']
100.0
2018-01-05
BUY
RHAT
100.0
35.14
```

5.1.2　使用 sqlite3 模块操作 SQLite3 数据库

根据 DB-API 2.0 规范，在 Python 中操作 SQLite3 数据库的基本流程如下。

1）导入相关库或模块（sqlite3）。

2）使用 connect()连接数据库并获取数据库连接对象。

3）使用 con.cursor()获取游标对象。

4）使用光标对象的方法（execute()、executemany()、fetchall()等）来操作数据库，实现插入、修改和删除操作，并查询获取显示相关的记录。在 Python 程序中，连接函数 sqlite3.connect()有如下两个常用参数。

- database：表示要访问的数据库名。
- timeout：表示访问数据的超时设定。

其中，参数 database 表示用字符串的形式指定数据库的名称。如果数据库的文件位置不是当前目录，则必须写出其相对或绝对路径，还可以用“:memory:”表示使用临时放入内存的数据库。当退出程序时，数据库中的数据也就不存在了。

5）使用 close()关闭光标对象和数据库连接。数据库操作完成之后，必须及时调用其 close()方法关闭数据库连接，这样做的目的是减轻数据库服务器的压力。

实例文件 sqlite.py 演示了使用 sqlite3 模块操作 SQLite3 数据库的过程。

源码路径：daima\5\5-1\sqlite.py

```
import sqlite3                                  #导入内置模块
import random                                   #导入内置模块
#初始化变量src，用于随机生成字符串中的所有字符
src = 'abcdefghijklmnopqrstuvwxyz'
def get_str(x,y):                               #生成字符串函数get_str()
    str_sum = random.randint(x,y)               #生成x～y的随机整数
    astr = ''                                   #给变量astr赋值
    for i in range(str_sum):                    #遍历随机数
        astr += random.choice(src)              #累计求和
    return astr                                 #返回和
def output():                                   #函数output()用于输出数据库表中的所有信息
    cur.execute('select * from biao')           #查询表biao中的所有信息
    for sid,name,ps in cur:                     #查询表中的3个字段，即sid、name和ps
        print(sid,' ',name,' ',ps)              #显示3个字段的查询结果

def output_all():                               #函数output_all()用于输出数据库表中的所有信息
    cur.execute('select * from biao')           #查询表biao中的所有信息
    for item in cur.fetchall():                 #获取查询到的所有数据
        print(item)                             #显示获取到的数据

def get_data_list(n):                           #函数get_data_list()用于生成查询列表
    res = []                                    #列表初始化
    for i in range(n):                          #遍历列表
        res.append((get_str(2,4),get_str(8,12)))#生成列表
    return res                                  #返回生成的列表
if __name__ == '__main__':
    print("建立连接...")                         #输出提示
    con = sqlite3.connect(':memory:')           #开始建立与数据库的连接
    print("建立游标...")
    cur = con.cursor()                          #获取游标
    print('创建一张表biao...')                   #输出提示信息
    #在数据库中创建表biao，设置表中的各个字段
    cur.execute('create table biao(id integer primary key autoincrement not null,name
    text,passwd text)')
    print('插入一条记录...')                     #输出提示信息
    #插入1条数据信息
    cur.execute('insert into biao (name,passwd)values(?,?)',(get_str(2,4),get_str(8,12),))
    print('显示所有记录...')                     #输出提示信息
    output()                                    #显示数据库中的数据信息
    print('批量插入多条记录...')                 #输出提示信息
    #插入多条数据信息
    cur.executemany('insert into biao (name,passwd)values(?,?)',get_data_list(3))
    print("显示所有记录...")                     #输出提示信息
    output_all()                                #显示数据库中的数据信息
    print('更新一条记录...')                     #输出提示信息
```

```
#修改表biao中的一条信息
cur.execute('update biao set name=? where id=?',('aaa',1))
print('显示所有记录...')                    #输出提示信息
output()                                    #显示数据库中的数据信息
print('删除一条记录...')                         #输出提示信息
#删除表biao中的一条数据信息
cur.execute('delete from  biao where id=?',(3,))
print('显示所有记录：')                      #输出提示信息
output()                                    #显示数据库中的数据信息
```

在上述实例代码中，首先定义了两个能够生成随机字符串的函数，生成的随机字符串作为数据库中存储的数据。然后定义 output()方法和 output-all()方法，功能是分别通过遍历光标、调用光标的方式来获取数据库表中的所有记录并输出。其次在主程序中，依次通过建立连接，获取连接的光标，通过光标的 execute()和 executemany()等方法来执行 SQL 语句，以实现插入一条记录、插入多条记录、更新记录和删除记录的功能。最后依次关闭光标和数据库连接。执行后会输出：

```
建立连接...
建立光标...
创建一张表biao...
插入一条记录...
显示所有记录...
1   bld   zbynubfxt
批量插入多条记录...
显示所有记录...
(1, 'bld', 'zbynubfxt')
(2, 'owd', 'lqpperrey')
(3, 'vc', 'fqrbarwsotra')
(4, 'yqk', 'oyzarvrv')
更新一条记录...
显示所有记录...
1   aaa   zbynubfxt
2   owd   lqpperrey
3   vc   fqrbarwsotra
4   yqk   oyzarvrv
删除一条记录...
显示所有记录:
1   aaa   zbynubfxt
2   owd   lqpperrey
4   yqk   oyzarvrv
```

5.1.3 SQLite 和 Python 的类型

因为 SQLite 支持的类型有 NULL、INTEGER、REAL、TEXT 和 BLOB，所以表 5-1 中的 Python 类型可以直接发送给 SQLite。

表 5-1 **SQLite 可以直接使用的 Python 类型**

Python 类型	SQLite 类型
None	NULL
int	INTEGER
float	REAL
str	TEXT
bytes	BLOB

默认情况下，将 SQLite 类型转换成 Python 类型。

在 SQLite 处理 Python 数据的过程中，有可能需要处理其他更多类型的数据，而这些数据类型 SQLite 并不支持，因此需要用到类型扩展技术。在 Python 的 sqlite3 模块中，其类型系统可以用两种方式来扩展数据类型：通过对象适配在 SQLite 数据库中存储其他的 Python 类型；通过转换器让 sqlite3 模块将 SQLite 类型转换成不同的 Python 类型。

1. 使用适配器来存储额外的 Python 类型的 SQLite 数据库

因为 SQLite 只支持默认有限的类，所以要使用其他 Python 类型与 SQLite 进行交互，就必须适配它们为 sqlite3 模块支持的 SQLite 类型——NoneType、int、float、str 或 bytes。通过使用如下两种方法，可以使 sqlite3 模块适配一个 Python 类型到一个支持的类型。

1）编写类进行适配

开发者可以编写一个自定义类。假设编写了如下类。

```
class Point:
    def __init__(self, x, y):
        self.x, self.y = x, y
```

要在某个 SQLite 列中存储类 Point，首先要选择一个支持的类型，这个类型可以用来表示 Point。假定使用 str，并用分号来分隔坐标，则需要给类加一个__conform__(self, protocl)方法，该方法必须返回转换后的值。参数 protocol 为 PrepareProtocol 类型。实例文件 i.py 演示了使自定义类 Point 适配 SQLite3 数据库的过程。

源码路径：daima\5\5-1\i.py

```
import sqlite3

class Point:
    def __init__(self, x, y):
        self.x, self.y = x, y

def adapt_point(point):
    return "%f;%f" % (point.x, point.y)

sqlite3.register_adapter(Point, adapt_point)

con = sqlite3.connect(":memory:")
cur = con.cursor()

p = Point(4.0, -3.2)
cur.execute("select ?", (p,))
print(cur.fetchone()[0])
```

执行后会输出：

```
4.000000;-3.200000
```

2）注册可调用的适配器

例如，有一种可能性是创建一个函数，用来将类型转换成字符串表现形式，然后使用函数 register_adapter()来注册该函数。实例文件 j.py 演示了使用函数 register_adapter()注册适配器函数的过程。

源码路径：daima\5\5-1\j.py

```
import sqlite3

class Point:
    def __init__(self, x, y):
        self.x, self.y = x, y

def adapt_point(point):
    return "%f;%f" % (point.x, point.y)

sqlite3.register_adapter(Point, adapt_point)

con = sqlite3.connect(":memory:")
cur = con.cursor()

p = Point(4.0, -3.2)
cur.execute("select ?", (p,))
print(cur.fetchone()[0])
```

执行后会输出：

```
4.000000;-3.200000
```

在 sqlite3 模块中，为 Python 内置的 datetime.date 和 datetime.datetime 类型设置了两个默认适配器。假设不想将 datetime.datetime 对象以 ISO 形式存储，而要存成 UNIX 时间戳，则可以通过实例文件 k.py 实现。

源码路径：daima\5\5-1\k.py

```
import sqlite3
import datetime
import time

def adapt_datetime(ts):
    return time.mktime(ts.timetuple())

sqlite3.register_adapter(datetime.datetime, adapt_datetime)

con = sqlite3.connect(":memory:")
cur = con.cursor()

now = datetime.datetime.now()
cur.execute("select ?", (now,))
print(cur.fetchone()[0])
```

执行后会输出：

```
1513239416.0
```

2 将自定义 Python 类型转换成 SQLite 类型

在 Python 程序中，可以编写适配器将自定义 Python 类型转换成 SQLite 类型。再次以前面的 Point 类为例，假设在 SQLite 中以字符串的形式存储以分号分隔的 x、y 坐标，则可以先定义如下转换器函数 convert_point()，用于接收字符串参数，并从中构造一个 Point 对象。无论将数据类型发送到 SQLite 的哪种数据类型，转换器函数都使用 bytes 对象调用。

```
def convert_point(s):
    x, y = map(float, s.split(b";"))
    return Point(x, y)
```

接下来要让 sqlite3 模块知道从数据库中实际选择的是一个点。可以通过如下两种方法实现这个功能。

- 隐式地通过声明的类型。
- 显式地通过列名。

实例文件 l.py 演示了上述两种方法的实现过程。

源码路径：daima\5\5-1\l.py

```
import sqlite3

class Point:
    def __init__(self, x, y):
        self.x, self.y = x, y

    def __repr__(self):
        return "(%f;%f)" % (self.x, self.y)

def adapt_point(point):
    return ("%f;%f" % (point.x, point.y)).encode('ascii')

def convert_point(s):
    x, y = list(map(float, s.split(b";")))
    return Point(x, y)

#注册适配器
sqlite3.register_adapter(Point, adapt_point)

#注册转换器
sqlite3.register_converter("point", convert_point)

p = Point(4.0, -3.2)
```

```
##########################
#使用声明的类型
con = sqlite3.connect(":memory:", detect_types=sqlite3.PARSE_DECLTYPES)
cur = con.cursor()
cur.execute("create table test(p point)")

cur.execute("insert into test(p) values (?)", (p,))
cur.execute("select p from test")
print("with declared types:", cur.fetchone()[0])
cur.close()
con.close()

#######################
#使用列名
con = sqlite3.connect(":memory:", detect_types=sqlite3.PARSE_COLNAMES)
cur = con.cursor()
cur.execute("create table test(p)")

cur.execute("insert into test(p) values (?)", (p,))
cur.execute('select p as "p [point]" from test')
print("with column names:", cur.fetchone()[0])
cur.close()
con.close()
```

执行后会输出：

```
with declared types: (4.000000;-3.200000)
with column names: (4.000000;-3.200000)
```

3．默认适配器和转换器

在 Python 的 datetime 模块中，date 和 datetime 类型的默认适配器可用于将 ISO dates/ISO 时间戳发送给 SQLite。默认转换器以"date"对应 datetime.date，以"timestamp"对应 datetime.datetime。这样在大多数情况下，在 Python 中使用 date/timestamp 时不需要额外的操作，适配器的格式兼容 SQLite 的 date/time 函数。

实例文件 m.py 演示了使用默认适配器和转换器的过程。

源码路径：daima\5\5-1\m.py

```
import sqlite3
import datetime

con = sqlite3.connect(":memory:", detect_types=sqlite3.PARSE_DECLTYPES|sqlite3.PARSE_
    COLNAMES)
cur = con.cursor()
cur.execute("create table test(d date, ts timestamp)")

today = datetime.date.today()
now = datetime.datetime.now()

cur.execute("insert into test(d, ts) values (?, ?)", (today, now))
cur.execute("select d, ts from test")
row = cur.fetchone()
print(today, "=>", row[0], type(row[0]))
print(now, "=>", row[1], type(row[1]))

cur.execute('select current_date as "d [date]", current_timestamp as "ts [timestamp]"')
row = cur.fetchone()
print("current_date", row[0], type(row[0]))
print("current_timestamp", row[1], type(row[1]))
```

执行后会输出：

```
2017-12-14 => 2017-12-14 <class 'datetime.date'>
2017-12-14 16:37:55.125396 => 2017-12-14 16:37:55.125396 <class 'datetime.datetime'>
current_date 2017-12-14 <class 'datetime.date'>
current_timestamp 2017-12-14 08:37:55 <class 'datetime.datetime'>
```

注意：如果存储在 SQLite 中的时间戳的小数部分超过 6 位，则它的值将由时间戳转换器截断至微秒的精度。

5.1.4 事务控制

默认情况下，模块 sqlite3 在 DML 数据修改语句之前隐式打开事务（DML 语句有 INSERT 、UPDATE、DELETE 和 REPLACE），即除 SELECT 之外的任何语句。如果在事务中发出 CREATE TABLE、VACUUM、PRAGMA 这样的命令，则 sqlite3 模块将在执行这些命令之前隐式提交事务。这样做有如下两个原因。

- 这些命令在事务中不起作用。
- sqlite3 需要跟踪事务状态（激活还是非激活），当前事务状态通过连接对象的 Connection.in_transaction 属性进行显示。

通过 connect()方法调用的 isolation level 参数或者连接的 isolation_level 属性，可以控制 sqlite3 隐式地执行哪种 BEGIN 语句（或者完全不执行）。如果需要自动提交模式，则需要将 isolation_level 设置为 None。其他情况下，保留其默认值，这将产生一条简单的"BEGIN"语句；或者将它设置成 SQLite 支持的隔离级别“DEFERRED”“IMMEDIATE”或者“EXCLUSIVE”。

当 isolation_level 为 None 时开启自动提交功能，当为非 None 时设置 BEGIN 的类型，开启智能提交。实例文件 n.py 演示了使用 isolation_level 开启智能提交的过程。

源码路径：daima\5\5-1\n.py

```
import sqlite3

con = sqlite3.connect(":memory:",isolation_level=None)
cur = con.cursor()
cur.execute("create table people (num, age)")

num = 1
age = 2 * num

while num <= 1000000:
    cur.execute("insert into people values (?, ?)", (num, age))
    num += 1
    age = 2 * num

cur.execute("select count(*) from people")

print(cur.fetchone())
```

执行后会输出：

```
(1000000,)
real    0m10.693s
user    0m10.569s
sys     0m0.099s
```

智能提交的优点是速度快，在单进程情况下运行良好。其缺点是当多个控制流并发操作数据库时，会出现这边写完另一边读不出来的情况。为了克服智能提交的缺点，在批量操作前可以手动开始操作事务，操作后手动提交。实例文件 o.py 解决了这一问题。

源码路径：daima\5\5-1\o.py

```
import sqlite3

con = sqlite3.connect(":memory:")
cur = con.cursor()
cur.execute("create table people (num, age)")

num = 1
age = 2 * num

while num <= 1000000:
    cur.execute("insert into people values (?, ?)", (num, age))
    con.commit()  #关键在这里
    num += 1
    age = 2 * num
```

```
cur.execute("select count(*) from people")

print(cur.fetchone())
```

执行后会输出：

```
(1000000,)
real    0m20.797s
user    0m20.611s
sys     0m0.156s
```

5.1.5　通过 Tkinter 和 SQLite3 实现图书管理系统

下面的实例演示了使用 Tkinter 和 SQLite3 实现一个图书管理系统的过程。首先看实例文件 backend.py，功能是创建各种常用的 SQL 语句以实现对 SQLite3 数据库的操作。具体包括如下 SQL 操作类型。

- 创建数据库表 book，实现函数是__init__()。
- 向数据库中插入新的图书数据，实现函数是 insert()。
- 查看数据库中的所有图书信息，实现函数是 view()。
- 搜索数据库中的某本图书信息，实现函数是 search()。
- 删除数据库中的某本图书信息，实现函数是 delete()。
- 修改数据库中的某本图书信息，实现函数是 update()。

实例文件 backend.py 的具体实现代码如下。

源码路径：daima\5\5-1\backend.py

```
import sqlite3

class Database:

    def __init__(self,db):
        self.conn=sqlite3.connect(db)
        self.cur=self.conn.cursor()
        self.cur.execute("CREATE TABLE IF NOT EXISTS book(id INTEGER PRIMARY KEY,title
        text ,author text,year INTEGER, isbn INTEGER )")
        self.conn.commit()

    def insert(self,title,author,year,isbn):
        self.cur.execute("INSERT into book VALUES (NULL,?,?,?,?)",(title,author,year,isbn))
        self.conn.commit()

    def view(self):
        self.cur.execute("SELECT * FROM book")
        rows=self.cur.fetchall()
        return rows

    def search(self,title="",author="",year="",isbn=""):
        self.cur.execute("SELECT * FROM book where title=? OR author=? OR year=? OR isbn=
        ?",(title,author,year,isbn))
        rows=self.cur.fetchall()
        return rows

    def delete(self,id):
        self.cur.execute("DELETE FROM book where id =?",(id,))
        self.conn.commit()

    def update(self,id,author,title,year,isbn):
        self.cur.execute("UPDATE book SET title=?,author=?,year=?,isbn=? WHERE id=?",
        (title,author,year,isbn,id))
        self.conn.commit()

    def __del__(self):
        self.conn.close()
```

再看实例文件 frontend-bookstore.py，功能是使用 Tkinter 创建一个可视化界面，在里面通过文本框组件显示图书信息，通过按钮组件来调用要操作的 SQL 语句。实例文件 frontend-bookstore.py 的具体实现代码如下。

源码路径：daima\5\5-1\frontend-bookstore.py

```
from tkinter import *
from backend import Database

database=Database("books.db")

class Window(object):

    def __init__(self,window):

        self.window = window

        self.window.wm_title("图书馆系统")


        l1=Label(window,text="书名")
        l1.grid(row=0,column=0)

        l2=Label(window,text="作者")
        l2.grid(row=0,column=2)

        l3=Label(window,text="出版时间")
        l3.grid(row=1,column=0)

        l4=Label(window,text="ISBN")
        l4.grid(row=1,column=2)

        self.title_text=StringVar()
        self.e1=Entry(window,textvariable=self.title_text)
        self.e1.grid(row=0,column=1)

        self.author_text=StringVar()
        self.e2=Entry(window,textvariable=self.author_text)
        self.e2.grid(row=0,column=3)

        self.year_text=StringVar()
        self.e3=Entry(window,textvariable=self.year_text)
        self.e3.grid(row=1,column=1)

        self.isbn_text=StringVar()
        self.e4=Entry(window,textvariable=self.isbn_text)
        self.e4.grid(row=1,column=3)

        self.list1=Listbox(window, height=6,width=35)
        self.list1.grid(row=2,column=0,rowspan=6,columnspan=2)

        sb1=Scrollbar(window)
        sb1.grid(row=2,column=2,rowspan=6)

        self.list1.configure(yscrollcommand=sb1.set)
        sb1.configure(command=self.list1.yview)

        self.list1.bind('<<ListboxSelect>>',self.get_selected_row)

        b1=Button(window,text="所有图书", width=12,command=self.view_command)
        b1.grid(row=2,column=3)

        b2=Button(window,text="搜索图书", width=12,command=self.search_command)
        b2.grid(row=3,column=3)

        b3=Button(window,text="添加图书", width=12,command=self.add_command)
        b3.grid(row=4,column=3)

        b4=Button(window,text="修改选定图书", width=12,command=self.update_command)
        b4.grid(row=5,column=3)
```

```
        b5=Button(window,text="删除选定图书", width=12,command=self.delete_command)
        b5.grid(row=6,column=3)

        b6=Button(window,text="关闭", width=12,command=window.destroy)
        b6.grid(row=7,column=3)

    def get_selected_row(self,event):
        if len(self.list1.curselection())>0:
            index=self.list1.curselection()[0]
            self.selected_tuple=self.list1.get(index)
            self.e1.delete(0,END)
            self.e1.insert(END,self.selected_tuple[1])
            self.e2.delete(0,END)
            self.e2.insert(END,self.selected_tuple[2])
            self.e3.delete(0,END)
            self.e3.insert(END,self.selected_tuple[3])
            self.e4.delete(0,END)
            self.e4.insert(END,self.selected_tuple[4])

    def view_command(self):
        self.list1.delete(0,END)
        for row in database.view():
            self.list1.insert(END,row)

    def search_command(self):
        self.list1.delete(0,END)
        for row in database.search(self.title_text.get(),self.author_text.get(),self.
            year_text.get(),self.isbn_text.get()):
            self.list1.insert(END,row)

    def add_command(self):
        database.insert(self.title_text.get(),self.author_text.get(),self.year_text.get(),
           self.isbn_text.get())
        self.list1.delete(0,END)
        self.list1.insert(END,(self.title_text.get(),self.author_text.get(),self.year_
           text.get(),self.isbn_text.get()))

    def delete_command(self):
        database.delete(self.selected_tuple[0])

    def update_command(self):
        database.update(self.selected_tuple[0],self.title_text.get(),self.author_text.
          get(),self.year_text.get(),self.isbn_text.get())

window=Tk()
Window(window)
window.mainloop()
```

在上述代码中，通过组件 Label 显示图书信息，通过组件 Button 实现了 6 个按钮，单击每个按钮会调用文件 backend.py 中对应的函数来实现数据处理。例如，单击“所有图书”按钮后会显示数据库中的所有图书信息，如图 5-1 所示。

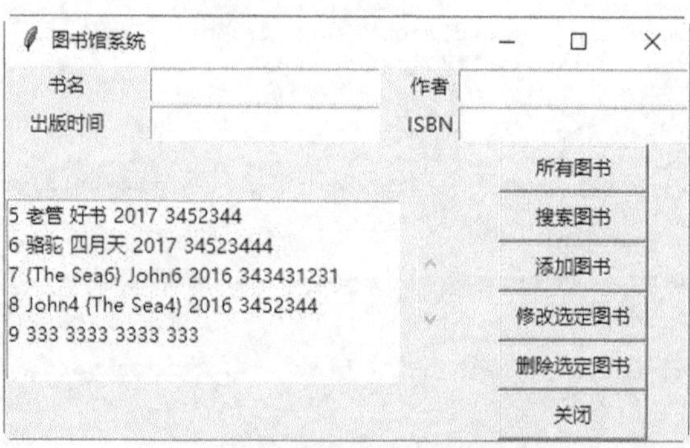

图 5-1　显示数据库中的所有图书信息

5.2 操作 MySQL 数据库

在 Python 3.*x* 版本中，使用内置库 PyMySQL 来连接 MySQL 数据库服务器；在 Python 2 版本中使用 mysqldb 库来连接 MySQL 数据库服务器。PyMySQL 完全遵循 Python 数据库 API v2.0 规范，并包含 pure-Python MySQL 客户端库。本节将详细讲解在 Python 程序中操作 MySQL 数据库的知识。

5.2.1 搭建 PyMySQL 环境

在使用 PyMySQL 之前，必须先确保已经安装了 PyMySQL。PyMySQL 的下载地址是 GitHub 官网。如果还没有安装，可以使用如下命令安装新版的 PyMySQL。

```
pip install PyMySQL
```

安装成功后的界面如图 5-2 所示。

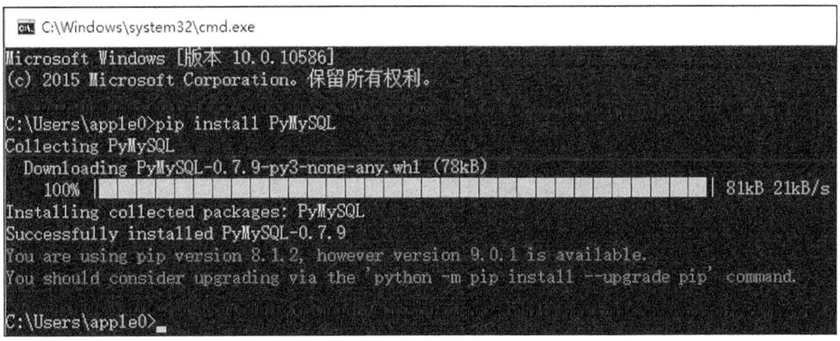

图 5-2　CMD 界面

如果当前系统不支持 pip 命令，则可以使用如下两种方式进行安装。

1）使用 git 命令下载安装包并安装。

```
$ git clone https://GitHub官网/PyMySQL/PyMySQL
$ cd PyMySQL/
$ python3 setup.py install
```

2）如果需要指定版本号，则可以使用 curl 命令进行安装。

```
$ #X.X 为 PyMySQL 的版本号
$ curl -L https://GitHub官网/PyMySQL/PyMySQL/tarball/pymysql-X.X | tar xz
$ cd PyMySQL*
$ python3 setup.py install
$ #现在可以删除 PyMySQL* 目录
```

注意：你必须确保拥有 root 权限才可以安装上述模块。另外，在安装过程中可能会出现“ImportError: No module named setuptools”的错误提示，这个提示的意思是没有安装 setuptools，可以访问 PyPI 官网找到各个系统的安装方法。在 Linux 系统中的安装实例如下。

```
$ wget https://PyPI官网/ez_setup.py
$ python3 ez_setup.py
```

5.2.2 实现数据库连接

在连接数据库之前，请按照如下步骤进行操作。

1）安装 MySQL 数据库和 PyMySQL。

2）在 MySQL 数据库中创建数据库 TESTDB。

3）在 TESTDB 数据库中创建表 EMPLOYEE。

4）在表 EMPLOYEE 中添加 5 个字段，分别是 FIRST_NAME、LAST_NAME、AGE、SEX

和 INCOME。在 MySQL 数据库中，表 EMPLOYEE 如图 5-3 所示。

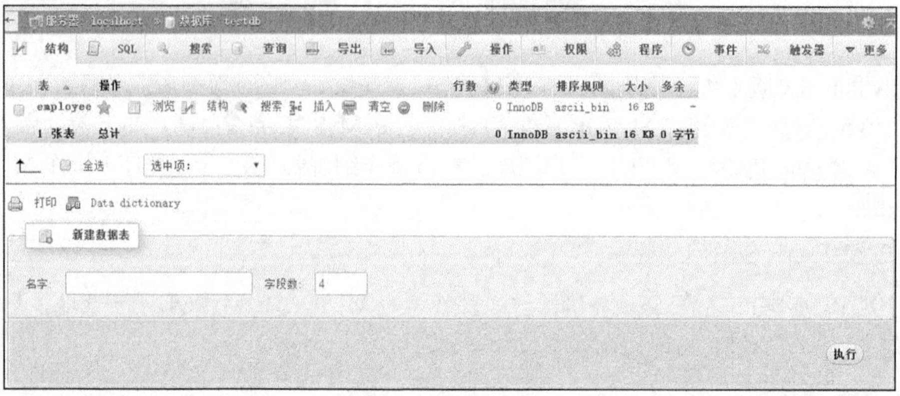

图 5-3　表 EMPLOYEE

5）假设本地 MySQL 数据库的登录用户名为“root”，密码为“66688888”。实例文件 mysql.py 演示了显示 PyMySQL 数据库版本号的过程。

源码路径：daima\5\5-2\mysql.py

```
import pymysql
#打开数据库连接
db = pymysql.connect("localhost","root","66688888","TESTDB" )
#使用cursor()方法创建一个光标对象cursor
cursor = db.cursor()
#使用execute()方法执行SQL查询
cursor.execute("SELECT VERSION()")
#使用fetchone() 方法获取单条数据.
data = cursor.fetchone()
print ("Database version : %s " % data)
#关闭数据库连接
db.close()
```

执行后会输出：

```
Database version : 5.7.17-log
```

5.2.3　创建数据库表

在 Python 程序中，可以使用方法 execute()在数据库中创建一个新表。实例文件 new.py 演示了在 PyMySQL 数据库中创建新表 EMPLOYEE 的过程。

源码路径：daima\5\5-2\new.py

```
import pymysql
#打开数据库连接
db = pymysql.connect("localhost","root","66688888","TESTDB" )
#使用cursor()方法创建一个光标对象cursor
cursor = db.cursor()
#使用execute()方法执行SQL，如果表存在，则删除它
cursor.execute("DROP TABLE IF EXISTS EMPLOYEE")
#使用预处理语句创建表
sql = """CREATE TABLE EMPLOYEE (
         FIRST_NAME  CHAR(20) NOT NULL,
         LAST_NAME  CHAR(20),
         AGE INT,
         SEX CHAR(1),
         INCOME FLOAT )"""
cursor.execute(sql)
#关闭数据库连接
db.close()
```

执行上述代码后，将在 MySQL 数据库中创建一个名为“EMPLOYEE”的新表，执行后的效果如图 5-4 所示。

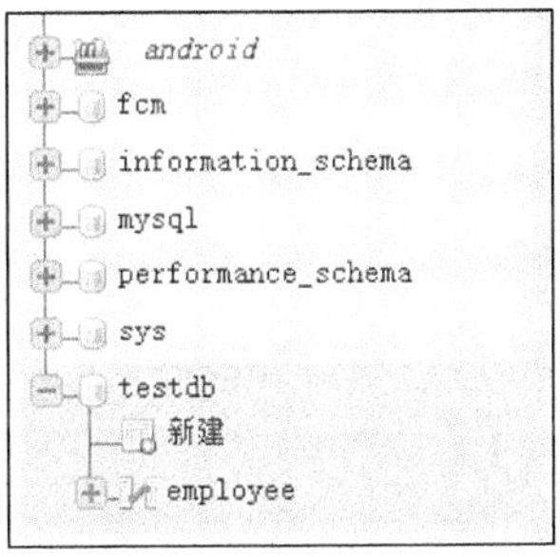

图 5-4　在 MySQL 数据库中创建一个名为“EMPLOYEE”新表

5.2.4　数据库插入操作

在 Python 程序中，可以使用 SQL 语句向数据库中插入新的数据信息。实例文件 cha.py 演示了使用 INSERT 语句向表 EMPLOYEE 中插入数据信息的过程。

源码路径：daima\5\5-2\cha.py

```
import pymysql
#打开数据库连接
db = pymysql.connect("localhost","root","66688888","TESTDB" )
#使用cursor()方法获取操作光标
cursor = db.cursor()
#SQL插入语句
sql = """INSERT INTO EMPLOYEE(FIRST_NAME,
         LAST_NAME, AGE, SEX, INCOME)
         VALUES ('Mac', 'Mohan', 20, 'M', 2000)"""
try:
   #执行SQL语句
   cursor.execute(sql)
   #提交到数据库并执行
   db.commit()
except:
   #如果发生错误，则回滚
   db.rollback()
#关闭数据库连接
db.close()
```

执行上述代码后，打开 MySQL 数据库中的表“EMPLOYEE”，会发现在里面插入了一条新的数据信息。执行后的效果如图 5-5 所示。

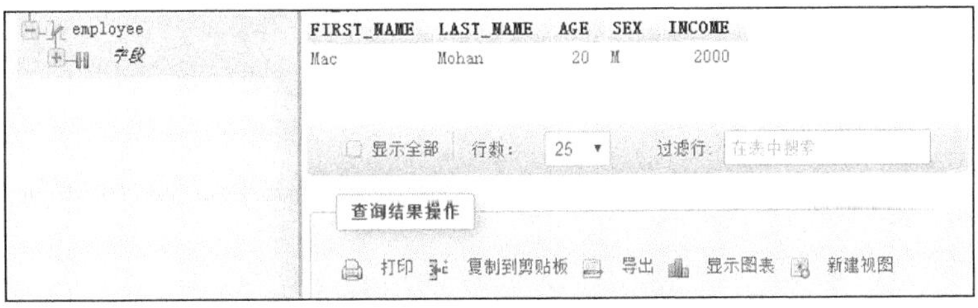

图 5-5　表“EMPLOYEE”中插入了一条新的数据信息

5.2.5　数据库查询操作

在 Python 程序中，可以使用 fetchone()方法获取 MySQL 数据库中的单条数据，使用 fetchall()方法获取 MySQL 数据库中的多条数据。当使用 Python 查询 MySQL 数据库时，需要用到如下方法和属性。

- fetchone()：获取下一个查询结果集。结果集是一个对象。
- fetchall()：获取全部的返回结果。
- rowcount：一个只读属性，用于返回执行 execute()方法后影响的行数。

实例文件 fi.py 演示了如何查询并显示表 EMPLOYEE 中 INCOME（工资）高于 1000 元的员工信息。

源码路径：daima\5\5-2\fi.py

```
import pymysql
#打开数据库连接
db = pymysql.connect("localhost","root","66688888","TESTDB" )
#使用cursor()方法获取操作光标
cursor = db.cursor()
#SQL查询语句
sql = "SELECT * FROM EMPLOYEE \
       WHERE INCOME > '%d'" % (1000)
try:
   #执行SQL语句
   cursor.execute(sql)
   #获取所有记录列表
   results = cursor.fetchall()
   for row in results:
      fname = row[0]
      lname = row[1]
      age = row[2]
      sex = row[3]
      income = row[4]
       #输出结果
      print ("fname=%s,lname=%s,age=%d,sex=%s,income=%d" % \
             (fname, lname, age, sex, income ))
except:
   print ("Error: unable to fetch data")
#关闭数据库连接
db.close()
```

执行后会输出：

```
fname=Mac,lname=Mohan,age=20,sex=M,income=2000
```

5.2.6　数据库更新操作

在 Python 程序中，可以使用 UPDATE 语句更新数据库中的数据信息。实例文件 xiu.py 将数据库表中“SEX”字段为“M”的“AGE”字段递增 1。

源码路径：daima\5\5-2\xiu.py

```
import pymysql
#打开数据库连接
db = pymysql.connect("localhost","root","66688888","TESTDB" )
#使用cursor()方法获取操作光标
cursor = db.cursor()
#SQL 更新语句
sql = "UPDATE EMPLOYEE SET AGE = AGE + 1 WHERE SEX = '%c'" % ('M')
try:
   #执行SQL语句
   cursor.execute(sql)
   #提交到数据库并执行
   db.commit()
except:
   #当发生错误时回滚
   db.rollback()
#关闭数据库连接
db.close()
```

执行文件 xiu.py 后的效果如图 5-6（a）和（b）所示。

FIRST_NAME	LAST_NAME	AGE	SEX	INCOME
Mac	Mohan	20	M	2000

（a）修改前

+ 选项

FIRST_NAME	LAST_NAME	AGE	SEX	INCOME
Mac	Mohan	21	M	2000

（b）修改后

图 5-6　执行文件 xiu.py 后的效果

5.2.7 数据库删除操作

在 Python 程序中，可以使用 DELETE 语句删除数据库中的数据信息。实例文件 del.py 删除了表 EMPLOYEE 中所有 AGE 大于 20 的数据。

源码路径：daima\5\5-2\del.py

```
import pymysql
#打开数据库连接
db = pymysql.connect("localhost","root","66688888","TESTDB" )
#使用cursor()方法获取操作光标
cursor = db.cursor()
#SQL删除语句
sql = "DELETE FROM EMPLOYEE WHERE AGE > '%d'" % (20)
try:
    #执行SQL语句
    cursor.execute(sql)
    #提交修改
    db.commit()
except:
    #当发生错误时回滚
    db.rollback()

#关闭连接
db.close()
```

执行后将删除表EMPLOYEE中所有 AGE 大于 20 的数据，执行后的效果如图 5-7 所示。

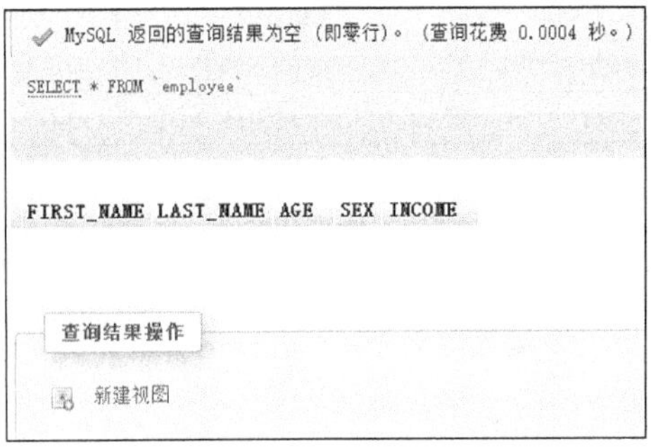

图 5-7 表 EMPLOYEE 中的数据已经为空

5.2.8 执行事务

在 Python 程序中，使用事务机制可以确保数据的一致性。通常来说，事务应该具有 4 个属性，即原子性、一致性、隔离性、持久性。这 4 个属性通常称为 ACID 特性。

- 原子性（atomicity）：一个事务是一个不可分割的工作单位，事务中包括的操作要么都做，要么都不做。
- 一致性（consistency）：事务必须使数据库从一个一致性状态变成另一个一致性状态。一致性与原子性是密切相关的。
- 隔离性（isolation）：一个事务的执行不能被其他事务干扰，即一个事务内部的操作及使用的数据对并发的其他事务是隔离的，并发执行的各个事务之间不能互相干扰。
- 持久性（durability）：也称永久性（permanence），指一个事务一旦提交，它对数据库中数据的改变就应该是永久性的。接下来的其他操作或故障不应该对它有任何影响。

在 Python DB API 2.0 的事务机制中提供了两个处理方法，分别是 commit()和 rollback()。实例文件 shi.py 通过执行事务的方式删除了表 EMPLOYEE 中所有 AGE 大于 19 的数据。

源码路径：daima\5\5-2\shi.py

```
import pymysql
#打开数据库连接
db = pymysql.connect("localhost","root","66688888","TESTDB" )
#使用cursor()方法获取操作游标
cursor = db.cursor()
#SQL删除语句
sql = "DELETE FROM EMPLOYEE WHERE AGE > '%d'" % (19)
try:
    #执行SQL语句
    cursor.execute(sql)
    #向数据库提交
```

```
    db.commit()
except:
    #当发生错误时回滚
    db.rollback()
```

执行后将删除表 EMPLOYEE 中所有 AGE 大于 19 的数据。

5.2.9　通过 Tkinter 与 MySQL 开发客户通信录系统

本实例是一个 Tkinter 桌面应用程序，功能是在 MySQL 数据库中跟踪用户的地址信息。本应用程序将帮助商家跟踪订购食品杂货的人，通过输入购买总额，导出一个 CSV 文件并进行记录。导出的文件称为 customer.csv。本实例的具体实现流程如下。

1）在 MySQL 中创建一个名为“testdb”的数据库，并创建表“foodtown”。该表的结构如表 5-2 所示。

表 5-2　　表“foodtown”的结构

Field	Type	Null	Key	Default	Extra
id	int(11)	NO	PRI	NULL	auto_increment
first_name	varchar(12)	YES		NULL	
last_name	varchar(12)	YES		NULL	
address1	varchar(50)	YES		NULL	
address2	varchar(20)	YES		NULL	
state	char(2)	YES		NULL	
city	varchar(12)	YES		NULL	
zip	char(5)	YES		NULL	
sex	char(1)	YES		NULL	

2）编写文件 main_driver.py，功能是调用 main_window.py 打开程序主界面。具体实现代码如下。

源码路径：daima\5\5-2\AddressBook\main_driver.py

```
from main_window import MainWindow
from tkinter import *
window = MainWindow()
```

3）编写文件 main_window.py，功能是创建 Tkinter 主窗体，调用模块 LeftFrame 与 RightFrame 分别显示客户列表和操作按钮。具体实现代码如下。

源码路径：daima\5\5-2\AddressBook\main_window.py

```
from tkinter import *
from entry_window import EntryWindow
from left_frame import LeftFrame
from right_frame import RightFrame
from database_class import DataBaseClass

class MainWindow(object):

    def __init__(self):
        """Constructor"""
        self.root = Tk()
        self.root.geometry('300x200')
        self.root.wm_title('客户资料系统')

        self.database = DataBaseClass()

        self.left_frame = LeftFrame(self.root, self.database)
        self.right_frame = RightFrame(self.root, self.left_frame, self.database)

        self.root.mainloop()
```

4）编写文件 left_frame.py，功能是在 Tkinter 窗体左侧创建一个列表，在列表中加载并显示数据库中的客户列表信息。具体实现代码如下。

源码路径：daima\5\5-2\AddressBook\left_frame.py

```
from tkinter import *
import pymysql

class LeftFrame(object):

    def __init__(self, root, database):
        self.frame = Frame(root)
        self.database = database
        self.address_list = Listbox(self.frame)

        self.db = pymysql.connect(
            host = 'localhost',
            user = 'root',
            passwd = '66688888',
            db = 'testdb',
            charset='utf8'
        )

        self.populateContactList()

        self.address_list.pack(fill=BOTH, expand=1)
        self.frame.pack(side=LEFT, fill=BOTH)

    def populateContactList(self):
        person_list = self.database.getNamesOfCustomers()

        if self.address_list.size():
            self.address_list.delete(0, END)

        for name in person_list:
            self.address_list.insert(END, name)
```

5）编写文件 right_frame.py，功能是在 Tkinter 窗体右侧创建 5 个按钮，并分别创建 5 个按钮的操作函数。具体实现代码如下。

源码路径：daima\5\5-2\AddressBook\right_frame.py

```
from tkinter import *
from entry_window import EntryWindow
from export_window import ExportWindow

class RightFrame(object):

    def __init__(self, root, left_frame, database):
        self.frame = Frame(root)
        self.left_frame = left_frame
        self.database = database

        self.add_new_button = Button(self.frame, text='添加', command=self.open_entry_window)
        self.mia = Button(self.frame, text='修改', command=self.editEntry)
        self.export_button = Button(self.frame, text='导出', command=self.openExportWindow)
        self.remove_button = Button(self.frame, text='删除', command=self.removeCustomer)
        self.close_button = Button(self.frame, text='关闭', command=root.quit)

        self.add_new_button.pack(fill=X)
        self.mia.pack(fill=X)
        self.export_button.pack(fill=X)
        self.remove_button.pack(fill=X)
        self.close_button.pack(fill=X)
        self.frame.pack(fill=BOTH)

    def open_entry_window(self):
        """Opens the EntryWindow object"""
        entry_window = EntryWindow(self.database, self.left_frame)
```

```
    def getListboxFromFrame(self):
        frame_children = self.left_frame.frame.winfo_children()
        list_box = frame_children[0]
        return list_box

    def getListBoxSelection(self):
        list_box = self.getListboxFromFrame()
        return list_box.get(ACTIVE)

    def splitNameSelection(self):
        name = self.getListBoxSelection()
        name_list = name.split(' ')
        name_dict = {
            'first_name': name_list[0],
            'last_name': name_list[1]
        }
        return name_dict

    def getAddressFromName(self):
        name_dict = self.splitNameSelection()
        self.database.returnAddressFromName(name_dict)

    def getAllInfo(self):
        name_dict = self.splitNameSelection()
        self.database.returnAllCustomerInfo(name_dict)

    def createCustomerDictionary(self):
        """Creates a dictionary with customer info
           from database"""
        name_dict = self.splitNameSelection()
        customer_info_list = self.database.returnAllCustomerInfo(name_dict)
        customer_name = customer_info_list[1] + ' ' + customer_info_list[2] + ' (' +
        customer_info_list[8] + ')'
        city_state_zip = customer_info_list[6] + ', ' + customer_info_list[5] + ' ' +
        customer_info_list[7]
        customer_info_dict = {
            'full_name': customer_name,
            'address_1': customer_info_list[3],
            'address_2': customer_info_list[4],
            'address_3': city_state_zip
        }
        return customer_info_dict

    def openExportWindow(self):
        customer_dict = self.createCustomerDictionary()
        export_window = ExportWindow(customer_dict)

    def removeCustomer(self):
        name_dict = self.splitNameSelection()
        self.database.deleteCustomerFromDB(name_dict)
        self.left_frame.populateContactList()

    def editEntry(self):
        name_dict = self.splitNameSelection()
        customer_info_dict = self.database.returnAllCustomerInfo(name_dict)
        #print(customer_info_dict)
        cust = {
            'first_name': customer_info_dict[1],
            'last_name': customer_info_dict[2],
            'address1': customer_info_dict[3],
            'address2': customer_info_dict[4],
            'state': customer_info_dict[5],
            'city': customer_info_dict[6],
            'zip': customer_info_dict[7],
            'sex': customer_info_dict[8],
            'phone': customer_info_dict[9],
        }
        edit_window = EntryWindow(self.database, self.left_frame, **cust)
```

系统主界面如图 5-8 所示。

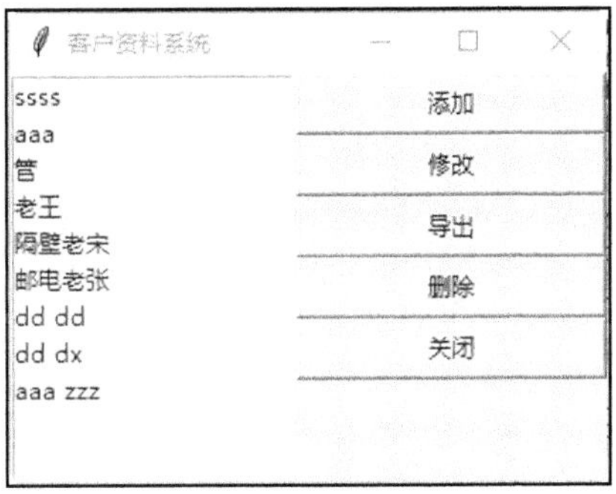

图 5-8 系统主界面

6）编写文件 database_class.py，功能是实现和指定数据库的连接，分别定义数据库操作函数实现客户资料的查询、修改和删除操作。具体实现代码如下。

源码路径：daima\5\5-2\AddressBook\database_class.py

```
import pymysql

class DataBaseClass(object):

    def __init__(self):
        self.db = pymysql.connect(
            host = 'localhost',
            user = 'root',
            passwd = '66688888',
            db = 'testdb',
            charset='utf8'
        )

    def getNamesOfCustomers(self):
        """Returns a list with all the names"""
        people = []
        cursor = self.db.cursor()
        cursor.execute('SELECT first_name, last_name FROM foodtown ORDER BY last_name')
        results = cursor.fetchall()

        if results:
            for person in results:
                name = person[0] + ' ' + person[1]
                people.append(name)
        return people

    def returnAddressFromName(self, name_dict):
        cursor = self.db.cursor()
        get_customer_address = (
            'SELECT address1 FROM foodtown '
            'WHERE first_name = %(first_name)s AND last_name= %(last_name)s'
        )
        cursor.execute(get_customer_address, name_dict)
        address = cursor.fetchone()
        print(address[0])

    def returnAllCustomerInfo(self, name_dict):
        cursor = self.db.cursor()
        get_customer_info = (
            'SELECT * FROM foodtown '
            'WHERE first_name = %(first_name)s AND last_name = %(last_name)s'
        )
        cursor.execute(get_customer_info, name_dict)
        address = cursor.fetchone()
        return address

    def deleteCustomerFromDB(self, name_dict):
        """Deletes the customer from the database"""
```

```
            cursor = self.db.cursor()
            delete_from_operation = (
                'DELETE FROM foodtown '
                'WHERE first_name = %(first_name)s AND last_name = %(last_name)s'
            )
            cursor.execute(delete_from_operation, name_dict)
            self.db.commit()

        def addCustomerToDB(self, customer_dict):
            cursor = self.db.cursor()
            insert_into_operation = (
                'INSERT INTO foodtown(first_name, last_name, address1, address2, state,
                     city, zip, sex, phone)'
                'VALUES(%(first_name)s, %(last_name)s, %(city)s, %(apt)s, %(state)s,
                     %(city)s, %(zip)s, %(sex)s, %(phone)s)'
                )
            cursor.execute(insert_into_operation, customer_dict)
            self.db.commit()
```

7）编写文件 entry_window.py，功能是使用 Tkinter 创建添加客户窗体，获取在文本框中输入的数据，调用添加函数将输入的数据添加到数据库中。具体实现代码如下。

源码路径：daima\5\5-2\AddressBook\entry_window.py

```
from tkinter import *

class EntryWindow(object):

    def __init__(self, database, left_frame, **customer_dict):
        """Constructor"""
        self.database = database
        self.left_frame = left_frame

        self.root = Toplevel()
        self.root.wm_title('添加新客户')
        self.top_frame = Frame(self.root)
        self.bottom_frame = Frame(self.root)

        self.done_button = Button(self.bottom_frame, text='Done', command=self.create
        NewCustomer)
        self.done_button.pack(side=LEFT, padx=5, pady=5)
        self.cancel_button = Button(self.bottom_frame, text='Cancel', command=self.root.
        destroy)
        self.cancel_button.pack(side=LEFT)

        self.first_name = Label(self.top_frame, text='姓:')
        self.last_name = Label(self.top_frame, text='名:')
        self.phone_number = Label(self.top_frame, text='电话:')
        self.street = Label(self.top_frame, text='街道:')
        self.apt_label = Label(self.top_frame, text='地区:')
        self.city = Label(self.top_frame, text='城市:')
        self.state = Label(self.top_frame, text='省份:')
        self.zip = Label(self.top_frame, text='邮编:')

        self.first_name_box = Entry(self.top_frame)
        self.last_name_box = Entry(self.top_frame)
        self.phone_box = Entry(self.top_frame)
        self.street_box = Entry(self.top_frame)
        self.apt_box = Entry(self.top_frame)
        self.city_box = Entry(self.top_frame)
        self.state_box = Entry(self.top_frame, width=2)
        self.zip_box = Entry(self.top_frame, width=5)

        self.male_or_female = StringVar()
        self.male_or_female.set("m")
        self.male_button = Radiobutton(self.bottom_frame, text='男', value="m",
        variable=self.male_or_female)
        self.female_button = Radiobutton(self.bottom_frame, text='女', value="f",
        variable=self.male_or_female)
```

```
        self.pack_top_frame()

        self.top_frame.pack(side=TOP)
        self.bottom_frame.pack()

        if customer_dict:
            self.prefillTextboxes(customer_dict)

        self.root.mainloop()

    def pack_top_frame(self):
        """Packs all the labels and entries using grid"""
        self.first_name.grid(row=0, sticky=E)
        self.first_name_box.grid(row=0, column=1)

        self.last_name.grid(row=1, sticky=E)
        self.last_name_box.grid(row=1, column=1)

        self.phone_number.grid(row=2, sticky=E)
        self.phone_box.grid(row=2, column=1)

        self.street.grid(row=3, sticky=E)
        self.street_box.grid(row=3, column=1)

        self.apt_label.grid(row=4, sticky=E)
        self.apt_box.grid(row=4, column=1)

        self.city.grid(row=5, sticky=E)
        self.city_box.grid(row=5, column=1)

        self.state.grid(row=6, sticky=E)
        self.state_box.grid(row=6, column=1, sticky=W)

        self.zip.grid(row=7, sticky=E)
        self.zip_box.grid(row=7, column=1, sticky=W)

        self.male_button.pack()
        self.female_button.pack()

    def get_text(self):
        """Grab the text from the text boxes"""
        ATTRIBUTES = {
            'first_name': self.first_name_box.get(),
            'last_name': self.last_name_box.get(),
            'phone' : self.phone_box.get(),
            'street': self.street_box.get(),
            'apt': self.apt_box.get(),
            'city': self.city_box.get(),
            'state': self.state_box.get(),
            'zip': self.zip_box.get(),
            'sex': self.male_or_female.get()
        }
        return ATTRIBUTES

    def createNewCustomer(self):

        customer_dict = self.get_text()
        self.database.addCustomerToDB(customer_dict)
        self.left_frame.populateContactList()
        self.root.destroy()

    def prefillTextboxes(self, customer_dict):
        self.first_name_box.insert(0, customer_dict['first_name'])
```

单击窗体中的“添加”按钮后会打开“添加新客户”对话框，如图 5-9 所示。

8）编写文件 export_window.py，功能是将客户资料导出到本地“.csv”文件中。具体实现代码如下。

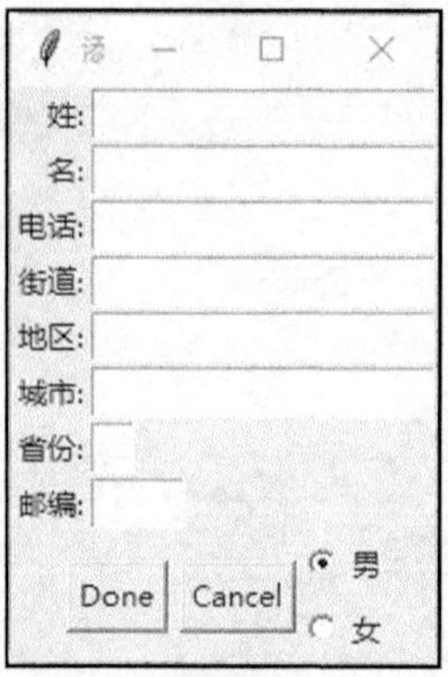

图 5-9　“添加新客户”对话框

源码路径：daima\5\5-2\AddressBook\export_window.py

```
from tkinter import *
import csv

class ExportWindow(object):

    def __init__(self, customer_dict):
        """Constructor"""
        self.customer_dict = customer_dict
        self.root = Toplevel()
        self.root.wm_title('Export Customer')
        self.root.geometry('300x270')
        self.top_frame = Frame(self.root)
        self.bottom_frame = Frame(self.root)
        self.button_frame = Frame(self.root)

        self.name_label = Label(self.top_frame, text=customer_dict['full_name'])
        self.address_1_label = Label(self.top_frame, text=customer_dict['address_1'])
        if customer_dict['address_2'] != '':
            self.address_2_label = Label(self.top_frame, text=customer_dict['address_2'])
        self.address_3_label = Label(self.top_frame, text=customer_dict['address_3'])


        self.name_label.pack()
        self.address_1_label.pack()
        if customer_dict['address_2'] != '':
            self.address_2_label.pack()
        self.address_3_label.pack()

        self.top_frame.pack(side=TOP)

        self.cash_or_credit = StringVar()
        self.cash_or_credit.set('cash')
        Radiobutton(self.bottom_frame, text='Cash', variable=self.cash_or_credit, value=
        'cash').pack(anchor=W)
        Radiobutton(self.bottom_frame, text='Credit', variable=self.cash_or_credit,
        value='credit').pack(anchor=W)

        self.total_label = Label(self.bottom_frame, text='Total $:')
        self.total_entry_box = Entry(self.bottom_frame,width=7)
        self.total_label.pack(side=LEFT)
        self.total_entry_box.pack(side=LEFT)

        self.export_button = Button(self.button_frame, text='Export', command=self.
        exportToCSV)
        self.export_button.pack(side=BOTTOM)

        self.bottom_frame.pack()
        self.button_frame.pack()
        self.root.mainloop()
```

```
    def exportToCSV(self):
        payment_method = self.cash_or_credit.get() + ': $' + self.total_entry_box.get()
        with open('customer.csv', 'w') as csvfile:
            write_file = csv.writer(csvfile)
            write_file.writerow([self.customer_dict['full_name']])
            write_file.writerow([self.customer_dict['address_1']])
            if self.customer_dict['address_2'] != '':
                write_file.writerow([self.customer_dict['address_2']])
            write_file.writerow([self.customer_dict['address_3']])
            write_file.writerow([payment_method])
        self.root.destroy()
```

单击窗体中的 Export 按钮后会打开 Export Customer 对话框，如图 5-10 所示。

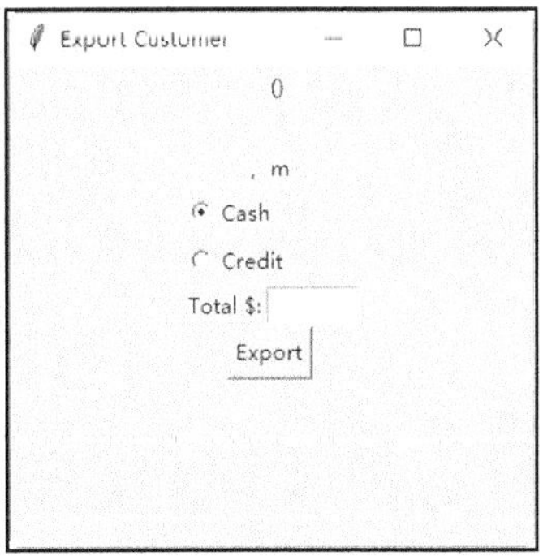

图 5-10　Export Customer 对话框

5.3　使用 MariaDB 数据库

MariaDB 是一种开源数据库，是 MySQL 数据库的一个分支。因为某些历史问题，有不少用户担心 MySQL 数据库会停止开源，所以 MariaDB 逐步成为替代 MySQL 的数据库之一。本节将详细讲解使用 MySQL 第三方库来操作 MariaDB 数据库的知识。

5.3.1　搭建 MariaDB 数据库环境

作为一款经典的关系数据库产品，搭建 MariaDB 数据库环境的基本流程如下。

1）登录 MariaDB 官网下载页面，如图 5-11 所示。

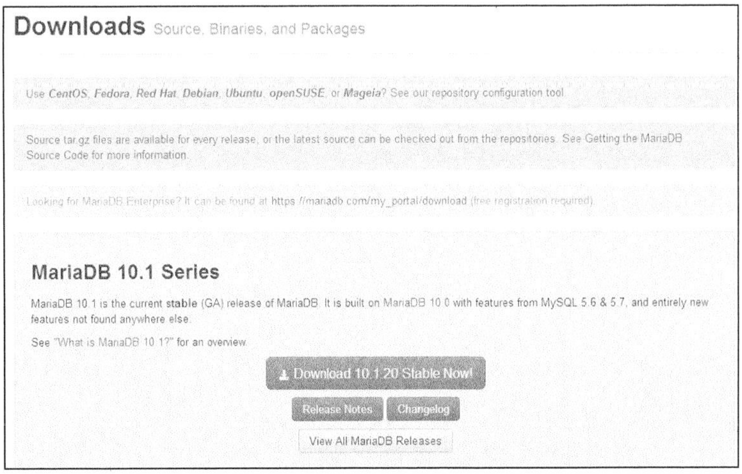

图 5-11　MariaDB 官网下载页面

2）单击“Download 10.1.20 Stable Now!”按钮，弹出具体下载界面，如图 5-12 所示。在此需要根据计算机系统的版本进行下载，例如，作者的计算机是 64 位的 Windows 10 系统，所以选择“mariadb-10.1.20-winx64.msi”进行下载。

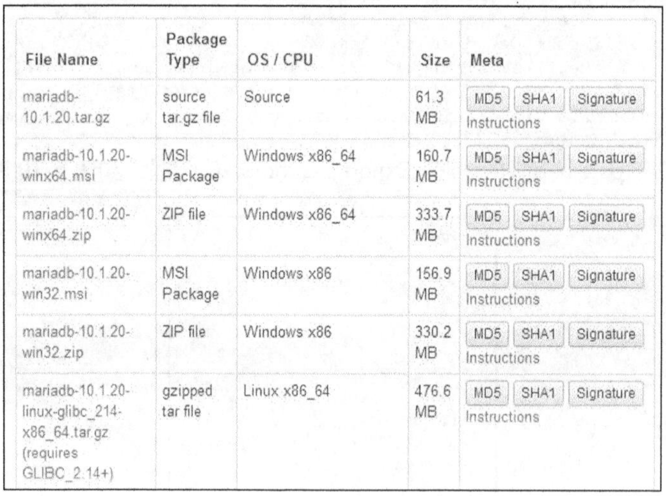

File Name	Package Type	OS / CPU	Size	Meta
mariadb-10.1.20.tar.gz	source tar.gz file	Source	61.3 MB	MD5 SHA1 Signature Instructions
mariadb-10.1.20-winx64.msi	MSI Package	Windows x86_64	160.7 MB	MD5 SHA1 Signature Instructions
mariadb-10.1.20-winx64.zip	ZIP file	Windows x86_64	333.7 MB	MD5 SHA1 Signature Instructions
mariadb-10.1.20-win32.msi	MSI Package	Windows x86	156.9 MB	MD5 SHA1 Signature Instructions
mariadb-10.1.20-win32.zip	ZIP file	Windows x86	330.2 MB	MD5 SHA1 Signature Instructions
mariadb-10.1.20-linux-glibc_214-x86_64.tar.gz (requires GLIBC_2.14+)	gzipped tar file	Linux x86_64	476.6 MB	MD5 SHA1 Signature Instructions

图 5-12　具体下载页面

3）下载完成后会得到一个安装文件“mariadb-10.1.20-winx64.msi”，双击这个文件，弹出“Welcome to MariaDB 10.1(x64)Setup Wizard”界面，如图 5-13 所示。

4）单击“Next”按钮后弹出“End-User License Agreement”界面，在此勾选“I accept the terms in the License Agreement”复选框，如图 5-14 所示。

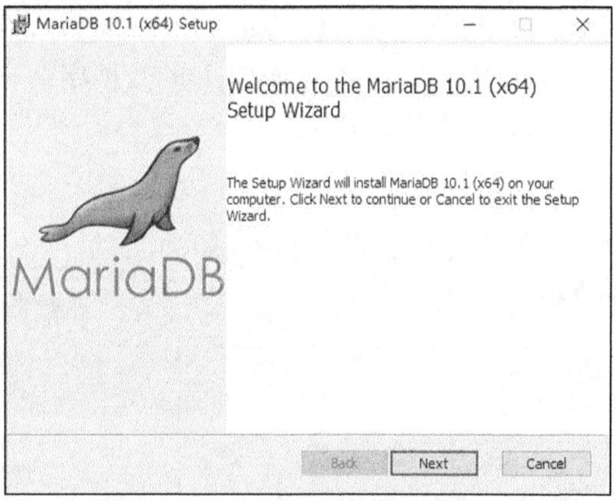

图 5-13　“Welcome to the MariaDB 10.1(x64)Setup Wizard”界面

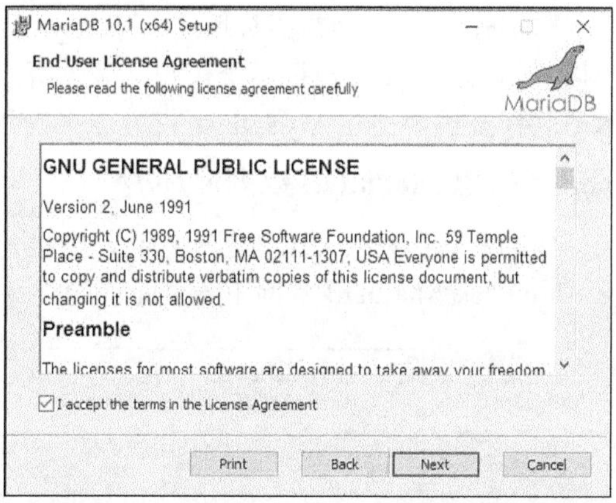

图 5-14　“End-User License Agreement”界面

5）单击“Next”按钮后弹出“Custom Setup”界面，在此设置程序文件的安装路径，如图 5-15 所示。

6）单击“Next”按钮后弹出用于设置密码的界面，在此设置管理员用户“root”的密码，如图 5-16 所示。

7）单击“Next”按钮后弹出用于设置默认实例属性的界面，在此设置服务器的名字和 TCP 端口号，如图 5-17 所示。

8）单击“Next”按钮来到准备安装 MariaDB 10.1 的界面，如图 5-18 所示。

9）单击“Install”按钮后会显示安装进度，如图 5-19 所示。

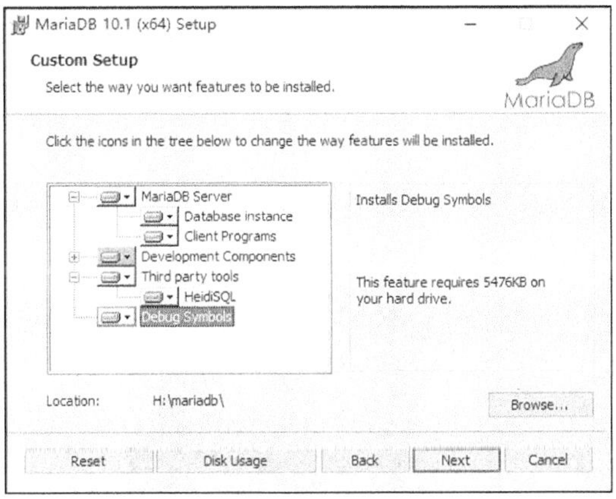

图 5-15 “Custom Setup”界面

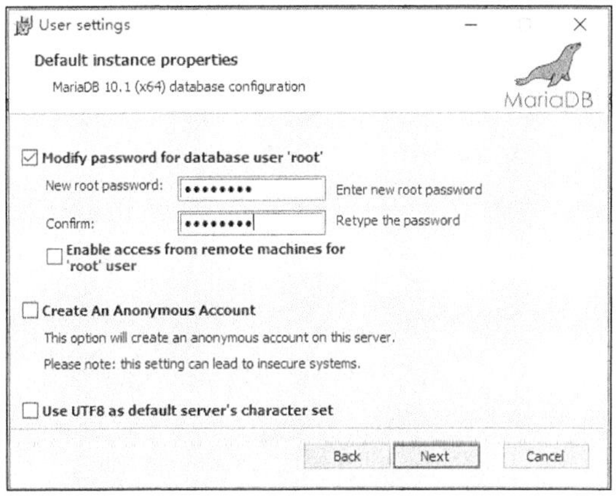

图 5-16 设置密码

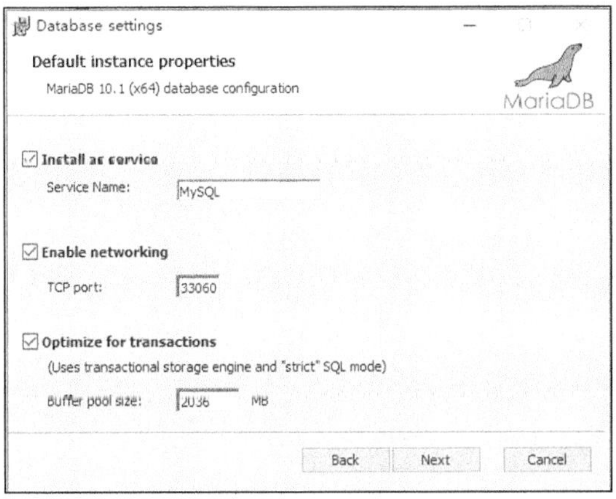

图 5-17 设置默认实例属性

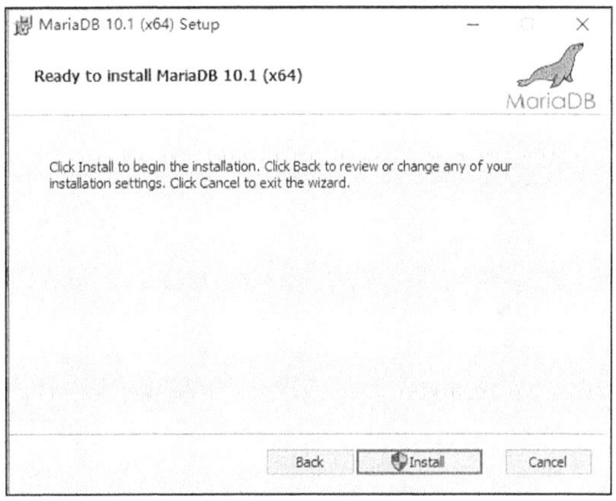

图 5-18 准备安装 MariaDB 10.1

10）安装进度完成后弹出完成安装的界面，单击“Finish”按钮后完成安装，如图 5-20 所示。

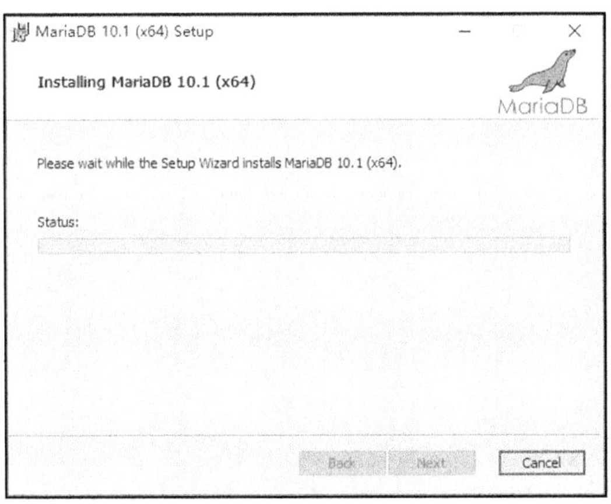

图 5-19 安装进度

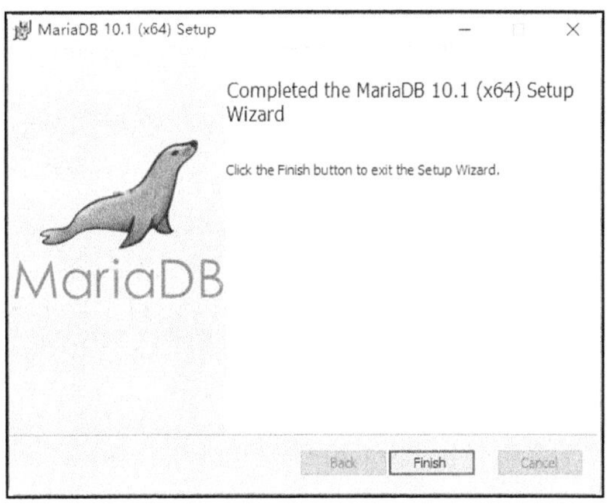

图 5-20 完成安装

5.3.2 在 Python 程序中使用 MariaDB 数据库

当在 Python 程序中使用 MariaDB 数据库时，需要在程序中加载 Python 的第三方库 MySQL

Connector Python。但是在使用这个第三方库操作 MariaDB 数据库之前，需要先下载并安装这个第三方库。下载与安装的过程非常简单，只须在控制台中执行如下命令即可。

```
pip install mysql-connector
```

安装成功时的界面如图 5-21 所示。

图 5-21　第三方库下载并安装成功

实例文件 md.py 演示了在 Python 程序中使用 MariaDB 数据库的过程。

源码路径：daima\5\5-3\md.py

```
from mysql import connector
import random                          #导入内置模块
...省略部分代码...
if __name__ == '__main__':
    print("建立连接...")                #显示提示信息
    #建立数据库连接
    con = connector.connect(user='root',password=
                    '66688888',database='md')
    print("建立游标...")                #显示提示信息
    cur = con.cursor()                 #建立光标
    print('创建一张表mdd...')           #显示提示信息
    #创建数据库表mdd
    cur.execute('create table mdd(id int primary key auto_increment not null,name text,
    passwd text)')
    #在表mdd中插入一条数据
    print('插入一条记录...')            #显示提示信息
    cur.execute('insert into mdd (name,passwd)values(%s,%s)',(get_str(2,4),get_str(8,12),))
    print('显示所有记录...')            #显示提示信息
    output()                           #显示数据库中的数据信息
    print('批量插入多条记录...')        #显示提示信息
    #在表mdd中插入多条数据
    cur.executemany('insert into mdd (name,passwd)values(%s,%s)',get_data_list(3))
    print("显示所有记录...")            #显示提示信息
    output_all()                       #显示数据库中的数据信息
    print('更新一条记录...')            #显示提示信息
    #修改表mdd中的一条数据
    cur.execute('update mdd set name=%s where id=%s',('aaa',1))
    print('显示所有记录...')            #显示提示信息
    output()                           #显示数据库中的数据信息
    print('删除一条记录...')            #显示提示信息
    #删除表mdd中的一条数据信息
    cur.execute('delete from  mdd where id=%s',(3,))
    print('显示所有记录：')             #显示提示信息
    output()                           #显示数据库中的数据信息
```

在上述实例代码中，使用 mysql-connector-python 模块中的函数 connect()建立了与 MariaDB 数据库的连接。连接函数 connect()在 mysql.connector 中定义。此函数的语法原型如下。

```
connect(host, port,user, password, database, charset)
```

各参数的说明如下。

- host：访问数据库的服务器主机（默认为本机）。
- port：访问数据库的服务器端口（默认为 3306）。

- user：访问数据库的用户名。
- password：访问数据库的密码。
- database：访问数据库的名称。
- charset：字符编码（默认为 uft8）。

执行后将显示创建数据表并实现数据插入、更新和删除操作的过程。执行后会输出：

```
建立连接...
建立光标...
创建一张表mdd...
插入一条记录...
显示所有记录...
1   kpv   lrdupdsuh
批量插入多条记录...
显示所有记录...
(1, 'kpv', 'lrdupdsuh')
(2, 'hsue', 'ilrleakcoh')
(3, 'hb', 'dzmcajvm')
(4, 'll', 'ngjhixta')
更新一条记录...
显示所有记录...
1   aaa   lrdupdsuh
2   hsue   ilrleakcoh
3   hb   dzmcajvm
4   ll   ngjhixta
删除一条记录...
显示所有记录:
1   aaa   lrdupdsuh
2   hsue   ilrleakcoh
4   ll   ngjhixta
```

注意：操作 MariaDB 数据库时，与操作 SQLite3 的 SQL 语句不同的是，SQL 语句中的占位符不是“？”，而是“%s”。

5.3.3 使用 MariaDB 创建 MySQL 数据库

请看实例文件 123.py，功能是使用 MariaDB 创建一个指定的 MySQL 数据库。

源码路径：daima\5\5-3\123.py

```
import socket
import time
import pymysql as mariadb

#要连接的数据库名

DB_NAME='mariadb'

#创建一个表
TABLES = {}

TABLES['location'] = (
    "CREATE TABLE IF NOT EXISTS `location` ("
    "  `id` int(255) NOT NULL AUTO_INCREMENT,"
    "  `latitud` varchar(15) NOT NULL,"
    "  `longitud` varchar(15) NOT NULL,"
    "  `Fecha` varchar(22) NOT NULL,"
    "  `Hora` varchar(22) NOT NULL,"
    "  PRIMARY KEY (`id`), UNIQUE KEY `Hora` (`Hora`)"
    ") ENGINE=InnoDB")

#与MariaDB服务器建立连接
cnx = mariadb.connect(host='localhost', user='root', password='66688888')
cursor = cnx.cursor()

#创建数据库
def generate_database(curs):
    try:
        #如果数据库已经存在
```

```
        #curs.execute("DROP DATABASE IF EXISTS {}".format(DB_NAME))
        #如果数据库不存在，创建它
        curs.execute(
            "CREATE DATABASE IF NOT EXISTS {} DEFAULT CHARACTER SET 'utf8'".format(DB_NAME))
    except mariadb.Error as err:
        print("Failed creating database: {}".format(err))
        exit(1)
    else:
        print("Database OK")

try:
    generate_database(cursor)
except mariadb.Error as err:
    print("Error: {}".format(err))

cursor.execute("USE {}".format(DB_NAME))
for name, ddl in TABLES.items():
    try:
        print("Creating table {}: ".format(name), end='')
        cursor.execute(ddl)
    except mariadb.Error as err:
        print("Failed creating table: {}".format(err))
        exit(1)
    else:
        print("Table OK")

cnx.commit()
cnx.close()

def main():
    #创建TCP/IP 套接字
    sock = socket.socket(socket.AF_INET, socket.SOCK_DGRAM)
    HOST = socket.gethostbyname(socket.gethostname())
    PORT = 10
    #将套接字绑定到端口

    server_address = (HOST, PORT)
    print('Inicializando en Host IPV4 %s Puerto %s' % server_address)
    sock.bind(server_address)

    while True:
        try:
            while True:
                print("Connected")
                raw_data, addr = sock.recvfrom(65535)
                save_data = str(raw_data)[2:]
                if raw_data:
                    #print('recibido ' + save_data)
                    op, evento, fecha, lat, lon = obtMsg(save_data);
                    #print(op, evento)
                    if op:
                        print('Evento: ' + str(evento) + ', ' + 'la latitud es: ' + str
                        (lat) + ' y la longitud es: ' + str(lon))
                        print('Fecha del dato: ' + fecha)
                        cnx = mariadb.connect(host='localhost', user='root', password=
                        '66688888')
                        cursor = cnx.cursor()
                        cursor.execute("USE {}".format(DB_NAME))
                        #插入数值
                        add_location = ("INSERT INTO location "
                                        "(latitud, longitud, Fecha ,Hora) "
                                        "VALUES (%s, %s, %s)")
                        data_location = (str(lat), str(lon), fecha, hora)
                        #添加新数据
                        cursor.execute(add_location, data_location)
                        cnx.commit()
                        cursor.close()
                        cnx.close()
```

```
                    else:
                        print("**********************************************")
                        print(" Mensaje Ignorado ")
                        print("**********************************************")
                else:
                    break
        finally:
            print("No se estan recibiendo más datos")

def obtMsg(d):
    if d[0:4] == ">REV":
        op = True
        #输出里面的数据
        evento = int(d[4:6])
        #存储的事件索引
        fecha = obtFecha(d[6:10], d[10], d[11:16])
        #设置日期格式和
        #IP位置
        lat = float(d[17:19]) + (float(d[19:24]) / 100000)
        if d[16] == "-":
            lat = -lat
        lon = float(d[25:28]) + (float(d[28:33]) / 100000)
        if d[24] == "-":
            lon = -lon
    else:
        op = False
        evento = 0
        fecha = ' '
        lat = 0
        lon = 0
    return op, evento, fecha, lat, lon

def obtFecha(sem,dia,hora):
    seg = int(sem) * 7 * 24 * 60 * 60 + (int(dia) + 3657) * 24 * 60 * 60 + int(hora) +
    5 * 60 * 60
    #转换为某一特定日期的格式
    #t = time.mktime(seg)
    fecha = time.strftime("%b %d %Y %H:%M:%S", time.localtime(seg))
    return fecha

main()
```

执行后会创建 MySQL 数据库"mariadb"，在此数据库中创建一个名为"location"的表。执行后会输出：

```
Database OK
Creating table location: Table OK
Inicializando en Host IPV4 192.168.1.102 Puerto 10
Connected
```

5.4 使用 MongoDB 数据库

MongoDB 是一个基于分布式文件存储的数据库，由 C++编写，旨在为 Web 应用提供可扩展的高性能数据存储解决方案。MongoDB 是一个介于关系数据库和非关系数据库之间的产品，是非关系数据库中的数据库产品。本节将详细讲解在 Python 程序中使用 MongoDB 数据库的知识。

5.4.1 搭建 MongoDB 环境

按以下步骤搭建 MongoDB 环境。

1）在 MongoDB 官网中提供了用于 32 位和 64 位系统的预编译二进制包，可以从 MongoDB 官网下载安装包，如图 5-22 所示。

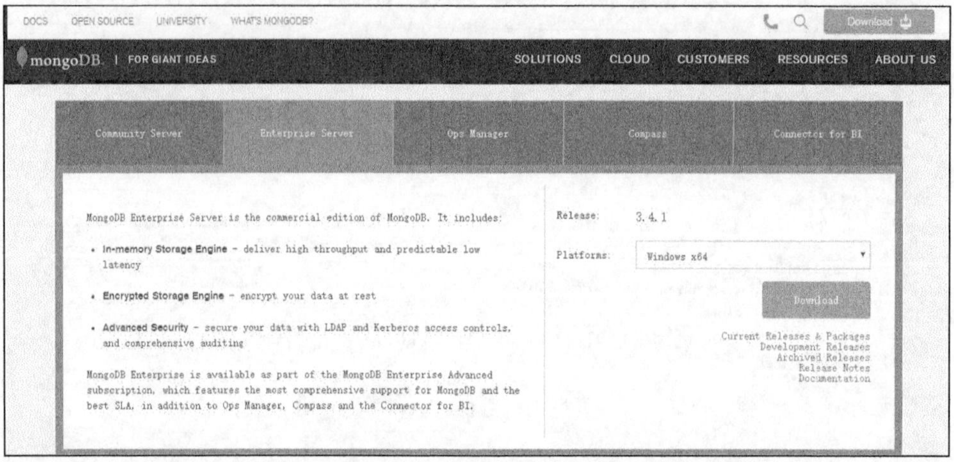

图 5-22　MongoDB 下载页面

2）根据当前计算机的操作系统选择下载安装包，因为作者使用的是 64 位的 Windows 系统，所以选择“Windows x64”，然后单击“Download”按钮，在弹出的界面中选择“msi”，如图 5-23 所示。

3）下载完成后得到一个“.msi”格式文件，双击这个文件，并按照操作提示进行安装即可。安装界面如图 5-24 所示。

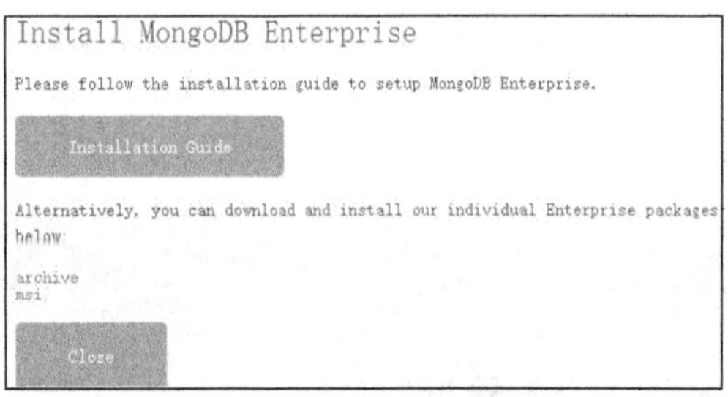

图 5-23　选择“msi”

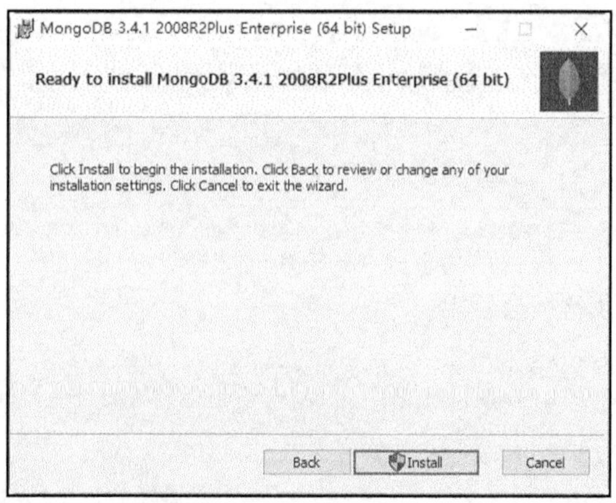

图 5-24　安装界面

5.4.2　在 Python 程序中使用 MongoDB 数据库

当在 Python 程序中使用 MongoDB 数据库时，必须首先确保安装了 pymongo 这个第三方库。如果下载的是“exe”格式的安装文件，则可以直接安装。如果安装文件是压缩包，则可以使用以下命令进行安装。

```
pip install pymongo
```

如果没有下载安装文件，则可以通过如下命令进行在线安装。

```
easy_install pymongo
```

安装完成后的界面如图 5-25 所示。

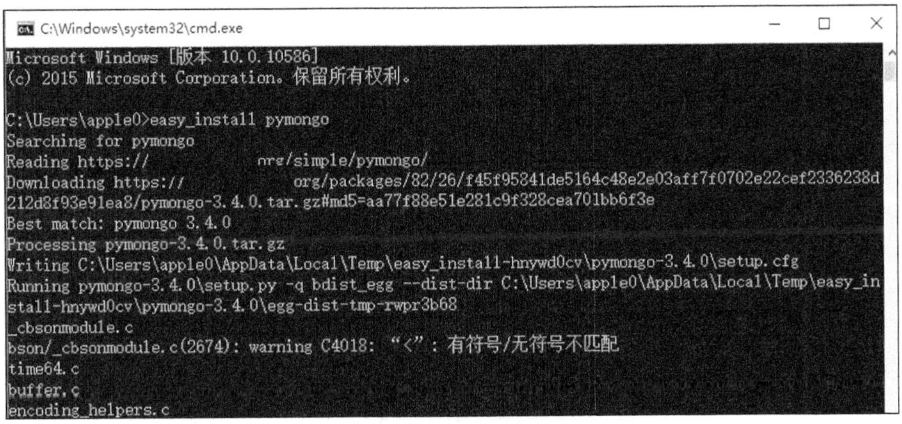

图 5-25　安装完成后的界面

实例文件 mdb.py 演示了在 Python 程序中使用 MongoDB 数据库的过程。

源码路径：daima\5\5-4\mdb.py

```
from pymongo import MongoClient
import random
...省略部分代码...
if __name__ == '__main__':
    print("建立连接...")                           #输出提示信息
    stus = MongoClient().test.stu                  #建立连接
    print('插入一条记录...')                       #输出提示信息
    #向表stu中插入一条数据
    stus.insert({'name':get_str(2,4),'passwd':get_str(8,12)})
    print("显示所有记录...")                       #输出提示信息
    stu = stus.find_one()                          #获取数据库信息
    print(stu)                                     #显示数据库中的数据信息
    print('批量插入多条记录...')                   #输出提示信息
    stus.insert(get_data_list(3))                  #向表stu中插入多条数据
    print('显示所有记录...')                       #输出提示信息
    for stu in stus.find():                        #遍历数据信息
        print(stu)                                 #显示数据库中的数据信息
    print('更新一条记录...')                       #输出提示信息
    name = input('请输入记录的name:')              #提示输入要修改的数据
    #修改表stu中的一条数据
    stus.update({'name':name},{'$set':{'name':'langchao'}})
    print('显示所有记录...')                       #显示提示信息
    for stu in stus.find():                        #遍历数据
        print(stu)                                 #显示数据库中的数据信息
    print('删除一条记录...')                       #显示提示信息
    name = input('请输入记录的name:')              #提示输入要删除的数据
    stus.remove({'name':name})                     #删除表中的数据
    print('显示所有记录...')                       #显示提示信息
    for stu in stus.find():                        #遍历数据信息
        print(stu)                                 #显示数据库中的数据信息
```

在上述实例代码中使用两个函数生成字符串。在主程序中首先连接集合，然后使用集合对象的方法对集合中的文档进行插入、更新和删除操作。每次修改数据后，会显示集合中的所有文档，以验证操作结果的正确性。

在运行本实例时，初学者很容易遇到如下 Mongo 运行错误。

```
Failed to connect 127.0.0.1:27017,reason:errno:10061由于目标计算机积极拒绝，无法连接...
```

发生上述错误的原因是没有开启 MongoDB 服务。下面是开启 MongoDB 服务的命令。

```
mongod --dbpath "h:\data"
```

在上述命令中，"h:\data"是一个保存 MongoDB 数据库数据的目录，读者可以随意在本地计算机硬盘中创建，并且还可以自定义目录名字。在 CMD 界面中，成功开启 MongoDB 服务时的界面如图 5-26 所示。

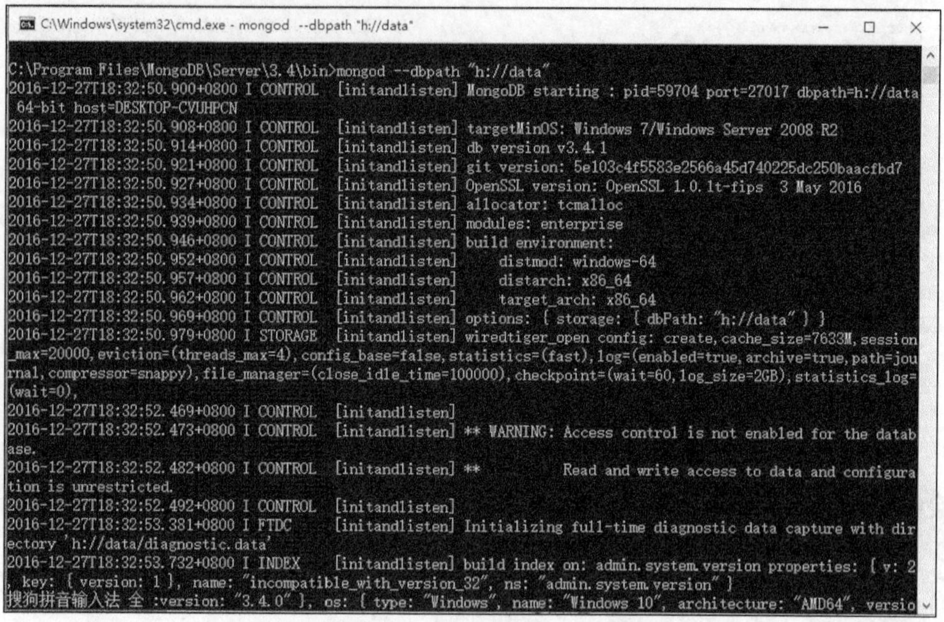

图 5-26　成功开启 MongoDB 服务时的界面

在运行本实例程序时，必须在 CMD 界面中启动 MongoDB 服务，并且确保上述界面处于打开状态。本实例执行后会输出：

```
建立连接...
插入一条记录...
显示所有记录...
{'_id': ObjectId('586243795cd071f570ed3b39'), 'name': 'vvtj', 'passwd': 'iigbddauwj'}
批量插入多条记录...
显示所有记录...
{'_id': ObjectId('586243795cd071f570ed3b39'), 'name': 'vvtj', 'passwd': 'iigbddauwj'}
{'_id': ObjectId('5862437a5cd071f570ed3b3a'), 'name': 'nh', 'passwd': 'upyufzknzgdc'}
{'_id': ObjectId('5862437a5cd071f570ed3b3b'), 'name': 'rgf', 'passwd': 'iqdlyjhztq'}
{'_id': ObjectId('5862437a5cd071f570ed3b3c'), 'name': 'dh', 'passwd': 'rgupzruqb'}
{'_id': ObjectId('586243e45cd071f570ed3b3e'), 'name': 'hcq', 'passwd': 'chiwwvxs'}
{'_id': ObjectId('586243e45cd071f570ed3b3f'), 'name': 'yrp', 'passwd': 'kiocdmeerneb'}
{'_id': ObjectId('586243e45cd071f570ed3b40'), 'name': 'hu', 'passwd': 'pknqgfnm'}
{'_id': ObjectId('5862440d5cd071f570ed3b43'), 'name': 'tlh', 'passwd': 'cikouuladgqn'}
{'_id': ObjectId('5862440d5cd071f570ed3b44'), 'name': 'qxf', 'passwd': 'jlsealrqeeel'}
{'_id': ObjectId('5862440d5cd071f570ed3b45'), 'name': 'ylzp', 'passwd': 'wolypmej'}
{'_id': ObjectId('58632e6c5cd07155543cc27a'), 'sid': 2, 'name': 'sgu', 'passwd': 'ogzvdq'}
{'_id': ObjectId('58632e6c5cd07155543cc27b'), 'sid': 3, 'name': 'jiyl', 'passwd': 'atgmhmxr'}
{'_id': ObjectId('58632e6c5cd07155543cc27c'), 'sid': 4, 'name': 'dbb', 'passwd': 'wmwoeua'}
{'_id': ObjectId('5863305b5cd07155543cc27d'), 'sid': 27, 'name': 'langchao', 'passwd': '123123'}
{'_id': ObjectId('5863305b5cd07155543cc27e'), 'sid': 28, 'name': 'oxp', 'passwd': 'acgjph'}
{'_id': ObjectId('5863305b5cd07155543cc27f'), 'sid': 29, 'name': 'sukj', 'passwd': 'hjtcjf'}
{'_id': ObjectId('5863305b5cd07155543cc280'), 'sid': 30, 'name': 'bf', 'passwd': 'cqerluvk'}
{'_id': ObjectId('5988087533fda81adc0d332f'), 'name': 'hg', 'passwd': 'gmflqxfaxxnv'}
{'_id': ObjectId('5988087533fda81adc0d3330'), 'name': 'ojb', 'passwd': 'rgxodvkprm'}
{'_id': ObjectId('5988087533fda81adc0d3331'), 'name': 'gtdj', 'passwd': 'zigavkysc'}
{'_id': ObjectId('5988087533fda81adc0d3332'), 'name': 'smgt', 'passwd': 'sizvlhdll'}
{'_id': ObjectId('5a33c1cb33fda859b82399d0'), 'name': 'dbu', 'passwd': 'ypdxtqjjafsm'}
{'_id': ObjectId('5a33c1cb33fda859b82399d1'), 'name': 'qg', 'passwd': 'frnoypez'}
{'_id': ObjectId('5a33c1cb33fda859b82399d2'), 'name': 'ky', 'passwd': 'jvzjtcfs'}
{'_id': ObjectId('5a33c1cb33fda859b82399d3'), 'name': 'glnt', 'passwd': 'ejrerztki'}
更新一条记录...
请输入记录的name:
```

5.5　使用 ORM 操作数据库

对象关系映射（object relational mapping，ORM）用于实现面向对象编程语言中不同类型系统的数据之间的转换。从实现效果来看，ORM 其实创建了一个可以在编程语言里使用的“虚拟对象数据库”。从另外的角度来看，面向对象编程语言中使用的是对象，而对象中的数据需要保存到数据库中，或数据库中的数据用来构造对象。在从数据库提取数据并构造对象或将对象数据存入数据库的过程中，有很多代码是可以重复使用的，如果这些重复的功能完全由自己实现，效率非常低。这种情况下就诞生了 ORM，它简化了从数据库中提取数据来构造对象或将对象数据保存（持久化）到数据库中。本节将详细讲解在 Python 中使用 ORM 操作数据库的知识。

5.5.1 Python 和 ORM

现实应用中有很多不同的数据库工具，并且其中的大部分系统包含 Python 接口，能够让开发者更好地利用它们的功能。而这些不同数据库工具系统的唯一缺点是需要开发者了解 SQL。如果你是一个更愿意操纵 Python 对象而不是 SQL 查询的程序员，并且仍然希望使用关系数据库作为程序的数据后端，那么可能会更加倾向于使用 ORM。

这些 ORM 系统的创始人将纯 SQL 语句进行了抽象化处理，将它实现为 Python 中的对象，这样开发者只要操作这些对象就能完成与生成 SQL 语句相同的任务。一些软件系统也允许一定的灵活性，可以让我们执行几行 SQL 语句。但是大多数情况下，应该避免使用普通的 SQL 语句。

在 ORM 系统中，把数据库表转化为 Python 类，其中数据列作为属性，而数据库操作则作为方法。读者应该会发现，让应用支持 ORM 与使用标准数据库适配器有些相似。由于 ORM 需要代替你执行很多工作，因此一些事情变得更加复杂，或者需要比直接使用适配器更多的代码。不过，值得欣慰的是，这些额外工作可以获得更高的开发效率。

在开发过程中，最著名的 Python ORM 是 SQLAlchemy 和 SQLObject。另外一些常用的 Python ORM 还包括 Storm、PyDO/PyDO2、PDO、Dejavu、Durus、QLime 和 ForgetSQL。基于 Web 的大型系统也会包含它们自己的 ORM 组件，如 WebWare MiddleKit 和 Django 的数据库 API。读者需要注意的是，并不是所有知名的 ORM 都适合你的应用程序，你需要根据自己的需要来选择。

5.5.2 使用 SQLAlchemy

在 Python 程序中，SQLAlchemy 是一种经典的 ORM。在使用之前需要先安装 SQLAlchemy，安装命令如下。

```
easy_install SQLAlchemy
```

安装成功后的效果如图 5-27 所示。

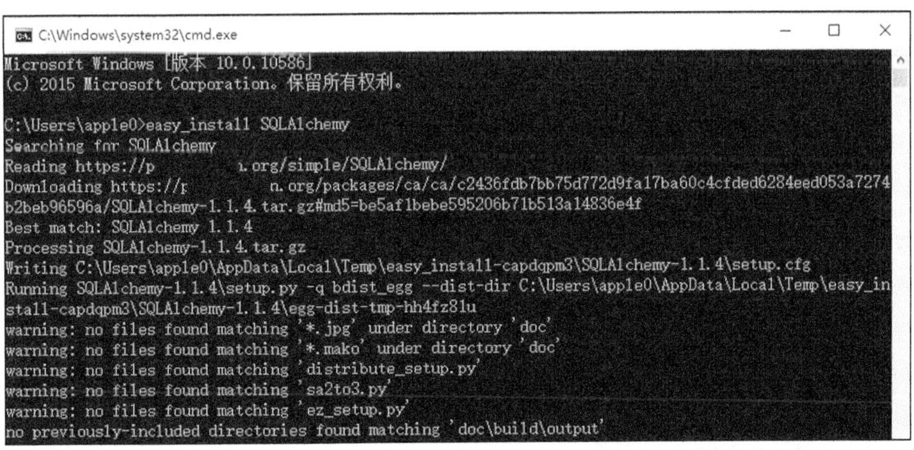

图 5-27 成功安装 SQLAlchemy 后的界面

实例文件 SQLAlchemy.py 演示了在 Python 程序中使用 SQLAlchemy 操作两种数据库的过程。

源码路径：daima\5\5-5\SQLAlchemy.py

```
from distutils.log import warn as printf
from os.path import dirname
from random import randrange as rand
from sqlalchemy import Column, Integer, String, create_engine, exc, orm
from sqlalchemy.ext.declarative import declarative_base
from db import DBNAME, NAMELEN, randName, FIELDS, tformat, cformat, setup
DSNs = {
    'mysql': 'mysql://root@localhost/%s' % DBNAME,
    'sqlite': 'sqlite:///:memory:',
}
Base = declarative_base()
class Users(Base):
    __tablename__ = 'users'
    login  = Column(String(NAMELEN))
    userid = Column(Integer, primary_key=True)
    projid = Column(Integer)
    def __str__(self):
        return ''.join(map(tformat,
            (self.login, self.userid, self.projid)))
class SQLAlchemyTest(object):
    def __init__(self, dsn):
        try:
            eng = create_engine(dsn)
        except ImportError:
            raise RuntimeError()
        try:
            eng.connect()
        except exc.OperationalError:
            eng = create_engine(dirname(dsn))
            eng.execute('CREATE DATABASE %s' % DBNAME).close()
            eng = create_engine(dsn)
        Session = orm.sessionmaker(bind=eng)
        self.ses = Session()
        self.users = Users.__table__
        self.eng = self.users.metadata.bind = eng
    def insert(self):
        self.ses.add_all(
            Users(login=who, userid=userid, projid=rand(1,5)) \
            for who, userid in randName()
        )
        self.ses.commit()
    def update(self):
        fr = rand(1,5)
        to = rand(1,5)
        i = -1
        users = self.ses.query(
            Users).filter_by(projid=fr).all()
        for i, user in enumerate(users):
            user.projid = to
        self.ses.commit()
        return fr, to, i+1
    def delete(self):
        rm = rand(1,5)
        i = -1
        users = self.ses.query(
            Users).filter_by(projid=rm).all()
        for i, user in enumerate(users):
            self.ses.delete(user)
        self.ses.commit()
        return rm, i+1
    def dbDump(self):
        printf('\n%s' % ''.join(map(cformat, FIELDS)))
        users = self.ses.query(Users).all()
        for user in users:
            printf(user)
        self.ses.commit()
```

```
    def __getattr__(self, attr):    # use for drop/create
        return getattr(self.users, attr)
    def finish(self):
        self.ses.connection().close()
def main():
    printf('*** Connect to %r database' % DBNAME)
    db = setup()
    if db not in DSNs:
        printf('\nERROR: %r not supported, exit' % db)
        return
    try:
        orm = SQLAlchemyTest(DSNs[db])
    except RuntimeError:
        printf('\nERROR: %r not supported, exit' % db)
        return
    printf('\n*** Create users table (drop old one if appl.)')
    orm.drop(checkfirst=True)
    orm.create()
    printf('\n*** Insert names into table')
    orm.insert()
    orm.dbDump()
    printf('\n*** Move users to a random group')
    fr, to, num = orm.update()
    printf('\t(%d users moved) from (%d) to (%d)' % (num, fr, to))
    orm.dbDump()
    printf('\n*** Randomly delete group')
    rm, num = orm.delete()
    printf('\t(group #%d; %d users removed)' % (rm, num))
    orm.dbDump()
    printf('\n*** Drop users table')
    orm.drop()
    printf('\n*** Close cxns')
    orm.finish()
if __name__ == '__main__':
    main()
```

- 在上述实例代码中，首先导入了 Python 标准库中的模块（distutils、os.path、random），然后是第三方或外部模块（sqlalchemy），最后是应用的本地模块（db），该模块会给我们提供主要的常量和工具函数。
- 使用了 SQLAlchemy 的声明层，在使用前必须先导入 sqlalchemy.ext.declarative.declarative_base，然后使用它创建一个 Base 类，最后让数据子类继承这个 Base 类。类定义的下一部分包含一个__tablename__属性，它定义了映射的数据库表名。也可以显式地定义一个低级别的 sqlalchemy.Table 对象，在这种情况下需要将它写为__table__。大多数情况下会使用对象进行数据行的访问，也会使用表级别的行为（创建和删除）保存表。接下来是“列”属性，可以通过查阅文档来获取所有支持的数据类型。最后，通过一个__str()__方法返回易于阅读的数据行的字符串格式。因为该输出是定制化的（通过 tformat()函数的协助），所以不推荐在开发过程中这样使用。
- 通过自定义函数分别实现行的插入、更新和删除操作。插入使用了 session.add_all()方法，这将使用迭代的方式产生一系列的插入操作，最后还可以决定是提交还是进行回滚。update()方法和 delete()方法都有会话查询功能，它们使用 query.filter_by()方法进行查找。随机更新会选择一个成员，通过改变 ID 的方法将它从一个项目组（fr）移动到另一个项目组（to）。计数器（*i*）会记录有多少用户会受到影响。删除操作则根据 ID（rm）随机选择一个项目并假设已取消它，因此项目中的所有员工都将被解雇。当要执行操作时，需要通过会话对象进行提交。
- 函数 dbDump()负责向屏幕上显示正确的输出。该方法从数据库中获取数据行，并按照 db.py 中相似的样式输出数据。

本实例执行后会输出：

```
Choose a database system:

(M)ySQL
(G)adfly
(S)SQLite

Enter choice: S

*** Create users table (drop old one if appl.)

*** Insert names into table

LOGIN     USERID    PROJID
Faye      6812      4
Serena    7003      1
Amy       7209      2
Dave      7306      3
Larry     7311      3
Mona      7404      3
Ernie     7410      3
Jim       7512      3
Angela    7603      3
Stan      7607      3
Jennifer  7608      1
Pat       7711      1
Leslie    7808      4
Davina    7902      4
Elliot    7911      1
Jess      7912      4
Aaron     8312      3
Melissa   8602      4

*** Move users to a random group
    (1 users moved) from (2) to (1)

LOGIN     USERID    PROJID
Faye      6812      4
Serena    7003      1
Amy       7209      1
Dave      7306      3
Larry     7311      3
Mona      7404      3
Ernie     7410      3
Jim       7512      3
Angela    7603      3
Stan      7607      3
Jennifer  7608      1
Pat       7711      1
Leslie    7808      4
Davina    7902      4
Elliot    7911      1
Jess      7912      4
Aaron     8312      3
Melissa   8602      4

*** Randomly delete group
    (group #1; 5 users removed)

LOGIN     USERID    PROJID
Faye      6812      4
Dave      7306      3
Larry     7311      3
Mona      7404      3
Ernie     7410      3
Jim       7512      3
Angela    7603      3
Stan      7607      3
Leslie    7808      4
Davina    7902      4
```

```
    Jess      7912      4
    Aaron     8312      3
    Melissa   8602      4

    *** Drop users table

    *** Close cxns
```

5.5.3 使用 mongoengine

在 Python 程序中，MongoDB 数据库的 ORM 框架是 mongoengine。在使用 mongoengine 框架之前需要先安装 mongoengine，具体安装命令如下。

```
easy_install mongoengine
```

安装成功后的界面如图 5-28 所示。

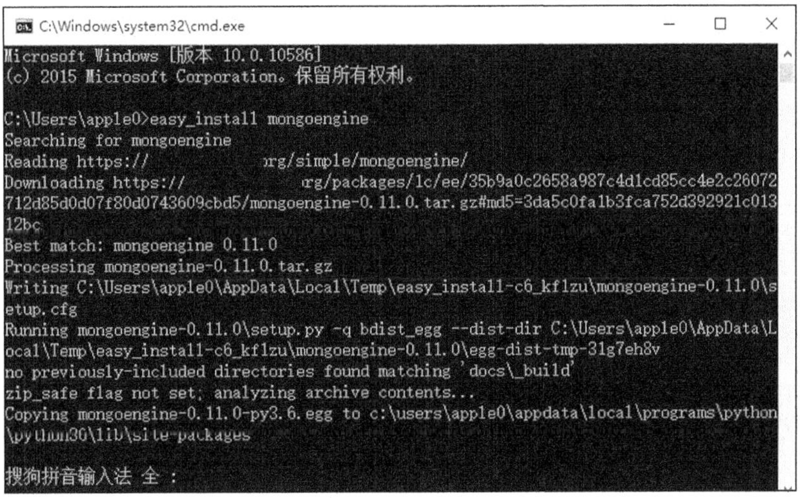

图 5-28 安装 mongoengine 成功后的界面

在运行上述命令之前，必须先确保使用如下命令安装了 pymongo 框架，在本章前面已经安装了 pymongo 框架。

```
easy_install pymongo
```

实例文件 orm.py 演示了在 Python 程序中使用 mongoengine 操作数据库数据的过程。

源码路径：daima\5\5-5\orm.py

```
import random                                      #导入内置模块
from mongoengine import *
connect('test')                                    #连接数据库对象'test'
class Stu(Document):                               #定义ORM框架类Stu
    sid = SequenceField()                          #"序号"属性表示用户id
    name = StringField()                           #"用户名"属性
    passwd = StringField()                         #"密码"属性
    def introduce(self):                           #定义函数introduce()显示自己的介绍信息
        print('序号:',self.sid,end=" ")            #显示id
        print('姓名:',self.name,end=' ')           #显示姓名
        print('密码:',self.passwd)                 #显示密码
    def set_pw(self,pw):                           #定义函数set_pw()用于修改密码
        if pw:
            self.passwd = pw                       #修改密码
            self.save()                            #保存修改的密码
...省略部分代码...
if __name__ == '__main__':
    print('插入一个文档:')
    stu = Stu(name='langchao',passwd='123123')  #创建文档类对象实例stu，设置用户名和密码
    stu.save()                                  #持久化保存文档
    stu = Stu.objects(name='lilei').first()     #查询数据并对类进行初始化
```

```
    if stu:
        stu.introduce()                                  #显示文档信息
    print('插入多个文档')                                  #输出提示信息
    for i in range(3):                                   #遍历操作
        Stu(name=get_str(2,4),passwd=get_str(6,8)).save()      #插入3个文档
    stus = Stu.objects()                                 #文档类对象实例stu
    for stu in stus:                                     #遍历所有的文档信息
        stu.introduce()                                  #显示所有的遍历文档
    print('修改一个文档')                                  #输出提示信息
    stu = Stu.objects(name='langchao').first()   #查询某个要操作的文档
    if stu:
        stu.name='daxie'                                 #修改用户名属性
        stu.save()                                       #保存修改
        stu.set_pw('bbbbbbbb')                           #修改密码属性
        stu.introduce()                                  #显示修改后的结果
    print('删除一个文档')                                  #输出提示信息
    stu = Stu.objects(name='daxie').first()        #查询某个要操作的文档
    stu.delete()                                         #删除这个文档
    stus = Stu.objects()
    for stu in stus:                                     #遍历所有的文档
        stu.introduce()                                  #显示删除后的结果
```

上述实例代码首先在导入 mongoengine 库和连接 MongoDB 数据库后，定义了一个继承自类 Document 的子类 Stu。在主程序中，通过创建类的实例并调用其方法 save()将类持久化到数据库中；通过子类 Stu 的方法 objects()来查询数据库及映射到类 Stu 的实例，并调用其自定义方法 introduce()来显示载入的信息。然后插入 3 个文档信息，并调用方法 save()持久化到数据库中，通过调用类中的自定义方法 set_pw()修改数据并存入数据库中。最后通过调用类中的方法 delete()从数据库中删除一个文档。

开始测试程序，在运行本实例程序时，必须在 CMD 窗口中启动 MongoDB 服务，并且确保上述窗口处于打开状态。下面是开启 MongoDB 服务的命令。

```
mongod --dbpath "h:\data"
```

在上述命令中，"h:\data"是一个保存 MongoDB 数据库中数据的目录。

本实例执行后的效果如图 5-29 所示。

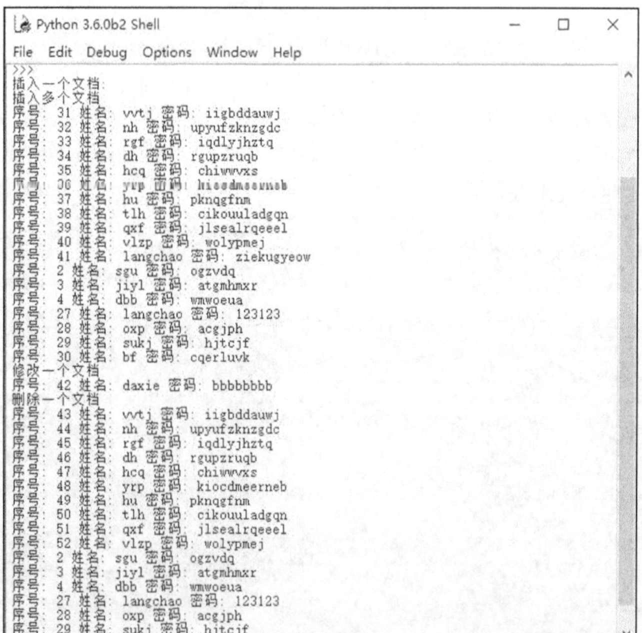

图 5-29 执行文件 orm.py 后的效果

第 6 章

Pygame 游戏开发

Pygame 是跨平台的 Python 模块，专为电子游戏而设计。Pygame 包含的图像和声音基于 SDL，允许实时电子游戏的研发不受低级语言（如机器语言和汇编语言）的束缚。基于这样一个设想，所有需要的游戏功能和理念（主要是图像方面）都完全简化为游戏逻辑本身，所有的资源结构都可以由高级语言提供，如 Python。本章将详细讲解在 Python 中使用 Pygame 开发游戏项目的核心知识和技巧。

6.1　安装 Pygame

开发者可以登录 Pygame 官方网站下载 Pygame 安装包，如图 6-1 所示。

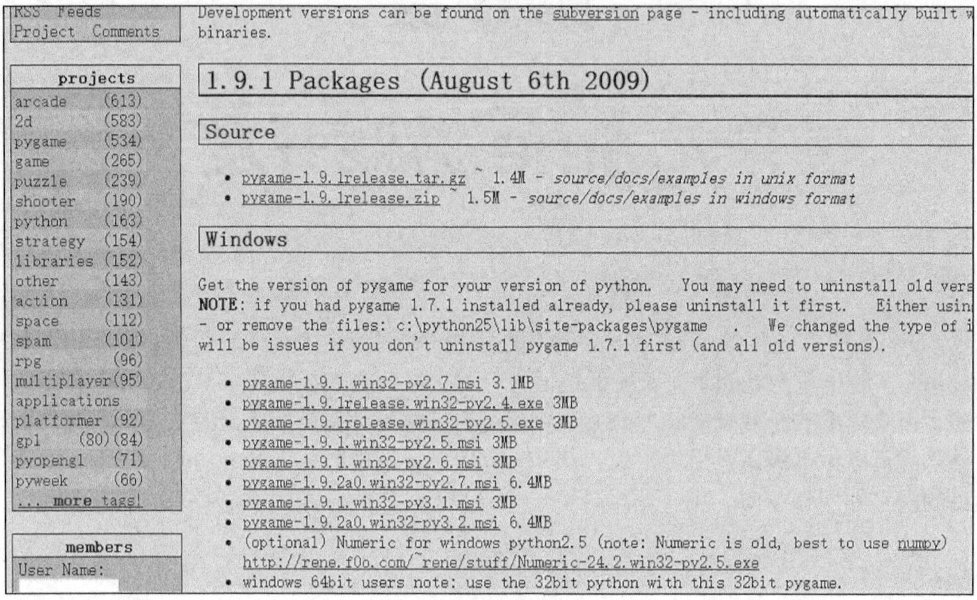

图 6-1　Pygame 官方网站

由图 6-1 可知，在 Windows 系统下，Pygame 的新版本只能支持 Python 3.2。因为本书是基于 Python 3.6 编写的，所以官方的安装包不能满足我们的需求。幸运的是，开发者可以登录 UCI 网站来下载编译好的 Python 扩展库，其中有适应于 Python 主流版本的 Pygame，如图 6-2 所示。

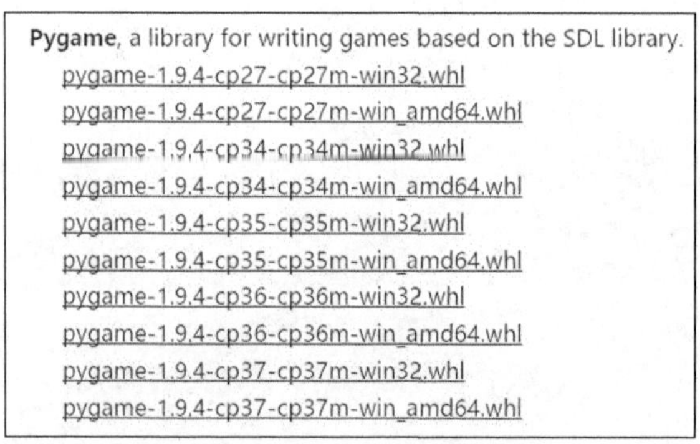

图 6-2　适应于 Python 主流版本的 Pygame

因为作者的系统是 64 位 Windows 系统，安装的是 Python 3.6，所以需要单击"pygame-1.9.2-cp36-cp36m-win_amd64.whl"链接。下载完成后得到一个名为"pygame-1.9.2-cp36-cp36m-win_amd64.whl"的文件。在进行本地安装时需要打开一个 CMD 窗口，然后定位到该文件所在的文件夹，并使用如下 pip 命令来进行安装。

```
python -m pip install --user pygame-1.9.2-cp36-cp36m-win_amd64.whl
```

注意：如果使用的是 Python 的低级版本，并且 Pygame 官网提供了某个 Python 版本的下载文件，就可以直接使用如下 pip 命令或 easy_install 命令进行安装。

```
pip install pygame
easy_install pygame
```

6.2 Pygame 开发基础

成功安装 Pygame 框架后，接下来就可以使用 Python 开发 2D 游戏项目了。本节将简要介绍使用 Pygame 开发游戏项目的基本知识。

6.2.1 Pygame 框架中的模块

在 Pygame 框架中有很多模块，其中常用的模块及其功能如表 6-1 所示。

表 6-1　　Pygame 框架中的常用模块及其功能

模块名	功能
pygame.cdrom	访问光驱
pygame.cursors	加载光标
pygame.display	访问显示设备
pygame.draw	绘制形状、线和点
pygame.event	管理事件
pygame.font	使用字体
pygame.image	加载和存储图片
pygame.joystick	使用游戏手柄或者类似的东西
pygame.key	读取键盘按键
pygame.mixer	声音
pygame.mouse	鼠标
pygame.movie	播放视频
pygame.music	播放音频
pygame.overlay	访问高级视频叠加
pygame.rect	管理矩形区域
pygame.sndarray	操作声音数据
pygame.sprite	操作移动图像
pygame.surface	管理图像和屏幕
pygame.surfarray	管理点阵图像数据
pygame.time	管理时间和帧信息
pygame.transform	缩放和移动图像

实例文件 123.py 演示了开发第一个 Pygame 程序的过程。

源码路径：daima\6\6-2\123.py

```
background_image_filename = 'bg.jpg'          #设置图像文件名称
mouse_image_filename = 'ship.bmp'
import pygame                                  #导入pygame库
from pygame.locals import *                    #导入常用的函数和常量
from sys import exit                           #从sys模块导入函数exit()，用于退出程序
pygame.init()                                  #初始化pygame，为使用硬件做准备
screen = pygame.display.set_mode((640, 480), 0, 32)       #创建一个窗口
pygame.display.set_caption("Hello, World!")               #设置窗口标题
#下面两行代码用于加载并转换图像
background = pygame.image.load(background_image_filename).convert()
mouse_cursor = pygame.image.load(mouse_image_filename).convert_alpha()
while True:                                    #游戏主循环
```

```
    for event in pygame.event.get():
        if event.type == QUIT:                    #接收到退出事件后退出程序
            exit()
    screen.blit(background, (0,0))                #将背景图画上去
    x, y = pygame.mouse.get_pos()                 #获得鼠标位置
    #下面两行代码用于计算光标左上角的位置
    x-= mouse_cursor.get_width() / 2
    y-= mouse_cursor.get_height() / 2
    screen.blit(mouse_cursor, (x, y))             #绘制光标
    #把光标画上去
    pygame.display.update()                       #刷新画面
```

对上述实例代码的具体说明如下。

1）set_mode()函数：会返回一个 Surface 对象，代表在桌面上出现的那个窗口。在 3 个参数中，第一个参数为元组，代表分辨率（必需）；第二个参数是一个标志位，具体含义如表 6-2 所示，如果不用什么特性，就指定为 0；第三个参数为色深。

表 6-2　　各个标志位的具体含义

标志位	含义
FULLSCREEN	创建一个全屏窗口
DOUBLEBUF	创建一个“双缓冲”窗口，建议与 HWSURFACE 或者 OPENGL 同时使用
HWSURFACE	创建一个硬件加速的窗口，必须与 FULLSCREEN 同时使用
OPENGL	创建一个 OPENGL 渲染的窗口
RESIZABLE	创建一个可以改变大小的窗口
NOFRAME	创建一个没有边框的窗口

2）convert()函数：功能是将图像数据都转化为 Surface 对象，每次加载完图像后就应该做这件事。

3）convert_alpha()函数：与 convert 函数相比，保留了 Alpha 通道的信息（可以简单理解为透明的部分），这样移动的光标才可以是不规则的形状。

4）游戏的主循环是一个无限循环，直到用户跳出这个循环。在这个主循环里做的事情就是不停地画背景和更新光标位置，虽然背景是不动的，但还是需要每次都画它，否则鼠标覆盖过的位置就不能恢复正常。

5）blit()函数：第一个参数为一个 Surface 对象，第二个参数为左上角的位置。画完以后一定记得使用 update 更新，否则画面一片漆黑。

执行文件 123.py 后的效果如图 6-3 所示。

图 6-3　执行文件 123.py 后的效果

6.2.2 事件操作

事件是一个操作动作，通常来说，Pygame 会接受用户的各种操作（比如按键盘、移动鼠标等）。这些操作会产生对应的事件，如按键盘事件、移动鼠标事件。事件在软件开发中非常重要，Pygame 把一系列的事件存放在一个队列里，并逐个进行处理。

1. 事件检索

在 6.2.1 节的代码中，使用函数 pygame.event.get()处理了所有的事件。如果使用函数 pygame.event.wait()，Pygame 就会等到发生一个事件后才继续执行后面的操作。而一旦调用方法 pygame.event.poll()，就会根据当前的情形返回一个真实的事件。表 6-3 列出了 Pygame 中常用的事件及其产生途径和参数。

表 6-3　　Pygame 中常用的事件及其产生途径和参数

事件	产生途径	参数
QUIT	用户单击关闭按钮	none
ACTIVEEVENT	Pygame 被激活或者隐藏	gain、state
KEYDOWN	按下按键	unicode、key、mod
KEYUP	释放按键	key、mod
MOUSEMOTION	移动鼠标	pos、rel、buttons
MOUSEBUTTONDOWN	按下鼠标按钮	pos、button
MOUSEBUTTONUP	释放鼠标按钮	pos、button
JOYAXISMOTION	移动游戏手柄（Joystick 或 pad）	joy、axis、value
JOYBALLMOTION	移动游戏球（Joy ball）	joy、axis、value
JOYHATMOTION	移动游戏手柄	joy、axis、value
JOYBUTTONDOWN	按下游戏手柄	joy、button
JOYBUTTONUP	松开游戏手柄	joy、button
VIDEORESIZE	缩放 Pygame 窗口	size、w、h
VIDEOEXPOSE	公开 Pygame 窗口	none
USEREVENT	触发一个用户事件	code

2. 处理鼠标事件

在 Pygame 框架中，MOUSEMOTION 事件会在操作鼠标的时候发生，它有如下所示的 3 个参数。

- buttons：一个含有 3 个数字的元组，3 个值分别代表左键、中键和右键，1 表示按下。
- pos：位置。
- rel：代表现在距离上次产生鼠标事件时的距离。

与MOUSEMOTION 类似，常用的鼠标事件还有MOUSEBUTTONDOWN 和MOUSEBUTTONUP。这两个事件的参数如下。

- button：代表哪个按键被操作。
- pos：代表位置。

3. 处理键盘事件

在 Pygame 框架中，键盘与游戏手柄的事件比较类似，处理键盘的事件为 KEYDOWN 和 KEYUP。KEYDOWN 和 KEYUP 事件的参数描述如下。

- key：按下或者释放的键值，是一个数字，因为很少有人可以记住，所以在 Pygame 中可以使用 K_xxx 来表示（比如，字母 a 就是 K_a），以及 K_SPACE 和 K_RETURN 等。

- mod：包含组合键信息，如果 mod & KMOD_CTRL 为真，表示用户同时按下了 Ctrl 键。类似的还有 KMOD_SHIFT 和 KMOD_ALT。
- unicode：代表按下的键对应的 Unicode 值。

实例文件 shi.py 演示了在 Pygame 框架中处理键盘事件的过程。

源码路径：daima\6\6-2\shi.py

```
background_image_filename = 'bg.jpg'        #设置图像文件的名称
import pygame                               #导入pygame库
from pygame.locals import *                 #导入常用的函数和常量
from sys import exit                        #从sys模块导入函数exit()用于退出程序

pygame.init()                               #初始化pygame，为使用硬件做准备
screen = pygame.display.set_mode((640, 480), 0, 32)     #创建一个窗口
#下面一行代码用于加载并转换图像
background = pygame.image.load(background_image_filename).convert()
x, y = 0, 0                                 #以x和y的初始值作为初始位置
move_x, move_y = 0, 0                       #设置水平和竖直两个方向的移动距离
while True:                                 #游戏主循环
    for event in pygame.event.get():
        if event.type == QUIT:              #接收到退出事件后退出程序
            exit()
        if event.type == KEYDOWN:           #如果按下按键
            if event.key == K_LEFT:         #如果按下的是左方向键，则x坐标减1
                move_x = -1
            elif event.key == K_RIGHT:      #如果按下的是右方向键，则x坐标加1
                move_x = 1
            elif event.key == K_UP:         #如果按下的是上方向键，则y坐标减1
                move_y = -1
            elif event.key == K_DOWN:       #如果按下的是下方向键，则y坐标加1
                move_y = 1
        elif event.type == KEYUP:           #如果释放按键，则不会移动
            move_x = 0
            move_y = 0
        #下面两行用于计算新的坐标
        x+= move_x
        y+= move_y
        screen.fill((0,0,0))
        screen.blit(background, (x,y))
        #在新的位置上画图
        pygame.display.update()
```

执行文件 shi.py 后的效果如图 6-4 所示。此处读者需要注意编码的问题，一定要确保系统和程序文件编码的一致性，否则将会出现中文乱码。对于本书后面的类似实例也是如此。

图 6-4 执行文件 shi.py 后的效果

4. 事件过滤

在现实应用中，并不是所有的事件都需要处理。比如，俄罗斯方块就可能无视你的鼠标操作，在游戏场景切换的时候按什么键都是徒劳的。开发者应该有办法过滤掉一些不感兴趣的事件（当然，可以不处理这些没有兴趣的事件，但最好的方法还是让它们根本不进入事件队列），这需要使用 pygame.event.set_blocked（事件名）来完成。如果有好多事件需要过滤，则可以传递一个专用列表，比如 pygame.event.set_blocked ([KEYDOWN, KEYUP])。如果设置参数 None，那么所有的事件又打开了。与之相对应的是，使用 pygame.event.set_allowed()函数来设定允许的事件。

5. 产生事件

通常为了使玩家执行某操作，Pygame 框架只需要产生对应的事件即可。但是有的时候需要模拟出一些有用的事件，比如，在录像回放时需要把用户的操作重现一遍。为了产生事件，必须先创建一个事件，然后再传递它。

```
my_event = pygame.event.Event(KEYDOWN, key=K_SPACE, mod=0, unicode=u' ')
#也可以像下面这样写
my_event = pygame.event.Event(KEYDOWN, {"key":K_SPACE, "mod":0, "unicode":u' '})
pygame.event.post(my_event)
```

甚至可以产生一个完全自定义的新事件。

```
CATONKEYBOARD = USEREVENT+1
my_event = pygame.event.Event(CATONKEYBOARD, message="Bad cat!")
pygame.event.post(my_event)
for event in pygame.event.get():
    if event.type == CATONKEYBOARD:
        print event.message
```

6.2.3 显示模式设置

下面的代码设置的游戏界面不是全屏显示模式的。

```
screen = pygame.display.set_mode((640, 480), 0, 32)
```

当把第二个参数设置为 FULLSCREEN 时，就能得到一个全屏窗口。

```
screen = pygame.display.set_mode((640, 480), FULLSCREEN, 32)
```

在全屏显示模式下，显卡可能切换了一种模式，可以用如下代码获得当前机器支持的显示模式。

```
>>> import pygame
>>> pygame.init()
>>> pygame.display.list_modes()
```

实例文件 qie.py 演示了在全屏显示模式和非全屏显示模式之间进行转换的过程。

源码路径：daima\6\6-2\qie.py

```
Fullscreen = False                                  #设置默认不是全屏
while True:                                         #游戏主循环
    for event in pygame.event.get():
        if event.type == QUIT:                      #接收到退出事件后退出程序
            exit()
    if event.type == KEYDOWN:
        if event.key == K_f:                        #设置快捷键是f
            Fullscreen = not Fullscreen
            if Fullscreen:                          #按下f键后，在全屏和原始窗口之间进行切换
                screen = pygame.display.set_mode((640, 480), FULLSCREEN, 32) #全屏显示
            else:
                screen = pygame.display.set_mode((640, 480), 0, 32)  #非全屏显示
    screen.blit(background, (0,0))
    pygame.display.update()                              #刷新
```

执行后默认显示为非全屏模式窗口，按下 f 键后显示模式会在窗口和全屏之间进行切换。

6.2.4　字体处理

在 Pygame 模块中可以直接调用系统字体，或者可以直接使用 TTF 字体。为了使用字体，需要先创建一个 Font 对象。对于系统自带的字体来说，可以使用如下代码创建一个 Font 对象。

```
my_font = pygame.font.SysFont("arial", 16)
```

在上述代码中，第一个参数是字体名，第二个参数表示大小。一般来说，“Arial”字体在很多系统中都是存在的，如果找不到，就会使用一个默认的字体，这个默认的字体和每个操作系统相关。也可以使用 pygame.font.get_fonts()函数来获得当前系统所有可用的字体。

另外，还可以通过如下代码使用 TTF。

```
my_font = pygame.font.Font("my_font.ttf", 16)
```

在上述代码中使用了一种叫“my_font.ttf”的字体。通过上述方法可以把字体文件随游戏一起分发，避免用户机器上没有需要的字体。一旦创建了一个 font 对象，就可以通过如下代码使用 render()方法来写字，并且可以显示到屏幕中。

```
text_surface = my_font.render("Pygame is cool!", True, (0,0,0), (255, 255, 255))
```

在上述代码中，第一个参数是写的文字；第二个参数是一个布尔值，用于设置是否开启抗锯齿功能，值为 True 表示开启，此时字体会比较平滑，但是相应的渲染速度有一点点影响；第三个参数是字体的颜色；第四个参数是背景色，如果你想没有背景色（也就是透明），那么可以不加第四个参数。

实例文件 zi.py 演示了在游戏窗口中显示指定样式文字的过程。

源码路径：daima\6\6-2\zi.py

```
pygame.init()                                      #初始化pygame，为使用硬件做准备
#下一行代码创建了一个窗口
screen = pygame.display.set_mode((640, 480), 0, 32)
font = pygame.font.SysFont("宋体", 40)              #设置字体和大小
#设置文本内容和颜色
text_surface = font.render(u"你好", True, (0, 0, 255))
x = 0                                              #设置显示文本的水平坐标
y = (480 - text_surface.get_height())/2            #设置显示文本的垂直坐标
background = pygame.image.load("bg.jpg").convert()  #加载并转换图像
while True:                                        #游戏主循环
    for event in pygame.event.get():
        if event.type == QUIT:                 #接收到退出事件后退出程序
            exit()
    screen.blit(background, (0, 0))            #加上背景图
    x -= 12                  #设置文字滚动速率，如果文字滚动太快，则可以尝试更改这个数字
    if x < -text_surface.get_width():
        x = 640 - text_surface.get_width()
    screen.blit(text_surface, (x, y))
    pygame.display.update()
```

执行文件 zi.py 后的效果如图 6-5 所示。

图 6-5　执行文件 zi.py 后的效果

6.2.5 像素和颜色处理

在 Pygame 模块中，可以很方便地实现对颜色和像素的处理。实例文件 xi.py 演示了实现一个彩色滑动条的过程。

源码路径：daima\6\6-2\xi.py

```
def create_scales(height):
#下面3行代码用于创建指定大小的图像对象实例，分别表示红、绿、蓝三块区域
    red_scale_surface = pygame.surface.Surface((640, height))
    green_scale_surface = pygame.surface.Surface((640, height))
    blue_scale_surface = pygame.surface.Surface((640, height))
    for x in range(640):                    #遍历操作，保证能容纳0~255种颜色
        c = int((x/640.)*255.)
        red = (c, 0, 0)                     #红色的初始值
        green = (0, c, 0)                   #绿色的初始值
        blue = (0, 0, c)                    #蓝色的初始值
        line_rect = Rect(x, 0, 1, height)  #绘制矩形区域以表示滑动条
        pygame.draw.rect(red_scale_surface, red, line_rect)            #绘制红色矩形区域
        pygame.draw.rect(green_scale_surface, green, line_rect)        #绘制绿色矩形区域
        pygame.draw.rect(blue_scale_surface, blue, line_rect)          #绘制蓝色矩形区域
    return red_scale_surface, green_scale_surface, blue_scale_surface
red_scale, green_scale, blue_scale = create_scales(80)
color = [127, 127, 127]                     #程序运行后的颜色初始值
while True:                                 #游戏主循环
    for event in pygame.event.get():
        if event.type == QUIT:              #接收到退出事件后退出程序
            exit()
    screen.fill((0, 0, 0))                  #使用纯颜色填充Surface对象
    screen.blit(red_scale, (0, 00))         #将红色绘制在图像上
    screen.blit(green_scale, (0, 80))       #将绿色绘制在图像上
    screen.blit(blue_scale, (0, 160))       #将蓝色绘制在图像上
    x, y = pygame.mouse.get_pos()           #获得鼠标位置
    if pygame.mouse.get_pressed()[0]:       #获得所有按下的键值，得到一个元组
        for component in range(3):          #遍历元组
            if y > component*80 and y < (component+1)*80:
                color[component] = int((x/639.)*255.)
        pygame.display.set_caption("PyGame Color Test - "+str(tuple(color)))
                                            #窗体中标题的文字
    for component in range(3):
        pos = ( int((color[component]/255.)*639), component*80+40 )
        pygame.draw.circle(screen, (255, 255, 255), pos, 20)  #绘制滑动条中的圆形
    pygame.draw.rect(screen, tuple(color), (0, 240, 640, 240))#获取绘制的矩形区域
    pygame.display.update()                                    #刷新
```

执行文件 xi.py 后的效果如图 6-6 所示。

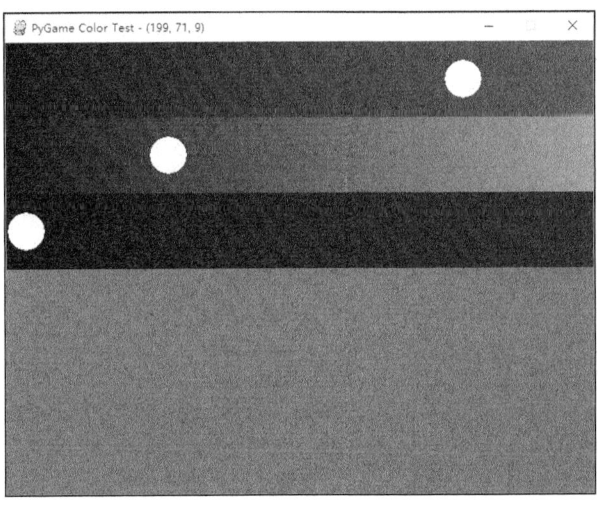

图 6-6　执行文件 xi.py 后的效果

6.2.6　使用 Surface 绘制图像

在游戏开发过程中，通常将绘制好的图像作为资源封装到游戏中。对于 2D 游戏来说，图像可能就是一些背景和角色等，而对于 3D 游戏则往往是大量的贴图。目前市面上有很多存储图像的方式（也就是有很多图片格式），比如 JPEG、PNG 等，其中 Pygame 框架支持的格式有 JPEG、PNG、GIF、BMP、PCX、TGA、TIF、LBM、PBM 和 XPM。

在 Pygame 框架中，使用 pygame.image.load()函数加载图像，设置一个图像文件名后就可以设置一个 Surface 对象。尽管读入的图像格式各不相同，但是 Surface 对象隐藏了这些不同。开发者可以对一个 Surface 对象进行涂画、变形、复制等各种操作。事实上，屏幕也只是一个 Surface 对象，例如，函数 pygame.display.set_mode()就返回了一个屏幕 Surface 对象。实例文件 hui.py 演示了随机在屏幕上绘制点的过程。

源码路径：daima\6\6-2\hui.py

```
from random import randint                             #导入随机绘制的模块
pygame.init()                                          #初始化pygame，为使用硬件做准备
  #下面一行代码用于创建一个窗口
screen = pygame.display.set_mode((640, 480), 0, 32)
while True:                                            #游戏主循环
    for event in pygame.event.get():
        if event.type == QUIT:                         #接收到退出事件后退出程序
            exit()
    #绘制随机点
    rand_col = (randint(0, 255), randint(0, 255), randint(0, 255))
    #screen.lock()
    for _ in range(100):                               #遍历操作
        rand_pos = (randint(0, 639), randint(0, 479))
        screen.set_at(rand_pos, rand_col)              #绘制一个点
    #screen.unlock()
    pygame.display.update()                            #刷新
```

执行文件 hui.py 后的效果如图 6-7 所示。

图 6-7　执行文件 hui.py 后的效果

6.2.7　使用 pygame.draw 绘图函数

在 Pygame 框架中，使用 pygame.draw 模块中的内置函数可以在屏幕中绘制各种图形。其中常用的内置函数及其作用如表 6-4 所示。

表 6-4　　pygame.draw 模块的常用内置函数及其作用

函数	作用
rect	绘制矩形
polygon	绘制多边形（3 条及 3 条以上的边）
circle	绘制圆
ellipse	绘制椭圆
arc	绘制圆弧
line	绘制线
lines	绘制一系列的线
aaline	绘制一根平滑的线
aalines	绘制一系列平滑的线

实例文件 tu1.py 演示了随机在屏幕中绘制各种多边形的过程。

源码路径：daima\6\6-2\tu1.py

```
points = []                    #定义变量points的初始值
while True:                    #游戏主循环
    for event in pygame.event.get():
        if event.type == QUIT:
            exit()             #接收到退出事件后退出程序
        if event.type == KEYDOWN:
            #按任意键可以清屏并把点恢复到原始状态
            points = []
            screen.fill((255,255,255))
        if event.type == MOUSEBUTTONDOWN:
            screen.fill((255,255,255))
            #画随机矩形
            rc = (randint(0,255), randint(0,255), randint(0,255))
            rp = (randint(0,639), randint(0,479))
            rs = (639-randint(rp[0], 639), 479-randint(rp[1], 479))
            pygame.draw.rect(screen, rc, Rect(rp, rs))
            #画随机圆形
            rc = (randint(0,255), randint(0,255), randint(0,255))
            rp = (randint(0,639), randint(0,479))
            rr = randint(1, 200)
            pygame.draw.circle(screen, rc, rp, rr)
            #获得当前鼠标单击位置
            x, y = pygame.mouse.get_pos()
            points.append((x, y))
            #根据单击位置画弧线
            angle = (x/639.)*pi*2.
            pygame.draw.arc(screen, (0,0,0), (0,0,639,479), 0, angle, 3)
            #根据单击位置画椭圆
            pygame.draw.ellipse(screen, (0, 255, 0), (0, 0, x, y))
            #从左上方和右下方画两条线
            pygame.draw.line(screen, (0, 0, 255), (0, 0), (x, y))
            pygame.draw.line(screen, (255, 0, 0), (640, 480), (x, y))
            #画单击轨迹图
            if len(points) > 1:
                pygame.draw.lines(screen, (155, 155, 0), False, points, 2)
            #与轨迹图基本一样，只不过是闭合的，因为会覆盖，所以这里注释了
            #if len(points) >= 3:
            #    pygame.draw.polygon(screen, (0, 155, 155), points, 2)
            #把每个点画明显一点
            for p in points:
                pygame.draw.circle(screen, (155, 155, 155), p, 3)
    pygame.display.update()
```

运行上述代码，在窗口中单击鼠标就会绘制图形，按下键盘中的任意键可以重新开始。执行文件 tu1.py 后的效果如图 6-8 所示。

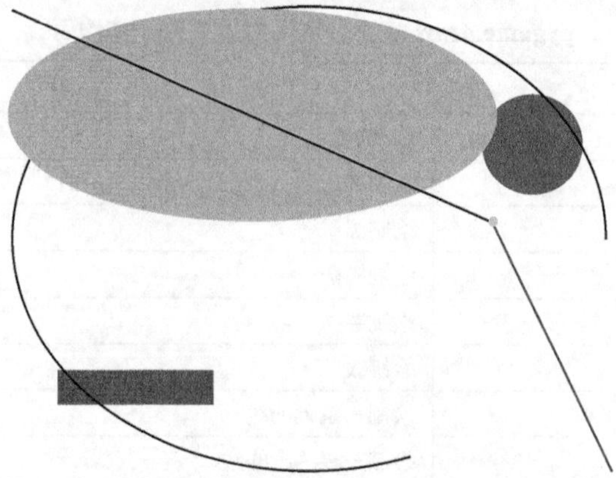

图 6-8　执行文件 tu1.py 后的效果

6.3　经典小游戏实战

6.3.1　开发一个俄罗斯方块游戏

1. 游戏介绍

俄罗斯方块是一款风靡全球的游戏，这款游戏最初是由 Alex Pajitnov 制作的，它看似简单却变化无穷。本节将介绍使用 Python 与 Pygame 开发一个简单的俄罗斯方块游戏的方法，并详细介绍其具体的实现流程。

2. 规划图形

在本游戏项目中，主要用到了如下 4 类图形。

- 边框：由 10×20 个空格组成，方块就落在其中。
- 盒子：组成方块的小方块，是组成方块的基本单元。
- 方块：从边框顶部掉下的东西，游戏者可以翻转和改变位置。每个方块由 4 个盒子组成。
- 形状：不同类型的方块，这里形状的名字分别称为 T、S、Z、J、L、I 和 O。在本实例中预先规划了图 6-9 所示的 7 种形状。

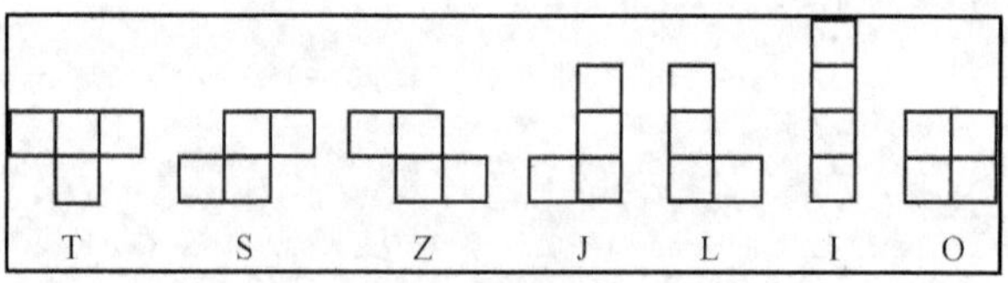

图 6-9　7 种形状的方块

除准备上述 4 种图形之外，还需要用到如下两个术语。

- 模板：用一个列表存放形状翻转后的所有可能样式。所有可能的样式存放在变量里，如 S_SHAPE_TEMPLATE 或 J_SHAPE_TEMPLATE 变量。
- 着陆（碰撞）：当一个方块到达边框的底部或接触到其他盒子时，这个方块着陆了。之后，另一个新的方块就会出现并开始下落。

3. 具体实现

俄罗斯方块游戏的实现文件是 els.py。具体实现流程如下所示。

源码路径：daima\6\6-3\els.py

1）使用 import 语句引入 Python 的内置库和游戏库 Pygame，定义项目用到的变量，并进行初始化。具体实现代码如下。

```
import random, time, pygame, sys
from pygame.locals import *
FPS = 25
WINDOWWIDTH = 640
WINDOWHEIGHT = 480
BOXSIZE = 20
BOARDWIDTH = 10
BOARDHEIGHT = 20
BLANK = '.'
MOVESIDEWAYSFREQ = 0.15
MOVEDOWNFREQ = 0.1
XMARGIN = int((WINDOWWIDTH - BOARDWIDTH * BOXSIZE) / 2)
TOPMARGIN = WINDOWHEIGHT - (BOARDHEIGHT * BOXSIZE) - 5
WHITE      = (255, 255, 255)
GRAY       = (185, 185, 185)
BLACK      = ( 0,   0,   0)
RED         = (155,   0,   0)
LIGHTRED   = (175, 20, 20)
GREEN       = ( 0, 155,   0)
LIGHTGREEN = ( 20, 175, 20)
BLUE      = ( 0,   0, 155)
LIGHTBLUE   = ( 20, 20, 175)
YELLOW    = (155, 155,   0)
LIGHTYELLOW = (175, 175, 20)
BORDERCOLOR = BLUE
BGCOLOR = BLACK
TEXTCOLOR = WHITE
TEXTSHADOWCOLOR = GRAY
COLORS     = (    BLUE,    GREEN,     RED,    YELLOW)
LIGHTCOLORS = (LIGHTBLUE, LIGHTGREEN, LIGHTRED, LIGHTYELLOW)
assert len(COLORS) == len(LIGHTCOLORS) # each color must have light color
TEMPLATEWIDTH = 5
TEMPLATEHEIGHT = 5
```

在上述实例代码中，BOXSIZE、BOARDWIDTH 和 BOARDHEIGHT 的功能是建立游戏与屏幕像素点的联系。请看下面的两个变量。

```
MOVESIDEWAYSFREQ = 0.15
MOVEDOWNFREQ = 0.1
```

通过使用上述两个变量，每当游戏玩家按下键盘中的向左或向右的方向键时，下降的方块相应地向左或向右移一个格子。另外，游戏玩家也可以一直按下向左或向右的方向键让方块保持移动。MOVESIDEWAYSFREQ 这个固定值表示如果一直按下向左或向右的方向键，那么每隔 0.15s 方块才会继续移动一次。而 MOVEDOWNFREQ 这个固定值与上面的 MOVESIDEWAYSFREQ 一样，功能是当游戏玩家一直按住向下的方向键时方块下落的频率。

下面的两个变量表示游戏界面的高度和宽度。

```
XMARGIN = int((WINDOWWIDTH - BOARDWIDTH * BOXSIZE) / 2)
TOPMARGIN = WINDOWHEIGHT - (BOARDHEIGHT * BOXSIZE) - 5
```

要理解上述两个变量的含义，请看图 6-10 所示的游戏界面。

剩余的变量都是与颜色定义相关的，其中读者需要注意的是 COLORS 和 LIGHTCOLORS 这两个变量。其中 COLORS 是组成方块的小方块的颜色；而 LIGHTCOLORS 是围绕在小方块周围的颜色，是为了强调轮廓而设计的。

2）定义方块形状，分别定义 T、S、Z、J、L、I 和 O 这 7 种方块形状。具体实现代码如下。

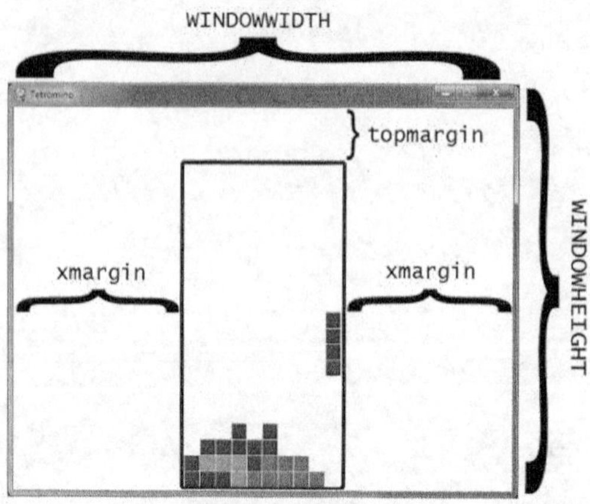

图 6-10　游戏界面

```
S_SHAPE_TEMPLATE = [['.....',
                     '.....',
                     '..OO.',
                     '.OO..',
                     '.....'],
                    ['.....',
                     '..O..',
                     '..OO.',
                     '...O.',
                     '.....']]

Z_SHAPE_TEMPLATE = [['.....',
                     '.....',
                     '.OO..',
                     '..OO.',
                     '.....'],
                    ['.....',
                     '..O..',
                     '.OO..',
                     '.O...',
                     '.....']]

I_SHAPE_TEMPLATE = [['..O..',
                     '..O..',
                     '..O..',
                     '..O..',
                     '.....'],
                    ['.....',
                     '.....',
                     'OOOO.',
                     '.....',
                     '.....']]

O_SHAPE_TEMPLATE = [['.....',
                     '.....',
                     '.OO..',
                     '.OO..',
                     '.....']]

J_SHAPE_TEMPLATE = [['.....',
                     '.O...',
                     '.OOO.',
                     '.....',
                     '.....'],
                    ['.....',
                     '..OO.',
                     '..O..',
                     '..O..',
                     '.....'],
```

```
                     ['.....',
                      '.....',
                      '.OOO.',
                      '...O.',
                      '.....'],
                     ['.....',
                      '..O..',
                      '..O..',
                      '.OO..',
                      '.....']]

L_SHAPE_TEMPLATE = [['.....',
                     '...O.',
                     '.OOO.',
                     '.....',
                     '.....'],
                    ['.....',
                     '..O..',
                     '..O..',
                     '..OO.',
                     '.....'],
                    ['.....',
                     '.....',
                     '.OOO.',
                     '.O...',
                     '.....'],
                    ['.....',
                     '.OO..',
                     '..O..',
                     '..O..',
                     '.....']]

T_SHAPE_TEMPLATE = [['.....',
                     '..O..',
                     '.OOO.',
                     '.....',
                     '.....'],
                    ['.....',
                     '..O..',
                     '..OO.',
                     '..O..',
                     '.....'],
                    ['.....',
                     '.....',
                     '.OOO.',
                     '..O..',
                     '.....'],
                    ['.....',
                     '..O..',
                     '.OO..',
                     '..O..',
                     '.....']]
```

在定义每个方块时，必须知道每种类型的方块有多少种形状。在上述代码中，列表中嵌入了含有字符串的列表来构成这个模板，一个方块类型的模板包含了这个方块可能变换的所有形状。比如“I”形状的模板代码如下。

```
I_SHAPE_TEMPLATE = [['..O..',
                     '..O..',
                     '..O..',
                     '..O..',
                     '.....'],
                    ['.....',
                     '.....',
                     'OOOO.',
                     '.....',
                     '.....']]
```

在定义每种方块形状的模板之前，通过如下两行代码表示组成形状的行和列。

```
TEMPLATEWIDTH = 5
TEMPLATEHEIGHT = 5
```

方块形状的行和列的具体结构如图 6-11 所示。

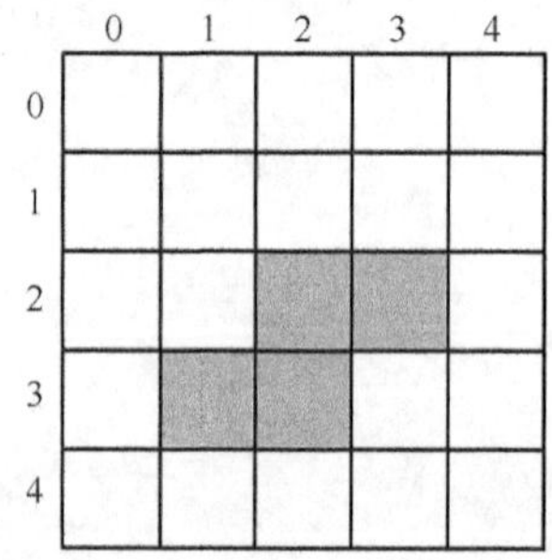

图 6-11　方块形状的行和列的具体结构

3）定义字典变量 PIECES 来存储所有不同形状的模板，因为每个模板又有一种类型的方块的所有变换形状，所以这就意味着 PIECES 变量包含了每种类型的方块和所有的变换形状。变量 PIECES 是存放游戏中用到的形状的数据结构。具体实现代码如下。

```
PIECES = {'S': S_SHAPE_TEMPLATE,
         'Z': Z_SHAPE_TEMPLATE,
         'J': J_SHAPE_TEMPLATE,
         'L': L_SHAPE_TEMPLATE,
         'I': I_SHAPE_TEMPLATE,
         'O': O_SHAPE_TEMPLATE,
         'T': T_SHAPE_TEMPLATE}
```

4）编写主函数 main()，主要功能是创建一些全局变量并在游戏开始之前显示一个画面。具体实现代码如下。

```
def main():
   global FPSCLOCK, DISPLAYSURF, BASICFONT, BIGFONT
   pygame.init()
   FPSCLOCK = pygame.time.Clock()
   DISPLAYSURF = pygame.display.set_mode((WINDOWWIDTH, WINDOWHEIGHT))
   BASICFONT = pygame.font.Font('freesansbold.ttf', 18)
   BIGFONT = pygame.font.Font('freesansbold.ttf', 100)
   pygame.display.set_caption('Tetromino')

   #showTextScreen('Tetromino')
   while True:
      #if random.randint(0, 1) == 0:
           #pygame.mixer.music.load('tetrisb.mid')
      #else:
           #pygame.mixer.music.load('tetrisc.mid')
      #pygame.mixer.music.play(-1, 0.0)
      runGame()
      #pygame.mixer.music.stop()
      showTextScreen('Game Over')
```

上述代码中的函数 runGame()是核心，在循环中首先随机决定采用哪个背景音乐，然后调用函数 runGame()运行游戏。当游戏失败时，runGame()就会返回函数 main()，并停止背景音乐和显示游戏失败的画面。当游戏玩家按下一个键时，函数 showTextScreen()会显示游戏失败，游戏循环会再次开始，然后继续下一次游戏。

5）编写函数 runGame()启动运行游戏。具体实现流程如下。

① 在游戏的开始创建运行过程中用到的几个变量。具体实现代码如下。

```
def runGame():
   #在游戏的开始创建变量
   board = getBlankBoard()
   lastMoveDownTime = time.time()
   lastMoveSidewaysTime = time.time()
```

```
    lastFallTime = time.time()
    movingDown = False # note: there is no movingUp variable
    movingLeft = False
    movingRight = False
    score = 0
    level, fallFreq = calculateLevelAndFallFreq(score)

    fallingPiece = getNewPiece()
    nextPiece = getNewPiece()
```

② 在游戏开始和方块掉落之前需要初始化一些与游戏开始相关的变量。把变量 fallingPiece 设置成当前掉落的方块，把变量 nextPiece 设置成游戏玩家可以在屏幕 NEXT 区域看见的下一个方块。具体实现代码如下。

```
while True: #游戏循环
    if fallingPiece == None:
        #没有方块落下，因此在顶部启动一个新的方块
        fallingPiece = nextPiece
        nextPiece = getNewPiece()
        lastFallTime = time.time() #重置lastFallTime

        if not isValidPosition(board, fallingPiece):
            return #游戏结束

    checkForQuit()
```

以上是当方块往底部掉落时的所有代码。变量 fallingPiece 在方块着陆后设置成 None。这意味着应该把 nextPiece 变量中的下一个方块赋予 fallingPiece 变量，然后把一个随机的方块赋予 nextPiece 变量。变量 lastFallTime 也设置成当前时间，这样就可以通过变量 fallFreq 控制方块下落的频率。来自函数 getNewPiece()的方块只有一部分放置在方框区域中，但如果这是一个非法的位置，比如，此时游戏方框已经填满（isValidPosition()函数返回 False），那么说明游戏玩家输掉了游戏。当发生这些事件时，就会返回 runGame()函数。

③ 实现暂停游戏。如果游戏玩家按下 P 键，游戏就会暂停。我们应该隐藏游戏界面以防止玩家作弊（否则玩家会看着画面思考怎么处理方块），使用 DISPLAYSURF.fill (BGCOLOR)就可以实现这个效果。具体实现代码如下。

```
for event in pygame.event.get(): # event handling loop
    if event.type == KEYUP:
        if (event.key == K_p):
            #暂停游戏
            DISPLAYSURF.fill(BGCOLOR)
            #pygame.mixer.music.stop()
            showTextScreen('Paused') # pause until a key press
            #pygame.mixer.music.play(-1, 0.0)
            lastFallTime = time.time()
            lastMoveDownTime = time.time()
            lastMoveSidewaysTime = time.time()
```

④ 按下方向键或 A、D、S 键会将 movingLeft、movingRight 和 movingDown 变量设置为 False，这说明游戏玩家不再想要在此方向上移动方块。后面的代码会基于 moving 变量处理一些事情。在此需要注意，向上的方向键和 W 键是用来翻转方块的而不是移动方块的，这就是没有 movingUp 变量的原因。具体实现代码如下。

```
elif (event.key == K_LEFT or event.key == K_a):
    movingLeft = False
elif (event.key == K_RIGHT or event.key == K_d):
    movingRight = False
elif (event.key == K_DOWN or event.key == K_s):
    movingDown = False
elif event.type == KEYDOWN:
    #斜着移动方块
    if (event.key == K_LEFT or event.key == K_a) and isValidPosition(board, fallingPiece,
    adjX=-1):
    fallingPiece['x'] -= 1
    movingLeft = True
```

```
        movingRight = False
        lastMoveSidewaysTime = time.time()
    elif (event.key == K_RIGHT or event.key == K_d) and isValidPosition(board, fallingPiece,
    adjX=1):
        fallingPiece['x'] += 1
        movingRight = True
        movingLeft = False
        lastMoveSidewaysTime = time.time()
```

⑤ 如果向上的方向键或 W 键被按下，那么就会翻转方块。下面的代码用于将存储在 fallingPiece 字典中的'rotation'键的值加 1。但是，如果增加的“rotation”键值大于所有当前类型方块的形状的数目（此数值存储在 len(PIECES[fallingPiece['shape']])变量中），那么它翻转到最初的形状。具体实现代码如下。

```
    #翻转方块（如果有翻转的空间）
    elif (event.key == K_UP or event.key == K_w):
        fallingPiece['rotation'] = (fallingPiece['rotation'] + 1) % len(PIECES[fallingPiece
        ['shape']])
        if not isValidPosition(board, fallingPiece):
            fallingPiece['rotation'] = (fallingPiece['rotation'] - 1) % len(PIECES[falling
            Piece['shape']])
    elif (event.key == K_q): # rotate the other direction
        fallingPiece['rotation'] = (fallingPiece['rotation'] - 1) % len(PIECES[fallingPiece
        ['shape']])
        if not isValidPosition(board, fallingPiece):
            fallingPiece['rotation'] = (fallingPiece['rotation'] + 1) % len(PIECES[falling
            Piece['shape']])
```

⑥ 如果向下的方向键被按下，游戏玩家希望方块下降的速度比平常快。fallingPiece['y'] += 1 使方块下落一个格子（前提是这是一个有效的下落），把 movingDown 设置为 True，把 lastMoveDownTime 变量也设置为当前时间。当一直按下向下的方向键时，这个变量保证方块以比平常快的速度下降。具体实现代码如下。

```
    #使方块比按下向下的方向键时的速度更快
    elif (event.key == K_DOWN or event.key == K_s):
        movingDown = True
        if isValidPosition(board, fallingPiece, adjY=1):
            fallingPiece['y'] += 1
        lastMoveDownTime = time.time()
```

⑦ 当游戏玩家按下空格键时，方块会迅速下落。程序首先应找出它着陆需要下降多少个格子。其中有关 moving 的 3 个变量都要设置为 False（保证程序后面的代码知道游戏玩家已经停止了按下所有的方向键）。具体实现代码如下。

```
    #使当前方块向下
    elif event.key == K_SPACE:
        movingDown = False
        movingLeft = False
        movingRight = False
        for i in range(1, BOARDHEIGHT):
            if not isValidPosition(board, fallingPiece, adjY=i):
                break
        fallingPiece['y'] += i - 1
```

⑧ 如果用户按住方向键超过 0.15s，那么表达式（movingLeft or movingRight）and time.time() −lastMoveSidewaysTime > MOVESIDEWAYSFREQ 返回 True。这样就可以把方块向左或向右移动一个格子。这种做法是很有用的，因为如果用户重复按下方向键让方块移动多个格子是很麻烦的。好的做法是，用户可以按住方向键让方块保持移动，直到松开方向键为止。最后别忘了更新 lastMoveSidewaysTime 变量。具体实现代码如下。

```
    #处理移动的方块
    if (movingLeft or movingRight) and time.time() - lastMoveSidewaysTime > MOVESIDEWAYSFREQ:
        if movingLeft and isValidPosition(board, fallingPiece, adjX=-1):
            fallingPiece['x'] -= 1
        elif movingRight and isValidPosition(board, fallingPiece, adjX=1):
            fallingPiece['x'] += 1
        lastMoveSidewaysTime = time.time()
```

```
if movingDown and time.time() - lastMoveDownTime > MOVEDOWNFREQ and isValidPosition(board,
fallingPiece, adjY=1):
    fallingPiece['y'] += 1
    lastMoveDownTime = time.time()
#在下降时间令方块下降
if time.time() - lastFallTime > fallFreq:
    #查看方块是否着陆
    if not isValidPosition(board, fallingPiece, adjY=1):
        #下落的方块已着陆，把它放置在面板上
        addToBoard(board, fallingPiece)
        score += removeCompleteLines(board)
        level, fallFreq = calculateLevelAndFallFreq(score)
        fallingPiece = None
    else:
        #方块没有着陆，向下移动方块
        fallingPiece['y'] += 1
        lastFallTime = time.time()
```

⑨ 开始在屏幕中绘制前面定义的图形。具体实现代码如下。

```
DISPLAYSURF.fill(BGCOLOR)
drawBoard(board)
drawStatus(score, level)
drawNextPiece(nextPiece)
if fallingPiece != None:
    drawPiece(fallingPiece)
pygame.display.update()
FPSCLOCK.tick(FPS)
```

到此为止，整个实例介绍完毕，执行文件 els.py 后的效果如图 6-12 所示。

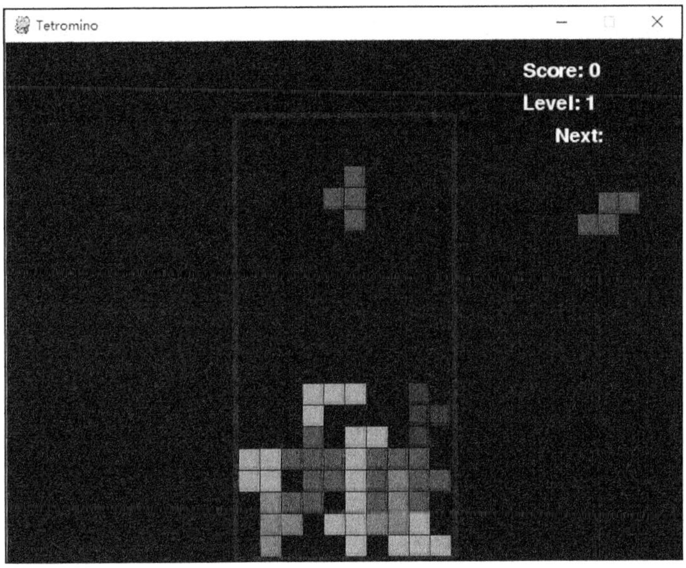

图 6-12　执行文件 els.py 后的效果

6.3.2　仿微信打飞机游戏

接下来将开发一个仿微信打飞机游戏，在“resources\audio”目录中保存音效素材文件，在“resources\image”目录下保存图片素材文件，如图 6-13（a）和（b）所示。

编写实例文件 Shoot_Airplane.py，使用 Pygame 实现仿微信打飞机游戏功能，使用光标控制飞机的位置，使用鼠标左键发射子弹，使用鼠标右键暂停游戏。实例文件 Shoot_Airplane.py 的具体实现代码如下。

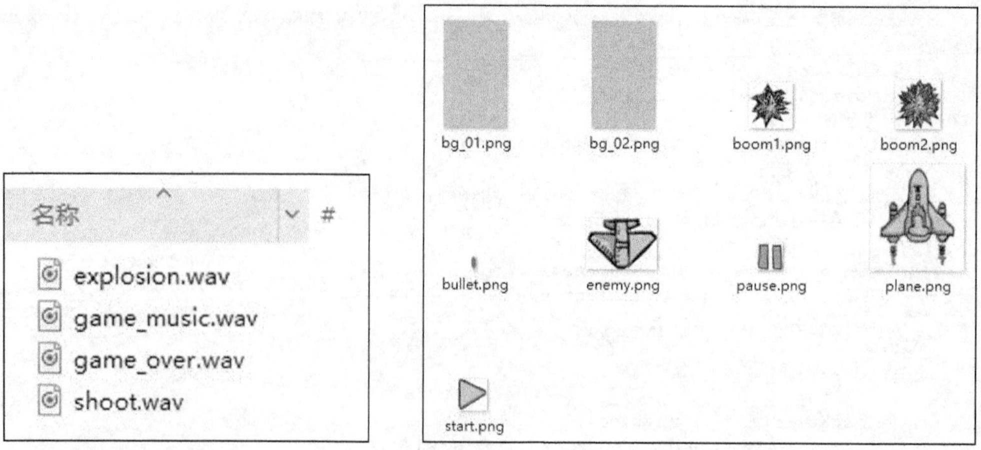

（a）音效素材文件　　（b）图片素材文件

图 6-13　用到的素材文件

源码路径：daima\6\6-3\Shoot_Airplane\Shoot_Airplane.py

```
import pygame
import random
from sys import exit

#初始化窗口
pygame.init()
pygame.display.set_caption('打飞机游戏')#设置窗口标题
screen=pygame.display.set_mode((370,600),0,32)
pygame.mouse.set_visible(False)#隐藏光标

#加载素材
#图片
boom1=pygame.image.load("resources/image/boom1.png")
boom2=pygame.image.load("resources/image/boom2.png")
bullet=pygame.image.load("resources/image/bullet.png")
plane = pygame.image.load("resources/image/plane.png").convert_alpha()
enemy = pygame.image.load("resources/image/enemy.png")
pygame.display.set_icon(plane)#顺便设置窗口图标
background1 = pygame.image.load("resources/image/bg_01.png")
background2 = pygame.image.load("resources/image/bg_02.png")
start=pygame.image.load("resources/image/start.png")
pause=pygame.image.load("resources/image/pause.png")

#音效
pygame.mixer.init()
Xexplosion = pygame.mixer.Sound("resources/audio/explosion.wav")
Xshoot = pygame.mixer.Sound("resources/audio/shoot.wav")
Xgame_over = pygame.mixer.Sound("resources/audio/game_over.wav")
Xexplosion.set_volume(1)
Xshoot.set_volume(0.5)
Xgame_over.set_volume(4.5)
#背景音乐
pygame.mixer.music.load('resources/audio/game_music.wav')
pygame.mixer.music.play(-1, 0.0)
pygame.mixer.music.set_volume(0.25)

#背景切换参数
i=0
#得分
score=0
font = pygame.font.SysFont('微软雅黑', 36)
#子弹
bullets = []
#敌机
enemies = []
```

```
#记录敌机爆炸位置
boomplace=[]
#游戏结束标志
game_over=False
#飞机位置初始化
pygame.mouse.set_pos(185, 550)

#程序主循环
while True:
    #背景切换
    i+=1
    if i<100:
        screen.blit(background1, (0, 0))
        screen.blit(pause, (0, 0))
    elif i<200:
        screen.blit(background2, (0, 0))
        screen.blit(pause, (0, 0))
    else:
        i=0

    #通过鼠标控制飞机
    x,y=pygame.mouse.get_pos()
    x-= plane.get_width() / 2
    y-= plane.get_height() / 2
    screen.blit(plane, (x, y))

    #子弹发射、移动、消失
    if i%25==0:
        l,m,r =pygame.mouse.get_pressed()
        if l==True:
            bullets.append([x+plane.get_width() / 2,y])
            Xshoot.play()#播放音效
            for place in bullets:
                if place[1]<=0:
                    bullets.remove(place)
        for place in bullets:
                place[1]-=55
    for place in bullets:
        screen.blit(bullet, (place[0],place[1] ))

    #敌机生成、移动、消失
    if i%100==0:
        enemies.append([random.randint(0,370-enemy.get_width()),-enemy.get_width() / 2])
        for place in enemies:
            if place[1]>=600:
                enemies.remove(place)
        for place in enemies:
            place[1]+=35

    for place in enemies:
        screen.blit(enemy, (place[0],place[1] ))

    #敌机爆炸显示
    for place in boomplace:
        if place[2]>0:
            screen.blit(boom1, (place[0],place[1] ))
            place[2]-=1

    #子弹碰撞检测
    for bulletplace in bullets:
        for enemyplace in enemies:
            if (bulletplace[0] > enemyplace[0] and bulletplace[0] < enemyplace[0] +
              enemy.get_width()) and (bulletplace[1] > enemyplace[1] and bulletplace[1]
              < enemyplace[1] + enemy.get_height()):
                screen.blit(boom1, (enemyplace[0],enemyplace[1] ))
                boomflag=75
                enemyplace.append(boomflag)
                boomplace.append(enemyplace)
                enemies.remove(enemyplace)
```

```
                bullets.remove(bulletplace)
                Xexplosion.play()#播放音效
                score+=100

    #飞机碰撞检测
    for enemyplace in enemies:
        if (x + 0.7*plane.get_width() > enemyplace[0]) and (x + 0.3*plane.get_width()
            < enemyplace[0] + enemy.get_width()) and (y + 0.7*plane.get_height() > enemyplace
            [1]) and (y + 0.3*plane.get_height() < enemyplace[1] + enemy.get_height()):
            enemies.remove(enemyplace)
            if i<100:
                screen.blit(background1, (0, 0))
            elif i<200:
                screen.blit(background2, (0, 0))
            Xgame_over.play()#播放音效
            #重绘图案
            screen.blit(pause, (0, 0))
            screen.blit(boom2, (x, y))
            for place in bullets:
                screen.blit(bullet, (place[0],place[1] ))
            for place in enemies:
                screen.blit(enemy, (place[0],place[1] ))
            #显示最终得分
            text = font.render("Final Score: %d" % score, True, (0, 0, 0))
            screen.blit(text, (78, 270))
            text = font.render("Press Right Button to Restart", True, (0, 0, 0))
            screen.blit(text, (15, 320))
            pygame.display.update()#重绘

            game_over=True
            while game_over==True and r==False :
                l,m,r =pygame.mouse.get_pressed()
                for event in pygame.event.get():
                    if event.type == pygame.QUIT:
                        pygame.quit()
                        exit()
            #重置游戏
            i=0
            score=0
            bullets = []
            enemies = []
            boomplace=[]
            x,y=185- plane.get_width() / 2, 550- plane.get_height() / 2

    #检测暂停，继续
    l,m,r =pygame.mouse.get_pressed()
    if r==True:
        #重绘背景
        if i<100:
            screen.blit(background1, (0, 0))
        elif i<200:
            screen.blit(background2, (0, 0))
        #重绘图案
        screen.blit(start, (0, 0))
        screen.blit(plane, (x, y))
        for place in bullets:
            screen.blit(bullet, (place[0],place[1] ))
        for place in enemies:
            screen.blit(enemy, (place[0],place[1] ))
        for place in boomplace:
            if place[2]>0:
                screen.blit(boom1, (place[0],place[1] ))
                place[2]-=1
        text = font.render(u"%d" % score, 1, (0, 0, 0))
        screen.blit(text, (50, 0))
        if game_over==True:
            x,y=185, 550#重置飞机位置
            game_over=False
            text = font.render("Press Left Button to Start", True, (0, 0, 0))
```

```
            screen.blit(text, (35, 300))
        else:
            x,y=pygame.mouse.get_pos()#保存飞机位置
            text = font.render("Press Left Button to Continue", True, (0, 0, 0))
            screen.blit(text, (10, 300))
        pygame.display.update()#更新重绘

        while True:
            for event in pygame.event.get():
                if event.type == pygame.QUIT:
                    pygame.quit()
                    exit()
            l,m,r =pygame.mouse.get_pressed()
            #继续
            if l==True:
                pygame.mouse.set_pos(x, y)#鼠标返回暂停前位置
                break

    text = font.render(u"%d" % score, True, (0, 0, 0))
    screen.blit(text, (50, 0))
    #检测是否结束
    for event in pygame.event.get():
        if event.type == pygame.QUIT:
            pygame.quit()
            exit()

    pygame.display.update()
```

上述代码中的注释非常详细，这里将不再进行详细讲解，执行文件 Shoot_Airplane.py 后的效果如图 6-14 所示。

图 6-14　执行文件 Shoot_Airplane.py 后的效果

6.3.3　传统贪吃蛇游戏和智能贪吃蛇游戏

接下来将详细讲解两种贪吃蛇游戏的实现过程。其中第一种是最简单的实现方案；第二种实现了智能贪吃蛇，可以自动玩游戏。

1. 传统贪吃蛇方案

传统方案的实现文件是 main.py，在代码中已经进行了详细注释。具体实现代码如下。

源码路径：daima\6\6-3\Snake\main.py

```
import pygame
import sys
import random

#全局定义
SCREEN_X = 600
SCREEN_Y = 600


#蛇类
#节点以25为单位
class Snake(object):
    #初始化各种需要的属性
    def __init__(self):
        self.dirction = pygame.K_RIGHT
        self.body = []
        for x in range(5):
            self.addnode()

    #无论何时，都在前端增加节点
    def addnode(self):
        left,top = (0,0)
        if self.body:
            left,top = (self.body[0].left,self.body[0].top)
        node = pygame.Rect(left,top,25,25)
        if self.dirction == pygame.K_LEFT:
            node.left -= 25
        elif self.dirction == pygame.K_RIGHT:
            node.left += 25
        elif self.dirction == pygame.K_UP:
            node.top -= 25
        elif self.dirction == pygame.K_DOWN:
            node.top += 25
        self.body.insert(0,node)

    #删除最后一个节点
    def delnode(self):
        self.body.pop()

    #死亡判断
    def isdead(self):
        #撞墙
        if self.body[0].x not in range(SCREEN_X):
            return True
        if self.body[0].y not in range(SCREEN_Y):
            return True
        #撞自己
        if self.body[0] in self.body[1:]:
            return True
        return False

    #移动
    def move(self):
        self.addnode()
        self.delnode()

    #改变方向
    def changedirection(self,curkey):
        LR = [pygame.K_LEFT,pygame.K_RIGHT]
        UD = [pygame.K_UP,pygame.K_DOWN]
        if curkey in LR+UD:
            if (curkey in LR) and (self.dirction in LR):
                return
            if (curkey in UD) and (self.dirction in UD):
```

```
                return
            self.dirction = curkey


#食物类
#方法：放置/移除
#节点以25为单位
class Food:
    def __init__(self):
        self.rect = pygame.Rect(-25,0,25,25)

    def remove(self):
        self.rect.x=-25

    def set(self):
        if self.rect.x == -25:
            allpos = []
            # 不靠墙太近，介于25 ~ SCREEN_X-25
            for pos in range(25,SCREEN_X-25,25):
                allpos.append(pos)
            self.rect.left = random.choice(allpos)
            self.rect.top  = random.choice(allpos)
            print(self.rect)


def show_text(screen, pos, text, color, font_bold = False, font_size = 60, font_italic
    = False):
    #获取系统字体，并设置文字大小
    cur_font = pygame.font.SysFont("宋体", font_size)
    #设置加粗属性
    cur_font.set_bold(font_bold)
    #设置斜体属性
    cur_font.set_italic(font_italic)
    #设置文字内容
    text_fmt = cur_font.render(text, 1, color)
    #绘制文字
    screen.blit(text_fmt, pos)


def main():
    pygame.init()
    screen_size = (SCREEN_X,SCREEN_Y)
    screen = pygame.display.set_mode(screen_size)
    pygame.display.set_caption('Snake')
    clock = pygame.time.Clock()
    scores = 0
    isdead = False

    #蛇/食物
    snake = Snake()
    food = Food()

    while True:
        for event in pygame.event.get():
            if event.type == pygame.QUIT:
                sys.exit()
            if event.type == pygame.KEYDOWN:
                pressed_keys = pygame.key.get_pressed()
                if pressed_keys.count(1) > 1:
                    continue
                snake.changedirection(event.key)
                #蛇死后按空格键重新开始
                if event.key == pygame.K_SPACE and isdead:
                    return main()


        screen.fill((255,255,255))

        #画蛇身/每一步加1分
```

```
        if not isdead:
            scores+=1
            snake.move()
        for rect in snake.body:
            pygame.draw.rect(screen,(20,220,39),rect,0)

        #显示死亡文字
        isdead = snake.isdead()
        if isdead:
            show_text(screen,(100,200),'YOU DEAD!',(227,29,18),False,100)
            show_text(screen,(150,260),'press space to try again...',(0,0,22),False,30)

        #食物处理，吃到加50分
        #当食物rect与蛇头重合时，吃掉Snake后增加一个节点
        if food.rect == snake.body[0]:
            scores+=50
            food.remove()
            snake.addnode()

        #投递食物
        food.set()
        pygame.draw.rect(screen,(136,0,21),food.rect,0)

        #显示分数
        show_text(screen,(50,500),'Scores: '+str(scores),(223,223,223))

        pygame.display.update()
        clock.tick(10)


if __name__ == '__main__':
    main()
```

执行文件 main.py 后的效果如图 6-15 所示。

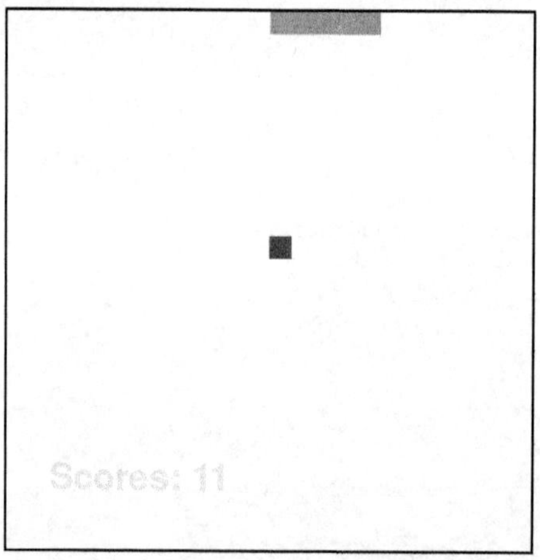

图 6-15　执行文件 main.py 后的效果

2. 智能贪吃蛇方案

智能贪吃蛇方案的实现文件是 main-bfs2.py，希望通过人工智能技术在游戏中自动实现贪吃蛇。在代码中进行了详细注释，具体实现代码如下。

源码路径：daima\6\6-3\Snake\main-bfs2.py

```
import pygame
import sys

# import curses
# from curses import KEY_RIGHT, KEY_LEFT, KEY_UP, KEY_DOWN
from random import randint
```

```
#蛇运动的场地的长和宽
HEIGHT = 25
WIDTH = 25

SCREEN_X = HEIGHT * 25
SCREEN_Y = WIDTH * 25

FIELD_SIZE = HEIGHT * WIDTH

#蛇头总是位于snake数组的第一个元素
HEAD = 0

#用来代表不同东西的数字，由于矩阵上每个格子会处理成到达食物的路径长度，
#因此这三个变量间需要有足够大的间隔
FOOD = 0
UNDEFINED = (HEIGHT + 1) * (WIDTH + 1)
SNAKE = 2 * UNDEFINED

#因为snake是一维数组，所以对应元素直接加上以下值就表示向4个方向移动
LEFT = -1
RIGHT = 1
UP = -WIDTH
DOWN = WIDTH

#错误码
ERR = -1111

#用一维数组来表示二维的东西
#board表示蛇运动的矩形场地
#初始化蛇头在(1,1)的地方，第0行，HEIGHT行，第0列，WIDTH列为围墙，不可用
#初始蛇长度为1
board = [0] * FIELD_SIZE
snake = [0] * (FIELD_SIZE+1)
snake[HEAD] = 1*WIDTH+1
snake_size = 1
#与以上变量对应的临时变量，在蛇试探性地移动时使用
tmpboard = [0] * FIELD_SIZE
tmpsnake = [0] * (FIELD_SIZE+1)
tmpsnake[HEAD] = 1*WIDTH+1
tmpsnake_size = 1

#food表示食物位置(0~FIELD_SIZE-1),初始在(3, 3)
#best_move: 运动方向
food = 3 * WIDTH + 3
best_move = ERR

#运动方向数组
mov = [LEFT, RIGHT, UP, DOWN]
#接收到的键和分数
key = pygame.K_RIGHT
score = 1 #分数也表示蛇长

def show_text(screen, pos, text, color, font_bold = False, font_size = 60, font_italic
    = False):
    #获取系统字体，并设置文字大小
    cur_font = pygame.font.SysFont("宋体", font_size)
    #设置加粗属性
    cur_font.set_bold(font_bold)
    #设置斜体属性
    cur_font.set_italic(font_italic)
    #设置文字内容
    text_fmt = cur_font.render(text, 1, color)
    #绘制文字
    screen.blit(text_fmt, pos)

#检查一个cell有没有被蛇身覆盖，如果没有覆盖则为free，否则返回true
def is_cell_free(idx, psize, psnake):
    return not (idx in psnake[:psize])
```

```
#检查在某个位置是否可向move方向运动
def is_move_possible(idx, move):
    flag = False
    if move == LEFT:
        flag = True if idx%WIDTH > 1 else False
    elif move == RIGHT:
        flag = True if idx%WIDTH < (WIDTH-2) else False
    elif move == UP:
        flag = True if idx > (2*WIDTH-1) else False # 即idx/WIDTH > 1
    elif move == DOWN:
        flag = True if idx < (FIELD_SIZE-2*WIDTH) else False # 即idx/WIDTH < HEIGHT-2
    return flag
#重置面板
#在面板刷新后，UNDEFINED值都变为到达食物的路径长度
#如果需要还原，则要重置它
def board_reset(psnake, psize, pboard):
    for i in range(FIELD_SIZE):
        if i == food:
            pboard[i] = FOOD
        elif is_cell_free(i, psize, psnake): #该位置为空
            pboard[i] = UNDEFINED
        else:#该位置为蛇身
            pboard[i] = SNAKE

#通过广度优先搜索方法遍历整个面板
#计算出面板中每个非SNAKE元素到达食物的路径长度
def board_refresh(pfood, psnake, pboard):
    queue = []
    queue.append(pfood)
    inqueue = [0] * FIELD_SIZE
    found = False
    #while循环结束后，除蛇的身体之外
    #其他每个方格中的数字代表从它到食物的路径长度
    while len(queue)!=0:
        idx = queue.pop(0)
        if inqueue[idx] == 1:
            continue
        inqueue[idx] = 1
        for i in range(4):
            if is_move_possible(idx, mov[i]):
                if idx + mov[i] == psnake[HEAD]:
                    found = True
                if pboard[idx+mov[i]] < SNAKE: #如果该点不是蛇的身体

                    if pboard[idx+mov[i]] > pboard[idx]+1:
                        pboard[idx+mov[i]] = pboard[idx] + 1
                    if inqueue[idx+mov[i]] == 0:
                        queue.append(idx+mov[i])

    return found

#从蛇头开始，根据面板中的元素值
#从蛇头周围4个邻域点中选择最短路径
def choose_shortest_safe_move(psnake, pboard):
    best_move = ERR
    min = SNAKE
    for i in range(4):
        if is_move_possible(psnake[HEAD], mov[i]) and pboard[psnake[HEAD]+mov[i]]<min:
            min = pboard[psnake[HEAD]+mov[i]]
            best_move = mov[i]
    return best_move

#从蛇头开始，根据面板中的元素值
#从蛇头周围4个邻域点中选择最远路径
def choose_longest_safe_move(psnake, pboard):
    best_move = ERR
    max = -1
    for i in range(4):
```

```
        if is_move_possible(psnake[HEAD], mov[i]) and pboard[psnake[HEAD]+mov[i]]<UNDE
            FINED and pboard[psnake[HEAD]+mov[i]]>max:
            max = pboard[psnake[HEAD]+mov[i]]
            best_move = mov[i]
    return best_move

#检查是否可以追着蛇尾移动，即蛇头和蛇尾之间有路径
#目的是避免蛇头陷入死路
#虚拟操作，在tmpboard、tmpsnake中进行
def is_tail_inside():
    global tmpboard, tmpsnake, food, tmpsnake_size
    tmpboard[tmpsnake[tmpsnake_size-1]] = 0 #虚拟地将蛇尾变为食物（因为是虚拟的，所以在
                                            #tmpsnake、tmpboard中进行）
    tmpboard[food] = SNAKE #放置食物的地方，可看成蛇身
    result = board_refresh(tmpsnake[tmpsnake_size-1], tmpsnake, tmpboard)
                                            #求得从每个位置到蛇尾的路径长度
    for i in range(4): #如果蛇头和蛇尾紧挨着，则返回False，即不能追着蛇尾移动了
        if is_move_possible(tmpsnake[HEAD], mov[i]) and tmpsnake[HEAD]+mov[i]==tmpsnake
            [tmpsnake_size-1] and tmpsnake_size>3:
            result = False
    return result

#让蛇头朝着蛇尾移动一步
#不管蛇身是否阻挡，都朝蛇尾方向运行
def follow_tail():
    global tmpboard, tmpsnake, food, tmpsnake_size
    tmpsnake_size = snake_size
    tmpsnake = snake[:]
    board_reset(tmpsnake, tmpsnake_size, tmpboard) #重置虚拟面板
    tmpboard[tmpsnake[tmpsnake_size-1]] = FOOD     #让蛇尾成为食物
    tmpboard[food] = SNAKE #让有食物的地方变成蛇身
    board_refresh(tmpsnake[tmpsnake_size-1], tmpsnake, tmpboard)
                                                   #求从各个位置到达蛇尾的路径长度
    tmpboard[tmpsnake[tmpsnake_size-1]] = SNAKE    #还原蛇尾

    return choose_longest_safe_move(tmpsnake, tmpboard) #返回移动方向（让蛇头运动1步）

#在各种方案都不行时，随便找一个可行的方向来走1步
def any_possible_move():
    global food , snake, snake_size, board
    best_move = ERR
    board_reset(snake, snake_size, board)
    board_refresh(food, snake, board)
    min = SNAKE

    for i in range(4):
        if is_move_possible(snake[HEAD], mov[i]) and board[snake[HEAD]+mov[i]]<min:
            min = board[snake[HEAD]+mov[i]]
            best_move = mov[i]
    return best_move

def shift_array(arr, size):
    for i in range(size, 0, -1):
        arr[i] = arr[i-1]

def new_food():
    global food, snake_size
    cell_free = False
    while not cell_free:
        w = randint(1, WIDTH-2)
        h = randint(1, HEIGHT-2)
        food = h * WIDTH + w
        cell_free = is_cell_free(food, snake_size, snake)

#真正的蛇在这个函数中朝pbest_move走1步
def make_move(pbest_move):
    global key, snake, board, snake_size, score
    shift_array(snake, snake_size)
    snake[HEAD] += pbest_move
```

```
    #如果新加入的蛇头就是食物的位置
    #蛇长加1，产生新的食物，重置面板（因为原来那些路径长度已经用不上了）
    if snake[HEAD] == food:
        board[snake[HEAD]] = SNAKE #新的蛇头
        snake_size += 1
        score += 1
        if snake_size < FIELD_SIZE:
            new_food()
    else: #如果新加入的蛇头不是食物的位置
        board[snake[HEAD]] = SNAKE #新的蛇头
        board[snake[snake_size]] = UNDEFINED #蛇尾变为空格

#虚拟地运行一次，然后在调用处确认是否可以正常运行，如果可以正常运行
#才真实运行
#虚拟运行中吃到食物后，得到虚拟情况下蛇在面板中的位置
def virtual_shortest_move():
    global snake, board, snake_size, tmpsnake, tmpboard, tmpsnake_size, food
    tmpsnake_size = snake_size
    tmpsnake = snake[:] #如果直接tmpsnake=snake，则两者指向同一块内存
    tmpboard = board[:] #面板中已经有从各位置到达食物的路径长度，不用再计算
    board_reset(tmpsnake, tmpsnake_size, tmpboard)

    food_eated = False
    while not food_eated:
        board_refresh(food, tmpsnake, tmpboard)
        move = choose_shortest_safe_move(tmpsnake, tmpboard)
        shift_array(tmpsnake, tmpsnake_size)
        tmpsnake[HEAD] += move #在蛇头前加入一个新的位置
        #如果新加入的蛇头的位置正好是食物的位置
        #则长度加1，重置面板，食物所在那个位置变为蛇的一部分
        if tmpsnake[HEAD] == food:
            tmpsnake_size += 1
            board_reset(tmpsnake, tmpsnake_size, tmpboard) #虚拟运行后，蛇在面板中的位置
            tmpboard[food] = SNAKE
            food_eated = True
        else: #如果蛇头不是食物的位置，则新加入的位置为蛇头，最后一个变为空格
            tmpboard[tmpsnake[HEAD]] = SNAKE
            tmpboard[tmpsnake[tmpsnake_size]] = UNDEFINED

#如果蛇与食物之间有路径，则调用本函数
def find_safe_way():
    global snake, board
    safe_move = ERR
    #虚拟地运行一次，因为已经确保蛇与食物之间有路径，所以正常运行
    #运行后得到虚拟情况下蛇在面板中的位置，即tmpboard
    virtual_shortest_move() #该函数唯一调用处
    if is_tail_inside(): #如果虚拟运行后，蛇头与蛇尾间有通路，则选最短路移动1步
        return choose_shortest_safe_move(snake, board)
    safe_move = follow_tail() #否则，虚拟地跟着蛇尾移动1步，如果可以做到，则返回true
    return safe_move

def main():
    pygame.init()
    screen_size = (SCREEN_X,SCREEN_Y)
    screen = pygame.display.set_mode(screen_size)
    pygame.display.set_caption('Snake')
    clock = pygame.time.Clock()
    isdead = False
    global score
    score = 1 #分数也表示蛇长


    while True:
        for event in pygame.event.get():
            if event.type == pygame.QUIT:
                sys.exit()
            if event.type == pygame.KEYDOWN:
                if event.key == pygame.K_SPACE and isdead:
                    return main()
```

```
        screen.fill((255,255,255))
        # for i in range(snake_size):
        #     rect = pygame.Rect((snake[i]//WIDTH)*25,(snake[i]%WIDTH)*25,20,20)
        #     pygame.draw.rect(screen,(136,0,21),rect,0)
        linelist = [((snake[0]//WIDTH)*25+12, (snake[0]%WIDTH)*25)] if snake_size==1 else []
        for i in range(snake_size):
            linelist.append(((snake[i]//WIDTH)*25+12, (snake[i]%WIDTH)*25+12))
        pygame.draw.lines(screen, (136,0,21), False, linelist, 20)

        rect = pygame.Rect((food//WIDTH)*25,(food%WIDTH)*25,20,20)
        pygame.draw.rect(screen,(20,220,39),rect,0)

        #重置矩阵
        board_reset(snake, snake_size, board)

        #如果蛇可以吃到食物，则board_refresh返回true
        #并且面板中除了蛇身之外，其他元素值表示从该点移动到食物的最短路径长度
        if board_refresh(food, snake, board):
            best_move  = find_safe_way() #find_safe_way的唯一调用处
        else:
            best_move = follow_tail()

        if best_move == ERR:
            best_move = any_possible_move()
        #只得出一个方向，移动1步
        if best_move != ERR:
            make_move(best_move)
        else:
            isdead = True

        if isdead:
            show_text(screen,(100,200),'YOU DEAD!',(227,29,18),False,100)
            show_text(screen,(150,260),'press space to try again...',(0,0,22),False,30)

        #显示分数文字
        show_text(screen,(50,500),'Scores: '+str(score),(223,223,223))

        pygame.display.update()
        clock.tick(20)


if __name__ == '__main__':
    main()
```

执行后将不用我们操作蛇的运动，通过人工智能自动操作蛇吃食物。执行文件 main-bfs2.py 后的效果如图 6-16 所示。

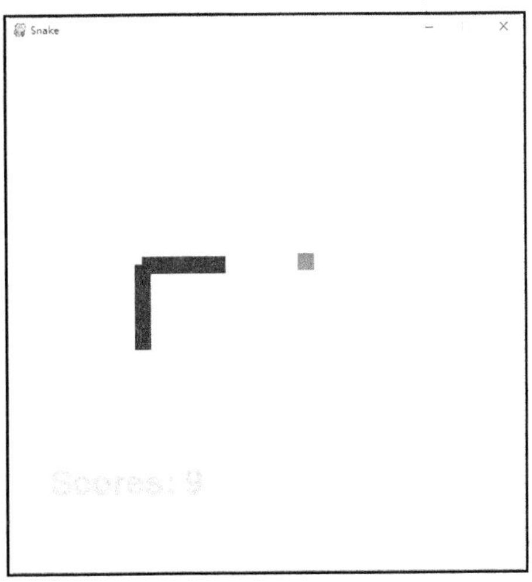

图 6-16 执行文件 main-bfs2.py 后的效果

6.3.4 推箱子游戏

在“source”文件夹中保存了音乐和图片素材文件，可以用相同大小的素材文件替换它们。在“map”文件夹中保存了地图文件，可以编辑里面的地图文件。例如，地图文件 1.dat 的具体内容如下。

```
8 10
NNNWWWNNNN
NNNWGWNNNN
NNNWNWWWWN
NWWWBNBGWN
NWGNBPWWWN
NWWWWBWNNN
NNNNWGWNNN
NNNNWWWNNN
```

在“.dat”格式的地图文件中，各字符的具体说明如下。

- N：为空，表示什么也没有。
- W：表示墙。
- G：表示目标。
- B：表示箱子。
- P：表示重生点。

实例文件 main.py 的代码已经进行了详细注释。具体实现代码如下。

源码路径：daima\6\6-3\Boxgamea\main.py

```
#初始化 pygame
pygame.init()

#全局变量的声明
#Global Vara
Game_font = pygame.font.SysFont("arial",32)
Game_Map_Source = []
Game_Step = 0
Player_Pos=[0,0]
Game_Level = 1
Game_Map = []
Map_Wide = 0
Map_Deepth = 0
Game_Path = []
Dir = ((-1,0),(1,0),(0,-1),(0,1))
BackgroundSize = 768
Game_Map_Size = 64
#Global Var Done

#设置游戏窗口的大小
Game_Screen = pygame.display.set_mode((BackgroundSize,BackgroundSize),0,32)

Image_Help          =   pygame.image.load("source/help.png").convert()
Image_Welcome       =   pygame.image.load("source/welcome.png").convert()
Image_Box_Inplace   =   pygame.image.load("source/Box_Inplace.jpg").convert()
Image_Box_Outplace  =   pygame.image.load("source/Box_Outplace.JPG").convert()
Game_Success        =   pygame.image.load("source/Success.jpg").convert()
Image_Player        =   pygame.image.load("source/man.jpg").convert()
Image_Goal          =   pygame.image.load("source/Goal.jpg").convert()
Image_Wall          =   pygame.image.load("source/wall.jpg").convert()

#截取所需图片大小
Image_Help          =   pygame.transform.scale(Image_Help,(BackgroundSize,BackgroundSize))
Image_Welcome       =   pygame.transform.scale(Image_Welcome,(BackgroundSize,BackgroundSize))
Image_Box_Inplace   =   pygame.transform.scale(Image_Box_Inplace,(Game_Map_Size,Game_Map_Size))
Image_Box_Outplace  =   pygame.transform.scale(Image_Box_Outplace,(Game_Map_Size,Game_Map_Size))
Image_Player        =   pygame.transform.scale(Image_Player,(Game_Map_Size,Game_Map_Size))
Image_Wall          =   pygame.transform.scale(Image_Wall,(Game_Map_Size,Game_Map_Size))
Image_Goal          =   pygame.transform.scale(Image_Goal,(Game_Map_Size,Game_Map_Size))
```

```
Image_Game_Success  =   pygame.transform.scale(Game_Success,(Game_Map_Size * 2,Game_Map
    _Size * 2))


#默认显示界面
def Defult():

    global Game_Map
    #默认进入第一个关卡
    global Game_Level
    global Map_Wide
    global Map_Deepth
    global Game_Path
    global Game_Map_Source
    global Player_Pos
    Game_Path = []
    Game_Map = []
    Map_Reader(Game_Level)
    Game_Map_Source = Game_Map[:]
    #显示标题
    pygame.display.set_caption("Mission %s   Step %s" % (str(Game_Level),str(Game_Step)))
    pygame.display.update()
    #设置关卡地图
    return pygame.display.set_mode((Map_Wide*64,Map_Deepth*64),0,32)


def Map_Reader(Mission):

    global Game_Map
    global Map_Deepth
    global Map_Wide
    try:
        File_Name ="map/"+ str(Mission) +'.dat'
        file = open(File_Name,'r')
        #读取地图的设置信息
        Map_Deepth,Map_Wide = map(int,file.readline().split())

        for i in range(Map_Deepth):
            Game_Map.append(file.readline()[:Map_Wide])
            print(Game_Map.append(file.readline()[:Map_Wide]))

    except Exception as e:
        pygame.display.quit()
        exit()
        print('恭喜您全部通关')

    finally:
         file.close()


def Display_refresh(Game_Screen):
    global Game_Level
    global Game_Step
    global Game_Map
    global Map_Deepth
    global Map_Wide
    global Player_Pos
    #地图例子
    #NNNWWWNNNN
    #NNNWGWNNNN
    #NNNWNWWWWN
    #NWWWBNBGWN
    #NWGNBPWWWN
    #NWWWWBWNNN
    #NNNNWGWNNN
    #NNNNWWWNNN
    Game_Screen.fill((255,255,255))
    for i in range(Map_Deepth):
        for j in range(Map_Wide):
            pos = [j*64,i*64]
```

```
            #人物
            if Game_Map[i][j]     == 'P':
                Game_Screen.blit(Image_Player,pos)
                Player_Pos[0] = i
                Player_Pos[1] = j

            #墙
            elif  Game_Map[i][j] == 'W':
                Game_Screen.blit(Image_Wall,pos)

            #箱子（不在指定位置）
            elif  Game_Map[i][j] == 'B':
                Game_Screen.blit(Image_Box_Outplace,pos)

            #箱子（在指定位置）
            elif  Game_Map[i][j] == 'A':
                Game_Screen.blit(Image_Box_Inplace,pos)

            #需要填充的位置
            elif  Game_Map[i][j] == 'G':
                Game_Screen.blit(Image_Goal,pos)

    pygame.display.set_caption("Mission "+str(Game_Level))
    #Game_Screen.blit(Game_font.render("space to redo",True,(0,0,0)),(0,Map_Deepth*64-32))
    pygame.display.update()

def Check_Win():
    num = 0
    global Game_Map
    global Map_Wide
    global Map_Deepth

    #最终整个地图中，如果遍历地图后发现B，则说明还没有胜利
    for i in range(Map_Deepth):
        for j in range(Map_Wide):
            if Game_Map[i][j] == 'B':
                return False

    return True


def Move(dir):
    global Game_Screen
    global Game_Map
    global Player_Pos
    global Game_Step
    global Game_Path
    global Game_Map_Source
    global Map_Wide
    global Map_Deepth

    #得出当前人物所在位置
    Player_Stand = Game_Map[Player_Pos[0]][Player_Pos[1]]

    Temp_x = Player_Pos[0] + Dir[dir][0]
    Temp_y = Player_Pos[1] + Dir[dir][1]

    print(Player_Pos[0],Player_Pos[1])              #显示人物当前的位置
    print( Temp_x,Temp_y)                           #移动之后的位置
    print( Game_Map[Temp_x][Temp_y])                #移动之后的地图情况

    '''
             在移动时遇到的情况
                 1）前面是墙体 W                                -----> 见 @ 3
                 2）前面是箱子                                  -----> 见 @ 1
                 3）什么都没有                                  -----> 见 @ 2

    '''
    #如果有箱子 @ 1
```

```
    if Game_Map[Temp_x][Temp_y] in ('A','B'):
        print( "there is a box")
        #如果前面是箱子，那么移动箱子就会遇到两种情况
        #N表示什么都没有，G表示箱子的目标地点
        #提前预测一下前面的情况，方可移动箱子
        if Game_Map[Temp_x + Dir[dir][0]][Temp_y + Dir[dir][1]] in ('N','G'):
            #移动箱子
            Game_Path.append(Game_Map[:])

            #如果是箱子的目标位置，那么需要将下一个地方变成 A
            if Game_Map[Temp_x + Dir[dir][0]][Temp_y + Dir[dir][1]] == 'G':
                Change_Map(Temp_x + Dir[dir][0],Temp_y + Dir[dir][1],'A')
            #其他情况将下一个位置变成箱子的位置
            else:
                Change_Map(Temp_x + Dir[dir][0],Temp_y + Dir[dir][1],'B')

            #设置人物当前的位置
            Change_Map(Temp_x,Temp_y,'P')

            #设置人物之前的位置 如果是G，则依然放置 G
            if Game_Map_Source[Player_Pos[0]][Player_Pos[1]] == 'G':
                Change_Map(Player_Pos[0],Player_Pos[1],"G")
            #如果是 N，则人物走之后依然是 N
            else:
                Change_Map(Player_Pos[0],Player_Pos[1],"N")

            #更新人物位置
            Player_Pos[0] = Temp_x
            Player_Pos[1] = Temp_y

            Display_refresh(Game_Screen)
            return

    #如果什么都没有@ 2
    if Game_Map[Temp_x][Temp_y] in ("N","G"):
        print( "do it")

        #设置人物当前的位置
        Change_Map(Temp_x,Temp_y,'P')

        #设置人物之前的位置
        if Game_Map_Source[Player_Pos[0]][Player_Pos[1]] == 'G':
            Change_Map(Player_Pos[0],Player_Pos[1],"G")
        else:
            Change_Map(Player_Pos[0],Player_Pos[1],"N")

        #更新人物的位置
        Player_Pos[0] = Temp_x
        Player_Pos[1] = Temp_y

    #什么也不做@ 3
    Display_refresh(Game_Screen)


#撤销上一次的操作
def Undo():
    global Game_Screen
    global Game_Map
    global Game_Path
    if Game_Path:
        #取出地图的所有元素
        Game_Map = Game_Path[-1][:]
        del Game_Path[-1]
        print( Game_Map)
        Display_refresh(Game_Screen)
    else:
        print( "You can't forback")


#重置本次关卡
```

```
def Redo():
    global Game_Map_Source
    global Game_Map
    global Game_Screen
    Game_Map = Game_Map_Source[:]
    Display_refresh(Game_Screen)


#更新地图信息
def Change_Map(x,y,object):
    global Game_Map
    Game_Map[x] = Game_Map[x][:y] + object+Game_Map[x][y + 1:]


#设置函数的入口点
if __name__ == "__main__":

    Game_Screen.blit(Image_Welcome,(0,0))
    pygame.display.update()
    flag = True
    fileNumber = 0

    #获取关卡数
    for filename in os.listdir(r'map/'):
        fileNumber = fileNumber + 1

    #加载背景音乐
    filename = r'source/4085.wav'
    pygame.mixer.music.load(filename)
    pygame.mixer.music.play(loops = 0, start = 0.0)

    while flag:
        Game_Screen.blit(Image_Welcome,(0,0))
        pygame.display.update()
        for event in pygame.event.get():
            if event.type == QUIT:
                pygame.display.quit()
                exit()
            if event.type == KEYDOWN:                    #数字1
                if event.key == 49:
                    flag=False
                    break
                if event.key == 50:                      #数字2
                    Game_Screen.blit(Image_Help,(0,0))
                    pygame.display.update()
                    time.sleep(3)
                if event.key == 51:                      #数字3
                    pygame.display.quit()
                    exit()
    Game_Screen = Defult()
    Display_refresh(Game_Screen)

    #print(Player_Pos)
    #print(Game_Map)

    #按键处理程序
    while True:
        for event in pygame.event.get():
            if event.type      == KEYDOWN:
                #向上
                if event.key   == K_UP:
                    Move(0)
                #向下
                elif event.key == K_DOWN:
                    Move(1)
                #向左
                elif event.key == K_LEFT:
                    Move(2)
                #向右
                elif event.key == K_RIGHT:
```

```
                    Move(3)
                #撤销
                elif event.key == K_r:
                    Undo()
                #重置
                elif event.key == K_SPACE:
                    Redo()
                #退出
                elif event.key == K_q:
                    pygame.display.quit()
                    exit()
            elif event.type == QUIT:
                pygame.display.quit()
                exit()
        #如果当前关卡获胜，那么加载下一个关卡的地图
        if (Chcck_Win()):
            #print( "you win")
            time.sleep(1)
            if Game_Level < fileNumber:
                Game_Level += 1
                Defult()
                Display_refresh(Game_Screen)
            else:
                #Game_Screen = pygame.display.set_mode((572,416),0,32)
                #将当前图片显示在窗体中心位置
                Game_Screen.blit(Image_Game_Success,(300 - 128/2,300 - 128/2))
                pygame.display.update()
```

执行后首先显示欢迎界面，按下按键“1”后进入游戏，按下按键“2”后显示帮助界面，按下按键“3”后退出游戏。执行文件 main.py 后的效果如图 6-17 所示。

（a）欢迎界面

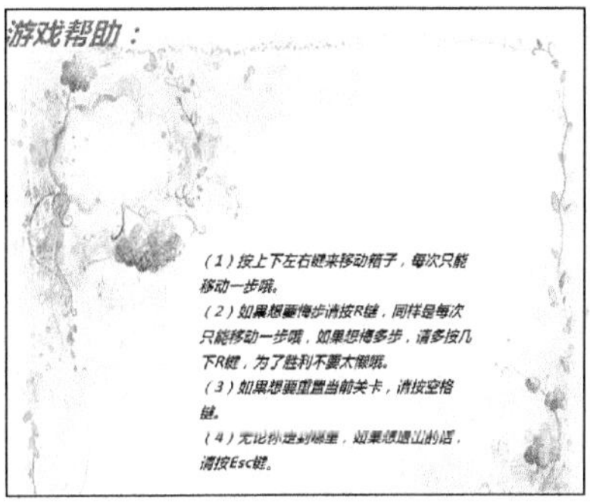

（b）帮助界面

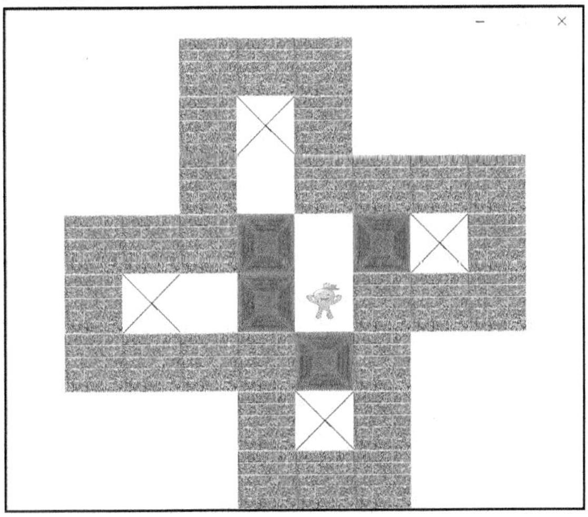

（c）进入游戏界面

图 6-17　执行文件 main.py 后的效果

6.3.5　吃苹果游戏

首先编写文件 MyLibrary.py，在里面定义本游戏项目用到的公共类模块。具体实现代码如下。

源码路径：daima\6\6-3\Eat-apple-Gamea\MyLibrary.py

```
#使用所提供的字体显示文本
def print_text(font, x, y, text, color=(255,255,255)):
    imgText = font.render(text, True, color)
    screen = pygame.display.get_surface() #req'd when function moved into MyLibrary
    screen.blit(imgText, (x,y))

#定义类MySprite来扩展pygame.sprite.sprite
class MySprite(pygame.sprite.Sprite):

    def __init__(self):
        pygame.sprite.Sprite.__init__(self) #extend the base Sprite class
        self.master_image = None
        self.frame = 0
        self.old_frame = -1
        self.frame_width = 1
        self.frame_height = 1
        self.first_frame = 0
        self.last_frame = 0
        self.columns = 1
        self.last_time = 0
        self.direction = 0
        self.velocity = Point(0.0,0.0)

    #x 轴属性
    def _getx(self): return self.rect.x
    def _setx(self,value): self.rect.x = value
    X = property(_getx,_setx)

    #y 轴属性
    def _gety(self): return self.rect.y
    def _sety(self,value): self.rect.y = value
    Y = property(_gety,_sety)

    #位置属性
    def _getpos(self): return self.rect.topleft
    def _setpos(self,pos): self.rect.topleft = pos
    position = property(_getpos,_setpos)


    def load(self, filename, width, height, columns):
        self.master_image = pygame.image.load(filename).convert_alpha()
        self.frame_width = width
        self.frame_height = height
        self.rect = Rect(0,0,width,height)
        self.columns = columns
        #自动计算总帧数
        rect = self.master_image.get_rect()
        self.last_frame = (rect.width // width) * (rect.height // height) - 1

    def update(self, current_time, rate=30):
        #更新动画帧
        if current_time > self.last_time + rate:
            self.frame += 1
            if self.frame > self.last_frame:
                self.frame = self.first_frame
            self.last_time = current_time

        #仅当更改时才创建当前帧
        if self.frame != self.old_frame:
            frame_x = (self.frame % self.columns) * self.frame_width
            frame_y = (self.frame // self.columns) * self.frame_height
            rect = Rect(frame_x, frame_y, self.frame_width, self.frame_height)
```

```
            self.image = self.master_image.subsurface(rect)
            self.old_frame = self.frame

    def __str__(self):
        return str(self.frame) + "," + str(self.first_frame) + \
               "," + str(self.last_frame) + "," + str(self.frame_width) + \
               "," + str(self.frame_height) + "," + str(self.columns) + \
               "," + str(self.rect)

#Point 类
class Point(object):
    def __init__(self, x, y):
        self.__x = x
        self.__y = y

    #X 属性
    def getx(self): return self.__x
    def setx(self, x): self.__x = x
    x = property(getx, setx)

    #Y 属性
    def gety(self): return self.__y
    def sety(self, y): self.__y = y
    y = property(gety, sety)

    def __str__(self):
        return "{X:" + "{:.0f}".format(self.__x) + \
            ",Y:" + "{:.0f}".format(self.__y) + "}"
```

再看实例文件 ZombieMobGame.py。首先随机生成 50 个苹果。然后监听玩家的键盘移动操作方向，根据获取的移动方向实现对应的动画效果。最后实现精灵和苹果的碰撞检测，检查是否吃掉苹果。文件 ZombieMobGame.py 的具体实现代码如下。

源码路径：daima\6\6-3\Eat-apple-Gamea\ZombieMobGame.py

```
def calc_velocity(direction, vel=1.0):
    velocity = Point(0,0)
    if direction == 0: #上
        velocity.y = -vel
    elif direction == 2: #右
        velocity.x = vel
    elif direction == 4: #下
        velocity.y = vel
    elif direction == 6: #左
        velocity.x = -vel
    return velocity

pygame.init()
screen = pygame.display.set_mode((800,600))
pygame.display.set_caption("吃苹果")
font = pygame.font.Font(None, 36)
timer = pygame.time.Clock()

#创建精灵组
player_group = pygame.sprite.Group()
food_group = pygame.sprite.Group()

#初始化玩家精灵组
player = MySprite()
player.load("farmer walk.png", 96, 96, 8)
player.position = 80, 80
player.direction = 4
player_group.add(player)

#初始化food精灵组

for n in range(1,50):
    food = MySprite();
    food.load("food_low.png", 35, 35, 1)
```

```
        food.position = random.randint(0,780),random.randint(0,580)
        food_group.add(food)

    game_over = False
    player_moving = False
    player_health = 0


    while True:
        timer.tick(30)
        ticks = pygame.time.get_ticks()

        for event in pygame.event.get():
            if event.type == QUIT:
                pygame.quit()
                sys.exit()
        keys = pygame.key.get_pressed()
        if keys[K_ESCAPE]: sys.exit()
        elif keys[K_UP] or keys[K_w]:
            player.direction = 0
            player_moving = True
        elif keys[K_RIGHT] or keys[K_d]:
            player.direction = 2
            player_moving = True
        elif keys[K_DOWN] or keys[K_s]:
            player.direction = 4
            player_moving = True
        elif keys[K_LEFT] or keys[K_a]:
            player.direction = 6
            player_moving = True
        else:
            player_moving = False


        if not game_over:
            #根据角色的不同方向，使用不同的动画帧
            player.first_frame = player.direction * player.columns
            player.last_frame = player.first_frame + player.columns-1
            if player.frame < player.first_frame:
                player.frame = player.first_frame

            if not player_moving:
                #当停止按键（即人物停止移动）的时候，停止更新动画帧
                player.frame = player.first_frame = player.last_frame
            else:
                player.velocity = calc_velocity(player.direction, 1.5)
                player.velocity.x *= 1.5
                player.velocity.y *= 1.5

            #更新玩家精灵组
            player_group.update(ticks, 50)

            #移动玩家
            if player_moving:
                player.X += player.velocity.x
                player.Y += player.velocity.y
                if player.X < 0: player.X = 0
                elif player.X > 700: player.X = 700
                if player.Y < 0: player.Y = 0
                elif player.Y > 500: player.Y = 500

            #检测玩家是否与食物冲突，是否吃到果实
            attacker = None
            attacker = pygame.sprite.spritecollideany(player, food_group)
            if attacker != None:
                if pygame.sprite.collide_circle_ratio(0.65)(player,attacker):
                    player_health +=2;
                    food_group.remove(attacker);
            if player_health > 100: player_health = 100
```

```
        #更新食物精灵组
        food_group.update(ticks, 50)

        if len(food_group) == 0:
            game_over = True
    #清屏
    screen.fill((50,50,100))

    #绘制精灵
    food_group.draw(screen)
    player_group.draw(screen)

    #绘制玩家血量条
    pygame.draw.rect(screen, (50,150,50,180), Rect(300,570,player_health*2,25))
    pygame.draw.rect(screen, (100,200,100,180), Rect(300,570,200,25), 2)

    if game_over:
        print_text(font, 300, 100, "G A M E   O V E R")

    pygame.display.update()
```

执行文件 ZombieMobGame.py 后的效果如图 6-18 所示。

图 6-18　执行文件 ZombieMobGame.py 后的效果

第 7 章

数据可视化

数据可视化是指通过可视化的方式来探索数据，它与当今比较热门的数据挖掘工作紧密相关。而数据挖掘指的是使用代码来探索数据集的规律和关联。在数据挖掘领域中，可以用一行代码实现的小型数字列表来表示数据集，也可以用数吉字节的数据来表示数据集。以引人注目的简洁方式呈现数据，让浏览者能够明白其中的含义，发现数据集中原本未意识到的规律和意义。本章将详细讲解使用 Python 实现数据可视化的核心知识。

7.1 使用 Matplotlib

Matplotlib 是 Python 中著名的数据可视化工具包，通过使用 Matplotlib，可以非常方便地绘制与数据统计相关的图形，如折线图、散点图、直方图等。正因 Matplotlib 在绘图领域的强大功能，所以它在 Python 数据挖掘方面得到了重用。本节将详细讲解在 Python 中使用 Matplotlib 绘制统计图形的知识，为读者进入本书后面知识的学习打下基础。

7.1.1 搭建 Matplotlib 环境

在 Python 程序中使用 Matplotlib 库之前，需要先确保安装了 Matplotlib 库。在 Windows 系统中安装 Matplotlib 库之前，首先需要确保已经安装了 Visual Studio .NET。在安装 Visual Studio .NET 后，就可以安装 Matplotlib 库。最简单的安装方式是使用如下 pip 命令或 easy_install 命令。

```
easy_install matplotlib
pip install matplotlib
```

虽然上述两种安装方式比较简单，但是并不能保证安装的 Matplotlib 库适合当今最新版本的 Python。例如，作者在写作本书时使用的是 Python 3.6，而当时使用上述两条命令只能自动安装 Matplotlib 1.7，并不支持 Python 3.6。这时，建议读者登录 PyPi 官网获取，如图 7-1 所示。在这个页面中查找与你使用的 Python 版本匹配的 wheel 文件（扩展名为.whl 的文件）。例如，如果使用的是 64 位的 Python 3.6，则需要下载 matplotlib-2.0.0rc2-cp36-cp36m-win_amd64.whl。

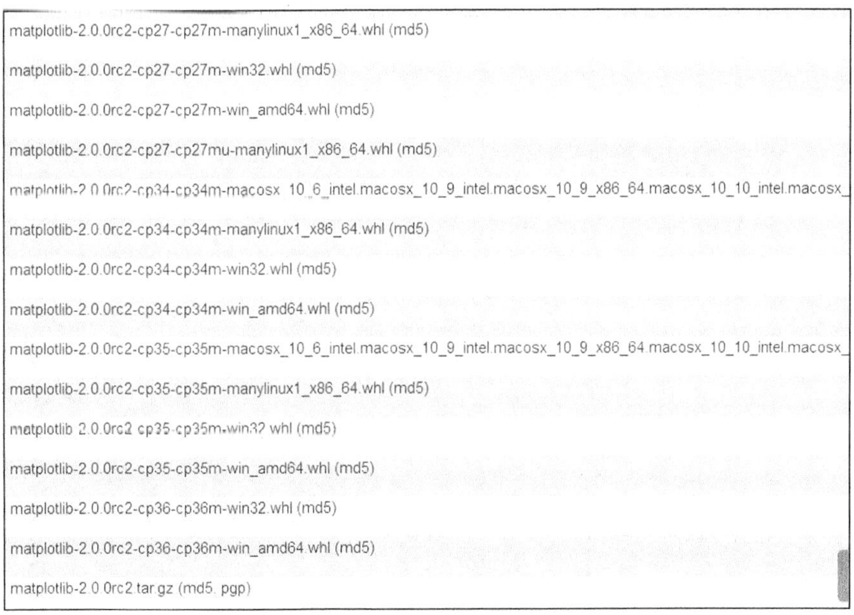

图 7-1　登录 PyPi 网站

注意：如果登录 PyPi 官网找不到适合自己的 Matplotlib 库，还可以尝试登录 UCI 网站，如图 7-2 所示。这个网站发布安装程序的时间通常比 Matplotlib 官网要早一段时间。

```
Matplotlib, a 2D plotting library.
   Requires numpy, dateutil, pytz, pyparsing, cycler, setuptools
   ffmpeg, mencoder, avconv, or imagemagick.
   matplotlib‑1.5.3‑cp27‑cp27m‑win32.whl
   matplotlib‑1.5.3‑cp27‑cp27m‑win_amd64.whl
   matplotlib‑1.5.3‑cp34‑cp34m‑win32.whl
   matplotlib‑1.5.3‑cp34‑cp34m‑win_amd64.whl
   matplotlib‑1.5.3‑cp35‑cp35m‑win32.whl
   matplotlib‑1.5.3‑cp35‑cp35m‑win_amd64.whl
   matplotlib‑1.5.3‑cp36‑cp36m‑win32.whl
   matplotlib‑1.5.3‑cp36‑cp36m‑win_amd64.whl
   matplotlib‑1.5.3.chm
   matplotlib‑2.0.0rc2‑cp27‑cp27m‑win32.whl
   matplotlib‑2.0.0rc2‑cp27‑cp27m‑win_amd64.whl
   matplotlib‑2.0.0rc2‑cp34‑cp34m‑win32.whl
   matplotlib‑2.0.0rc2‑cp34‑cp34m‑win_amd64.whl
   matplotlib‑2.0.0rc2‑cp35‑cp35m‑win32.whl
   matplotlib‑2.0.0rc2‑cp35‑cp35m‑win_amd64.whl
   matplotlib‑2.0.0rc2‑cp36‑cp36m‑win32.whl
   matplotlib‑2.0.0rc2‑cp36‑cp36m‑win_amd64.whl
   matplotlib‑2.0.0rc2.chm
   matplotlib‑2.x‑windows‑link‑libraries.zip
   matplotlib_tests‑1.5.3‑py2.py3‑none‑any.whl
   matplotlib_tests‑2.0.0rc2‑py2.py3‑none‑any.whl
```

图 7-2　登录 UCI 网站

例如，作者当时下载的文件是 matplotlib-2.0.0rc2-cp36-cp36m-win_amd64.whl，将这个文件保存在“H:\matp”目录下。接下来需要打开一个命令窗口，并切换到该项目文件夹“H:\matp”，再使用如下 pip 命令来安装 Matplotlib。

```
python -m pip install --user matplotlib-2.0.0rc2-cp36-cp36m-win_amd64.whl
```

具体安装过程如图 7-3 所示。

```
C:\Windows\system32\cmd.exe
C:\Users\apple0>h:

H:\>cd matp

H:\matp>python -m pip install --user matplotlib-2.0.0rc2-cp36-cp36m-win_amd64.whl
Processing h:\matp\matplotlib-2.0.0rc2-cp36-cp36m-win_amd64.whl
Collecting pytz (from matplotlib==2.0.0rc2)
  Downloading pytz-2016.10-py2.py3-none-any.whl (483kB)
    100% |████████████████████████████████| 491kB 34kB/s
Collecting six>=1.10 (from matplotlib==2.0.0rc2)
  Downloading six-1.10.0-py2.py3-none-any.whl
Collecting numpy>=1.7.1 (from matplotlib==2.0.0rc2)
  Downloading numpy-1.11.3.zip (4.7MB)
    100% |████████████████████████████████| 4.7MB 28kB/s
Collecting pyparsing!=2.0.4,!=2.1.2,!=2.1.6,>=1.5.6 (from matplotlib==2.0.0rc2)
  Downloading pyparsing-2.1.10-py2.py3-none-any.whl (56kB)
    100% |████████████████████████████████| 61kB 65kB/s
Collecting cycler>=0.10 (from matplotlib==2.0.0rc2)
  Downloading cycler-0.10.0-py2.py3-none-any.whl
Collecting python-dateutil (from matplotlib==2.0.0rc2)
  Downloading python_dateutil-2.6.0-py2.py3-none-any.whl (194kB)
    100% |████████████████████████████████| 194kB 63kB/s
Installing collected packages: pytz, six, numpy, pyparsing, cycler, python-dateutil, matplotlib
  Running setup.py install for numpy ... done
Successfully installed cycler-0.10.0 matplotlib-2.0.0rc2 numpy-1.11.3 pyparsing-2.1.10 python-dateutil-2.6.0 pytz-2016.1
0 six-1.10.0

H:\matp>

搜狗拼音输入法 全 :
```

图 7-3　在 Windows 系统中安装 Matplotlib

7.1.2　初级绘图

在使用 Matplotlib 绘制图形时，其中有两个常用的场景，一个是画点，一个是画线。本节将详细讲解使用 Matplotlib 实现初级绘制的知识。

1. 绘制点

假设你有一堆数据样本，要找出其中的异常值，那么最直观的方法就是将它们画成散点图。实例文件 dian.py 演示了使用 Matplotlib 绘制散点图的过程。

源码路径：daima\7\7-1\dian.py

```
import matplotlib.pyplot as plt      #导入pyplot包，并缩写为plt
#定义两个点的x集合和y集合
x=[1,2]
y=[2,4]
plt.scatter(x,y)                     #绘制散点图
plt.show()                           #展示绘画框
```

在上述实例代码中绘制了拥有两个点的散点图，向函数 scatter()传递了两个分别包含 x 值和 y 值的列表。执行文件 dian.py 后的效果如图 7-4 所示。

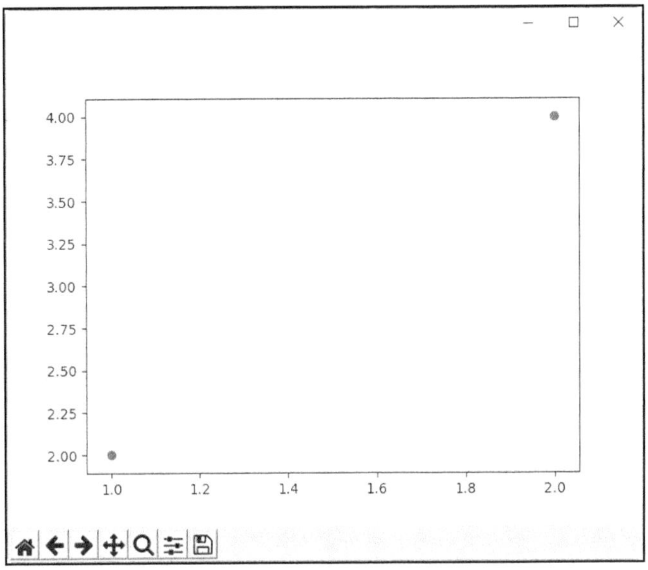

图 7-4　执行文件 dian.py 后的效果

在上述实例中，为了进一步调整坐标轴的样式，可以加上如下代码。

```
#[]里的4个参数分别表示x 轴起始点，x 轴结束点，y 轴起始点，y 轴结束点
plt.axis([0,10,0,10])
```

2. 绘制折线

在使用 Matplotlib 绘制线形图时，最简单的是绘制折线图。实例文件 zhe.py 使用 Matplotlib 绘制了一幅简单的折线图，并对折线样式进行了定制，用于实现复杂数据的可视化效果。

源码路径：daima\7\7-1\zhe.py

```
import matplotlib.pyplot as plt
squares = [1, 4, 9, 16, 25]
plt.plot(squares)
plt.show()
```

在上述实例代码中，使用平方数序列 1、4、9、16 和 25 来绘制一幅折线图，在具体实现时，只要向 Matplotlib 提供这些平方数序列就能完成绘制工作。具体步骤如下。

1）导入模块 pyplot，并给它指定别名 plt，以免反复输入 pyplot，在模块 pyplot 中包含很多用于生成图表的函数。

2）创建一个列表，在其中存储前述平方数。

3）将创建的列表传递给函数 plot()，这个函数会根据这些数字绘制出有意义的图形。

4）通过函数 plt.show()打开 Matplotlib 查看器，并显示绘制的图形。

执行文件 zhe.py 后的效果如图 7-5 所示。

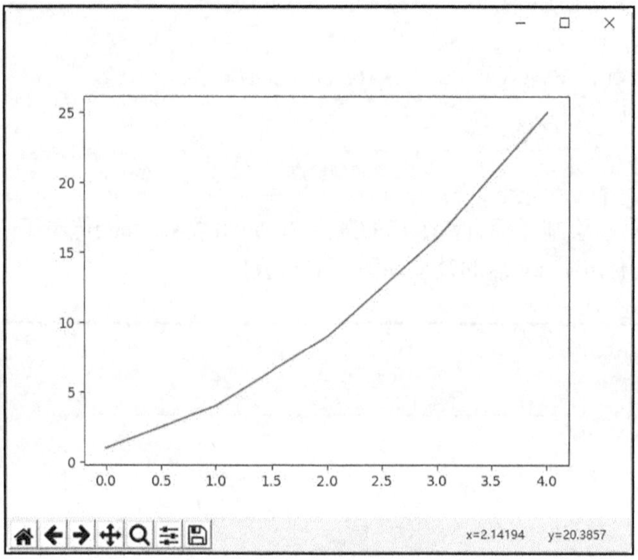

图 7-5　执行文件 zhe.py 后的效果

3. 设置标签文字和线条粗细

开发者可以对绘制的线条样式进行灵活设置，如可以设置线条的粗细、实现数据准确性校正等操作。实例文件 she.py 演示了使用 Matplotlib 绘制指定样式折线图的过程。

源码路径：daima\7\7-1\she.py

```
import matplotlib.pyplot as plt          #导入模块
input_values = [1, 2, 3, 4, 5]
squares = [1, 4, 9, 16, 25]
plt.plot(input_values, squares, linewidth=5)
#设置图表标题，并在坐标轴上添加标签
plt.title("Numbers", fontsize=24)
plt.xlabel("Value", fontsize=14)
plt.ylabel("ARG Value", fontsize=14)
#设置单位刻度的大小
plt.tick_params(axis='both', labelsize=14)
plt.show()
```

关于上述代码，注意以下细节。

1）第 4 行代码中的“linewidth=5”：用于设置线条的粗细。

2）第 4 行代码中的函数 plot()：当向函数 plot()提供一系列数字时，它会假设第一个数据点对应的 x 坐标值为 0，但是实际上第一个点对应的 x 值为 1。为改变这种默认行为，可以给函数 plot()同时提供输入值和输出值，这样函数 plot()可以正确地绘制数据，因为同时提供了输入值和输出值，所以无须对输出值的生成方式进行假设，最终绘制出的图形是正确的。

3）第 6 行代码中的函数 title()：用于设置图表的标题。

4）第 6～8 行中的参数 fontsize：用于设置图表中的文字大小。

5）第 7 行中的函数 xlabel()和第 8 行中的函数 ylabel()：用于分别设置 x 轴的标题和 y 轴的标题。

6）第 10 行中的函数 tick_params()：用于设置刻度样式，其中指定的实参将影响 x 轴和 y 轴上的刻度（axis='both'），并将刻度标记的字体大小设置为 14。

执行文件 she.py 后的效果如图 7-6 所示。

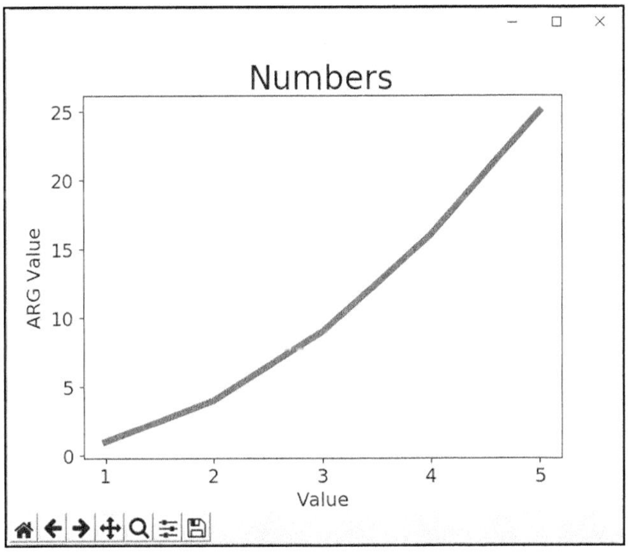

图 7-6 执行文件 she.py 后的效果

7.1.3 自定义散点图样式

在现实应用中，经常需要绘制散点图并设置各个数据点的样式。例如，可能想以一种颜色显示较小的值，而用另一种颜色显示较大的值。当绘制大型数据集时，还需要对每个点都设置同样的样式，再使用不同的样式选项重新绘制某些点，这样可以突出显示它们的效果。在 Matplotlib 库中，可以使用函数 scatter()绘制单个点，通过传递 x 点和 y 点坐标的方式在指定的位置绘制一个点。

实例文件 dianyang.py 演示了使用 Matplotlib 绘制指定样式散点图的过程。

源码路径：daima\7\7-1\dianyang.py

```
import matplotlib.pyplot as plt
from pylab import *
mpl.rcParams['font.sans-serif'] = ['SimHei']    #指定默认字体
mpl.rcParams['axes.unicode_minus'] = False      #解决保存图像时负号显示为方块的问题
x_values = list(range(1, 1001))
y_values = [x**2 for x in x_values]
plt.scatter(x_values, y_values, c=(0, 0, 0.8), edgecolor='none', s=40)
#设置图表标题，并设置坐标轴标签.
plt.title("某地区销售统计表", fontsize=24)
plt.xlabel("节点", fontsize=14)
plt.ylabel("销售数据", fontsize=14)
#设置刻度大小.
plt.tick_params(axis='both', which='major', labelsize=14)
#设置每条坐标轴的取值范围
plt.axis([0, 110, 0, 1100])
plt.show()
```

关于上述代码，注意以下几点。

1）第 2~4 行代码：导入字体库，设置中文字体，并解决负号显示为方块的问题。

2）第 5 行和第 6 行代码：使用 Python 循环自动计算数据，首先创建了一个包含 x 值的列表，其中包含数字 1~1000。然后创建一个生成 y 值的列表解析，它能够遍历 x 值，计算其平方值（x**2），并将结果存储到列表 y_values 中。

3）第 7 行代码：将输入列表和输出列表传递给函数 scatter()。另外，因为 Matplotlib 允许给散列点图中的各个点设置一种颜色，默认为蓝色点和黑色轮廓。所以，当散列点图中包含的数据点不多时效果会很好。但是当需要绘制很多个点时，这些黑色的轮廓可能会混杂在一起，因此需要删除数据点的轮廓。所以在本行代码中，在调用函数 scatter()时传递了实参 edgecolor='none'。为了修改数据点的颜色，在此向函数 scatter()传递参数 c，并将它设置为要使用的颜色名称“red”。

注意：颜色映射（colormap）是一系列颜色，它们从起始颜色渐变到结束颜色。在可视化视图模型中，颜色映射用于突出数据的规律，例如，可能需要用较浅的颜色来显示较小的值，并使用较深的颜色来显示较大的值。在模块 pyplot 中内置了一组颜色映射，要使用这些颜色映射，需要告诉 pyplot 应该如何设置数据集中每个点的颜色。

4）第 15 行代码：因为这个数据集较大，所以将点设置得较小，本行代码中使用函数 axis()指定了每个坐标轴的取值范围。函数 axis()要求提供 4 个值——x 和 y 坐标轴的最小值与最大值。此处将 x 坐标轴的取值范围设置为 0～110，并将 y 坐标轴的取值范围设置为 0～1100。

5）第 16 行（最后一行）代码：使用函数 plt.show()显示绘制的图形。当然，也可以让程序自动将图表保存到一个文件中，此时只要将对 plt.show()函数的调用替换为对 plt.savefig()函数的调用。

```
plt.savefig (' plot.png' , bbox_inches='tight' )
```

在上述代码中，第一个实参用于指定要以什么样的文件名保存图表，这个文件将存储到当前实例文件 dianyang.py 所在的目录中。第二个实参用于指定将图表多余的空白区域裁剪掉。如果要保留图表周围多余的空白区域，可省略这个实参。执行文件 dianyang.py 后的效果如图 7-7 所示。

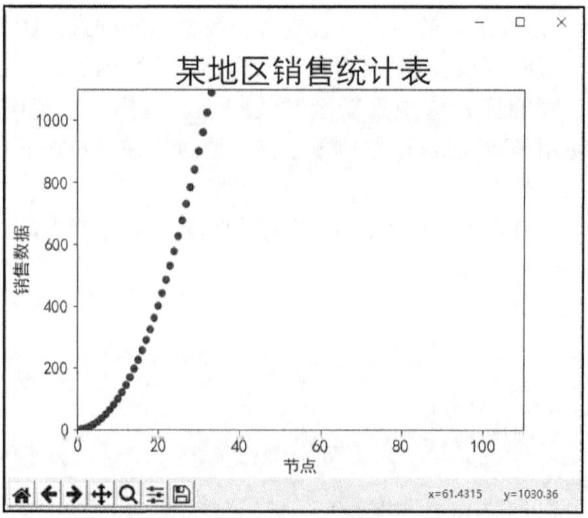

图 7-7　执行文件 dianyang.py 后的效果

7.1.4　绘制柱状图

在现实应用中，柱状图经常用于数据统计领域。在 Python 程序中，使用 Matplotlib 很容易绘制一个柱状图。例如，使用下面的 3 行代码就可以绘制一个柱状图。

```
import matplotlib.pyplot as plt
plt.bar(left = 0,height = 1)
plt.show()
```

在上述代码中，首先使用 import 导入了 matplotlib.pyplot ，然后直接调用其 bar()函数绘制柱状图，最后用 show()函数显示图像。其中在函数 bar()中存在如下两个参数。

- left：柱形图左边缘的位置，如果指定为 1，那么当前柱形图左边缘的 x 值就是 1.0。
- height：柱形的高度，也就是 y 轴的值。

执行上述代码后会绘制一个柱状图，如图 7-8 所示。

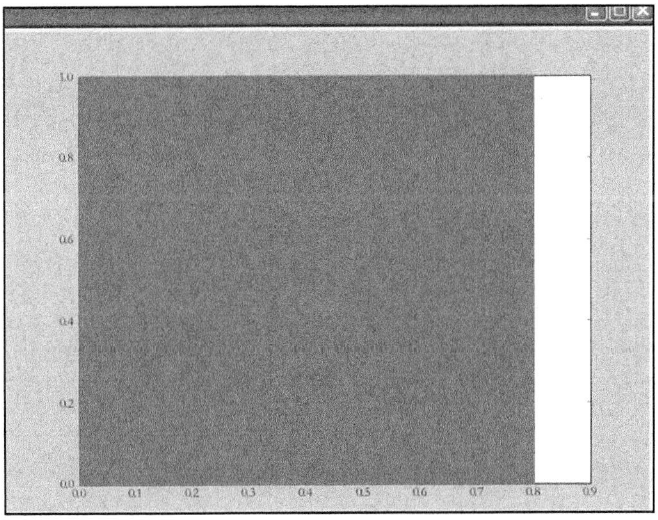

图 7-8 执行效果

虽然通过上述代码绘制了一个柱状图，但是效果不够直观。在函数 bar()中，参数 left 和 height 除可以使用单独的值（此时是一个柱形）外，还可以使用元组来替换（此时代表多个矩形）。实例文件 zhu.py 演示了使用 Matplotlib 绘制多个柱状图的过程。

源码路径：daima\7\7-1\zhu.py

```
import matplotlib.pyplot as plt          #导入模块
plt.bar(left = (0,1),height = (1,0.5))      #绘制两个柱形图
plt.show()                         #显示绘制的图
```

执行文件 zhu.py 后的效果如图 7-9 所示。

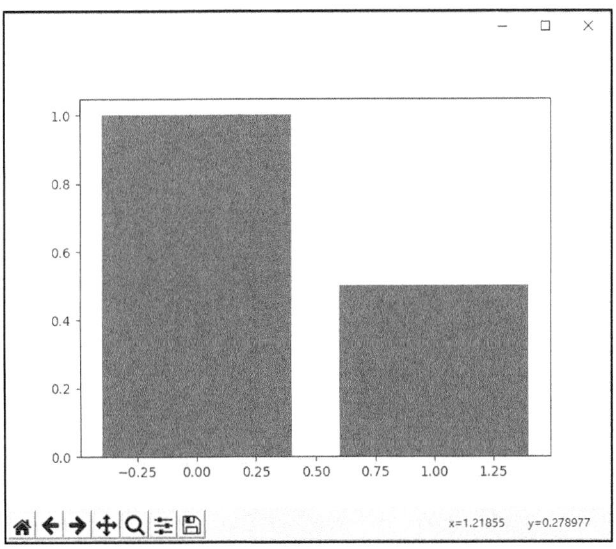

图 7-9 执行文件 zhu.py 后的效果

在上述实例代码中，left = (0,1)的意思是总共有两个矩形，其中第一个矩形的左边缘为 0，第二个矩形的左边缘为 1。参数 height 的含义与 left 类似。当然，有的读者可能觉得这两个矩形“太宽”了，不够美观。此时可以通过指定函数 bar()中的 width 参数来设置它们的宽度。例如，通过下面的代码设置柱状图的宽度，执行效果如图 7-10 所示。

```
import matplotlib.pyplot as plt
plt.bar(left = (0,1),height = (1,0.5),width = 0.35)
plt.show()
```

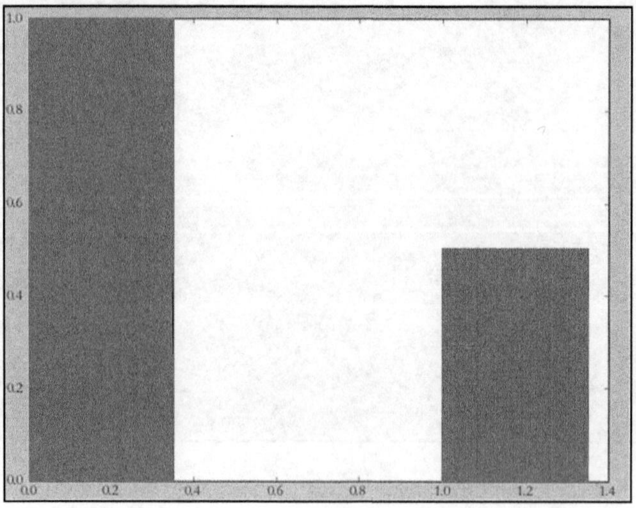

图 7-10　设置柱状图的宽度

这里需要标明 x 轴和 y 轴的说明信息，比如使用 x 轴表示性别，使用 y 轴表示人数。实例文件 shuo.py 演示了使用 Matplotlib 绘制带说明信息的柱状图的过程。

源码路径：daima\7\7-1\shuo.py

```
import matplotlib.pyplot as plt
from pylab import *
mpl.rcParams['font.sans-serif'] = ['SimHei']      #指定默认字体
mpl.rcParams['axes.unicode_minus'] = False        #解决保存图像时负号显示为方块的问题
plt.xlabel(u'性别')      #x 轴的说明信息
plt.ylabel(u'人数')      #y 轴的说明信息
plt.bar(left = (0,1),height = (1,0.5),width = 0.35)
plt.show()
```

执行文件 shuo.py 后的效果如图 7-11 所示。

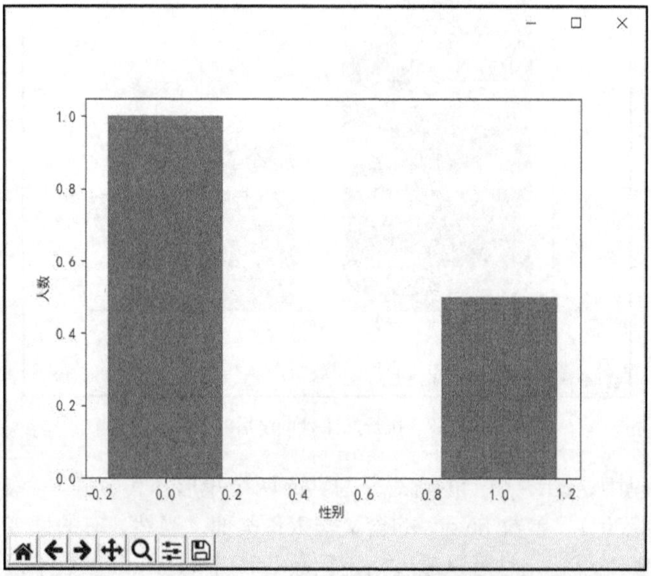

图 7-11　执行文件 shuo.py 后的效果

注意：在 Python 2.7 中使用中文时，一定要用字符“u”，在 Python 3.0 以上版本中则不用。

接下来可以对 *x* 轴上的每个柱状图进行说明。对于第一个柱状图，设置标签“男”。对于第二个柱状图，设置标签“女”。此时可以通过如下代码实现。

```
plt.xlabel(u'性别')
plt.ylabel(u'人数')
plt.xticks((0,1),(u'男',u'女'))
plt.bar(left = (0,1),height = (1,0.5),width = 0.35)
plt.show()
```

在上述代码中，函数 plt.xticks()的用法和前面使用的 left 和 height 的用法差不多。有几个柱状图，参数就对应几维的元组，其中第一个参数表示文字的位置，第二个参数表示具体的文字说明。不过这里有一个问题，例如，有时我们指定的位置有些偏，理想的状态下文字应该在每个矩形的中间。通过直接指定函数 bar()里的 align="center"就可以让文字居中了。

```
plt.xlabel(u'性别')
plt.ylabel(u'人数')
plt.xticks((0,1),(u'男',u'女'))
plt.bar(left = (0,1),height = (1,0.5),width = 0.35,align="center")
plt.show()
```

此时的执行效果如图 7-12 所示。

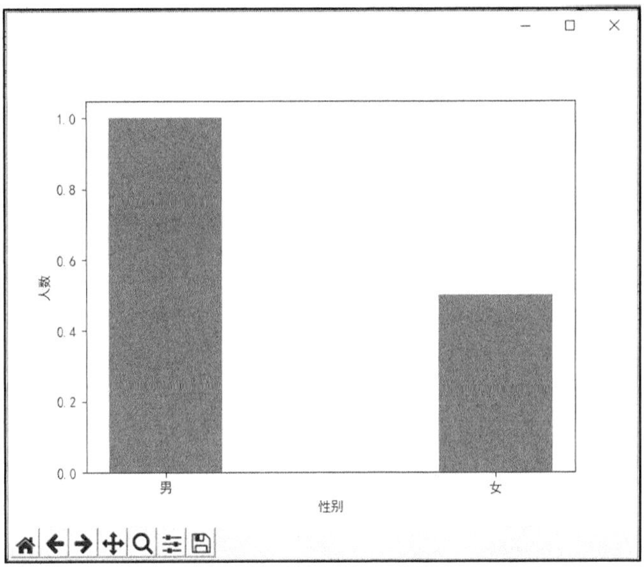

图 7-12　执行效果 1

接下来，可以通过如下代码给柱状图表加入一个标题。

```
plt.title(u"性别比例分析")
```

为了使整个程序显得更加合理，可以通过如下代码设置一个图例。

```
plt.xlabel(u'性别')
plt.ylabel(u'人数')
plt.title(u"性别比例分析")
plt.xticks((0,1),(u'男',u'女'))
rect = plt.bar(left = (0,1),height = (1,0.5),width = 0.35,align="center")
plt.legend((rect,),(u"图例",))
plt.show()
```

在上述代码中用到了函数 legend()，里面的参数必须是元组。即使只有一个图例，也必须是元组，否则显示不正确。此时的执行效果如图 7-13 所示。

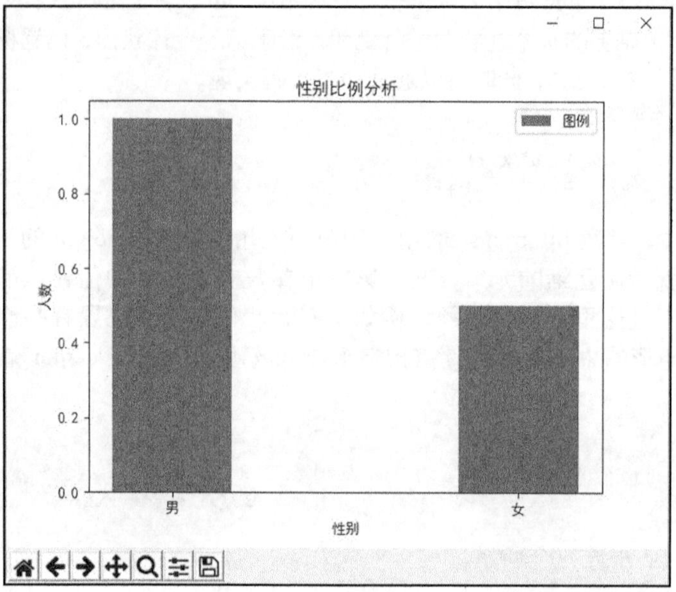

图 7-13　执行效果 2

接下来，还可以在每个矩形的上面标注对应的 y 值，这需要使用如下通用的方法实现。

```
def autolabel(rects):
    for rect in rects:
        height = rect.get_height()
        plt.text(rect.get_x()+rect.get_width()/2., 1.03*height, '%s' % float(height))
```

在上述实例代码中，plt.text 有 3 个参数，分别是 x 坐标，y 坐标和要显示的文字。调用函数 autolabel()的具体实现代码如下所示。

```
autolabel(rect)
```

为了避免绘制的柱状图紧靠着顶部，最好能够空出一段距离，因此可以通过函数 bar()的属性参数 yerr 来设置。一旦设置了这个参数，那么对应的矩形上面就会有一条竖线。当把 yerr 这个值设置得很小的时候，上面的空白就自动留出来了。

```
rect = plt.bar(left = (0,1),height = (1,0.5),width = 0.35,align="center",yerr=0.0001)
```

到此为止，一幅比较美观的柱状图绘制完毕。将代码保存在实例文件 xinxi.py 中。实例文件 xinxi.py 的具体实现代码如下。

源码路径：daima\7\7-1\xinxi.py

```
import matplotlib.pyplot as plt
from pylab import *
mpl.rcParams['font.sans-serif'] = ['SimHei']    #指定默认字体
mpl.rcParams['axes.unicode_minus'] = False      #解决保存图像时负号显示为方块的问题
def autolabel(rects):
    for rect in rects:
        height = rect.get_height()
        plt.text(rect.get_x()+rect.get_width()/2., 1.03*height, '%s' % float(height))
plt.xlabel(u'性别')
plt.ylabel(u'人数')
plt.title(u"性别比例分析")
plt.xticks((0,1),(u'男',u'女'))
#绘制柱形图
rect = plt.bar(left = (0,1),height = (1,0.5),width = 0.35,align="center",yerr=0.0001)
plt.legend((rect,),(u"图例",))
autolabel(rect)
plt.show()
```

上述代码执行后的效果如图 7-14 所示。

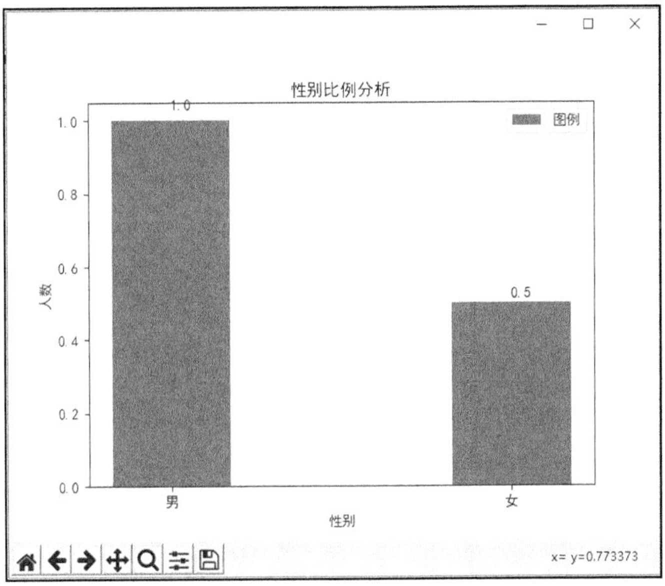

图 7-14 执行文件 xinxi.py 后的效果

7.1.5 绘制多幅子图

在 Matplotlib 绘图系统中，可以显式地控制图像、子图和坐标轴。Matplotlib 中的“图像”指的是用户界面中看到的整个窗口内容。在图像里有所谓的“子图”，子图的位置是由坐标网格确定的，而“坐标轴”却不受此限制，可以放在图像的任意位置。当调用 plot()函数的时候，Matplotlib 调用 gca()函数以及 gcf()函数来获取当前的坐标轴和图像。如果无法获取图像，则会调用 figure()函数来创建一个。从严格意义上来说，使用 subplot(1,1,1) 创建只有一个子图的图像。

在 Matplotlib 绘图系统中，所谓“图像”就是 GUI 里以“Figure #”为标题的那些窗口。图像编号从 1 开始，与 Matlab 的风格一致，而与 Python 从 0 开始编号的风格不同。表 7-1 中的参数是图像的属性。

表 7-1　　图像的属性

参数	默认值	描述
num	1	图像的数量
figslze	figurc.figsizo	图像的长和宽（英寸）
dpi	figure.dpi	分辨率（点/英寸）
facecolor	figure.facecolor	绘图区域的背景颜色
edgecolor	figure.edgecolor	绘图区域边缘的颜色
frameon	True	表示是否绘制图像边缘

在图形界面中可以单击右上角的“关闭”按钮来关闭窗口（OS X 系统中是左上角）。在 Matplotlib 也提供了名为 close()的函数来关闭这个窗口。函数 close()的具体行为取决于提供的参数。

- 不传递参数：关闭当前窗口。
- 传递窗口编号或窗口实例（instance）作为参数：关闭指定的窗口。
- all：关闭所有窗口。

与其他对象一样，开发者可以使用 setp 或 set_something 这样的方法来设置图像的属性。实例文件 lia.py 演示了让一个折线图和一个散点图同时出现在同一个绘画框中的过程。

源码路径：daima\7\7-1\lia.py

```
import matplotlib.pyplot as plt #将绘画框进行对象化
fig=plt.figure() #将p1定义为绘画框的子图，211表示将绘画框划分为2行1列，最后的1表示第一幅图
p1=fig.add_subplot(211)
x=[1,2,3,4,5,6,7,8]
y=[2,1,3,5,2,6,12,7]
p1.plot(x,y) #将p2定义为绘画框的子图，212表示将绘画框划分为2行1列，最后的2表示第二幅图
p2=fig.add_subplot(212)
a=[1,2]
b=[2,4]
p2.scatter(a,b)
plt.show()
```

上述代码执行后的效果如图 7-15 所示。

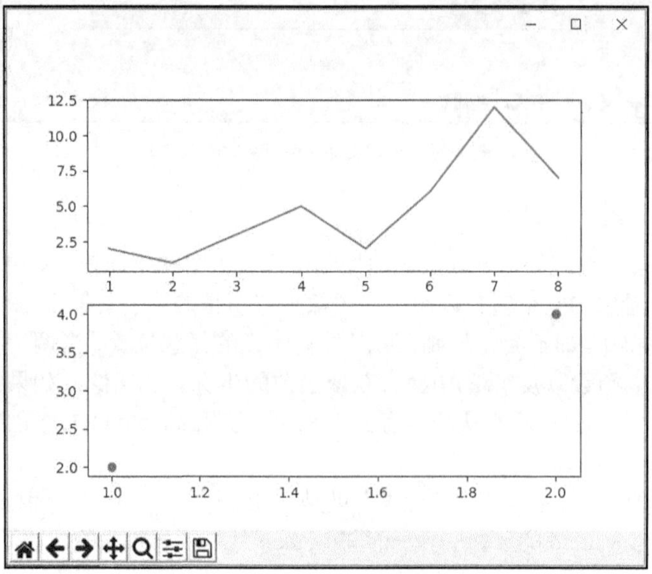

图 7-15　执行文件 lia.py 后的效果

在 Python 程序中，如果需要同时绘制多幅图表，可以给 figure 传递一个整型参数以指定图表的序号。如果所指定序号的绘图对象已经存在，则不会创建新的对象，而只是让它成为当前的绘图对象。例如下面的演示代码。

```
fig1 = pl.figure(1)
pl.subplot(211)
```

在上述代码中，代码“subplot(211)”把绘图区域等分为 2 行 1 列（共两个区域），然后在区域 1（上区域）中创建一个轴对象。代码“pl.subplot(212)”在区域 2（下区域）创建一个轴对象。

当绘图对象中有多条轴的时候，可以通过工具栏中的 Configure Subplots 按钮，交互式地调节各条轴之间的间距和轴与边框之间的距离。如果希望在程序中调节，则可以调用 subplots_adjust()函数，此函数有 left、right、bottom、top、wspace 和 hspace 等关键字参数，这些参数的值都是 0～1 的小数，它们是以绘图区域的宽与高为 1 进行规一化之后的坐标或者长度。例如下面的演示代码。

```
pl.subplots_adjust(left=0.08, right=0.95, wspace=0.25, hspace=0.45)
```

实例文件 liazhe.py 演示了在一个坐标系中绘制两幅折线图的过程。

源码路径：daima\7\7-1\liazhe.py

```
import numpy as np
import pylab as pl
x1 = [1, 2, 3, 4, 5]
y1 = [1, 4, 9, 16, 25]
x2 = [1, 2, 4, 6, 8]
y2 = [2, 4, 8, 12, 16]
pl.plot(x1, y1, 'r')
pl.plot(x2, y2, 'g')
pl.title('Plot of y vs. x')
pl.xlabel('x axis')
pl.ylabel('y axis')
pl.xlim(0.0, 9.0)
pl.ylim(0.0, 30.)
pl.show()
```

上述代码执行后的效果如图 7-16 所示。

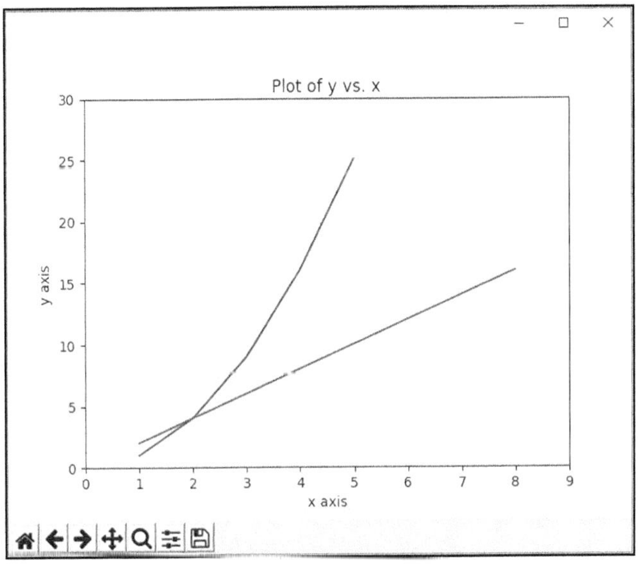

图 7-16　执行文件 liazhe.py 后的效果

7.1.6　绘制曲线

在 Python 程序中，绘制曲线最简单的方式是使用数学中的正弦函数或余弦函数。实例文件 qu.py 演示了使用正弦函数和余弦函数绘制曲线的过程。

源码路径：daima\7\7-1\qu.py

```
from pylab import *
X = np.linspace(-np.pi, np.pi, 256,endpoint=True)
C,S = np.cos(X), np.sin(X)
plot(X,C)
plot(X,S)
show()
```

执行文件 qu.py 后的效果如图 7-17 所示。

在上述实例中，展示的是使用 Matplotlib 默认配置的效果。开发者可以调整大多数默认配置，如图片大小和分辨率（dpi）、线宽、颜色、风格、坐标轴、坐标轴，以及网格的属性、文字与字体属性等。但是，Matplotlib 的默认配置在大多数情况下已经足够好，开发人员可能只在很少情况下才会想更改这些默认配置。实例文件 zi.py 展示了使用 Matplotlib 的默认配置和自定义绘图样式的过程。

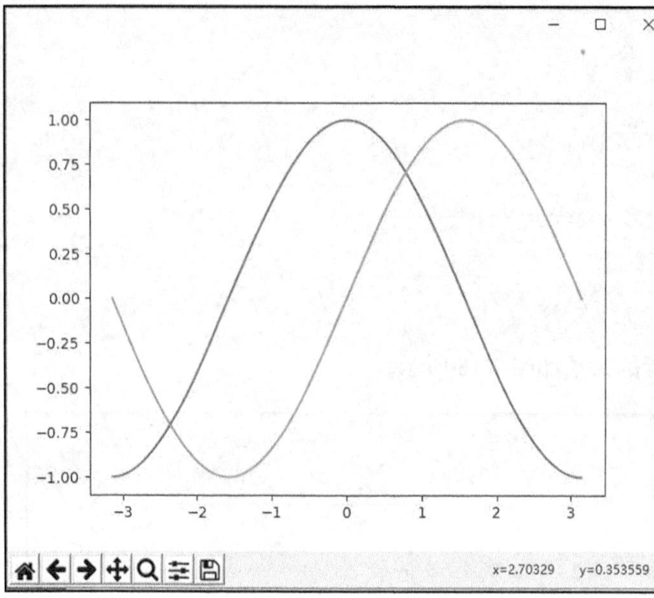

图 7-17　执行文件 qu.py 后的效果

源码路径：daima\7\7-1\zi.py

```
#导入Matplotlib 的所有内容
from pylab import *
#创建一个 8 * 6 点的图，并设置分辨率
figure(figsize=(8,6), dpi=80)
#创建一个新的 1 * 1 的子图，接下来的图样绘制在其中的第一块（也是唯一的一块）中
subplot(1,1,1)
X = np.linspace(-np.pi, np.pi, 256,endpoint=True)
C,S = np.cos(X), np.sin(X)
#绘制余弦曲线，使用蓝色的、连续的、宽度为 1 （像素）的线条
plot(X, C, color="blue", linewidth=1.0, linestyle="-")
#绘制正弦曲线，使用绿色的、连续的、宽度为 1 （像素）的线条
plot(X, S, color="green", linewidth=1.0, linestyle="-")
#设置横轴的上下限
xlim(-4.0,4.0)
#设置横轴记号
xticks(np.linspace(-4,4,9,endpoint=True))
#设置纵轴的上下限
ylim(-1.0,1.0)
#设置纵轴记号
yticks(np.linspace(-1,1,5,endpoint=True))
#以指定分辨率来保存图片
#savefig("exercice_2.png",dpi=72)
#在屏幕上显示
show()
```

上述实例代码中的配置与默认配置完全相同，可以在交互模式中修改其中的值来观察效果。执行文件 zi.py 后的效果如图 7-18 所示。

在绘制曲线时可以改变线条的颜色和粗细，例如，首先以蓝色和红色分别表示余弦函数与正弦函数，然后将线条变粗一点，接着在水平方向拉伸整个图。

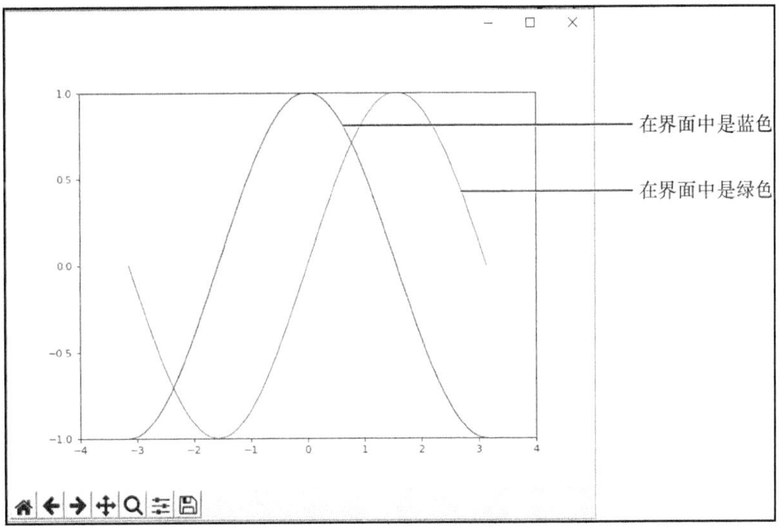

图 7-18 执行文件 zi.py 后的效果

```
...
figure(figsize=(10,6), dpi=80)
plot(X, C, color="blue", linewidth=2.5, linestyle="-")
plot(X, S, color="red",  linewidth=2.5, linestyle="-")
...
```

此时的执行效果如图 7-19 所示。

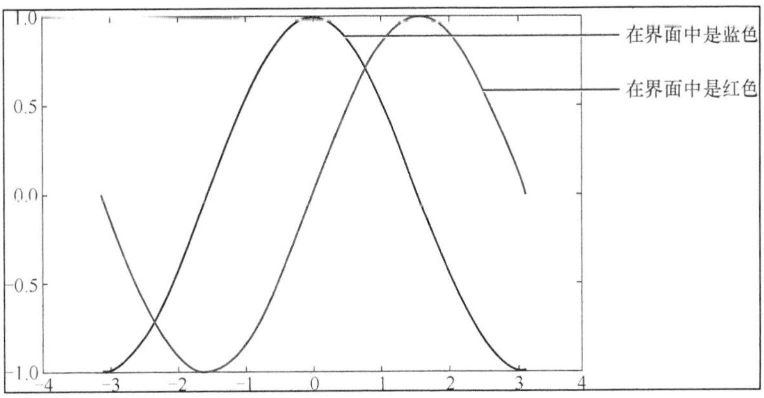

图 7-19 改变线条的颜色和粗细后的效果

在绘制曲线时也可以设置图片的边界，例如，以下代码设置的当前图片的边界不合理，所以有些地方不是很清楚。

```
...
xlim(X.min()*1.1, X.max()*1.1)
ylim(C.min()*1.1, C.max()*1.1)
...
```

更好的设置方式代码如下。

```
xmin ,xmax = X.min(), X.max()
ymin, ymax = Y.min(), Y.max()
dx = (xmax - xmin) * 0.2
dy = (ymax - ymin) * 0.2
xlim(xmin - dx, xmax + dx)
ylim(ymin - dy, ymax + dy)
```

此时的执行效果如图 7-20 所示。

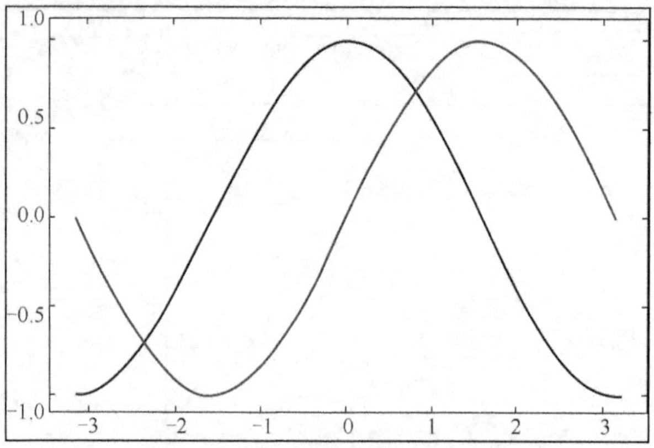

图 7-20　设置图片的边界后的效果

在绘制曲线时需要设置正确的刻度记号，例如，在使用正弦函数和余弦函数的时候，通常希望知道函数在 ±π 和 ±π/2 的值。这样看来，当前的设置就不那么理想了。所以可以对代码进行如下更改。

```
...
xticks( [-np.pi, -np.pi/2, 0, np.pi/2, np.pi])
yticks([-1, 0, +1])
...
```

此时的执行效果如图 7-21 所示。

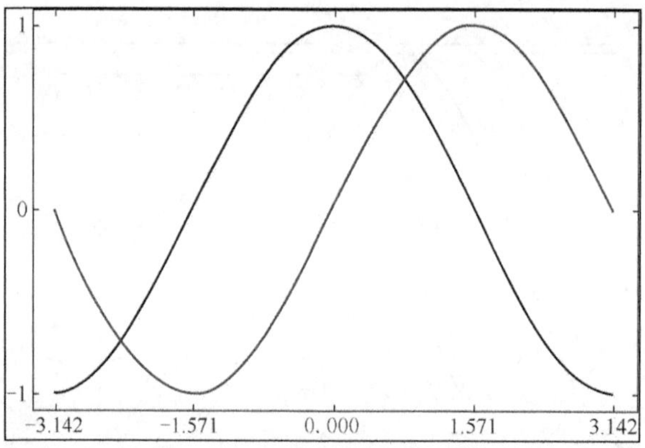

图 7-21　设置刻度记号后的效果

在绘制曲线时需要设置记号的标签，当前的标签不大符合预期。例如，可以把 3.142 当作 π，但这毕竟不够精确。当设置记号的时候，可以同时设置记号的标签。例如，下面的代码中使用了 LaTeX（一种基于 TEX 的排版系统）。

```
...
xticks([-np.pi, -np.pi/2, 0, np.pi/2, np.pi],
        [r'$-\pi$', r'$-\pi/2$', r'$0$', r'$+\pi/2$', r'$+\pi$'])

yticks([-1, 0, +1],
        [r'$-1$', r'$0$', r'$+1$'])
...
```

此时的执行效果如图 7-22 所示。

在绘制曲线时可以移动脊柱，坐标轴线和上面的记号连在一起就形成了脊柱（一条线段上一系列的凸起，很像脊柱骨）。脊柱记录了数据区域的范围，可以放在任意位置，不过迄今为止，都把它放在图的四边。实际上，每幅图有 4 条脊柱（上、下、左、右），为了将脊柱放在图的中间，必须将其中的两条（上和右）设置为无色，并调整剩下的两条到合适的位置（数据空间的原点）。

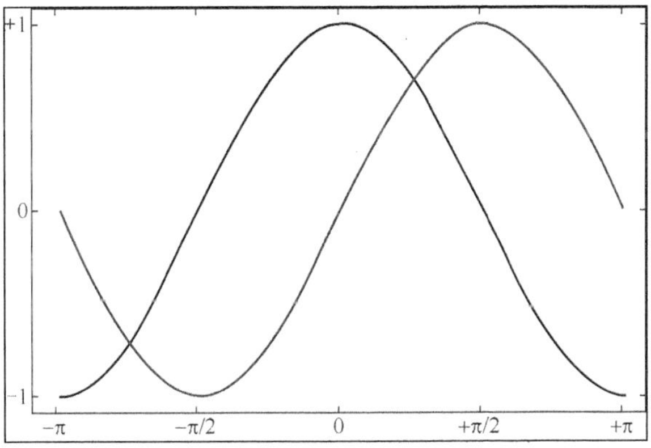

图 7-22　设置记号的标签后的效果

```
...
ax = gca()
ax.spines['right'].set_color('none')
ax.spines['top'].set_color('none')
ax.xaxis.set_ticks_position('bottom')
ax.spines['bottom'].set_position(('data',0))
ax.yaxis.set_ticks_position('left')
ax.spines['left'].set_position(('data',0))
...
```

此时的执行效果如图 7-23 所示。

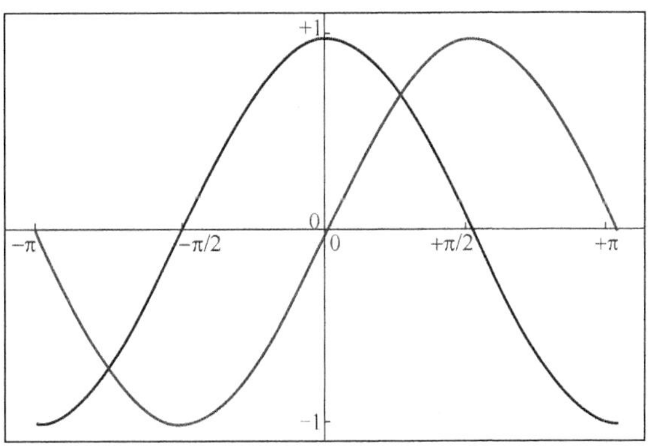

图 7-23　移动脊柱

在绘制曲线时可以添加图例，例如，可以在图的左上角添加一个图例。此时只需要在函数plot()中以“键/值”对的形式增加一个参数即可。

```
...
plot(X, C, color="blue", linewidth=2.5, linestyle="-", label="cosine")
plot(X, S, color="red",  linewidth=2.5, linestyle="-", label="sine")

legend(loc='upper left')
...
```

此时的执行效果如图 7-24 所示。

在绘制曲线时可以在曲线中添加注释，例如我们希望在 2π/3 的位置给两条函数曲线加上一个注释。此时，首先需要在对应的函数图像位置上画一个点，然后向横轴引一条垂线，以虚线做标记，最后写上标签。

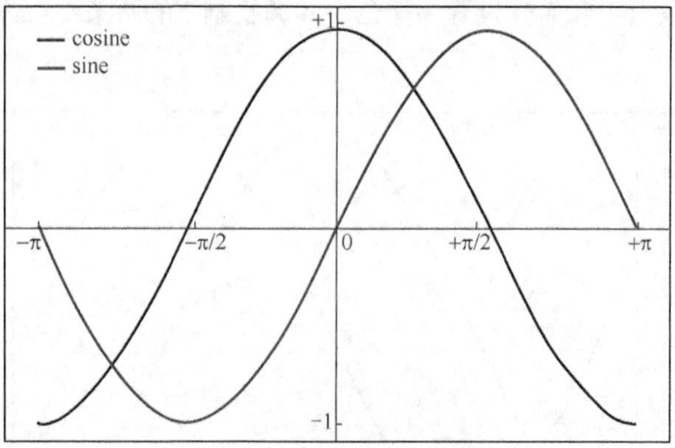

图 7-24　添加图例后的效果

```
...
t = 2*np.pi/3
plot([t,t],[0,np.cos(t)], color ='blue', linewidth=2.5, linestyle="--")
scatter([t,],[np.cos(t),], 50, color ='blue')

annotate(r'$\sin(\frac{2\pi}{3})=\frac{\sqrt{3}}{2}$',
         xy=(t, np.sin(t)), xycoords='data',
         xytext=(+10, +30), textcoords='offset points', fontsize=16,
         arrowprops=dict(arrowstyle="->", connectionstyle="arc3,rad=.2"))
plot([t,t],[0,np.sin(t)], color ='red', linewidth=2.5, linestyle="--")
scatter([t,],[np.sin(t),], 50, color ='red')
annotate(r'$\cos(\frac{2\pi}{3})=-\frac{1}{2}$',
         xy=(t, np.cos(t)), xycoords='data',
         xytext=(-90, -50), textcoords='offset points', fontsize=16,
         arrowprops=dict(arrowstyle="->", connectionstyle="arc3,rad=.2"))
...
```

此时的执行效果如图 7-25 所示。

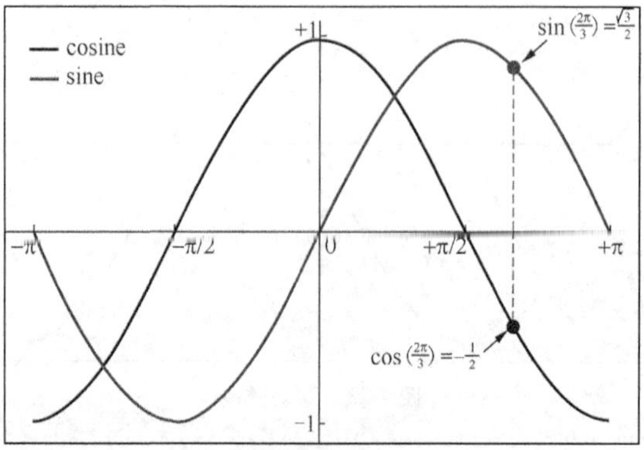

图 7-25　添加注释后的效果

7.1.7　绘制随机漫步图

随机漫步（random walk）是一种数学统计模型，它由一连串轨迹组成。其中每一次的轨迹都是随机的，它能用来表示不规则的变动形式。气体或液体中分子活动的轨迹等可作为随机漫步的模型。在 1903 年由卡尔 · 皮尔逊首次提出的随机漫步概念，目前已经广泛应用于生态学、经济学、心理学、计算科学、物理学、化学和生物学等领域，用来说明这些领域内观察到的行为和过程。

1. 在 Python 程序中生成随机漫步数据

在 Python 程序中生成随机漫步数据后，可以使用 Matplotlib 以灵活的方式将这些数据展现出来。随机漫步的行走路径很有自己的特色，每次行走动作都完全是随机的，没有任何明确的方向，漫步结果是由一系列随机决策决定的。例如，漂浮在水滴上的花粉因不断受到水分子的挤压而在水面上移动。水滴中的分子运动是随机的，因此花粉在水面上的运动路径犹如随机漫步。

为了在 Python 程序中模拟随机漫步的过程，在实例文件 random_walk.py 中创建了一个名为 RandomA 的类，此类可以随机地选择前进方向。类 RandomA 需要用到 3 个属性，其中一个用于存储随机漫步次数的变量，其他两个是列表，分别用于存储随机漫步经过的每个点的 x 坐标和 y 坐标。

源码路径：daima\7\7-1\random_walk.py

```
from random import choice
class RandomA():
    """能够随机生成漫步数据的类"""
    def __init__(self, num_points=5100):
        """初始化随机漫步属性"""
        self.num_points = num_points
        #所有的随机漫步开始于 (0, 0).
        self.x_values = [0]
        self.y_values = [0]
    def shibai(self):
        """计算在随机漫步中包含的所有点"""
        #继续漫步，直到达到所需长度为止
        while len(self.x_values) < self.num_points:
            #决定前进的方向，沿着这个方向前进的距离
            x_direction = choice([1, -1])
            x_distance = choice([0, 1, 2, 3, 4])
            x_step = x_direction * x_distance
            y_direction = choice([1, -1])
            y_distance = choice([0, 1, 2, 3, 4])
            y_step = y_direction * y_distance
            #不能原地踏步
            if x_step == 0 and y_step == 0:
                continue
            #计算下一个点的坐标，即x值和y值
            next_x = self.x_values[-1] + x_step
            next_y = self.y_values[-1] + y_step
            self.x_values.append(next_x)
            self.y_values.append(next_y)
```

在上述代码中，类 RandomA 包含两个函数__init__ ()和 shibai()，其中后者用于计算随机漫步经过的所有点。

函数__init__ ()用于实现初始化处理。关于该函数，注意以下几点。

1）为了能够做出随机决策，首先将所有可能的选择都存储在一个列表中。在每次做出具体决策时，通过“from random import choice”代码使用函数 choice()来决定使用哪种选择。

2）将随机漫步包含的默认点数设置为 5100，这个数值能够确保足以生成有趣的模式，同时也能够确保快速地模拟随机漫步。

3）在第 8 行和第 9 行代码中创建了两个用于存储 x 值与 y 值的列表，并设置每次漫步都从点（0，0）开始出发。

函数 shibai()用于生成漫步包含的点，并决定每次漫步的方向。关于该函数，注意以下几点。

1）第 13 行：使用 while 语句建立了一个循环，这个循环可以不断运行，直到漫步包含所需数量的点为止。这个函数的主要功能是告知 Python 应该向右走还是向左走以及沿指定的方向走多远，向上走还是向下走以及沿选定的方向走多远。

2）第 15 行：使用 choice([1, -1])给 x_direction 设置一个值，在漫步时要么设置为表示向右走的 1，要么设置为表示向左走的-1。

3）第 16 行：使用 choice([0, 1, 2, 3, 4])随机地选择一个 0～4 的整数，告诉 Python 沿指定

的方向走的距离（x_distance）。通过包含 0，不但可以沿两个轴移动，而且可以沿着 y 轴移动。

4）第 17～20 行：将移动方向乘以移动距离，以确定沿 x 轴移动的距离。如果 x_step 为正，则向右移动；如果为负，则向左移动；如果为 0，则垂直移动。如果 y_step 为正，则向上移动；如果为负，则向下移动；如果为零，则水平移动。

5）第 22 行和第 23 行：开始执行下一次循环。如果 x_step 和 y_step 都为零，则原地踏步。在程序中，必须杜绝这种原地踏步的情况发生。

6）第 25～28 行：为了获取漫步中下一个点的 x 值，将 x_step 与 x_values 中的最后一个值相加，对 y 值进行相同的处理。获得下一个点的 x 值和 y 值之后，将它们分别附加到列表 x_values 和 y_values 的末尾。

2. 在 Python 程序中绘制随机漫步图

在前面的实例文件 random_walk.py 中已经创建了一个名为 RandomA 的类。在实例文件 yun.py 中，借助 Matplotlib 将类 RandomA 中生成的漫步数据绘制出来，最终生成一个随机漫步图。

源码路径：daima\7\7-1\yun.py

```
import matplotlib.pyplot as plt
from random_walk import RandomA
#只要当前程序是活动的，就要不断模拟随机漫步过程
while True:
    #创建一个随机漫步实例，将包含的点都绘制出来
    rw = RandomA(51000)
    rw.shibai()
    #设置绘图窗口的尺寸大小
    plt.figure(dpi=128, figsize=(10, 6))
    point_numbers = list(range(rw.num_points))
    plt.scatter(rw.x_values, rw.y_values, c=point_numbers, cmap=plt.cm.Blues,
        edgecolors='none', s=1)
    #用特别的样式（红色、绿色和粗点）突出起点和终点
    plt.scatter(0, 0, c='green', edgecolors='none', s=100)
    plt.scatter(rw.x_values[-1], rw.y_values[-1], c='red', edgecolors='none',
        s=100)
    #隐藏坐标轴
    plt.axes().get_xaxis().set_visible(False)
    plt.axes().get_yaxis().set_visible(False)
    plt.show()
    keep_running = input("哥，还继续漫步吗？ (y/n): ")
    if keep_running == 'n':
        break
```

关于上述代码，注意以下几点。

1）第 1 行和第 2 行：分别导入模块 pyplot 和前面编写的类 RandomA。

2）第 6 行：创建一个 RandomA 实例，将它存储到 rw 中，并设置点的数目。

3）第 7 行：调用函数 shibai()。

4）第 9 行：使用函数 figure()设置图表的宽度、高度和分辨率。

5）第 10 行：使用颜色映射来指出漫步中各点的先后顺序，并删除每个点的黑色轮廓，这样可以让它们的颜色显示更加明显。为了根据漫步中各点的先后顺序进行着色，需要传递参数 c，并将它设置为一个列表，其中包含各点的先后顺序。由于这些点是按顺序绘制的，因此给参数 c 指定的列表只要包含数字 1～51000 即可。使用函数 range()生成一个数字列表，其中包含的数字个数与漫步包含的点数相同。接下来将这个列表存储在 point_numbers 中，以便后面使用它来设置每个漫步点的颜色。

6）第 11 行和第 12 行：将随机漫步包含的 x 值和 y 值传递给函数 scatter()，并选择合适的点尺寸。将参数 c 设置为在第 10 行中创建的 point_numbers，用于设置使用颜色映射 Blues，并传递实参 edgecolors='none'删除每个点周围的轮廓。

7）第 14～16 行：在绘制随机漫步图后重新绘制起点和终点，目的是突出显示随机漫步过程中的起点和终点。在程序中让起点和终点变得更大，并用不同的颜色显示。为了实现突出显示的功能，可使用绿色绘制点（0,0），设置这个点比其他的点都粗大（设置为 *s*=100）。当突出显示终点时，在漫步包含的最后一个坐标的 *x* 值和 *y* 值的位置绘制一个点，设置它的颜色是红色，并将其粗大值 *s* 设置为 100。

8）第 18 行和第 19 行：隐藏图表中的坐标轴，使用函数 plt.axes()将每条坐标轴的可见性都设置为 False。

9）第 21～23 行：模拟多次随机漫步，因为每次随机漫步都不同，要在不多次运行程序的情况下使用前面的代码实现模拟多次随机漫步的功能，最简单的办法是将这些代码放在一个 while 循环中。这样通过本实例模拟一次随机漫步后，在 Matplotlib 查看器中可以浏览漫步结果，接下来可以在不关闭查看器的情况下暂停程序的执行，并询问你是否要再模拟一次随机漫步。如果输入 y，则可以模拟多次随机漫步。这些随机漫步都在起点附近进行，大多数沿着特定方向偏离起点，漫步点的分布不均匀等。要结束程序的运行，只要输入 n 即可。

本实例最终执行后的效果如图 7-26 所示。

图 7-26　执行文件 yun.py 后的效果

7.1.8　通过大数据分析某年最高温度和最低温度

在文件 death_valley_2014.csv 中保存了 2014 年每一天各个时段的温度，编写文件 high_lows.py，使用 Matplotlib 绘制出温度曲线图，统计出 2014 年的最高温度和最低温度。文件 high_lows.py 的具体实现代码如下。

源码路径：daima\7\7-1\high_lows.py

```
import csv
from matplotlib import pyplot as plt
from datetime import datetime

file = './csv/death_valley_2014.csv'
with open(file) as f:
    reader = csv.reader(f)
    header_row = next(reader)
    #从文件中获取最高气温
    highs,dates,lows = [], [], []
    for row in reader:
        try:
```

```
            date = datetime.strptime(row[0],"%Y-%m-%d")
            high = int(row[1])
            low = int(row[3])
        except ValueError:
            print(date,'missing data')
        else:
            highs.append(high)
            dates.append(date)
            lows.append(low)

#根据数据绘制图形
fig = plt.figure(figsize=(10,6))
plt.plot(dates,highs,c='r',alpha=0.5)
plt.plot(dates,lows,c='b',alpha=0.5)
plt.fill_between(dates,highs,lows,facecolor='b',alpha=0.2)
#设置图形的格式
plt.title('Daily high and low temperatures-2014',fontsize=16)
plt.xlabel('',fontsize=12)
fig.autofmt_xdate()
plt.ylabel('Temperature(F)',fontsize=12)
plt.tick_params(axis='both',which='major',labelsize=20)
plt.show()
```

执行文件 high_lows.py 后的效果如图 7-27 所示。

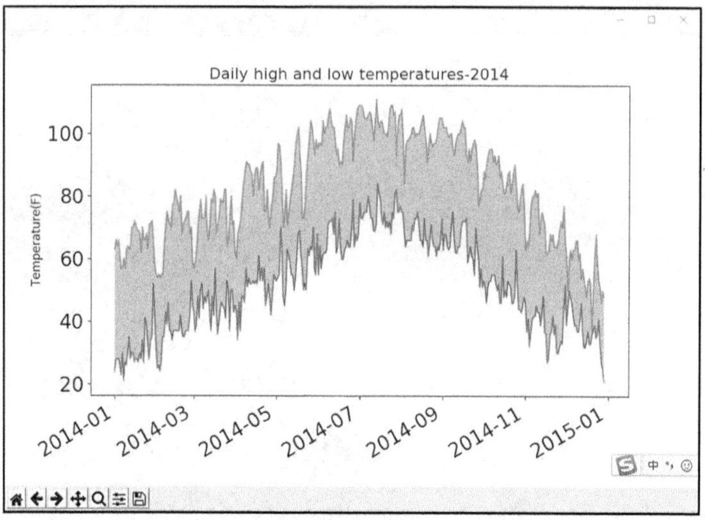

图 7-27　执行文件 high_lows.py 后的效果

7.1.9　在 Tkinter 中使用 Matplotlib 绘制图表

实例文件 123.py 演示了在标准 GUI 程序 Tkinter 中使用 Matplotlib 绘制图表的过程。

源码路径：daima\7\7-1\123.py

```
class App(tk.Tk):
    def __init__(self, parent=None):
        tk.Tk.__init__(self, parent)
        self.parent = parent
        self.initialize()

    def initialize(self):
        self.title("在Tkinter中使用Matplotlib! ")
        button = tk.Button(self, text="退出", command=self.on_click)
        button.grid(row=1, column=0)
        self.mu = tk.DoubleVar()
        self.mu.set(5.0)   #参数的默认值是"mu"
        slider_mu = tk.Scale(self,
                             from_=7, to=0, resolution=0.1,
                             label='mu', variable=self.mu,
```

```
                                command=self.on_change
                                )
        slider_mu.grid(row=0, column=0)
        self.n = tk.IntVar()
        self.n.set(512)   #参数的默认值是"n"
        slider_n = tk.Scale(self,
                               from_=512, to=2,
                               label='n', variable=self.n, command=self.on_change
                               )
        slider_n.grid(row=0, column=1)

        fig = Figure(figsize=(6, 4), dpi=96)
        ax = fig.add_subplot(111)
        x, y = self.data(self.n.get(), self.mu.get())
        self.line1, = ax.plot(x, y)
        self.graph = FigureCanvasTkAgg(fig, master=self)
        canvas = self.graph.get_tk_widget()
        canvas.grid(row=0, column=2)

    def on_click(self):
        self.quit()

    def on_change(self, value):
        x, y = self.data(self.n.get(), self.mu.get())
        self.line1.set_data(x, y)   #更新数据
        #更新graph
        self.graph.draw()

    def data(self, n, mu):
        lst_y = []
        for i in range(n):
            lst_y.append(mu * random.random())
        return range(n), lst_y

if __name__ == "__main__":
    app = App()
    app.mainloop()
```

执行后可以拖动左侧的滑动条来控制绘制的图表，执行效果如图 7-28 所示。

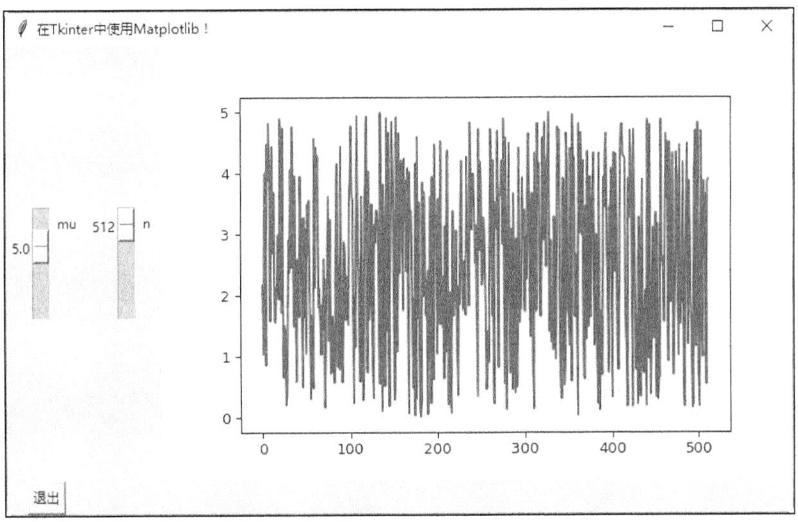

图 7-28　执行文件 123.py 后的效果

7.2　使用 Pygal 库

在 Python 程序中，也可以使用 Pygal 库实现数据的可视化操作功能，可以生成 SVG 文件。

SVG 是一种矢量图格式，全称是 Scalable Vector Graphics（可缩放矢量图形）。用浏览器可以打开 SVG 文件，并与之交互。对于需要在尺寸不同的屏幕上显示的图表，SVG 会变得很有用，可以自动缩放，以适应观看者的屏幕大小。本节将详细讲解使用 Pygal 库实现数据可视化的知识。

7.2.1　安装 Pygal 库

通过使用 Pygal 库，可以在用户与图表交互时突出元素并调整元素的大小，还可以轻松地调整整个图表的尺寸，使它适合在微型智能手表或巨型显示器上显示。安装 Pygal 库的命令格式如下。具体安装过程如图 7-29 所示。

```
pip install pygal
```

也可以从 GitHub 下载 Pygal 库，具体命令如下。

```
git clone git://GitHub官网/Kozea/pygal.git
pip install pygal
```

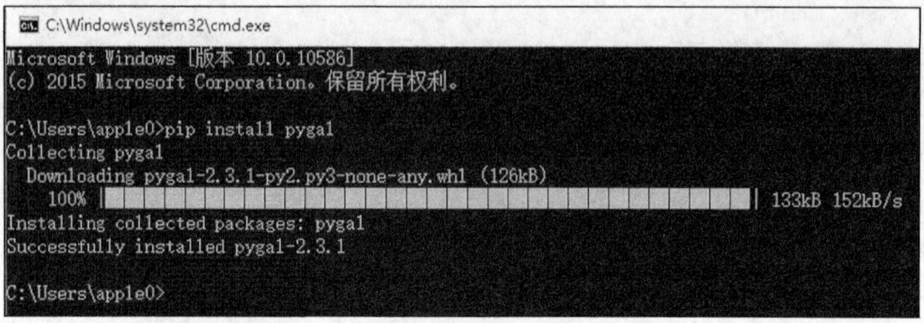

图 7-29　安装 Pygal 包

7.2.2　使用 Pygal 库模拟掷骰子

实例文件 01.py 演示了使用 Pygal 库模拟掷骰子的过程。首先定义了骰子类 Die，然后使用函数 range()模拟掷骰子 100 次，再统计每个骰子点数的出现次数，最后在柱形图中显示统计结果。文件 01.py 的具体实现代码如下。

源码路径：daima\7\7-2\01.py

```
import random

class Die:
    """
    一个骰子类
    """
    def __init__(self, num_sides=6):
        self.num_sides = num_sides

    def roll(self):
        return random.randint(1, self.num_sides)

import pygal

die = Die()
result_list = []
#掷1000次
for roll_num in range(1000):
    result = die.roll()
    result_list.append(result)

frequencies = []
#统计每个数字出现的次数
for value in range(1, die.num_sides + 1):
    frequency = result_list.count(value)
    frequencies.append(frequency)
```

```
#条形图
hist = pygal.Bar()
hist.title = 'Results of rolling one D6 1000 times'
#x轴坐标
hist.x_labels = [1, 2, 3, 4, 5, 6]
#x轴、y轴的描述
hist.x_title = 'Result'
hist.y_title = 'Frequency of Result'
#添加数据，第一个参数是数据的标题
hist.add('D6', frequencies)
#保存到本地，格式必须是SVG
hist.render_to_file('die_visual.svg')
```

执行后会生成一个名为 die_visual.svg 的文件，可以在浏览器中打开这个 SVG 文件，打开后会显示统计柱形图，执行效果如图 7-30 所示。如果将鼠标指向数据，可以看到显示了标题“D6”、*x* 轴坐标以及 *y* 轴坐标。6 个数字（自然数 1～6）出现的频次是差不多的，理论上概率均是 1/6，随着实验次数的增加，趋势越来越明显。

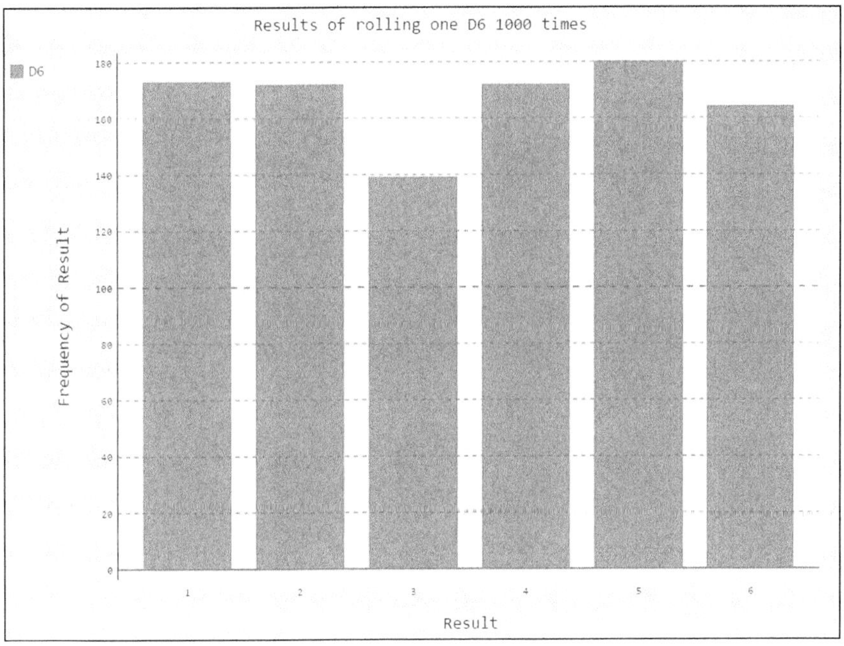

图 7-30　执行文件 01.py 后的效果

我们可以对上面的实例进行升级。例如，要同时掷两个骰子，可以通过实例文件 02.py 实现。在具体实现时，首先定义骰子类 Die，然后使用函数 range()模拟掷两个骰子 5000 次，再统计每次掷两个骰子出现最大点数的次数，最后在柱形图中显示统计结果。文件 02.py 的具体实现代码如下。

源码路径：daima\7\7-2\02.py

```
class Die:
    """
    一个骰子类
    """
    def __init__(self, num_sides=6):
        self.num_sides = num_sides

    def roll(self):
        return random.randint(1, self.num_sides)
die_1 = Die()
die_2 = Die()
```

```
result_list = []
for roll_num in range(5000):
    #两个骰子的点数和
    result = die_1.roll() + die_2.roll()
    result_list.append(result)

frequencies = []
#能掷出的最大数
max_result = die_1.num_sides + die_2.num_sides

for value in range(2, max_result + 1):
    frequency = result_list.count(value)
    frequencies.append(frequency)

#可视化
hist = pygal.Bar()
hist.title = 'Results of rolling two D6 dice 5000 times'
hist.x_labels = [x for x in range(2, max_result + 1)]
hist.x_title = 'Result'
hist.y_title = 'Frequency of Result'
#添加数据
hist.add('two D6', frequencies)
#格式必须是SVG
hist.render_to_file('2_die_visual.svg')
```

执行后会生成一个名为“2_die_visual.svg”的文件。我们可以在浏览器中打开这个 SVG 文件，打开后会显示统计柱形图，执行效果如图 7-31 所示。由此可以看出，两个骰子之和为 7 的次数最多，和为 2 的次数最少。因为能掷出 2 的只有一种情况 (1, 1)；而掷出 7 的情况有(1, 6)、(2, 5)、(3, 4)、(4, 3)、(5, 2)、(6, 1)这 6 种情况，其余数字的情况都没有 7 多，故掷出 7 的概率最大。

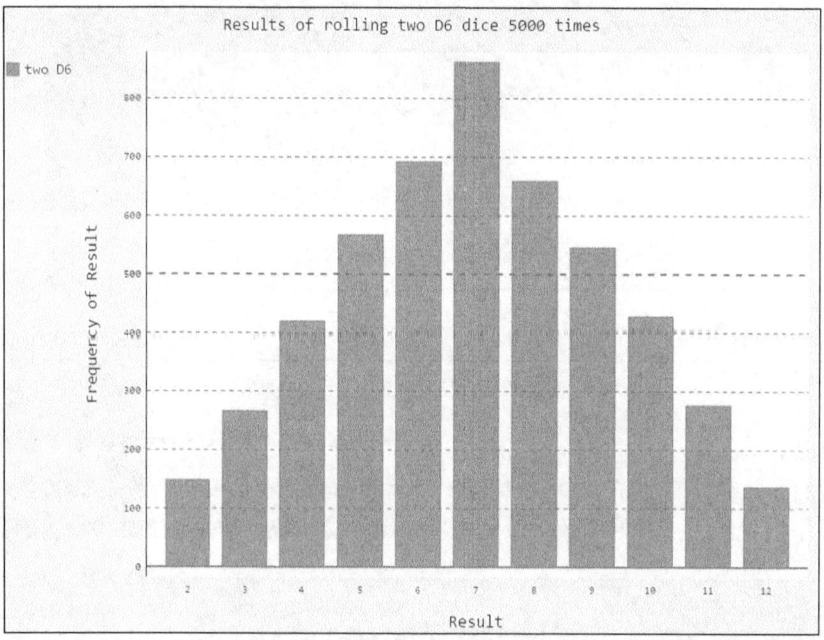

图 7-31　执行文件 02.py 后的效果

7.3　读/写处理 CSV 文件

CSV 是 Comma-Separated Value（逗号分隔值）的缩写，其文件以纯文本的形式来存储表格数据（数字和文本）。纯文本意味着该文件是一个字符序列，不用包含必须像二进制数字那样被解读的数据。CSV 文件由任意数目的记录组成，记录间以某种换行符分隔。每条记录由字段组成，字段间的分隔符是其他字符或字符串，最常见的是逗号或制表符。通常所有的记录都有完全相同的字段序列，一般都是纯文本文件。本节将详细讲解使用 Python 处理 CSV 文件的过程。

7.3.1 CSV 模块介绍

在 Python 程序中，建议使用内置模块 csv 来处理 CSV 文件。接下来将详细讲解 Python 中 csv 模块的内置成员。

1. 内置方法

1）csv.reader(csvfile, dialect='excel', **fmtparams)：返回一个读取器对象，将在给定的 csvfile 文件中进行迭代。

- 参数 csvfile：可以是任何支持 iterator 协议的对象，并且每次调用__next__()方法时返回一个字符串。参数 csvfile 可以是文件对象或列表对象，如果 csvfile 是文件对象，则应使用 newline=''打开它。
- 参数 dialect：表示编码风格，默认为 Excel 的风格，用逗号（,）分隔。dialect 方式也支持自定义格式，通过调用 register_dialect()方法来注册。
- 参数 fmtparam：一个格式化参数，用来覆盖 dialect 参数指定的编码风格。

2）csv.writer(csvfile, dialect='excel', **fmtparams)：返回一个 writer 对象，负责将用户的数据转换为给定类文件对象上的分隔字符串。各个参数的具体含义与前面的方法 reader()相同。

3）csv.register_dialect(name[, dialect[, **fmtparams]])：定义一个 dialect 编码风格的名字。参数 name 表示自定义的 dialect 的名字，比如默认的是 excel，也可以定义为 mydialect。

4）csv.unregister_dialect(name)：从注册表中删除名称为“name”的 dialect。如果名称不是注册的 dialect 名称，则会引发错误。

5）csv.get_dialect(name)：返回名称为“name”的 dialect。如果名称不是注册的 dialect 名称，则会引发错误。

6）csv.list_dialects()：返回所有注册 dialect 的名称。

7）csv.field_size_limit([new_limit])：返回解析器允许的当前最大字段大小，如果给出了参数 new_limit，则这将成为新的限制大小。

2. 类

1）csv.DictReader(csvfile, fieldnames=None, restkey=None, restval=None, dialect='excel', *args, **kwds)：创建一个对象，其操作类似于普通读取器，但将读取的信息映射到一个字典上，其中的键由可选参数 fieldnames 给出。参数 fieldnames 是一个序列，其元素按顺序与输入数据的字段相关联，这些元素将成为结果字典的键。如果省略参数 fieldnames，则 csvfile 的第一行中的值将用作字段名称。如果读取的行具有比字段名序列更多的字段，则剩余数据将作为键值为 restkey 的序列添加。如果读取的行具有比字段名序列少的字段，则剩余的键使用可选的 restval 参数的值。任何其他可选参数或关键字参数都传递给底层的 reader 实例。

2）csv.DictWriter(csvfile, fieldnames, restval='', extrasaction='raise', dialect='excel', *args, **kwds)：创建一个类似于常规 writer 的对象，但是将字典映射到输出行上。参数 fieldnames 是一个序列，用于标识传递给 writerow()方法的字典中的值。如果字典在 fieldnames 中缺少键，则通过可选的 restval 参数指定要写入的值。如果传递给 writerow()方法的字典包含 fieldnames 中未找到的键，则通过可选的 extrasaction 参数指示要执行的操作。如果将“extrasaction”设置为“raise”，则会引发 ValueError 错误；如果设置为“ignore”，则会忽略字典中的额外值。任何其他可选参数或关键字参数都传递给底层的 writer 实例。

注意：类 ignore 与类 DictReader 不同，DictWriter 的 fieldnames 参数不是可选的。因为 Python 中的 dict 对象没有排序，所以没有足够的信息来推断将该行写入 csvfile 的顺序。

3）csv.Dialect：主要依赖于其属性的容器类，用于定义特定 reader 或 writer 实例的参数。

4）csv.excel：定义 Excel 生成的 CSV 文件的常用属性，使用 dialect 名称'excel'注册。

5）csv.excel_tab：定义 Excel 生成的制表符分隔文件的常用属性，使用 dialect 名称'excel-tab'注册。

6）csv.unix_dialect：定义在 UNIX 系统上生成的 CSV 文件的常用属性，即使用'\n'作为行终止符并引用所有字段，使用 dialect 名称'unix'注册。

7）csv.Sniffer：用于推导 CSV 文件的格式。在类 Sniffer 中提供了如下两种方法。

- sniff(sample, delimiters=None)：分析给定的示例，并返回一个参数对应的 Dialect 子类。如果给出了可选的分隔符参数，则它将被解释为包含所有可能的有效分隔符字符的字符串。
- has_header(sample)：分析示例文本（假定为 CSV 格式），如果第一行显示为一系列列标题，则返回 True。

3．常量

1）csv.QUOTE_ALL：用于设置 writer 对象引用的所有字段。

2）csv.QUOTE_MINIMAL：用于设置 writer 对象仅引用包含特殊字符（如分隔符、quotechar 或 lineterminator t5）的字段。

3）csv.QUOTE_NONNUMERIC：用于设置 writer 对象引用所有非数字字段，指示读者将所有未引用的字段转换为 float 类型。

4）csv.QUOTE_NONE：用于设置 writer 对象从不引用字段。当输出数据中出现当前分隔符时，其前面为当前 escapechar 字符。如果未设置 escapechar，遇到需要转义的字符，则写入程序时会引发 Error，指示 reader 不对引号字符进行特殊处理。

5）csv.Error：检测到错误时由任何函数引发的错误常量。

4．dialect 和格式化参数

为了更容易设置输入和输出记录的格式，把特定的格式化参数划入 dialect 中。dialect 是具有一组特定方法和单个 validate()方法的 Dialect 类的子类。当创建 reader 或 writer 对象时，程序员可以以类 Dialect 的字符串或子类作为 dialect 参数。类 Dialects 支持如下属性。

1）Dialect.delimiter：用于分隔字段的单字符字符串，默认为逗号（,）。

2）Dialect.doublequote：控制在字段中出现的 quotechar 实例本身应如何引用。当为 True 时，字符加倍。当为 False 时，escapechar 用作 quotechar 的前缀。默认为 True。

3）Dialect.lineterminator：用于终止由 writer 生成的行的字符串，默认为“\r\n”。

4）Dialect.quotechar：用于引用包含特殊字符（例如分隔符或 quotechar）或包含换行字符的字段的单字符字符串，它默认为单个双引号。

5）Dialect.quoting：控制何时由作者生成并由读者识别，可以接受任何 QUOTE_*常量，默认为 QUOTE_MINIMAL。

6）Dialect.skipinitialspace：当为 True 时，紧跟分隔符后的空格将被忽略。默认为 False。

7）Dialect.strict：当为 True 时，在错误的 CSV 输入上引发异常 Error。默认为 False。

5．Reader 对象

在 Reader 对象（DictReader 实例和由 reader()函数返回的对象）中包含公共方法。csvreader.__next__()。该方法返回读者的可迭代对象的下一行作为列表，根据当前 Dialect 进行解析。通常应该把它叫作 next(reader)。

在 Reader 对象中包含如下公共属性。

1）csvreader.dialect：解析器使用的 Dialect 的只读描述。

2）csvreader.line_num：从源迭代器读取的行数。这与返回的记录数不同，因为记录可以跨越多行。

6. Writer 对象

在 Writer 对象（DictWriter 实例和由 writer()返回的对象）中包含如下公共方法。

1）csvwriter.writerow(row)：将行参数写入文件对象中，根据当前 Dialect 进行格式化处理。

2）csvwriter.writerows(rows)：将所有行参数写入作者的文件对象中，根据当前 Dialect 进行格式化处理。

在 Writer 对象中包含公共属性 csvwriter.dialect。该属性表示作者使用的 Dialect 的只读描述。

在 DictWriter 对象中包含公共方法 DictWriter.writeheader()。该方法表示用字段名写入一行(在构造函数中指定)。

7.3.2 操作 CSV 文件

假设存在一个名为“sample.csv”的 CSV 文件，在里面保存了 Title、Release Date 和 Director 三种数据，具体内容如下。

```
Title,Release Date,Director
And Now For Something Completely Different,1971,Ian MacNaughton
Monty Python And The Holy Grail,1975,Terry Gilliam and Terry Jones
Monty Python's Life Of Brian,1979,Terry Jones
Monty Python Live At The Hollywood Bowl,1982,Terry Hughes
Monty Python's The Meaning Of Life,1983,Terry Jones
```

通过实例文件 001.py 可以输出文件 sample.csv 中的日期和标题内容。

源码路径：daima\7\7-3\001.py

```
for line in open("sample.csv"):
    title, year, director = line.split(",")
    print(year, title)
```

执行后会输出：

```
Release Date Title
1971 And Now For Something Completely Different
1975 Monty Python And The Holy Grail
1979 Monty Python's Life Of Brian
1982 Monty Python Live At The Hollywood Bowl
1983 Monty Python's The Meaning Of Life
```

实例文件 002.py 演示了使用 csv 模块输出文件 sample.csv 中的日期和标题内容的过程。

源码路径：daima\7\7-3\002.py

```
import csv
reader = csv.reader(open("sample.csv"))
for title, year, director in reader:
    print(year, title)
```

执行后会输出：

```
Release Date Title
1971 And Now For Something Completely Different
1975 Monty Python And The Holy Grail
1979 Monty Python's Life Of Brian
1982 Monty Python Live At The Hollywood Bowl
1983 Monty Python's The Meaning Of Life
```

实例文件 003.py 演示了将数据保存为 CSV 格式的过程。

源码路径：daima\7\7-3\003.py

```
import csv
import sys

data = [
    ("And Now For Something Completely Different", 1971, "Ian MacNaughton"),
```

```
    ("Monty Python And The Holy Grail", 1975, "Terry Gilliam, Terry Jones"),
    ("Monty Python's Life Of Brian", 1979, "Terry Jones"),
    ("Monty Python Live At The Hollywood Bowl", 1982, "Terry Hughes"),
    ("Monty Python's The Meaning Of Life", 1983, "Terry Jones")
]

writer = csv.writer(sys.stdout)

for item in data:
    writer.writerow(item)
```

在上述代码中，通过方法 csv.writer()生成 csv 文件。执行后会输出：

```
And Now For Something Completely Different,1971,Ian MacNaughton
Monty Python And The Holy Grail,1975,"Terry Gilliam, Terry Jones"
Monty Python's Life Of Brian,1979,Terry Jones
Monty Python Live At The Hollywood Bowl,1982,Terry Hughes
Monty Python's The Meaning Of Life,1983,Terry Jones
```

实例文件 004.py 演示了读取指定 CSV 文件的头部的过程。

源码路径：daima\7\7-3\004.py

```
import csv

filename = '2018.csv'
with open(filename) as f:
    reader = csv.reader(f)
    header_row = next(reader)
    print(header_row)
```

执行上述代码后，将会输出文件 2018.csv 的头部。

```
['AKDT', 'Max TemperatureF', 'Mean TemperatureF', 'Min TemperatureF', 'Max Dew PointF',
'MeanDew PointF', 'Min DewpointF', 'Max Humidity', ' Mean Humidity', ' Min Humidity',
' Max Sea Level PressureIn', ' Mean Sea Level PressureIn', ' Min Sea Level PressureIn',
' Max VisibilityMiles', ' Mean VisibilityMiles', ' Min VisibilityMiles', ' Max Wind
SpeedMPH', ' Mean Wind SpeedMPH', ' Max Gust SpeedMPH', 'PrecipitationIn', ' CloudCover',
' Events', ' WindDirDegrees']
```

实例文件 005.py 演示了输出指定 CSV 文件的头部和对应部分的过程。

源码路径：daima\7\7-3\005.py

```
import csv

filename = '2018.csv'
with open(filename) as f:
    reader = csv.reader(f)
    header_row = next(reader)

    for index,column_header in enumerate(header_row):
        print(index,column_header)
```

执行后会输出：

```
0 AKDT
1 Max TemperatureF
2 Mean TemperatureF
3 Min TemperatureF
4 Max Dew PointF
5 MeanDew PointF
6 Min DewpointF
7 Max Humidity
8  Mean Humidity
9  Min Humidity
10  Max Sea Level PressureIn
11  Mean Sea Level PressureIn
12  Min Sea Level PressureIn
13  Max VisibilityMiles
14  Mean VisibilityMiles
15  Min VisibilityMiles
16  Max Wind SpeedMPH
17  Mean Wind SpeedMPH
18  Max Gust SpeedMPH
```

```
19 PrecipitationIn
20  CloudCover
21  Events
22  WindDirDegrees
```

实例文件 006.py 演示了输出指定 CSV 文件中每天最高气温的过程。

源码路径：daima\7\7-3\006.py

```
import csv
filename = '2018.csv'
with open(filename) as f:
    reader = csv.reader(f)
    header_row = next(reader)

    highs = []
    for row in reader:
            highs.append(row[1])
    print(highs)
```

执行后会输出：

```
['64', '71', '64', '59', '69', '62', '61', '55', '57', '61', '57', '59', '57', '61',
'64', '61', '59', '63', '60', '57', '69', '63', '62', '59', '57', '57', '61', '59', '61',
'61', '66']
```

实例文件 007.py 演示了分析指定 CSV 文件的内容，并绘图显示某地 2018 年每天最高温度和最低温度的过程。

源码路径：daima\7\7-3\007.py

```
import csv
from datetime import datetime

from matplotlib import pyplot as plt
filename = '2018.csv'
with open(filename) as f:
    reader = csv.reader(f)
    header_row = next(reader)

    dates, highs, lows = [], [], []
    for row in reader:
        try:
            current_date = datetime.strptime(row[0], "%Y-%m-%d")
            high = int(row[1])
            low = int(row[3])
        except ValueError:
            print(current_date, 'missing data')
        else:
            dates.append(current_date)
            highs.append(high)
            lows.append(low)

fig = plt.figure(dpi=128, figsize=(10, 6))
plt.plot(dates, highs, c='red', alpha=0.5)
plt.plot(dates, lows, c='blue', alpha=0.5)
plt.fill_between(dates, highs, lows, facecolor='blue', alpha=0.1)

title = "wendu - 2018\nDeath Valley, CN"
plt.title(title, fontsize=20)
plt.xlabel('', fontsize=16)
fig.autofmt_xdate()
plt.ylabel("wendu(F)", fontsize=16)
plt.tick_params(axis='both', which='major', labelsize=16)

plt.show()
```

执行文件 007.py 后的效果如图 7-32 所示。

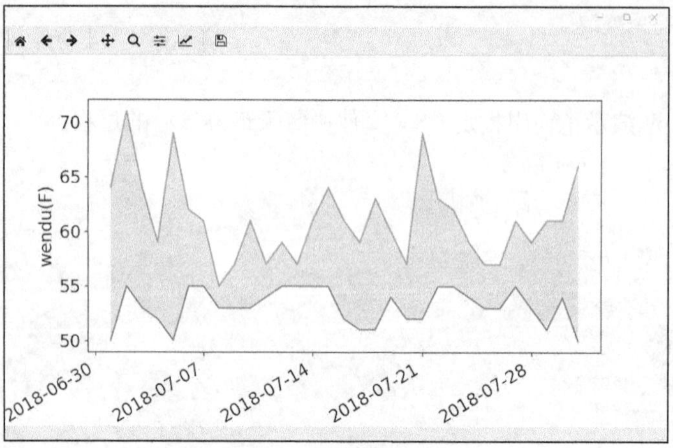

图 7-32　执行文件 007.py 后的效果

7.3.3　提取 CSV 数据并保存到 MySQL 数据库中

首先，提供 3 个 CSV 文件 shop_info.csv、user_pay.csv 和 user_view.csv。然后创建一个名为“tianchi_1”的 MySQL 数据库，并分别创建如表 7-2、表 7-3 和表 7-4 所示的 3 个数据表。

表 7-2　表示商家特征数据的表 shop_info

Field	Sample	Description
shop_id	000001	商家 id
city_name	北京	市名
location_id	001	所在位置编号，位置接近的商家具有相同的编号
per_pay	3	人均消费（数值越大，消费越高）
score	1	评分（数值越大，评分越高）
comment_cnt	2	评论数（数值越大，评论数越多）
shop_level	1	门店等级（数值越大，门店等级越高）
cate_1_name	美食	一级分类名称
cate_2_name	小吃	二级分类名称
cate_3_name	其他小吃	三级分类名称

表 7-3　表示用户支付行为的表 user_pay

Field	Sample	Description
user_id	0000000001	用户 id
shop_id	000001	商家 id，与 shop_info 对应
time_stamp	2015-10-10 11:00:00	支付时间

表 7-4　表示用户浏览行为的表 user_view

Field	Sample	Description
user_id	0000000001	用户 id
shop_id	000001	商家 id，与 shop_info 对应
time_stamp	2015-10-10 10:00:00	浏览时间

实例文件 008.py 演示了使用 pandas 提取上述 3 个 CSV 文件中数据的过程。

源码路径：daima\7\7-3\mysql\008.py

```
import pandas

def Init():
    print('正在提取商家数据……')
    shop_info = pandas.read_csv(r'shop_info.csv',header=None,names=['shop_id','city_name',
    'location_id','per_pay','score','comment_cnt','shop_level','cate_1_name','cate_2_name',
    'cate_3_name'])
    print(shop_info.head(5))

    print('正在提取支付数据……')
    user_pay = pandas.read_csv(r'user_pay.csv', iterator=True,header=None,names=['user_
    id','shop_id','time_stamp'])
    try:
        df = user_pay.get_chunk(5)
    except StopIteration:
        print("Iteration is stopped.")
    print(df)

    print("正在提取浏览数据……")
    user_view = pandas.read_csv(r'user_viewcsv',header=None,names=['user_id','shop_id',
    'time_stamp'])
    print(user_view.head(5))

if __name__=='__main__':
    Init()
```

上述代码中有如下 3 个重要的参数。

- header：指定某一行为列名，默认 header=0，即指定第一行的所有元素名对应每一列的列名。若 header=None，则不指定列名行。
- names：与 header 配合使用，若 header=None，则可以使用该参数手动指定列名。
- iterator：返回一个 TextFileReader 对象，以便逐块处理文件。默认值为 False。

执行后会输出：

```
正在提取商家数据……
        shop_id  city_name  location_id    per_pay  score  comment_cnt  \
0  000001,湖州,885          8            4  12,2,美食,休闲茶饮,饮品     NaN          NaN
1  000002,广州,885          8            4  12,2,美食,休闲茶饮,饮品     NaN          NaN

  shop_level  cate_1_name  cate_2_name  cate_3_name
0        NaN          NaN          NaN          NaN
1        NaN          NaN          NaN          NaN
正在提取支付数据……
  user_id                         shop_id  time_stamp
0  1, 00001  00002, 2018-10-10 11:00:00        NaN
1  2, 00003  00004, 2018-10-17 11:00:00        NaN
正在提取浏览数据……
                                     user_id  shop_id  time_stamp
0  0000000001, 000001, 2018-10-17 11:00:00      NaN         NaN
1  0000000002, 000002, 2018-10-17 11:00:00      NaN         NaN
```

实例文件 009.py 演示了使用 pandas 和 pymysql 提取上述 3 个 CSV 文件中的数据并将提取的数据添加到数据库“tianchi_1”的过程。

源码路径：daima\7\7-3\mysql\009.py

```
import pandas
import pymysql

def Init():
    #连接数据库
    conn= pymysql.connect(
            host='localhost',
            port = 3306,
            user='root',
            passwd='66688888',
```

```
        db ='tianchi_1',
        charset = 'utf8',          #不声明编码导入的数据会显示出错
        )
    cur = conn.cursor()

    print("正在提取商家数据……")
    shop_info = pandas.read_csv(r'shop_info.csv', iterator=True,chunksize=1,header=None,
    names=['shop_id','city_name','location_id','per_pay','score','comment_cnt','shop_level',
    'cate_1_name','cate_2_name','cate_3_name'])
    print("正在将数据导入数据库……")
    for i,shop in enumerate(shop_info):
        #用-1或者''代替空值NAN
        shop = shop.fillna({'cate_1_name':'','cate_2_name':'','cate_3_name':''})
        #替换字符串空值
        shop = shop.fillna(-1)     #替换整数空值
        shop = shop.values[0]      #把Series类型转换成列表类型
        #print shop
        sql ="insert into shop_info (`shop_id`,`city_name`,`location_id`,`per_pay`,`score`,
        `comment_cnt`,`shop_level`,`cate_1_name`,`cate_2_name`,`cate_3_name`) values
        ('%s','%s','%s','%s','%d','%s','%s','%s','%s','%s')"\
            %(shop[0],shop[1],shop[2],shop[3],shop[4],shop[5],shop[6],shop[7],shop[8],
            shop[9])
        cur.execute(sql)
        print('%d / 2000'%(i+1))
    conn.commit()

    print('正在提取支付数据……')
    user_pay = pandas.read_csv(r'user_pay.csv', iterator=True,chunksize=1,header=None,
    names=['user_id','shop_id','time_stamp'])
    print('正在将数据导入数据库……')
    for i,user in enumerate(user_pay):
        #用-1代替空值NAN
        user = user.fillna(-1)      #替换整数空值
        user = user.values[0]       #把Series类型转换成列表类型
        #print user
        sql ="insert into user_pay (`user_id`,`shop_id`,`time_stamp`) values('%s','%s','%s')"\
            %(user[0],user[1],user[2])
        cur.execute(sql)
        print('%d'%(i+1))
    conn.commit()

    print('正在提取浏览数据……')
    user_view = pandas.read_csv(r'user_view.csv', iterator=True,chunksize=1,header=None,
    names=['user_id','shop_id','time_stamp'])
    print('正在将数据导入数据库……')
    for i,user in enumerate(user_view):
        #用-1代替空值NAN
        user = user.fillna(-1)      #替换整数空值
        user = user.values[0]       #把Series类型转换成列表类型
        #print user
        sql ="insert into user_view (`user_id`,`shop_id`,`time_stamp`) values('%s','%s','%s')"\
            %(user[0],user[1],user[2])
        cur.execute(sql)
        print('%d'%(i+1))
    conn.commit()

if __name__=='__main__':
    Init()
```

文件 008.py 在提取 user_pay 的数据时使用了迭代提取法，这是因为 user_pay 的 csv 文件太大（例如，几吉字节）。这时如果使用 Windows 32 位 Python，则内存大小会受到限制，无法一次性读取这么大的数据集（会提示 MemoryError）。所以在上述代码中，采用了迭代的方式将提取的数据都保存到数据库中，在迭代过程中执行 SQL 语句将数据插入数据库表中。执行后会成功在数据库“tianchi_1”中添加 CSV 文件的数据，执行文件 009.py 后的效果如图 7-33 所示。

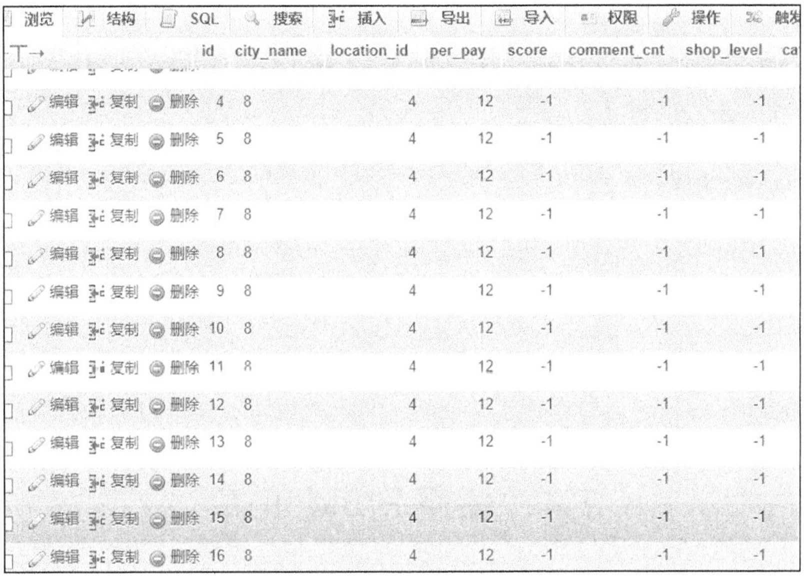

图 7-33　执行文件 009.py 后的效果

7.3.4　提取 CSV 数据并保存到 SQLite 数据库中

首先，提供两个 CSV 文件 courses.csv 和 peeps.csv。然后，在实例文件 db_builder.py 提取 CSV 文件中的数据，并将提取的数据添加到 SQLite 数据库中。文件 db_builder.py 的具体实现代码如下。

源码路径：daima\7\7-3\SQLite\db_builder.py

```
import sqlite3
import csv

f="database.db"
db = sqlite3.connect(f) #如果数据库存在，则打开；否则，创建数据库
c = db.cursor()     #创建游标
#c.execute('.open database.db')
#============================================================
#在这个区域插入代码，打开两个CSV文件
coursesfile = open('courses.csv','rU')
studentsfile = open('peeps.csv','rU')
coursedict = csv.DictReader(coursesfile)
studentdict = csv.DictReader(studentsfile)
c.execute('CREATE TABLE courses (code TEXT, mark NUMERIC, id NUMERIC);')
c.execute('CREATE TABLE students (name TEXT, age NUMERIC, id NUMERIC PRIMARY KEY);')
for row in coursedict:
    code = row['code']
    #print code
    mark = row['mark']
    #print mark
    idnum = row['id']
    #输出idnum
    filler = repr(code) + ',' +str(mark) + ',' + str(idnum)
    #输出filler
    c.execute('INSERT INTO courses VALUES ('+ filler +');')

for row in studentdict:
    name = row['name']
    age = row['age']
    idnum = row['id']
    filler = repr(name) + ',' +str(age) + ',' + str(idnum)
    c.execute('INSERT INTO students VALUES ('+ filler +');')
```

```
c.execute('SELECT * FROM courses;')
print(c.fetchone())
print('\n')
c.execute('SELECT * FROM students;')
print(c.fetchall())

#=========================================================
db.commit() #保存修改
db.close()  #关闭连接
```

执行后会输出 SQLite 数据库中的数据信息，SQLite 数据库中的数据是从 CSV 文件中提取出来的。

```
('systems', 75, 1)


[('kruder', 44, 1), ('dorfmeister', 33, 2), ('sasha', 22, 3), ('digweed', 11, 4),
('tiesto', 99, 5), ('bassnectar', 13, 6), ('TOKiMONSTA', 972, 7), ('jphlip', 27, 8),
('tINI', 23, 9), ('alison', 23, 10)]
```

7.4　使用 Pandas 库

Pandas（Python Data Analysis Library，Python 数据分析库）是基于 NumPy 的一种工具，是为了解决数据分析任务而创建的。Pandas 纳入了大量库和一些标准的数据模型，提供了高效操作大型数据集所需的工具。本节将详细讲解在 Python 程序中使用 Pandas 库的过程。

7.4.1　安装 Pandas 库

在计算机系统中，无须安装即可使用 Pandas 库。这时需要使用 Wakari 免费服务，用于在云中提供托管的 IPython Notebook 服务。开发者只要创建一个账户，就可在几分钟内通过 IPython Notebook 在浏览器中访问并使用 Pandas 库。

对于大多数开发者来说，建议使用如下命令来安装 Pandas 库。

```
pip install pandas
```

可以通过实例文件 001.py 来测试 Pandas 库是否安装成功并成功运行。

源码路径：daima\7\7-4\001.py

```
import pandas as pd
print(pd.test())
```

因机器配置的差异，其执行效果会有所区别，在作者的机器中执行后会输出：

```
running: pytest --skip-slow --skip-network C:\Users\apple\AppData\Local\Programs\Python\
Python36\lib\site-packages\pandas
============================ test session starts ==============================
platform win32 -- Python 3.6.2, pytest-3.3.1, py-1.5.2, pluggy-0.6.0
rootdir: H:\daima\7\7-4, inifile:
collected 10360 items / 3 skipped

pandas\tests\test_algos.py ............................................ [  0%]
.................s.........................                             [  0%]
pandas\tests\test_base.py .........................                     [  1%]
pandas\tests\test_categorical.py ..............................s........ [  1%]
....................................................................... [  2%]
...................................                                     [  2%]
pandas\tests\test_common.py .............                               [  2%]
#为节省篇幅，后面省略了很多信息
```

注意：为了节省篇幅，本书中将不再详细讲解 Pandas API 的语法知识，这方面的知识请阅读 Pandas 的官方文档。

7.4.2　从 CSV 文件读取数据

在 Pandas 库中，可以使用方法 read_csv()读取 CSV 文件中的数据。默认情况下，文件 read_csv()会假设 CSV 文件中的字段是用逗号进行分隔的。假设存在一个名为“bikes.csv”的

CSV 文件，在里面保存了蒙特利尔的一些骑自行车数据，在里面保存了每天在蒙特利尔 7 条不同的道路上有多少人骑自行车。实例文件 002.py 读取并显示了文件 bikes.csv 中的前 3 条数据。

源码路径：daima\7\7-4\002.py

```
import pandas as pd
broken_df = pd.read_csv('bikes.csv')
print(broken_df[:3])
```

执行后会输出：

```
  Date;Berri 1;Brébeuf (données non disponibles);Côte-Sainte-Catherine;Maisonneuve 1;
     Maisonneuve 2;du Parc;Pierre-Dupuy;Rachel1;St-Urbain (données non disponibles)
0                  01/01/2012;35;;0;38;51;26;10;16;
1                  02/01/2012;83;;1;68;153;53;6;43;
2                 03/01/2012;135;;2;104;248;89;3;58;
```

读者会发现上述执行效果显得比较凌乱，此时可以利用方法 read_csv()中的参数选项进行设置。方法 read_csv()的语法格式如下。

```
pandas.read_csv(filepath_or_buffer, sep=', ', delimiter=None, header='infer', names=None,
    index_col=None, usecols=None, squeeze=False, prefix=None, mangle_dupe_cols=True, dtype=
    None, engine=None, converters=None, true_values=None, false_values=None, skipinitialspace=
    False, skiprows=None, nrows=None, na_values=None, keep_default_na=True, na_filter=
    True, verbose=False, skip_blank_lines=True, parse_dates=False, infer_datetime_format=
    False, keep_date_col=False, date_parser=None, dayfirst=False, iterator=False, chunksize=
    None, compression='infer', thousands=None, decimal='.', lineterminator=None, quot
    echar='"', quoting=0, escapechar=None, comment=None, encoding=None, dialect=None,
    tupleize_cols=False, error_bad_lines=True, warn_bad_lines=True, skipfooter=0, skip_
    footer=0, doublequote=True, delim_whitespace=False, as_recarray=False, compact_ints=
    False, use_unsigned=False, low_memory=True, buffer_lines=None, memory_map=False, float_
    precision=None)[source]
```

各参数的具体说明如下。

- filepath_or_buffer：其值可以是 str、pathlib.Path、py._path.local.LocalPath 或任何具有 read()方法的对象（如文件句柄或 StringIO）。字符串可以是 URL，有效的 URL 方案包括 http、ftp、s3 和 file。文件 URL 需要主机，例如，本地文件可以是 file://localhost/path/to/table.csv。
- sep：表示分隔符，可以是 str，默认为逗号（,）。长度大于 1 个字符且与'\s+'不同的分隔符将被解释为正则表达式，并对它强制使用 Python 解析引擎，忽略数据中的引号。
- delimiter：可以设置为 str，默认值为 None，表示 sep 的备用参数名称。
- delim_whitespace：可以设置为 boolean 或 False，用于指定是否将空白（如' '或' '）用作 sep，相当于设置 sep='\s+'。如果将此选项设置为 True，则不应该为 delimiter 参数传入任何内容。
- header：可以设置为 int 或 int 列表，默认为'infer'，表示用作列名称的行号，以及数据的开始。如果未传递 names，默认就好像设置为 0；否则，为 None。如果显式设置 header=0，则会替换原来的列名。header 可以是整数列表，例如 [0,1,3]，这个列表表示将文件中的这些行作为列标题（这意味着每一列有多个标题），介于中间的行将被忽略掉（例如这里的 2，而本例中的第 1 行、第 2 行、第 4 行数据将作为多级标题出现，第 3 行数据将被丢弃，dataframe 的数据从第 5 行开始。）。
- names：可以设置为 array-like 或 default，表示要使用的列名称列表。如果文件不包含标题行，则应明确传递 header = None。除非 mangle_dupe_cols = True（这是默认值），否则不允许在此列表中重复。
- index_col：可以设置为 int 或序列或 False，默认值是 None。用作 DataFrame 的行标签的列。如果给出序列，则使用 MultiIndex。如果在每行结尾处都有带分隔符的格式不正确的文件，则可以考虑使用 index_col = False 强制 pandas _not_使用第一列作为索引（行名称）。

- usecols：可以设置为 array-like，默认值是 None。用于返回列的子集。此数组中的所有元素必须是位置（即文档列中的整数索引）或对应于用户在名称中提供或从文档标题行推断的列名称的字符串。例如，有效的 usecols 参数将是[0，1，2]或['foo'，'bar'，'baz']。此参数有助于加快解析，但会降低内存使用率。
- as_recarray：可以设置为布尔值，默认值为 False。
- DEPRECATED：此参数将在以后的版本中删除，需要用 pd.read_csv（...）和 to_records()代替。解析数据后，返回 NumPy recarray 而不是 DataFrame。如果设置为 True，此选项优先于 squeeze 参数。此外，由于行索引在此类格式中不可用，因此将忽略 index_col 参数。
- squeeze：可以设置为 boolean，默认值为 False。如果解析的数据只包含一列，则返回一个系列。
- prefix：可以设置为 str，默认值是 None。表示在没有标题时添加到列号的前缀，例如'X'代表 X0，X1，…
- mangle_dupe_cols：可以设置为 boolean，默认值为 True。对于重复的列，将指定为“X.0” ... “X.N”，而不是“X” ... “X”。如果在列中有重复的名称，则传入 False 将导致覆盖数据。
- dtype：表示输入列的名称或字典类型，默认值是 None。
- engine：可以设置为{'c'，'python'}，可选参数，供解析器引擎使用。C 引擎的速度更快，而 Python 引擎目前更加完善。
- converters：可以设置为 dict，默认值是 None。说明转换某些列中的值的函数，键可以是整数或列标签。
- skipinitialspace：可以设置为 boolean，默认值为 False，用于跳过分隔符后的空格。
- skiprows：可以设置为 list-like 或 integer，默认值是 None，表示要跳过的行号或要跳过的行数在文件的开头。
- skipfooter：可以设置为 int，默认值是 0，表示跳过文件底部的行数（不支持 engine ='c'）。
- nrows：可以设置为 int，默认值是 None。表示要读取的文件的行数，适用于读取大文件的片段。
- na_values：可以设置为 scalar、str、list-like 或 dict，默认值是 None。表示可识别为 NA / NaN 的其他字符串。如果 dict 通过，则需要设置特定列的空值。
- keep_default_na：可以设置为 boolean，默认值为 True。如果指定 na_values 并且 keep_default_na 为 False，则将覆盖默认值 NaN；否则，将追加它们。
- na_filter：可以设置为 boolean，默认值为 True，用于检测缺失值标记（空字符串和 na_values 的值）。在没有任何 NA 的数据中，传递 na_filter = False 可以提升读取大文件的性能。
- verbose：可以设置为 boolean，默认值为 False，用于指示放置在非数字列中的 NA 值的数量。
- skip_blank_lines：可以设置为 boolean，默认值为 True。如果为 True，请跳过空白行，而不是解释为 NaN 值。
- parse_dates：其值可以是布尔值或整数或列表名称或 dict 列表，默认值为 False。如果为 True，则尝试解析索引。
- infer_datetime_format：可以设置为 boolean，默认值为 False。如果启用了 True 和

parse_dates，则 pandas 将尝试推断列中 datetime 字符串的格式，如果可以推断，则可以切换到更快的解析方式。在某些情况下，这可以将解析速度提高 5～10 倍。

- keep_date_col：可以设置为 boolean，默认值为 False。如果 True 和 parse_dates 指定合并多个列，则保留原始列。
- date_parser：一个函数，用于将字符串序列转换为 datetime 实例数组的函数。默认使用 dateutil.parser.parser 进行转换。Pandas 将尝试以 3 种不同的方式调用 date_parser，如果发生异常，则推进到下一个。将一个或多个数组（由 parse_dates 定义）作为参数传递；将由 parse_dates 定义的列中的字符串值连接（逐行）到单个数组中，并传递；对于每一行，使用一个或多个字符串（对应于由 parse_dates 定义的列）作为参数调用 date_parser 一次。
- dayfirst：boolean 类型，默认值为 False。用于返回 TextFileReader 对象以进行迭代或使用 get_chunk()获取块。
- chunksize：int 类型，用于返回 TextFileReader 对象以进行迭代。在 iterator 和 chunksize 中查看 I/O 工具文档了解更多信息。
- compression：{'infer'，'gzip'，'bz2'，'zip'，'xz'，None}类型，用于将磁盘上的数据即时解压缩。如果使用了 infer 参数，则使用 gzip、bz2、zip 或者解压文件名中以 gz、bz2、zip 或者 xz 为后缀的文件；否则，不进行解压缩。如果使用 zip，ZIP 文件必须只包含一个要读入的数据文件。如果设置为 None，则不进行解压缩。
- float_precision：string 类型，用于指定 C 引擎应该为浮点值使用哪个转换器。对于普通转换器，设置为 None；对于高精度转换器，设置为 High；对于往返转换器，设置为 round_trip。
- lineterminator：str（length 1）类型，用于将文件拆分成行的字符。只有 C 解析器有效。
- quotechar：str（length 1）类型，用于表示带引号项的开始和结束字符。引号项可以包含分隔符，分隔符将被忽略。
- doublequote：boolean 类型，默认值为 True。当指定 quotechar 且引用不是 QUOTE_NONE 时，指示是否将一个字段中两个连续的元素解释为单个 quotechar 元素。
- escapechar：str（length 1）类型，当 quoting 为 QUOTE_NONE 时，指定一个字符使得在转义时不受分隔符的限制。
- encoding：str 类型，在读/写时用于 UTF 的编码（例如，'utf-8'）。
- tupleize_cols：boolean 类型，默认值为 False。对于列中的元组列表保留原样（默认将列转换为多个索引）。
- error_bad_lines：boolean 类型，默认值为 True。默认情况下，有太多字段的行（例如，有太多逗号的 csv 行）将引发异常，并且不会返回 DataFrame。如果设置为 False，那么这些“坏行”将从返回的 DataFrame 中删除（只有 C 解析器有效）。
- warn_bad_lines：boolean 类型，默认值为 True。如果 error_bad_lines 为 False，并且 warn_bad_lines 为 True，则将输出每个“坏行”的警告（只有 C 解析器有效）。
- low_memory：boolean 类型，默认值为 True。在内部以块的方式处理文件，导致解析时内存量较小，但可能是混合类型推断。要确保没有混合类型，请设置 False，或使用 dtype 参数指定类型。请注意，无论如何，整个文件都读入单个 DataFrame，请使用 chunksize 或迭代器参数以块形式返回数据（只有 C 解析器有效）。
- compact_ints：boolean 类型，默认值为 False。如果 compact_ints 为 True，则对于任何整数为 dtype 的列，解析器尝试将它转换为可能的最小整数 dtype，根据 use_unsigned

参数的规范，可以是有符号整数或无符号整数。

- use_unsigned：boolean 类型，默认值为 False。如果整数列被压缩（即 compact_ints = True），请指定该列是否应压缩到最小有符号整数或无符号整数 dtype。
- memory_map：boolean 类型，默认值为 False。如果为 filepath_or_buffer 提供了文件路径，则将文件对象直接映射到内存上，并从中直接访问数据。使用此选项可以提高性能，因为不再有任何 I/O 开销。

实例文件 003.py 使用更加规整的格式读取并显示文件 bikes.csv 中的前 3 条数据。

源码路径：daima\7\7-4\003.py

```
import pandas as pd
fixed_df = pd.read_csv('bikes.csv', sep=';', encoding='latin1', parse_dates=['Date'],
   dayfirst=True, index_col='Date')
print(fixed_df[:3])
```

执行后会输出：

```
            Berri 1  BrÃ©beuf (donnÃ©es non disponibles)  \
Date
207-01-01       35                                    NaN
207-01-02       83                                    NaN
207-01-03      135                                    NaN

            CÃ´te-Sainte-Catherine  Maisonneuve 1  Maisonneuve 2  du Parc  \
Date
207-01-01                       0             38             51       26
207-01-02                       1             68            153       53
207-01-03                       2            104            248       89

            Pierre-Dupuy  Rachel1  St-Urbain (donnÃ©es non disponibles)
Date
207-01-01            10       16                                    NaN
207-01-02             6       43                                    NaN
207-01-03             3       58                                    NaN
```

在读取 CSV 文件时，得到的是一种由行和列组成的数据帧，可以列出帧中相同格式的元素。实例文件 004.py 读取并显示文件 bikes.csv 中“Berri 1”列的数据。

源码路径：daima\7\7-4\004.py

```
import pandas as pd
fixed_df = pd.read_csv('bikes.csv', sep=';', encoding='latin1', parse_dates=['Date'],
dayfirst=True, index_col='Date')
print(fixed_df['Berri 1'])
```

执行后会输出：

```
Date
207-01-01      35
207-01-02      83
207-01-03     135
......省略部分行
207-10-23    4177
207-10-24    3744
207-10-25    3735
207-10-26    4290
207-10-27    1857
207-10-28    1310
207-10-29    2919
207-10-30    2887
207-10-31    2634
207-11-01    2405
207-11-02    1582
207-11-03     844
207-11-04     966
207-11-05    2247
Name: Berri 1, Length: 310, dtype: int64
```

为了使应用程序更加美观，在实例文件 005.py 中加入绘图功能，以统计图表的方式展示文件 bikes.csv 中“Berri 1”列的数据。

源码路径：daima\7\7-4\005.py

```
import pandas as pd
import matplotlib.pyplot as plt
plt.rcParams['figure.figsize'] = (15, 5)
fixed_df = pd.read_csv('bikes.csv', sep=';', encoding='latin1', parse_dates=['Date'],
dayfirst=True, index_col='Date')
fixed_df['Berri 1'].plot()
plt.show()
```

执行后会显示每个月的骑行数据统计信息，执行效果如图 7-34 所示。

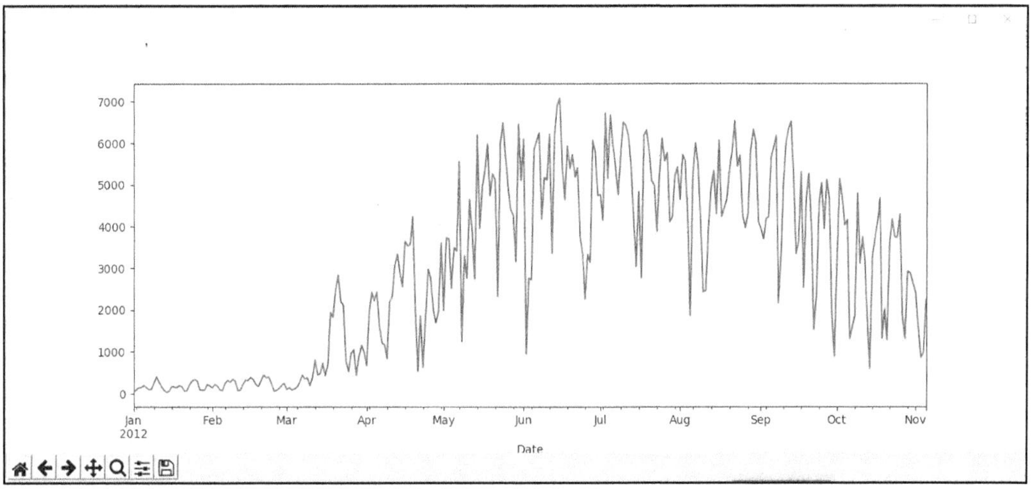

图 7-34　每个月的骑行数据统计信息

7.4.3　选择指定数据

请读者看实例文件 006.py。该文件的功能是处理一个更大的数据集文件 311-service-requests.csv，输出这个文件中的数据信息。文件 311-service-requests.csv 是 NYC 311 服务请求数据集的一个子集，完整文件大小为 52 MB，书中只截取了一小部分，完整文件可以从网络中获取。

源码路径：daima\7\7-4\006.py

```
import pandas as pd
complaints = pd.read_csv('311-service-requests.csv')
print(complaints)
```

执行后会显示读取文件 311-service-requests.csv 的结果，并在最后统计数据数目。

在实例文件 007.py 中，首先输出显示了文件 311-service-requests.csv 中“Complaint Type”列的信息，然后输出了文件 311-service-requests.csv 中的前 5 行信息，再输出了文件 311-service-requests.csv 中前 5 行的“Complaint Type”列的信息，其次输出了文件 311-service-requests.csv 中“Complaint Type”和“Borough”这两列的信息，最后输出了文件 311-service-requests.csv 中“Complaint Type”和“Borough”这两列的前 10 行信息。

源码路径：daima\7\7-4\007.py

```
import pandas as pd
complaints = pd.read_csv('311-service-requests.csv')
print(complaints['Complaint Type'])
print(complaints[:5])
print(complaints[:5]['Complaint Type'])
print(complaints[['Complaint Type', 'Borough']])
print(complaints[['Complaint Type', 'Borough']][:10])
```

执行后会输出：

```
//下面首先输出“Complaint Type”列的信息
0        Noise - Street/Sidewalk
1                Illegal Parking
2            Noise - Commercial
3                Noise - Vehicle
4                         Rodent
5            Noise - Commercial
6               Blocked Driveway
7            Noise - Commercial
8            Noise - Commercial
9            Noise - Commercial
10      Noise - House of Worship
11           Noise - Commercial
12               Illegal Parking
13               Noise - Vehicle
14                        Rodent
15      Noise - House of Worship
16       Noise - Street/Sidewalk
17               Illegal Parking
18        Street Light Condition
19           Noise - Commercial
20      Noise - House of Worship
21           Noise - Commercial
22               Noise - Vehicle
23           Noise - Commercial
24              Blocked Driveway
25       Noise - Street/Sidewalk
26        Street Light Condition
27          Harboring Bees/Wasps
28       Noise - Street/Sidewalk
29        Street Light Condition
                ...
233          Noise - Commercial
234              Taxi Complaint
235         Sanitation Condition
236      Noise - Street/Sidewalk
237          Consumer Complaint
238      Traffic Signal Condition
239        DOF Literature Request
240       Litter Basket / Request
241             Blocked Driveway
242       Violation of Park Rules
243        Collection Truck Noise
244              Taxi Complaint
245              Taxi Complaint
246        DOF Literature Request
247      Noise - Street/Sidewalk
248              Illegal Parking
249              Illegal Parking
250             Blocked Driveway
251       Maintenance or Facility
252          Noise - Commercial
253              Illegal Parking
254                        Noise
255                       Rodent
256              Illegal Parking
257                        Noise
258       Street Light Condition
259                Noise - Park
260             Blocked Driveway
261              Illegal Parking
262          Noise - Commercial
Name: Complaint Type, Length: 263, dtype: object
//下面输出前5行信息
   Unique Key            Created Date             Closed Date Agency  \
0    26589651  10/31/2013 02:08:41 AM                     NaN   NYPD
1    26593698  10/31/2013 02:01:04 AM                     NaN   NYPD
2    26594139  10/31/2013 02:00:24 AM  10/31/2013 02:40:32 AM   NYPD
3    26595721  10/31/2013 01:56:23 AM  10/31/2013 02:21:48 AM   NYPD
4    26590930  10/31/2013 01:53:44 AM                     NaN  DOHMH
```

```
                           Agency Name            Complaint Type  \
0         New York City Police Department  Noise - Street/Sidewalk
1         New York City Police Department          Illegal Parking
2         New York City Police Department       Noise - Commercial
3         New York City Police Department          Noise - Vehicle
4 Department of Health and Mental Hygiene                   Rodent

                    Descriptor        Location Type  Incident Zip  \
0                 Loud Talking      Street/Sidewalk       11432.0
1 Commercial Overnight Parking      Street/Sidewalk       11378.0
2             Loud Music/Party  Club/Bar/Restaurant       10032.0
3               Car/Truck Horn      Street/Sidewalk       10023.0
4 Condition Attracting Rodents           Vacant Lot       10027.0

  Incident Address                    ...                    \
0  90-03 169 STREET                    ...
1         58 AVENUE                    ...
2     4060 BROADWAY                    ...
3    WEST 72 STREET                    ...
4   WEST 124 STREET                    ...

  Bridge Highway Name Bridge Highway Direction Road Ramp  \
0                 NaN                      NaN       NaN
1                 NaN                      NaN       NaN
2                 NaN                      NaN       NaN
3                 NaN                      NaN       NaN
4                 NaN                      NaN       NaN

  Bridge Highway Segment Garage Lot Name Ferry Direction Ferry Terminal Name  \
0                    NaN             NaN             NaN                 NaN
1                    NaN             NaN             NaN                 NaN
2                    NaN             NaN             NaN                 NaN
3                    NaN             NaN             NaN                 NaN
4                    NaN             NaN             NaN                 NaN

    Latitude  Longitude                                  Location
0  40.708275 -73.791604   (40.70827532593202, -73.79160395779721)
1  40.721041 -73.909453  (40.721040535628305, -73.90945306791765)
2  40.843330 -73.939144   (40.84332975466513, -73.93914371913482)
3  40.778009 -73.980213    (40.7780087446372, -73.98021349023975)
4  40.807691 -73.947387   (40.80769092704951, -73.94738703491433)

[5 rows x 52 columns]
//下面输出前5行中“Complaint Type”列的信息
[5 rows x 52 columns]
0    Noise - Street/Sidewalk
1            Illegal Parking
2         Noise - Commercial
3            Noise - Vehicle
4                     Rodent
….省略部分
259            Noise - Park        BROOKLYN
260        Blocked Driveway          QUEENS
261         Illegal Parking        BROOKLYN
262      Noise - Commercial       MANHATTAN
[263 rows x 2 columns]
//下面输出“Complaint Type”和“Borough”这两列的信息
             Complaint Type      Borough
0   Noise - Street/Sidewalk       QUEENS
1           Illegal Parking       QUEENS
2        Noise - Commercial    MANHATTAN
3           Noise - Vehicle    MANHATTAN
4                    Rodent    MANHATTAN
5        Noise - Commercial       QUEENS
//下面输出“Complaint Type”和“Borough”这两列的前10行信息
           Complaint Type    Borough
0 Noise - Street/Sidewalk     QUEENS
1         Illegal Parking     QUEENS
2      Noise - Commercial  MANHATTAN
3         Noise - Vehicle  MANHATTAN
```

```
4                Rodent  MANHATTAN
5       Noise - Commercial     QUEENS
6         Blocked Driveway     QUEENS
7       Noise - Commercial     QUEENS
8       Noise - Commercial  MANHATTAN
9       Noise - Commercial   BROOKLYN
```

在实例文件 008.py 中，首先输出显示了文件 311-service-requests.csv 中“Complaint Type”列中前 10 名的信息，然后在图表中统计并显示前 10 名的信息。

源码路径：daima\7\7-4\008.py

```
import pandas as pd
import matplotlib.pyplot as plt

pd.set_option('display.width', 5000)
pd.set_option('display.max_columns', 60)

plt.rcParams['figure.figsize'] = (10, 6)

complaints = pd.read_csv('311-service-requests.csv')
complaint_counts = complaints['Complaint Type'].value_counts()
print(complaint_counts[:10])#输出“Complaint Type”列中数值前10名的信息
complaint_counts[:10].plot(kind='bar')#绘制“Complaint Type”列中数值前10名的图表信息
plt.show()
```

执行后会在控制台中输出显示“Complaint Type”列中前 10 名的信息。

```
Noise - Commercial          51
Noise                       27
Noise - Street/Sidewalk     22
Blocked Driveway            21
Illegal Parking             18
Taxi Complaint              13
Traffic Signal Condition    10
Rodent                      10
Water System                 9
Noise - Vehicle              7
Name: Complaint Type, dtype: int64
```

另外，还会在 Matplotlib 图标中统计前 10 名的信息，如图 7-35 所示。

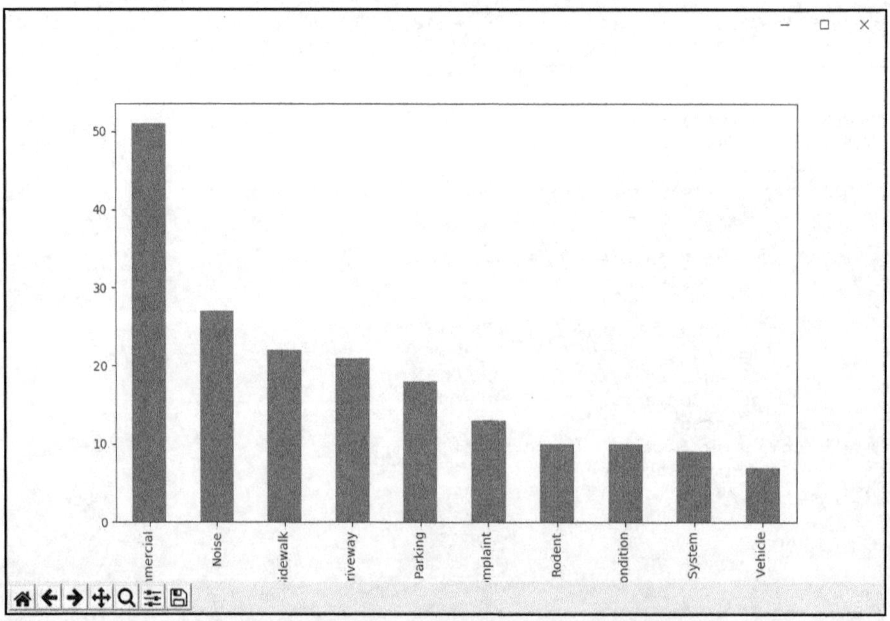

图 7-35 在 Matplotlib 图标中统计前 10 名的信息

7.4.4 日期相关操作

当进行数据统计分析时，时间通常是一个重要的因素。在实例文件 009.py 中，可以使用

Matplotlib 统计出文件 bikes.csv 中每个月的骑行数据信息。

源码路径：daima\7\7-4\009.py

```
import pandas as pd
import matplotlib.pyplot as plt

plt.rcParams['figure.figsize'] = (10, 8)
plt.rcParams['font.family'] = 'sans-serif'

pd.set_option('display.width', 5000)
pd.set_option('display.max_columns', 60)

bikes = pd.read_csv('bikes.csv', sep=';', encoding='latin1', parse_dates=['Date'], day
    first=True, index_col='Date')
bikes['Berri 1'].plot()
plt.show()
```

执行文件 009.py 后的效果如图 7-36 所示。

在实例文件 010.py 中，首先输出显示文件 bikes.csv 中“Berri 1”街道前 5 天的骑行数据信息，然后使用“print(berri_bikes.index)”输出一年内所有的日期。

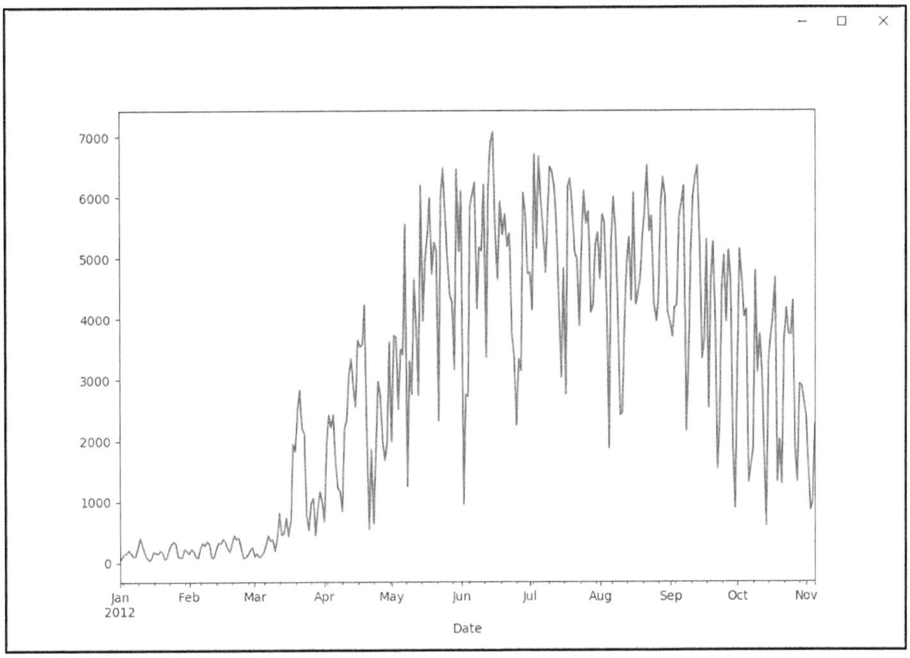

图 7-36　执行文件 009.py 后的效果

源码路径：daima\7\7-4\010.py

```
import pandas as pd

bikes = pd.read_csv('bikes.csv', sep=';', encoding='latin1', parse_dates=['Date'],
    dayfirst=True, index_col='Date')
berri_bikes = bikes[['Berri 1']].copy()
print(berri_bikes[:5])
print(berri_bikes.index)
```

执行后会输出：

```
            Berri 1
Date
207-01-01        35
207-01-02        83
207-01-03       135
207-01-04       144
207-01-05       197
```

```
DatetimeIndex(['207-01-01', '207-01-02', '207-01-03', '207-01-04',
               '207-01-05', '207-01-06', '207-01-07', '207-01-08',
               '207-01-09', '207-01-10',
               ...
               '207-10-27', '207-10-28', '207-10-29', '207-10-30',
               '207-10-31', '207-11-01', '207-11-02', '207-11-03',
               '207-11-04', '207-11-05'],
              dtype='datetime64[ns]', name='Date', length=310, freq=None)
```

由上述执行效果可知，只输出显示了 310 天的统计数据，实际上有些日期不见了。其实 Pandas 有一系列非常好的时间序列功能，所以，如果我们想得到每一行的月份，则可以通过文件 011.py 实现。

源码路径：daima\7\7-4\011.py

```
import pandas as pd

bikes = pd.read_csv('bikes.csv', sep=';', encoding='latin1', parse_dates=['Date'],
dayfirst=True, index_col='Date')
berri_bikes = bikes[['Berri 1']].copy()
print(berri_bikes.index.day)
print(berri_bikes.index.weekday)
```

执行后会输出：

```
Int64Index([ 1,  2,  3,  4,  5,  6,  7,  8,  9, 10,
            ...
            27, 28, 29, 30, 31,  1,  2,  3,  4,  5],
           dtype='int64', name='Date', length=310)
Int64Index([6, 0, 1, 2, 3, 4, 5, 6, 0, 1,
            ...
            5, 6, 0, 1, 2, 3, 4, 5, 6, 0],
           dtype='int64', name='Date', length=310)
```

在上述输出结果中，0 表示周一。在实例文件 012.py 中，可以使用 Pandas 灵活获取某一天是周几。

源码路径：daima\7\7-4\012.py

```
import pandas as pd

bikes = pd.read_csv('bikes.csv', sep=';', encoding='latin1', parse_dates=['Date'], day
    first=True, index_col='Date')
berri_bikes = bikes[['Berri 1']].copy()
berri_bikes.loc[:,'weekday'] = berri_bikes.index.weekday
print(berri_bikes[:5])
```

执行后会输出：

```
            Berri 1  weekday
Date
207-01-01        35        6
207-01-02        83        0
207-01-03       135        1
207-01-04       144        2
207-01-05       197        3
```

在现实应用中，当然，也可以统计周一到周日每天的数据。在实例文件 013.py 中，首先用数字 0～6 统计每周 7 天的统计数据，然后用周一到周日的英文单词统计每周 7 天的骑行数据。

源码路径：daima\7\7-4\013.py

```
import pandas as pd

bikes = pd.read_csv('bikes.csv', sep=';', encoding='latin1', parse_dates=['Date'],
    dayfirst=True, index_col='Date')
berri_bikes = bikes[['Berri 1']].copy()

berri_bikes.loc[:,'weekday'] = berri_bikes.index.weekday

weekday_counts = berri_bikes.groupby('weekday').aggregate(sum)
print(weekday_counts)
```

```
weekday_counts.index = ['Monday', 'Tuesday', 'Wednesday', 'Thursday', 'Friday',
    'Saturday', 'Sunday']
print(weekday_counts)
```

执行后会输出：

```
         Berri 1
weekday
0          134298
1          135305
2          152972
3          160131
4          141771
5          101578
6           99310
           Berri 1
Monday      134298
Tuesday     135305
Wednesday   152972
Thursday    160131
Friday      141771
Saturday    101578
Sunday       99310
```

当然，为了使统计数据更加直观，可以在程序中使用 Matplotlib。在实例文件 014.py 中，使用 Matplotlib 统计了每周 7 天的骑行数据。

源码路径：daima\7\7-4\014.py

```
import pandas as pd
import matplotlib.pyplot as plt
plt.rcParams['figure.figsize'] = (15, 5)
bikes = pd.read_csv('bikes.csv',
                    sep=';', encoding='latin1',
                    parse_dates=['Date'], dayfirst=True,
                    index_col='Date')
#添加标识
berri_bikes = bikes[['Berri 1']].copy()
berri_bikes.loc[:,'weekday'] = berri_bikes.index.weekday

#开始统计
weekday_counts = berri_bikes.groupby('weekday').aggregate(sum)
weekday_counts.index = ['Monday', 'Tuesday', 'Wednesday', 'Thursday', 'Friday', 'Saturday',
    'Sunday']
weekday_counts.plot(kind='bar')

plt.show()
```

执行文件 014.py 后的效果如图 7-37 所示。

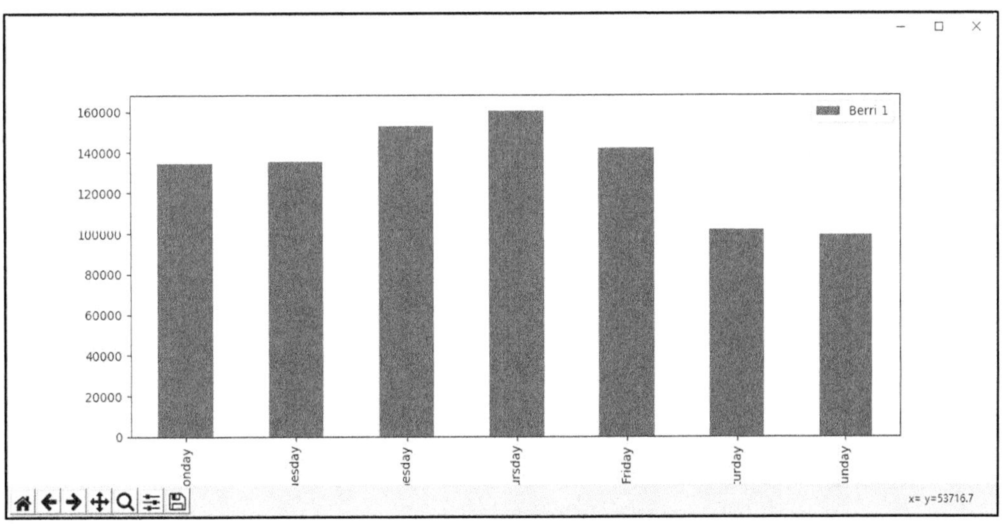

图 7-37　执行文件 014.py 后的效果

再看实例文件 015.py，通过借助素材文件 weather_2012.csv，使用 Matplotlib 统计加拿大 2012 年的天气数据。

源码路径：daima\7\7-4\015.py

```
import pandas as pd
import matplotlib.pyplot as plt
import numpy as np

plt.rcParams['figure.figsize'] = (15, 3)
plt.rcParams['font.family'] = 'sans-serif'
weather_2012_final = pd.read_csv('weather_2012.csv', index_col='Date/Time')
weather_2012_final['Temp (C)'].plot(figsize=(15, 6))
plt.show()
```

执行文件 015.py 后的效果如图 7-38 所示。

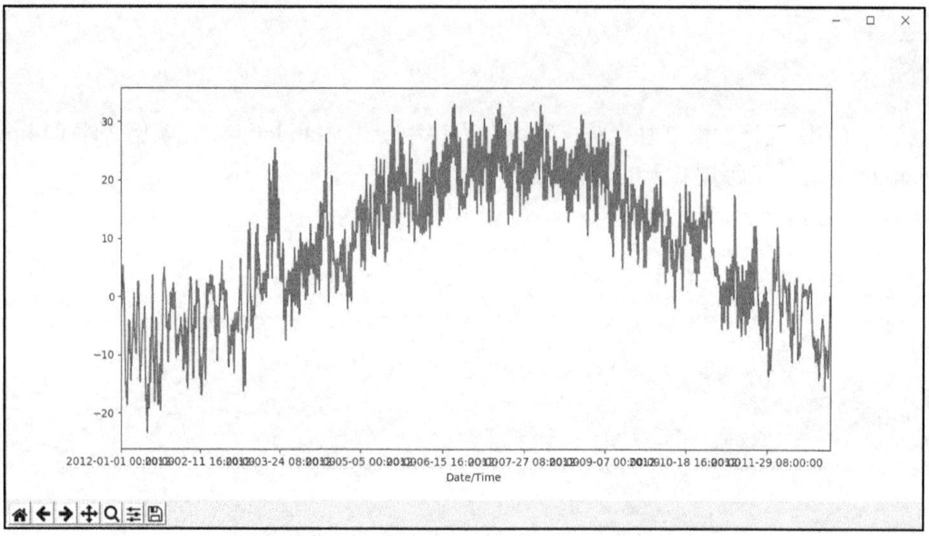

图 7-38　执行文件 015.py 后的效果

通过实例文件 016.py 可输出文件 weather_2012.csv 中的全部天气信息。

源码路径：daima\7\7-4\016.py

```
import pandas as pd

weather_2012_final = pd.read_csv('weather_2012.csv', index_col='Date/Time')
print(weather_2012_final)
```

执行后会输出：

```
                       Temp (C)   Dew Point Temp (C)   Rel Hum (%)   \
Date/Time
207-01-01 00:00:00       -1.8                 -3.9            86
207-01-01 01:00:00       -1.8                 -3.7            87
207-01-01 02:00:00       -1.8                 -3.4            89
207-01-01 03:00:00       -1.5                 -3.2            88
207-01-01 04:00:00       -1.5                 -3.3            88
207-01-01 05:00:00       -1.4                 -3.3            87
207-01-01 06:00:00       -1.5                 -3.1            89
207-01-01 07:00:00       -1.4                 -3.6            85
207-01-01 08:00:00       -1.4                 -3.6            85
#在此省略好多输出结果
207-7-31 19:00:00                   Snow
207-7-31 20:00:00                   Snow
207-7-31 21:00:00                   Snow
207-7-31 22:00:00                   Snow
207-7-31 23:00:00                   Snow

[8784 rows x 7 columns]
```

7.5 使用 NumPy 库

NumPy 是 Python 中实现科学计算的一个库，提供了一个多维数组对象、各种派生对象（如屏蔽的数组和矩阵）以及一系列用于数组快速操作的例程，包括数学、逻辑、形状操作、排序、选择、I/O、离散傅里叶变换、基本线性代数、基本统计操作和随机模拟等。本节将详细讲解在 Python 程序中使用 NumPy 库的核心知识。

7.5.1 安装 NumPy 库

标准的 Python 发行版中不会与 NumPy 库捆绑在一起，一个轻量级的替代方法是使用如下 Python 包安装程序 pip 来安装 NumPy 库。

```
pip install numpy
```

7.5.2 数组对象

在 NumPy 库中提供了一个 *N* 维数组类型 ndarray，用于描述相同类型的“元素”集合。可以使用 *N* 个整数来对元素进行索引。在 NumPy 库中，所有 ndarrays 都是同质的：每个元素占用相同大小的内存块，并且所有块都以完全相同的方式解释。如何解释数组中的每个元素由单独的数据类型对象指定，每个数组与其中一个对象相关联。除基本类型（整数、浮点数等）之外，数据类型对象也可以表示数据结构。从数组中提取的元素（如通过索引）由一个 Python 对象表示，该对象的类型为 NumPy 中内置的数组标量类型之一，数组标量允许简单地处理更复杂的数据布置。

在 NumPy 库中，ndarray 是一个大小固定的多维容器，由相同类型和大小的元素组成。数组中的维度和元素数量由其 shape 定义，它是由 *N* 个正整数组成的元组，每个整数指定每个维度的大小。数组中元素的类型由单独的数据类型对象（dtype）指定，每个 ndarray 与其中一个对象相关联。

与 Python 中的其他容器对象一样，ndarray 的内容可以通过索引或切片（例如，使用 *N* 个整数），以及 ndarray 的方法和属性访问与修改。不同的 ndarrays 可以共享相同的数据，使得在一个 ndarray 中进行的改变在另一个中可见。ndarrays 还可以是由 Python 字符串实现或缓冲区/array 接口的对象拥有的内存视图。

实例文件 001.py 创建了一个 2×3 的二维数组，并由 4 字节的整数元素组成。

源码路径：daima\7\7-5\001.py

```
import numpy as np
x = np.array([[1, 2, 3], [4, 5, 6]], np.int32)
print(type(x))
print(x.shape)
print(x.dtype)
```

执行后会输出：

```
<class 'numpy.ndarray'>
(2, 3)
int32
```

在 NumPy 库中，数组可以使用类似 Python 容器的语法进行索引，并且切片可以生成数组的视图。实例文件 002.py 演示了上述两种用法。

源码路径：daima\7\7-5\002.py

```
import numpy as np
x = np.array([[1, 2, 3], [4, 5, 6]], np.int32)
print(x[1, 2])

y = x[:,1]
print(y)
```

```
y[0] = 9 # 这也改变了x中的对应元素
print(y)
print(x)
```

执行后会输出：

```
6
[2 5]
[9 5]
[[1 9 3]
 [4 5 6]]
```

（1）构造数组

在 NumPy 库中，可以使用如下数组创建函数来构建并操作新数组。

- empty(shape [,dtype,order])：返回给定形状和类型的新数组，而不初始化条目。
- empty_like(*a* [,dtype,order,subok])：返回与给定数组具有相同的形状和类型的新数组。
- eye(*N* [,*M*,*k*,dtype])：返回一个 2D 数组，其中 1 在对角线上，0 在其他地方。
- identity(*n* [,dtype])：返回身份数组。
- ones(shape [,dtype,order])：返回给定形状和类型的新数组，用数字填充。
- ones_like（a [,dtype,order,subok])：返回与给定数组具有相同形状和类型的数组。
- zeros(shape [,dtype,order])：返回给定形状和类型的新数组，用零填充。
- zeros_like(*a* [,dtype,order,subok])：返回与给定数组具有相同的形状和类型的零数组。
- full(shape，fill_value [,dtype,order])：返回给定形状和类型的新数组，用 fill_value 填充。
- full_like(*a*，fill_value [,dtype,order,subok])：返回与给定数组具有相同形状和类型的完整数组。
- array(object[, dtype, copy, order, subok, ndmin])：创建数组。
- asarray(*a*[, dtype, order])：将输入转换为数组。
- asanyarray(*a*[, dtype, order])：将输入转换为 ndarray，但传递 ndarray 子类。
- ascontiguousarray(*a* [,dtype])：返回内存中的连续数组。
- asmatrix(data [,dtype])：将输入解释为矩阵。
- copy(*a* [,order])：返回给定对象的数组副本。
- frombuffer(buffer [,dtype,count,offset])：将缓冲区解释为一维数组。
- fromfile(file [,dtype,count,sep])：从文本或二进制文件中的数据构造数组。
- fromfunction(function,shape,\ * \ * kwargs)：通过在每个坐标上执行函数来构造数组。
- fromiter(iterable,dtype [,count])：从可迭代对象创建新的一维数组。
- fromstring(string [,dtype,count,sep])：根据字符串中的原始二进制或文本数据初始化新的 1D 数组。
- loadtxt(fname [,dtype,comments,delimiter,...])：从文本文件加载数据。
- core.records.array(obj [,dtype,shape,...])：从各种对象中构造一个记录数组。
- core.records.fromarrays(arrayList [,dtype,...])：从数组的（平面）列表创建一个记录数组。
- core.records.fromrecords(recList [,dtype,...])：从文本形式的记录列表创建一个 recarray。
- core.records.fromstring(datastring [,dtype,...])：从字符串中包含的二进制数据创建（只读）记录数组。
- core.records.fromfile(fd [,dtype,shape,...])：从二进制文件数据创建数组。
- core.defchararray.array(obj [,itemsize,...])：创建 chararray。
- core.defchararray.asarray(obj [,itemsize,...])：将输入转换为 chararray，只在必要时复制数据。
- arange([start,] stop [,step,] [,dtype])：在给定间隔内返回均匀间隔的值。

- linspace(start,stop [,num,endpoint,...])：在指定的间隔内返回均匀间隔的数字。
- logspace(start,stop [,num,endpoint,base,...])：返回以对数刻度均匀分布的数字。
- meshgrid(\ * xi,\ * \ * kwargs)：从坐标向量返回坐标矩阵。
- mgrid：nd_grid 实例，返回密集的多维“meshgrid”。
- ogrid：nd_grid 实例，返回一个打开的多维“meshgrid”。
- diag(*v* [,*k*])：提取对角线上的元素或构造对角数组。
- diagflat(*v* [,*k*])：创建一个二维数组，以扁平输入作为对角线。
- tri(*N* [,*M*,*k*,dtype])：数组，在给定的对角线和其他地方元素为零。
- tril(*m* [,*k*])：数组的下三角形。
- triu(*m* [,*k*])：数组的上三角形。
- vander(*x* [,*N*,increasing])：生成范德蒙德（Vandermonde）矩阵。
- mat(data [,dtype])：将输入解释为矩阵。
- bmat(obj [,ldict,gdict])：从字符串、嵌套序列或数组构建一个矩阵对象。

（2）索引数组

在 NumPy 库中，数组可以使用扩展的 Python 切片语法 array[selection]来索引。其中类似的语法也用于访问结构化数组中的字段。

（3）数组操作函数

在 NumPy 库中，与数组操作相关的内置函数如下。

- ndarray.item(\ * args)：提取数组中的元素。
- ndarray.tolist()：将数组转换为（可能是嵌套的）列表。
- ndarray.itemset(\ * args)：在指定位置插入标量值（修改原始数组）。
- ndarray.tostring([order])：构造一个包含 ndarray 中原始数据字节的字节字符串。
- ndarray.tobytes([order])：构造包含 ndarray 中原始数据字节的字节。
- ndarray.tofile(fid [,sep,format])：将数组作为文本或二进制数（默认）写入文件。
- ndarray.dump(file)：将数组的 pickle 转储到指定的文件。
- ndarray.dumps()：以字符串形式返回数组的 pickle。
- ndarray.astype(dtype [,order,casting,...])：数组的复制，强制转换为指定的类型。
- ndarray.byteswap(inplace)：交换数组元素的字节。
- ndarray.copy([order])：返回数组的副本。
- ndarray.getfield(dtype [,offset])：以给定类型返回给定数组的字段。
- ndarray.setflags([write,align,uic])：分别设置数组标志 WRITEABLE、ALIGNED 和 UPDATEIFCOPY。
- ndarray.fill(value)：使用标量值填充数组。
- ndarray.reshape(shape [,order])：返回具有新形状的相同数据的数组。
- ndarray.resize(new_shape [,refcheck])：就地更改数组的形状和大小。
- ndarray.transpose(\ * axes)：返回具有转置数组的视图。
- ndarray.swapaxes(axis1,axis2)：返回数组的视图，其中 axis1 和 axis2 互换。
- ndarray.flatten([order])：返回折叠成一维的数组的维度。
- ndarray.ravel([order])：返回展平的数组。
- ndarray.squeeze([axis])：从数组的形状中删除单维条目。
- ndarray.take(indices [,axis,out,mode])：返回由给定索引处的 *a* 元素组成的数组。
- ndarray.put(indices,values [,mode])：将数组中 indices 指定的位置设置为 values 中对应的

元素值。

- ndarray.repeat(repeat[,axis])：重复数组的元素。
- ndarray.choose(choices [,out,mode])：使用索引数组从一组选择中构造新的数组。
- ndarray.sort([axis,kind,order])：就地对数组进行排序。
- ndarray.argsort([axis,kind,order])：返回将此数组排序的索引。
- ndarray.partition(kth [,axis,kind,order])：重新排列数组中的元素。
- ndarray.argpartition(kth [,axis,kind,order])：返回将对此数组进行分区的索引。
- ndarray.searchsorted(*v* [,side,sorter])：查找索引，其中把 *v* 插入数组中以维持顺序。
- ndarray.nonzero()：返回非零元素的索引。
- ndarray.compress(condition [,axis,out])：沿给定轴返回此数组的所选切片。
- ndarray.diagonal([offset,axis1,axis2])：返回指定的对角线。

实例文件 003.py 演示了使用内置函数 arange()和 reshape()操作数组的过程。

源码路径：daima\7\7-5\003.py

```
import numpy as np
#一维数组
a = np.arange(24)
a.ndim
#现在调整其大小
b = a.reshape(2,4,3)
print(b)
```

执行后会输出：

```
[[[ 0  1  2]
  [ 3  4  5]
  [ 6  7  8]
  [ 9 10 11]]

 [[12 13 14]
  [15 16 17]
  [18 19 20]
  [21 22 23]]]
```

实例文件 004.py 演示了使用函数 arange()创建一个 3×4 数组，并使用 nditer 对它进行迭代的过程。

源码路径：daima\7\7-5\004.py

```
import numpy as np
a = np.arange(0,60,5)
a = a.reshape(3,4)
print('原始数组是：')
print(a)
print('\n')
print('修改后的数组是：')
for x in np.nditer(a):
    print(x)
```

执行后会输出：

```
原始数组是：
[[ 0 5 10 15]
 [20 25 30 35]
 [40 45 50 55]]

修改后的数组是：
0 5 10 15 20 25 30 35 40 45 50 55
```

如果迭代的顺序匹配数组的内容布局，则不考虑特定的排序。这可以通过迭代上述数组的转置看到。实例文件 005.py 演示了这一用法。

源码路径：daima\7\7-5\005.py

```
import numpy as np
```

```
a = np.arange(0,60,5)
a = a.reshape(3,4)
print ('原始数组是：')
print(a)
print ('\n')
print ('原始数组的转置是：')
b = a.T
print(b)
print ('\n')
print( '修改后的数组是：')
for x in np.nditer(b):
    print(x,)
```

执行后会输出：

```
原始数组是：
[[ 0 5 10 15]
 [20 25 30 35]
 [40 45 50 55]]

原始数组的转置是：
[[ 0 20 40]
 [ 5 25 45]
 [10 30 50]
 [15 35 55]]

修改后的数组是：
0 5 10 15 20 25 30 35 40 45 50 55
```

实例文件 006.py 演示了使用函数 flatten()返回折叠为一维的数组副本的过程。

源码路径：daima\7\7-5\006.py

```
import numpy as np
a = np.arange(8).reshape(2,4)

print('原数组：')
print(a)
print('\n' )

print('展开的数组：')
print(a.flatten())
print('\n' )

print('以F风格顺序展开的数组：')
print(a.flatten(order = 'F'))
```

执行后会输出：

```
原数组：
[[0 1 2 3]
 [4 5 6 7]]

展开的数组：
[0 1 2 3 4 5 6 7]

以F风格顺序展开的数组：
[0 4 1 5 2 6 3 7]
```

7.5.3 使用通用函数

1. 字符串函数

在 NumPy 库中，通过使用如下所示的函数，可以对 dtype 为 numpy.string_或 numpy.unicode_的数组执行向量化字符串操作，这些均基于 Python 内置库中的标准字符串函数。

- add()：返回两个 str 或 Unicode 数组的逐个字符串连接。
- multiply()：返回按元素多重连接后的字符串。
- center()：返回给定字符串的副本，其中元素位于特定字符串的中央。
- capitalize()：返回给定字符串的副本，其中只有第一个字符串大写。
- title()：返回字符串或标题的转换版本。

- lower()：返回一个数组，其元素转换为小写。
- upper()：返回一个数组，其元素转换为大写。
- split()：返回字符串中的单词列表，并使用分隔符来分开。
- splitlines()：返回元素中的行列表，以换行符分开。
- strip()：返回数组副本，其中的元素移除了开头或者结尾处的特定字符。
- join()：返回一个字符串，表示序列中字符串的连接。
- replace()：返回字符串的副本，其中所有子字符串的出现位置都被新字符串取代。
- decode()：按元素调用 str.decode。
- encode()：按元素调用 str.encode。

实例文件 007.py 演示了使用上述字符串函数的过程。

源码路径：daima\7\7-5\007.py

```
import numpy as np
print('连接两个字符串：' )
print(np.char.add(['hello'],[' xyz']) )
print('连接示例：')
print(np.char.add(['hello', 'hi'],[' abc', ' xyz']))

print(np.char.multiply('Hello ',3))

print(np.char.center('hello', 20,fillchar = '*'))

print(np.char.capitalize('hello world'))

print(np.char.title('hello how are you?'))

print(np.char.splitlines('hello\nhow are you?') )
print(np.char.splitlines('hello\rhow are you?'))

print(np.char.replace ('He is a good boy', 'is', 'was'))
```

上述代码的执行流程如下。

1）使用函数 add()实现元素的字符串连接功能。

2）使用函数 multiply()实现多重连接功能。

3）使用函数 center()返回所需宽度的数组，以便输入字符串位于中心，并使用 fillchar 在左侧和右侧进行填充。

4）使用函数 capitalize()设置字符串中的第一个字符大写。

5）使用函数 title()设置字符串中每个单词的首字母都大写。

6）使用函数 splitlines()返回数组中的元素列表，并且以换行符分开。

7）使用函数 replace()将所有字符序列出现的位置都用另一个给定的字符序列取代。

执行后会输出：

```
连接两个字符串：
['hello xyz']
连接示例：
['hello abc' 'hi xyz']
Hello Hello Hello
*******hello********
Hello world
Hello How Are You?
['hello', 'how are you?']
['hello', 'how are you?']
```

2. 算术运算函数

在 NumPy 库中包含大量实现各种数学运算的函数，例如三角函数、算术运算函数和复数处理函数等。实例文件 008.py 演示了使用正弦、余弦和正切函数的过程。

源码路径：daima\7\7-5\008.py

```
import numpy as np
a = np.array([0,30,45,60,90])
print ('不同角度的正弦值：')
#通过乘以pi/180 转化为弧度
print(np.sin(a*np.pi/180)  )
print ('数组中角度的余弦值：' )
print(np.cos(a*np.pi/180) )
print ('数组中角度的正切值：' )
print(np.tan(a*np.pi/180))
```

执行后会输出：

```
不同角度的正弦值：
[ 0.          0.5         0.70710678  0.8660254   1.        ]
数组中角度的余弦值：
[  1.00000000e+00   8.66025404e-01   7.07106781e-01   5.00000000e-01
   6.12323400e-17]
数组中角度的正切值：
[  0.00000000e+00   5.77350269e-01   1.00000000e+00   1.73205081e+00
   1.63312394e+16]
```

实例文件 009.py 演示了使用算术函数 add()、subtract()、multiply()和 divide()实现四则运算的过程。在使用这 4 个函数时，要求输入的数组必须具有相同的形状或符合数组广播规则。

源码路径：daima\7\7-5\009.py

```
import numpy as np
a = np.arange(9, dtype = np.float_).reshape(3,3)
print ('第一个数组：')
print(a )
print ('\n')
print ('第二个数组：' )
b = np.array([10,10,10])
print(b )
print ('\n' )
print ('两个数组相加：')
print(np.add(a,b))
print('\n')
print('两个数组相减：')
print(np.subtract(a,b)  )
print('\n' )
print('两个数组相乘：' )
print(np.multiply(a,b)  )
print('\n'  )
print('两个数组相除：' )
print(np.divide(a,b))
```

执行后会输出：

```
第一个数组：
[[ 0.  1.  2.]
 [ 3.  4.  5.]
 [ 6.  7.  8.]]


第二个数组：
[10 10 10]


两个数组相加：
[[ 10.  11.  12.]
 [ 13.  14.  15.]
 [ 16.  17.  18.]]


两个数组相减：
[[-10.  -9.  -8.]
 [ -7.  -6.  -5.]
 [ -4.  -3.  -2.]]
```

```
两个数组相乘：
[[  0.  10.  20.]
 [ 30.  40.  50.]
 [ 60.  70.  80.]]


两个数组相除：
[[ 0.   0.1  0.2]
 [ 0.3  0.4  0.5]
 [ 0.6  0.7  0.8]]
```

3. 统计函数

在 NumPy 库中有很多有用的统计函数，用于从数组给定的元素中查找最大值、百分标准差和方差等。实例文件 010.py 演示了使用算术函数从给定数组中的元素沿指定轴返回最小值和最大值的过程。

源码路径：daima\7\7-5\010.py

```
import numpy as np
a = np.array([[3,7,5],[8,4,3],[2,4,9]])
print('我们的数组是：')
print(a )
print('\n' )
print('调用 amin() 函数：' )
print(np.amin(a,1)  )
print('\n')
print('再次调用 amin() 函数：'  )
print(np.amin(a,0)  )
print('\n'  )
print('调用 amax() 函数：')
print(np.amax(a)  )
print('\n')
print('再次调用 amax() 函数：' )
print(np.amax(a, axis =  0))
```

执行后会输出：

```
我们的数组是：
[[3 7 5]
[8 4 3]
[2 4 9]]

调用 amin() 函数：
[3 3 2]

再次调用 amin() 函数：
[2 4 3]

调用 amax() 函数：
9

再次调用 amax() 函数：
[8 7 9]
```

4. 排序、搜索和计数函数

在 NumPy 库中提供了各种排序函数，这些排序函数实现了不同的排序算法，每个排序算法的特征包括执行速度、最坏情况的性能、所需的工作空间和算法的稳定性。表 7-5 比较了 3 种排序算法的差异。

表 7-5　　3 种排序算法的比较

种类	速度	最坏情况	工作空间	是否稳定
'quicksort'（快速排序）	最快	$O(n\verb|^|2)$	0	不稳定
'mergesort'（归并排序）	不慢也不快	$O(n*\log_2(n))$	~$n/2$	稳定
'heapsort'（堆排序）	最慢	$O(n*\log_2(n))$	0	不稳定

实例文件 011.py 演示了使用算术函数 sort()实现快速排序的过程。

源码路径：daima\7\7-5\011.py

```
import numpy as np
a = np.array([[3,7],[9,1]])
print('我们的数组是：')
print(a )
print('\n' )
print('调用 sort() 函数：' )
print(np.sort(a)  )
print('\n' )
print('沿轴 0 排序：' )
print(np.sort(a, axis =  0)  )
print('\n')
#在 sort 函数中排序
dt = np.dtype([('name',  'S10'),('age',  int)])
a = np.array([("raju",21),("anil",25),("ravi",  17),  ("amar",27)], dtype = dt)
print('我们的数组是：' )
print(a)
print('\n')
print('按 name 排序：')
print(np.sort(a, order =  'name'))
```

执行后会输出：

```
我们的数组是：
[[3 7]
 [9 1]]


调用 sort() 函数：
[[3 7]
 [1 9]]


沿轴 0 排序：
[[3 1]
 [9 7]]


我们的数组是：
[(b'raju', 21) (b'anil', 25) (b'ravi', 17) (b'amar', 27)]


按 name 排序：
[(b'amar', 27) (b'anil', 25) (b'raju', 21) (b'ravi', 17)]
```

5. 字节交换

存储在计算机内存中的数据取决于 CPU 使用的架构，可以是小端（最低有效位存储在最小地址中）或大端（最低有效字节存储在最大地址中）。在 NumPy 库中，通过函数 byteswap()实现字节在大端和小端之间的切换。实例文件 012.py 演示了使用函数 byteswap()实现字节交换的过程。

源码路径：daima\7\7-5\012.py

```
import numpy as np
a = np.array([1,  256,  8755], dtype = np.int16)
print('我们的数组是：')
print(a)
print('以十六进制表示内存中的数据：'  )
print(map(hex,a) )
#向byteswap() 函数中传入 true 来实现原地交换
print('调用函数byteswap() ：' )
print(a.byteswap(True))
print('十六进制形式：' )
print(map(hex,a) )
#可以看到字节已经交换了
```

执行后会输出：

```
我们的数组是：
[    1  256 8755]
以十六进制表示内存中的数据：
```

```
<map object at 0x000001C778D27668>
调用函数byteswap() :
[  256     1 13090]
十六进制形式:
<map object at 0x000001C778C64CC0>
```

6. 矩阵库

在 NumPy 库中包含了一个 Matrix 模块 numpy.matlib，此模块中的函数能够返回矩阵而不是返回 ndarray 对象。例如，里面的 empty()函数能够返回一个新的矩阵，而不初始化元素。实例文件 013.py 演示了使用函数 empty()返回一个矩阵的过程。

源码路径：daima\7\7-5\013.py

```
import numpy.matlib
import numpy as np
print(np.matlib.empty((2,2))  )
# 填充为随机数据
```

执行后会输出：

```
[[  9.90263869e+067   8.01304531e+262]
 [  2.60799828e-310   9.48818959e+077]]
```

7.5.4　在 NumPy 库中使用 Matplotlib 库

在 NumPy 库中可以使用 Matplotlib 库。实例文件 014.py 演示了在 NumPy 库中使用 Matplotlib 库的过程。

源码路径：daima\7\7-5\014.py

```
import numpy as np
from matplotlib import pyplot as plt

x = np.arange(1,11)
y =  2  * x +  5
plt.title("Matplotlib demo")
plt.xlabel("x axis caption")
plt.ylabel("y axis caption")
plt.plot(x,y)
plt.show()
```

在上述代码中，ndarray 对象 x 由 np.arange()函数创建为 x 轴上的值。y 轴上的对应值存储在另一个数组对象 y 中。这些值使用 Matplotlib 库中 pyplot 子模块的 plot()函数绘制。最后绘制的图形由 show()函数展示。执行文件 014.py 后的效果如图 7-39 所示。

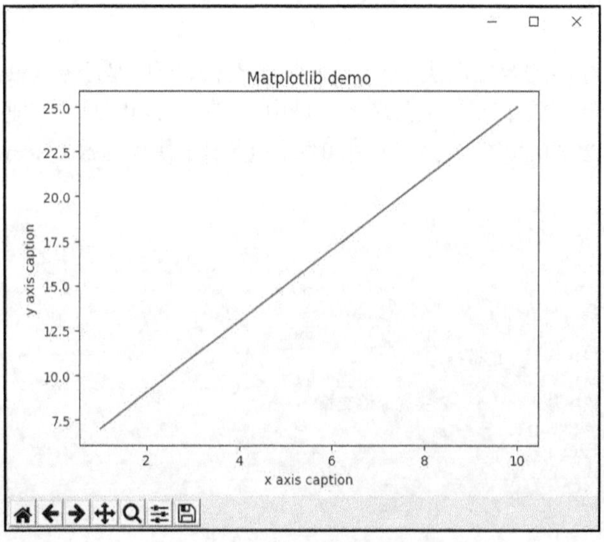

图 7-39　执行文件 014.py 后的效果

实例文件 015.py 演示了在 NumPy 库中使用 Matplotlib 库绘制正弦曲线的过程。

源码路径：daima\7\7-5\015.py

```
import numpy as np
import matplotlib.pyplot as plt
#计算正弦曲线上点的 x 和 y 坐标
x = np.arange(0,  3  * np.pi,  0.1)
y = np.sin(x)
plt.title("sine wave form")
#使用 Matplotlib 来绘制点
plt.plot(x, y)
plt.show()
```

执行文件 015.py 后的效果如图 7-40 所示。

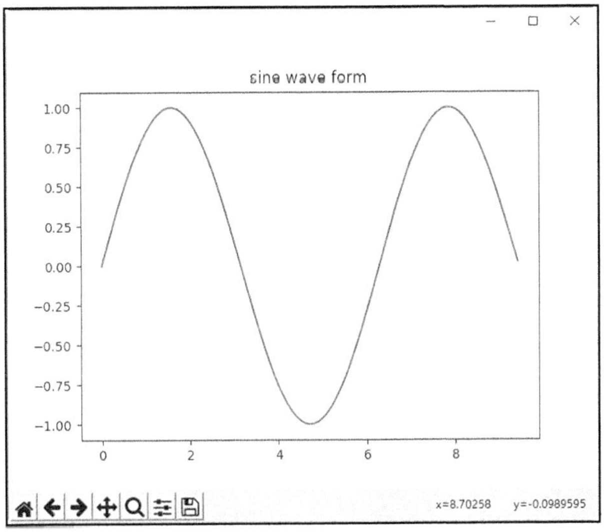

图 7-40　执行文件 015.py 后的效果

实例文件 016.py 演示了在 NumPy 库中使用 Matplotlib 库绘制直方图的过程。

源码路径：daima\7\7-5\016.py

```
a = np.array([22,87,5,43,56,73,55,54,11,20,51,5,79,31,27])
plt.hist(a, bins =  [0,20,40,60,80,100])
plt.title("histogram")
plt.show()
```

执行文件 016.py 后的效果如图 7-41 所示。

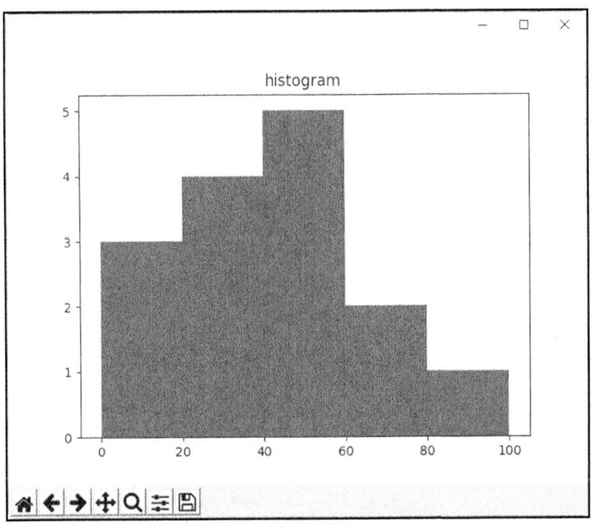

图 7-41　执行文件 016.py 后的效果

第 8 章

Django Web 开发

Django 是一个开放源代码的 Web 应用框架，由 Python 写成。Django 遵守 BSD 版权，初次发布于 2005 年 7 月，并于 2008 年 9 月发布了第一个正式版本 1.0。Django 采用了 MVC（Model-View-Controller，模型-视图-控制器）的软件设计模式。本章将详细讲解使用 Django 框架开发动态 Web 程序的核心知识。

8.1 引言

Django 自称是“能够很好地应对应用上线期限的 Web 框架”。它最初在 21 世纪初发布，由 Lawrence Journal-World 报业的在线业务的 Web 开发者创建。2005 年正式发布 Django，引入了以“新闻业的时间观开发应用”的方式。

在安装 Django 之前，必须先安装 Python。Apache 是最流行的 Web 服务器之一，因此大多数部署都会使用这款服务器。Django 团队建议使用 mod_wdgi 这个 Apache 模块，并提供了安装指南和完整的开发文档，具体信息请参见 Django 官网。

在使用 Django 框架时需要使用数据库，当前的标准版 Django 只能够运行基于 SQL 的关系数据库管理系统（RDBMS）。开发者主要使用 4 种数据库，分别是 PostgreSQL、MySQL、Oracle 和 SQLite。其中最容易设置的是 SQLite。另外，SQLite 是这 4 种数据库中唯一一个无须部署数据库服务器的工具，因此使用起来也是最简单的。当然，简单并不代表无能，SQLite 的功能和另外 3 种数据库一样强大。注意，在生产环境的服务器中并不是一定要使用 Apache，还有其他选择。其中有些服务器的内存占用量更少，速度更快。可以在其中寻找符合要求的 Web 服务器。

为什么 SQLite 很容易设置？SQLite 数据库适配器是所有 Python 版本中自带的（从 2.5 版本开始）。注意，这里说的是适配器。有些 Python 发行版自带了 SQLite 本身，有些会使用系统上安装的 SQLite。而其他东西则需要手动下载和安装。

Django 支持众多关系数据库，SQLite 只是其中一种，所以如果不喜欢 SQLite，可以使用其他数据库，特别是如果公司已经使用了某一款基于服务器的数据库。最近还有快速发展的非关系数据库（NoSQL）。这大概是因为这种类型的系统提供了额外的可扩展性，能面对不断增长的数据量。如果处理像 Facebook、Twitter 或类似服务那样的海量数据，关系数据库需要手动分区（切分）。如果需要使用 NoSQL 数据库，如 MongoDB 或 Google App Engine 的原生数据存储（Datastore），可以尝试 Django-nonrel，这样用户就可以选择使用关系或非关系数据库。需要说明一下，Goolge App Engine 也有一个关系数据库（兼容 MySQL），即 Google Cloud SQL。

8.2 Django 开发基础

本节将首先详细讲解 Django 开发的基础知识，包括搭建开发环境和常用命令等内容。

8.2.1 搭建 Django 环境

在当今技术环境下，有多种安装 Django 框架的方法。下面按难易程度对这些安装方法进行排序，其中越靠前的越简单。

- Python 包管理器
- 操作系统包管理器
- 官方发布的压缩包
- 源码库

最简单的下载和安装方式是使用 Python 包管理工具，建议读者使用这种安装方式。例如，可以使用 Setuptools 中的 easy_install 或 pip。目前在所有的操作系统平台上都可使用这两个工具。对于 Windows 用户来说，在使用 Setuptools 时需要将 easy_install.exe 文件放在 Python 安装目录下的 Scripts 文件夹中。此时只要在 DOS 命令行窗口中使用一条命令就可以安装 Django。可以使用如下“easy_install”命令进行安装。

```
easy_install django
```

也可以使用如下“pip”命令进行安装。

```
pip install django
```

本书使用的版本是 1.10.4，控制台安装界面如图 8-1 所示。

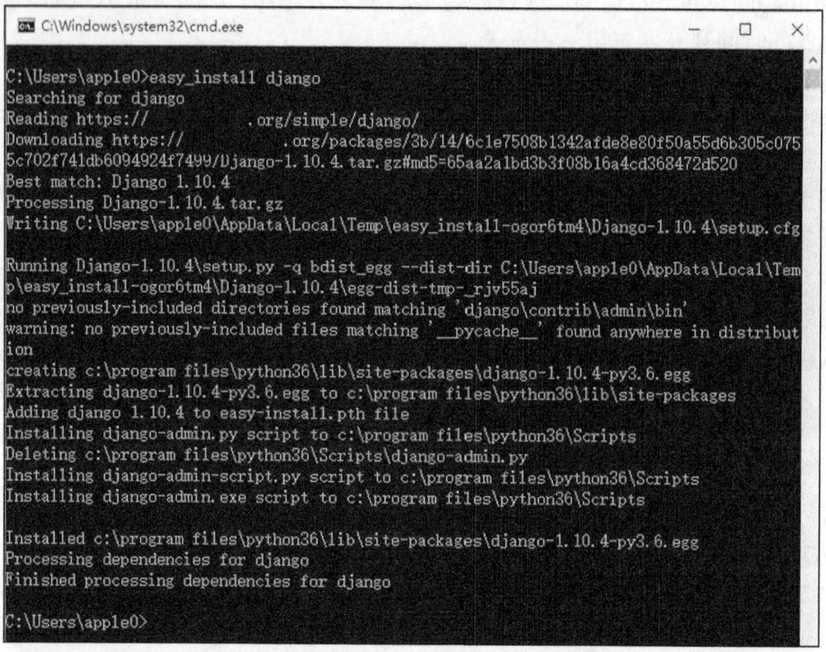

图 8-1 控制台中安装 Django 的界面

8.2.2 常用的 Django 命令

接下来将要讲解 Django 框架中常用的命令。读者需要打开 Linux 或 Mac OS 的终端（Terminal），直接在终端中输入这些命令（不是 Python 的 shell 中）。如果读者使用的是 Windows 系统，则在命令行窗口中输入命令。

要新建一个 Django 项目，使用以下命令。

```
django-admin.py startproject project-name
```

“project-name”表示项目名字。在 Windows 系统中需要使用如下命令创建项目。

```
django-admin startproject project-name
```

要新建应用程序，使用以下命令。

```
python manage.py startapp app-name
```

或者

```
django-admin.py startapp app-name
```

通常一个项目有多个应用程序。当然，通用的应用程序也可以在多个项目中使用。

要同步数据库，使用以下命令。

```
python manage.py syncdb
```

读者需要注意，在 Django 1.7.1 及以上的版本中需要用以下命令。

```
python manage.py makemigrations
python manage.py migrate
```

这种方法可以创建表，当在 models.py 中新增类时，运行它就可以自动在数据库中创建表，不用手动创建。

开发服务器在开发时使用，在修改代码后会自动重启，这会方便程序的调试和开发。但是由于性能问题，开发服务器只用来测试，不要用在生产环境中。

```
python manage.py runserver
#当提示端口被占用的时候，可以用其他端口
python manage.py runserver 8001
python manage.py runserver 9999
（当然，也可以终止占用端口的进程）

#监听所有可用IP地址（计算机可能有一个或多个内网IP地址，一个或多个外网IP地址，即有多个IP地址）
python manage.py runserver 0.0.0.0:8000
#在外网或者局域网计算机上可以用其他计算机查看开发服务器
#访问对应IP段的端口，比如 http://172.0.0.1:8000
```

要清空数据库，使用以下命令。

```
python manage.py flush
```

此命令会询问是 yes 还是 no，选择 yes 会清空全部数据，只留下空表。

要创建超级管理员，使用以下命令。

```
python manage.py createsuperuser
#按照提示输入用户名和对应的密码，邮箱可以留空，用户名和密码必填
#可以用以下命令修改用户密码
python manage.py changepassword username
```

要导出数据、导入数据，使用以下命令。

```
python manage.py dumpdata appname > appname.json
python manage.py loaddata appname.json
```

要打开 Django 项目环境终端，使用以下命令。

```
python manage.py shell
```

如果安装了 bpython 或 ipython，会自动调用它们的界面，推荐安装 bpython。这个命令和直接运行 Python 或 bpython 进入 shell 的区别是：可以在这个 shell 里面调用当前项目的 models.py 中的 API。

要打开执行 SQL 语句的终端，使用以下命令。

```
python manage.py dbshell
```

Django 会自动进入 settings.py 中设置的数据库。对于 MySQL 或 postgreSQL，会要求输入数据库用户密码。在这个终端中可以执行数据库的 SQL 语句。如果对 SQL 比较熟悉，可能喜欢这种方式。

8.2.3 第一个 Django 项目

下面的实例代码演示了创建并运行第一个 Django 项目的过程。

源码路径：daima\8\8-2\mysite

1）在命令行窗口中定位到“H”盘，并通过如下命令创建一个“mysite”目录作为项目目录。

```
django-admin startproject mysite
```

创建成功后会看到如下目录样式。

```
mysite
├── manage.py
└── mysite
    ├── __init__.py
    ├── settings.py
    ├── urls.py
    └── wsgi.py
```

也就是说，在“H”盘中新建了一个 mysite 目录，其中还有一个 mysite 子目录。这个子目录 mysite 中是一些项目的 settings.py 文件，总的 urls 配置文件 urls.py、部署服务器时用到的 wsgi.py 文件和文件__init__.py（python 包的目录结构必需的，与调用有关）。

下面介绍上述目录中每一部分的作用。

- mysite：项目的容器，保存整个项目。
- manage.py：一个实用的命令行工具，可让你以各种方式与该 Django 项目进行交互。
- mysite/__init__.py：一个空文件，告诉 Python 该目录是一个 Python 包。
- mysite/settings.py：该 Django 项目的设置/配置。

- mysite/urls.py：该 Django 项目的 URL 声明，一份由 Django 驱动的网站“目录”。
- mysite/wsgi.py：一个 WSGI 兼容的 Web 服务器的入口，以便运行你的项目。

2）在命令行窗口中定位到 mysite 目录下（注意，不是 mysite 中的 mysite 目录），并通过如下命令新建一个应用程序，名称叫 learn。

```
H:\mysite>python manage.py startapp learn
```

此时可以看到在主 mysite 目录中多出了一个 learn 文件夹，在里面有如下文件。

```
learn/
├── __init__.py
├── admin.py
├── apps.py
├── models.py
├── tests.py
└── views.py
```

3）为了将新定义的应用程序添加到 settings.py 文件的 INSTALL_APPS 中，需要对文件 mysite/mysite/settings.py 进行如下修改。

```
INSTALLED_APPS = [
    'django.contrib.admin',
    'django.contrib.auth',
    'django.contrib.contenttypes',
    'django.contrib.sessions',
    'django.contrib.messages',
    'django.contrib.staticfiles',
    'learn',
]
```

这一步的目的是将新建的程序“learn” 添加到 INSTALL_APPS 中。如果不这样做，Django 就不能自动找到应用程序中的模板文件（app-name/templates/下的文件）和静态文件(app-name/static/中的文件)。

4）定义视图函数，用于显示访问页面时的内容。在 learn 目录中打开文件 views.py，然后进行如下修改。

```
#编码:utf-8
from django.http import HttpResponse
def index(request):
    return HttpResponse(u"欢迎光临，浪潮软件欢迎您！")
```

对上述代码的具体说明如下所示。

- 第 1 行：声明编码为 utf-8，因为在代码中用到了中文，如果不声明就会报错。
- 第 2 行：导入 HttpResponse，用来向网页返回内容。就像 Python 中的 print 函数一样，只不过 HttpResponse 把内容显示到网页上。
- 第 3～4 行：定义一个 index()函数，第一个参数必须是 request，与网页发来的请求有关。在 request 变量里面包含 get/post 的内容、用户浏览器和系统等信息。函数 index()返回了一个 HttpResponse 对象，经过一些处理，最终可以在网页上显示几个字。

现在问题出现了，用户应该访问什么网址才能看到刚才写的这个函数呢？怎么让网址和函数关联起来呢？接下来需要定义和视图函数相关的 URL。

5）开始定义与视图函数相关的 URL，对文件 mysite/mysite/urls.py 进行如下修改。

```
from django.conf.urls import url
from django.contrib import admin
from learn import views as learn_views

urlpatterns = [
    url(r'^$', learn_views.index),
    url(r'^admin/', admin.site.urls),
]
```

6）在终端上运行如下命令进行测试。

```
python manage.py runserver
```

测试成功后会弹出图 8-2 所示的界面。

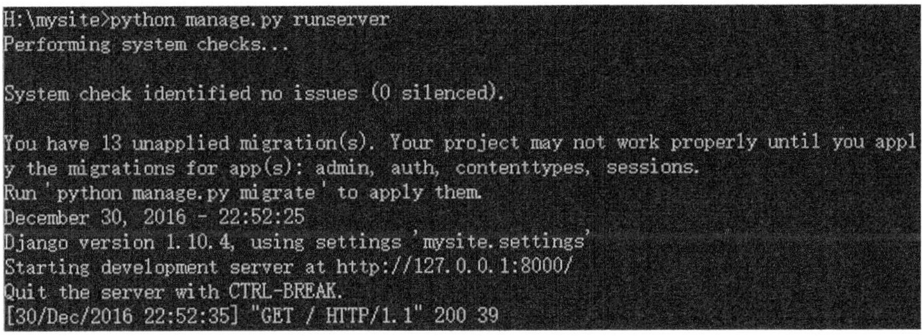

图 8-2　控制台执行效果

在浏览器中的执行效果如图 8-3 所示。

图 8-3　执行效果

8.2.4　在 URL 中传递参数

和前面学习的 Tornado 框架一样，使用 Django 框架也可以实现对 URL 参数的处理。下面的实例代码演示了使用 Django 框架实现参数相加的过程。

源码路径：daima\8\8-2\zqxt_views

1）在命令行窗口中定位到“H”盘，并通过如下命令创建一个“zqxt_views”目录作为项目目录。

```
django-admin startproject zqxt_views
```

也就是说，在“H”盘中新建了一个 zqxt_views 目录，其中还有一个 zqxt_views 子目录。这个子目录 mysite 中是一些项目的 settings.py 文件、总的 urls 配置文件 urls.py、部署服务器时用到的 wsgi.py 文件和文件__init__.py（python 包的目录结构必需的，与调用有关）。

2）在命令行窗口中定位到 zqxt_views 目录下（注意，不是 zqxt_views 中的 zqxt_views 目录），并通过如下命令新建一个应用程序，名称叫 calc。

```
cd zqxt_views
python manage.py startapp calc
```

此时自动生成目录的结构大致如下。

```
zqxt_views/
├── calc
│   ├── __init__.py
│   ├── admin.py
│   ├── apps.py
│   ├── models.py
│   ├── tests.py
│   └── views.py
├── manage.py
└── zqxt_views
    ├── __init__.py
    ├── settings.py
    ├── urls.py
    └── wsgi.py
```

3）为了将新定义的应用程序添加到 settings.py 文件的 INSTALL_APPS 中，需要对文件 zqxt_views/zqxt_views/settings.py 进行如下修改。

```
INSTALLED_APPS = [
    'django.contrib.admin',
    'django.contrib.auth',
    'django.contrib.contenttypes',
    'django.contrib.sessions',
    'django.contrib.messages',
    'django.contrib.staticfiles',
    'calc',
]
```

这一步的目的是将新建的程序“calc” 添加到 INSTALL_APPS 中。如果不这样做，Django 就不能自动找到 app 中的模板文件（app-name/templates/下的文件）和静态文件（app-name/static/中的文件）。

4）定义视图函数，用于显示访问页面时的内容。对文件 calc/views.py 的代码进行如下修改。

```
from django.shortcuts import render
from django.http import HttpResponse

def add(request):
    a = request.GET['a']
    b = request.GET['b']
    c = int(a)+int(b)
    return HttpResponse(str(c))
```

在上述代码中，request.GET 类似于一个字典，当没有传递 *a* 的值时，*a* 的默认值为 0。

5）开始定义与视图函数相关的 URL，添加一个 URL 来对应我们刚才新建的视图函数。对文件 zqxt_views/zqxt_views/urls.py 进行如下修改。

```
from django.conf.urls import url
from django.contrib import admin
from learn import views as learn_views

urlpatterns = [
    url(r'^$', learn views.index),
    url(r'^admin/', admin.site.urls),
]
```

6）在终端上运行如下命令进行测试。

```
python manage.py runserver
```

在浏览器中输入“http://localhost:8000/add/”后的执行效果如图 8-4 所示。

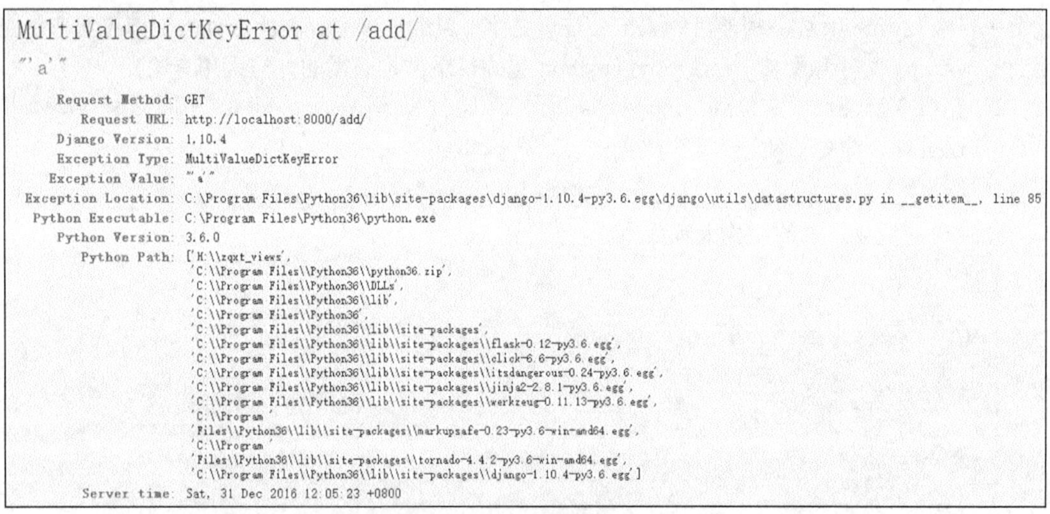

图 8-4　第一次在浏览器中输入地址后的执行效果

如果在 URL 中输入数字参数，例如，在浏览器中输入“http://localhost:8000/add/ ?a=4&b=5”，执行后会显示这两个数字（4 与 5）的和，执行效果如图 8-5 所示。

图 8-5　再次在浏览器中输入地址后的执行效果

在 Python 程序中，也可以采用“/add/3/4/”这样的方式对 URL 中的参数进行求和。这时需要修改文件 calc/views.py 的代码，在里面新定义一个求和函数 add2()。具体代码如下所示。

```
def add2(request, a, b):
    c = int(a) + int(b)
    return HttpResponse(str(c))
```

接着修改文件 zqxt_views/urls.py 的代码，并添加一个新的 URL。具体代码如下所示。

```
url(r'^add/(\d+)/(\d+)/$', calc_views.add2, name='add2'),
```

此时可以看到网址中多了“\d+”，正则表达式中的“\d”代表一个数字，“+”代表一个或多个前面的字符，写在一起的“\d+”就表示一个或多个数字，用括号括起来的意思是另存为一个子组（更多知识请参见 Python 正则表达式的相关资料），每一个子组将作为一个参数，用于接收文件 views.py 中的对应视图函数。此时输入如下网址后就可以看到和图 8-1 同样的执行效果。

```
http://localhost:8000/add/?add/4/5/
```

8.2.5 使用模板

在 Tornado 框架中，模板是一个文本，用于分离文档的表现形式和具体内容。为了方便开发者进行开发，Tornado 框架提供了很多模板标签。具体说明如下所示。

1）autoescape：控制当前自动转义的行为，有 on 和 off 两个选项，例如以下代码。

```
{% autoescape on %}
    {{ body }}
{% endautoescape %}
```

2）block：定义一个子模板可以覆盖的块。

3）comment：注释，例如，{% comment %} 和 {% endcomment %}之间的内容为注释。

4）crsf_token：一个防止 CSRF（Cross Site Request Forgery，跨站请求伪造）攻击的标签。

5）cycle：循环给出的字符串或者变量，可以混用。例如以下代码。

```
{% for o in some_list %}
    <tr class="{% cycle 'row1' rowvalue2 'row3' %}">
        ...
    </tr>
{% endfor %}
```

值得注意的是，这里变量的值默认不是自动转义的，要么相信变量，要么使用强制转义的方法，例如以下代码。

```
{% for o in some_list %}
    <tr class="{% filter force_escape %}{% cycle rowvalue1 rowvalue2 %}{% endfilter %}">
        ...
    </tr>
{% endfor %}
```

在某些情况下，可能要在循环外部引用循环中的下一个值，这时需要用 as 给 cycle 标签设置一个名字，这个名字代表的是当前循环的值。但是在 cycle 标签里面，可以用这个变量来获得循环中的下一个值，例如以下代码。

```
<tr>
    <td class="{% cycle 'row1' 'row2' as rowcolors %}">...</td>
    <td class="{{ rowcolors }}">...</td>
</tr>
<tr>
    <td class="{% cycle rowcolors %}">...</td>
    <td class="{{ rowcolors }}">...</td>
</tr>
```

对应的渲染结果如下。

```
<tr>
    <td class="row1">...</td>
    <td class="row1">...</td>
</tr>
<tr>
    <td class="row2">...</td>
```

```
    <td class="row2">...</td>
</tr>
```

但是一旦定义了 cycle 标签，默认就会使用循环中的第一个值。如果你仅仅要定义一个循环，而不想输出循环的值（比如在父模板中定义变量以方便继承），就可以用 cycle 的 silent 参数（必须保证 silent 是 cycle 的最后一个参数），并且 silent 也具有继承的特点。尽管本节第 3 段代码第 2 行中的 cycle 没有 silent 参数，但是因为 rowcoclors 是前面定义的且包含 silent 参数，所以以下 cycle 也具有 silent 循环的特点。

```
{% cycle 'row1' 'row2' as rowcolors silent %}
{% cycle rowcolors %}
```

6）debug：输出所有的调试信息，包括当前上下文和导入的模块。

7）extends：表示当前模板继承了一个父模板，接受一个包含父模板名字的变量或者字符串常量。

8）filter：通过可用的过滤器过滤内容，过滤器之间还可以相互（调用）。例如以下代码。

```
{% filter force escape|lower %}
    This text will be HTML-escaped, and will appear in all lowercase.
{% endfilter %}
```

9）firstof：返回列表中第一个可用（非 False）的变量或者字符串，注意，firstof 中的变量不是自动转义的。例如以下代码。

```
{% firstof var1 var2 var3 "fallback value" %}
```

10）for：用于 for 循环中，可以在后面加入 reversed 参数遍历逆序的列表。例如以下代码。

```
{% for obj in list reversed %
```

还可以根据列表的数据来写 for 语句，例如，下面是用于字典类型数据的 for 循环。

```
{% for key, value in data.items %}
    {{ key }}: {{ value }}
{% endfor %}
```

另外，在 for 循环中还有一系列有用的变量，具体说明如表 8-1 所示。

表 8-1　for 循环中的变量

变量	描述
forloop.counter	当前循环的索引，从 1 开始
forloop.counter0	当前循环的索引，从 0 开始
forloop.revcounter	当前循环的索引（从后面算起），从 1 开始
forloop.revcounter0	当前循环的索引（从后面算起），从 0 开始
forloop.first	如果这是第一次循环，返回真
forloop.last	如果这是最后一次循环，返回真
forloop.parentloop	如果是嵌套循环，指的是外一层循环

11）for...empty：如果 for 循环中的参数列表为空，则执行 empty 里面的内容。例如以下代码。

```
<ul>
{% for athlete in athlete_list %}
    <li>{{ athlete.name }}</li>
{% empty %}
    <li>Sorry, no athlete in this list!</li>
{% endfor %}
<ul>
```

12）if：这是一个条件语句，例如以下代码。

```
{% if athlete_list %}
    Number of athletes: {{ athlete_list|length }}
{% elif athlete_in_locker_room_list %}
    Athletes should be out of the locker room soon!
{% else %}
```

```
    No athletes.
{% endif %}
```

13）布尔操作符：在 if 标签中可以使用 and、or 和 not 这 3 个布尔操作符，还有==、!=、<、>、<=、>=、in、not in 等操作符。在 if 标签里面，通过这些操作符可以创建复杂的表达式。

14）ifchange：判断一个值在循环的最后有没有改变。这个标签是在循环里面使用的，有如下两种用法。

- 当没有接受参数时，判断 ifchange 标签里面的内容相比以前是否有变化，有变化时生效。
- 当接受一个或一个以上的参数并且有一个或者以上的参数发生变化时生效。

在 ifchange 中可以有 else 标签，例如以下代码。

```
{% for match in matches %}
    <div style="background-color:
        {% ifchanged match.ballot_id %}
            {% cycle "red" "blue" %}
        {% else %}
            grey
        {% endifchanged %}
    ">{{ match }}</div>
{% endfor %}
```

15）ifequal：仅当两个参数相等的时候输出块中的内容，可以配合 else 输出。例如以下代码。

```
{% ifequal user.username "adrian" %}
    ...
{% endifequal %}
```

16）ifnotequal：功能和用法与 ifequal 标签类似。

17）include：用于加载一个模板并用当前上下文（包含该模板的模板的上下文）渲染它，接受一个变量或者字符串参数，也可以在 include 后面传递一些参数进来。例如以下代码。

```
{% include "name_snippet.html" with person="Jane" greeting="Hello" %}
```

如果只接受传递的参数，不接受当前模板的上下文，可以使用 only 参数。例如以下代码。

```
{% include "name_snippet.html" with greeting="Hi" only %}
```

18）load：加载一个自定义的模板标签集合。

19）now：显示当前的时间日期，接受格式化字符串的参数。例如以下代码。

```
It is {% now "jS F Y H:i" %}
```

在现实中已经定义了一些格式化字符串的参数，例如以下参数。

- DATE_FORMAT
- DATETIME_FORMAT
- SHORT_DATE_FORMAT
- SHORT_DATETIME_FORMAT

20）regroup：通过共同的属性对一个列表的相似对象重新分组，假如存在如下城市列表。

```
cities = [
    {'name': 'Mumbai', 'population': '19,000,000', 'country': 'India'},
    {'name': 'Calcutta', 'population': '15,000,000', 'country': 'India'},
    {'name': 'New York', 'population': '20,000,000', 'country': 'USA'},
    {'name': 'Chicago', 'population': '7,000,000', 'country': 'USA'},
    {'name': 'Tokyo', 'population': '33,000,000', 'country': 'Japan'},
]
```

如果要按照 country 属性来重新分组，并按照国家分别列出不同城市的人口，则可以通过如下代码实现。

```
{% regroup cities by country as country_list %}
<ul>
{% for country in country_list %}
    <li>{{ country.grouper }}
    <ul>
        {% for item in country.list %}
```

```
            <li>{{ item.name }}: {{ item.population }}</li>
        {% endfor %}
    </ul>
    </li>
{% endfor %}
</ul>
```

值得注意的是，因为 regroup 并不会重新排序，所以必须确保 city 在 regroup 之前已经按 country 排好序，否则，将得不到预期想要的结果。如果不确定 city 在 regroup 之前已经按 country 排好序，可以用 dictsort 进行过滤器排序。例如以下代码。

```
{% regroup cities|dictsort:"country" by country as country_list %}
```

21）spaceless：移除 html 标签之间的空格。需要注意的是，标签之间的空格，标签与内容之间的空格不会被删除。例如以下代码。

```
{% spaceless %}
    <p>
        <a href="foo/">Foo</a>
    </p>
{% endspaceless %}
```

运行结果是：

```
<p><a href="foo/">Foo</a></p>
```

22）ssi：在页面上输出给定文件的内容。例如以下代码。

```
{% ssi /home/html/ljworld.com/includes/right_generic.html %}
```

使用参数 parsed 可以使得输入的内容作为一个模板，从而可以使用当前模板的上下文。例如以下代码。

```
{% ssi /home/html/ljworld.com/includes/right_generic.html parsed %}
```

23）url：返回一个绝对路径的引用（没有域名的 URL），接受的第一个参数是一个视图函数的名字，然后从 urls 配置文件里面找到那个视图函数对应的 URL。

24）widthratio：计算给定值与最大值的比率，然后把这个比率与一个常数相乘，返回最终的结果。例如以下代码。

```
<img src="bar.gif" height="10" width="{% widthratio this_value max_value 100 %}" />
```

25）with：用更简单的变量名缓存复杂的变量名。例如以下代码。

```
{% with total=business.employees.count %}
    {{ total }} employee{{ total|pluralize }}
{% endwith %}
```

下面的实例代码演示了在 Django 框架中使用模板的过程。

源码路径：daima\8\8-2\zqxt_tmpl

1）分别创建一个名为“zqxt_tmpl”的项目和一个名称为“learn”的应用。

2）将“learn”应用添加到 settings.INSTALLED_APPS 中。具体实现代码如下所示。

```
INSTALLED_APPS = (
    'django.contrib.admin',
    'django.contrib.auth',
    'django.contrib.contenttypes',
    'django.contrib.sessions',
    'django.contrib.messages',
    'django.contrib.staticfiles',
    'learn',
)
```

3）打开文件 learn/views.py 编写一个首页的视图。具体实现代码如下所示。

```
from django.shortcuts import render
def home(request):
    return render(request, 'home.html')
```

4）在“learn”目录下新建一个“templates”文件夹用于保存模板文件，然后在里面新建一个 home.html 文件作为模板。文件 home.html 的具体实现代码如下所示。

```
<!DOCTYPE html>
<html>
<head>
    <title>欢迎光临</title>
```

```
</head>
<body>
欢迎选择浪潮产品!
</body>
</html>
```

5）为了将视图函数对应到网址，对文件 zqxt_tmpl/urls.py 的代码进行如下修改。

```
from django.conf.urls import include, url
from django.contrib import admin
from learn import views as learn_views
urlpatterns = [
    url(r'^$', learn_views.home, name='home'),
    url(r'^admin/', admin.site.urls),
]
```

6）输入如下命令启动服务器。

```
python manage.py runserver
```

执行后将显示模板的内容，执行效果如图 8-6 所示。

图 8-6 执行效果

8.2.6 使用表单

在动态 Web 应用中，表单是实现动态网页效果的核心。下面的步骤演示了在 Django 框架中使用表单计算数字之和的过程。

源码路径：daima\8\8-2\zqxt_form2

1）新建一个名为“zqxt_form2”的项目，进入“zqxt_form2”文件夹并新建一个名为“tools”的应用程序。具体实现代码如下。

```
django-admin startproject zqxt_form2
python manage.py startapp tools
```

2）在“tools”文件夹中新建文件 forms.py。具体实现代码如下。

```
from django import forms
class AddForm(forms.Form):
    a = forms.IntegerField()
    b = forms.IntegerField()
```

3）编写视图文件 views.py，求两个数字的和。具体实现代码如下。

```
from django.shortcuts import render
from django.http import HttpResponse

#导入创建的表单类
from .forms import AddForm

def index(request):
    if request.method == 'POST':#当提交表单时

        form = AddForm(request.POST) #form 包含提交的数据

        if form.is_valid():#如果提交的数据合法
            a = form.cleaned_data['a']
            b = form.cleaned_data['b']
            return HttpResponse(str(int(a) + int(b)))

    else:#当正常访问时
        form = AddForm()
    return render(request, 'index.html', {'form': form})
```

4）编写模板文件 index.html，实现一个简单的表单效果。具体实现代码如下。

```
<form method='post'>
{% csrf_token %}
{{ form }}
<input type="submit" value="提交">
</form>
```

5）在文件 urls.py 中设置将视图函数对应到网址。具体实现代码如下。

```
from django.conf.urls import include, url
from django.contrib import admin
from tools import views as tools_views
urlpatterns = [
    url(r'^$', tools_views.index, name='home'),
    url(r'^admin/', admin.site.urls),
]
```

在浏览器中运行后会显示一个表单，在表单中可以输入两个数字，执行效果如图 8-7 所示。单击“提交”按钮后会计算这两个数字的和，并显示求和结果。执行效果如图 8-8 所示。

图 8-7　表单效果

图 8-8　显示求和结果

8.2.7　实现基本的数据库操作

在动态 Web 应用中，数据库技术永远是核心中的核心技术。Django 模型是与数据库相关的，与数据库相关的代码一般保存在文件 models.py 中。Django 框架支持 SQLite3、MySQL 和 PostgreSQL 等数据库工具，开发者只需要在文件 settings.py 中进行配置即可，不用修改文件 models.py 中的代码。下面的步骤演示了在 Django 框架中创建 SQLite3 数据库的过程。

源码路径：daima\8\8-2\learn_models

1）新建一个名为“learn_models”的项目，进入“learn_models”文件夹中新建一个名为“people”的应用程序。具体实现代码如下。

```
django-admin startproject learn_models # 新建一个项目
cd learn_models # 进入该项目的文件夹
django-admin startapp people # 新建一个 people 应用程序
```

2）将新建的应用程序（people）添加到文件 settings.py 的 INSTALLED_APPS 中，也就是告诉 Django 有这么一个应用程序。具体实现代码如下。

```
INSTALLED_APPS = (
    'django.contrib.admin',
    'django.contrib.auth',
    'django.contrib.contenttypes',
    'django.contrib.sessions',
    'django.contrib.messages',
    'django.contrib.staticfiles',
    'people',
)
```

3）打开文件 people/models.py，新建一个继承自类 models.Model 的子类 Person，此类中有 name 和 age 这两个字段。具体实现代码如下。

```
from django.db import models
class Person(models.Model):
    name = models.CharField(max_length=30)
    age = models.IntegerField()
    def __str__(self):
        return self.name
```

在上述代码中，name 和 age 这两个字段中不能有双下画线“__”，这是因为双下画线在 Django QuerySet API 中有特殊含义。另外，也不能有 Python 中的关键字。所以 name 是合法的，student_name 也是合法的，但是 student__name 不合法，try、class 和 continue 也不合法，因为它们是 Python 的关键字。

4）开始同步数据库操作，在此使用默认数据库 SQLite3，无须进行额外配置。具体命令如下。

```
#进入 manage.py 所在的那个文件夹并输入这条命令
python manage.py makemigrations
python manage.py migrate
```

通过上述命令可以创建一个数据库表，当在前面的文件 models.py 中新增类 people 时，运行上述命令后就可以自动在数据库中创建对应数据库表，不用开发者手动创建。在命令行窗口中运行后会发现 Django 生成了一系列表，也生成了上面新建的表 people_person。在命令行窗口中运行效果如图 8-9 所示。

```
mac:learn_models tu$ python manage.py syncdb
Creating tables ...
Creating table django_admin_log
Creating table auth_permission
Creating table auth_group_permissions
Creating table auth_group
Creating table auth_user_groups
Creating table auth_user_user_permissions
Creating table auth_user
Creating table django_content_type
Creating table django_session
Creating table people_person
```

图 8-9　在命令行窗口中的运行效果

5）输入命令进行测试，整个测试过程如下。

```
$ python manage.py shell
>>> from people.models import Person
>>> Person.objects.create(name="haoren", age=24)
<Person: haoren>
>>> Person.objects.get(name="haoren")
<Person: haoren>
```

8.3　使用 Django 后台系统开发一个博客系统

在动态 Web 应用中，后台管理系统十分重要，网站管理员通过后台实现对整个网站的管理。Django 框架的功能十分强大，为开发者提供了现成的 admin 后台管理系统，程序员只需要编写很少的代码就可以实现功能强大的后台管理系统。下面的实例代码演示了使用 Django 框架开发一个博客系统的过程。

源码路径：daima\8\8-3\zqxt_admin

1）新建一个名称为“zqxt_admin”的项目，进入“zqxt_admin”文件夹中并新建一个名为“blog”的应用程序。具体实现代码如下。

```
django-admin startproject zqxt_admin
cd zqxt_admin
#创建 blog 这个应用程序
python manage.py startapp blog
```

2）修改“blog”文件夹中的文件 models.py。具体实现代码如下。

```
# -*- coding: utf-8 -*-
from __future__ import unicode_literals

from django.db import models
from django.utils.encoding import python_2_unicode_compatible
@python_2_unicode_compatible
class Article(models.Model):
    title = models.CharField('标题', max_length=256)
    content = models.TextField('内容')
    pub_date = models.DateTimeField('发表时间', auto_now_add=True, editable=True)
    update_time = models.DateTimeField('更新时间', auto_now=True, null=True)
    def __str__(self):
        return self.title
class Person(models.Model):
    first_name = models.CharField(max_length=50)
```

```
    last_name = models.CharField(max_length=50)
    def my_property(self):
        return self.first_name + ' ' + self.last_name
    my_property.short_description = "Full name of the person"
    full_name = property(my_property)
```

3）将“blog”添加到 settings.py 文件的 INSTALLED_APPS 中。具体实现代码如下。

```
INSTALLED_APPS = (
    'django.contrib.admin',
    'django.contrib.auth',
    'django.contrib.contenttypes',
    'django.contrib.sessions',
    'django.contrib.messages',
    'django.contrib.staticfiles',
    'blog',
)
```

4）通过如下命令同步所有的数据库表。具体实现代码如下。

```
# 进入包含有 manage.py 的文件夹
python manage.py makemigrations
python manage.py migrate
```

5）进入文件夹“blog”，修改里面的文件 admin.py（如果没有新建一个）。具体实现代码如下。

```
from django.contrib import admin
from .models import Article, Person
class ArticleAdmin(admin.ModelAdmin):
    list_display = ('title', 'pub_date', 'update_time',)
class PersonAdmin(admin.ModelAdmin):
    list_display = ('full_name',)
admin.site.register(Article, ArticleAdmin)
admin.site.register(Person, PersonAdmin)
```

输入下面的命令启动服务器。

```
python manage.py runserver
```

接下来，在浏览器中输入“http://localhost:8000/admin”会显示一个用户登录表单，如图 8-10 所示。

可以创建一个超级管理员用户，使用命令进入包含 manage.py 的文件夹“zqxt_admin”中。接下来，输入如下命令创建一个超级账号，根据提示分别输入账号、邮箱地址和密码。

```
python manage.py createsuperuser
```

此时可以使用超级账号登录后台管理系统，登录成功后的界面如图 8-11 所示。

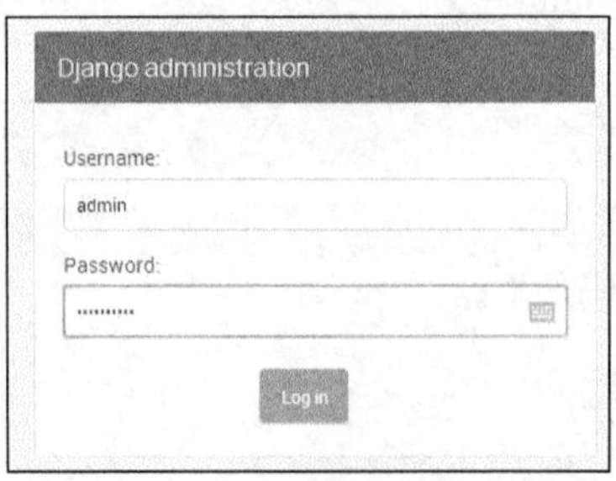

图 8-10　用户登录表单

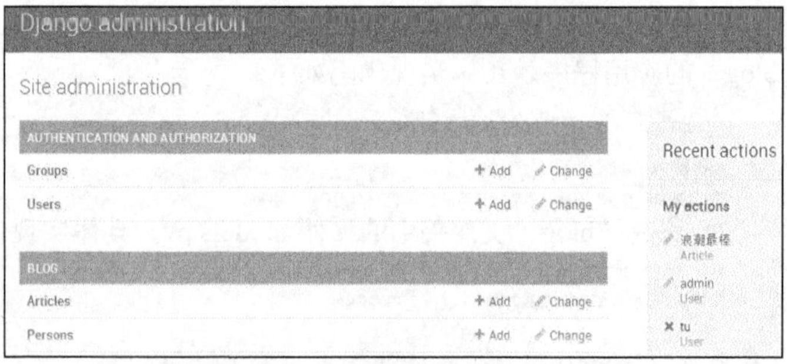

图 8-11　登录成功后的界面

管理员可以修改、删除或添加账号信息，如图 8-12 所示。

也可以对系统内已经发布的博客信息进行管理与维护，如图 8-13 所示。

也可以直接修改用户账号信息中的密码，如图 8-14 所示。

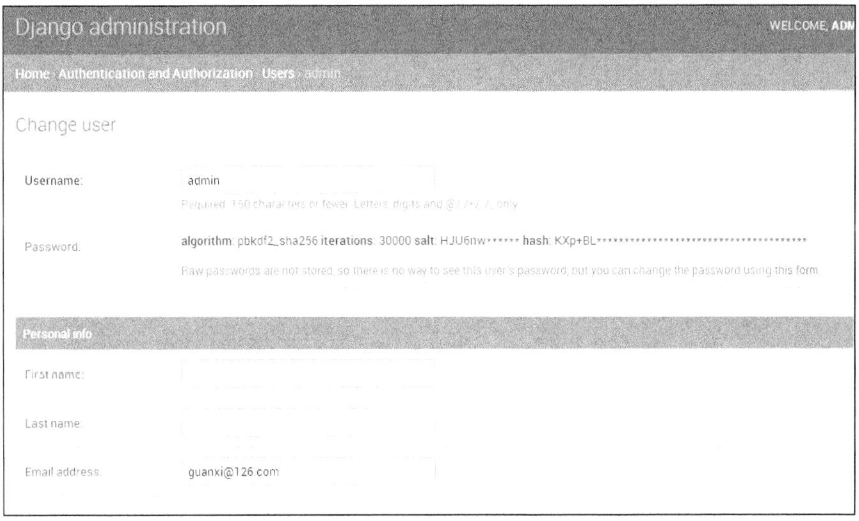

图 8-12 管理账号

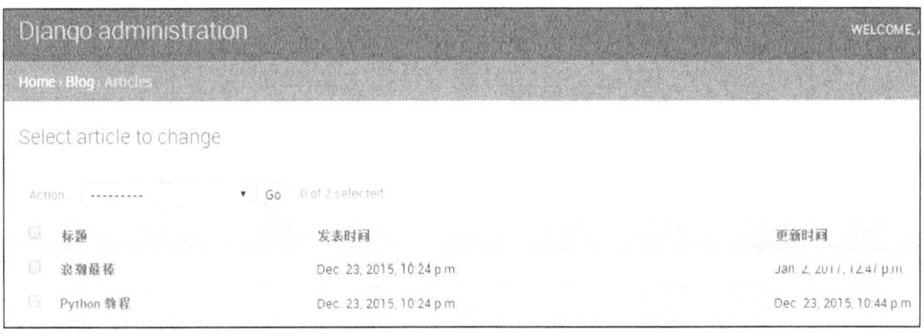

图 8-13 管理博客信息

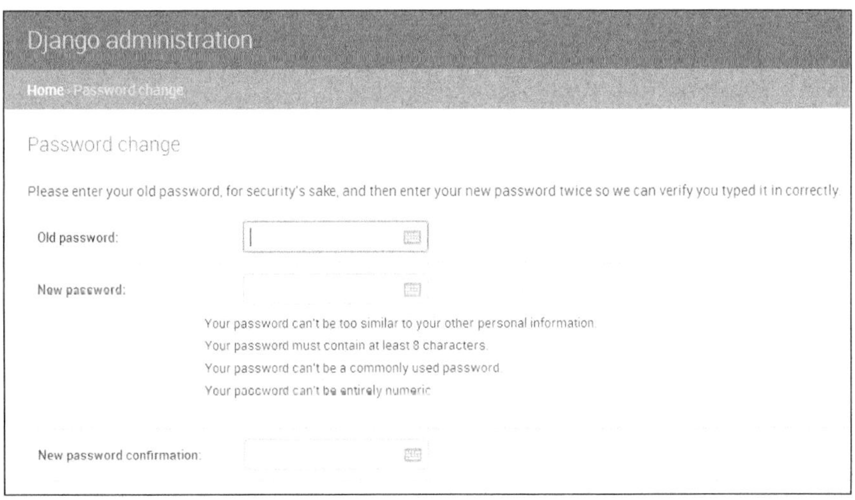

图 8-14 修改用户账号信息中的密码

8.4 开发一个新闻聚合系统

本实例使用聚合技术抓取了第三方网站中的新闻信息，通过聚合抓取技术，可以直接调用其他网站的内容，而无须我们自己创建或维护网站内容。本实例的功能是使用知乎网提供的 API 抓取知乎当日新闻，并显示昨日新闻列表。

源码路径：daima\8\8-4\news

8.4.1　基本设置

通过以下步骤进行基本设置。

1）新建一个名称为“news”的项目，在文件 settings.py 中设置使用的模块和系统目录。涉及的代码变动如下。

```
INSTALLED_APPS = (
    'django.contrib.admin',
    'django.contrib.auth',
    'django.contrib.contenttypes',
    'django.contrib.sessions',
    'django.contrib.messages',
    'django.contrib.staticfiles',
    'news',
    'bs4',

)

STATIC_URL = '/static/'
STATIC_ROOT = 'static_files'
STATICFILES_DIRS = (
    os.path.join(BASE_DIR, "static"),
)
MAIN_SERVER = True
```

2）在“main_app”目录下的 urls.py 文件中设置对应的网页地址。具体实现代码如下。

```
urlpatterns = [
    url('^$', home),
    url(r'^admin/', admin.site.urls),
    url(r'^news/', include('news.urls')),
]
```

3）在“news”目录下的 urls.py 文件中设置网页地址的映射关系。一定不要忘记指定 app_name 为“news”，这将作为命名空间来使用。具体实现代码如下。

```
urlpatterns = [
    url(r'^$', news.views.news_home, name='news_home'),
    url(r'^about/$', news.views.about, name='about'),
    url(r'^(?P<source>\w+)/$', news.views.NewsList.as_view(), name='story_list'),
    url(r'^detail/(?P<story_id>\d+)/$', news.views.StoryDetail.as_view(), name=
    "story_detail"),
    url(r'^convertlist/(?P<source>\w+)/$', news.views.ConvertList.as_view(), name=
    'convert_list'),
    url(r'^convertdetail/(?P<source>\w+)/(?P<id>\d+)/$', news.views.ConvertDetail.
    as_view(), name='convert_detail'),

]
app_name = 'news'
```

8.4.2　获取聚合信息

编写文件 fetcher.py 获取知乎新闻客户端的新闻。具体实现流程如下所示。

1）定义类 FetchError 实现错误处理功能，输出对应的错误类型。对应实现代码如下。

```
class FetchError(Exception):

    def __init__(self, errtype=''):
        self.errtype = errtype

    def __str__(self, *args, **kwargs):
        return self.__class__.__name__ + ':' + self.errtype
```

```
class PageNotFoundError(FetchError):
    pass
```

2）定义类 NewsFetcher。首先设置解析目标网页的文件头信息，然后分别通过函数 fetch_json()和 fetch_html()获取目标 JSON 与 HTML 信息。具体实现代码如下。

```
class NewsFetcher():
    headers = {"Accept": "text/html,application/xhtml+xml,application/xml;",
               "Accept-Encoding": "gzip",
               "Accept-Language": "zh-CN,zh;q=0.8",
               "Referer": "http://www.example.com/",
               "User-Agent": "Mozilla/5.0 (Windows NT 6.1; WOW64) AppleWebKit/537.36
               (KHTML, like Gecko) Chrome/42.0.2311.90 Safari/537.36"
               }

    def fetch_json(self, url, method='get'):
        r = requests.request(
            method=method,
            url=url,
            headers=self.headers
        )
        try:

            r.raise_for_status()
            if r.encoding.lower() == 'iso-8859-1':
                r.encoding = 'utf-8'
            json = r.json()
        except HTTPError as e:
            raise FetchError('invalid_url')
        return json

    def fetch_html(self, url, method='get'):
        r = requests.request(
            method=method,
            url=url,
            headers=self.headers
        )
        try:
            r.raise_for_status()
            if r.encoding.lower() == 'iso-8859-1':
                r.encoding = 'utf-8'
            html = r.text
        except HTTPError as e:
            raise FetchError('invalid_url')
        return html
```

3）编写类 ZhihuDailyFetcher。通过函数 get_latest_news()解析知乎客户端上最近的新闻，通过函数 get_before_news()解析过去某日知乎客户端的新闻，通过函数 get_story_detail()解析知乎客户端上拥有具体 ID 的新闻并显示这条新闻的详细内容。具体实现代码如下所示。

```
class ZhihuDailyFetcher(NewsFetcher):

    def get_latest_news(self):
        response_json = self.fetch_json(
            'http://***/api/4/news/latest')
        return response_json

    def get_before_news(self, date_str):
        response_json = self.fetch_json(
            'http://***/api/4/news/before/' + date_str)
        return response_json

    def get_story_detail(self, story_id):
        response_json = self.fetch_json(
            'http://***/api/4/news/' + str(story_id))
        return response_json
```

4）编写类 CBFetcher，实现具体的解析功能，这是整个实例的核心——聚合解析。通过函数 get_news_list()获取新闻列表，通过函数 get_story_comment()获取拥有指定 ID 的新闻的具体内容，通过函数 get_story_detail()获取某 ID 新闻的详细内容，通过函数 get_before_news()获取过去某日新闻的内容。类 CBFetcher 的具体实现代码如下所示。

```
class CBFetcher(NewsFetcher):

    def get_news_list(self, page_number=1):
        url = 'http://sina.com/list_latest_' + str(page_number) + '.htm'
        html = self.fetch_html(url)

        soup = BeautifulSoup(html, "html.parser")
        news_list = []
        ul = soup.html.body.find('ul')
        if not ul:
            raise FetchError('parse_error')
        for li in ul.find_all('li'):
            a = li.div.a
            news_id = int(a.attrs['href'].split('.')[0].split('/')[2])
            news_list.append((news_id, a.text))
        if news_list:
            first_id = news_list[0][0]
            last_id = news_list[-1][0]
            return {'news_list': news_list, 'first_id': first_id, 'last_id': last_id}
        else:
            raise FetchError('parse_error')

    def get_story_comment(self, story_id):
        url = 'http://m.cnbeta.com/comments_' + str(story_id) + '.htm'
        html = self.fetch_html(url)
        soup = BeautifulSoup(html, "html.parser")
        J_commt_list = soup.html.body.find('ul', id="J_commt_list")
        if not J_commt_list:
            return [], 0, 0
        comments = str(J_commt_list)
        comment_count_list = soup.html.body.find(
            'span', class_="morComment").find_all('b')
        comment_count_all = int(comment_count_list[0].string)
        comment_count_show = int(comment_count_list[1].string)
        return comments, comment_count_all, comment_count_show

    def get_story_detail(self, story_id, update_comment=True):
        url = 'http://www.sina.com/articles/' + str(story_id) + '.htm'
        html = self.fetch_html(url)
        soup = BeautifulSoup(html, "html.parser")
        introduction = soup.html.body.find('div', class_="introduction")
        if not introduction:
            raise PageNotFoundError()
        theme = introduction.find('img')
        theme_id = introduction.find('a')['href'].split('/')[2].split('.')[0]
        theme_text = theme['title']
        theme_img = theme['src']
        summary = introduction.p
        title = soup.html.body.find('h2', id="news_title").string
        title_bar = soup.html.body.find('div', class_="title_bar")
        time = datetime.datetime.strptime(
            title_bar.find('span', class_="date").string, "%Y-%m-%d %H:%M:%S")
        where = title_bar.find('span', class_="where").string
        body = soup.html.body.find('div', class_="content")
        author = soup.html.body.find('span', class_="author")
        #如果没有评论，则不更新
        if update_comment:
            comments, comment_count_all, comment_count_show = self.get_story_comment(
                story_id)
        else:
            comments, comment_count_all, comment_count_show = '', 0, 0
        result = {'body': str(body),
                  'share_url': url,
                  'image': str(theme_img),
                  'section': {'thumbnail': str(theme_img),
                              'id': str(theme_id),
```

```
                        'name': str(theme_text),
                        },
                'title': str(title),
                'id': story_id,

                'author': str(author),
                'summary': (summary),
                'time': time,
                'where': str(where),
                'comments': comments,
                'comment_count_all': comment_count_all,
                'comment_count_show': comment_count_show,
                }
        return result

    def get_before_news(self, date_str, ratio=3):

        #设置最新日期
        date = datetime.datetime.strptime(date_str, '%Y-%m-%d').date()
        page_number = 1
        a_page = self.get_news_list(page_number)
        b_page = self.get_news_list(page_number * ratio)
        top_id = int(a_page['news_list'][0][0])
        bottom_id = int(b_page['news_list'][-1][0])
        top_time = self.get_story_detail(top_id, update_comment=False)['time']
        bottom_time = self.get_story_detail(
            bottom_id, update_comment=False)['time']
        print(top_time)
        print(bottom_time)
        while bottom_time.date() > date:
            page_number *= ratio
            a_page = b_page
            top_id = int(a_page['news_list'][0][0])
            top_time = self.get_story_detail(
                top_id, update_comment=False)['time']
            try:
                b_page = self.get_news_list(page_number * ratio)
            except FetchError:
                break

            bottom_id = int(b_page['news_list'][-1][0])
            bottom_time = self.get_story_detail(
                bottom_id, update_comment=False)['time']
            print(top_time)
            print(bottom_time)
        print('finish')
        a_number = page_number
        b_number = page_number * ratio
        while b_number - a_number > 1:
            print(str(a_number) + ' ' + str(b_number))
            mid_number = int(math.ceil((a_number + b_number) / 2))
            try:
                mid_page = self.get_news_list(mid_number)
            except FetchError:
                b_number = mid_number
                continue
            mid_page_top_id = int(mid_page['news_list'][0][0])
            mid_page_top_time = self.get_story_detail(
                mid_page_top_id, update_comment=False)['time']
            if mid_page_top_time.date() > date:
                a_number = mid_number
            else:
                b_number = mid_number
        while True:
            news_list = self.get_news_list(a_number)['news_list']
            for news in news_list:
                news_id = int(news[0])
                news_dict = self.get_story_detail(news_id, False)
```

```
            print(news_dict['title'])

        a_number += 1
```

8.4.3 视图处理

编写文件 views.py 获取知乎新闻客户端的新闻。具体实现流程如下。

1）编写函数 news_home()设置系统主页。具体实现代码如下。

```
def news_home(request):
    return HttpResponseRedirect(reverse('news:story_list', kwargs={'source': 'zhihudaily'}))
```

2）编写函数 about()设置“关于我们”页面。具体实现代码如下。

```
@gzip_page
def about(request):
    return render_to_response('about.html', {'nav_item': 'about'})
```

3）定义类 NewsViewBase 实现基本的视图功能。通过函数 get()获取指定页面的视图，通过函数 media_display()设置是否显示新闻中的图片信息，通过函数 get_date()获取新闻的时间，通过函数 hide_media()隐藏新闻中的图片信息。具体实现代码如下。

```
class NewsViewBase(TemplateView):

    @method_decorator(gzip_page)
    def get(self, request, *args, **kwargs):
        return TemplateView.get(self, request, *args, **kwargs)

    def media_display(self):
        image_show = self.request.GET.get("image", None)
        if image_show:
            self.request.session['image'] = image_show
        else:
            image_show = self.request.session.get('image', 'hide')
        if image_show == 'show':
            return True
        else:
            return False

    def get_date(self):
        date_str = self.request.GET.get("date", None)
        if date_str:
            date = datetime.datetime.strptime(date_str, '%Y-%m-%d').date()
        else:
            date = datetime.datetime.now().date()
        date_str = date.strftime('%Y-%m-%d')
        last_date = date - datetime.timedelta(days=1)
        last_date_str = last_date.strftime('%Y-%m-%d')
        next_date = date + datetime.timedelta(days=1)
        next_date_str = next_date.strftime('%Y-%m-%d')
        if date == datetime.datetime.now().date():
            next_date_str = ''
        return date, last_date_str, date_str, next_date_str

    def hide_media(self, raw_html):
        soup = BeautifulSoup(raw_html, "html.parser")
        for img in soup.find_all('img'):
            tag = soup.new_tag("a")
            tag['href'] = img['src']
            tag.string = img.get('title', '图片')
            img.insert_before(tag)
            img.decompose()

        for embed in soup.find_all('embed'):
            tag = soup.new_tag("a")
            tag['href'] = embed['src']
            tag.string = '视频' + embed['src']
            embed.insert_before(tag)
            embed.decompose()
```

```
        for script in soup.find_all('script'):
            script.decompose()

        return str(soup)

    def get_context_data(self, request, *args, **kwargs):
        context = {}
        return context
```

4）定义类 NewsList，显示新闻列表。具体实现代码如下。

```
class NewsList(NewsViewBase):
    template_name = 'newslist.html'

    def get_context_data(self, source, **kwargs):
        if not self.media_display():
            self.template_name = 'newslist_no_pic.html'

        date, last_date_str, date_str, next_date_str = self.get_date()
        dailydate = DailyDate.objects.update_daily_date_with_date(
            date, source=source)
        story_qs = dailydate.get_daily_stories()
        context = {}
        context['date_str'] = date_str
        context['story_qs'] = story_qs
        context['last_date_str'] = last_date_str
        context['next_date_str'] = next_date_str
        context['nav_item'] = 'zhihu'
        return context
```

5）定义类 StoryDetail，显示信息详情。具体实现代码如下。

```
class StoryDetail(NewsViewBase):
    template_name = 'story_detail.html'

    def get_context_data(self, story_id, **kwargs):
        story = Story.objects.get(story_id=story_id)
        story.update()

        if not self.media_display():
            story.body = self.hide_media(story.body)
        context = {}
        context['story'] = story
        context['nav_item'] = 'zhihu'
        return context
```

6）定义类 ConvertList，实现“上一页”和“下一页”功能。具体实现代码如下。

```
class ConvertList(NewsViewBase):
    template_name = 'convert_list.html'

    def get_context_data(self, source, **kwargs):
        page_number = int(self.request.GET.get('page', 1))
        if source == 'cb':
            result = CBFetcher().get_news_list(page_number)
            news_list = result['news_list']
            context = {}
            context['page_number'] = page_number
            if page_number > 1:
                context['previous_page'] = page_number - 1
            context['next_page'] = page_number + 1

            context['news_list'] = news_list
            context['nav_item'] = 'cnbeta'
            return context
        else:
            raise Exception('wrong source name')
```

7）定义类 ConvertDetail，显示某条新闻的详情。具体实现代码如下。

```
class ConvertDetail(NewsViewBase):
    template_name = 'convert_detail.html'

    def get_context_data(self, source, id, **kwargs):
        try:
```

```
            result = CBFetcher().get_story_detail(id, update_comment=True)
        except PageNotFoundError:
            raise Exception('page not found')
        body = str(result['body'])
        if not self.media_display():
            body = self.hide_media(body)

        soup = BeautifulSoup(body, "html.parser")
        last_p = soup.find_all('p')[-2:]
        for p in last_p:
            p.decompose()
        body = str(soup)

        context = {}
        context['body'] = body
        context['share_url'] = result['share_url']
        context['section_name'] = result['section']['name']
        context['title'] = result['title']
        context['author'] = result['author']
        context['time'] = result['time']
        context['summary'] = str(result['summary'])
        context['comments'] = str(result['comments'])
        context['comment_count_all'] = result['comment_count_all']
        context['comment_count_show'] = result['comment_count_show']
        context['nav_item'] = 'cnbeta'
        return context
```

8.4.4 模板文件

“关于我们”页面对应的模板文件是 about.html。具体实现代码如下。

```
{% extends 'bootstrap_base.html' %}

{% block title %}
    关于
{% endblock %}

{% block content %}
    <div class="row">
        <h1>啥</h1>
          <h3>都没有</h3>
    </div><!-- /.row -->
{% endblock %}
```

新闻列表页面的模板文件是 newslist.html。具体实现代码如下。

```
% extends 'bootstrap_base.html' %}

{% block title %}
    知乎日报 {{date_str}}
{% endblock %}

{% block extra_js %}

{% endblock %}

{% block content %}

    <script type="text/javascript">
        function showImg( url ) {
        var frameid = 'frameimg' + Math.random();
        window.img = '<img id="img" jump_url class="img-thumbnail" src=\''+url+'?'+
           Math.random()+'\' /><script>window.onload = function() { parent.document.
           getElementById(\''+frameid+'\').height = document.getElementById(\'img\').
           height+\'px\'; }<'+'/script>';
        document.write('<iframe id="'+frameid+'" src="javascript:parent.img;" frameBorder
           ="0" scrolling="no" width="100%"></iframe>');
        }
    </script>

    <div class="row">
        {% for story in story_qs %}
```

```
                <div class="col-xs-6 col-sm-4 col-md-3">
                 <a href="{% url 'news:story_detail' story_id=story.story_id  %}">
                       <!--<img class="img-thumbnail" src="//v4.bootcss.com/examples/
                          screenshots/starter-template.jpg" alt="" />-->
                     <div id="hotlinking"><script type="text/javascript">showImg("{{story.
                         cover_picture_first}}");</script></div>
                 </a>
                 <div style= "height:50px;"><a href="{% url 'news:story_detail' story_
                     id=story.story_id  %}">{{story.title}}</a></div>
              </div>
          {% endfor %}

    </div><!-- /.row -->
        <nav>
            <ul class="pager">
              <li><a href="?date={{last_date_str}}">Previous</a></li>

              {% if next_date_str %}
              <li><a href="?date={{next_date_str}}">Next</a></li>
              {% endif %}

            </ul>

            <form method="get" action="" >
             <input type="date" name="date" value="{{date_str}}">
             <button type="submit">跳转</button>
            </form>

          </nav>
{% endblock %}
```

隐藏图片的新闻列表页面的模板文件是 newslist_no_pic.html。具体实现代码如下。

```
{% extends 'bootstrap_base.html' %}
{% block title %} 知乎日报 {{date_str}}
{% endblock %} {% block extra_js %} {% endblock %}

{% block content %}
<table class='table'>
    {% for story in story_qs %}
    <tr>
        <td><a href={% url 'news:story_detail' story_id=story.story_id%}>{{story.title
            }}</a></td>
    </tr>
    {% endfor %}
</table>


<nav>
    <ul class="pager">
        <li><a href="?date={{last_date_str}}">Previous</a></li>
        {% if next_date_str %}
            <li><a href="?date={{next_date_str}}">Next</a></li>
        {% endif %}

    </ul>

    <form method="get" action="">
        <input type="date" name="date" value="{{date_str}}">
        <button type="submit">跳转</button>
    </form>

</nav>
{% endblock %}
```

无图版系统中的主页如图 8-15 所示。

有图版系统中的主页如图 8-16 所示。

无图版的新闻详情页面如图 8-17 所示。

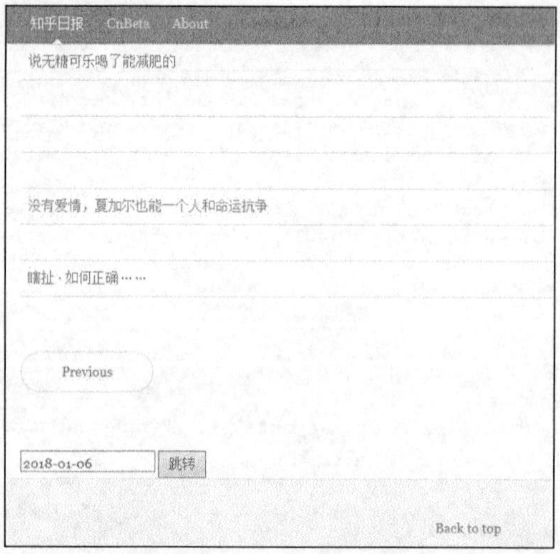

图 8-15 无图版系统中的主页

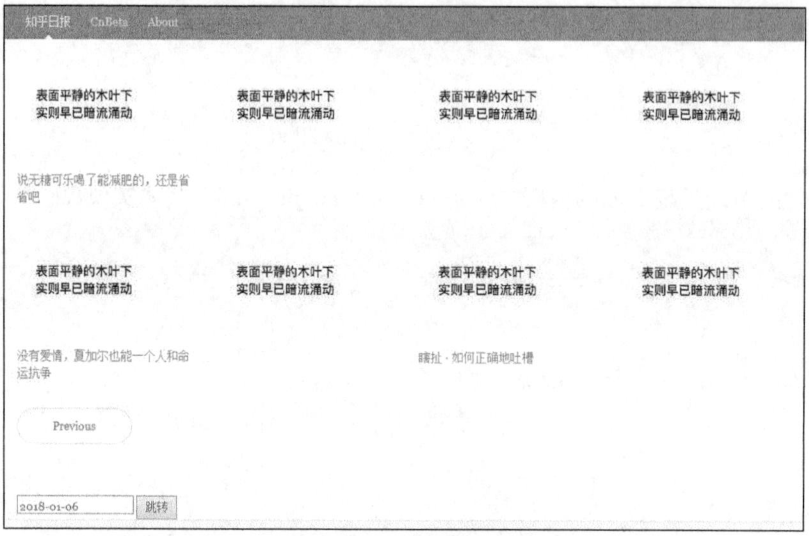

图 8-16 有图版系统中的主页

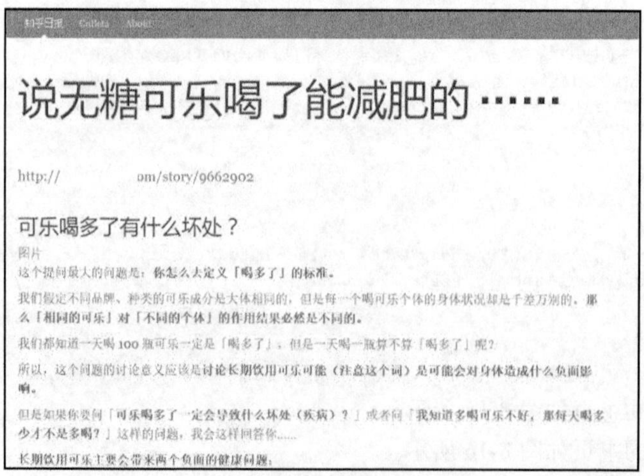

图 8-17 无图版的新闻详情页面

有图版的新闻详情页面如图 8-18 所示。

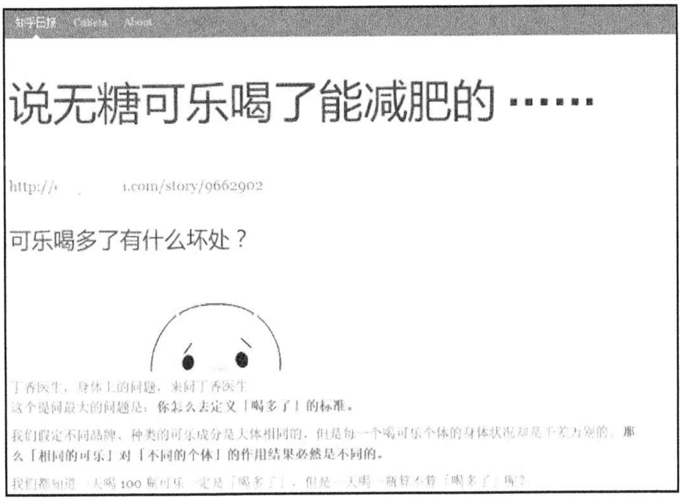

图 8-18 有图版的新闻详情页面

8.5 开发一个在线商城系统

本实例的功能是使用 Django 框架开发一个在线商城系统。它不但可以添加和修改后台商品数据，而且可以添加、修改和删除商品分类，同时还实现了商城系统的核心功能——订单处理和购物车处理。

源码路径：daima\8\8-5\myshop

8.5.1 系统设置

在“myshop”子目录下的文件 settings.py 中实现系统设置功能，分别添加 shop、cart 和 orders 三大模块，设置数据库信息，设置 URL 路径。主要实现代码如下所示。

源码路径：daima\8\8-5\myshop\myshop\settings.py

```
INSTALLED_APPS = (
    'django.contrib.admin',
    'django.contrib.auth',
    'django.contrib.contenttypes',
    'django.contrib.sessions',
    'django.contrib.messages',
    'django.contrib.staticfiles',
    'shop',
    'cart',
    'orders',
)

DATABASES = {
    'default': {
        'ENGINE': 'django.db.backends.sqlite3',
        'NAME': os.path.join(BASE_DIR, 'db.sqlite3'),
    }
}

STATIC_URL = '/static/'

MEDIA_URL = '/media/'
MEDIA_ROOT = os.path.join(BASE_DIR, 'media/')
```

```
CART_SESSION_ID = 'cart'

EMAIL_BACKEND = 'django.core.mail.backends.console.EmailBackend'

cwd = os.getcwd()
if cwd == '/app' or cwd[:4] == '/tmp':
    import dj_database_url
    DATABASES = {
        'default': dj_database_url.config(default='postgres://localhost')
    }

    SECURE_PROXY_SSL_HEADER = ('HTTP_X_FORWARDED_PROTO', 'https')

    ALLOWED_HOSTS = ['*']
    DEBUG = False

    BASE_DIR = os.path.dirname(os.path.abspath(__file__))
    STATIC_ROOT = 'staticfiles'
    STATICFILES_DIRS = (
        os.path.join(BASE_DIR, 'static'),
    )
```

在“myshop”子目录下的文件 urls.py 中实现系统总体功能模块页面的布局功能。整个系统分为四大模块——前台商城展示、后台管理、订单处理和购物车处理。文件 urls.py 的具体实现代码如下。

源码路径：daima\8\8-5\myshop\myshop\urls.py

```
urlpatterns = [
    url(r'^admin/', admin.site.urls),
    url(r'^cart/', include('cart.urls', namespace='cart')),
    url(r'^orders/', include('orders.urls', namespace='orders')),
    url(r'^', include('shop.urls', namespace='shop')),
]

if settings.DEBUG:
    urlpatterns += static(settings.MEDIA_URL,
                          document_root=settings.MEDIA_ROOT)
```

8.5.2 前台商城展示模块

在前台商城展示模块中显示系统内所有商品的分类信息，并展示各个分类商品的信息，单击某个商品后可以展示这个商品的详情信息。本模块主要由如下 3 个文件实现。

- models.py
- urls.py
- views.py

在文件 models.py 中编写两个类。其中，类 Category 实现商品分类展示功能，类 Product 实现商品展示功能。文件 models.py 的具体实现代码如下。

源码路径：daima\8\8-5\myshop\shop\models.py

```
class Category(models.Model):
    name = models.CharField(max_length=200, db_index=True)
    slug = models.SlugField(max_length=200, db_index=True, unique=True)

    class Meta:
        ordering = ('name',)
        verbose_name = 'category'
        verbose_name_plural = 'categories'

    def __str__(self):
        return self.name

    def get_absolute_url(self):
        return reverse('shop:product_list_by_category', args=[self.slug])
```

```
class Product(models.Model):
    category = models.ForeignKey(Category, related_name='products',on_delete=models.CASCADE)
    name = models.CharField(max_length=200, db_index=True)
    slug = models.SlugField(max_length=200, db_index=True)
    image = models.ImageField(upload_to='products/%Y/%m/%d', blank=True)
    description = models.TextField(blank=True)
    price = models.DecimalField(max_digits=10, decimal_places=2)
    stock = models.PositiveIntegerField()
    available = models.BooleanField(default=True)
    created = models.DateTimeField(auto_now_add=True)
    updated = models.DateTimeField(auto_now=True)

    class Meta:
        ordering = ('-created',)
        index_together = (('id', 'slug'),)

    def __str__(self):
        return self.name

    def get_absolute_url(self):
        return reverse('shop:product_detail', args=[self.id, self.slug])
```

文件 urls.py 的功能是实现前台页面的 URL 处理，并分别实现分类展示和商品详情展示。具体实现代码如下。

源码路径：daima\8\8−5\myshop\shop\urls.py

```
urlpatterns = [
    url(r'^$', views.product_list, name='product_list'),
    url(r'^(?P<category_slug>[-\w]+)/$', views.product_list, name='product_list_by_category'),
    url(r'^(?P<id>\d+)/(?P<slug>[-\w]+)/$', views.product_detail, name='product_detail'),
]
app_name = 'myshop'
```

在文件 views.py 中实现视图展示功能，通过函数 product_list()实现商品列表展示功能，通过函数 product_detail()实现商品详情展示功能。文件 views.py 的具体实现代码如下。

源码路径：daima\8\8−5\myshop\shop\views.py

```
def product_list(request, category_slug=None):
    category = None
    categories = Category.objects.all()
    products = Product.objects.filter(available=True)
    if category_slug:
        category = get_object_or_404(Category, slug=category_slug)
        products = products.filter(category=category)
    return render(request, 'shop/product/list.html', {'category': category,
                                                      'categories': categories,
                                                      'products': products})


def product_detail(request, id, slug):
    product = get_object_or_404(Product, id=id, slug=slug, available=True)
    cart_product_form = CartAddProductForm()
    return render(request,
                  'shop/product/detail.html',
                  {'product': product,
                   'cart_product_form': cart_product_form
                   })
```

前台商品展示主页的模板文件是 base.html。具体实现代码如下。

```
{% load static %}
<!DOCTYPE html>
<html>
<head>
    <meta charset="utf-8" />
    <title>{% block title %}My shop 我的商店{% endblock %}</title>
    <link href="{% static "css/base.css" %}" rel="stylesheet">
</head>
<body>
```

```
    <div id="header">
        <a href="/" class="logo">My shop 我的商店</a>
    </div>
    <div id="subheader">
        <div class="cart">
            {% with total_items=cart|length %}
                {% if cart|length > 0 %}
                    Your cart:
                    <a href="{% url "cart:cart_detail" %}">
                        {{ total_items }} item{{ total_items|pluralize }}, ${{ cart.get_
                            total_price }}
                    </a>
                {% else %}
                    Your cart is empty.
                {% endif %}
            {% endwith %}
        </div>
    </div>
    <div id="content">
        {% block content %}
        {% endblock %}
    </div>
</body>
</html>
```

商品列表展示功能的模板文件是 list.html。具体实现代码如下。

```
{% extends "shop/base.html" %}
{% load static %}

{% block title %}
    {% if category %}{{ category.name }}{% else %}Products{% endif %}
{% endblock %}

{% block content %}
    <div id="sidebar">
        <h3>Categories</h3>
        <ul>
            <li {% if not category %}class="selected"{% endif %}>
                <a href="{% url "shop:product_list" %}">All</a>
            </li>
        {% for c in categories %}
            <li {% if category.slug == c.slug %}class="selected"{% endif %}>
                <a href="{{ c.get_absolute_url }}">{{ c.name }}</a>
            </li>
        {% endfor %}
        </ul>
    </div>
    <div id="main" class="product-list">
        <h1>{% if category %}{{ category.name }}{% else %}Products{% endif %}</h1>
        {% for product in products %}
            <div class="item">
                <a href="{{ product.get_absolute_url }}">
                    <img src="{% if product.image %}{{ product.image.url }}{% else %}
                        {% static "img/no_image.png" %}{% endif %}">
                </a>
                <a href="{{ product.get_absolute_url }}">{{ product.name }}</a><br>
                ${{ product.price }}
            </div>
        {% endfor %}
    </div>
{% endblock %}
```

某个商品详情展示功能的模板文件是 detail.html。具体实现代码如下。

```
{% extends "shop/base.html" %}
{% load static %}

{% block title %}
    {{ product.name }}
{% endblock %}
```

```
{% block content %}
    <div class="product-detail">
        <img src="{% if product.image %}{{ product.image.url }}{% else %}{% static "img/
            no_image.png" %}{% endif %}">
        <h1>{{ product.name }}</h1>
        <h2><a href="{{ product.category.get_absolute_url }}">{{ product.category }}
            </a></h2>
        <p class="price">${{ product.price }}</p>
        <form action="{% url "cart:cart_add" product.id %}" method="post">
            {{ cart_product_form }}
            {% csrf_token %}
            <input type="submit" value="Add to cart">
        </form>

        {{ product.description|linebreaks }}
    </div>
{% endblock %}
```

前台商品展示主页的执行效果如图 8-19 所示。单击左侧分类链接后，会只显示这个分类下的所有商品信息。

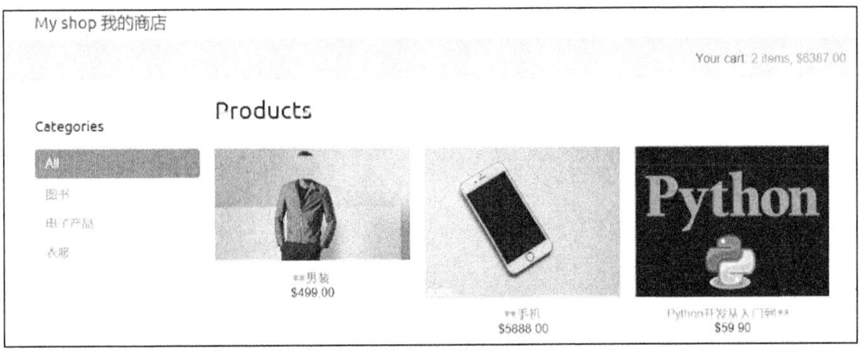

图 8-19　前台商品展示主页

某商品的详情展示页面如图 8-20 所示。

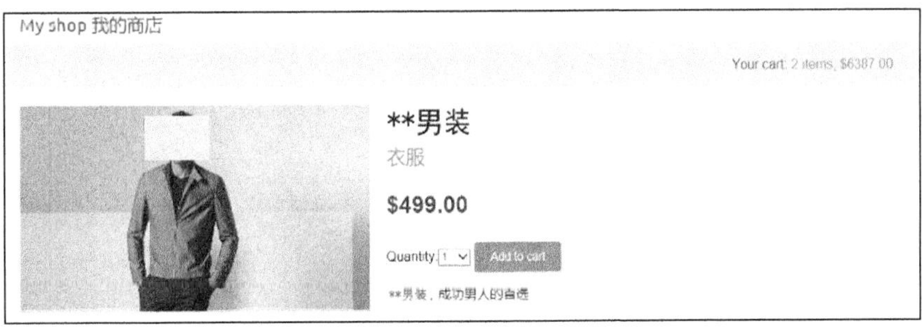

图 8-20　某商品的详情展示页面

8.5.3 购物车模块

购物车是在线商城系统的核心功能之一。本模块主要由如下 4 个文件实现。

- cart.py
- urls.py
- forms.py
- views.py

文件 urls.py 的功能是实现购物车页面的 URL 处理，包括购物车详情展示、商品添加和商品删除。具体实现代码如下所示。

源码路径：daima\8\8-5\myshop\cart\urls.py

```
urlpatterns = [
    url(r'^$', views.cart_detail, name='cart_detail'),
    url(r'^add/(?P<product_id>\d+)/$', views.cart_add, name='cart_add'),
    url(r'^remove/(?P<product_id>\d+)/$', views.cart_remove, name='cart_remove'),
]
app_name = 'myshop'
```

在文件 cart.py 中实现和购物车相关的操作，通过函数__init__()获取登录用户的账号信息，通过函数__len__()统计当前账户的购物车中的商品数量，通过函数__iter__()展示购物车内各个商品的信息，通过函数 add()向购物车内添加新的商品信息，通过函数 remove()删除购物车内的某个商品信息，通过函数 save()保存当前购物车内的商品信息，通过函数 clear()清空购物车，通过函数 get_total_price()计算购物车内商品的总价。文件 cart.py 的具体实现代码如下所示。

源码路径：daima\8\8-5\myshop\cart\cart.py

```
class Cart(object):

    def __init__(self, request):
        """
        Initialize the cart.
        """
        self.session = request.session
        cart = self.session.get(settings.CART_SESSION_ID)
        if not cart:
            #在会话中保存空购物车
            cart = self.session[settings.CART_SESSION_ID] = {}
        self.cart = cart

    def __len__(self):
        """
        Count all items in the cart.
        """
        return sum(item['quantity'] for item in self.cart.values())

    def __iter__(self):
        """
        Iterate over the items in the cart and get the products from the database.
        """
        product_ids = self.cart.keys()
        #获取商品对象并把它们添加到购物车中
        products = Product.objects.filter(id__in=product_ids)
        for product in products:
            self.cart[str(product.id)]['product'] = product

        for item in self.cart.values():
            item['price'] = Decimal(item['price'])
            item['total_price'] = item['price'] * item['quantity']
            yield item

    def add(self, product, quantity=1, update_quantity=False):
        """
        Add a product to the cart or update its quantity.
        """
        product_id = str(product.id)
        if product_id not in self.cart:
            self.cart[product_id] = {'quantity': 0,
                                     'price': str(product.price)}
        if update_quantity:
            self.cart[product_id]['quantity'] = quantity
        else:
            self.cart[product_id]['quantity'] += quantity
        self.save()

    def remove(self, product):
        """
        Remove a product from the cart.
        """
        product_id = str(product.id)
```

```
        if product_id in self.cart:
            del self.cart[product_id]
            self.save()

    def save(self):
        #更新会话购物车
        self.session[settings.CART_SESSION_ID] = self.cart
        #把购物车标记为"modified"以确保保存它
        self.session.modified = True

    def clear(self):
        #清空购物车
        self.session[settings.CART_SESSION_ID] = {}
        self.session.modified = True

    def get_total_price(self):
        return sum(Decimal(item['price']) * item['quantity'] for item in self.cart.values())
```

文件 forms.py 的功能是处理购物车表单中商品的变动信息。具体实现代码如下。

源码路径：daima\8\8-5\myshop\cart\forms.py

```
PRODUCT_QUANTITY_CHOICES = [(i, str(i)) for i in range(1, 21)]

class CartAddProductForm(forms.Form):
    quantity = forms.TypedChoiceField(choices=PRODUCT_QUANTITY_CHOICES,
                                      coerce=int)
    update = forms.BooleanField(required=False,
                                initial=False,
                                widget=forms.HiddenInput)
```

在文件 views.py 中实现视图展示功能，通过函数 cart_add()向购物车中添加商品，通过函数 cart_remove()删除购物车中的商品，通过函数 cart_detail()实现购物车详情展示功能。文件 views.py 的具体实现代码如下。

源码路径：daima\8\8-5\myshop\cart\views.py

```
def cart_add(request, product_id):
    cart = Cart(request)
    product = get_object_or_404(Product, id=product_id)
    form = CartAddProductForm(request.POST)
    if form.is_valid():
        cd = form.cleaned_data
        cart.add(product=product,
                 quantity=cd['quantity'],
                 update_quantity=cd['update'])
    return redirect('cart:cart_detail')

def cart_remove(request, product_id):
    cart = Cart(request)
    product = get_object_or_404(Product, id=product_id)
    cart.remove(product)
    return redirect('cart:cart_detail')


def cart_detail(request):
    cart = Cart(request)
    for item in cart:
        item['update_quantity_form'] = CartAddProductForm(initial={'quantity': item['quantity'],
                                                                   'update': True})
    return render(request, 'cart/detail.html', {'cart': cart})
```

购物车模块的模板文件是 detail.html。具体实现代码如下。

```
{% extends "shop/base.html" %}
{% load static %}

{% block title %}
    Your shopping cart
{% endblock %}

{% block content %}
    <h1>Your shopping cart</h1>
    <table class="cart">
```

```
        <thead>
            <tr>
                <th>Image</th>
                <th>Product</th>
                <th>Quantity</th>
                <th>Remove</th>
                <th>Unit price</th>
                <th>Price</th>
            </tr>
        </thead>
        <tbody>
        {% for item in cart %}
            {% with product=item.product %}
            <tr>
                <td>
                    <a href="{{ product.get_absolute_url }}">
                        <img src="{% if product.image %}{{ product.image.url }}{% else %}
                            {% static "img/no_image.png" %}{% endif %}">
                    </a>
                </td>
                <td>{{ product.name }}</td>
                <td>
                    <form action="{% url "cart:cart_add" product.id %}" method="post">
                        {{ item.update_quantity_form.quantity }}
                        {{ item.update_quantity_form.update }}
                        <input type="submit" value="Update">
                        {% csrf_token %}
                    </form>
                </td>
                <td><a href="{% url "cart:cart_remove" product.id %}">Remove</a></td>
                <td class="num">${{ item.price }}</td>
                <td class="num">${{ item.total_price }}</td>
            </tr>
            {% endwith %}
        {% endfor %}
        <tr class="total">
            <td>Total</td>
            <td colspan="4"></td>
            <td class="num">${{ cart.get_total_price }}</td>
        </tr>
        </tbody>
    </table>
    <p class="text-right">
        <a href="{% url "shop:product_list" %}" class="button light">Continue shopping</a>
        <a href="{% url 'orders:order_create' %}" class="button">Checkout</a>
    </p>
```

购物车界面的执行效果如图 8-21 所示，我们可以灵活地增加或删除里面的商品，也可以修改里面的商品数量。

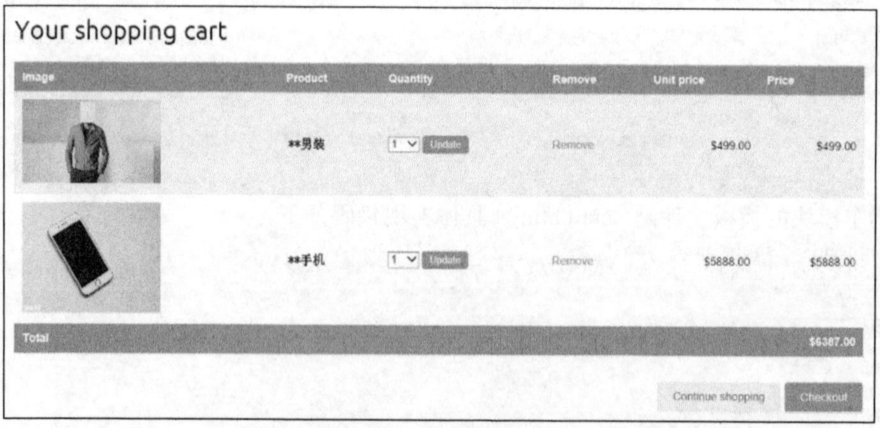

图 8-21　购物车界面

8.5.4 订单模块

订单处理是在线商城系统的核心功能之一。本模块主要由如下文件实现。

1）文件 urls.py 的功能是实现订单页面的 URL 处理，实现创建订单功能。具体实现代码如下。

源码路径：daima\8\8-5\myshop\orders\urls.py

```
urlpatterns = [
    url(r'^create/$', views.order_create, name='order_create'),
]
app_name = 'myshop'
{% endblock %}
```

2）文件 admin.py 的功能是实现订单展示和订单管理。具体实现代码如下。

源码路径：daima\8\8-5\myshop\orders\admin.py

```
class OrderItemInline(admin.TabularInline):
    model = OrderItem
    raw_id_fields = ['product']


class OrderAdmin(admin.ModelAdmin):
    list_display = ['id', 'first_name', 'last_name', 'email', 'address', 'postal_code',
        'city', 'paid', 'created', 'updated']
    list_filter = ['paid', 'created', 'updated']
    inlines = [OrderItemInline]

admin.site.register(Order, OrderAdmin)
```

3）文件 forms.py 的功能是创建订单列表。具体实现代码如下。

源码路径：daima\8\8-5\myshop\orders\forms.py

```
class OrderCreateForm(forms.ModelForm):
    class Meta:
        model = Order
        fields = ['first_name', 'last_name', 'email', 'address', 'postal_code', 'city']
```

4）文件 models.py 的功能是实现订单和订单列表处理。具体实现代码如下。

源码路径：daima\8\8-5\myshop\orders\models.py

```
class Order(models.Model):
    first_name = models.CharField(max_length=50)
    last_name = models.CharField(max_length=50)
    email = models.EmailField()
    address = models.CharField(max_length=250)
    postal_code = models.CharField(max_length=20)
    city = models.CharField(max_length=100)
    created = models.DateTimeField(auto_now_add=True)
    updated = models.DateTimeField(auto_now=True)
    paid = models.BooleanField(default=False)

    class Meta:
        ordering = ('-created',)

    def __str__(self):
        return 'Order {}'.format(self.id)

    def get_total_cost(self):
        return sum(item.get_cost() for item in self.items.all())


class OrderItem(models.Model):
    order = models.ForeignKey(Order, related_name='items',on_delete=models.CASCADE)
    product = models.ForeignKey(Product, related_name='order_items',on_delete=models.CASCADE)
    price = models.DecimalField(max_digits=10, decimal_places=2)
    quantity = models.PositiveIntegerField(default=1)

    def __str__(self):
        return '{}'.format(self.id)
```

```
    def get_cost(self):
        return self.price * self.quantity
```

5）文件 tasks.py 的功能是创建一个新的订单。具体实现代码如下。

源码路径：daima\8\8-5\myshop\orders\tasks.py

```
def order_created(order_id):
    """
    Task to send an e-mail notification when an order is successfully created.
    """
    order = Order.objects.get(id=order_id)
    subject = 'Order nr. {}'.format(order.id)
    message = 'Dear {},\n\nYou have successfully placed an order. Your order id is {}.'
        .format(order.first_name,
                                                                                order.id)
    mail_sent = send_mail(subject, message, 'admin@myshop.com', [order.email])
    return mail_sent
```

6）文件 views.py 的功能是创建订单视图。具体实现代码如下。

源码路径：daima\8\8-5\myshop\orders\views.py

```
def order_create(request):
    cart = Cart(request)
    if request.method == 'POST':
        form = OrderCreateForm(request.POST)
        if form.is_valid():
            order = form.save()
            for item in cart:
                OrderItem.objects.create(order=order,
                                         product=item['product'],
                                         price=item['price'],
                                         quantity=item['quantity'])
            # clear the cart
            cart.clear()
            # launch asynchronous task
            # order_created.delay(order.id)
            return render(request, 'orders/order/created.html', {'order': order})
    else:
        form = OrderCreateForm()
    return render(request, 'orders/order/create.html', {'cart': cart,
                                                        'form': form})
```

创建订单功能的模板文件是 create.html。具体实现代码如下。

```
{% extends "shop/base.html" %}

{% block title %}
    Checkout
{% endblock %}

{% block content %}
    <h1>Checkout</h1>

    <div class="order-info">
        <h3>Your order</h3>
        <ul>
            {% for item in cart %}
                <li>{{ item.quantity }}x {{ item.product.name }} <span>${{ item.total_
                    price }}</span></li>
            {% endfor %}
        </ul>
        <p>Total: ${{ cart.get_total_price }}</p>
    </div>

    <form action="." method="post" class="order-form">
        {{ form.as_p }}
        <p><input type="submit" value="Place order"></p>
        {% csrf_token %}
    </form>
{% endblock %}
```

成功创建订单页面的模板文件是 created.html。具体实现代码如下。

```
{% extends "shop/base.html" %}

{% block title %}
```

```
    Thank you
{% endblock %}

{% block content %}
    <h1>Thank you</h1>
    <p>Your order has been successfully completed. Your order number is <strong>{{ order
        .id }}</strong>.</p>
{% endblock %}
```

在购物车界面中单击“Checkout”按钮后会弹出创建订单的界面，如图 8-22 所示。填写配送信息，并单击“Place order”按钮后会成功创建订单。

图 8-22 创建订单的界面

至此，整个实例全部介绍完毕，后台系统是通过 Django 框架自动实现的，订单管理界面如图 8-23 所示。

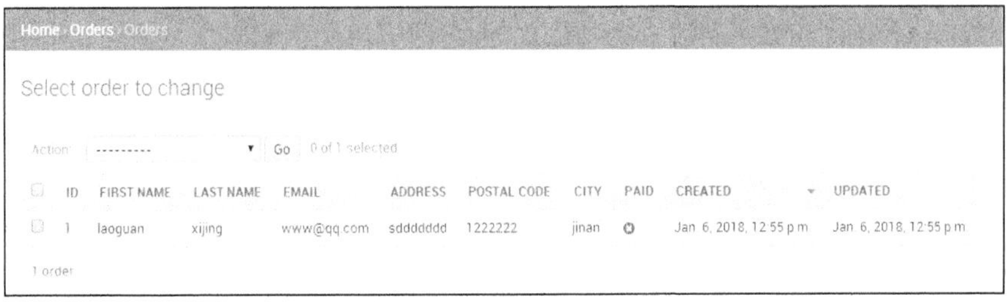

图 8-23 订单管理界面

商品分类管理界面如图 8-24 所示。

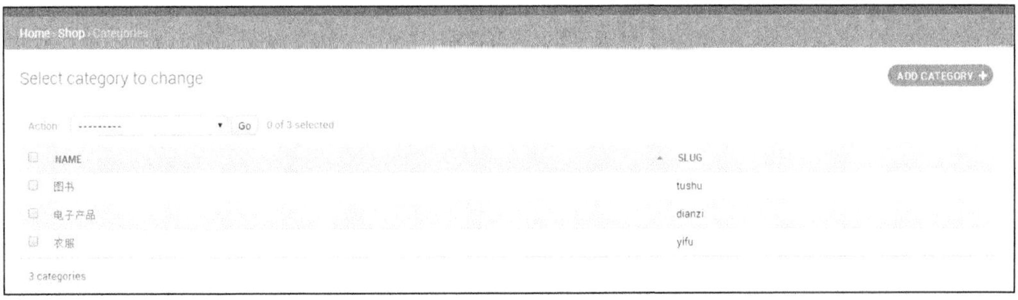

图 8-24 商品分类管理界面

商品管理界面如图 8-25 所示。

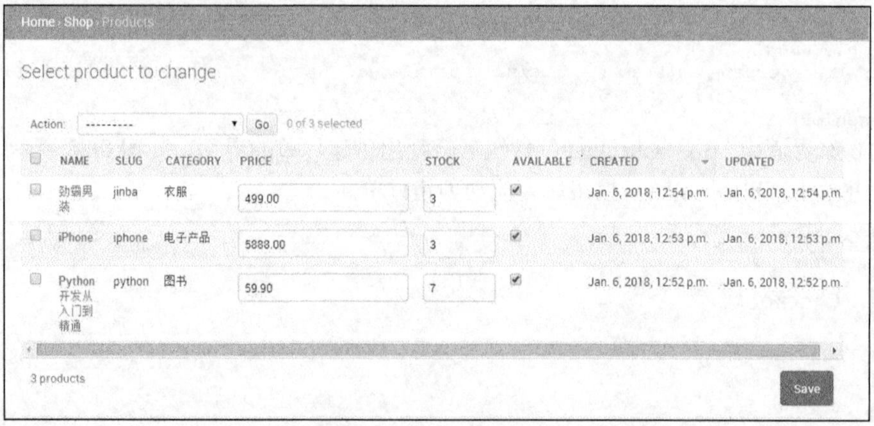

图 8-25 商品管理界面

用于添加商品的界面如图 8-26 所示。

图 8-26 用于添加商品的界面

第 9 章

Flask Web 开发

Flask 是一个免费的 Web 框架，也是一个充满活力的微框架，有众多的拥护者，文档齐全，社区活跃度高。Flask 的设计目标是实现一个 WSGI 的微框架，其核心代码保持简单性和可扩展性，很容易学习。本章将详细讲解使用 Flask 框架开发动态 Web 程序的知识。

9.1　Flask 开发基础

因为 Flask 框架并不是 Python 的标准库，所以在使用之前必须先进行安装。本节将详细讲解 Flask 开发的基础知识。

9.1.1　Django 和 Flask 的对比

现在市面上可选的基于 Python 的 Web 框架有很多，例如 Django、Flask、Pyramid、Tornado、Bottle、Diesel、Pecan、Falcon 等。其中最受开发者欢迎的是 Flask 和 Django，这两个框架涵盖了从小微项目到企业级的 Web 服务。

Flask 是一个面向简单需求小型应用的“微框架”（microframework），而 Django 都是面向大型应用的，并且有不同的拓展性和灵活性。而 Django 目的是囊括 Web 应用的所有内容，所以开发者只需要打开箱子开始工作，将 Django 的模块拉进箱子中。

Django 包括一个开箱即用的 ORM ，而 Pyramid 和 Flask 让开发者自己选择如何或者是否存储他们的数据。到目前为止，对于非 Django 的 Web 应用来说，最流行的 ORM 是 SQLAlchemy，同时还有多种其他选择，从 DynamoDB 和 MongoDB 到简单本地存储的 LevelDB 或朴实的 SQLite。Pyramid 可使用任何数据持久层，甚至是还没有开发出来的。

Django 的“batteries included”特性让开发者不需要提前为他们的应用程序基础设施做决定，因为他们知道 Python 已经深入到了 Web 应用当中。Django 已经内建了模板、表单、路由、认证、基本数据库管理等。

Flask 框架比较年轻，诞生于 2010 年年中。Django 2006 年发布了第一个版本，这是一个非常成熟的框架，积累了众多插件和扩展以满足难以置信的巨大需求。

虽然 Flask 的历史相对更短，但它能够学习之前出现的框架并且把注意力放在微小项目上。大多数情况下它使用在一些只有一两个功能的小型项目上。例如 httpbin，一个简单的（但很强大的）调试和测试 HTTP 库的项目。

最具活力的社区当属 Django，其有 80 000 个 StackOverflow 问题以及一系列来自开发者和优秀用户的优秀博客。Flask 社区并没有那么大，但它们的社区在邮件列表和 IRC 上相当活跃。StackOverflow 上仅有 5000 个相关的标签，Django 比 Flask 大 15 倍。在 GitHub 网站上，它们的星级近乎相等，Django 有 11 300 个，Flask 有 10 900 个。这两个框架都使用的是 BSD 衍生的协议。Flask 和 Django 的协议是 BSD 3 条款。

Django 内建了 Bootstrapping 工具，而 Flask 没有包含类似的工具，因为 Flask 的目标用户不是那种试图构建大型 MVC 应用的人。

9.1.2　安装 Flask

建议使用 pip 命令实现快速安装，因为它会自动帮你安装它依赖的第三方库。在 CMD 命令提示符下使用如下命令进行安装。

```
pip install flask
```

成功安装时的界面效果如图 9-1 所示。

在安装 Flask 框架后，可以在交互式环境下使用 import flask 语句进行验证。如果没有错误提示，则说明成功安装 Flask 框架。另外，也可以通过手动下载的方式进行手动安装。必须先下载安装 Flask 依赖的两个外部库，即 Werkzeug 和 Jinja2，分别解压后进入对应的目录。在命令提示符下使用 python setup.py install 来安装它们。Flask 依赖外部库的下载地址参见 GitHub 网站，然后在 PyPi 下载 Flask，下载后再使用 python setup.py install 命令来安装它。

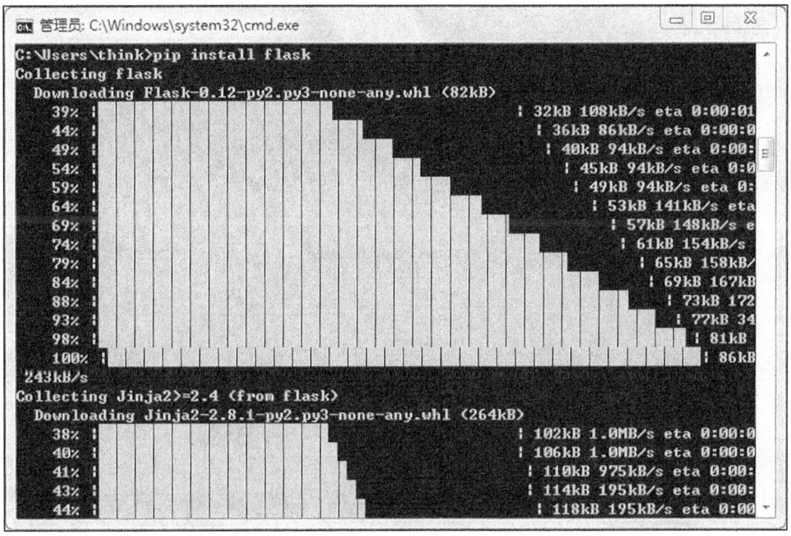

图 9-1　成功安装时的界面效果

9.1.3　第一个 Flask Web 程序

实例文件 flask1.py 演示了使用 Flask 框架开发一个简单 Web 程序的过程。

源码路径：daima\9\9-1\flask1.py

```
import flask                        #导入flask模块
app = flask.Flask(__name__)         #实例化类Flask
@app.route('/')                     #装饰器操作，实现URL地址
def hello():                        #定义业务处理函数hello()
    return '你好，这是第一个Flask程序！'
if __name__ == '__main__':
    app.run()                       #运行程序
```

在上述实例代码中，首先导入了 Flask 框架。然后实例化主类并自定义只返回一串字符的函数 hello()。接着使用@app.route('/')装饰器将 URL 和函数 hello()联系起来，使得服务器收到对应的 URL 请求时，调用这个函数，返回这个函数生产的数据。

执行后会显示一行提醒语句，如图 9-2 所示。这表示 Web 服务器已经正常启动运行了，它的默认服务器端口为 5000，IP 地址为 127.0.0.1。

在浏览器地址栏中输入网址“http://127.0.0.1:5000/”后便可以测试上述 Web 程序，执行效果如图 9-3 所示。通过按 Ctrl+C 组合键退出当前的服务器。

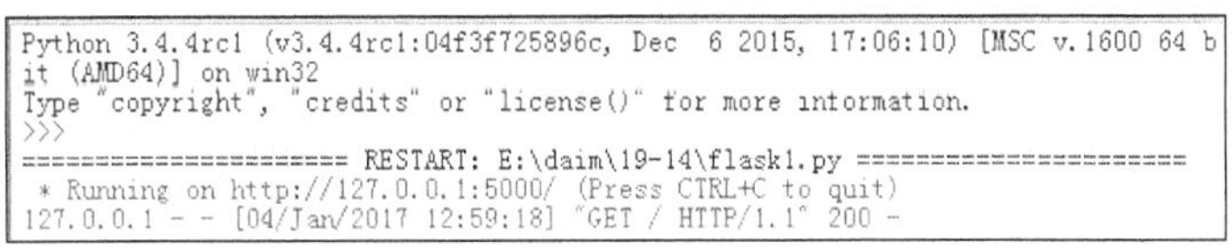

图 9-2　显示服务器正常运行

图 9-3　执行效果

当浏览器访问发出的请求被服务器收到后，服务器还会显示出相关信息，如图 9-4 所示。其中包括访问该服务器的客户端地址、访问的时间、请求的方法以及表示访问结果的状态码。

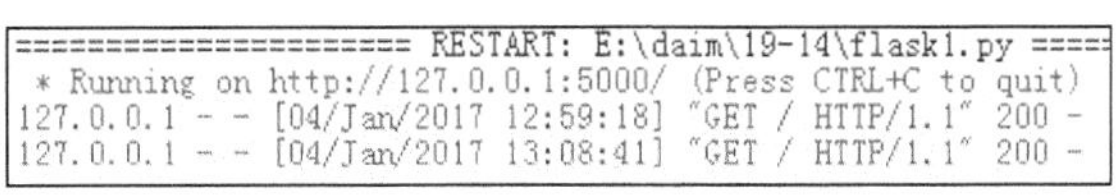

图 9-4　服务器显示相关信息

在上述实例代码中，方法 run()的功能是启动一个服务器，在调用时可以通过参数来设置服

务器。常用的主要参数如下所示。

- host：服务器的 IP 地址，默认为 None。
- port：服务器的端口，默认为 None。
- debug：表示是否开启调试模式，默认为 None。

在现实开发应用中，建议读者使用集成开发工具 PyCharm 来开发 Flask 程序。具体流程如下所示。

1）打开 PyCharm，单击“Create New Project”按钮，如图 9-5 所示。

图 9-5　单击“Create New Project”按钮

2）在弹出的“New Project”对话框的左侧列表中选择“Flask”选项，在“Location”中设置项目的保存路径，如图 9-6 所示。

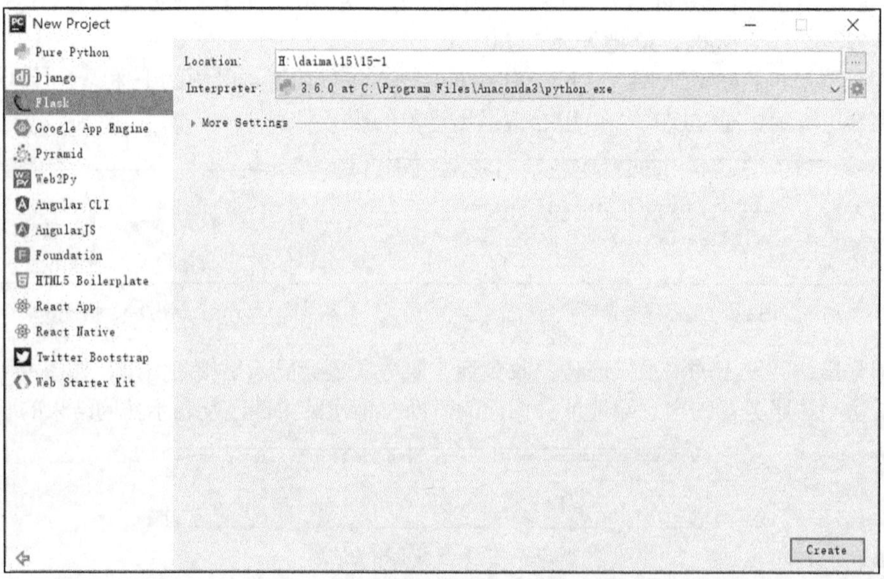

图 9-6　“New Project”对话框

3）单击“Create”按钮后会创建一个 Flask 项目，会自动创建保存模板文件和静态文件的文件夹。

4）在项目中可以新建一个 Python 文件，其代码可以和前面的实例文件 flask1.py 完全一样，如图 9-7 所示。

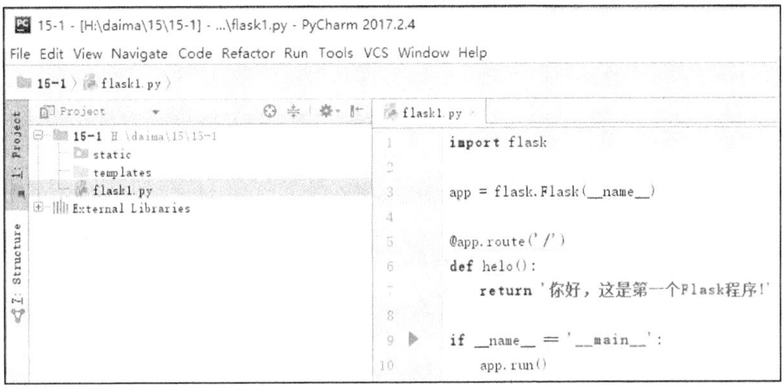

图 9-7　创建实例文件 flask1.py

5）可以直接在 PyCharm 中调试与运行实例文件 flask1.py，在 PyCharm 中会显示图 9-8 所示的效果。

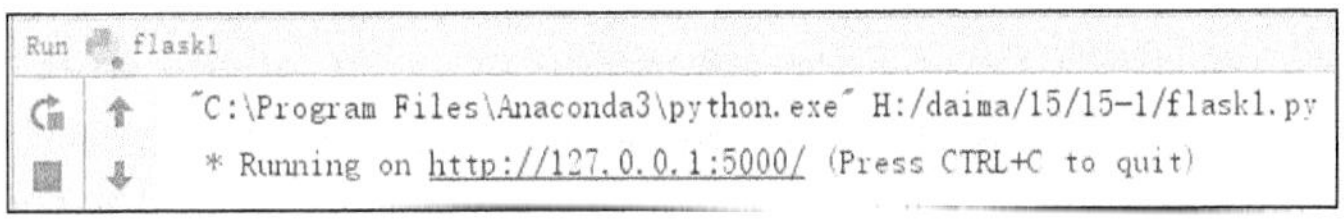

图 9-8　PyCharm 中的执行效果

单击链接“http://127.0.0.1:5000/”会显示具体的执行效果，如图 9-9 所示。

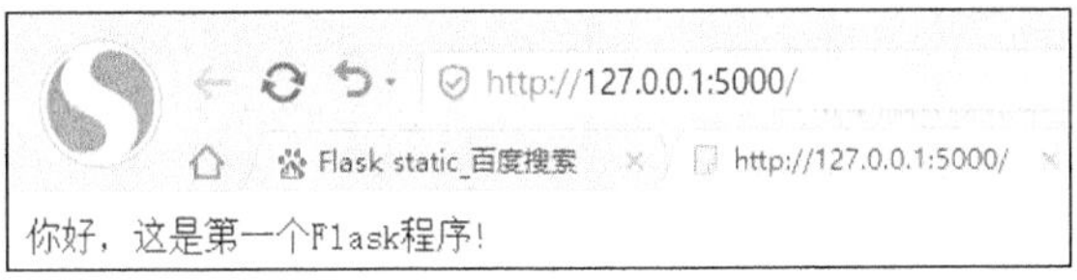

图 9-9　实例文件 flask1.py 的执行效果

9.2　使用 Flask 开发 Web 程序

本节将详细讲解使用 Flask 框架开发基本 Web 程序的知识，为读者步入本书后面知识的学习打下基础。

9.2.1　传递 URL 参数

在 Flask 框架中，通过使用方法 route()可以将一个普通函数与特定的 URL 关联起来。当服务器收到这个 URL 请求时，会调用方法 route()返回对应的内容。Flask 框架中的一个函数可以由多个 URL 装饰器来装饰，实现多个 URL 请求由一个函数产生的内容回应。实例文件 flask2.py 演示了将不同的 URL 映射到同一个函数上的过程。

源码路径：daima\9\9-2\flask2.py

```
import flask                          #导入flask模块
app = flask.Flask(__name__)           #实例化类
```

```
@app.route('/')                        #装饰器操作，实现URL映射
@app.route('/aaa')                     #装饰器操作，实现第2个URL映射
def hello():
    return '你好，这是一个Flask程序！'
if __name__ == '__main__':
    app.run()                          #运行程序
```

执行本实例后，无论是在浏览器地址栏中输入“http://127.0.0.1:5000/”，还是输入“http://127.0.0.1:5000/aaa”，在服务器端都将这两个 URL 请求映射到同一个函数 hello()，所以输入两个 URL 地址后的效果一样。执行效果如图 9-10 所示。

图 9-10　执行效果

在现实应用中，实现 HTTP 请求传递最常用的两种方法是“GET”和“POST”。在 Flask 框架中，URL 装饰器的默认方法为“GET”，通过使用 Flask 中 URL 装饰器的参数“方法类型”，可以让同一个 URL 的两种请求方法映射在同一个函数上。

在默认情况下，当通过浏览器传递参数的相关数据或参数时，都是通过 GET 或 POST 请求中包含的参数来实现的。其实通过 URL 也可以传递参数，此时直接将数据放入 URL 中，然后在服务器端获取传递的数据。

在 Flask 框架中，获取的 URL 参数需要在 URL 装饰器和业务函数中分别进行定义或处理。有如下两种形式的 URL 变量规则（URL 装饰器中的 URL 字符串写法）。

```
/hello/<name>      #例如获取URL"/hello/wang"中的参数"wang"给name变量
/hello/<int: id>   #例如获取URL"/hello/5"中的参数"5"，自动转换为整数5并赋给id变量
```

要获取和处理 URL 中传递来的参数，需要在对应业务函数的参数列表中列出变量名，具体语法格式如下所示。

```
@app.route("/hello/<name>")
    def get_url_param (name):
    pass
```

这样在列表中列出变量名后，就可以在业务函数 get_url_param()中引用这个变量值，并进一步使用从 URL 中传递过来的参数。

实例文件 flask3.py 演示了使用 get 请求获取 URL 参数的过程。

源码路径：daima\9\9-2\flask3.py

```
import flask             #导入flask模块
html_txt = """           #变量html_txt初始化，作为GET请求的页面
<!DOCTYPE html>
<html>
    <body>
        <h2>如果收到了GET请求</h2>
        <form method='post'>            #设置请求方法是"post"
        <input type='submit' value='按下我发送POST请求' />
        </form>
    </body>
</html>
"""
app = flask.Flask(__name__)             #实例化类Flask
#URL映射，不管是'GET'方法还是'POST'方法，都映射到hello()函数
@app.route('/aaa',methods=['GET','POST'])
def hello():                            #定义业务处理函数hello()
    if flask.request.method == 'GET':  #如果接收到的请求是GET
        return html_txt                 #返回html_txt的页面内容
    else:                               #否则，接收到的请求是POST
        return '我司已经收到POST请求！'
if __name__ == '__main__':
    app.run()                           #运行程序
```

在上述实例代码中，预先定义了 GET 请求要返回的页面内容字符串 html_txt，在函数 hello()的装饰器中提供了参数 methods 为“GET”和“POST”字符串列表，表示 URL 为“/aaa”的请求（不管是‘GET’方法还是‘POST’方法）都映射到 hello()函数。在函数 hello()内部使用

flask.request.method 来判断收到的请求方法是“GET”还是“POST”，然后分别返回不同的内容。

执行本实例，在浏览器地址栏中输入“http://127.0.0.1:5000/aaa”后的效果如图 9-11 所示。单击“按下我发送 POST 请求”按钮后的效果如图 9-12 所示。

图 9-11 执行效果

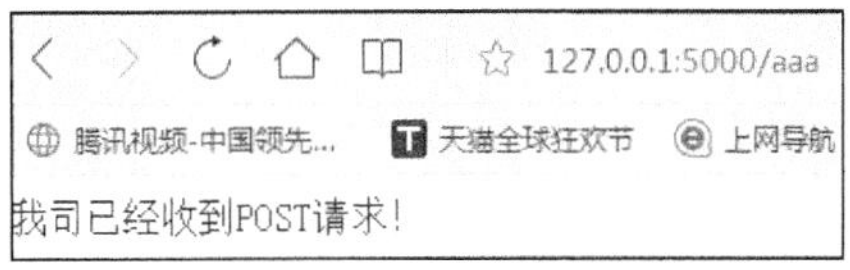

图 9-12 单击“按下我发送 POST 请求”按钮后的效果

9.2.2 使用会话和 cookie

通过本书前面内容的学习可知，通过使用 cookie 和会话可以存储客户端与服务器端的交互状态。其中，cookie 能够运行在客户端并存储交互状态，而会话能够运行在服务器端并存储交互状态。在 Flask 框架中提供了上述两种常用交互状态的存储方式。其中，会话存储方式与其他 Web 框架有一些不同。Flask 框架中的会话使用了密钥签名的方式进行了加密。也就是说，虽然用户可以查看你的 cookie，但是如果没有密钥就无法修改它，并且只保存在客户端。

在 Flask 框架中，可以通过如下代码获取 cookie。

```
flask. request.cookies.get('name ')
```

在 Flask 框架中，可以使用 make_response 对象设置 cookie，例如下面的代码。

```
resp = make_response (content)                    #content返回页面内容
resp.set_cookie ('username', 'the username')      #设置名为username的cookie
```

实例文件 flask4.py 演示了使用 cookie 跟踪用户的过程。

源码路径：daima\9\9-2\flask4.py

```
import flask                #导入flask模块
html_txt = """              #变量html_txt初始化，作为GET请求的页面
<!DOCTYPE html>
<html>
    <body>
        <h2>可以收到CET请求</h2>
        <a href='/get_xinxi'>单击我获取Cookie信息</a>
    </body>
</html>
"""
app = flask.Flask(__name__)                 #实例化类Flask
@app.route('/set_xinxi/<name>')             #URL映射到指定目录中的文件
def set_cks(name):                          #函数set_cks()用于从URL中获取参数并将其存入cookie中
    name = name if name else 'anonymous'
    resp = flask.make_response(html_txt)        #构造响应对象
    resp.set_cookie('name',name)                #设置cookie
    return resp
@app.route('/get_xinxi')
def get_cks():              #函数get_cks()用于从Cookie中读取数据并显示在页面中
    name = flask.request.cookies.get('name')    #获取cookie信息
    return '获取的cookie信息是:' + name         #显示获取的cookie信息
if __name__ == '__main__':
    app.run(debug=True)
```

在上述实例代码中，首先定义了两个函数。其中，第一个函数用于从 URL 中获取参数并将它存入 cookie 中；第二个函数的功能是从 Cookie 中读取数据并显示在页面中。

当在浏览器地址栏中使用“http://127.0.0.1:5000/set_xinxi/langchao”浏览时，表示设置了名为 langchao 的 Cookie 信息，执行效果如图 9-13 所示。当单击“单击我获取 Cookie 信息”链接后来到“/get_xinxi”时，会在新页面中显示在 Cookie 中保存的名称为 langchao 的信息，效果如图 9-14 所示。

图 9-13　执行效果

图 9-14　单击“单击我获取 Cookie 信息”链接后的效果

9.2.3　使用 Flask-Script 扩展

Flask 可扩展，因此它没有提供一些重要的功能，例如数据库和用户认证。于是，开发者可以自由选择最适合程序的包，或者按需求自行开发。社区成员开发了大量不同用途的扩展，如果这不能满足需求，开发者还可使用所有 Python 标准包或代码库。

虽然用 Flask 框架开发的 Web 服务器支持很多启动设置选项，但是只能在脚本中作为参数传给 app.run()函数。这种方式并不十分方便，传递设置选项的最佳方式是使用命令行参数。Flask-Script 是一个著名的 Flask 扩展，为 Flask 程序添加了一个命令行解析器。Flask-Script 自带了一组常用选项，而且还支持自定义命令。可以通过如下 pip 命令安装 Flask-Script 扩展。

```
pip install flask-script
```

实例文件 hello.py 演示了使用 Flask-Script 扩展增强程序功能的过程。实例文件 hello.py 的具体实现代码如下所示。

源码路径：daima\9\9-2\kuo\hello.py

```
from flask import Flask
from flask_script import Manager

app = Flask(__name__)

manager = Manager(app)

@app.route('/')
def index():
    return '<h1>Hello World!</h1>'

@app.route('/user/<name>')
def user(name):
    return '<h1>Hello, %s!</h1>' % name

if __name__ == '__main__':
    manager.run()
```

在上述代码中，Flask-Script 输出了一个名为 Manager 的类，这可以从 flask_script 中导入。这个扩展的初始化方法也适用于其他很多扩展，例如，把程序实例作为参数传给构造函数，初始化主类的实例。创建的对象可以在各个扩展中使用，上述代码中的服务器由 manager.run()启动，启动后就能解析命令行了。这样在 PyCharm 中运行上述代码后会输出下面的结果。

```
usage: hello.py [-?] {shell,runserver} ...

positional arguments:
  {shell,runserver}
    shell               Runs a Python shell inside Flask application context.
    runserver           Runs the Flask development server i.e. app.run()

optional arguments:
  -?, --help            show this help message and exit
```

shell 命令用于在程序的上下文中启动 Python shell 会话。可以在这个会话中运行维护任务或测试，还可调试异常。顾名思义，runserver 命令用来启动 Web 服务器。运行 python hello.py runserver 后会以调试模式启动 Web 服务器。在现实应用中，还有如下可用选项。

```
$ python hello.py runserver --help
usage: hello.py runserver [-h] [-t HOST] [-p PORT] [--threaded]
[--processes
```

使用 app.run()运行 Flask 开发服务器后，输出以下结果。

```
optional arguments:
-h, --help 显示帮助信息并退出
-t HOST, --host HOST
-p PORT, --port PORT
--threaded
--processes PROCESSES
--passthrough-errors
-d, --no-debug
-r, --no-reload
```

在上述输出中，参数“--host”是一个很有用的选项，它告诉 Web 服务器在哪个网络接口上监听来自客户端的连接。在默认情况下，Flask 开发 Web 服务器监听 localhost 上的连接，所以只接受从服务器所在计算机发起的连接。通过下面的命令可以让 Web 服务器监听公共网络接口上的连接，允许同一个网络中的其他计算机连接服务器。

```
$ python hello.py runserver --host 127.0.0.1
* Running on http://127.0.0.1:5000/
* Restarting with reloader
```

现在，Web 服务器可使用 http://*.*.*.*:5000/ 网络中的任意一台计算机进行访问。其中，“*.*.*.*”是服务器的外网 IP 地址。

9.2.4 使用模板

模板是一个包含响应文本的文件。其中包含用占位变量表示的动态部分，其具体值在请求的上下文中才能知道。使用真实值替换变量，再返回最终得到的响应字符串，这一过程称为渲染。为了渲染模板，Flask 使用了一个名为 Jinja2 的强大模板引擎。形式最简单的 Jinja2 模板就是一个包含响应文本的文件。例如，下面就是一个 Jinja2 模板的实现代码，它和前面实例文件 flask2.py 中的 hello()视图函数的响应一样。

```
<h1>Hello World!</h1>
```

下面的实例演示了使用上述模板文件的过程。

1）假设定义的两个模板文件保存在 templates 文件夹中，这两个模板文件分别命名为 index.html 和 user.html。其中，模板文件 index.html 只有一行代码。具体实现代码如下。

源码路径：daima\9\9-2\moban\templates\index.html

```
<h1>Hello World!</h1>
```

模板文件 user.html 也只有一行代码。具体实现代码如下所示。

源码路径：daima\9\9-2\moban\templates\user.html

```
<h1>Hello, {{ name }}!</h1>
```

2）在默认情况下，Flask 在程序文件夹的 templates 子文件夹中寻找模板。接下来，可以在 Python 程序中通过视图函数处理上面的模板文件，以便渲染这些模板。实例文件 moban.py 的内容如下。

源码路径：daima\9\9-2\moban\moban.py

```
import flask
from flask import Flask, render_template
app = flask.Flask(__name__)

@app.route('/')
def index():
  return render_template('index.html')
@app.route('/user/<name>')
def user(name):
  return render_template('user.html', name=name)

if __name__ == '__main__':
    app.run()
```

在上述代码中，Flask 提供的 render_template 函数把 Jinja2 模板引擎集成到了程序中。

render_template 函数的第一个参数是模板的文件名。随后的参数都是键值对，表示模板中变量对应的真实值。在上述代码中，第二个模板收到一个名为 name 的变量。代码中的 name=name 是关键字参数，这类关键字参数很常见，但如果你不熟悉它们，可能会觉得迷惑且难以理解。左边的“name”表示参数名，就是模板中使用的占位符；右边的“name”是当前作用域中的变量，表示同名参数的值。

输入“http://127.0.0.1:5000/”后会调用模板文件 index.html，执行效果如图 9-15 所示。

输入“http://127.0.0.1:5000/user/guanguan”后会调用模板文件 user.html，表示用户名为“guanguan”，执行效果如图 9-16 所示。

图 9-15　调用模板文件 index.html

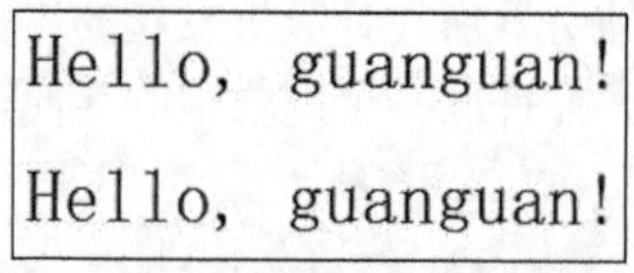

图 9-16　用户名为“guanguan”

1. 变量

在上面的模板文件 user.html 中，{{ name }}代码部分表示一个变量。这是一种特殊的占位符，用于告诉模板引擎这个位置的值从渲染模板时使用的数据中获取。Jinja2 能识别所有类型的变量，甚至是一些复杂的类型，例如列表、字典和对象。例如，下面是一些在模板中使用变量的演示代码。

```
<p>A value from a dictionary: {{ mydict['key'] }}.</p>
<p>A value from a list: {{ mylist[3] }}.</p>
<p>A value from a list, with a variable index: {{ mylist[myintvar] }}.</p>
<p>A value from an object's method: {{ myobj.somemethod() }}.</p>
```

开发者可以使用过滤器修改变量，将过滤器名添加在变量名后面，在中间使用竖线分隔。例如，在下面的代码中，模板以首字母大写形式显示变量 name 的值。

```
Hello, {{ name|capitalize }}
```

下面列出了 Jinja2 提供的常用过滤器。

- safe：在渲染值时不转义。
- capitalize：把值的首字母转换成大写形式，把其他字母转换成小写形式。
- lower：把值转换成小写形式。
- upper：把值转换成大写形式。
- title：把值中每个单词的首字母都转换成大写形式。
- trim：把值的首尾空格去掉。
- striptags：渲染之前把值中所有的 HTML 标签都删掉。

其中，safe 过滤器值需要特别提醒一下。在默认情况下，出于安全方面的考虑，Jinja2 会转义所有变量。例如，如果一个变量的值为'<h1>Hello</h1>'，则 Jinja2 会将它渲染成以下形式。

```
&lt;h1&gt;Hello&lt;/h1&gt;
```

浏览器能显示这个 h1 元素，但不会进行解释。在很多情况下需要显示变量中存储的 HTML 代码，这时就可使用 safe 过滤器。

2. 控制结构

Jinja2 提供了多种控制结构，可用来改变模板的渲染流程。例如，下面的代码展示了在模板中使用条件控制语句的过程。

```
{% if user %}
Hello, {{ user }}!
{% else %}
Hello, Stranger!
{% endif %}
```

另一种常见需求是在模板中渲染一组元素。例如，下面的代码展示了使用 for 循环实现这一需求的过程。

```
<ul>
{% for comment in comments %}
<li>{{ comment }}</li>
{% endfor %}
</ul>
```

Jinja2 还支持宏功能，宏类似于 Python 代码中的函数。例如下面的代码。

```
{% macro render_comment(comment) %}
<li>{{ comment }}</li>
{% endmacro %}
<ul>
{% for comment in comments %}
{{ render_comment(comment) }}
{% endfor %}
</ul>
```

为了可以重复使用宏功能，可以将它保存在单独的文件中，并在需要使用的模板中导入。例如下面的代码。

```
{% import 'macros.html' as macros %}
<ul>
{% for comment in comments %}
{{ macros.render_comment(comment) }}
{% endfor %}
</ul>
```

在需要重复使用的模板代码片段中写入单独的文件，并包含在所有模板中，可以避免重复，例如下面的代码。

```
{% include 'common.html' %}
```

另一种重复使用代码的强大方式是模板继承，它类似于 Python 代码中的类继承。首先，创建一个名为 base.html 的基模板，例如下面的代码。

```
<html>
<head>
{% block head %}
<title>{% block title %}{% endblock %} - My Application</title>
{% endblock %}
</head>
<body>
{% block body %}
{% endblock %}
</body>
</html>
```

使用标签 block 定义的元素可在衍生模板中修改，假如定义了名为 head、title 和 body 的块，其中 title 包含在 head 中。下面的演示代码是基模板的衍生模板。

```
{% extends "base.html" %}
{% block title %}Index{% endblock %}
{% block head %}
{{ super() }}
<style>
</style>
{% endblock %}
{% block body %}
<h1>Hello, World!</h1>
{% endblock %}
```

指令 extends 的功能是声明这个模板衍生自 base.html，在 extends 指令之后，重新定义基模板中的 3 个块，模板引擎会将它们插入适当的位置。注意新定义的 head 块，在基模板中其内容不是空的，所以使用 super()获取原来的内容。

9.2.5 使用 Flask-Bootstrap 扩展

Bootstrap（参见 getbootstrap 官网）是 Twitter 开发的一个开源框架，它提供的用户界面组件可用于创建整洁且具有吸引力的网页，而且这些网页还能兼容所有现代 Web 浏览器。因为

Bootstrap 是客户端框架，所以不会直接涉及服务器。服务器需要做的只是提供引用了 Bootstrap 层叠样式表（CSS）和 JavaScript 文件的 HTML 响应，并在 HTML、CSS 和 JavaScript 代码中实例化所需组件，这些操作最理想的执行场所就是模板。

要在 Python 程序中集成 Bootstrap，显然要对模板做所有必要的改动。不过，更简单的方法是使用一个名为 Flask-Bootstrap 的 Flask 扩展。Flask-Bootstrap 使用如下 pip 命令进行安装。

```
pip install flask-bootstrap
```

Flask 扩展一般都在创建程序实例时进行初始化，例如，下面是初始化 Flask-Bootstrap 的演示代码。

```
from flask.ext.bootstrap import Bootstrap
# ...
bootstrap = Bootstrap(app)
```

Flask-Bootstrap 是从 flask.ext 命名空间中导入的。把程序实例传入构造方法以进行初始化。在初始化 Flask-Bootstrap 之后，就可以在程序中使用一个包含所有 Bootstrap 文件的基模板。这个模板利用 Jinja2 的模板继承机制，让程序扩展一个具有基本页面结构的基模板，其中就有用来引入 Bootstrap 的元素。

下面的实例演示了在 Flask 中使用 Flask-Bootstrap 扩展的过程。

1）在 Python 文件 untitled.py 中，通过代码“bootstrap=Bootstrap(app)”为 Flask 扩展 Bootstrap 实现实例初始化，这行代码是 Flask-Bootstrap 的初始化方法。具体实现代码如下所示。

源码路径：daima\9\9-2\untitled\untitled.py

```
from flask import Flask,render_template
from flask_bootstrap import Bootstrap
app=Flask(__name__)
bootstrap=Bootstrap(app)
@app.route('/')
def index():
 return render_template('index.html')
if __name__=="__main__":
 app.run(debug=True)
```

2）在模板文件 base.html 中，通过 Jinja2 中的 extends 指令从 Flask-Bootstrap 中导入 bootstrap/base.html，从而实现模板继承。Flask-Bootstrap 中的基模板提供了一个网页框架，引入了 Bootstrap 中的所有 CSS 和 JavaScript 文件。基模板中定义了可在衍生模板中重定义的块。block 和 endblock 指令定义的块中的内容可添加到基模板中。文件 base.html 的具体实现代码如下所示。

源码路径：daima\9\9-2\untitled\base.html

```
{% extends "bootstrap/base.html" %} <!-- base.html模板继承自bootstrap/base.html -->
{% block title %}Flask{% endblock %}
{% block navbar %}
<div class="navbar navbar-inverse" role="navigation">
 <div class="container">
 <div class="navbar-header">
 <button type="button" class="navbar-toggle" data-toggle="collapse" data-taget=".navbar-
     collapse">
 <span class="sr-only">Toggle navigation</span>
 <sapn class="icon-bar"></sapn>
 <span class="icon-bar"></span>
 <span class="icon-bar"></span>
 </button>
 <a class="navbar-brand" href="/">Flasky</a>
 </div>
 <div class="navbar=collapse collapse">
 <ul class="nav navbar-nav">
 <li>
 <a href="/">Home</a>
 </li>
 </ul>
 </div>
 </div>
```

```
</div>
{% endblock %}


{% block content %}
<div class="container">
 {% block page_content %}{% endblock %}
</div>
{% endblock %}
```

在上述模板文件 base.html 中定义了 3 个块，分别名为 title、navbar 和 content。这些块都是基模板提供的，可以在衍生模板中重新定义。title 块的作用很明显，其中的内容会出现在渲染后的 HTML 文档头部，并放在<title> 标签中。navbar 与 content 这两个块分别表示页面中的导航条和主体内容。在这个模板中，navbar 块使用 Bootstrap 组件定义了一个简单的导航条。content 块中有个<div>容器，其中包含一个页面头部。之前版本的模板中的欢迎信息，现在就放在这个页面头部。

3）在模板文件 index.html 中继承上面的 base.html。具体实现代码如下所示。

源码路径：daima\9\9-2\untitled\index.html

```
{% extends "base.html" %}
{% block title %}首页{% endblock %}
{% block page_content %}
<h2>这里是首页，welcomo</h2>
Technorati Tags: flask
{% endblock %}
```

这样输入"http://127.0.0.1:5000/"后会显示指定的模板样式，实现一个导航效果。执行效果如图 9-17 所示。

在 Flask-Bootstrap 的 base.html 模板中定义了很多其他块，都可在衍生模板中使用。下面列出了所有可用的块。

图 9-17 执行效果

- doc：整个 HTML 文档。
- html_attribs：<html> 标签的属性。
- html：<html> 标签中的内容。
- head：<head> 标签中的内容。
- title：<title> 标签中的内容。
- metas：一组<meta> 标签。
- styles：层叠样式表定义。
- body_attribs：<body> 标签的属性。
- body：<body> 标签中的内容。
- navbar：用户定义的导航条。
- content：用户定义的页面内容。
- scripts：文档底部的 JavaScript 声明。

上面的很多块都是 Flask-Bootstrap 自用的，如果直接重定义可能会导致一些问题。例如，Bootstrap 所需的文件在 styles 和 scripts 块中声明。如果程序需要向已经有内容的块中添加新内容，必须使用 Jinja2 提供的 super()函数。例如，如果要在衍生模板中添加新的 JavaScript 文件，需要像下面这样定义 scripts 块。

```
{% block scripts %}
{{ super() }}
<script type="text/javascript" src="my-script.js"></script>
{% endblock %}
```

9.2.6 使用 Flask-Moment 扩展本地化日期和时间

Moment.js 是一个简单易用的轻量级 JavaScript 日期处理类库，提供了日期格式化和日期解析等功能。Moment.js 支持在浏览器和 Node.js 两种环境中运行，此类库能够将给定的任意日期转换成多种不同的格式，具有强大的日期计算功能，同时也内置了能显示多样的日期形式的函数。另外，Moment.js 也支持多种语言，开发者可以任意新增一种语言包。Flask-Moment 是一个集成 moment.js 到 Jinja2 模板的 Flask 扩展。下面是初始化 Flask-Moment 的代码。

```
from flask.ext.moment import Moment
moment = Moment(app)
```

安装 Flask-Moment 的指令如下所示。

```
pip install flask-moment
```

Flask-Moment 依赖于 moment.js 和 jquery.js，这两个文件需要直接包含在 HTML 文档中。例如，通过如下代码在 base.html 模板的 head 标签中导入 moment.js 和 jquery.js。

```
<html>
    <head>

        {{ moment.include_jquery() }}
        {{ moment.include_moment() }}

        <!--使用中文,默认是英语的-->
       {{ moment.lang("zh-CN") }}

</head> <body> ... </body> </html>
```

如果使用了 Bootstrap，可以不用导入 jquery.js，因为在 Bootstrap 中包含了 jquery.js。

下面的实例演示了使用 Flask-Moment 扩展的过程。

1）编写程序文件 hello.py，为了处理时间戳，Flask-Moment 向模板开放了 moment 类，把变量 current_time 传入模板并进行渲染。具体实现代码如下。

源码路径：daima\9\9-2\flasky3e\hello.py

```
from datetime import datetime
from flask import Flask, render_template
from flask_script import Manager
from flask_bootstrap import Bootstrap
from flask_moment import Moment

app = Flask(__name__)

manager = Manager(app)
bootstrap = Bootstrap(app)
moment = Moment(app)


@app.errorhandler(404)
def page_not_found(e):
    return render_template('404.html'), 404


@app.errorhandler(500)
def internal_server_error(e):
    return render_template('500.html'), 500


@app.route('/')
def index():
    return render_template('index.html',
                           current_time=datetime.utcnow())


@app.route('/user/<name>')
def user(name):
    return render_template('user.html', name=name)


if __name__ == '__main__':
    manager.run()
```

2）在模板文件 index.html 中使用 Flask-Moment 渲染时间戳，

源码路径：daima\9\9-2\flasky3e\templates\index.html

```
{% extends "base.html" %}

{% block title %}Flask教程{% endblock %}

{% block page_content %}
<div class="page-header">
    <h1>Hello World!</h1>
</div>
<p>当前时间是：{{ moment(current_time).format('LLL') }}.</p>
<p>这是{{ moment(current_time).fromNow(refresh=True) }}.</p>
{% endblock %}
```

在上述代码中，format('LLL') 会根据客户端计算机中的时区和区域设置渲染日期与时间。参数决定了渲染的方式，'L' 到'LLLL' 分别对应不同的复杂度。format() 函数还可接受自定义的格式说明符。上述代码中的 fromNow()函数用于渲染相对时间戳，而且会随着时间的推移自动刷新显示的时间。这个时间戳最开始显示为“a few seconds ago”，但指定 refresh 参数后，其内容会随着时间的推移而更新。如果一直待在这个页面，几分钟后，会看到显示的文本变成“这是 123 minutes ago.”之类的提示文本。

在浏览器地址栏中输入“http://127.0.0.1:5000/”并执行上述代码后的效果如图 9-18 所示。

图 9-18　显示本地时间

9.3　表单操作

表单是动态 Web 开发的最核心模块之一，绝大多数的 Web 动态交互功能是通过表单实现的。本节将详细讲解在 Flask 框架中实现表单操作的知识。

9.3.1　使用 Flask-WTF 扩展

虽然 Flask 请求对象提供的信息足够用于处理 Web 表单，但是有一些任务很单调，而且要重复操作，例如生成表单的 HTML 代码和验证提交的表单数据。通过使用 Flask-WTF 扩展，对独立的 WTForms 包进行了包装，以集成到 Flask 程序中。

可以使用如下 pip 命令来安装 Flask-WTF 及其依赖。

```
pip install flask-wtf
```

在默认情况下，Flask-WTF 能防止所有表单受到跨站请求伪造（Cross-Site Request Forgery，CSRF）攻击。当恶意网站把请求发送到被攻击者已登录的其他网站时，就会引发 CSRF 攻击。为了防止 CSRF 攻击，Flask-WTF 需要程序设置一个密钥。Flask-WTF 使用这个密钥生成加密令牌，再用令牌验证请求中表单数据的真伪。例如，下面是一段设置密钥的代码。

```
app = Flask(__name__)
app.config['SECRET_KEY'] = 'aaa bbb ccc'
```

在 Flask 框架中，使用 app.config 字典来存储框架，扩展和程序本身的配置变量。使用标准的字典句法就能把配置值添加到 app.config 对象中。这个对象还提供了一些方法，可以从文件或环境中导入配置值。SECRET_KEY 配置变量是通用密钥，可以在 Flask 和多个第三方扩展中使用。加密的强度取决于变量值的机密程度，不同的程序要使用不同的密钥，而且要保证其他人不知道你所用的字符串。

当使用 Flask-WTF 时，每个 Web 表单都由一个继承自 Form 的类表示。这个类定义表单中的一组字段，每个字段都用对象表示。字段对象可附属一个或多个验证函数，通过验证函数可以验证用户提交的输入值是否符合要求。

下面的实例演示了使用 Flask-WTF 实现表单处理的过程。

首先，编写程序文件 hello.py 以创建一个简单的 Web 表单，其中包含一个文本字段和一个提交按钮。然后，将表单中的字段都定义为类变量，类变量的值是相应字段类型的对象。其中，在 NameForm 表单中有一个名为 name 的文本字段和一个名为 submit 的提交按钮。类 StringField 表示属性为 type="text"的<input>元素，类 SubmitField 表示属性为 type="submit"的<input>元素。字段构造函数 NameForm()的第一个参数是把表单渲染成 HTML 时使用的标号。文件 hello.py 的具体实现代码如下所示。

源码路径：daima\9\9-3\biaodan01\hello.py

```
from flask import Flask, render_template
from flask_script import Manager
from flask_bootstrap import Bootstrap
from flask_moment import Moment
from flask_wtf import FlaskForm
from wtforms import StringField, SubmitField
from wtforms.validators import Required

app = Flask(__name__)
app.config['SECRET_KEY'] = 'aaa bbb ccc'

manager = Manager(app)
bootstrap = Bootstrap(app)
moment = Moment(app)


class NameForm(FlaskForm):
    name = StringField('你叫什么名字?', validators=[Required()])
    submit = SubmitField('提交')
@app.route('/', methods=['GET', 'POST'])
def index():
    name = None
    form = NameForm()
    if form.validate_on_submit():
        name = form.name.data
        form.name.data = ''
    return render_template('index.html', form=form, name=name)
```

在上述代码中，视图函数 index()不仅要渲染表单，还要接收表单中的数据。app.route 用于使修饰器中添加的 methods 参数告诉 Flask 在 URL 映射中把这个视图函数注册为 GET 和 POST 请求的处理程序。如果没指定 methods 参数，则只把视图函数注册为 GET 请求的处理程序。很有必要把 POST 加入方法列表中，因为将提交表单作为 POST 请求进行处理更加便利。表单也可作为 GET 请求提交，不过 GET 请求没有主体，提交的数据以查询字符串的形式附加到 URL 中，这可以在浏览器的地址栏中看到。基于这个原因以及其他多个原因，提交表单大多作为 POST 请求进行处理。局部变量 name 用于存放表单中输入的有效名字，如果没有输入，其值为 None。例如，在上述代码中，在视图函数中创建一个 NameForm 类实例用于表示表单。提交表单后，如果数据能被所有验证函数接受，那么 validate_on_submit()函数的返回值为 True；否则，返回 False。函数重要的返回值决定了是重新渲染表单还是处理表单提交的数据。

WTForms 可以支持如下 HTML 标准字段。

- StringField：文本字段。
- TextAreaField：多行文本字段。
- PasswordField：密码文本字段。
- HiddenField：隐藏文本字段。
- DateField：文本字段，值为 datetime.date 格式。
- DateTimeField：文本字段，值为 datetime.datetime 格式。

- IntegerField：文本字段，值为整数。
- DecimalField：文本字段，值为 decimal.Decimal。
- FloatField：文本字段，值为浮点数。
- BooleanField：复选框，值为 True 和 False。
- RadioField：一组单选框。
- SelectField：下拉列表。
- SelectMultipleField：下拉列表，可选择多个值。
- FileField：文件上传字段。
- SubmitField：表单提交按钮。
- FormField：把表单作为字段嵌入另一个表单中。
- FieldList：一组指定类型的字段。

在 WTForms 中包含如下内置验证函数。

- Email：验证电子邮件地址。
- EqualTo：比较两个字段的值，常用于要求对两次输入的密码进行确认的情况。
- IPAddress：验证 IPv4 网络地址。
- Length：验证输入字符串的长度。
- NumberRange：验证输入的值在数字范围内。
- Optional：当无输入值时跳过其他验证函数。
- Required：确保字段中有数据。
- Regexp：使用正则表达式验证输入值。
- URL：验证 URL。
- AnyOf：确保输入值在可选值列表中。
- NoneOf：确保输入值不在可选值列表中。

接下来，在模板文件 index.html 中使用 Flask-WTF 和 Flask-Bootstrap 来渲染表单。具体实现代码如下所示。

源码路径：daima\9\9-3\biaodan01\templates\index.html

```
{% extends "base.html" %}
{% import "bootstrap/wtf.html" as wtf %}

{% block title %}Flasky{% endblock %}

{% block page_content %}
<div class="page-header">
    <h1>Hello, {% if name %}{{ name }}{% else %}Stranger{% endif %}!</h1>
</div>
{{ wtf.quick_form(form) }}
{% endblock %}
```

上述模板代码的内容区现在有两部分。其中，第一部分是页面头部，用于显示欢迎消息，在此处用到了一个模板条件语句。Jinja2 中的条件语句格式为{% if condition %}...{% else %}...{% endif %}。如果条件的计算结果为 True，那么渲染 if 和 else 指令之间的值；如果条件的计算结果为 False，则渲染 else 和 endif 指令之间的值。在上述代码中；如果没有定义模板变量 name，则会渲染字符串“Hello，Stranger!”。内容区的第二部分使用 wtf.quick_form() 函数渲染 NameForm 对象。

在浏览器地址栏中输入“http://127.0.0.1:5000/”后的效果如图 9-19 所示。

图 9-19　初始执行效果

在表单中随便输入一个用户名，例如输入“aaa”并单击“提交”按钮后会在表单上面显示对用户“aaa”的欢迎信息，如图 9-20 所示。

如果在表单为空时单击“提交”按钮，会显示“这是必填字段”的提示，如图 9-21 所示。

图 9-20　显示对用户“aaa”的欢迎信息

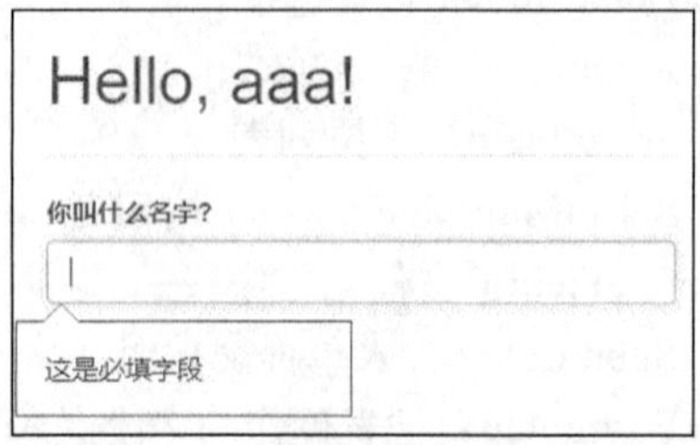

图 9-21　在表单为空时单击“提交”按钮的提示

9.3.2　文件上传

在 Flask 框架中实现文件上传系统的方法非常简单，与传递 GET 或 POST 参数十分相似。在 Flask 框架实现文件上传系统的基本流程如下所示。

1）将在客户端上传的文件保存在 flask.request.files 对象中。

2）使用 flask.request.files 对象获取上传的文件名和文件对象。

3）调用文件对象中的方法 save()将文件保存到指定的目录中。

实例文件 flask5.py 演示了在 Flask 框架中实现文件上传系统的过程。

源码路径：daima\9\9-3\up\flask5.py

```
import flask                              #导入flask模块
app = flask.Flask(__name__)               #实例化类Flask
#URL映射操作，设置处理GET请求和POST请求
@app.route('/upload',methods=['GET','POST'])
def upload():                             #定义文件上传函数upload()
    if flask.request.method == 'GET':                         #如果是GET请求
        return flask.render_template('upload.html')           #返回上传页面
    else:                                                     #如果是POST请求
        file = flask.request.files['file']                    #获取文件对象
        if file:                                              #如果文件不为空
            file.save(file.filename)                          #保存上传的文件
            return '上传成功！'                                #显示提示信息
if __name__ == '__main__':
app.run(debug=True)
```

在上述实例代码中，只定义了一个实现文件上传功能的函数 upload()，它能够同时处理 GET 请求和 POST 请求。其中将 GET 请求返回上传页面，当获得 POST 请求时获取上传文件，并保存到当前的目录下。

模板文件 upload.html 的具体实现代码如下。

源码路径：daima\9\9-3\up\templates\upload.html

```
<!DOCTYPE html>
<html>
    <body>
        <h2>亲，你可以选择一个将要上传的文件</h2>
        <form method='post' enctype='multipart/form-data'>
        <input type='file' name='file' />
        <input type = 'submit' value='单击我上传'/>
        </form>
    </body>
</html>
```

当在浏览器地址栏中输入“http://127.0.0.1:5000/upload”时，显示一个文件上传表单界面，效果如图 9-22 所示。单击“浏览”按钮可以选择一个要上传的文件，单击“上传”按钮后会上传这个文件，并显示上传成功提示。执行效果如图 9-23 所示。

图 9-22　执行效果

图 9-23　显示“上传成功”

在下面的实例中将实现一个简单的会员注册与登录系统，将会员注册的信息保存到 SQLite3 数据库中。在表单中输入登录信息后，会将输入信息和数据库中保存的信息进行对比。如果一致，则成功登录；否则，提示“登录失败”。

9.4　使用数据库

在数据库中，首先按照一定规则保存程序数据，程序然后发起查询，取回所需的数据。Web 程序常用在基于关系模型的数据库中，这种数据库也称为 SQL 数据库，因为它们使用结构化查询语言。不过最近几年文档数据库和键值对数据库成了流行的替代选择，这两种数据库合称 NoSQL 数据库。本节将详细讲解在 Flask 框架中使用数据库技术的基本知识。

9.4.1　Python 数据库框架

大多数的数据库引擎有对应的 Python 包，包括开源包和商业包。因为 Flask 并不会限制开发者使用何种类型的数据库包，所以可以根据自己的喜好选择使用 MySQL、Postgres、SQLite、Redis、MongoDB 或者 CouchDB。如果这些都无法满足我们的需求，还有一些数据库抽象层代码包供选择，例如 SQLAlchemy 和 MongoEngine。开发者可以使用这些抽象包直接处理高等级的 Python 对象，而不用处理诸如表、文档或查询语言之类的数据库实体。在选择数据库框架时需要考虑很多因素，这些因素的具体说明如下。

- 易用性：如果直接比较数据库引擎和数据库抽象层，显然后者取胜。抽象层也称为对象关系映射器（Object-Relational Mapper，ORM）或对象文档映射器（Object-Document Mapper，ODM），在用户不知情的情况下把高层的面向对象操作转换成低层的数据库指令。
- 性能：ORM 和 ODM 把对象业务转换成数据库业务会有一定的损耗。大多数情况下，这种性能的降低微不足道，但也不一定都如此。在一般情况下，ORM 和 ODM 对生产率的提升远远超过了这微不足道的性能降低，所以性能降低这个理由不足以说服用户完全放弃 ORM 和 ODM。关键点在于如何选择一个能直接操作底层数据库的抽象层，以防特定的操作需要直接使用数据库原生指令优化。
- 可移植性：在选择数据库时，必须考虑它是否能在你的开发平台和生产平台中使用。例如，如果想打算利用云平台托管程序，就要知道这个云服务提供了哪些可选的数据库。
- FLask 集成度：在选择框架时，不一定非要选择已经集成了 Flask 的框架，但选择这些框架可以节省编写集成代码的时间。使用集成了 Flask 的框架可以简化配置和操作，因此专门为 Flask 开发的扩展是首选。例如，本节后面介绍的数据库框架是 Flask-SQLAlchemy，在这个 Flask 扩展中包含了 SQLAlchemy。

9.4.2　会员注册与登录

在下面的实例中将实现一个简单的会员注册与登录系统，将会员注册的信息保存到 SQLite3

数据库中。在表单中输入登录信息后，会将输入信息和数据库中保存的信息进行对比。如果一致，则成功登录；否则，提示“登录失败”。

实例文件 flask6.py 的具体实现代码如下所示。

源码路径：daima\9\9-4\user\flask6.py

```
DBNAME = 'test.db'

app = flask.Flask(__name__)
app.secret_key = 'dfadff#$#5dgfddgssgfgsfgr4$T^%^'

@app.before_request
def before_request():
    g.db = connect(DBNAME)

@app.teardown_request
def teardown_request(e):
    db = getattr(g,'db',None)
    if db:
        db.close()
    g.db.close()

@app.route('/')
def index():
    if 'username' in session:
        return "你好，" + session['username'] + '<p><a href="/logout">注销</a></p>'
    else:
        return '<a href="/login">登录</a>,<a href="/signup">注册</a>'

@app.route('/signup',methods=['GET','POST'])
def signup():
    if request.method == 'GET':
        return render_template('signup.html')
    else:
        name = 'name' in request.form and request.form['name']
        passwd = 'passwd' in request.form and request.form['passwd']
        if name and passwd:
            cur = g.db.cursor()
            cur.execute('insert into user (name,passwd) values (?,?)',(name,passwd))
            cur.connection.commit()
            cur.close()
            session['username'] = name
            return redirect(url_for('index'))
        else:
            return redirect(url_for('signup'))

@app.route('/login',methods=['GET','POST'])
def login():
    if request.method == 'GET':
        return render_template('login.html')
    else:
        name = 'name' in request.form and request.form['name']
        passwd = 'passwd' in request.form and request.form['passwd']
        if name and passwd:
            cur = g.db.cursor()
            cur.execute('select * from user where name=?',(name,))
            res = cur.fetchone()
            if res and res[1] == passwd:
                session['username'] = name
                return redirect(url_for('index'))
            else:
                return '登录失败!'
        else:
            return '参数不全!'

@app.route('/logout')
def logout():
    session.pop('username',None)
```

```
        return redirect(url_for('index'))

def init_db():
    if not os.path.exists(DBNAME):
        cur = connect(DBNAME).cursor()
        cur.execute('create table user (name text,passwd text)')
        cur.connection.commit()
        print('数据库初始化完成!')

if __name__ == '__main__':
    init_db()
    app.run(debug=True)
```

本实例功能用到了模板技术。其中用户注册功能的实现模板是 signup.html。具体实现代码如下所示。

源码路径：daima\9\9-4\user\templatesf\signup.html

```
<!DOCTYPE html>
<html>
    <body>
        <form method='post'>
        <input type='text' name='name' placeholder='用户名' />
        <input type='password' name='passwd' placeholder='密码' />
        <input type='submit' value='注册' />
        </form>
    </body>
</html>
```

用户登录功能的实现模板是 login.html。具体实现代码如下所示。

源码路径：daima\9\9-4\user\templatesf\login.html

```
<!DOCTYPE html>
<html>
    <body>
        <form method='post'>
        <input type='text' name='name' placeholder='用户名' />
        <input type='password' name='passwd' placeholder='密码' />
        <input type='submit' value='登录' />
        </form>
    </body>
</html>
```

执行后将显示登录和注册链接，如图 9-24 所示。

单击“注册”链接后出现注册表单界面，如图 9-25 所示。

图 9-24　注册和登录链接

图 9-25　注册表单界面

单击“登录”链接后出现登录表单界面，如图 9-26 所示。登录成功后显示“你好，aaa”之类的提示信息，并显示“注销”链接。执行效果如图 9-27 所示。

图 9-26　登录表单界面

图 9-27　登录成功界面

9.4.3　使用 Flask-SQLAlchemy 管理数据库

Flask-SQLAlchemy 是一个常用的 Flask 扩展，简化了在 Flask 程序中使用 SQLAlchemy 的操作。SQLAlchemy 是一个很强大的关系型数据库框架，支持多种数据库后台。SQLAlchemy 提供了高层 ORM，也提供了使用数据库原生 SQL 的低层功能。可以使用如下 pip 命令安装 Flask-SQLAlchemy。

```
pip install flask-sqlalchemy
```

在 Flask-SQLAlchemy 中，数据库使用 URL 指定。其中流行的数据库引擎采用的数据库 URL 格式如下所示。

- MySQL：mysql://username:password@hostname/database。
- Postgres：postgresql://username:password@hostname/database。
- SQLite（Unix）：sqlite:////absolute/path/to/database。
- SQLite（Windows）：sqlite:///c:/absolute/path/to/database。

在上述 URL 中，hostname 表示 MySQL 服务所在的主机，它可以是本地主机（localhost)，也可以是远程服务器。数据库服务器上可以托管多个数据库，因此 database 表示要使用的数据库名。如果数据库需要进行认证，username 和 password 表示数据库用户与密码。

在程序中使用的数据库 URL 必须保存到 Flask 配置对象的 SQLALCHEMY_DATABASE_URI 键中。在配置对象中还有一个很有用的选项，即 SQLALCHEMY_COMMIT_ON_TEARDOWN 键。当将它设为 True 时，每次请求结束后都会自动提交数据库中的变动。其他配置选项的作用请参阅 Flask-SQLAlchemy 的官方文档。

下面的实例演示了使用 SQLAlchemy 扩展库的基本知识。

在程序文件 hello.py 中，具体实现流程如下。

源码路径：daima\9\9-4\sql\hello.py

1）配置数据库，其中对象 db 是 SQLAlchemy 类的实例，表示程序使用的数据库，同时还获得了 Flask-SQLAlchemy 提供的所有功能。对应代码如下。

```
basedir = os.path.abspath(os.path.dirname(__file__))

app = Flask(__name__)
app.config['SECRET_KEY'] = 'hard to guess string'
app.config['SQLALCHEMY_DATABASE_URI'] =\
    'sqlite:///' + os.path.join(basedir, 'data.sqlite')
app.config['SQLALCHEMY_COMMIT_ON_TEARDOWN'] = True
app.config['SQLALCHEMY_TRACK_MODIFICATIONS'] = False

manager = Manager(app)
bootstrap = Bootstrap(app)
moment = Moment(app)
db = SQLAlchemy(app)
```

2）定义 Role 和 User 模型，SQLAlchemy 创建的数据库实例为模型提供了一个基类以及一系列辅助类和辅助函数，它们可用于定义模型的结构。本实例中的数据库表 roles 与 users 可以分别定义为模型 Role 和 User。对应代码如下。

```
class Role(db.Model):
    __tablename__ = 'roles'
    id = db.Column(db.Integer, primary_key=True)
    name = db.Column(db.String(64), unique=True)
    users = db.relationship('User', backref='role', lazy='dynamic')

    def __repr__(self):
        return '<Role %r>' % self.name


class User(db.Model):
    __tablename__ = 'users'
```

```
    id = db.Column(db.Integer, primary_key=True)
    username = db.Column(db.String(64), unique=True, index=True)
    role_id = db.Column(db.Integer, db.ForeignKey('roles.id'))

    def __repr__(self):
        return '<User %r>' % self.username
```

在上述代码中，类变量__tablename__定义在数据库中使用的表名。如果没有定义__tablename__，SQLAlchemy 会使用一个默认名字，但默认的表名没有遵守使用复数形式进行命名的约定，所以最好自己指定表名。其余的类变量都是该模型的属性，被定义为 db.Column 类的实例。类 db.Column 的构造函数的第一个参数是数据库列和模型属性的类型。下面列出了一些常用的列类型以及在模型中使用的 Python 类型。

- Integer：int 类型，普通整数，一般是 32 位。
- SmallInteger：int 类型，取值范围小的整数，一般是 16 位。
- BigInteger：int 或 long 类型，不限制精度的整数。
- Float：float 类型，浮点数。
- Numeric：decimal.Decimal 类型，定点数。
- String：str 类型，变长字符串。
- Text：str 类型，变长字符串，对较长或不限长度的字符串做了优化。
- Unicode：unicode 类型，变长 Unicode 字符串。
- UnicodeText：unicode 类型，变长 Unicode 字符串，对较长或不限长度的字符串做了优化。
- Boolean：bool 类型，布尔值。
- Date：datetime.date 类型，日期。
- Time：datetime.time 类型，时间。
- DateTime：datetime.datetime 类型，日期和时间。
- Interval：datetime.timedelta 类型，时间间隔。
- Enum：str 类型，一组字符串。
- PickleType：任何 Python 对象类型，自动使用 Pickle 序列化。
- LargeBinary：str 类型，二进制文件。

在 db.Column 中还包含了其余的参数，功能是指定属性的配置选项。下面列出了一些经常用到的选项。

- unique：如果设为 True，该列不允许出现重复的值。
- index：如果设为 True，为该列创建索引，提升查询效率。
- nullable：如果设为 True，该列允许使用空值；如果设为 False，该列不允许使用空值。
- default：为该列定义默认值。

在上述代码中，关系使用 users 表中的外键连接了两行。添加到 User 模型中的 role_id 列被定义为外键。传给 db.ForeignKey()的参数'roles.id' 表明，该列的值是 roles 表中行的 id 值。添加到 Role 模型中的 users 属性代表这个关系的面向对象视角。对于一个 Role 类的实例，其 users 属性将返回与角色相关联的用户组成的列表。db.relationship() 的第一个参数表明这个关系的另一端是哪个模型。如果模型类尚未定义，可使用字符串形式指定。db.relationship() 中的 backref 参数向 User 模型中添加一个 role 属性，从而定义反向关系。这一属性可替代 role_id 访问 Role 模型，此时获取的是模型对象，而不是外键的值。在大多数情况下，db.relationship() 都能自行找到关系中的外键，但有时无法决定以哪一列作为外键。例如，如果 User 模型中有两个或以上的列定义为 Role 模型的外键，SQLAlchemy 就不知道该使用哪列。如果无法决定外键，则需要为 db.relationship()提供额外参数，从而确定所用外键。

模板文件 index.html 非常简单。具体实现代码如下。

源码路径：daima\9\9-4\sql\templatesf\index.html

```
{% extends "base.html" %}
{% import "bootstrap/wtf.html" as wtf %}

{% block title %}Flasky{% endblock %}

{% block page_content %}
<div class="page-header">
    <h1>Hello, {% if name %}{{ name }}{% else %}Stranger{% endif %}!</h1>
</div>
{{ wtf.quick_form(form) }}
{% endblock %}
```

在浏览器地址栏中输入“http://127.0.0.1:5000/”后的效果如图 9-28 所示。

图 9-28　初始执行效果

在表单中随便输入一个名字，例如输入“aaa”，并单击“提交”按钮后会在表单上面显示对用户“aaa”的欢迎信息，如图 9-29 所示。

如果在表单中输入另外一个名字，例如输入“bbb”，并单击“提交”按钮后会显示对用户“bbb”的欢迎信息。另外，在上方还会显示“看来你改了名字”的文本提示，如图 9-30 所示。

图 9-29　显示对用户“aaa”的欢迎信息

图 9-30　修改名字时的提示信息

9.5 收发电子邮件

在现实应用中，很多应用程序都需要在特定事件发生时提醒用户，而常用的通信方法是电子邮件。虽然 Python 标准库中的 smtplib 包可用于在 Flask 程序中发送电子邮件，但包装了 smtplib 的 Flask-Mail 扩展可以更好地和 Flask 集成。本节将详细讲解在 Flask 框架中实现邮件收发的核心知识。

9.5.1 使用 Flask-Mail 扩展

Flask-Mail 能够连接到简单邮件传输协议（Simple Mail Transfer Protocol，SMTP）服务器，并把邮件交给这个服务器发送。如果不进行配置，Flask-Mail 会连接 localhost 上的端口 25，无须验证即可发送电子邮件。

可以使用如下 pip 命令来安装 Flask-Mail。

```
$ pip install flask-mail
```

下面列出了可用来设置 SMTP 服务器的选项。

- MAIL_SERVER：默认值是 localhost，表示电子邮件服务器的主机名或 IP 地址。
- MAIL_PORT：默认值是 25，表示电子邮件服务器的端口。

- MAIL_USE_TLS：默认值是 False，表示启用传输层安全（Transport Layer Security，TLS）协议。
- MAIL_USE_SSL：默认值是 False，表示启用安全套接字层（Secure Socket Layer，SSL）协议。
- MAIL_USERNAME：默认值是 None，表示邮件账户的用户名。
- MAIL_PASSWORD：默认值是 None，表示邮件账户的密码。

实例文件 123.py 演示了使用 Flask-Mail 扩展发送带有附件邮件的过程。实例文件 123.py 的具体实现代码如下所示。

源码路径：daima\9\9-5\123.py

```
from flask import Flask
from flask_mail import Mail, Message
import os

app = Flask(__name__)
app.config.update(
    DEBUG = True,
    MAIL_SERVER='smtp.qq.com',
    MAIL_PROT=25,
    MAIL_USE_TLS = True,
    MAIL_USE_SSL = False,
    MAIL_USERNAME = '输入发送者邮箱',
    MAIL_PASSWORD = '这里输入授权码',
    MAIL_DEBUG = True
)

mail = Mail(app)

@app.route('/')
def index():
#sender表示发送方，recipients表示邮件接收方列表
    msg = Message("Hi!This is a test ",sender='输入发送者邮箱', recipients=['输入接收者邮箱'])
#邮件正文
    msg.body = "This is a first email"
#添加邮件附件
#msg.attach("文件名", "类型", 读取文件)
    with app.open_resource("123.jpg", 'rb') as fp:
        msg.attach("image.jpg", "image/jpg", fp.read())

    mail.send(msg)
    print("Mail sent")
    return "Sent"

if __name__ == "__main__":
    app.run()
```

在上述代码中，利用 QQ 邮箱实现了邮件发送功能。在设置时一定要登录 QQ 邮件中心进行设置，并开启 POP3/SMTP 服务，如图 9-31 所示。

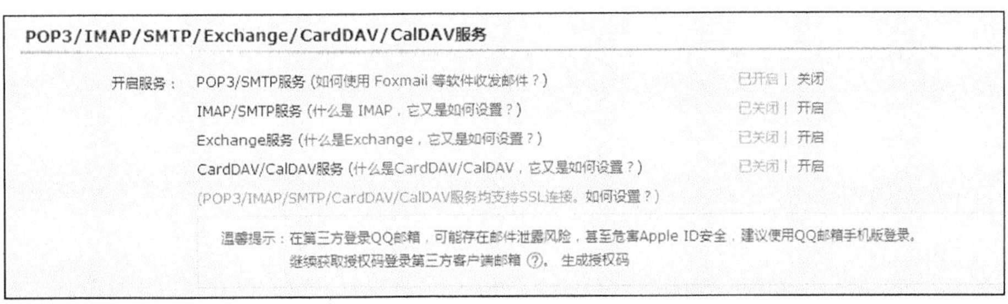

图 9-31 开启 POP3/SMTP 服务

读者一定要注意，MAIL_PASSWORD 输入的不是 QQ 邮箱的登录密码，而是在开启

POP3/SMTP 服务时得到的授权密码。通过如下命令运行上述程序。

```
python 123.py runserver
```

然后，在浏览器地址栏中输入“http://127.0.0.1:5000/”后会得到一个简单的网页，并成功发送邮件，如图 9-32 所示。

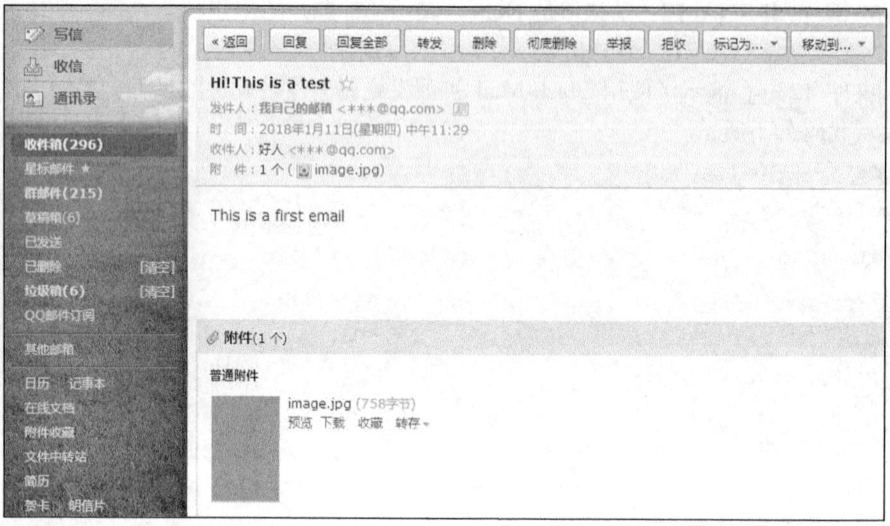

图 9-32　成功收到含有附件的邮件

要配置 Hotmail 邮箱服务器的基本参数，代码如下所示。

```
MAIL_SERVER = 'smtp.live.com',
MAIL_PROT = 25,
MAIL_USE_TLS = True,
MAIL_USE_SSL = False,
MAIL_USERNAME = "",
MAIL_PASSWORD = "",
MAIL_DEBUG = True
```

要配置 126 邮箱服务器的基本参数，代码如下所示。

```
MAIL_SERVER = 'smtp.126.com',
MAIL_PROT = 25,
MAIL_USE_TLS = True,
MAIL_USE_SSL = False,
MAIL_USERNAME = "",
MAIL_PASSWORD = "",
MAIL_DEBUG = True
```

例如，下面是一段使用 163 邮箱发送邮件的代码。

```
from flask import Flask
from flask_mail import Mail, Message

app = Flask(__name__)

app.config.update(
    #EMAIL SETTINGS
    MAIL_SERVER='smtp.163.com',
    MAIL_PORT=465,
    MAIL_USE_SSL=True,
    #下面写的是你的账号
    MAIL_USERNAME = '***@163.com',
    #下面写的是授权码，不是你的密码
    MAIL_PASSWORD = '你的授权码'
    )

mail = Mail(app)
```

```
@app.route("/")
def index():
    #发送的信息不能乱写，要不然会被过滤的
    msg = Message(subject="这里不能写英文的你好",
                  #这个账号和你上面的那个MAIL_USERNAME 一样
                  sender='***@163.com',
                  #这个收件人
                  recipients=['你的qq@qq.com'])
    msg.html = "<b>testing 这都不行? </b> html"

    mail.send(msg)

    return '<h1>Sent</h1>'

if __name__ == '__main__':
    app.run(debug=True)
```

9.5.2 使用 SendGrid 发送邮件

SendGrid 是一个电子邮件服务平台，可以帮助市场营销人员跟踪他们的电子邮件统计数据，帮助公司管理事务性邮件，包括航运通知、简报和注册确认等。在 Python 程序中，可以使用 sendgrid 库实现邮件发送功能。首先，通过如下 pip 命令可以安装 sendgrid。

```
pip install sendgrid
```

然后，登录 SendGrid 的官方网站，申请自己的 API 密钥。接下来，就可以使用这个 API 密钥开发自己的邮件发送程序。下面的实例演示了在 Flask 程序中使用 SendGrid 发送邮件的过程。

1）编写程序文件 mailPage.py 获取表单中的参数值，根据在表单中输入的邮件信息来发送邮件。文件 mailPage.py 的具体实现代码如下。

源码路径：daima\9\9-5\youjian03\mailPage.py

```
from flask import Flask,render_template,request
import send2

app = Flask(__name__)

@app.route("/")
def my_form(name=None):
    return  render_template("mailForm.html",name=name)

@app.route("/",methods=['POST'])
def my_form_post():
    if request.method=='POST':
        myMailId = request.form.get("myMailId")
        otherMailIds  = request.form.get("otherMailIds").strip().split(',')
        sub = request.form.get("sub")
        body = request.form.get("body")
        send2.mailSend(myMailId,otherMailIds,sub,body)
        return "mail sent!!!"

if __name__=="__main__":
    app.run()
```

2）在程序文件 send2.py 中调用申请的 API 密钥，并根据从表单中获取的信息实现邮件发送功能。文件 send2.py 的具体实现代码如下。

源码路径：daima\9\9-5\youjian03\send2.py

```
import sendgrid
import os

def mailSend(mailId,emailList,sub,body):

    sg = sendgrid.SendGridAPIClient(apikey='在这里写你的APIKEY')
    for toMailId in emailList:
        data = {
        "personalizations": [
```

```
            {
            "to": [
                {
                "email": toMailId
                }
            ],
            "subject": sub
            }
        ],
        "from": {
            "email": mailId
        },
        "content": [
            {
            "type": "text/plain",
            "value": body
            }
        ]
        }
        response = sg.client.mail.send.post(request_body=data)
        print(response.status_code)
        print(response.body)
        print(response.headers)
```

3）在模板文件 mailForm.html 中创建一个邮件发送表单，要求分别输入发件人邮箱地址、收件人邮箱地址、邮件主题和邮件内容。文件 mailForm.html 的具体实现代码如下。

源码路径：daima\9\9-5\youjian03\templates\mailForm.html

```
<!doctype html>
<head>
    <title>The super awesome mail page!!</title>
</head>
<body>
    <link rel="stylesheet" type="text/css" href='../static/style.css'>
    <div class="top">
        <br>
        <h1>MAIL EXPRESS</h1>
        <br>.....sending e-mails has never been so easy :)
    </div>
    <div class="form1">
        <form method="POST" align=center>
            <br>
            <label>enter your email address</label>
            <br>
            <input type="text" name="myMailId">
            <p>
            <label>send to: (input mail-ids of receivers seperated by ',')</label>
            <br>
            <input type="text" name="otherMailIds">
            <p>
            <label>Subject:</label>
            <br>
            <input type="text" name="sub">
            <p>
            <label>Enter your message here-</label>
            <br>
            <textarea name="body" rows='3' cols='50'> </textarea>
            <p>
            <input class="button" type="submit" value="send">
        </form>
    </div>
</body>
```

执行后会显示一个邮件发送表单，我们分别输入发件人邮箱地址、收件人邮箱地址、邮件主题和邮件内容，单击“send”按钮后即可发送邮件，如图 9-33 所示。

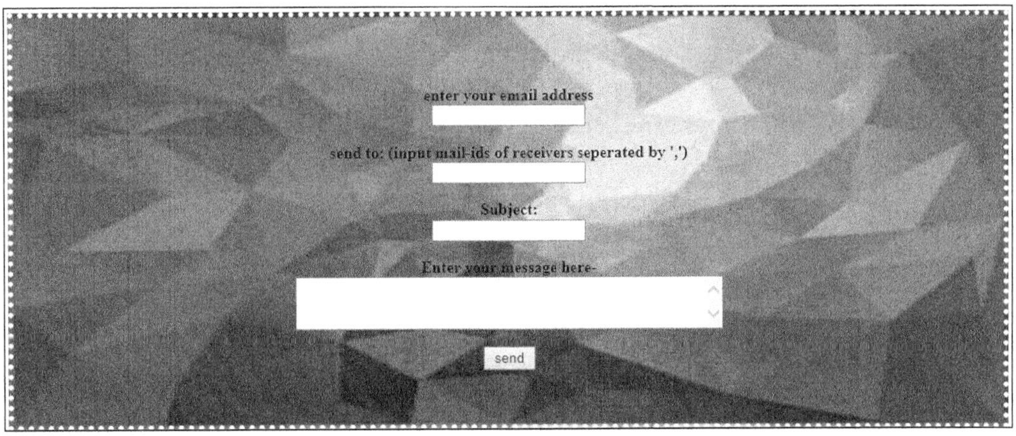

图 9-33　邮件发送表单

9.6　通过 Flask、MySQL 和 SqlAlchemy 开发信息发布系统

在本节中，将通过一个信息发布系统的具体实现过程，详细讲解使用 Flask 技术实现动态 Web 项目的方法。读者可以在此项目的基础上进行升级，把它改造为 BBS 论坛或新闻系统。

9.6.1　使用 Virtualenv 创建虚拟环境

本项目是一个小型的信息发布系统，是 BBS 论坛的浓缩版。本实例采用 Python + Flask + MySQL 进行开发，前端用的是 Bootstrap 框架，界面比较简单。用户可以发布问题，也可以在发布的问题后面进行留言。本项目主要的功能包括：新用户注册、用户登录、首页界面、发布问答、查询问答、问答评论和头像显示等功能。

为了避免本项目污染 Python 环境，建议读者在 Virtualenv 创建虚拟环境下运行本项目。具体流程如下所示。

1）使用如下命令安装 virtualenv。

```
pip install virtualenv
```

使用 cd 命令切换到一个希望创建虚拟 Python 环境的文件夹，例如本地 D 盘的“virtualenv”目录。

```
D:>cd virtualenv
D:\virtualenv>virtualenv venv
```

注意：使用 Virtualenv 创建的虚拟环境与主机的 Python 环境完全无关，在主机中配置的库不能在 Virtualenv 中直接使用，需要在虚拟环境中利用 pip install 命令再次安装配置后才能使用。

2）把本实例所需要的安装框架信息保存在文件中，定位到上面刚刚创建的 Virtualenv 虚拟环境中，然后运行如下命令安装本实例所需要的各种库。

```
pip install -r requirements.txt
```

3）开始在 PyCharm 中使用配置好的 Virtualenv 环境，首先打开“Setting”面板添加本地 Python 环境。在“Project Interpreter”选项后面的下拉列表中选择上面刚刚创建的虚拟环境，然后单击“OK”按钮，如图 9-34 所示。在此需要注意，随着时间的推移，很多库可能出现了较新的版本，可以直接在在此界面中单击图标进行升级。

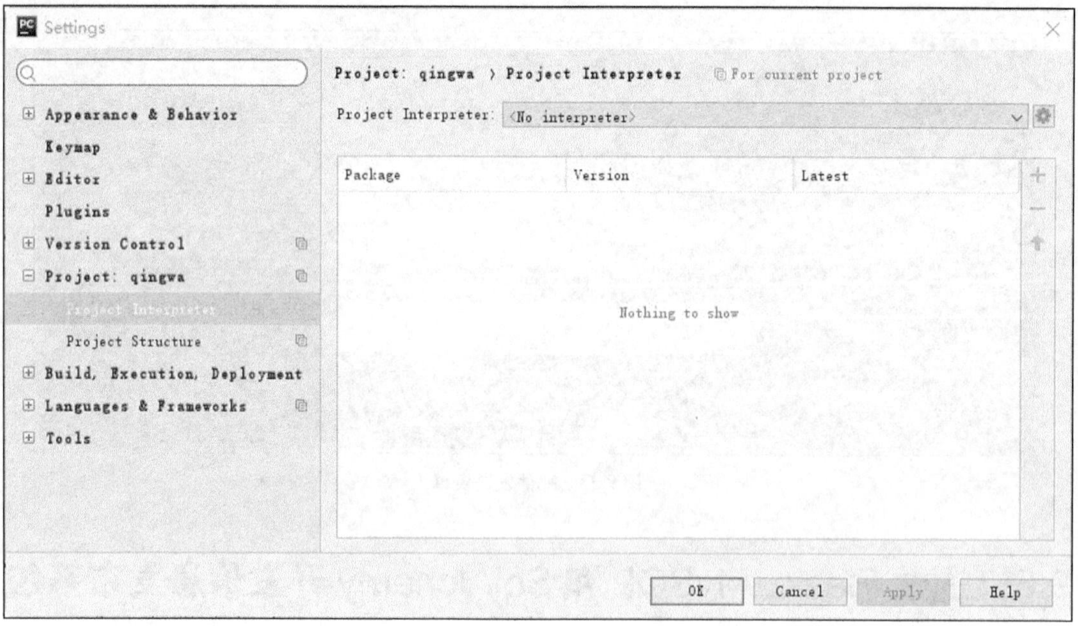

图 9-34　在“Project Interpreter”中选择虚拟环境

9.6.2　使用 Flask 实现数据库迁移

通过使用 Flask 中强大的 sqlalchemy 可以轻松实现数据库迁移，具体流程如下。

1）在安装好 MySQL 数据库后创建一个 databases，在 mysql 命令行中输入如下命令。

```
create database db_demo8 charset urf-8;
```

通过上述命令创建了一个名为“db_demo8”的数据库。

2）使用 Flask 中的 sqlalchemy 实现数据库的迁移，具体命令如下所示。

```
python manage.py db init       #创建迁移的仓库
Python manage.py db migrate    #创建迁移的脚本
python manage.py db upgrade    #更新数据库
```

如果出现“alembic.util.exc.CommandError: Directory migrations already exists”错误，只要执行上面的第 3 条命令“python manage.py db upgrade”更新数据库即可。数据迁移成功后会在 MySQL 数据库中成功创建指定的数据表，如图 9-35 所示。

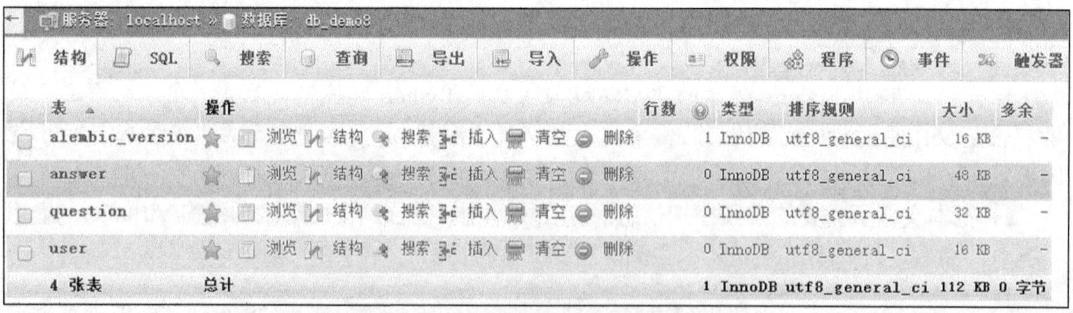

图 9-35　迁移后成功创建的数据表

实现数据迁移功能的代码保存在“migrations”目录下。文件 6f25708c588d_.py 的功能是创建 user 和 question 两个数据库表，主要实现代码如下所示。

```
def upgrade():
    # ### commands auto generated by Alembic - please adjust! ###
    op.create_table('user',
```

```
    sa.Column('id', sa.Integer(), nullable=False),
    sa.Column('telephone', sa.String(length=11), nullable=False),
    sa.Column('username', sa.String(length=50), nullable=False),
    sa.Column('password', sa.String(length=10), nullable=False),
    sa.PrimaryKeyConstraint('id')
    )
    op.create_table('question',
    sa.Column('id', sa.Integer(), nullable=False),
    sa.Column('title', sa.String(length=100), nullable=False),
    sa.Column('content', sa.Text(), nullable=False),
    sa.Column('create_time', sa.DateTime(), nullable=True),
    sa.Column('author_id', sa.Integer(), nullable=True),
    sa.ForeignKeyConstraint(['author_id'], ['user.id'], ),
    sa.PrimaryKeyConstraint('id')
    )
```

9.6.3 具体实现

具体步骤如下。

1）在文件 config.py 中编写数据库连接参数，实现和指定数据库的连接。具体实现代码如下。

```
import os

DEBUG = True

SECRET_KEY = os.urandom(24)

SQLALCHEMY_DATABASE_URI = 'mysql+pymysql://root:66688888@localhost/db_demo8'
SQLALCHEMY_TRACK_MODIFICATIONS = True
```

在上述代码中，"root"表示登录 MySQK 数据库的用户名，"66688888"表示登录密码，"localhost"表示服务器地址，"db_demo8"表示数据库名。

2）在文件 platform.py 中实现本项目的各个功能模块。具体实现流程如下。

① 通过函数 index()加载系统主页模板，将发布的问题按照发布时间进行排序。对应代码如下所示。

```
@app.route('/')
def index():
    context = {
        'questions': Question.query.order_by('-create_time').all()
    }
    return render_template('index.html', **context)
```

② 通过函数 login()加载用户登录页面模板，获取用户在表单中输入的电话和密码，验证通过后将登录数据存储在会话中。对应代码如下。

```
@app.route('/login/', methods=['GET', 'POST'])
def login():
    if request.method == 'GET':
        return render_template('login.html')
    else:
        telephone = request.form.get('telephone')
        password = request.form.get('password')
        user = User.query.filter(User.telephone == telephone, User.password ==
                                 password).first()
        if user:
            session['user_id'] = user.id
            #如果在31天内都不需要登录
            session.permanent = True
            return redirect(url_for('index'))
        else:
            return u'手机号码或者密码错误，请确认好再登录'
```

③ 通过函数 regist()加载新用户注册页面模板，获取用户在表单中输入的注册信息。如果手机号码已经注册过，则提示更换手机信息，并验证两次输入的密码是否一致。注册成功后将表单中的信息添加到数据库中。对应代码如下。

```
@app.route('/regist/', methods=['GET', 'POST'])
def regist():
    if request.method == 'GET':
        return render_template('regist.html')
    else:
        telephone = request.form.get('telephone')
        username = request.form.get('username')
        password1 = request.form.get('password1')
        password2 = request.form.get('password2')

        #验证手机号码，如果被注册了就不能用了
        user = User.query.filter(User.telephone == telephone).first()
        if user:
            return u'该手机号码已注册，请更换手机号'
        else:
            #password1 要和password2相同
            if password1 != password2:
                return u'两次密码不相同，请核实后再填写'
            else:
                user = User(telephone=telephone, username=username, password=password1)
                db.session.add(user)
                db.session.commit()
                #如果注册成功，就让页面跳转到登录的页面
                return redirect(url_for('login'))
```

④ 通过函数 logout()实现用户注销功能。这里要判断用户是否登录。如果用户已经登录，则从会话中清空登录数据。对应代码如下。

```
@app.route('/logout/')
def logout():
    # session.pop('user_id')
    # del session('user_id')
    session.clear()
    return redirect(url_for('login'))
```

⑤ 通过函数 question()加载问题发布页面模板，分别获取在表单中输入的问题标题、内容、发布者信息，将获取的信息添加到数据库中。对应代码如下。

```
@app.route('/question/', methods=['GET', 'POST'])
@login_required
def question():
    if request.method == 'GET':
        return render_template('question.html')
    else:
        title = request.form.get('title')
        content = request.form.get('content')
        question = Question(title=title, content=content)
        user_id = session.get('user_id')
        user = User.query.filter(User.id == user_id).first()
        question.author = user
        db.session.add(question)
        db.session.commit()
        return redirect(url_for('index'))
```

⑥ 通过函数 detail()显示某个问题的详情信息。对应代码如下。

```
@app.route('/detail/<question_id>/')
def detail(question_id):
    question_model = Question.query.filter(Question.id == question_id).first()
    return render_template('detail.html', question=question_model)
```

⑦ 通过函数 add_answer()向数据库中添加针对某个问题发布的评论信息。对应代码如下。

```
@app.route('/add_answer/', methods=['POST'])
@login_required
def add_answer():
    content = request.form.get('answer_content')
    question_id = request.form.get('question_id')
    answer = Answer(content=content)
    user_id = session['user_id']
    user = User.query.filter(User.id == user_id).first()
    answer.author = user
```

```
    question = Question.query.filter(Question.id == question_id).first()
    answer.question = question
    db.session.add(answer)
    db.session.commit()
    return redirect(url_for('detail', question_id=question_id))
```

⑧ 通过函数 search()快速查找当前系统中某个关键字的信息。对应代码如下。

```
@app.route('/search/')
def search():
    q = request.args.get('q')
    # title, content
    #"或"查找方式（通过标题和内容来查找）
    # questions = Question.query.filter(or_(Question.title.contains(q),
    #               Question.content.constraints(q))).order_by('-create_time')
    #"与"查找方式（只能通过标题来查找）
    questions = Question.query.filter(Question.title.contains(q), Question.content.
    contains(q))
    return render_template('index.html', questions=questions)
```

⑨ 定义钩子函数 my_context_processor()。对应代码如下。

```
#钩子函数(注销)
@app.context_processor
def my_context_processor():
    user_id = session.get('user_id')
    if user_id:
        user = User.query.filter(User.id == user_id).first()
        if user:
            return {'user': user}
    return {}
```

3）模板文件 base.html 用于实现 Web 导航功能。具体实现代码如下。注意，代码中 https 后面的星号要改为 bootcss 网站的网址。

```
<head>
    <meta charset="UTF-8">
    <title>{%  block title %}{% endblock %}-问答平台</title>
    <link rel="stylesheet" href="https://***.com/bootstrap/3.3.7/css/bootstrap.min.css
       " integrity="sha384-BVYiiSIFeK1dGmJRAkycuHAHRg32OmUcww7on3RYdg4Va+PmSTsz/K68vbdEjh4u"
              crossorigin="anonymous">

    <script> src="https://***/jquery/3.2.1/jquery.min.js"</script>

    <script src="https://***/bootstrap/3.3.7/js/bootstrap.min.js" integrity=
            "sha384-Tc5IQib027qvyjSMfHjOMaLkfuWVxZxUPnCJA712mCWNIpG9mGCD8wGNIcPD7Txa"
            crossorigin="anonymous"></script>

    <link rel="stylesheet" href="{{ url_for('static', filename='css/base.css') }}">

    {% block head %}{% endblock %}

</head>
<body>
    <nav class="navbar navbar-default">
              <div class="container">
                <!-- Brand and toggle get grouped for better mobile display -->
                <div class="navbar-header">
                  <button type="button" class="navbar-toggle collapsed" data-toggle=
                  "collapse" data-target="#bs-example-navbar-collapse-1" aria-expanded="false">
                    <span class="sr-only">Toggle navigation</span>
                    <span class="icon-bar"></span>
                    <span class="icon-bar"></span>
                    <span class="icon-bar"></span>
                  </button>
                  <a class="navbar-brand" href="#">
                      <img class="logo" src="{{ url_for('static', filename= 'images/
                      qingwalogo.jpg') }}" alt="">
```

```
                </a>
              </div>

              <!-- Collect the nav links, forms, and other content for toggling -->
              <div class="collapse navbar-collapse" id="bs-example-navbar-collapse-1">
                <ul class="nav navbar-nav">
                  <li class="active"><a href="/">首页 <span class="sr-only">(current)
                  </span></a></li>
                  <li><a href="{{ url_for('question') }}">发布问题</a></li>
                </ul>
                <form class="navbar-form navbar-left" action="{{ url_for('search') }}
                " method="get">
                  <div class="form-group">
                    <input name="q" type="text" class="form-control" placeholder="请
                    输入关键字">
                  </div>
                  <button type="submit" class="btn btn-default">查找</button>
                </form>
                <ul class="nav navbar-nav navbar-right">
                    {% if user %}
                        <li><a href="#">{{ user.username }}</a></li>
                        <li><a href="{{ url_for('logout') }}">注销</a></li>
                    {% else %}
                        <li><a href="{{ url_for('login') }}">登录</a></li>
                        <li><a href="{{ url_for('regist') }}">注册</a></li>
                    {% endif %}
                </ul>
              </div><!-- /.navbar-collapse -->
            </div><!-- /.container-fluid -->
          </nav>

          <div class='main'>
               {% block main %}{% endblock %}
          </div>
```

4）模板文件 index.html 用于实现系统主页效果。具体实现代码如下所示。

```
{% extends 'base.html' %}

{% block title %}首页{% endblock %}

{% block head %}
    <link rel="stylesheet" href="{{ url_for('static', filename='css/index.css') }}">
{% endblock %}

{% block main %}
    <ul>
        {% for question in questions %}
            <li>
                <div class="avatar-group">
                    <img src="{{ url_for('static', filename='images/qingwalogo.jpg') }}"
                         alt="" class="avatar">
                </div>
                <div class="question-group">
                    <p class="question-title"><a href="{{ url_for('detail',question_
                    id=question.id)}}">{{ question.title }}</a></p>
                    <p class="question-content">{{ question.content }}</p>
                    <div class="question-info">
                        <span class="question-author">{{ question.author.username }}</span>
                        <span class="question-time">{{ question.create_time }}</span>
                    </div>
                </div>
            </li>
        {% endfor %}
    </ul>
{% endblock %}
```

显示的系统主页如图 9-36 所示。

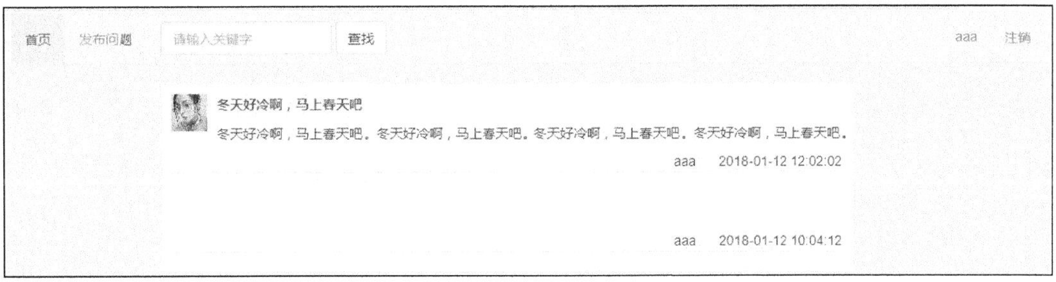

图 9-36　系统主页

5）模板文件 detail.html 用于显示某个问题的详情。具体实现代码如下。

```
{% extends 'base.html' %}

{% block title %}详情-{% endblock %}

{% block head %}
    <link rel="stylesheet" href="{{ url_for('static', filename='css/detail.css') }}">

{% endblock %}

{% block main %}
    <h3 class="page-title">{{ question.title }}</h3>
    <p class="question-info">
        <sqan>作者： {{ question.author.username }}</sqan>
        <span>时间： {{ question.create_time }}</span>
    </p>
    <hr>
    <p class="question-content">{{ question.content }}</p>
    <hr>
    <h4>评论： (0) </h4>
    <form action="{{ url_for('add_answer') }}" method="post">
        <div class="form-group">
            <input name="answer_content" type="text" class="from-control" placeholder=
            "请填写评论">
            <input type="hidden" name="question_id" value="{{ question.id }}">
        </div>
        <div class="form-group" style="text-align: right;">
            <button class="btn btn-primary">立即评论</button>
        </div>
    </form>
    <ul class="answer-list">
        {% for answer in question.answers %}
            <li>
                <div class="user-info">
                    <img src="{{ url_for('static', filename='images/qingwalogo.jpg') }}" alt=""
                        class="avatar">
                    <span class="username">{{ answer.author.username }}</span>
                    <span class="create-time">{{ answer.create_time }}</span>
                </div>
                <p class="answer-content">{{ answer.content }}</p>
            </li>
        {% endfor %}
    </ul>
{% endblock %}
```

在主页中单击某个问题后会显示这个问题的详情页面，执行效果如图 9-37 所示。

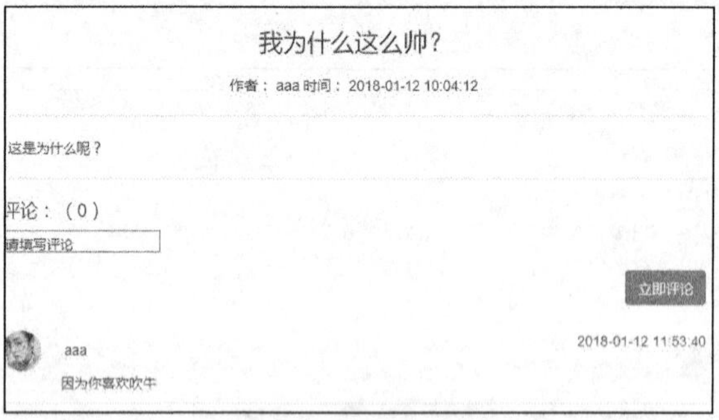

图 9-37　问题详情页面

6）模板文件 question.html 用于发布问题。具体实现代码如下。

```
{% extends 'base.html' %}

{% block title %}发布问题{% endblock %}

{% block head %}
    <link rel="stylesheet" href="{{ url_for('static', filename='css/question.css') }}">
{% endblock %}

{% block main %}
    <h3 class="page-title">发布问题</h3>
    <form action="" method="post">
        <div class='form-container'>
            <div class="form-group">
                <input type="text" placeholder="请输入标题" name="title"
                        class="form-control">
            </div>
            <div class="form-group">
                <textarea name="content" rows="5" placeholder="请输入内容" class="form-
                control"></textarea>
            </div>
            <div class="form-group">
                <button class="btn btn-primary">立即发布</button>
            </div>
        </div>
    </form>
{% endblock %}
```

执行效果如图 9-38 所示。

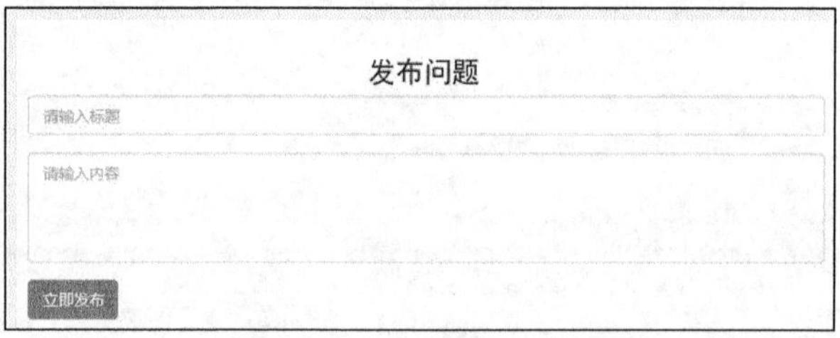

图 9-38　问题发布界面

7）模板文件 login.html 用于实现用户登录界面。具体实现代码如下。

```
{% extends 'base.html' %}

{% block head %}
    <link rel="stylesheet" href="{{ url_for('static', filename='css/login_regist.css') }}">
{% endblock %}

{% block main %}
    <h3 class="page-title">登录</h3>
    <form action="" method="POST">
```

```
        <div class='form-container'>
            <div class='form-group'>
                <input type="text" class="form-control" placeholder="手机号码"
                        name="telephone">
            </div>
             <div class='form-group'>
                <input type="password" class="form-control" placeholder="密码"
                        name="password">
            </div>
            <div class="form-group">
                <button class="btn btn-primary btn-block">登录</button>
            </div>
        </div>
    </form>

{% endblock %}
```

用户登录界面如图 9-39 所示。

8）模板文件 regist.html 用于实现会员用户注册界面。具体实现代码如下。

```
{% extends 'base.html' %}

{% block title %}注册{% endblock %}

{% block head %}
    <link rel="stylesheet" href="{{ url_for('static', filename='css/login_regist.css') }}">
{% endblock %}

{% block main %}
    <h3 class="page-title">注册</h3>
    <form action="" method="POST">
        <div class='form-container'>
            <div class='form-group'>
                <input type="text" class="form-control" placeholder="手机号码"
                        name="telephone">
            </div>
             <div class='form-group'>
                <input type="text" class="form-control" placeholder="用户名"
                        name="username">
            </div>
             <div class='form-group'>
                <input type="password" class="form-control" placeholder="密码"
                        name="password1">
            </div>
            <div class='form-group'>
                <input type="password" class="form-control" placeholder="确认密码"
                        name="password2">
            </div>
            <div class="form-group">
                <button class="btn btn-primary btn-block">立即注册</button>
            </div>
        </div>
    </form>

{% endblock %}
```

会员用户注册界面如图 9-40 所示。

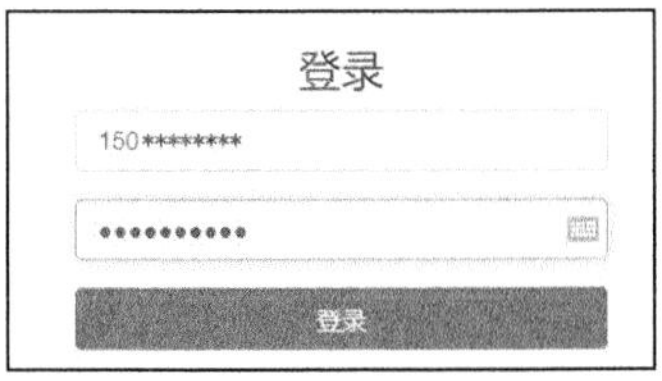

图 9-39　用户登录界面

图 9-40　用户注册界面

第 10 章

网络爬虫开发

网络爬虫（又称为网页蜘蛛、网络机器人是一种按照一定的规则，自动抓取万维网信息的程序或者脚本。网络爬虫的最终目的是抓取其他网页中的内容。市面上有一些类似的网站，例如，通过小插件抓取天气预报数据并显示在自己的博客中，抓取股票行情并显示在自己的博客页面中。本章将详细讲解使用 Python 开发网络爬虫项目的知识，并且通过一个综合实例的实现过程，讲解使用 Python、Scrapy、MySQL 与 JSON 开发一个大型网络爬虫项目的过程。

10.1 网络爬虫基础

对于网络爬虫这一新奇的概念，读者可以将它理解为在网络中爬行的一只小蜘蛛，互联网就像一张大网，而爬虫便是在这张网上爬来爬去的蜘蛛。如果网络爬虫遇到你喜欢的资源，它就会把这些信息抓取下来，方便你使用。

在抓取一个网页中的数据时，小蜘蛛必须用到这个网页的地址，也就是指向网页的超链接。在抓取另一个网页时，小蜘蛛需要爬到这个网页所在的网站上来获取数据。这样，整个连在一起的大网对于这只蜘蛛来说触手可及。

当用户浏览网页时可能会看到许多好看的图片，例如，在浏览百度网站时会看到很多张的图片以及百度搜索框。在这个过程中，用户输入网址之后，经过 DNS 服务器，找到服务器主机，向服务器发出一个请求，服务器经过解析之后，向用户的浏览器发送 HTML、JavaScript、CSS 等文件。当浏览器将这些各类信息解析出来后，用户便可以看到形形色色的图片了。由此可见，用户看到的网页实际上是由 HTML 代码构成的，爬虫抓取的便是这些内容，通过分析和过滤这些 HTML 代码，实现对图片和文字等资源的获取。

通过上面的讲解可知，URL 是网络爬虫应用程序的核心，因此接下来很有必要对 URL 的知识进行复习。URL（统一资源定位符）也就是平常人们所说的网址。URL 是互联网上资源的地址。互联网上的每个文件都有一个唯一的 URL，它包含的信息指出文件的位置以及浏览器应该怎么处理该文件。通常一个 URL 由如下 3 部分组成。

- 协议，或称为服务方式。
- 存放该资源的主机 IP 地址，有时也包括端口号。
- 主机资源的具体地址，如目录和文件名等。

在网络爬虫爬取数据时，必须通过一个目标 URL 获取数据。所以，URL 是爬虫获取数据的基本依据，准确理解 URL 的含义对爬虫学习有很大帮助。

除用到 URL 知识之外，在开发网络爬虫项目时还必须掌握如下知识。

- Urllib 库。
- URL 异常处理。
- Cookie。
- 正则表达式。
- BeautifulSoup。

10.2 开发简单的网络爬虫应用程序

本节将讲解几个简单实例的实现过程，让读者了解开发网络爬虫应用程序的方法，为学习本章后面的综合实战项目打下基础。

抓取百度贴吧信息

下面的实例能够抓取百度某贴吧中某个帖子的信息，具体功能如下所示。

- 对百度贴吧的任意帖子进行抓取。
- 设置是否只抓取楼主发帖内容。
- 分析抓取到的内容并把它保存到指定的记事本文件中。

实例 10-1	抓取百度贴吧信息
源码路径	daima\10\10-1

1. 确定 URL 并抓取页面代码

我们的目标是抓取百度贴吧中的一个帖子，这是一个关于“【天下足球】重回故地-情缘难尽：贝克汉姆、C 罗等”的帖子。下面分析一下这个帖子的地址。

- tieba.baidu.com：网站的二级域名，指向百度贴吧的服务器。
- /p/4928967042：服务器的某个资源，即这个帖子的地址定位符。
- see_lz 和 pn：表示该 URL 的两个参数，分别代表了只看楼主和帖子页码，若等于 1 表示该条件为真。

针对百度贴吧的地址，可以把 URL 分为两部分，前一部分为基础部分，后一部分为参数部分。

2. 抓取页面

熟悉了抓取 URL 的格式后，接下来开始用 urllib 库来抓取页面中的内容。在所有帖子中，要指定是否要只看楼主的帖子，可以把对应的参数初始化部分放在类的初始化（即 init 方法）上。另外，对于获取页面的方法，我们需要知道的一个参数就是帖子页码，因此这个参数在该方法中指定。

3. 提取帖子标题

首先，提取帖子的标题。在浏览器中审查元素，或者按 F12 键，查看页面源代码，找到标题所在的代码段，可以发现这个标题的 HTML 代码如下。

```
<title>【天下足球】重回故地-情缘难尽：贝克汉姆、C罗、范佩西_曼联吧_百度贴吧</title>
```

因为要提取<h1>标签中的内容，同时因为 h1 标签实在太多，所以还需要确保这个类的唯一性。正则表达式的代码如下。

```
pattern = re.compile('<h3 class="core_title_txt.*?>(.*?)</h3>',re.S)
```

4. 提取帖子页数

同样道理，帖子总页数也可以通过分析页面中共有多少页来获取。获取帖子总页数的方法如下。

```
#获取帖子共有多少页
def getPageNum(self,page):
    pattern = re.compile('<li class="l_reply_num.*?</span>.*?<span.*?>(.*?)</span>',re.S)
    result = re.search(pattern,page)
    if result:
    #print result.group(1)  #测试输出
        return result.group(1).strip()
    else:
        return None
```

5. 提取正文内容

通过审查元素可以看到，百度贴吧每一层楼上的主要内容都在<div id="post_content_xxxx"></div>标签里面，因此可以编写如下正则表达式代码。

```
<div id="post_content_.*?>(.*?)</div>
```

相应地，获取页面所有楼层数据的实现代码如下。

```
#获取每一层楼的内容，传入页面内容
def getContent(self,page):
    pattern = re.compile('<div id="post_content_.*?>(.*?)</div>',re.S)
    items = re.findall(pattern,page)
    #以列表形式返回匹配的字符串
    contents=[]
    for item in items:
        content="\n"+self.tool.replace(item)+"\n"
        contents.append(content.encode('utf-8'))
    return contents
```

6．编写工具类 Tool

编写工具类 Tool 对抓取到的文本进行处理，剔除各种复杂的标签，还原精华内容。把文本处理写成一个方法也可以，不过为了实现更好的代码架构和代码重用，我们可以考虑把标签等的处理写成一个类。首先定义一个名为 Tool 的类，然后在里面定义方法 replace()，功能是替换各种标签。在类中定义了几个正则表达式，主要利用 re.sub()方法对文本进行匹配和替换。具体的思路已经写到注释中，类 Tool 的具体实现代码如下。

```
#处理页面标签类
class TOOL:
    #去除img标签
    removeImg = re.compile('<img.*?>| {7}|')
    #删除超链接标签
    removeAddr = re.compile('<a.*?>|</a>')
    #把换行的标签换为\n
    replaceLine = re.compile('<tr>|<div>|</div>|</p>')
    #将制表符<td>替换为\t
    replaceTD= re.compile('<td>')
    #把段落开头替换为\n并空两格
    replacePara = re.compile('<p.*?>')
    #将换行符或双换行符替换为\n
    replaceBR = re.compile('<br><br>|<br>')
    #剔除其余标签
    removeExtraTag = re.compile('<.*?>')
    def replace(self,x):
        x = re.sub(self.removeImg,"",x)
        x = re.sub(self.removeAddr,"",x)
        x = re.sub(self.replaceLine,"\n",x)
        x = re.sub(self.replaceTD,"\t",x)
        x = re.sub(self.replacePara,"\n    ",x)
        x = re.sub(self.replaceBR,"\n",x)
        x = re.sub(self.removeExtraTag,"",x)
        #删除前后多余的内容
        return x.strip()
```

到此为止，整个实例介绍完毕。实例文件 tieba.py 的主要实现代码如下。

```
class BDTB:
    #初始化，传入基地址，表示是否只看楼主的参数
    def __init__(self,baseUrl,seeLZ,floorTag):
        self.baseUrl=baseUrl
        self.seeLZ='?see_lz='+str(seeLZ)
        self.tool=TOOL()
        #全局file变量，用于写入操作对象
        self.file = None
        #楼层标号，初始化为1
        self.floor = 1
        #默认的标题，如果没有成功获取到标题，则会用这个标题
        self.defaultTitle = u"百度贴吧"
        #是否写入楼分隔符的标记
        self.floorTag = floorTag
    #传入页码，获取该页帖子的代码
    def getPage(self,pageNum):
        url=self.baseUrl+self.seeLZ+'&pn='+str(pageNum)
        request=urllib.request.Request(url)
        response=urllib.request.urlopen(request)
        #print(response.read())
        return response.read().decode('utf-8')
        #现在的参数更改了，现在读取的是类似字节形式的参数，但参数要求是类似图形式的，添加了编码
    #获取帖子标题
    def getTitle(self,page):
        pattern = re.compile('<h3 class="core_title_txt.*?>(.*?)</h3>',re.S)
        #re.s整体匹配
        result = re.search(pattern,page)
        if result:
            #print result.group(1)  #测试输出
            return result.group(1).strip()
        else:
            return None
```

```
    #获取帖子共有多少页
    def getPageNum(self,page):
        pattern = re.compile('<li class="l_reply_num.*?</span>.*?<span.*?>(.*?)</span>',re.S)
        result = re.search(pattern,page)
        if result:
        #print result.group(1)  #测试输出
            return result.group(1).strip()
        else:
            return None
    #获取每一层楼的内容，传入页面内容
    def getContent(self,page):
        pattern = re.compile('<div id="post_content_.*?>(.*?)</div>',re.S)
        items = re.findall(pattern,page)
        #以列表形式返回匹配的字符串
        contents=[]
        for item in items:
            content="\n"+self.tool.replace(item)+"\n"
            contents.append(content.encode('utf-8'))
        return contents
    def setFileTitle(self,title):
        #如果标题不是None，即成功获取到标题
        if title is not None:
            self.file = open(title + ".txt","wb")
        else:
            self.file = open(self.defaultTitle + ".txt","wb")
    def writeData(self,contents):
        #向文件写入每一楼的信息
        for item in contents:
            if self.floorTag == '1':
                #楼之间的分隔符
                floorLine = "\n" + str(self.floor) + u"-----------------------------------------------------------------------------------------------------------\n"
                self.file.write(floorLine.encode())
            self.file.write(item)
            self.floor += 1

    def start(self):
        indexPage = self.getPage(1)
        pageNum = self.getPageNum(indexPage)
        title = self.getTitle(indexPage)
        self.setFileTitle(title)
        if pageNum == None:
            print("URL已失效，请重试")
            return
        print("该帖子共有" + str(pageNum) + "页")
        for i in range(1,int(pageNum)+1):
            print("正在写入第" + str(i) + "页数据")
            page = self.getPage(i)
            contents = self.getContent(page)
            self.writeData(contents)
        print(u"写入任务完成")
print(u"请输入帖子代号")
baseURL = 'http://tieba.baidu.com/p/' + str(input(u'http://tieba.baidu.com/p/'))
seeLZ = input("是否只获取楼主发言，是输入1，否输入0\n")
floorTag = input("是否写入楼层信息，是输入1，否输入0\n")
bdtb = BDTB(baseURL,seeLZ,floorTag)
bdtb.start()
```

执行上述代码后将提示我们输入一个帖子的地址，例如，输入 4931694016，然后询问“是否只获取楼主发言”和“是否写入楼层信息”。执行效果如图 10-1 所示。

```
请输入帖子代号
http://tieba.baidu.com/p/4931694016
是否只获取楼主发言，是输入1，否输入0
0
是否写入楼层信息，是输入1，否输入0
1
该帖子共有2页
正在写入第1页数据
正在写入第2页数据
写入任务完成
>>> |
```

图 10-1　执行效果

在实例文件 tieba.py 的同级目录下生成一个和帖子标题相同的记事本文件“穆帅：半场休息时，我告诉拉什福德别在意浪费掉的机会!! .txt”。双击打开这个文件，会发现在里面存储了抓取的帖子中的内容，如图 10-2 所示。

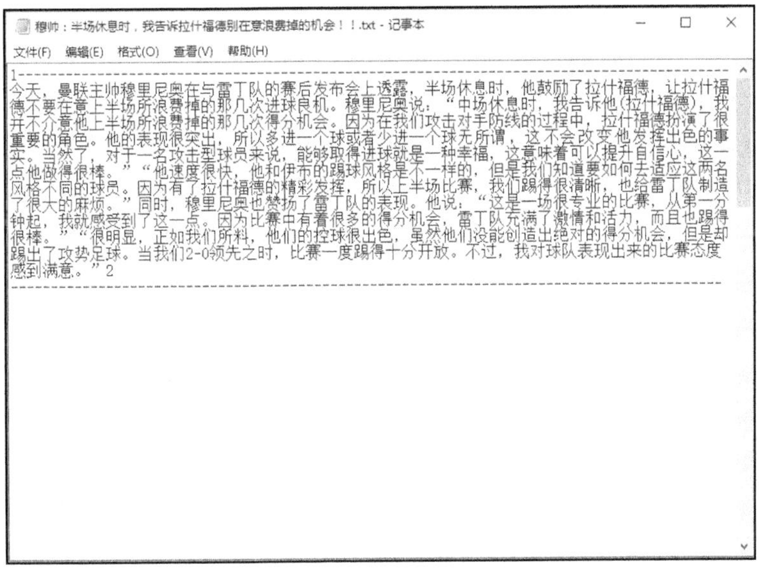

图 10-2　抓取的内容

10.3　使用爬虫框架 Scrapy

因为爬虫应用程序的需求日益高涨，所以在市面上诞生了很多第三方开源爬虫框架。其中，Scrapy 是一个为了爬取网站数据、提取结构性数据而编写的应用框架。Scrapy 框架的用途十分广泛，可以用于数据挖掘、数据监测和自动化测试等工作。本节将简要讲解爬虫框架 Scrapy 的基本用法。

10.3.1　Scrapy 框架基础

框架 Scrapy 使用了 Twisted 异步网络库来处理网络通信，其组成如图 10-3 所示。

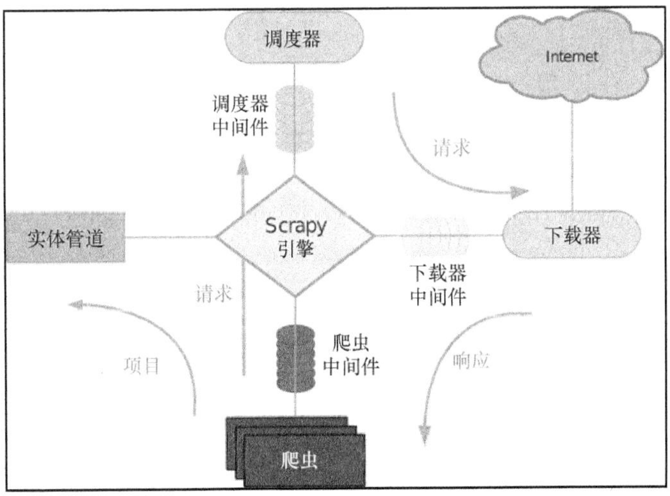

图 10-3　Scrapy 的组成

在 Scrapy 框架中，主要包括如下组件。

- Scrapy 引擎：用来处理整个系统的数据流处理，触发事务（框架的核心）。

- 调度器（Scheduler）：用来接受引擎发过来的请求，压入队列中，并在引擎再次请求的时候返回。可以将调度器想象成一个 URL（抓取网页的网址或者链接）的优先队列，由它来决定下一个要抓取的网址是什么，同时去除重复的网址。
- 下载器（Downloader）：用于下载网页内容，并将网页内容返回给蜘蛛（Scrapy 下载器是建立在 Twisted 这个高效的异步模型上的）。
- 爬虫（Spider）：用于从特定的网页中提取自己需要的信息，即所谓的实体（Item）。用户也可以从中提取出链接，让 Scrapy 继续抓取下一个页面。
- 实体管道（Item Pipeline）：负责处理爬虫从网页中抽取的实体，主要的功能是持久化实体，验证实体的有效性，清除不需要的信息。当页面被爬虫解析后，将它发送到实体管道，并经过几个特定的次序处理数据。
- 下载器中间件（Downloader Middleware）：位于 Scrapy 引擎和下载器之间的框架，主要是处理 Scrapy 引擎与下载器之间的请求及响应。
- 爬虫中间件（Spider Middleware）：介于 Scrapy 引擎和爬虫之间的框架，主要工作是处理蜘蛛的响应输入和请求输出。
- 调度器中间件（Scheduler Middleware）：介于 Scrapy 引擎和调度器之间的中间件，从 Scrapy 引擎发送到调度的请求和响应。

使用 Scrapy 框架后，整个程序的运行流程大概如下。

1）引擎从调度器中取出一个链接（URL），用于接下来的抓取。

2）引擎把 URL 封装成一个请求（Request）并传递给下载器，下载器下载资源，同时把资源封装成响应（Response）包。

3）爬虫解析响应。

4）若解析出实体，则交给实体管道进行进一步的处理。

5）若解析出的是 URL，则把 URL 交给调度器以等待抓取。

10.3.2 搭建 Scrapy 环境

在本地计算机中安装 Python 后，可以使用“pip”命令或“easy_install”命令来安装 Scrapy。具体命令格式如下所示。

```
pip scrapy
easy_install scrapy
```

另外，还需要确保已经安装了“win32api”模块，在安装此模块时必须安装与本地 Python 版本相对应的版本和位数（32 位或 64 位）。读者可以登录 LFD 网站找到需要的版本，如图 10-4 所示。

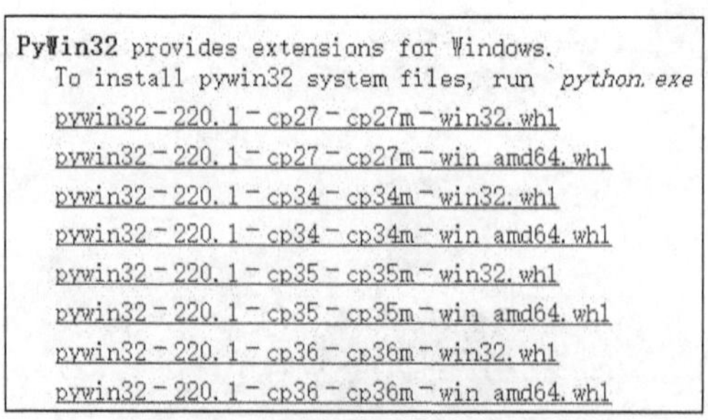

图 10-4 下载“win32api”模块

下载后将得到一个“.whl”格式的文件。定位到此文件的目录，然后通过如下命令安装“win32api”模块。

```
python -m pip install --user ".whl"格式文件的全名
```

注意：如果遇到"ImportError: DLL load failed: 找不到指定的模块"错误，需要将"Python\Python35\Lib\site-packages\win32"目录中的 pythoncom36.dll 和 pywintypes36.dll 文件保存到本地系统盘中的"Windows\System32"目录下。

10.4 综合实战——桌面壁纸抓取系统

本实例的功能是抓取 zol 网站中的桌面壁纸，将抓取的图片保存到本地指定文件夹中，并将抓取的图片信息保存到 MySQL 数据库中。

实例 10-2	桌面壁纸抓取系统
源码路径	daima\10\10-2

10.4.1 创建项目

本实例是使用 Scrapy 框架实现的。首先进入准备存储代码的目录，然后运行如下命令创建一个项目。

```
scrapy startproject webCrawler_scrapy
```

上述命令的功能是创建一个包含下列内容的"tutorial"目录。

```
webCrawler_scrapy /
    scrapy.cfg
    tutorial/
        __init__.py
        items.py
        pipelines.py
        settings.py
        spiders/
            __init__.py
            ...
```

10.4.2 系统设置

编写文件 settings.py 实现系统设置功能，在此文件中设置将要连接的 MySQL 数据库的配置信息，并设置数据库数据和 JSON 数据的保存属性。文件 settings.py 的具体实现代码如下。

```
ITEM_PIPELINES = {
    'webCrawler_scrapy.pipelines.WebcrawlerScrapyPipeline': 300,#保存到mysql数据库中
    'webCrawler_scrapy.pipelines.JsonWithEncodingPipeline': 300,#保存到文件中
}
```

10.4.3 创建数据库

编写文件 dbhelper.py。首先在类 DBHelper 中创建数据库"testdb"，然后在里面创建一个表"testtable"。该类包含以下方法。

- 方法 init()：获取 settings 配置文件中的信息。
- 方法 connectMysql()：连接到 MySQL，而不是连接到具体的数据库。
- 方法 connectDatabase()：连接到 settings 配置文件中的数据库名（MYSQL_DBNAME）。
- 方法 createDatabase(self)：创建数据库（settings 文件中配置的数据库名）。

文件 dbhelper.py 的具体实现代码如下。

```
import pymysql
from scrapy.utils.project import get_project_settings #导入settings中的配置
class DBHelper():
    '''这个类也读取settings中的配置，修改代码并进行操作'''
    def __init__(self):
        self.settings=get_project_settings() #获取settings中的配置，设置需要的信息
        self.host=self.settings['MYSQL_HOST']
        self.port=self.settings['MYSQL_PORT']
```

```
        self.user=self.settings['MYSQL_USER']
        self.passwd=self.settings['MYSQL_PASSWD']
        self.db=self.settings['MYSQL_DBNAME']
    #连接到MySQL，而不是连接到具体的数据库
    def connectMysql(self):
        conn=MySQLdb.connect(host=self.host,
                             port=self.port,
                             user=self.user,
                             passwd=self.passwd,
                             #db=self.db，不指定数据库名
                             charset='utf8') #要指定编码，否则中文可能乱码
        return conn
    #连接到具体的数据库（settings中设置的MYSQL_DBNAME）
    def connectDatabase(self):
        conn=MySQLdb.connect(host=self.host,
                             port=self.port,
                             user=self.user,
                             passwd=self.passwd,
                             db=self.db,
                             charset='utf8') #要指定编码，否则中文可能乱码
        return conn
    #创建数据库
    def createDatabase(self):
        '''创建数据库直接修改settings中的配置MYSQL_DBNAME即可，不要传入SQL语句'''
        conn=self.connectMysql()#连接数据库
        sql="create database if not exists "+self.db
        cur=conn.cursor()
        cur.execute(sql)#执行SQL语句
        cur.close()
        conn.close()
    #创建表
    def createTable(self,sql):
        conn=self.connectDatabase()
        cur=conn.cursor()
        cur.execute(sql)
        cur.close()
        conn.close()
    #插入数据
    def insert(self,sql,*params):#注意，params前面要加星号，因为传递过来的是元组，
                                 #星号表示参数个数不确定
        conn=self.connectDatabase()
        cur=conn.cursor();
        cur.execute(sql,params)
        conn.commit()#注意，要提交
        cur.close()
        conn.close()
    #更新数据
    def update(self,sql,*params):
        conn=self.connectDatabase()
        cur=conn.cursor()
        cur.execute(sql,params)
        conn.commit()#注意，要提交
        cur.close()
        conn.close()
    #删除数据
    def delete(self,sql,*params):
        conn=self.connectDatabase()
        cur=conn.cursor()
        cur.execute(sql,params)
        conn.commit()
        cur.close()
        conn.close()
'''测试DBHelper的类'''
class TestDBHelper():
    def __init__(self):
        self.dbHelper=DBHelper()
    #测试创建数据库（根据settings配置文件中的MYSQL_DBNAME，直接修改settings配置文件即可）
    def testCreateDatebase(self):
        self.dbHelper.createDatabase()
    #测试创建表
```

```
    def testCreateTable(self):
        sql="create table testtable(id int primary key auto_increment,name varchar(50),
        url varchar(200))"
        self.dbHelper.createTable(sql)
    #测试插入
    def testInsert(self):
        sql="insert into testtable(name,url) values(%s,%s)"
        params=("test","test")
        self.dbHelper.insert(sql,*params) # *表示拆分元组，调用insert(*params)会重组成元组
    def testUpdate(self):
        sql="update testtable set name=%s,url=%s where id=%s"
        params=("update","update","1")
        self.dbHelper.update(sql,*params)
    def testDelete(self):
        sql="delete from testtable where id=%s"
        params=("1")
        self.dbHelper.delete(sql,*params)
if __name__=="__main__":
    testDBHelper=TestDBHelper()
    #testDBHelper.testCreateDatebase()  #执行测试，创建数据库
    #testDBHelper.testCreateTable()     #执行测试，创建表
    #testDBHelper.testInsert()          #执行测试，插入数据
    #testDBHelper.testUpdate()          #执行测试，更新数据
    #testDBHelper.testDelete()          #执行测试，删除数据
```

如果读者嫌麻烦，可以在MySQL数据库中手动创建一个名为“testdb”的数据库（见图10-5），并在里面创建一个名为“testtable”的表。

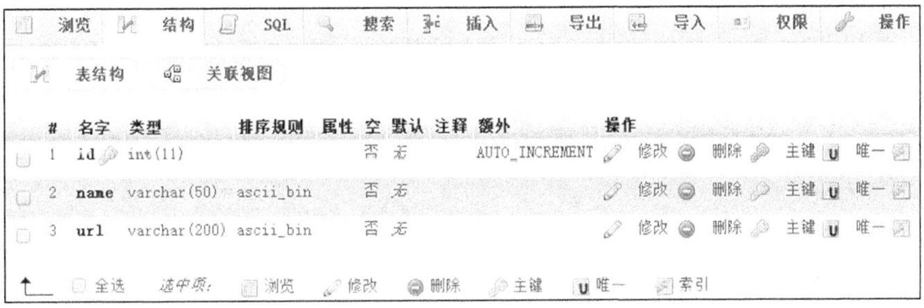

图 10-5 “testdb”数据库

10.4.4 声明需要格式化的字段

在文件items.py中声明需要格式化的字段。具体实现代码如下所示。

```
import scrapy
class WebcrawlerScrapyItem(scrapy.Item):
    '''定义需要格式化的内容（或者需要保存到数据库的字段）'''
    # define the fields for your item here like:
    # name = scrapy.Field()
    name = scrapy.Field()    #修改你所需要的字段
    url = scrapy.Field()
```

10.4.5 实现保存功能的类

在文件pipelines.py中定义了两个用于保存数据的类。一个用于将抓取的数据保存到MySQL数据库的类WebcrawlerScrapyPipeline中，另一个用于将抓取的数据保存到JSON文件的类JsonWithEncodingPipeline中。后一个类中包含以下方法。

- 方法from_settings()：得到settings中的MySQL数据库配置信息。
- 方法__init__()：得到连接池dbpool。
- 方法process_item()：pipeline默认调用的方法，功能是进行数据库操作。
- 方法_conditional_insert()：将数据插入数据库中。
- 方法_handle_error()：实现错误处理。

文件 pipelines.py 的具体实现代码如下。

```
from twisted.enterprise import adbapi
import pymysql
import pymysql.cursors
import codecs
import json
from logging import log
class JsonWithEncodingPipeline(object):
    '''保存到文件对应的class中
       首先，在settings.py文件中配置
       然后，在自己实现的爬虫类中生成item，这会自动执行'''
    def __init__(self):
        self.file = codecs.open('info.json', 'w', encoding='utf-8')#另存为json文件
    def process_item(self, item, spider):
        line = json.dumps(dict(item)) + "\n"#转换为json格式
        self.file.write(line)#写入文件中
        return item
    def spider_closed(self, spider):#当爬虫结束时关闭文件
        self.file.close()
class WebcrawlerScrapyPipeline(object):
    '''保存到数据库对应的class中
       首先，在settings.py文件中配置
       然后，在自己实现的爬虫类中生成item，这会自动执行'''
    def __init__(self,dbpool):
        self.dbpool=dbpool
        ''' 这里的注释中采用硬编码在代码中的方式连接线程池，可以从settings配置文件中读取，这更加灵活
            self.dbpool=adbapi.ConnectionPool('MySQLdb',
                                              host='127.0.0.1',
                                              db='crawlpicturesdb',
                                              user='root',
                                              passwd='123456',
                                              cursorclass=MySQLdb.cursors.DictCursor,
                                              charset='utf8',
                                              use_unicode=False)'''
    @classmethod
    def from_settings(cls,settings):
        '''@classmethod声明一个类方法，而平常我们见到的方法则叫作实例方法
           类方法的第一个参数是cls（class的缩写，指这个类本身），而实例方法的第一个参数是self，表示该
           类的一个实例可以通过类来调用，就像C.f()一样，相当于Java中的静态方法'''
        dbparams=dict(
            host=settings['MYSQL_HOST'],#读取settings中的配置
            db=settings['MYSQL_DBNAME'],
            user=settings['MYSQL_USER'],
            passwd=settings['MYSQL_PASSWD'],
            charset='utf8',#编码要加上，否则可能出现中文乱码问题
            cursorclass=pymysql.cursors.DictCursor,
            use_unicode=False,
        )
        dbpool=adbapi.ConnectionPool('pymysql',**dbparams)#**表示将字典扩展为关键字参数，
        相当于host=xxx,db=yyy....
        return cls(dbpool)#相当于把dbpool赋予这个类，从self中可以得到
    #pipeline默认调用
    def process_item(self, item, spider):
        query=self.dbpool.runInteraction(self._conditional_insert,item)#调用插入的方法
        query.addErrback(self._handle_error,item,spider)#调用异常处理方法
        return item
    #写入数据库中
    def _conditional_insert(self,tx,item):
        #print item['name']
        sql="insert into testtable(name,url) values(%s,%s)"
        params=(item["name"],item["url"])
        tx.execute(sql,params)
    #错误处理方法
    def _handle_error(self, failue, item, spider):
        print (failue)
```

10.4.6 实现具体的爬虫

编写文件 pictureSpider_demo.py 实现具体的爬虫操作。具体实现流程如下所示。

1）继承类 scrapy.spiders.Spider。

2）声明如下 3 个属性。

- name：定义爬虫名，要和 settings 中的 BOT_NAME 属性对应的值一致。
- allowed_domains：搜索的域名范围，也就是爬虫的约束区域，规定爬虫只爬取这个域名下的网页。
- start_urls：开始爬取的地址。

3）实现方法 parse()，该方法名不能改变。因为在 Scrapy 源码中默认回调函数的名称就是 parse。

4）返回 item。

文件 pictureSpider_demo.py 的主要实现代码如下。

```
from webCrawler_scrapy.items import WebcrawlerScrapyItem #导入item对应的类，
#crawlPictures是项目名，items是items.py文件，import的是items.py中的class*
class Spdier_pictures(scrapy.spiders.Spider):
    name="webCrawler_scrapy"    #定义爬虫名，要和settings中BOT_NAME属性对应的值一致
    allowed_domains=["desk.zol.com.cn"] #搜索的域名范围，也就是爬虫的约束区域，规定爬虫只爬取
    #这个域名下的网页
    start_urls=["http://desk.zol.com.cn/fengjing/1920x1080/1.html"]   #开始爬取的地址
    #该函数名不能改变，因为Scrapy源码中默认回调函数的名称就是parse
    def parse(self, response):
        se=Selector(response) #创建查询对象，HtmlXPathSelector已过时
        if(re.match("http://desk.zol.com.cn/fengjing/\d+x\d+/\d+.html", response.url)):
        #如果URl能够匹配到需要爬取的URL，就爬取
            src=se.xpath("//ul[@class='pic-list2  clearfix']/li")#匹配
            for i in range(len(src)):#遍历
                imgURLs=se.xpath("//ul[@class='pic-list2  clearfix']/li[%d]/a/img/@src
                "%i).extract() #依次抽取所需要的信息
                titles=se.xpath("//ul[@class='pic-list2  clearfix']/li[%d]/a/img/@title
                "%i).extract()
                if imgURLs:
                    realUrl=imgURLs[0].replace("t_s208x130c5","t_s2560x1600c5")
                    #这里替换一下，可以找到更大的图片
                    file_name=u"%s.jpg"%titles[0] #要保存文件的名称
                    #拼接这个图片的路径，这里存放在H:/pa/pics中
                    path=os.path.join("H:/pa/pics ",file_name)
                    type = sys.getfilesystemencoding()
                    print (file_name.encode(type))
                    item=WebcrawlerScrapyItem()  #实例item（具体定义的item类）将要保存的值
                    #放到事先声明的item属性中
                    item['name']=file_name
                    item['url']=realUrl
                    print (item["name"],item["url"])
                    yield item  #返回item，这时会自动解析item
                    #接收文件路径和需要保存的路径，会自动从文件路径下载并保存到指定的本地路径中
                    urllib.request.urlretrieve(realUrl,path)
```

开始执行测试程序，在控制台中输入如下命令后开始执行抓取操作。

```
scrapy crawl webCrawler_scrapy
```

抓取过程的控制台界面如下。

```
2017-01-11 10:33:41 [scrapy.middleware] INFO: Enabled extensions:
['scrapy.extensions.telnet.TelnetConsole',
 'scrapy.extensions.corestats.CoreStats',
 'scrapy.extensions.logstats.LogStats']
2017-01-11 10:33:41 [scrapy.middleware] INFO: Enabled downloader middlewares:
['scrapy.downloadermiddlewares.robotstxt.RobotsTxtMiddleware',
 'scrapy.downloadermiddlewares.httpauth.HttpAuthMiddleware',
 'scrapy.downloadermiddlewares.downloadtimeout.DownloadTimeoutMiddleware',
 'scrapy.downloadermiddlewares.defaultheaders.DefaultHeadersMiddleware',
 'scrapy.downloadermiddlewares.useragent.UserAgentMiddleware',
 'scrapy.downloadermiddlewares.retry.RetryMiddleware',
 'scrapy.downloadermiddlewares.redirect.MetaRefreshMiddleware',
 'scrapy.downloadermiddlewares.httpcompression.HttpCompressionMiddleware',
 'scrapy.downloadermiddlewares.redirect.RedirectMiddleware',
 'scrapy.downloadermiddlewares.cookies.CookiesMiddleware',
```

```
 'scrapy.downloadermiddlewares.stats.DownloaderStats']
2017-01-11 10:33:42 [scrapy.middleware] INFO: Enabled spider middlewares:
['scrapy.spidermiddlewares.httperror.HttpErrorMiddleware',
 'scrapy.spidermiddlewares.offsite.OffsiteMiddleware',
 'scrapy.spidermiddlewares.referer.RefererMiddleware',
 'scrapy.spidermiddlewares.urllength.UrlLengthMiddleware',
 'scrapy.spidermiddlewares.depth.DepthMiddleware']
2017-01-11 10:33:42 [scrapy.middleware] INFO: Enabled item pipelines:
['webCrawler_scrapy.pipelines.JsonWithEncodingPipeline',
 'webCrawler_scrapy.pipelines.WebcrawlerScrapyPipeline']
2017-01-11 10:33:42 [scrapy.core.engine] INFO: Spider opened
2017-01-11 10:33:42 [scrapy.extensions.logstats] INFO: Crawled 0 pages (at 0 pages/min),
   scraped 0 items (at 0 items/min)
2017-01-11 10:33:42 [scrapy.extensions.telnet] DEBUG: Telnet console listening on 127.
   0.0.1:6024
2017-01-11 10:33:42 [scrapy.core.engine] DEBUG: Crawled (200) <GET http://desk.zol.com
   .cn/robots.txt> (referer: None)
2017-01-11 10:33:42 [scrapy.core.engine] DEBUG: Crawled (200) <GET http://desk.zol.com
   .cn/fengjing/1920x1080/1.html> (referer: None)
b'\xb4\xd4\xc1\xd6\xc0\xef\xb5\xc4\xd1\xf4\xb9\xe2\xd7\xc0\xc3\xe6\xb1\xda\xd6\xbd.jpg'
丛林里的阳光桌面壁纸.jpg http://desk.fd.zol-img.com.cn/t_s2560x1600c5/g5/M00/02/05/ChMkJ1hssrm
   IOTAYAA-6c0hf2TIAAZFxAAgMyAAD7qL352.jpg
2017-01-11 10:33:42 [scrapy.core.scraper] DEBUG: Scraped from <200 http://desk.zol.com
   .cn/fengjing/1920x1080/1.html>
{'name': '丛林里的阳光桌面壁纸.jpg',
 'url': 'http://desk.fd.zol-img.com.cn/t_s2560x1600c5/g5/M00/02/05/ChMkJ1hssrmIOTAYAA-
   6c0hf2TIAAZFxAAgMyAAD7qL352.jpg'}
2017-01-11 10:33:42 [py.warnings] WARNING: c:\users\apple0\appdata\local\programs\python
   \python35\lib\site-packages\pymysql\cursors.py:323: Warning: (1366, b"Incorrect
   string value: '\\xE4\\xB8\\x9B\\xE6\\x9E\\x97...' for column 'name' at row 1")
  self._do_get_result()

b'\xb4\xbf\xc3\xc0\xd1\xa9\xbe\xb0\xd7\xc0\xc3\xe6\xb1\xda\xd6\xbd.jpg'
纯美雪景桌面壁纸.jpg http://desk.fd.zol-img.com.cn/t_s2560x1600c5/g5/M00/00/0C/ChMkJlg1
   BlOIOLfdAAkcOIZ6ph0AAX_3wKHuxoACRxQ570.jpg
2017-01-11 10:33:43 [scrapy.core.scraper] DEBUG: Scraped from <200 http://desk.zol.com
   .cn/fengjing/1920x1080/1.html>
{'name': '纯美雪景桌面壁纸.jpg',
 'url': 'http://desk.fd.zol-img.com.cn/t_s2560x1600c5/g5/M00/00/0C/ChMkJlg1BlOIOLfdAAk
   cOIZ6ph0AAX_3wKHuxoACRxQ570.jpg'}
```

打开数据库后会发现在数据库中保存了抓取的图片信息，如图 10-6 所示。

图 10-6　将抓取的图片信息添加到 MySQL 数据库中

在指定的保存目录“H:/pa/pics”中保存了抓取的图片，如图 10-7 所示。

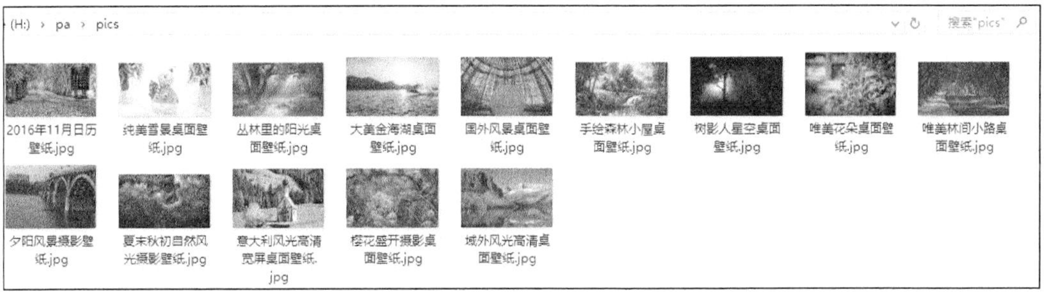

图 10-7 在“H:/pa/pics”中保存了抓取的图片

另外，在项目根目录中还生成一个名为“info.json”的 JSON 文件。

10.5 大数据实战——抓取知乎数据并分析

“大数据”的目的是将海量的数据转换为生产力。在网络中利用爬虫技术抓取到上百万甚至上亿条数据后，这些数据究竟有什么作用呢？通过大数据技术对这些海量的数据进行抽象和分析，可以进一步提高工作效率。本节将通过一个综合实例的实现过程详细讲解使用 Python 抓取海量网络数据，并对抓取的数据进行分析的过程。

10.5.1 系统简介

整个实例分为两部分。其中，“ZhihuSpider---爬虫”文件夹保存了实现爬虫功能的代码，“ZhihuAnalyse---分析”文件夹保存了实现大数据分析的代码。爬虫抓取功能的实现过程主要涉及如下 3 个文件。

- check_redis.py
- login.py
- get_user.py

后面将详细讲解上述 3 个文件的具体实现过程。

10.5.2 检测“Redis”的状态

首先看文件 check_redis.py。本实例用到了“Redis”模块。为了提高程序的健壮性，编写此文件来检测“Redis”的状态。文件 check_redis.py 的具体实现代码如下所示。

```
import redis
redis_con = redis.Redis(host='redis', port=6379, db=0)
print("user_queue length:"+str(redis_con.llen('user_queue')))
print("already_get_user length:"+str(redis_con.hlen("already_get_user")))
```

10.5.3 账号模拟登录

编写文件 login.py，通过 cookie 实现模拟账户登录功能。在具体实现时，可以进入首页查看 http 状态码来验证是否登录。其中，状态码 200 表示已经登录，状态码 304 表示被重定向，所以没有登录。因为账号登录功能十分重要，所以专门作为一个包封装了在 login 里面，方便整合调用。文件 login.py 的具体实现流程如下所示。

1）编写 header 部分，最好将这里的 Connection 设置设为 close，否则可能会发生“max retireve exceed”错误。发生此错误的原因在于普通的连接是持续有效的但是又没有关闭。header 部分的具体实现代码如下。

```
headers = {
    "User-Agent": "Mozilla/5.0 (Windows NT 10.0; Win64; x64) AppleWebKit/537.36 (KHTML,
        like Gecko) Chrome/53.0.2785.143 Safari/537.36",
    "Accept": "text/html,application/xhtml+xml,application/xml;q=0.9,image/webp,*/*;q=0.8",
    "Host": "www.zhihu.com",
    "Referer": "https://www.zhihu.com/",
    "Origin": "https://www.zhihu.com/",
    "Upgrade-Insecure-Requests": "1",
    "Content-Type": "application/x-www-form-urlencoded; charset=UTF-8",
    "Pragma": "no-cache",
    "Accept-Encoding": "gzip, deflate, br",
    'Connection': 'close'
}
```

2）开始实现构造函数初始化处理，使用登录的 cookie 加载指定的抓取页面，并获取文件 config.ini 中的配置信息。具体实现代码如下。

```
def __init__(self, session):
    if not session:
        requests.adapters.DEFAULT_RETRIES = 5
        self.session = requests.Session()
        self.session.cookies = cookielib.LWPCookieJar(filename='cookie')
        self.session.keep_alive = False
        try:
            self.session.cookies.load(ignore_discard=True)
        except:
            print('Cookie 未能加载')
        finally:
            pass
    else:
        self.__session = session
    #获取配置信息
    self.config = configparser.ConfigParser()
    self.config.read("config.ini")
```

3）编写函数 check_login()验证用户是否登录。具体实现代码如下。

```
def check_login(self):
    check_url = 'https://www.zhihu.com/settings/profile'
    try:
        login_check = self.__session.get(check_url, headers=self.headers, timeout=35)
    except Exception as err:
        print(traceback.print_exc())
        print(err)
        print("验证登录失败，请检查网络")
        sys.exit()
    print("验证登录的HTTP状态码为：" + str(login_check.status_code))
    if int(login_check.status_code) == 200:
        return True
    else:
        return False
```

4）编写函数 get_captcha()来获取验证码，当登录次数太多时可能会要求输入验证码。进入首页查看 HTTP 状态码来验证是否登录，200 表示已经登录，304 表示重定向，也就是没有登录。具体实现代码如下。

```
def get_captcha(self):
    t = str(time.time() * 1000)
    captcha_url = 'http://www.zhihu.com/captcha.gif?r=' + t + "&type=login"
    r = self.__session.get(captcha_url, headers=self.headers, timeout=35)
    with open('captcha.jpg', 'wb') as f:
        f.write(r.content)
        f.close()
        # 用pillow 的 Image 显示验证码
        # 如果没有安装 pillow 到源代码所在的目录中，要找到验证码，然后手动输入
    '''try:
        im = Image.open('captcha.jpg')
        im.show()
        im.close()
    except:'''
    print(u'请到 %s 目录找到captcha.jpg 手动输入' % os.path.abspath('captcha.jpg'))
```

```
        captcha = input("请输入验证码\n>")
        return captcha
```

5）编写函数 get_xsrf()获取 xsrf。为什么要获取 xsrf 呢？因为 xsrf 是一种防止跨站攻击的手段。在获取到 xsrf 之后把 xsrf 存入 cookie 当中，并且在调用 API 的时候以 xsrf 作为头部。如果不这样做，会返回 403 错误。具体实现代码如下。

```
    def get_xsrf(self):
        index_url = 'http://www.zhihu.com'
        #获取登录时需要用到的_xsrf
        try:
            index_page = self.__session.get(index_url, headers=self.headers, timeout=35)
        except:
            print('获取知乎页面失败，请检查网络连接')
            sys.exit()
        html = index_page.text
        #这里的_xsrf 返回的是一个列表
        BS = BeautifulSoup(html, 'html.parser')
        xsrf_input = BS.find(attrs={'name': '_xsrf'})
        pattern = r'value=\"(.*?)\"'
        print(xsrf_input)
        self.__xsrf = re.findall(pattern, str(xsrf_input))
        return self.__xsrf[0]
```

6）编写函数 do_login()模拟登录，这是整个文件的核心功能。在函数中用到了 requests 库，它可以非常方便地保存到会话中。本函数全局用到了单例模式，使用同一个 requests.session 对象进行访问，保持登录状态的一致性。具体实现代码如下。

```
    def do_login(self):
        try:
            #模拟登录
            if self.check_login():
                print('您已经登录')
                return
            else:
                if self.config.get("zhihu_account", "username") and self.config.get("zhihu
                _account", "password"):
                    self.username = self.config.get("zhihu_account", "username")
                    self.password = self.config.get("zhihu_account", "password")
                else:
                    self.username = input('请输入你的用户名\n>  ')
                    self.password = input("请输入你的密码\n>  ")
        except Exception as err:
            print(traceback.print_exc())
            print(err)
            sys.exit()
        if re.match(r"^1\d{10}$", self.username):
            print("手机登录\n")
            post_url = 'http://www.zhihu.com/login/phone_num'
            postdata = {
                '_xsrf': self.get_xsrf(),
                'password': self.password,
                'remember_me': 'true',
                'phone_num': self.username,
            }
        else:
            print("邮箱登录\n")
            post_url = 'http://www.zhihu.com/login/email'
            postdata = {
                '_xsrf': self.get_xsrf(),
                'password': self.password,
                'remember_me': 'true',
                'email': self.username,
            }
        try:
            login_page = self.__session.post(post_url, postdata, headers=self.headers, timeout=35)
            login_text = json.loads(login_page.text.encode('latin-1').decode('unicode-escape'))
            print(postdata)
            print(login_text)
```

```
        #需要输入验证码 r = 0为登录成功代码
        if login_text['r'] == 1:
            sys.exit()
    except:
        postdata['captcha'] = self.get_captcha()
        login_page = self._session.post(post_url, postdata, headers=self.headers, timeout=35)
        print(json.loads(login_page.text.encode('latin-1').decode('unicode-escape')))
    #保存登录cookie
    self._session.cookies.save()
```

10.5.4　实现具体抓取功能

编写文件 get_user.py 实现具体的爬虫功能，将抓取到的数据保存到 MySQL 数据库中。数据库名为“zhihu_data”，表名是“user”，如图 10-8 所示。

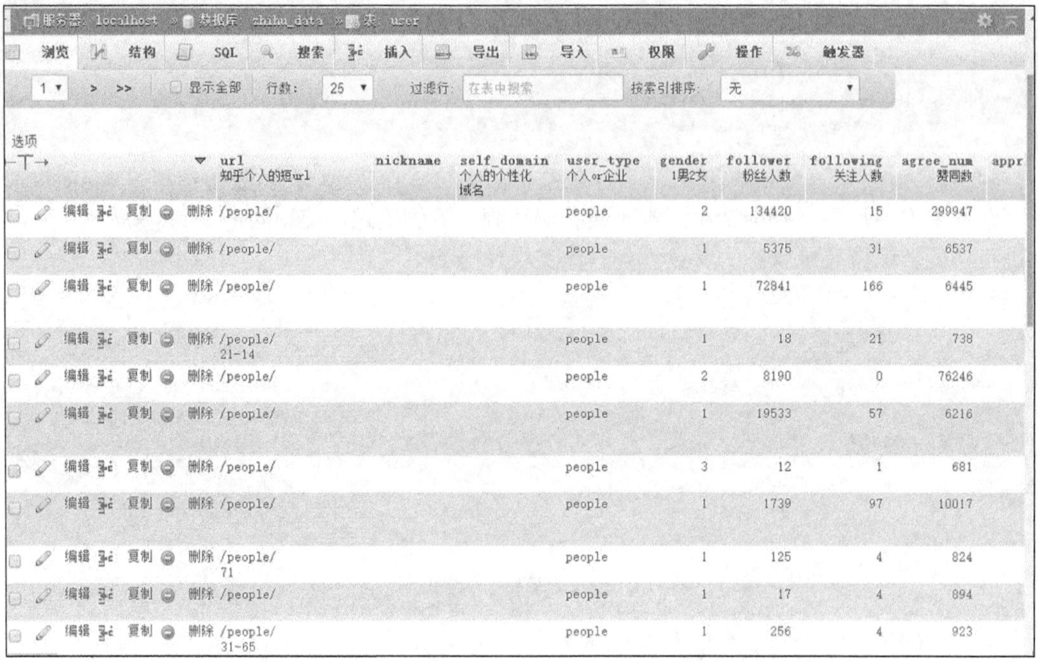

图 10-8　把抓取到的数据保存在 MySQL 数据库中

文件 get_user.py 的具体实现流程如下所示。

1）编写构造函数__init__()实现初始化处理，建立 mysql 连接和 redis 连接，生成全局的会话对象，导入系统配置信息，开启多线程等。具体实现代码如下。

```
def __init__(self, threadID=1, name=''):
    #多线程
    print("线程" + str(threadID) + "初始化")
    threading.Thread.__init__(self)
    self.threadID = threadID
    self.name = name
    try:
        print("线程" + str(threadID) + "初始化成功")
    except Exception as err:
        print(err)
        print("线程" + str(threadID) + "开启失败")
    self.threadLock = threading.Lock()
    #获取配置信息
    self.config = configparser.ConfigParser()
    self.config.read("config.ini")
    #初始化会话
    requests.adapters.DEFAULT_RETRIES = 5
    self.session = requests.Session()
```

```
    self.session.cookies = cookielib.LWPCookieJar(filename='cookie')
    self.session.keep_alive = False
    try:
        self.session.cookies.load(ignore_discard=True)
    except:
        print('Cookie 未能加载')
    finally:
        pass
    #创建login对象
    lo = Login(self.session)
    lo.do_login()
    #初始化redis连接
    try:
        redis_host = self.config.get("redis", "host")
        redis_port = self.config.get("redis", "port")
        self.redis_con = redis.Redis(host=redis_host, port=redis_port, db=0)
        #刷新redis库
        #self.redis_con.flushdb()
    except:
        print("请安装redis或检查redis连接配置")
        sys.exit()
    #初始化数据库连接
    try:
        db_host = self.config.get("db", "host")
        db_port = int(self.config.get("db", "port"))
        db_user = self.config.get("db", "user")
        db_pass = self.config.get("db", "password")
        db_db = self.config.get("db", "db")
        db_charset = self.config.get("db", "charset")
        self.db = pymysql.connect(host=db_host, port=db_port, user=db_user, passwd=
        db_pass, db=db_db, charset=db_charset)
        self.db_cursor = self.db.cursor()
    except:
        print("请检查数据库配置")
        sys.exit()
    #初始化系统设置
    self.max_queue_len = int(self.config.get("sys", "max_queue_len"))
```

2）编写函数 add_wait_user()，将 URL 加入待抓取用户队列中，先用 redis 判断该 URL 是否已被抓取过，如果获取页面时出错则将该 URL 移出 redis。具体实现代码如下。

```
def add_wait_user(self, name_url):
    #判断是否已抓取
    self.threadLock.acquire()
    if not self.redis_con.hexists('already_get_user', name_url):
        self.counter += 1
        print(name_url + " 加入队列")
        self.redis_con.hset('already_get_user', name_url, 1)
        self.redis_con.lpush('user_queue', name_url)
        print("添加用户 " + name_url + "到队列")
    self.threadLock.release()
#如果获取页面时出错将URL移出redis
def del_already_user(self, name_url):
    self.threadLock.acquire()
    if not self.redis_con.hexists('already_get_user', name_url):
        self.counter -= 1
        self.redis_con.hdel('already_get_user', name_url)
    self.threadLock.release()
```

3）编写函数 get_all_follower()获取用户粉丝接口数据并获取粉丝信息，编写函数 get_all_following()获取关注的人的列表信息。通过调用对应的 API，获取关注的人列表和粉丝列表，并且递归获取用户信息。在此需要注意的是，务必在头部带上“xsrf”信息，否则，会抛出 403 错误消息。具体实现代码如下。

```
#分析粉丝页面并获取用户的所有粉丝
#@param follower_page get_follower_page()中获取到的页面，获取用户粉丝接口数据并获取粉丝信息
def get_all_follower(self, name_url):
    follower_page = self.get_follower_page(name_url)
```

```
        #判断是否获取到页面
        if not follower_page:
            return
        BS = BeautifulSoup(follower_page, 'html.parser')
        #获取粉丝数量
        follower_num = int(BS.find('span', text='关注者').find_parent().find('strong').get_text())
        #获取用户的hash_id
        hash_id = \
            json.loads(BS.select("#zh-profile-follows-list")[0].select(".zh-general-list")
            [0].get('data-init'))[
                'params'][
                'hash_id']
        #获取粉丝列表
        self.get_xsrf(follower_page)  #获取xsrf
        post_url = 'https://www.zhihu.com/node/ProfileFollowersListV2'
        #开始获取所有的粉丝math.ceil(follower_num/20)*20
        for i in range(0, math.ceil(follower_num / 20) * 20, 20):
            post_data = {
                'method': 'next',
                'params': json.dumps({"offset": i, "order_by": "created", "hash_id": hash_id})
            }
            try:
                j = self.session.post(post_url, params=post_data, headers=self.headers,
                timeout=35).text.encode(
                    'latin-1').decode(
                    'unicode-escape')
                pattern = re.compile(r"class=\"zm-item-link-avatar\"[^\"]*\"([^\"]*)", re.DOTALL)
                j = pattern.findall(j)
                for user in j:
                    user = user.replace('\\', '')
                    self.add_wait_user(user)  #保存到redis中
            except Exception as err:
                print("获取正在关注的人失败")
                print(err)
                traceback.print_exc()
                pass
    #获取正在关注的人的列表
    def get_all_following(self, name_url):
        following_page = self.get_following_page(name_url)
        #判断是否获取到页面
        if not following_page:
            return
        BS = BeautifulSoup(following_page, 'html.parser')
        #获取关注的人的数量
        following_num = int(BS.find('span', text='关注了').find_parent().find('strong').get_text())
        #获取用户的hash_id
        hash_id = \
            json.loads(BS.select("#zh-profile-follows-list")[0].select(".zh-general-list")
            [0].get('data-init'))[
                'params'][
                'hash_id']
        #获取关注的人的列表
        self.get_xsrf(following_page)  #获取xsrf
        post_url = 'https://www.zhihu.com/node/ProfileFolloweesListV2'
        #开始获取所有的粉丝math.ceil(follower_num/20)*20
        for i in range(0, math.ceil(following_num / 20) * 20, 20):
            post_data = {
                'method': 'next',
                'params': json.dumps({"offset": i, "order_by": "created", "hash_id": hash_id})
            }
            try:
                j = self.session.post(post_url, params=post_data, headers=self.headers,
                timeout=35).text.encode(
                    'latin-1').decode(
                    'unicode-escape')
                pattern = re.compile(r"class=\"zm-item-link-avatar\"[^\"]*\"([^\"]*)", re.DOTALL)
                j = pattern.findall(j)
                for user in j:
                    user = user.replace('\\', '')
```

```
            self.add_wait_user(user)  #保存到redis中
    except Exception as err:
        print("获取关注的人失败")
        print(err)
        traceback.print_exc()
        pass
```

4）编写函数 get_user_info()分析 about 页面，获取会员用户的详细资料。在用户的 about 页面中分析页面元素，利用正则表达式和 BeatifulSoup 分析并抓取页面的数据。使用“REPLACE INTO” SQL 语句，而不使用“INSERT INTO”语句，这样可以防止数据重复问题。具体实现代码如下。

```
def get_user_info(self, name_url):
    about_page = self.get_user_page(name_url)
    #判断是否获取到页面
    if not about_page:
        print("获取用户详情页面失败，跳过，name_url: " + name_url)
        return
    self.get_xsrf(about_page)
    BS = BeautifulSoup(about_page, 'html.parser')
    #获取页面的具体数据
    try:
        nickname = BS.find("a", class_="name").get_text() if BS.find("a", class_="name") else ''
        user_type = name_url[1:name_url.index('/', 1)]
        self_domain = name_url[name_url.index('/', 1) + 1:]
        gender = 2 if BS.find("i", class_="icon icon-profile-female") else (1 if BS.find
        ("i", class_="icon icon-profile-male") else 3)
        follower_num = int(BS.find('span', text='关注者').find_parent().find('strong').
        get_text())
        following_num = int(BS.find('span', text='关注了').find_parent().find('strong').
        get_text())
        agree_num = int(re.findall(r'<strong>(.*)</strong>.*赞同', about_page)[0])
        appreciate_num = int(re.findall(r'<strong>(.*)</strong>.*感谢', about_page)[0])
        star_num = int(re.findall(r'<strong>(.*)</strong>.*收藏', about_page)[0])
        share_num = int(re.findall(r'<strong>(.*)</strong>.*分享', about_page)[0])
        browse_num = int(BS.find_all("span", class_="zg-gray-normal")[2].find("strong").
        get_text())
        trade = BS.find("span", class_="business item").get('title') if BS.find("span",
        class_="business item") else ''
        company = BS.find("span", class_="employment item").get('title') if BS.find("
        span", class_="employment item") else ''
        school = BS.find("span", class_="education item").get('title') if BS.find("span",
        class_="education item") else ''
        major = BS.find("span", class_="education-extra item").get('title') if BS.find
        ("span", class_="education-extra item") else ''
        job = BS.find("span", class_="position item").get_text() if BS.find("span",
        class_="position item") else ''
        location = BS.find("span", class_="location item").get('title') if BS.find
        ("span", class_="location item") else ''
        description = BS.find("div", class_="bio ellipsis").get('title') if BS.find
        ("div", class_="bio ellipsis") else ''
        ask_num = int(BS.find_all("a", class_='item')[1].find("span").get_text()) if \
            BS.find_all("a", class_='item')[
                1] else int(0)
        answer_num = int(BS.find_all("a", class_='item')[2].find("span").get_text()) if \
            BS.find_all("a", class_='item')[
                2] else int(0)
        article_num = int(BS.find_all("a", class_='item')[3].find("span").get_text()) if \
            BS.find_all("a", class_='item')[3] else int(0)
        collect_num = int(BS.find_all("a", class_='item')[4].find("span").get_text()) if \
            BS.find_all("a", class_='item')[4] else int(0)
        public_edit_num = int(BS.find_all("a", class_='item')[5].find("span").get_text()) if \
            BS.find_all("a", class_='item')[5] else int(0)
        replace_data = \
            (pymysql.escape_string(name_url), nickname, self_domain, user_type,
             gender, follower_num, following_num, agree_num, appreciate_num, star_num,
             share_num, browse_num,
```

```
                trade, company, school, major, job, location, pymysql.escape_string(description),
                ask_num, answer_num, article_num, collect_num, public_edit_num)
            replace_sql = '''REPLACE INTO
                        user(url,nickname,self_domain,user_type,
                        gender, follower,following,agree_num,appreciate_num,star_num,
                        share_num,browse_num,
                        trade,company,school,major,job,location,description,
                        ask_num,answer_num,article_num,collect_num,public_edit_num)
                        VALUES(%s,%s,%s,%s,
                        %s,%s,%s,%s,%s,%s,%s,%s,
                        %s,%s,%s,%s,%s,%s,%s,
                        %s,%s,%s,%s,%s)'''
            try:
                print("获取到数据：")
                print(replace_data)
                self.db_cursor.execute(replace_sql, replace_data)
                self.db.commit()
            except Exception as err:
                print("插入数据库出错")
                print("获取到数据：")
                print(replace_data)
                print("插入语句：" + self.db_cursor._last_executed)
                self.db.rollback()
                print(err)
                traceback.print_exc()
        except Exception as err:
            print("获取数据出错，跳过用户")
            self.redis_con.hdel("already_get_user", name_url)
            self.del_already_user(name_url)
            print(err)
            traceback.print_exc()
            pass
```

5）编写函数 entrance()开始抓取用户，这是整个抓取程序的入口。具体实现代码如下所示。

```
def entrance(self):
    while 1:
        if int(self.redis_con.llen("user_queue")) < 1:
            self.get_index_page_user()
        else:
            name_url = str(self.redis_con.rpop("user_queue").decode('utf-8'))
            print("正在处理name_url：" + name_url)
            self.get_user_info(name_url)
            if int(self.redis_con.llen("user_queue")) <= int(self.max_queue_len):
                self.get_all_follower(name_url)
                self.get_all_following(name_url)
        self.session.cookies.save()
def run(self):
    print(self.name + " is running")
    self.entrance()
```

10.5.5　大数据分析

本项目的大数据分析是基于 Flask Web 框架实现的，利用 MySQL 数据库中保存的海量数据，进行分类统计分析。该项目主要涉及如下 4 个文件。

- fix_data.py：实现数据验证，确保被分析数据对象的合法性。
- output.py：对 Web 中的 JSON 数据传输功能进行封装。
- index.html：大数据分析结果的显示模板，分析结果在这个模板中以图文样式展示给用户。
- analyse.py：实现大数据分析的核心功能，根据现实需求热度和关键词敏感度进行归类，分析不同类型的数据。

大数据分析的结果以 Web 页面呈现出来，如图 10-9 所示。

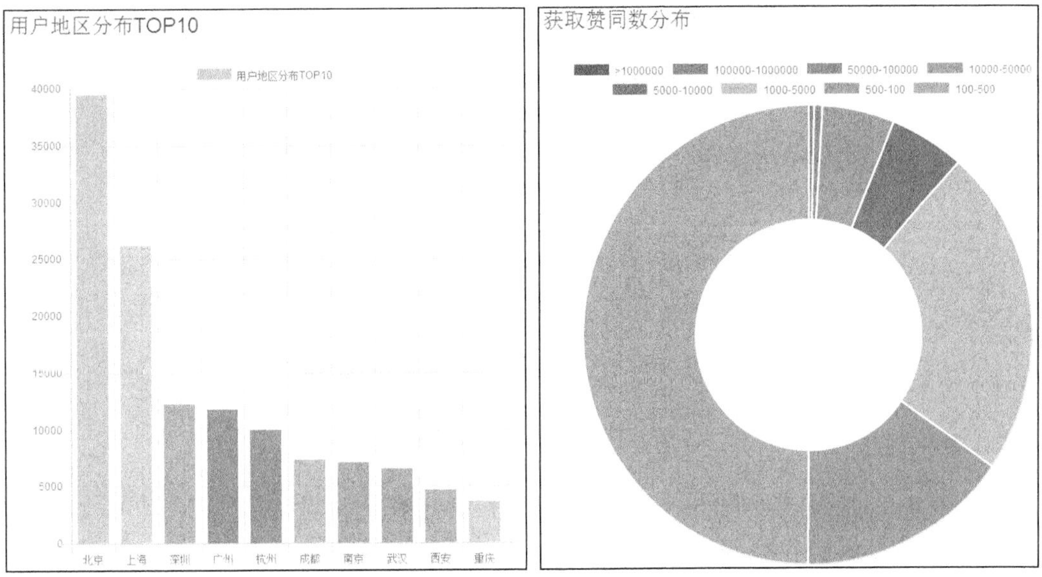

图 10-9 大数据分析的结果

10.6 大数据实战——抓取大众点评数据并分析

在本节中，首先使用 Scrapy 开发一个典型爬虫程序，远程爬取大众点评网某个城市中餐饮行业的商家信息，并将这些信息保存到本地 MySQL 数据库中。然后使用 Matplotlib 生成数据分析统计图，并实现大数据分析功能。

10.6.1 系统配置

按以下步骤配置系统。

1）在文件 settings.py 中实现本项目的总体设置，包括项目名称设置、代理设置和数据库连接参数设置。主要实现代码如下所示。

```
BOT_NAME = 'dianping'

SPIDER_MODULES = ['dianping.spiders']
NEWSPIDER_MODULE = 'dianping.spiders'

USER_AGENT = 'Mozilla/5.0 (Macintosh; Intel Mac OS X 10_8_3) AppleWebKit/536.5 (KHTML,
   like Gecko) Chrome/19.0.1084.54 Safari/536.5'

#MySQL数据库的配置信息
MYSQL_HOST = '127.0.0.1'
MYSQL_DBNAME = 'dianpingshop'       #数据库名字，请修改
MYSQL_USER = 'root'                 #数据库账号，请修改
MYSQL_PASSWD = '66688888'           #数据库密码，请修改

MYSQL_PORT = 8080                   #数据库端口，在dbhelper中使用
```

2）编写爬虫中间件文件 middlewares.py。爬虫中间件是引擎及爬虫之间的特定钩子（specific hook），用于处理爬虫的输入和输出。文件 middlewares.py 提供了一个简便的机制，通过插入自定义代码来扩展 Scrapy 功能。主要实现代码如下所示。

```
from scrapy import signals

class DianpingSpiderMiddleware(object):

    @classmethod
    def from_crawler(cls, crawler):
```

```
        #使用Scrapy创建爬虫
        s = cls()
        crawler.signals.connect(s.spider_opened, signal=signals.spider_opened)
        return s

    def process_spider_input(response, spider):
        #通过爬虫中间件调用每个响应和进入爬虫
        return None

    def process_spider_output(response, result, spider):
        #在处理了响应后，从爬虫返回的结果调用

        for i in result:
            yield i

    def process_spider_exception(response, exception, spider):
        #如果看到一只爬虫或process_spider_input()方法（从其他蜘蛛中间件）会引发异常

        pass

    def process_start_requests(start_requests, spider):
        #开始爬虫请求，这和process_spider_output()方法类似
        for r in start_requests:
            yield r

    def spider_opened(self, spider):
        spider.logger.info('Spider opened: %s' % spider.name)
```

3）编写文件 items.py 创建爬虫条目，用于存放抓取的内容。需要在文件 items.py 中告诉 Scrapy 我们要抓取的内容是什么，也就是需要声明条目。文件 items.py 的主要实现代码如下所示。

```
class DianpingItem(Item):
    shopname = Field()
    shoplevel = Field()
    shopurl = Field()
    reviewnum = Field()
    avgcost = Field()
    taste = Field()
    env = Field()
    service = Field()
    foodtype = Field()
    location = Field()

class CommentItem(scrapy.Item):
    _id = scrapy.Field()
    shop_id = scrapy.Field()
    user_id = scrapy.Field()
    user_name = scrapy.Field()
    stars = scrapy.Field()
    label_1 = scrapy.Field()
    label_2 = scrapy.Field()
    label_3 = scrapy.Field()
    content = scrapy.Field()
    avg_cost = scrapy.Field()
    likes = scrapy.Field()

class UserItem(scrapy.Item):
    _id = scrapy.Field()
    user_name = scrapy.Field()
    is_vip = scrapy.Field()
    contribution = scrapy.Field()
    birthday = scrapy.Field()
    city = scrapy.Field()
    gender = scrapy.Field()

class User_shopItem(scrapy.Item):
    shopname = scrapy.Field()
    shopurl = scrapy.Field()
```

```
    shoplevel = scrapy.Field()
    _id = scrapy.Field()
```

4）编写文件 pipelines.py，功能是处理被爬虫提取出来的条目。典型的处理有清理、验证和数据持久化（例如，保存到数据库中）。在本实例的文件 pipelines.py 中，主要包含如下函数。

- 类 DianpingPipeline 中的函数__init__()：用于得到连接池 dbpool。
- 函数 from_settings()：用于得到 settings 中 MySQL 数据库的配置信息。
- 函数 process_item()：pipeline 默认调用的，功能是进行数据库操作。
- 函数_conditional_insert()、_conditional_insert_User()、_conditional_insert_Comment 和_conditional_insert_User_shopItem()：功能是向 MySQL 数据库中插入数据。
- 函数_handle_error()：实现错误处理。

文件 pipelines.py 的具体实现代码如下所示。

```
class JsonWithEncodingPipeline(object):
    def __init__(self):
        self.file = codecs.open('info.json', 'w', encoding='utf-8')#另存为json文件
    def process_item(self, item, spider):
        line = json.dumps(dict(item)) + "\n"#转换为json格式
        self.file.write(line)#写入文件中
        return item
    def spider_closed(self, spider):#在爬虫结束时关闭文件
        self.file.close()

class DianpingPipeline(object):
    #def process_item(self, item, spider):
    #    return item

    def __init__(self,dbpool):
        self.dbpool=dbpool

    @classmethod
    def from_settings(cls,settings):
        dbparams=dict(
            host=settings['MYSQL_HOST'],#读取settings中的配置
            db=settings['MYSQL_DBNAME'],
            user=settings['MYSQL_USER'],
            passwd=settings['MYSQL_PASSWD'],
            charset='utf8',#编码要加上，否则可能出现中文乱码问题
            cursorclass=pymysql.cursors.DictCursor,
            use_unicode=False,
        )
        dbpool=adbapi.ConnectionPool('pymysql',**dbparams)#**表示将字典扩展为关键字参数,相
        #当于host=xxx,db=yyy....
        return cls(dbpool)#把dbpool赋给了这个类，在self中可以得到


    def process_item(self, item, spider):
        if isinstance(item, DianpingItem):
            query=self.dbpool.runInteraction(self._conditional_insert,item)#调用插入的方法
            query.addErrback(self._handle_error,item,spider)#调用异常处理方法
        elif isinstance(item, User_shopItem):
            query=self.dbpool.runInteraction(self._conditional_insert_User_shopItem,item)
            #调用插入的方法
            query.addErrback(self._handle_error,item,spider)
            print(item)
            print('User_shopItem')

        elif spider.name == 'comment':
            str1 = type(item)
            print("type=======" + str(str1))
            if str(str1) == "<class 'dianping.items.CommentItem'>":
                query=self.dbpool.runInteraction(self._conditional_insert_Comment,item)
                #调用插入的方法
                query.addErrback(self._handle_error,item,spider)
                print(item)
                print('CommentItem')
```

```
            else:
                query=self.dbpool.runInteraction(self._conditional_insert_User,item)
                #调用插入的方法
                query.addErrback(self._handle_error,item,spider)
                print(item)
                print('itemuser')

        return item


    def _conditional_insert(self, tx, item):

        sql = "insert into yangzhoushop(shopname,shoplevel,shopurl,reviewnum,avgcost,
        taste,env,service,foodtype,location) values(%s,%s,%s,%s,%s,%s,%s,%s,%s,%s)"
        params = (item['shopname'], item['shoplevel'], item['shopurl'], item['reviewnum'],
        item['avgcost'],item['taste'],item['env'],item['service'],item['foodtype'],item['location'])
        tx.execute(sql, params)
    def _conditional_insert_User(self, tx, item):
        sql = "insert into user(city,gender,birthday,is_vip,contribution,_id,user_name)
        values(%s,%s,%s,%s,%s,%s,%s)"
        params = (item['city'], item['gender'], item['birthday'], item['is_vip'], item
        ['contribution'], item['_id'], item['user_name'])
        tx.execute(sql, params)
#     def _conditional_insert_Comment(self, tx, item):
#         sql = "insert into pagecomment(content,user_id,stars,avg_cost,shop_id,label_1,
         label_2,label_3,_id,user_name,likes) values(%s,%s,%s,%s,%s,%s,%s,%s,%s,%s,%s)"
#         params = (item['content'], item['user_id'], item['stars'], item['avg_cost'],
         item['shop_id'], item['label_1'], item['label_2'], item['label_3'], item['_id'],
         item['user_name'], item['likes'])
#         tx.execute(sql, params)
    def _conditional_insert_Comment(self, tx, item):
        try:
            #sql = "insert into pagecomment(content,user_id,stars,avg_cost,shop_id,
            label_1,label_2,label_3,_id,user_name,likes) values(%s,%s,%s,%s,%s,%s,%s,%s,%s,%s,%s)"
            #params = (item['content'], item['user_id'], item['stars'], item['avg_cost'],
            item['shop_id'], item['label_1'], item['label_2'], item['label_3'], item['_
            id'], item['user_name'], item['likes'])
            sql = "insert into pagecomment(content,user_id,stars,avg_cost,shop_id,label
            _1,label_2,label_3,_id,user_name) values(%s,%s,%s,%s,%s,%s,%s,%s,%s,%s)"
            params = (item['content'], item['user_id'], item['stars'], item['avg_cost'],
            item['shop_id'], item['label_1'], item['label_2'], item['label_3'], item['_
            id'], item['user_name'])
            tx.execute(sql, params)
            #self.conn.commit()
        except pymysql.Error as e:
            print("Error %d: %s" % (e.args[0], e.args[1]))
        #return item
    def _conditional_insert_User_shopItem(self, tx, item):
        sql = "insert into user_shop(shopname,shopurl,shoplevel,_id) values(%s,%s,%s,%s)"
        params = (item['shopname'], item['shopurl'], item['shoplevel'], item['_id'])
        tx.execute(sql, params)

    def _handle_error(self, failue, item, spider):
        print(failue)
```

10.6.2　实现数据库模块

通过以下步骤实现数据库模块。

1）编写文件 dbhelper.py 实现操作 MySQL 数据库的类。主要实现代码如下。

```
class DBHelper():
    def __init__(self):
        self.settings=get_project_settings() #获取settings中的配置信息，根据需要进行设置

        self.host=self.settings['MYSQL_HOST']
        self.port=self.settings['MYSQL_PORT']
        self.user=self.settings['MYSQL_USER']
        self.passwd=self.settings['MYSQL_PASSWD']
        self.db=self.settings['MYSQL_DBNAME']
```

```
    def connectMysql(self):
        conn=pymysql.connect(host=self.host,
                             port=self.port,
                             user=self.user,
                             passwd=self.passwd,
                             #db=self.db,不指定数据库名
                             charset='utf8') #要指定编码，否则中文可能乱码
        return conn

    #连接到具体的数据库（settings中设置的MYSQL_DBNAME）
    def connectDatabase(self):
        conn=pymysql.connect(host=self.host,
                             port=self.port,
                             user=self.user,
                             passwd=self.passwd,
                             db=self.db,
                             charset='utf8') #要指定编码，否则中文可能乱码
        return conn

    #创建数据库
    def createDatabase(self):
        '''因为要创建数据库直接修改settings中的配置MYSQL_DBNAME即可，所以就不要传入sql语句了'''
        conn=self.connectMysql()#连接数据库

        sql="create database if not exists "+self.db
        cur=conn.cursor()
        cur.execute(sql)#执行sql语句
        cur.close()
        conn.close()

    def createTable(self, sql):
        conn = self.connectDatabase()

        cur = conn.cursor()
        cur.execute(sql)
        cur.close()
        conn.close()

    #插入数据
    def insert(self, sql, *params):
    #注意，这里params前面要加*，因为传递过来的是元组，*表示参数个数不定
        conn = self.connectDatabase()

        cur = conn.cursor();
        cur.execute(sql, params)
        conn.commit()  #注意，要提交
        cur.close()
        conn.close()

    #更新数据
    def update(self, sql, *params):
        conn = self.connectDatabase()

        cur = conn.cursor()
        cur.execute(sql, params)
        conn.commit()  #注意，要提交
        cur.close()
        conn.close()

    #删除数据
    def delete(self, sql, *params):
        conn = self.connectDatabase()

        cur = conn.cursor()
        cur.execute(sql, params)
        conn.commit()
        cur.close()
        conn.close()
```

```
'''测试DBHelper的类'''


class TestDBHelper():
    def __init__(self):
        self.dbHelper = DBHelper()

    #测试创建数据库（settings配置文件中的MYSQL_DBNAME，直接修改settings配置文件即可）
    def testCreateDatebase(self):
        self.dbHelper.createDatabase()
        #测试创建表

    def testCreateTable(self):
        sql = "create table testtable(id int primary key auto_increment,name varchar
        (50),url varchar(200))"
        self.dbHelper.createTable(sql)

    #测试插入
    def testInsert(self):
        sql = "insert into testtable(name,url) values(%s,%s)"
        params = ("test", "test")
        self.dbHelper.insert(sql, *params)  #*表示拆分元组，调用insert(*params)会重组成元组

    def testUpdate(self):
        sql = "update testtable set name=%s,url=%s where id=%s"
        params = ("update", "update", "1")
        self.dbHelper.update(sql, *params)

    def testDelete(self):
        sql = "delete from testtable where id=%s"
        params = ("1")
        self.dbHelper.delete(sql, *params)
```

2）为了帮助读者快速创建 MySQL 数据库表，编写文件 createsql.py 来实现实现这一功能。主要实现代码如下。

```
def createdianpingshop():
    import pymysql
    conn = pymysql.connect(host='localhost', user='root', passwd='66688888', charset="utf8")
    cursor=conn.cursor()
    cursor.execute("""create database if not exists dianpingshop""")
    conn.select_db('dianping')
    sql = """CREATE TABLE dianping (
        shopname  CHAR(45) NOT NULL,
         shoplevel  CHAR(45),
         shopurl CHAR(45),
         reviewnum INT(10),
         avgcost  INT(10),
         taste FLOAT,
         env FLOAT,
         service FLOAT,
         foodtype CHAR(45),
         location CHAR(45)
        ) DEFAULT CHARSET=utf8"""
    cursor.execute(sql)
    cursor.close()
    print("Create database&table dianpingshop sucessful!")
#db.close()

def create_user():
    import pymysql
    conn = pymysql.connect(host='localhost', user='root', passwd='66688888', charset="utf8")
    cursor=conn.cursor()
    conn.select_db('dianpingshop')
    sql = """CREATE TABLE user (
         city CHAR(45) NOT NULL,
         gender  CHAR(45),
         birthday CHAR(45) ,
         is_vip INT(11),
```

```
            contribution INT(11),
            _id INT(11),
            user_name CHAR(45)
          ) DEFAULT CHARSET=utf8"""
    cursor.execute(sql)
    cursor.close()
    print("Create table user sucessful!")

def create_pagecomment():
    import pymysql
    conn = pymysql.connect(host='localhost', user='root', passwd='66688888', charset="utf8")
    cursor=conn.cursor()
    conn.select_db('dianpingshop')
    sql = """CREATE TABLE pagecomment (
         content LONGTEXT,
         user_id  INT(11),
         stars TEXT(45),
         avg_cost TEXT(45),
         shop_id INT(11),
         label_1 TEXT(45),
         label_2 TEXT(45),
         label_3 TEXT(45),
         _id INT(11),
         user_name CHAR(45),
         likes TEXT(45)
        ) DEFAULT CHARSET=utf8"""
    cursor.execute(sql)
    cursor.close()
    print("Create table pagecomment sucessful!")

def create_user_list_shop():
    import pymysql
    conn = pymysql.connect(host='localhost', user='root', passwd='66688888', charset="utf8")
    cursor=conn.cursor()
    conn.select_db('dianpingshop')
    sql = """CREATE TABLE user_shop (
         shopname CHAR(45) NOT NULL,
         shopurl  CHAR(45),
         shoplevel INT(5),
         _id INT(11)
         ) DEFAULT CHARSET=utf8"""
    cursor.execute(sql)
    cursor.close()
    print("Create table user_shop sucessful!")

def createyangzhoushop():
    import pymysql
    conn = pymysql.connect(host='localhost', user='root', passwd='66688888', charset="utf8")
    cursor=conn.cursor()
    #cursor.execute("""create database if not exists dianpingshop""")
    conn.select_db('dianpingshop')
    sql = """CREATE TABLE yangzhoushop (
        shopname  CHAR(45) NOT NULL,
         shoplevel  CHAR(45),
         shopurl CHAR(45),
         reviewnum INT(45),
         avgcost INT(10),
         taste FLOAT,
         env FLOAT,
         service FLOAT,
         foodtype CHAR(45),
         location CHAR(45)
        ) DEFAULT CHARSET=utf8"""
    cursor.execute(sql)
    cursor.close()
    print("Create database&table yangzhoushop sucessful!")

if __name__ == '__main__':
    print("Enter 1:create database")
```

```
        print("Enter 2:create user")
        print("Enter 3:create pagecomment")
        print("Enter 4:create user_shop")
        print("Enter 5:create yangzhoushop")
        print("Enter 6:create all tables")
        choice = int(input("Input your choice:"))
        if choice == 1:
            createdianpingshop()
        elif choice == 2:
             create_user()
        elif choice == 3:
             create_pagecomment()
        elif choice == 4:
             create_user_list_shop()
        elif choice == 5:
            createyangzhoushop()
        elif choice == 6:
            createdianpingshop()
            create_pagecomment()
            create_user()
            create_user_list_shop()
            createyangzhoushop()
        else:
            print("Error!")
```

执行后将显示如下创建数据表的菜单，可以输出菜单选项执行对应的操作功能。

```
Enter 1:create database
Enter 2:create user
Enter 3:create pagecomment
Enter 4:create user_shop
Enter 5:create yangzhoushop
Enter 6:create all tables
Input your choice:
```

10.6.3　实现爬虫模块

通过以下步骤实现爬虫模块。

1）编写文件 dianpingspider.py 爬取指定 URL 中的商家信息，设置爬取指定的 URL。具体实现流程如下。

① 定义爬虫的名字，它需要和 settings 中的 BOT_NAME 属性值一致。为了越过目标 Web 的反爬虫封锁，需要使用 headers 设置代理。当然，也可以直接使用 settings 中的代理。对应代码如下。

```
class dianpingspider(Spider):
    name = 'dianping'
    allowed_domains = ['www.dianping.com']

    headers = {
        'User-Agent': 'Mozilla/5.0 (Windows NT 6.1; Win64; x64) AppleWebKit/537.36
        (KHTML, like Gecko) Chrome/53.0.2785.143 Safari/537.36',
    }
```

② 通过函数 start_requests()开始爬取指定目标 URL 的信息。对应代码如下。

```
    def start_requests(self):
        url = 'http://www.dianping.com/search/category/12/10/o3'
        yield Request(url, headers=self.headers)
```

③ 编写爬取函数 parse()，功能是使用爬虫分析响应并提取条目（即获取到的条目），每个爬虫负责处理一个特定（或一些）网站。对应代码如下所示。

```
def parse(self, response):
    item = DianpingItem()

    sel = Selector(response)
    sites = sel.xpath('//div[@id="shop-all-list"]/ul/li')
    for site in sites:
        title = site.xpath('div[2]/div[1]/a[1]/h4/text()').extract()
        item['shopname'] = title[0]
```

```
        print(title[0])

        link = site.xpath('div[2]/div[1]/a[1]/@href').extract()
        item['shopurl'] = str(link[0])
        print(str(link[0]))

        shoplevels = site.xpath('div[2]/div[2]/span/@title').extract()
        item['shoplevel'] = shoplevels[0]

        reviewnums = site.xpath('div[2]/div[2]/a[1]/b/text()').extract()
        if len(reviewnums) > 0:
            item['reviewnum'] = reviewnums[0]
        else:
            item['reviewnum'] = '0'

        avgcost = site.xpath('div[2]/div[2]/a[2]/b/text()').extract()
        if len(avgcost) > 0:
            #print avgcost[0]
            #print avgcost[0].lstrip('￥')
            #print int(avgcost[0].lstrip('￥'))
            #item['avgcost'] = avgcost[0]
            item['avgcost'] = int(avgcost[0].lstrip('￥'))
        else:
            item['avgcost'] = '0'

        tastes = site.xpath('div[2]/span/span[1]/b/text()').extract()
        if len(tastes) > 0:
            item['taste'] = tastes[0]
        else:
            item['taste'] = '0'

        envs = site.xpath('div[2]/span/span[2]/b/text()').extract()
        if len(envs) > 0:
            item['env'] = envs[0]
        else:
            item['env'] = '0'

        services = site.xpath('div[2]/span/span[3]/b/text()').extract()
        if len(services) > 0:
            item['service'] = services[0]
        else:
            item['service'] = '0'

        foodtypes = site.xpath('div[2]/div[3]/a[1]/span/text()').extract()
        item['foodtype'] = foodtypes[0]

        location = site.xpath('div[2]/div[3]/a[2]/span/text()').extract()
        item['location'] = location[0]

        yield item

    nextLink = site.xpath('//div[@class="page"]/a[last()]/@data-ga-page').extract()
    print('+++++++++++++++++++++++++++++++++++++++++++++++++++')
    print(nextLink)

    if nextLink:
        print(nextLink[0])
        nextLink = 'http://www.dianping.com/search/category/12/10/o3p' + nextLink[0]
        #reallink = str(response.url)
        print(nextLink)
        #reallink = nextLink
        yield Request(nextLink, headers=self.headers)
```

如果运行命令“scrapy crawl dianping”会抓取指定目标城市的商家信息，并将抓取的信息保存到本地 MySQL 数据库中。执行效果如图 10-10 所示。

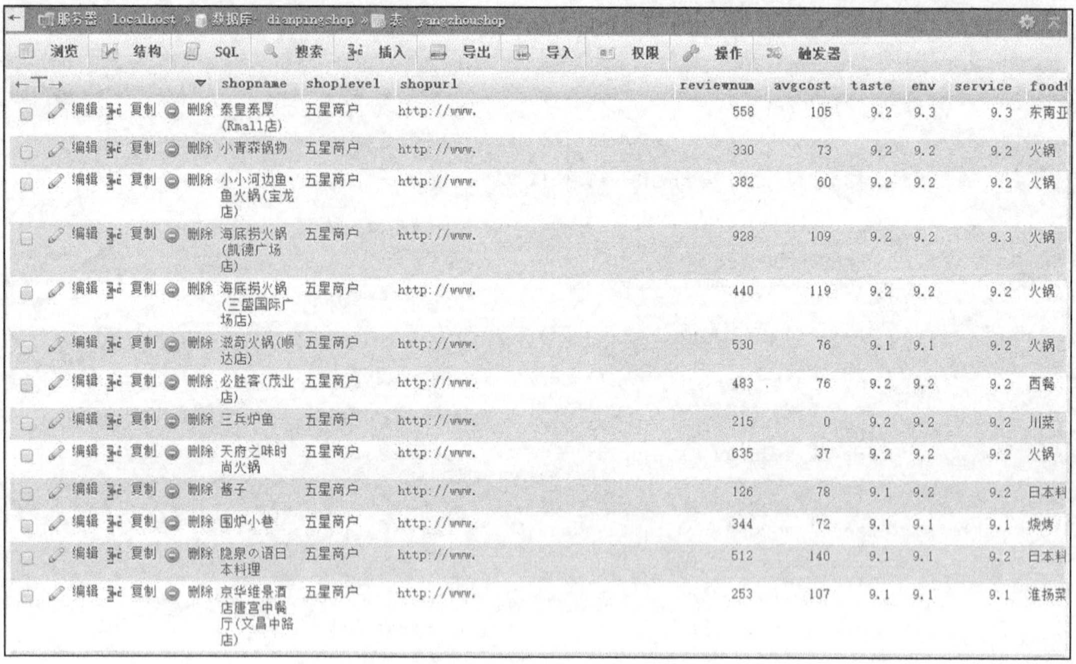

	shopname	shoplevel	shopurl	reviewnum	avgcost	taste	env	service	foodt
编辑 复制 删除	秦皇秦厚(Rmall店)	五星商户	http://www.	558	105	9.2	9.3	9.3	东南亚
编辑 复制 删除	小青森锅物	五星商户	http://www.	330	73	9.2	9.2	9.2	火锅
编辑 复制 删除	小小河边鱼·鱼火锅(宝龙店)	五星商户	http://www.	382	60	9.2	9.2	9.2	火锅
编辑 复制 删除	海底捞火锅(凯德广场店)	五星商户	http://www.	928	109	9.2	9.2	9.3	火锅
编辑 复制 删除	海底捞火锅(三盛国际广场店)	五星商户	http://www.	440	119	9.2	9.2	9.2	火锅
编辑 复制 删除	滋奇火锅(顺达店)	五星商户	http://www.	530	76	9.1	9.1	9.2	火锅
编辑 复制 删除	必胜客(茂业店)	五星商户	http://www.	483	76	9.2	9.2	9.2	西餐
编辑 复制 删除	三兵炉鱼	五星商户	http://www.	215	0	9.2	9.2	9.2	川菜
编辑 复制 删除	天府之味时尚火锅	五星商户	http://www.	635	37	9.2	9.2	9.2	火锅
编辑 复制 删除	酱子	五星商户	http://www.	126	78	9.1	9.2	9.2	日本料
编辑 复制 删除	围炉小巷	五星商户	http://www.	344	72	9.1	9.1	9.1	烧烤
编辑 复制 删除	隐泉の语日本料理	五星商户	http://www.	512	140	9.1	9.1	9.2	日本料
编辑 复制 删除	京华维景酒店唐宫中餐厅(文昌中路店)	五星商户	http://www.	253	107	9.1	9.1	9.1	淮扬菜

图 10-10　把抓取到的信息保存到数据库中

2）编写文件 comment.py 爬取数据中存储的指定商家的用户点评信息，其实现原理和上面的文件 dianpingspider.py 类似。具体实现流程如下所示。

① 定义爬虫名字，设置目标 URL。对应实现代码如下。

```
class CommentSpider(scrapy.Spider):

    name = "comment"
    shop_urls = []
    cnt = 0
    page = 1
    user_home = 'http://www.dianping.com/member/'
    urls = []
    start_urls = []
```

② 在函数__init__(self)中初始化数据库连接参数，查询数据表 dianping 中的商店 URL 信息，通过函数 fetchall()获取里面的所有信息，输出获取到的所有店铺的 URL 列表。对应实现代码如下。

```
def __init__(self):
    conn = pymysql.connect(host="localhost",user="root",passwd="66688888",db="dianpingshop",
       charset="utf8")
    cursor = conn.cursor()

    cursor.execute("select shopurl from dianping")


    urls = []
    shop_urls = []
    elems = cursor.fetchall()
    #for elem in cursor.fetchall():
    for elem in elems:
        #print elem
        for r in elem:
            print("here======")
            print((r))


        str = r + '/review_more'
```

```
            print('caling here++++' + str)
                #yield self.make_requests_from_url(r[0])
            shop_urls.append(str)
            urls.append(str)

        #self.start_urls.append(urls[0])
        self.start_urls.append(urls[0])
        self.urls = urls[1:]
        self.shop_urls = shop_urls
            #yield scrapy.Request(str, callback=self.parse_item)
        #conn.commit()
        cursor.close()
        conn.close()
        #connection.close()
```

③ 通过函数 deal_num()处理点评分页信息，在一页中显示 10 条信息。对应的实现代码如下。

```
    def deal_num(self, str):
        ans = ''
        num = 0
        for ch in str:
            try:
                int(ch)
                num *= 10
                num += int(ch)
                break
            except:
                ans += ch

        return [ans, num]
```

④ 通过函数 user()抓取发布点评信息用户的资料信息，爬取目标 URL 中用户名区域中的 HTML 元素，将抓取的信息保存到条目中，主要包括用户 id、用户名和用户是否是 VIP 等信息。对应代码如下。

```
    def user(self, response):
        temp = response.body
        soup = BeautifulSoup(temp, from_encoding='utf-8')
        item = UserItem()
        str1 = response.url
        print("1111111111111")

        id = ''
        for ch in str1:
            try:
                int(ch)
                id += ch
            except:
                pass

        item['_id'] = id

        txt = soup.find('div', class_='txt')
        item['user_name'] = txt.find('h2', class_='name').get_text().encode('utf-8')
        item['is_vip'] = 0
        try:
            vip = txt.find('div', class_='vip').find('i',class_='icon-vip')
            if vip != None:
                item['is_vip'] = 1
        except:
            pass

        col_exp = txt.find('div', class_='col-exp')
        rank = col_exp.find('span', class_='user-rank-rst')['title']
        num = 0
        for ch in rank:
            try:
                int(ch)
                num *= 10
                num += int(ch)
            except:
```

```
                pass

        item['contribution'] = num

        try:
            item['gender'] = col_exp.find('span', class_='user-groun').find('i')['class'][0]
        except:
            item['gender'] = ''

        try:
            item['city'] = col_exp.find('span', class_='user-groun').get_text()
        except:
            item['city'] = ''

        try:
            msg = soup.find('div', class_='aside').find('div', class_='user-message').
            find('ul').find_all('li')[1].get_text()
            item['birthday'] = msg[3:]
        except:
            item['birthday'] = ''

        yield item
```

⑤ 编写函数 parse()处理具体爬取操作。首先，通过 find()函数获取“comment-mode”元素中的信息。然后，获取“comment-list”中点评列表信息，并通过 find_all()函数获取所有的点评列表信息。最终，通过 soup.find()函数获取各个分页中的点评信息。对应代码如下。

```
    def parse(self, response):
        str = response.url
        temp = response.body
        soup = BeautifulSoup(temp,"lxml", from_encoding='utf-8')
        item = CommentItem()
        try:
            id = ''
            for ch in str:
                if ch == '?':
                    break
                try:
                    int(ch)
                    id += ch
                except:
                    pass

            comment_mode = soup.find('div', class_='comment-mode')
            lists = comment_mode.find('div', class_='comment-list').find('ul').find_all('li')
            new_list = []
            for li in lists:
                try:
                    li['data-id']
                    new_list.append(li)
                except:
                    pass

            for li in new_list:


                item['shop_id'] = id
                item['_id'] = li['data-id']
                try:
                    item['user_id'] = li.find('a', class_='J_card')['user-id']
                except:
                    item['user_id'] = ''

                home = self.user_home + item['user_id']
                print(response.url + '    here')
                yield Request(home, callback=self.user)

                try:
                    item['user_name'] = li.find('p', class_='name').find('a').get_text().
```

```
                encode('utf-8')
            except:
                item['user_name'] = ''

            content = li.find('div', class_='content')
            user_info = content.find('div', class_='user-info')
            try:
                stars = user_info.find('span', class_='item-rank-rst')['class']
                tp = self.deal_num(stars[1])
                item['stars'] = tp[1]
            except:
                item['stars'] = ''

            try:
                print("202here=============")
                rsts = user_info.find('div', class_='comment-rst').find_all('span',
                class_='rst')
                #temp = site.xpath('//div[2]/div[1]/div/span[1]').extract()
                tp = self.deal_num(rsts[0].get_text().encode('utf-8'))
                print("test here219")

                tp = self.deal_num(rsts[1].get_text().encode('utf-8'))
                #item['label_2'] = dict()
                #item['label_2'][tp[0]] = tp[1]
                item['label_2'] = tp[-1]

                tp = self.deal_num(rsts[2].get_text().encode('utf-8'))
                item['label_3'] = tp[-1]
            except:
                item['label_1'] = ''
                item['label_2'] = ''
                item['label_3'] = ''

            item['avg_cost'] = ''
            try:
                cost = user_info.find('span', class_='comm-per').get_text()
                num = 0
                for ch in cost:
                    try:
                        int(ch)
                        num *= 10
                        num += int(ch)
                    except:
                        pass

                item['avg_cost'] = int(num)
            except:
                pass

            cont = content.find('div', class_='comment-txt').find('div', class_='
            J_brief-cont').get_text().strip()
            item['content'] = cont

            item['likes'] = []
            try:
                dishes = content.find('div', class_='comment-recommend').find_all('a',
                class_='col-exp')
                for dish in dishes:
                    item['likes'].append(dish.get_text().encode('utf-8'))

            except:
                pass


            yield item


        print('page: ', self.page)
        self.page += 1
```

```
        try:

            next_page = soup.find('div', class_ = 'Pages').find('a', class_ = 'NextPage')
            url = self.shop_urls[self.cnt] + next_page['href']
            print('turn page to: ' + url)
            yield Request(url)
        except:
            # print '-------: ' + self.urls[self.cnt + 1]
            self.page = 1
            try:
                time.sleep(1)
                yield Request(self.urls[self.cnt])
                self.cnt += 1
            except:
                pass
    except:
        print('oh, page error')
        time.sleep(1)
        yield Request(str, dont_filter=True)
        # pass
```

运行命令“scrapy crawl comment”开始抓取点评内容和点评人的具体信息，并保存到本地 MySQL 数据库中。执行效果如图 10-11 所示。

content	user_id	stars	avg_cost	shop_id	label_1	label_2	label_3	_id	user_name	likes
	2647	4	80	32661523	2	2	1	22250274		NULL
	5186	3	100	2508199	1	2	1	20759292		NULL
	7176	2	128	2508199	0	1	1	22098606		NULL
	9827			22240528	1	2	1	1045854		NULL
	18949	3		2508199	2	3	2	164258208		NULL
	19571	3	98	2508199	0	2	1	26304129		NULL
	21628	5		2508199	4	4	4	58403248		NULL
	25448	2		18564874	1	2	1	213520694		NULL
	36397	3		2508199	2	2	2	88362770		NULL
	40410	3		22240528	2	2	3	194928358		NULL
	40807	4	100	2508199	2	3	4	36257904		NULL
	43337	3		18564874	1	3	3	85478976		NULL
	56753	3		20668644	2	2	2	144935705		NULL
	64629	3		2508199	1	2	2	31015104		NULL

图 10-11　把抓取到的信息保存到数据库中

3）编写文件 user.py 抓取指定商户中发布点评的用户信息，并将抓取到的信息保存到本地 MySQL 数据库中。文件 user.py 的实现原理与前面讲解的文件 dianpingspider.py 和 comment.py 类似。具体实现代码如下。

```
class dianpingspider(Spider):
    name = 'user'
    allowed_domains = ['www.dianping.com']

    headers = {
        'User-Agent': 'Mozilla/5.0 (Windows NT 6.1; Win64; x64) AppleWebKit/537.36
            (KHTML, like Gecko) Chrome/53.0.2785.143 Safari/537.36',
    }


    def start_requests(self):
        conn = pymysql.connect(user='root', passwd='66688888', db='dianpingshop', host
        ='localhost', charset="utf8", use_unicode=True)
        cursor = conn.cursor()
        cursor.execute('SELECT _id FROM user;')
        print(cursor.execute("SELECT _id FROM user"))
        print("38================")
        rows = cursor.fetchall()

        for row in rows:
            if row:
                print(row[0])
                #global temp
```

```
            #temp = row[0]
            row = "https://www.dianping.com/shop/" + str(row[0]) + "/reviews"
            print(row)
            #temp = row
            yield Request(row, self.parse, meta=dict(start_url=row))
        cursor.close()


    def parse(self, response):
        item = User_shopItem()

        sel = Selector(response)
        sites = sel.xpath('//div[@id="J_review"]/div[1]/ul/li')
        #print sel.xpath('//div[@id="J_review"]')
        for site in sites:
            print(site)
            print("42-----------")
            #print site.xpath('//div/div[1]/h6/a/text()').extract()
            title = site.xpath('div/div[1]/h6/a/text()').extract()
            item['shopname'] = title[0]
            print(title[0])

            link = site.xpath('//div/div[1]/h6/a/@href').extract()
            item['shopurl'] = str(link[0])
            print(str(link[0]))

            shoplevels = site.xpath('//div[1]/ul/li[*]/div/div[2]/div[2]/span').extract()
            markup = filter(lambda ch: ch in '0123456789', shoplevels[0])

            #print 'shoplevel=======' + shoplevels[0]
            item['shoplevel'] = int(markup)/10

            #temp = filter(lambda ch: ch in '0123456789', response.url)
            id = ''
            for ch in response.url:
                if ch == '?':
                    break
                try:
                    int(ch)
                    id += ch
                except:
                    pass
            #_id = id
            #print "_id====" + temp
            item['_id'] = id
            yield item

        #print site.xpath('//div[@class="pages-num"]/@page-next/a[last()]/@data-pg').
        extract()
        print(response.url)
        print('+++++++++++++++++++++++++++++++++++++++++++++++++++')

        #print temp
        nextLink = site.xpath('//div[@class="pages-num"]/a[last()][@class="page-next"]
        /@data-pg').extract()

        print(nextLink)

        if nextLink:
            print(nextLink[0])
            nextLink = response.url + '?pg=' + nextLink[0]
            #reallink = str(response.url)
            print(nextLink)
            #reallink = nextLink
            yield Request(nextLink, headers=self.headers)
```

10.6.4　大数据分析：提取指定类型商家的信息

为了体验本项目的灵活性，用户可以选择某种商家类型进行进一步的抓取工作，例如，提取商家类型是“自助餐”的信息。实例文件 choose_foodtype.py 的功能是提取指定类型商家的信息，并将提取的信息保存到本地 MySQL 数据库中。文件 choose_foodtype.py 的具体实现代码如下。

```
def scrapy_type(foodtype):
    db = pymysql.connect("localhost","root","66688888","dianpingshop" ,charset='utf8')
    cursor = db.cursor()
    #cursor.execute('insert into dianpingshopx (select * from dianpingshop where foodtype
    = "自助餐") ;')
    #cursor.execute('insert into dianpingshopx (select * from dianpingshop where foodtype
    = %s' %(foodtype))

    sql = """insert into dianping(shopname,shoplevel,shopurl,reviewnum,avgcost,taste,
    env,service,foodtype,location) select shopname,shoplevel,shopurl,reviewnum,avgcost,
    taste,env,service,foodtype,location from yangzhoushop where foodtype ='%s'"""% (mmm)


    cursor.execute(sql)
    print("create table sucessful!! ")

    db.commit()
    db.close()



if __name__=="__main__":
    input_A = input("input foodtype: ")
    print("the foodtype you choose is:%s" %input_A)
    mmm = str(input_A)
    scrapy_type(input_A)
```

10.6.5　大数据分析：提取数据到 Excel 表格中

编写文件 transfer.py，功能是提取本地 MySQL 中的数据并导出到 Excel 表格中。文件 transfer.py 的具体实现代码如下。

```
def export_mysqltable_xls(choice):
    conn = pymysql.connect('localhost','root','66688888','dianpingshop',charset='utf8')
    cursor = conn.cursor()
    global tablename
    if choice == 1:
        count = cursor.execute('select * from dianping')
        tablename = 'dianping'
    elif choice == 2:
        count = cursor.execute('select * from pagecomment')
    elif choice == 3:
        count = cursor.execute('select * from user')
    elif choice == 4:
        count = cursor.execute('select * from user_shop')
    else:
        count = cursor.execute('select * from yangzhoushop')

    print(count)

    cursor.scroll(0,mode='absolute')
    results = cursor.fetchall()

    fields = cursor.description
    workbook = xlwt.Workbook()
    sheet = workbook.add_sheet('content',cell_overwrite_ok=True)

    for field in range(0,len(fields)):
        sheet.write(0,field,fields[field][0])
```

```
    row = 1
    col = 0
    for row in range(1,len(results)+1):
        for col in range(0,len(fields)):
            sheet.write(row,col,u'%s'%results[row-1][col])
    if choice == 1:
        workbook.save(r'./dianping.xls')
    elif choice ==2:
        workbook.save(r'./pagecomment.xls')
    elif choice ==3:
        workbook.save(r'./user.xls')
    elif choice == 4:
        workbook.save(r'./user_listshop.xls')
    else:
        workbook.save(r'./yangzhoushop.xls')

if __name__ == '__main__':
    print("Enter 1 to export dianpingshop")
    print("Enter 2 to export pagecomment")
    print("Enter 3 to export user")
    print("Enter 4 to export user_listshop")
    print("Enter 5 to export yangzhoushop")
    print("Or enter 6 to export all tables")
    print("Enter your choice:")
    choice = int(input("Input your choice:"))
    if choice == 1:
        export_mysqltable_xls(1)
    elif choice == 2:
        export_mysqltable_xls(2)
    elif choice == 3:
        export_mysqltable_xls(3)
    elif choice == 4:
        export_mysqltable_xls(4)
    elif choice == 5:
        export_mysqltable_xls(5)
    elif choice ==6 :
        export_mysqltable_xls(1)
        export_mysqltable_xls(2)
        export_mysqltable_xls(3)
        export_mysqltable_xls(4)
        export_mysqltable_xls(5)

    else:
        print("Error!")
```

例如，提取并导出商家信息后的效果如图 10-12 所示。

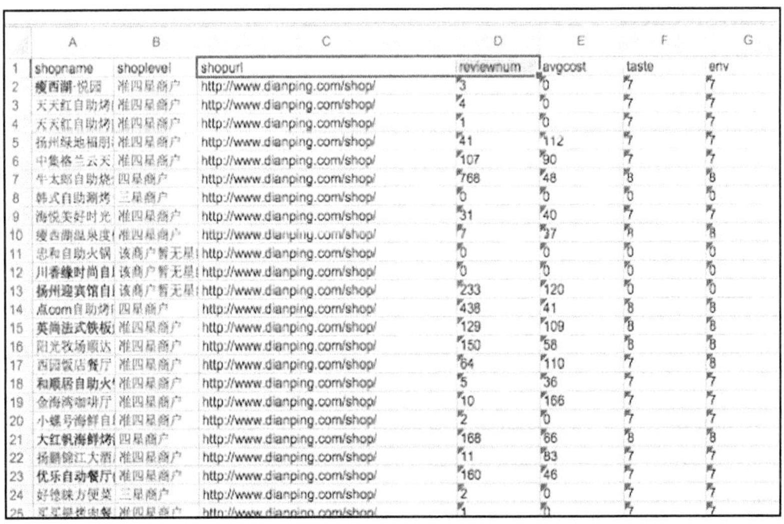

图 10-12　提取商家信息到 Excel 表格中

10.6.6　大数据分析：创建价格条形图

编写文件 price.py，功能是提取本地 MySQL 数据库的商家信息表中的价格数据，并创建一个大数据价格条形图。文件 price.py 的具体实现代码如下。

```
def seek_num(key, content, pr_value, af_value):
    db = pymysql.connect("localhost","root","66688888","dianpingshop" )
    cursor = db.cursor()
    cursor.execute('select %s from yangzhoushop where %s between %s and %s' %(key,content,
    pr_value,af_value))
    results = cursor.fetchall()
    tempInt =0
    for i in results:
     try:
           tempInt=int(i[0])
           print(tempInt)
     except: pass
    db.close()
    return tempInt



def show_price():

    x = []
    y = []
    z = []
    a = []
    for numx in range(10, 200, 10):
        x.append(numx)
        valuesy = seek_num('avg(reviewnum)', 'avgcost', numx-10, numx)
        y.append(valuesy)
        values = seek_num('count(*)', 'avgcost', numx-10, numx)
        z.append(values)
        valuesa = seek_num('avg(taste)', 'avgcost', numx-10, numx)
        a.append(valuesa*10)
    print(x)

    print(z)
    #pl.plot(x, y)# use pylab to plot x and y
    #pl.plot(x, y, z, '-or')
    pl.plot(x, y, '-r')
    pl.plot(x, z)
    pl.plot(x, a)
    pl.xlabel(u'价格')
    pl.ylabel(u'人数')
    pl.title(u'扬州的平均消费')
    pl.show()# show the plot on the screen

if __name__ == '__main__':

    show_price()
```

执行效果如图 10-13 所示。

10.6.7　大数据分析：创建用户男女比例和 VIP 比例柱形图

编写文件 gender.py，功能是提取本地 MySQL 中的用户性别和是否是 VIP 的信息，并创建一个大数据柱形图，其中包含男女用户比例柱形图和 VIP 用户比例柱形图。文件 gender.py 的具体实现代码如下。

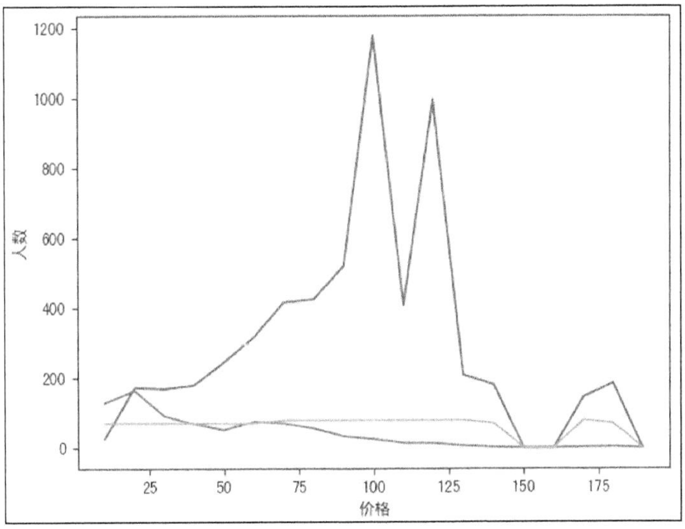

图 10-13 执行效果

```
def seek_num(key, label, af_value):
    db = pymysql.connect("localhost","root","66688888","dianpingshop" )
    cursor = db.cursor()
    cursor.execute('select %s from user where %s = %s' %(key,label,af_value))
    results = cursor.fetchall()
    tempInt =0
    for i in results:
    #try:
        tempInt=int(i[0])

    db.close()
    return tempInt


if __name__ == '__main__':
    X1 = []
    X2 = []
    vip_count = seek_num('count(*)', 'is_vip', 1)
    no_vip_count = seek_num('count(*)', 'is_vip', 0)
    vip_per = float(vip_count)/(vip_count + no_vip_count)*10
    vip_per = int(round(vip_per))
    no_vip_per = 10 - vip_per

    man_count = seek_num('count(*)', 'gender', '\'man\'')
    woman_count = seek_num('count(*)', 'gender', '\'woman\'')
    man_per = float(man_count)/(man_count + woman_count)*10
    man_per = int(round(man_per))
    woman_per = 10 - man_per
    print(man_per)

    X1 = np.array([no_vip_per, woman_per])
    X2 = np.array([vip_per, man_per])
    bar_labels = ['VIP', u'性别:男/女']
    fig = plt.figure(figsize=(8,6))
    y_pos = np.arange(len(X1))
    y_pos = [x for x in y_pos]
    plt.yticks(y_pos, bar_labels, fontsize=10)
    plt.barh(y_pos, X1,
             align='center', alpha=0.4, color='g')
    plt.barh(y_pos, -X2,
             align='center', alpha=0.4, color='b')
    plt.xlabel(u'是/非')
    t = plt.title(u'用户基础信息')
    plt.ylim([-1,len(X1)+0.1])
```

```
    plt.xlim([-max(X2)-1, max(X1)+1])
    plt.grid()
    plt.show()
```

执行效果如图 10-14 所示。

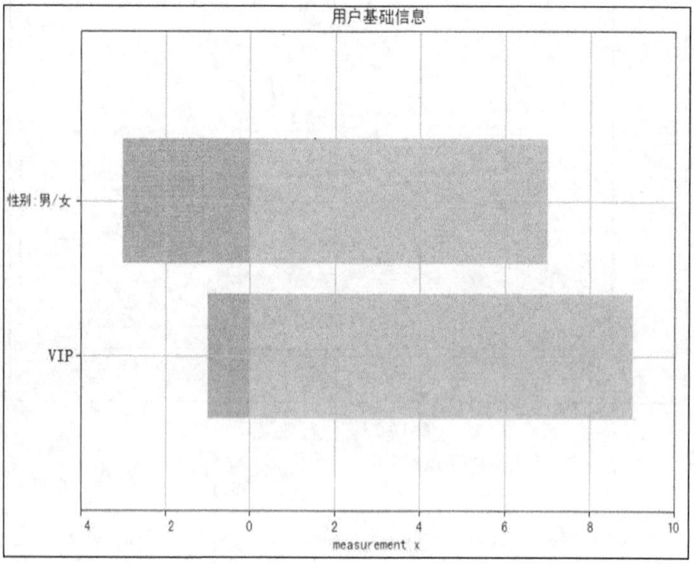

图 10-14　执行效果

10.6.8　大数据分析：创建用户位置分布饼形图

编写文件 user_location.py，功能是提取本地 MySQL 数据库中的用户位置信息，并创建一个大数据饼形图。文件 user_location.py 的具体实现代码如下。

```
db = pymysql.connect("localhost","root","66688888","dianpingshop",charset='utf8' )

cursor = db.cursor()
cursor.execute("select city, count(*) from user group by city order by count(*) desc;")
data = cursor.fetchall()
#输出 "Database version : %s " % data
for city in data:
    if city[1] > 10:
        tempcity = city[0]
        print(tempcity + "%s" % (city[1]))


#
db.close()
time.sleep(3)

#饼状图按逆时针方向排序
labels = u'扬州', u'上海', u'南京', u'苏州', u'北京', u'其他'
sizes = [53, 23, 7, 2, 2, 13]
colors = ['yellowgreen', 'gold', 'lightskyblue', 'lightcoral', 'magenta', 'cyan']
explode = (0, 0.1, 0, 0, 0, 0) # only "explode" the 2nd slice (i.e. 'Hogs')

plt.pie(sizes, explode=explode, labels=labels, colors=colors,
        autopct='%1.1f%%', shadow=True, startangle=90)
#设置相等的宽高比，这样绘制的饼图是圆形的
plt.axis('equal')
plt.title(u'用户分布图')
plt.show()
```

10.6.9　大数据分析：创建指定商家点评信息的词云图

编写文件 analy_shop.py，功能是查询本地 MySQL 数据库中指定的商家信息，分析这个

商家下的评论信息，并创建点评信息的大数据词云图。文件 analy_shop.py 的主要实现代码如下。

```
def analy_shop(shop_id):

    db = pymysql.connect(host="localhost", user="root", passwd="66688888", db=
       "dianpingshop",charset='utf8')
    cursor = db.cursor()
    sql = """select distinct content from pagecomment where shop_id = %s ;""" %shop_id
    tweets = open("keywords.txt", "w")
    cursor.execute(sql)
    for row in cursor:
       print>>tweets, row[0]
    tweets.close()
    db.close()

def seek_num(key, af_value):
    db = pymysql.connect("localhost","root","66688888","dianpingshop" )
    cursor = db.cursor()
    cursor.execute('select shopurl from dianping order by %s desc limit %s' %(key,af_value))
    results = cursor.fetchall()
    temp = []
    for i in results:
        #tempInt=int(i[0])
        #print tempInt
        print(i[0])

        temp.append(i[0])
    db.close()
    return temp

if __name__ == '__main__':
    shop_collection = []
    numx = int(input("Please input the num of shop: "))
    shop_collection = seek_num('reviewnum', numx)
    print(shop_collection)
    for which_one in range(0, numx):
        print("input %s to select:" %which_one + shop_collection[which_one])
        shop_collection[which_one] = filter(lambda ch: ch in '0123456789', shop_
        collection[which_one])
        print (shop_collection[which_one])

    choice = int(input("Please input the choice: "))
    print("you choose :" + shop_collection[choice])
    choicestr = '\'' + shop_collection[choice] + '\''
    analy_shop(choicestr)


    stopwords = {}


    #加载stopwords
    def importStopword(filename=''):
        global stopwords
        f = open(filename, 'r')
        line = f.readline().rstrip()

        while line:
            stopwords.setdefault(line, 0)
            stopwords[line] = 1
            line = f.readline().rstrip()

        f.close()


    #中文分词（jieba）
    def processChinese(text):
        seg_generator = jieba.cut(text)  #使用结巴分词，也可以不使用
        seg_list = [i for i in seg_generator if i not in stopwords]
```

```
        seg_list = [i for i in seg_list if i != u' ']
        seg_list = r' '.join(seg_list)

        return seg_list


    importStopword(filename='BosonNLP_sentiment_score.txt')

    #获取当前文件路径
    #__file__ 为当前文件, 在IDE中运行此行会报错,可改为以下代码
    # d = path.dirname('.')
    d = path.dirname(__file__)
    text = open(path.join(d, 'keywords.txt')).read()  #读取love.txt文件内容
    #如果是中文，使用结巴分词
    text = processChinese(text)
    #设置背景图片
    back_coloring = imread(path.join(d, "out.png"))
    #生成词云, 可以用generate输入全部文本（中文不好分词），也可以计算好词频后使用generate_from_
    #frequencies函数
    wc = WordCloud(font_path='/System/Library/Fonts/Hiragino Sans GB W3.ttc',  #设置字体
                   background_color="black",  #背景颜色
                   max_words=2000,  #词云显示的最大词数
                   mask=back_coloring,  #设置背景图片
                   # max_font_size=100, #字体大小的最大值
                   random_state=42,
                   ).generate(text)

    #从背景图片生成颜色值
    image_colors = ImageColorGenerator(back_coloring)

    #绘制词云
    plt.figure()
    plt.imshow(wc.recolor(color_func=image_colors))
    plt.axis("off")
    plt.show()

    #保存图片
    wc.to_file(path.join(d, "out1.png"))
```

执行效果如图 10-15 所示。

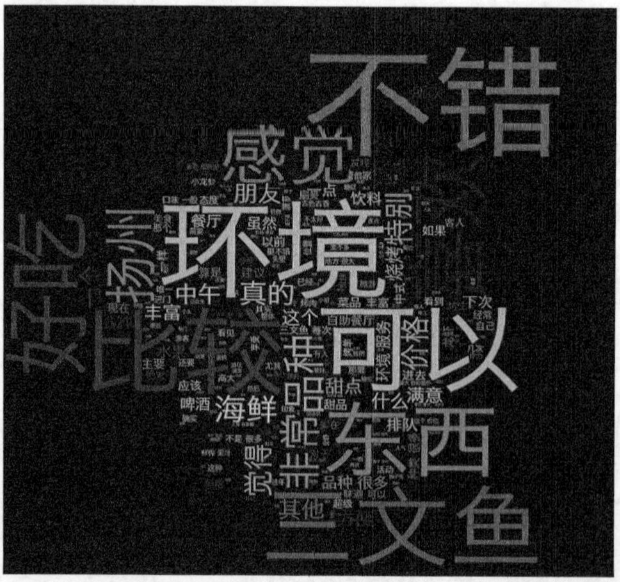

图 10-15　执行效果